北京市高等教育精品教材

轧制工程学

（第2版）

康永林　孙建林　等编著

北　京
冶 金 工 业 出 版 社
2022

内 容 提 要

本书较系统地介绍了轧制工程所涉及的基本原理、方法和主要生产工艺，以及工程技术的相关知识与进展，内容包括轧制理论、板带轧制、钢管成形、型钢轧制与孔型设计、棒线材轧制和控制冷却六章，较全面地介绍了本学科的知识体系。书中所涉及的成形材料包括了钢铁材料和有色金属材料，各章都配备了适量的思考题。通过学习，相关专业学生和技术人员对该领域会有较全面的了解。

本书可作为高等学校材料成形与控制工程和材料科学与工程专业本科生的专业课教材，也可供有关专业的研究生，生产、科研和设计等部门的科技人员参考。

图书在版编目(CIP)数据

轧制工程学/康永林，孙建林等编著．—2版．—北京：冶金工业出版社，2014.9（2022.8 重印）
北京市高等教育精品教材
ISBN 978-7-5024-6677-0

Ⅰ.①轧…　Ⅱ.①康…　②孙…　Ⅲ.①轧制　Ⅳ.①TG33

中国版本图书馆 CIP 数据核字(2014) 第 191520 号

轧制工程学（第2版）

出版发行 冶金工业出版社　　**电　话** (010)64027926
地　址 北京市东城区嵩祝院北巷39号　　**邮　编** 100009
网　址 www.mip1953.com　　**电子信箱** service@mip1953.com

责任编辑 郭冬艳 宋 良　美术编辑 吕欣童　版式设计 孙跃红
责任校对 禹 蕊　责任印制 禹 蕊
北京虎彩文化传播有限公司印刷
2004年6月第1版，2014年9月第2版，2022年8月第4次印刷
787mm×1092mm 1/16；22.75印张；548千字；351页
定价46.00元

投稿电话 (010)64027932　投稿信箱 tougao@cnmip.com.cn
营销中心电话 (010)64044283
冶金工业出版社天猫旗舰店 yjgycbs.tmall.com
（本书如有印装质量问题，本社营销中心负责退换）

第 2 版前言

在金属材料尤其是钢铁材料塑性加工生产中，90%以上是通过轧制成形的，由此可见，轧制工程技术在冶金工业及国民经济建设中占有十分重要的地位。近年来，轧制工程技术发展迅速，薄板坯连铸连轧、近终形薄带铸轧、高精度板带钢管及型线材轧制、无头半无头轧制、自由规程轧制、多线切分轧制及高速轧制等现代轧制技术以及现代控制冷却技术日新月异，尤其是与信息技术、智能控制技术和现代工程控制管理技术的紧密结合，使现代控制轧制与控制冷却成为复杂的系统工程。因此，轧制工程学所涉及的基础理论、应用技术基础和工程控制技术知识也十分广泛，要进行全面介绍，其难度可想而知。

本书是在2004年出版的北京市高等教育精品教材《轧制工程学》基础上，结合近年轧制工艺技术的最新进展，进行较大的修改更新而成的，目的是较系统地介绍轧制工程所涉及的基本原理和方法、工艺及工程技术的相关知识与进展，使相关专业学生和工程技术人员对该领域的基础和工艺工程技术有较全面的了解。

本书内容主要包括轧制理论、板带轧制理论及工艺、钢管成形理论及工艺、型材轧制工艺及孔型设计基础、棒线材轧制工艺和控制冷却理论及工艺等六个部分，较全面地介绍了轧制工程的理论和主要工艺技术。书中所涉及的轧制成形材料不仅限于钢铁材料，也部分涉及有色金属材料。全书由康永林、孙建林等编著，其中第1章及2.3.2.2节、2.3.2.3节由康永林编写；第2章由孙建林编写；第3章由刘靖编写；第4章由洪慧平编写；第5章及6.3.3节由于浩编写；第6章由朱国明编写。

本书可供高等学校材料科学与工程专业、材料成形与控制工程专业教学使用，也可供有关生产、科研和设计等部门的专业科技人员参考。

编　者

2014年6月

于北京科技大学

第 1 版前言

金属材料尤其是钢铁材料的塑性加工，90%以上是通过轧制完成的。由此可见，轧制工程技术在冶金工业及国民经济生产中占有十分重要的地位。近年来，轧制工程技术发展迅速，薄板坯连铸连轧技术、近终形薄带铸轧技术、高精度板带、钢管及型线材轧制技术、无头轧制及自由规程轧制等现代轧制技术日新月异，尤其是信息技术、智能控制技术和现代工程控制管理技术的应用，轧制工程已成为复杂的系统工程。因此，要全面、系统地介绍轧制工程学所涉及的基础理论、应用技术基础和工程控制技术，其难度可以想象。本书的目的是介绍轧制工程所涉及的基本原理和方法、工程技术基础及工艺知识，使有关人员对该领域的基础和工艺技术有一较全面的了解。

本书内容主要包括轧制理论、板带轧制理论及工艺、钢管成形理论及工艺、型钢孔型设计基础及棒线材轧制五个部分，基本反映了轧制工程的理论和主要工艺技术。书中所涉及的成形材料不仅限于钢铁材料，也涉及到有色金属材料。全书由康永林主编；第 1 章由康永林编写，第 2 章由孙建林编写，第 3 章由刘靖编写，第 4 章由洪慧平编写，第 5 章由陈银莉编写。全书由王有铭教授、朱景清教授和韦光教授审阅，于浩博士也参加了本书的部分编写和校对工作，编者对他们表示衷心感谢。

本书可供材料成形与控制工程专业和材料科学与工程专业的本科生、专科生使用，也可供有关专业的研究生及生产、科研和设计等部门的科技人员参考。

编　者

2004 年 1 月

目　　录

1　轧制理论 …… 1
1.1　轧制过程的基本概念 …… 1
1.1.1　轧制变形区的几何参数 …… 1
1.1.2　咬入条件和轧制过程的建立 …… 5
1.2　轧制过程中金属的变形 …… 8
1.2.1　轧制时金属变形的基本概念及变形系数 …… 8
1.2.2　轧制时金属的宽展 …… 10
1.2.3　轧制过程中的不均匀变形 …… 18
1.3　轧制过程中的前滑和后滑 …… 20
1.3.1　平辊轧制前滑、后滑的计算 …… 20
1.3.2　平辊轧制时中性角的确定 …… 23
1.3.3　影响前滑的主要因素 …… 25
1.4　轧制过程中的摩擦 …… 28
1.4.1　摩擦的基本概念 …… 28
1.4.2　金属塑性成形时摩擦的特点 …… 28
1.4.3　接触摩擦理论 …… 29
1.4.4　确定轧制时摩擦系数的方法 …… 31
1.5　金属的变形抗力 …… 36
1.5.1　变形抗力的基本概念 …… 36
1.5.2　影响变形抗力的因素 …… 40
1.5.3　冷变形抗力 …… 44
1.5.4　热变形抗力 …… 46
1.6　轧制压力、轧制力矩及功率 …… 50
1.6.1　轧制单位压力的理论及实验 …… 50
1.6.2　轧制力计算 …… 57
1.6.3　轧制力矩及功率 …… 68
1.7　连续轧制理论 …… 76
1.7.1　连续轧制基本规律 …… 77
1.7.2　连续轧制中的前滑 …… 79
1.7.3　连续轧制的静态特性 …… 80
1.7.4　连续轧制的动态特性 …… 82
思考题 …… 87
参考文献 …… 88

2 板带轧制理论及工艺 …… 90

2.1 板带材生产概论 …… 90
2.1.1 板带钢的种类及用途 …… 90
2.1.2 板带钢产品的技术要求 …… 90
2.1.3 有色金属板带材的种类及用途 …… 91
2.1.4 板带材生产特点 …… 93
2.2 板带轧机 …… 93
2.2.1 板带轧机的分类 …… 93
2.2.2 高精度板带轧机 …… 98
2.2.3 轧机刚度 …… 99
2.3 板带生产工艺 …… 105
2.3.1 中厚板生产工艺 …… 105
2.3.2 热连轧板带生产工艺 …… 118
2.3.3 冷轧板带生产工艺 …… 134
2.3.4 有色金属板带材生产工艺 …… 141
2.4 板厚控制 …… 146
2.4.1 产生板厚变化的原因 …… 146
2.4.2 板厚控制原理 …… 147
2.4.3 连轧板厚控制 …… 148
2.4.4 板厚自动控制系统 AGC …… 149
2.5 板形控制 …… 151
2.5.1 板形的定义 …… 151
2.5.2 板形控制原理 …… 152
2.5.3 板形控制技术 …… 154
2.5.4 板形控制系统 …… 154
2.6 轧材性能控制 …… 156
2.6.1 影响材质的因素与钢板强化机制 …… 156
2.6.2 轧制工艺对材质的影响 …… 157
2.6.3 轧制工艺与材质控制 …… 159
思考题 …… 162
参考文献 …… 163

3 钢管成形理论及工艺 …… 164

3.1 概述 …… 164
3.1.1 钢管的特性及分类 …… 164
3.1.2 钢管生产的基本工艺 …… 164
3.1.3 钢管的技术要求与钢管生产技术进步的趋势 …… 166
3.2 热轧无缝钢管的生产 …… 167

3.2.1 钢管的一般生产工艺过程 …… 167
3.2.2 无缝钢管的穿孔工艺 …… 169
3.2.3 毛管的轧制延伸理论及工艺 …… 178
3.2.4 钢管的定、减径工艺及理论 …… 185
3.2.5 无缝钢管的质量控制 …… 188
3.3 焊管生产 …… 193
3.3.1 焊管生产的一般工艺过程 …… 193
3.3.2 直缝焊管的成形 …… 194
3.3.3 螺旋焊管成形 …… 197
3.3.4 焊管的焊接 …… 197
3.4 钢管的冷加工 …… 200
3.4.1 概述 …… 200
3.4.2 钢管的冷轧生产 …… 201
3.4.3 钢管的冷拔生产 …… 202
思考题 …… 204
参考文献 …… 205

4 型材轧制工艺及孔型设计基础 …… 206

4.1 型材轧制工艺基础 …… 206
4.1.1 型材生产的特点 …… 206
4.1.2 型材的分类和特征 …… 206
4.1.3 经济断面型材和深加工型材 …… 207
4.1.4 有色金属型材 …… 208
4.1.5 型材轧制工艺 …… 209
4.1.6 型材轧机分类及典型布置形式 …… 210
4.2 孔型设计的基本知识 …… 212
4.2.1 孔型设计的内容和要求 …… 212
4.2.2 孔型设计的主要步骤 …… 213
4.2.3 孔型的形状及分类 …… 215
4.2.4 孔型的构成和各部分的作用 …… 216
4.2.5 孔型在轧辊上的配置 …… 219
4.3 延伸孔型设计 …… 223
4.3.1 延伸孔型设计方法概述 …… 223
4.3.2 延伸孔型系统分析与设计 …… 224
4.3.3 箱形孔型系统 …… 226
4.3.4 菱—方孔型系统 …… 228
4.3.5 椭圆—方孔型系统 …… 231
4.3.6 六角—方孔型系统 …… 233
4.3.7 椭圆—立椭圆孔型系统 …… 234

4.3.8　椭圆—圆孔型系统 …… 236
4.3.9　延伸孔型系统的参数计算 …… 238
4.3.10　延伸孔型系统的比较 …… 239
4.4　型材孔型设计 …… 244
4.4.1　简单断面型材孔型设计 …… 244
4.4.2　复杂断面型材的孔型设计 …… 250
4.5　计算机辅助孔型设计 …… 255
4.5.1　计算机辅助孔型设计的意义 …… 255
4.5.2　计算机辅助孔型设计的主要功能 …… 256
4.5.3　计算机辅助孔型设计算例 …… 257
思考题 …… 260
参考文献 …… 261

5　棒线材轧制工艺 …… 262

5.1　棒、线材概述 …… 262
5.1.1　棒、线材品种及分类 …… 262
5.1.2　棒、线材的用途 …… 263
5.1.3　棒、线材产品的应用及发展 …… 263
5.2　棒、线材生产 …… 264
5.2.1　高速线材轧机类型及布置 …… 264
5.2.2　高速线材生产工艺流程 …… 267
5.2.3　高速线材轧制新技术 …… 269
5.2.4　棒材轧机类型及布置 …… 270
5.2.5　棒材轧制新技术 …… 271
5.3　螺纹钢筋生产 …… 273
5.3.1　概述 …… 273
5.3.2　生产装备 …… 273
5.3.3　高强钢筋生产工艺 …… 274
5.3.4　钢筋热处理工艺 …… 285
5.4　典型棒线材合金系统设计与工艺控制 …… 287
5.4.1　非调质钢棒材分类及特点 …… 287
5.4.2　冷镦钢分类及特点 …… 290
思考题 …… 296
参考文献 …… 296

6　控制冷却理论及工艺 …… 297

6.1　控制冷却理论基础 …… 297
6.1.1　控制冷却方式 …… 297
6.1.2　水冷过程中的物理现象 …… 309

6.1.3　轧后控制冷却的分段 …… 319
6.1.4　控制冷却对钢材组织性能的影响 …… 320
6.1.5　控制冷却过程钢材温度场的数值模拟方法 …… 327
6.2　热轧板带钢控制冷却 …… 329
6.2.1　热轧板带钢冷却的换热形式 …… 329
6.2.2　中厚板控制冷却 …… 330
6.2.3　热连轧带钢控制冷却 …… 333
6.3　型钢轧制过程中的控制冷却 …… 336
6.3.1　H型钢轧制的控制冷却 …… 336
6.3.2　钢轨轧制的控制冷却 …… 340
6.3.3　棒线材轧制的控制冷却 …… 341
6.3.4　其他常见型钢轧制的控制冷却 …… 347
思考题 …… 349
参考文献 …… 350

1 轧 制 理 论

1.1 轧制过程的基本概念

1.1.1 轧制变形区的几何参数

1.1.1.1 轧制变形区和描述参数

A 轧制变形区

轧制过程是由轧件与轧辊之间的摩擦力将轧件拉进相对旋转方向的轧辊之间使之产生塑性变形的过程。轧制变形区是指轧制时，轧件在轧辊作用下发生变形的体积。实际的轧制变形区分成弹性变形区、塑性变形区和弹性恢复区三个区域（见图1-1）。在热轧时，轧辊表面粗糙情况下，轧件与轧辊有一部分粘着在一起，轧件轧制时发生的变形情况又复杂得多。

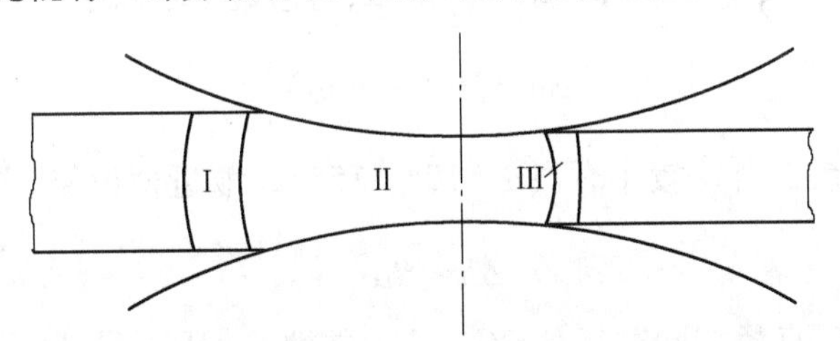

图1-1 冷轧薄板的变形区

Ⅰ—弹性变形区；Ⅱ—塑性变形区；Ⅲ—弹性恢复区

在实际分析中，一般将轧制变形区简化为轧辊与轧件接触面之间的几何区。最简单的轧制变形区是轧制宽而较薄的钢板轧机的变形区，如图1-2所示。当轧件横向变形为零时，变形区水平投影为一矩形。当有宽展存在时，变形区水平投影近似为梯形。

B 描述变形区的参数

图1-2中，描述变形区的主要参数有：

α——咬入角，轧件被咬入轧辊时，轧件和轧辊最先接触点（实际上为一条线）和轧辊中心的连线与两轧辊中心连线所构成的角度；

l——接触弧长的水平投影，也称变形区长度；

F——接触面水平投影面积，简称接触面积；

l/h_m——变形区形状参数，$h_m=(H+h)/2$ （变形区平均高度）。

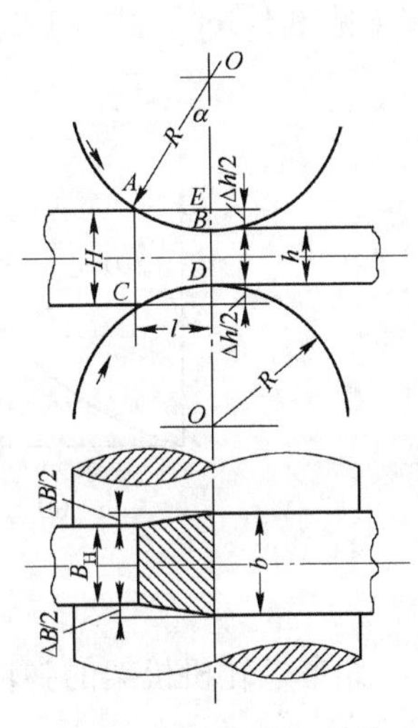

图1-2 轧制板材的变形区

1.1.1.2 简单轧制时变形区参数间的关系

A 简单轧制

实际生产中有各种各样的轧辊组合形式，在轧制方式中，主要是纵轧，轧辊组合形式有 2 辊、3 辊、4 辊、6 辊、8 辊、12 辊、20 辊等不同形式。但除 Y 型轧机、行星轧机等形式轧机外，轧件承受压缩产生塑性变形是在一对工作辊之间完成的。这是轧制过程的最基本形式。

但是一对工作辊也有各种不同的情况，如辊径相同和不同，轧辊刻槽和不刻槽（平辊），轧辊转速相同和不同，轧辊均为主动（传动）或一个主动辊一个被动辊的，轧制时有无张力或推力，轧件温度、摩擦条件是否均匀等等。

为了便于进行研究分析，对一些轧制条件做出假设和简化，建立一个理想的轧制模型，这就是简单理想轧制过程，即上下轧辊直径相同，均为传动辊，转速相同，轧辊为圆柱形刚体，轧件金属为均匀连续体，轧制时变形均匀，轧件为平板（参见图 1-2）。

B 咬入角 α、轧辊直径 D、压下量 Δh 间的关系

利用图 1-2 中的几何关系，可以得出

$$EB = OB - OE$$

其中 $EB = \frac{\Delta h}{2}$，$OB = R = \frac{D}{2}$，$OE = R\cos\alpha = \frac{D}{2}\cos\alpha$，代入上式得出

$$\Delta h = D(1 - \cos\alpha) \tag{1-1}$$

根据三角函数关系，当 α 较小时（$\alpha < 10° \sim 15°$），取近似值 $\sin\frac{\alpha}{2} \approx \frac{\alpha}{2}$，因此可得

$$\Delta h \approx R\alpha^2 \tag{1-2}$$

根据上式，当轧辊直径相同时（$D = C$，C 为常数），压下量 Δh 随咬入角 α 呈抛物线型增长（见图 1-3a），当咬入角 α 一定时（$\alpha = C$），压下量 Δh 与轧辊直径呈线性关系（见图1-3b），而当压下量一定时（$\Delta h = C$），咬入角 α 随轧辊直径 D 的增加呈双曲线型下降（见图 1-3c）。式（1-2）的咬入角 α 也可以表示为：

$$\alpha \approx \sqrt{\Delta h / R} \quad （弧度） \tag{1-2'}$$

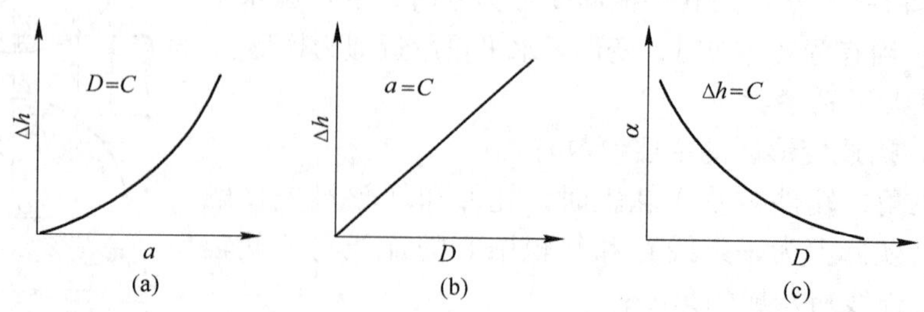

图 1-3 压下量、咬入角、轧辊直径三者间的关系

如考虑轧机机架的弹性变形 δ 时，咬入角 α 近似为

$$\alpha \approx \sqrt{(\Delta h - \delta)/R} \tag{1-3}$$

1.1.1.3 变形区长度及接触面积计算

A 变形区长度计算

由图 1-2 得

$$l = R\sin\alpha \text{ 或 } l^2 = R^2 - \left(R - \frac{\Delta h}{2}\right)^2 = R\Delta h - \frac{\Delta h^2}{4}$$

则有

$$l = \sqrt{R\Delta h - \frac{\Delta h^2}{4}} \tag{1-4}$$

如果忽略$\frac{\Delta h^2}{4}$，则变形区长度 l 可近似用下式表示

$$l \approx \sqrt{R\Delta h} \tag{1-5}$$

B 考虑轧辊及轧件弹性变形时的变形区长度 l'

在冷轧薄板以及热轧厚度小于 4 ~ 6mm 的薄板时，由于在金属和轧辊表面上产生较高的接触应力，使轧辊产生弹性压扁，而被加工金属在塑性变形后也有弹性恢复，因而造成接触弧长度增加。由于弹性压扁的接触弧长增加量可达 30% ~ 100%（有的甚至更大），在这种情况下，简单轧制时变形区长度公式就不适用了。

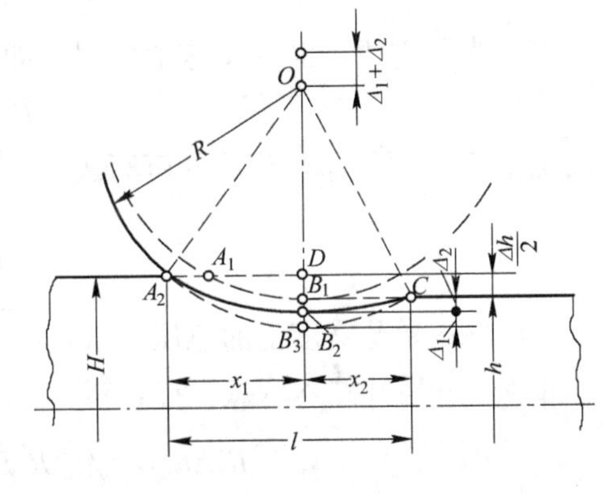

图 1-4 考虑轧辊和轧件弹性变形时的变形区长度

设轧辊的弹性变形量为 Δ_1，轧件的弹性恢复值为 Δ_2（图 1-4），为得到 Δh 的绝对压下量，应多压下$\Delta_1 + \Delta_2$。由$\triangle OA_2D$ 得：

$$x_1 = \sqrt{2R\left(\frac{\Delta h}{2} + \Delta_1 + \Delta_2\right)} \tag{1-6}$$

从$\triangle OB_1C$ 可近似得到

$$x_2 \approx \sqrt{2R(\Delta_1 + \Delta_2)} \tag{1-7}$$

考虑轧辊和轧件弹性变形时的变形区长度 l'为

$$l' = x_1 + x_2 \approx \sqrt{2R\left(\frac{\Delta h}{2} + \Delta_1 + \Delta_2\right)} + \sqrt{2R(\Delta_1 + \Delta_2)} \tag{1-8}$$

或者

$$l' \approx \sqrt{R\Delta h + x_2^2} + x_2 \tag{1-9}$$

Δ_1 和 Δ_2 的值可由弹性理论中关于两个圆柱体压缩的结论来确定。如果忽略轧制时两圆柱体压缩在轧辊连心线两边的非对称性，变形量 Δ_1 和 Δ_2 可表示为

$$\Delta_1 = 2\gamma\,\frac{1 - \nu_1^2}{\pi E_1}, \quad \Delta_2 = 2\gamma\,\frac{1 - \nu_2^2}{\pi E_2} \tag{1-10}$$

式中 γ——压缩圆柱体单位长度上的压力；

ν_1，ν_2——轧辊与轧件的泊松系数；

E_1，E_2——轧辊与轧件的弹性模量。

如果平均单位压力用 $\bar{p}$ 表示，γ 值为

$$\gamma = 2x_2\bar{p} \tag{1-11}$$

将式（1-10）、式（1-11）代入式（1-7），得

$$x_2 = 8\bar{p}R\left(\frac{1-\nu_1^2}{\pi E_1} + \frac{1-\nu_2^2}{\pi E_2}\right) \tag{1-12}$$

如忽略轧件弹性变形（考虑轧件厚度与轧辊直径相比非常小，即 $h \ll R$，忽略 Δ_2），则有

$$x_2 = 8\bar{p}R\frac{1-\nu_1^2}{\pi E_1} = CR\bar{p} \quad \left(C = 8\frac{1-\nu_1^2}{\pi E_1}\right) \tag{1-13}$$

若钢轧辊 $E = 2.2 \times 10^5 \text{N/mm}^2$，$\nu = 0.3$，此时

$$x_2 \approx \frac{\bar{p}R}{9500} \quad (\text{mm})$$

对钢轧辊

$$l' = \sqrt{R\Delta h + \left(\frac{\bar{p}R}{9500}\right)^2} + \frac{\bar{p}R}{9500} \tag{1-14}$$

有时为了方便，也用 R' 来表示 l'，即

$$l' = \sqrt{R'\Delta h} \tag{1-15}$$

下面确定 R'。平均单位压力 $\bar{p}$ 可写成

$$\bar{p} = \frac{P_0}{l'}$$

式中　P_0——单位宽度上的总压力（$P_0 = P/\bar{B}$）。

将式（1-13）代入式（1-9），得

$$R'\Delta h = \sqrt{C^2R^2P_0^2 + RR'(\Delta h)^2} + CRP_0$$

经移项整理得

$$R' = R\left(1 + \frac{2CP_0}{\Delta h}\right)$$

或

$$R' = R\left(1 + \frac{2CP}{\Delta h\,\bar{B}}\right) \tag{1-16}$$

当采用其他材质的轧辊轧制时，把相应的 E 和 ν 值代入式（1-13），确定 x_2 数值。用式（1-15）不能直接求解，因为平均单位压力 $\bar{p}$ 未知，因此需用迭代法求解式（1-16），再由式（1-15）求得 l'。

C　接触面积计算

前已述及，接触面积是指轧制时轧辊与轧件实际接触面积的水平投影，这是计算轧制力时非常重要的参数。

这里只考虑平辊轧制时的接触面积（若轧件入、出口宽度分别为 B、b），其形状为梯形，则

$$F = \bar{B}l = \frac{B+b}{2}\sqrt{R\Delta h} \tag{1-17}$$

考虑轧辊及轧件弹性变形时的接触面积为

$$F = \overline{B}l' = \frac{B+b}{2}l' \tag{1-18}$$

上、下工作辊径 R_1、R_2 不同（$R_1 \neq R_2$）时的接触面积为

$$F = \overline{B}l = \frac{B+b}{2}\sqrt{\frac{2R_1R_2\Delta h}{R_1+R_2}} \tag{1-19}$$

1.1.2 咬入条件和轧制过程的建立

1.1.2.1 平辊轧制的咬入条件

在轧钢生产中，轧制过程有时能顺利进行，有时会出现轧件不能顺利进入轧辊或者说轧件不能被轧辊咬入，使轧制不能进行。所以轧制过程能否建立的先决条件是轧件能否被轧辊咬入。轧件在轧辊上的咬入过程是一个不稳定过程，因为在咬入的时候，变形区的几何参数、运动学参数以及力能参数都是变化的。

为完成轧制过程，必须使轧辊咬入轧件，只有当轧件上作用有外力，使其紧贴在轧辊上时才可能咬入。这种使轧件紧贴轧辊的力，可能是轧件运动的惯性力，也可能是由施力装置给的，还可能是轧钢工喂钢时的撞击力。在这种力作用下，轧辊与轧件前端接触，前端边缘被挤压时产生摩擦力，由摩擦力把轧件曳入辊缝中。

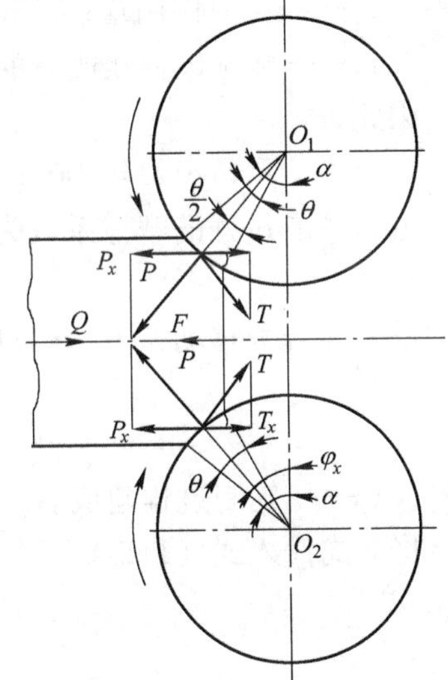

图 1-5 轧件进入轧辊时的作用力图示

分析轧件曳入时的平衡条件（见图 1-5），应当是有利于咬入的水平投影力的总和大于阻碍咬入的水平投影力的总和：

$$(Q-F)+2T_x>2P_x \tag{1-20}$$

式中 P_x——正压力 P 的水平投影；

T_x——摩擦力 T 的水平投影；

Q——外推力；

F——惯性力。

采用库仑摩擦定律，则有

$$T_x=\mu P\cos\left(\alpha-\frac{\theta}{2}\right),\ P_x=P\sin\left(\alpha-\frac{\theta}{2}\right)$$

式中 α——咬入角；

θ——边缘挤压角。

把 T_x 和 P_x 代入式（1-20），得出 μ，则轧件被轧辊咬入的条件是：

$$\mu \geqslant \tan\left(\alpha-\frac{\theta}{2}\right)-\frac{Q-F}{2P\cos\left(\alpha-\frac{\theta}{2}\right)}$$

如果没有水平外力作用，Q 可以忽略，且不考虑惯性力 F，那么轧入条件可以写成

$$\mu \geqslant \tan\alpha \tag{1-21}$$

如果用咬入时摩擦角 β 的正切来表示 μ，咬入条件又可写成

$$\beta \geqslant \alpha \tag{1-22}$$

这个条件意味着只有当咬入时的摩擦角β等于或大于咬入角α时才能实现轧件进入辊缝的过程（$\beta=\alpha$为咬入的临界条件）。

1.1.2.2　轧制过程建成条件分析

当轧件前端到达轧辊中心线后，轧制过程建成。在轧制过程建成时，假设接触表面的摩擦条件和其他参数均保持不变，合力作用点将由入口平面移向接触区内。

在x轴上列出轧件-轧辊的力学平衡条件，其临界条件是（见图1-6）

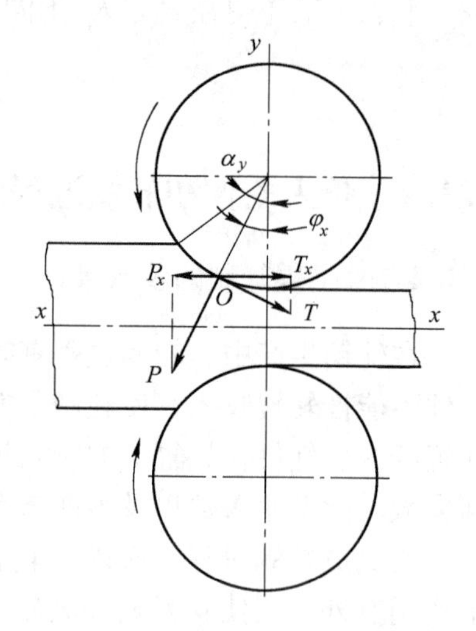

图1-6　轧件-轧辊的平衡条件

$$2T_x-2P_x=0$$

采用库仑摩擦条件$T=\mu P$并考虑到

$$P_x=P\sin\varphi_x,\ T_x=T\cos\varphi_x=\mu_y P\cos\varphi_x$$

式中　φ_x——合力作用角；

μ_y——轧制过程建成后的摩擦系数。

因此有

$$\mu_y P\cos\varphi_x=P\sin\varphi_x,\ \mu_y=\tan\varphi_x$$

由于建成过程的摩擦系数为$\mu_y=\tan\beta_y$，则有

$$\beta_y=\varphi_x \tag{1-23}$$

设n为合力移动系数，$n\geqslant1$，则φ_x可表示为

$$\varphi_x=\frac{\alpha_y}{n}$$

式中　α_y——轧制过程建成后，轧辊与轧件的接触角。

将上式代入式（1-23）

$$\beta_y=\frac{\alpha_y}{n}$$

轧制过程建成后的最大接触角为

$$\alpha_{ymax}=n\beta_y \tag{1-24}$$

如果设$n=2$（当沿接触弧应力均匀分布时有这种可能，在这种情况下，合力作用点在接触弧的中点），则轧制过程建成后的最大接触角为

$$\alpha_{ymax}=2\beta_y \tag{1-25}$$

由式（1-22）得最大咬入角为

$$\alpha_{max}=\beta \tag{1-26}$$

因此，轧制过程建成的综合条件乃是

$$\alpha_y\leqslant n\beta_y$$

当$\alpha_y>n\beta_y$时，轧制过程不能进行，并且轧件在轧辊上打滑。用式（1-24）除以式（1-26），得到

$$\alpha_{ymax}/\alpha_{max}=n\beta_y/\beta \tag{1-27}$$

从上式可以看出，轧制过程建成时的最大接触角与最大咬入角的比值，可以由合力移动系数n与摩擦角的比值决定。

当 $n=2$ 和 $\beta=\beta_y$ 时　$$\alpha_{ymax}=2\alpha_{max} \tag{1-28}$$

可见，轧制过程建成的最大接触角是咬入时最大咬入角的两倍。研究指出，轧制条件决定了 $\alpha_{ymax}/\alpha_{max}$ 的比值变化在 1～2 之间。

1.1.2.3　利用和改善咬入条件的方法

A　剩余摩擦力的概念

轧件从开始咬入到轧制建成的过程中，有利于轧件咬入的水平分力 T_x（见图 1-6）不断增加，而阻碍轧件咬入的水平分力 P_x 不断减小，T_x-P_x 的差值愈来愈大，也就是咬入过程所要求的靠摩擦作用的曳入力愈来愈富余。我们将咬入力 T_x 和水平阻力 P_x 的差值称为剩余摩擦力，并用 T_s 表示。

$$T_s=T_x-P_x=\mu P\cos\varphi-P\sin\varphi$$

如引入摩擦角 β，且 $\mu=\tan\beta$，则有

$$T_s=P(\tan\beta\cos\varphi-\sin\varphi)$$

当 β、φ 很小时，$\tan\beta\approx\beta$，$\cos\varphi\approx1$，$\sin\varphi\approx\varphi$，上式简化为

$$T_s=P\tan(\beta-\varphi) \tag{1-29}$$

如将剩余摩擦角的概念引入剩余摩擦力中，剩余摩擦力表示为

$$T_s=P\tan\omega$$

当剩余摩擦角 ω 很小时，$\tan\omega\approx\omega$，则

$$T_s=P\omega \tag{1-30}$$

比较式（1-29）和式（1-30），显然 ω 为

$$\omega=\beta-\varphi \tag{1-31}$$

可知，剩余摩擦角 ω 等于金属与轧辊间的接触摩擦角 β 与合力作用角 φ 的差值。

最初咬入时，$\varphi=\alpha$（咬入角），此时自然咬入的临界条件如 $\alpha=\beta$，即 $\varphi=\beta$，则 $\omega=\beta-\varphi=0$。这表明自然咬入时没有剩余摩擦力。

当 $\varphi<\alpha$ 时，$\omega=\beta-\varphi>0$，产生剩余摩擦力。

当 $\varphi=\dfrac{\alpha}{2}$时，$\omega=\beta-\varphi=\dfrac{\alpha}{2}$，轧制过程建成，剩余摩擦角 ω 达到最大值（见图 1-7）。

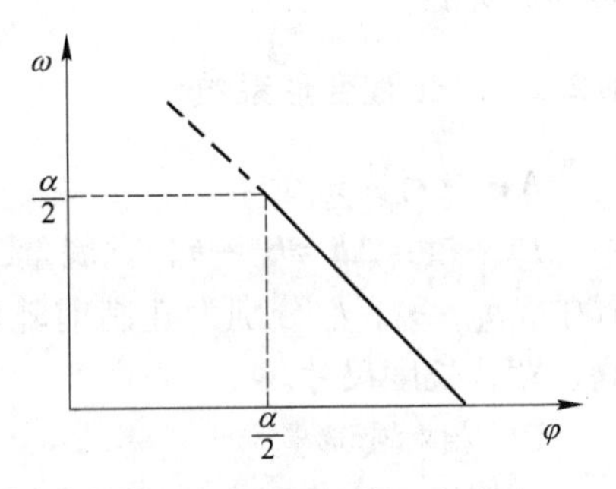

图 1-7　剩余摩擦角 ω 与合力作用角 φ 的关系

引入剩余摩擦力（角）的概念有助于分析轧件咬入中的一些现象以及合理利用咬入特性。例如，当以 $\beta=\alpha$ 的条件咬入轧件并过渡到轧制过程建成后，可以大大增加压下量，只要保证 $\omega=\beta-\varphi\geqslant0$ 即可，即利用剩余摩擦力来提高压下量。带钢压下就是利用了这个原理。

B　改善咬入条件的方法

从咬入条件的分析中可以看出，改善咬入特性是提

高轧机生产率的潜在因素之一。改善咬入特性的实质是提高咬入能力，其方法可以从以下几方面考虑：

（1）提高摩擦系数μ。通常的方法是提高轧辊的表面粗糙度。

（2）增加后推力。人工或机械对轧件加后推力或用轧件冲击轧辊的方法增加咬入能力。由于轧件和轧辊之间存在水平速度差，在该系统内短时间内作用有冲击力。在咬入的第一阶段，在系统速度得到补偿之前，使轧件产生制动。制动咬入时，冲击力的数值取决于系统开始和终了的速度差及系统的质量。系统的速度差越大，质量越大，则冲击力也越大。

（3）改变变形参数和工具尺寸（如轧辊直径）或压下量（因为$\alpha = \sqrt{\Delta h/R}$）。

（4）增加轧件与轧辊的接触面积或采用合适的孔型侧壁倾角（在孔型轧制情况下）。

1.2 轧制过程中金属的变形

1.2.1 轧制时金属变形的基本概念及变形系数

1.2.1.1 基本概念

当轧件在变形区内沿高度（厚度）方向上受到压缩时，金属向纵向及横向流动，轧制后轧件在长度和宽度方向上尺寸增大。由于变形区几何形状及力学和摩擦作用的关系，轧制时金属主要是纵向流动，与纵向变形相比宽向变形通常很小。

通常，将轧制时轧件在高、宽、纵向三个方向的变形分别称为压下、宽展和延伸。

在轧件入口处上部边缘上指定一M点。在轧制过程中在压下的影响下，M点要向下移动$(h_0-h)/2$距离，在轧制方向上将延伸移动。因为轧件在宽度方向上也要发生变形，所以在此方向M点移动距离为$(b_0-b)/2$。因此，就可划出M点的空间轨迹，它稍向下、向两侧，并且在很大程度上是向前的。因此在变形区域中金属的变形用三个坐标轴来表示。

根据给定的坯料尺寸和压下量来确定轧制后轧件的尺寸和形状，或者已知轧制后轧件的尺寸和压下量，要求确定所需坯料的尺寸，这是在制定轧制工艺时首先遇到的问题。要解决这类问题，首先要知道被压下金属是如何沿轧制方向和宽度方向流动的，即如何分配延伸和宽展。

1.2.1.2 工程变形系数

A 绝对变形量

压下量：$\Delta h = h_0 - h$；宽展量：$\Delta b = b - b_0$；延伸量：$\Delta l = l - l_0$ (1-32)

式中，h_0，b_0，l_0分别为轧制前轧件的高、宽、长度尺寸；h，b，l分别为轧制后轧件的高、宽、长度尺寸。

B 相对变形量

利用以下比值可衡量沿三个轴线方向的相对塑性变形值：

相对压下：$\varepsilon_h = \Delta h/h_0$；相对宽展：$\varepsilon_b = \Delta b/b_0$；相对延伸：$\varepsilon_l = \Delta l/l_0$ (1-33)

1.2.1.3　位移体积及对数变形系数

考虑一矩形六面体的变形。假定变形前六面体的线性尺寸为 h_0、b_0、l_0，变形后的尺寸为 h_1、b_1、l_1（图1-8）。

可将六面体的整个变形过程划分为许多微小的形变阶段（单元形变阶段）。认为六面体最终得到的有限应变是其在各单元形态阶段内产生多次微小变形的结果。而在每一单元形变阶段内，六面体的变形又可看做是体积等于 $f\mathrm{d}h$ 的微量金属，从 z 轴方向上移向 y 及 x 轴方向上去的结果。从 z 轴方向上所移去的金属体积称为 z 轴方向上的单元位移体积，用 $\mathrm{d}V_z$ 表示。

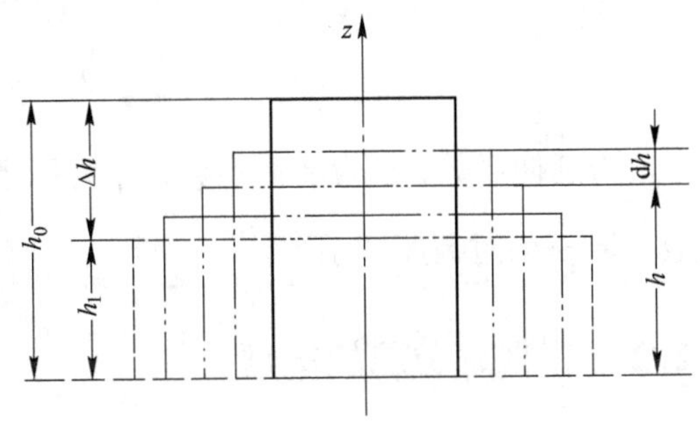

图1-8　六面体的变形过程图示

$$\mathrm{d}V_z = f\mathrm{d}h$$

式中，f 为所研究的单元形变阶段内六面体垂直 z 轴的断面面积。

对单元位移体积进行积分，便得到在六面体的整个变形过程中，以 z 轴方向上所移去的金属体积，即 z 轴方向的位移体积

$$V_z = \int_{h_0}^{h_1} f\mathrm{d}h = \int_{h_0}^{h_1} \frac{fh}{h}\mathrm{d}h = \int_{h_0}^{h_1} \frac{V}{h}\mathrm{d}h = V\int_{h_0}^{h_1} \frac{\mathrm{d}h}{h} = V\ln\frac{h_1}{h_0}$$

位移体积等于物体的体积与相应的对数变形系数的乘积。

位移体积与物体的体积之比，称相对位移体积。根据上式求得 z 轴方向的相对位移体积

$$V_z^0 = \frac{V_z}{V} = \ln\frac{h_1}{h_0}$$

相对位移体积等于变形后的尺寸与原始尺寸之比值的对数，即等于相应的对数变形系数。

从 z 轴方向上移去的金属体积将添加到 y 及 x 轴方向上，同样地可求得 y 及 x 轴方向的位移体积

$$V_y = V\ln\frac{b_1}{b_0},\qquad V_x = V\ln\frac{l_1}{l_0}$$

y 及 x 轴方向的相对位移体积则为

$$V_y^0 = \ln\frac{b_1}{b_0},\qquad V_x^0 = \ln\frac{l_1}{l_0}$$

根据体积不变假设，变形前、后六面体的体积相等

$$l_0b_0h_0 = l_1b_1h_1$$

或写成

$$\frac{l_1}{l_0}\frac{b_1}{b_0}\frac{h_1}{h_0} = 1$$

对上式取对数，得

$$\ln\frac{l_1}{l_0} + \ln\frac{b_1}{b_0} + \ln\frac{h_1}{h_0} = 0 \tag{1-34}$$

相对位移体积的代数和为零。该式为产生有限应变的变形物体的体积不变条件。

在实际中，常把高度方向的对数应变也取为正值，此时式（1-34）可表示为

$$\ln\lambda + \ln\beta - \ln\frac{1}{\eta} = 0 \tag{1-35}$$

式中 $\lambda = \frac{l_1}{l_0}$，$\beta = \frac{b_1}{b_0}$，$\eta = \frac{h_1}{h_0}$

λ 为延伸系数；β 为展宽系数；η 为压下系数；$\ln\lambda$ 为对数延伸系数；$\ln\beta$ 为对数展宽系数；$\ln\frac{1}{\eta}$为对数压下系数。

1.2.2 轧制时金属的宽展

1.2.2.1 宽展与其实际意义

在轧制过程中轧件的高度承受轧辊压缩作用，压缩下来的体积，将按照最小阻力法则移向纵向及横向。由移向横向的体积所引起的轧件宽度的变化称为宽展。

在习惯上，通常将轧件在宽度方向线尺寸的变化（即绝对宽展）直接称为宽展。虽然用绝对宽展不能正确反映变形的大小，但是由于它简单、明确，在生产实践中得到极为广泛的应用。

轧制中的宽展可能是希望的，也可能是不希望的，视轧制产品的断面特点而定。当从窄的坯轧成宽成品时希望有宽展，如用宽度较小的坯轧成宽度较大的成品，则必须设法增大宽展。若是从大断面坯轧成小断面成品时，不希望有宽展。因消耗于横变形的功是多余的，在这种情况下，应该力求以最小的宽展轧制。

纵轧的目的是为得到延伸，除特殊情况下，应该尽量减小宽展，降低轧制功能消耗，提高轧机生产率。不论在哪种情况下，希望或不希望有宽展，均必须掌握宽展变化规律并正确计算它，在孔型中轧制则更为重要。

正确估计轧制中的宽展是保证断面质量的重要一环，若计算宽展大于实际宽展，孔型充填不满，造成很大的椭圆度，如图 1-9a 所示。若计算宽展小于实际宽展，孔型充填过满，则将产生耳子，如图 1-9b 所示。以上两种情况均会造成轧制废品。

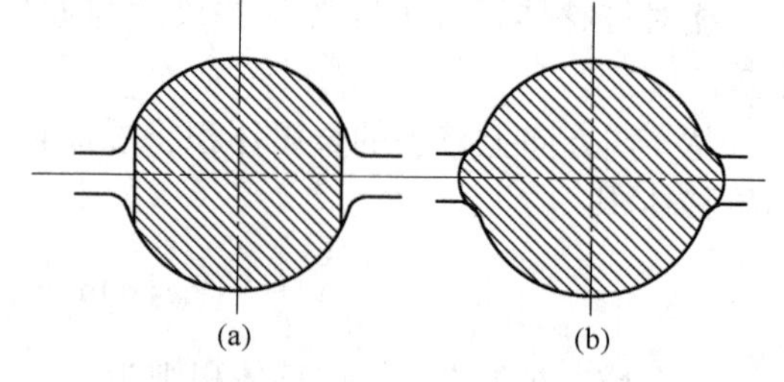

图 1-9　由于宽展估计不足产生的缺陷

（a）未充满；（b）过充满

因此，正确地估计宽展，对提高产品质量、改善生产技术经济指标有着重要的作用。

1.2.2.2 宽展分类

在不同的轧制条件下，坯料在轧制过程中的宽展形式是不同的。根据金属沿横向流动的自由程度，宽展可分为自由宽展、限制宽展和强制宽展。

（1）自由宽展：坯料在轧制过程中，被压下的金属体积其金属质点横向移动时具有向垂直于轧制方向的两侧自由移动的可能性，此时金属流动除受轧辊接触摩擦的影响外，不受其他任何的阻碍和限制，如孔型侧壁、立辊等，结果明确地表现出轧件宽度尺寸的增

加，这种情况称为自由宽展，如图 1-10 所示。自由宽展发生于变形比较均匀的条件下，如平辊上轧制矩形断面轧件，以及宽度有很大富裕的扁平孔型内轧制。自由宽展轧制是最简单的轧制情况。

（2）限制宽展：坯料在轧制过程中，金属质点横向移动时，除受接触摩擦的影响外，还承受孔型侧壁的限制作用，因而破坏了自由流动条件，此时产生的宽展称为限制宽展。如在孔型侧壁起作用的凹型孔型中轧制时即属于此类宽展，如图 1-11 所示。由于孔型侧壁的限制作用，横向移动体积减小，故所形成的宽展小于自由宽展。

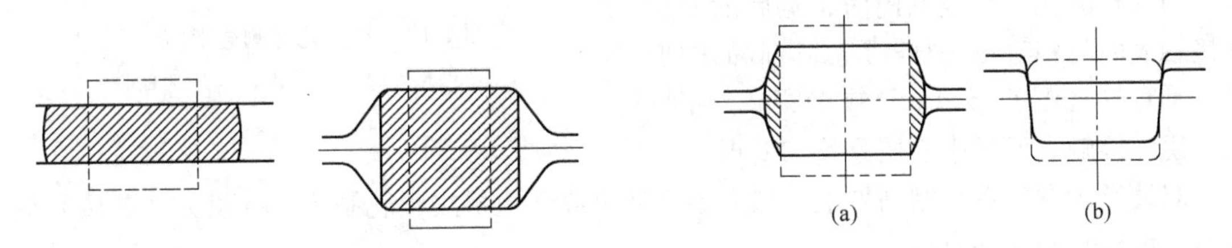

图 1-10　自由宽展轧制

（虚线表示轧件轧前尺寸，剖面线表示轧件轧后尺寸）

图 1-11　限制宽展

（a）箱形孔内的宽展；（b）闭口孔内的宽展

（3）强制宽展：坯料在轧制过程中，金属质点横向移动时，不仅不受任何阻碍且受有强烈的推动作用，轧件宽度产生附加的增长，此时产生的宽展称为强制宽展。由于出现有利于金属质点横向流动的条件，所以强制宽展大于自由宽展。

在凸型孔型中轧制及有强烈局部压缩的孔型条件是强制宽展的典型例子，如图 1-12 所示。

如图 1-12a 所示，由于受孔型凸形部分强烈的局部压缩的影响，强迫金属流向横向。轧制宽扁钢时采用的切深孔型就是强制宽展的实例。而图 1-12b 所示是由两侧部分的强烈压缩形成强制宽展。

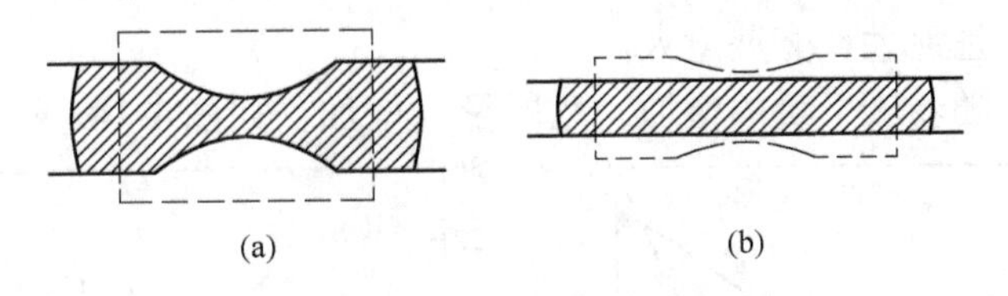

图 1-12　强制宽展轧制

在孔型中轧制时，由于孔型侧壁的作用和轧件宽度上压缩的不均匀性，确定金属在孔型内轧制时的宽展是十分复杂的。

1.2.2.3　宽展的分布

平辊轧制矩形件时，沿横截面上宽展的分布是相当复杂的，它主要决定于接触表面上的摩擦条件和沿轧件高度上的不均匀变形程度。根据这些因素的影响，轧制后轧件侧边的形状可呈双鼓形、单鼓形和平直形（图 1-13）。决定宽展沿轧件高度上分布不均匀的主要因素是 $b/\overline{h}$ 之比值（b 为轧件宽度，$\overline{h}$ 为轧件平均高度）。

当 $b/\overline{h}$ 较小时，宽展仅产生在接触表面附近，轧件侧边呈双鼓形（图 1-13a），宽展仅仅分布在轧件高度上一定范围之内，在接触表面上发生变形，而中心产生较小的变形或不产生变形。

当 $b/\bar{h}$ 较大时，轧件中心层产生较大宽展，变形结果为横截面的侧表面形状呈单鼓形（图1-13b）。这种情况下，沿轧件高度的中心层上的宽展量较之接触面的大。

当 $b/\bar{h}$ 值在一定范围内时，宽展的分布在接触表面与中心层一样，那么横截面的形状是平直的（图1-13c）。这样的宽展分布特征，说明接触表面与中心层是均匀变形。

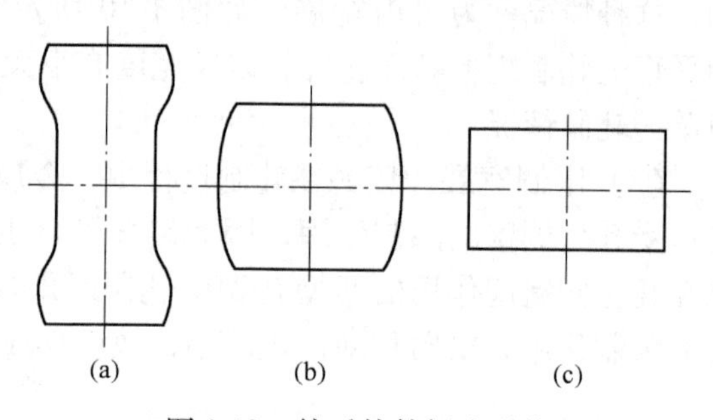

图1-13　轧后轧件侧边形状
（a）双鼓形；（b）单鼓形；（c）平直形

双鼓形多发生在轧制高件上，如大型开坯机或轧边机立辊轧制等。有顶头（芯棒）轧管时，可按轧制薄件对待。

总之，宽展是一个复杂的轧制现象，它受多种因素影响。

1.2.2.4　影响宽展的因素

影响金属在变形区内沿纵向及横向流动的数量关系的因素很多。但这些因素都是建立在最小阻力定律及体积不变定律的基础上。经过综合分析，影响宽展诸因素的实质可归纳为两方面：一是高向移动体积；二是变形区内轧件变形的纵横阻力比，即变形区内轧件应力状态中 σ_3/σ_2 关系（σ_3 为纵向压缩主应力，σ_2 为横向压缩主应力）。根据分析，变形区内轧件的应力状态取决于多种因素。这些因素是通过变形区形状和轧辊形状反映变形区内轧件变形的纵横阻力比，从而影响宽展。下面具体分析各因素对轧件宽展的影响。

A　压下量对宽展的影响

压下量是形成宽展的源泉，是形成宽展的主要因素之一，没有压下量宽展就无从谈起，因此，相对压下量愈大，宽展愈大。

很多实验表明，随着压下量的增加，宽展量也增加，如图1-14a所示，这是因为压下

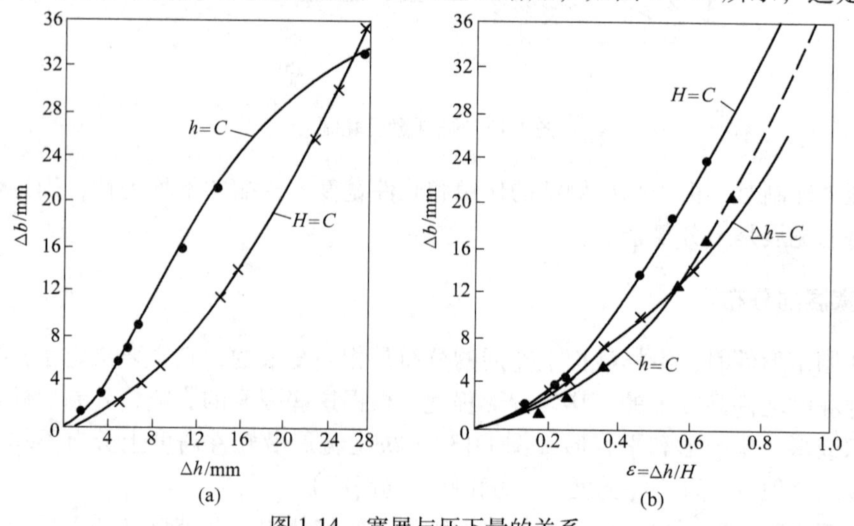

图1-14　宽展与压下量的关系

量增加时，变形区长度增加，变形区水平投影形状 l/b 增大，因而使纵向塑性流动阻力增加，纵向压缩主应力值加大。根据最小阻力定律，金属沿横向运动的趋势增大，因而使宽展加大。另一方面，$\Delta h/H$ 增加，高向压下来的金属体积也增加，所以使 Δb 也增加，如图1-14b 所示。

B　轧制道次对宽展的影响

实验证明，在总压下量一定的前提下，轧制道次愈多，宽展愈小，如表1-1 所示的数据可完全说明上述结论，因为，在其他条件及总压下量相同时，一道次轧制时变形区形状 l/b 比值较大，所以宽展较大，而当多道次轧制时变形区形状 l/b 值较小，所以宽展也较小。

表1-1　轧制道次与宽展量的关系

编　号	轧制温度/℃	道次数	$\frac{\Delta h}{H}$/%	Δb/mm
1	1000	1	74.5	22.4
2	1085	6	73.6	15.6
3	925	6	75.4	17.5
4	920	1	75.1	33.2

因此，不能只是从原料和成品的厚度来决定宽展，而是应该按各个道次来分别计算。

C　轧辊直径对宽展的影响

由实验得知，其他条件不变时，宽展 Δb 随轧辊直径 D 的增加而增加。这是因为当 D 增加时变形区长度加大，纵向阻力增加，根据最小阻力定律，金属更容易向宽展方向流动，如图1-15 所示。

研究辊径对宽展的影响时，应当注意到轧辊为圆柱体这一特点，沿轧制方向由于是圆弧形的，必然产生有利于延伸变形的水平分力，它使纵向摩擦阻力减少，有利于纵向变形，即增大延伸。所以，即使变形区长度与轧件宽度相等时，延伸与宽展的量也并不相等，而由于工具形状的影响，延伸总是大于宽展。

D　摩擦系数对宽展的影响

实验证明，当其他条件相同时，随着摩擦系数的增加，宽展增加，如图1-16 所

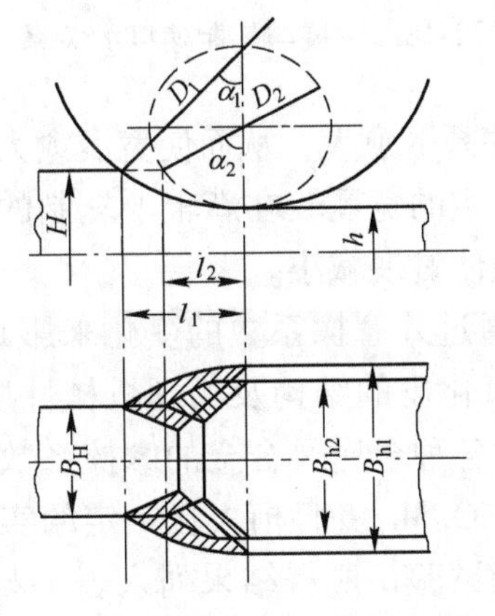

图1-15　轧辊直径对宽展的影响

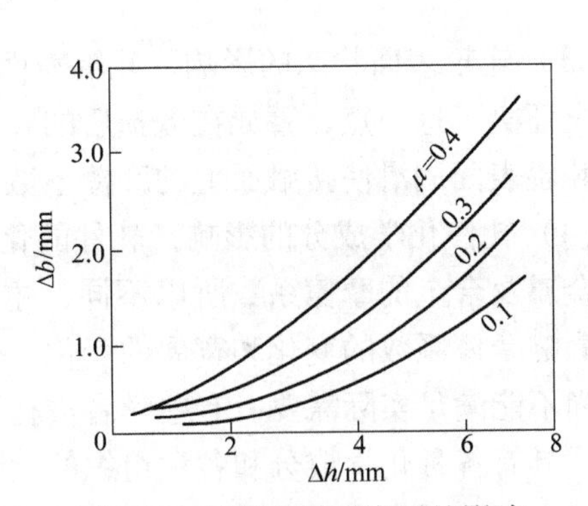

图1-16　摩擦系数对宽展的影响

示。因为随着摩擦系数的增加，轧辊的工具形状系数增加，因之使 σ_3/σ_2 比值增加，相应地使延伸减小，宽展增大。摩擦系数是轧制条件的复杂函数，可写成下面的函数关系

$$\mu = \eta(t, v, K_1, K_3)$$

式中，t 为轧制温度；v 为轧制速度；K_1 为轧辊材质与表面状态；K_3 为轧件的化学成分。

凡是影响摩擦系数的因素，都将通过摩擦系数引起宽展的变化，这主要有：

（1）轧制温度对宽展的影响：轧制温度对宽展影响的实验曲线如图 1-17 所示。分析此图上的曲线特征可见，轧制温度对宽展的影响与其对摩擦系数的影响规律基本相同。在此热轧条件下，轧制温度主要是通过氧化铁皮的性质影响摩擦系数，从而间接地影响宽展的。从图 1-17 可看出，在较低温度阶段由于温度升高，氧化皮的生成，摩擦系数升高，从而宽展亦增。而到高温阶段由于氧化皮开始熔化起润滑作用，摩擦系数降低，从而宽展降低。

（2）轧制速度的影响：轧制速度对宽展的影响规律基本上与其对摩擦系数的影响规律相同，因为轧制速度是影响摩擦系数的，从而影响宽展的变化，随轧制速度的升高，摩擦系数是降低的，从而宽展减小，如图 1-18 所示。

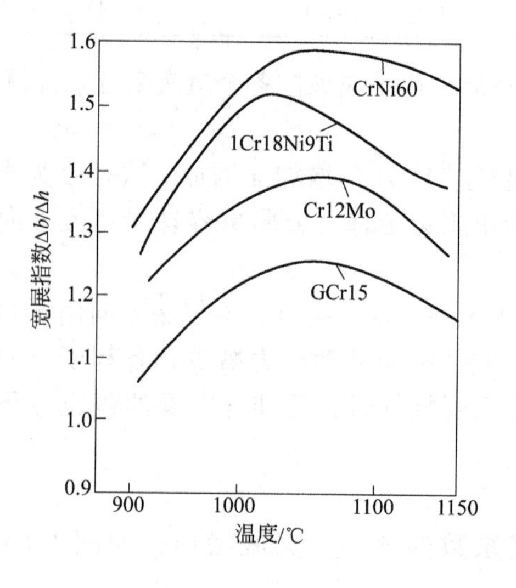

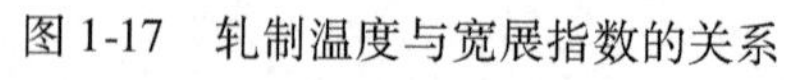
图 1-17　轧制温度与宽展指数的关系

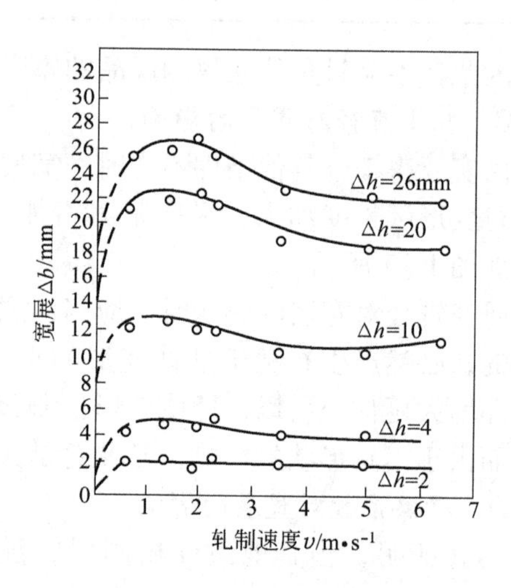

图 1-18　宽展与轧制速度的关系

（3）轧辊表面状态的影响：轧辊表面愈粗糙，摩擦系数愈大，从而使宽展愈大，实践也完全证实了这一点，譬如在磨损后的轧辊上轧制时产生的宽展较在新辊上轧制的宽展为大。轧辊表面润滑使接触面上的摩擦系数降低，相应地使宽展减小。

（4）轧件化学成分的影响：轧件的化学成分主要通过外摩擦系数的变化来影响宽展。热轧金属及合金的摩擦系数所以不同，主要是由于其氧化皮的结构及物理机械性质不同，从而影响摩擦系数的变化和宽展的变化。但是，目前对各种金属及合金的摩擦系数研究较少，尚不能满足实际需要。有些学者进行了一些研究，Ю. М. 齐日柯夫在一定的实验条件下做了具有各种化学成分和各种组织的大量钢种的宽展试验，所得结果列入表 1-2 中。从这个表中可以看出来，合金钢的宽展比碳素钢大些。

表 1-2 钢的成分对宽展的影响系数

组 别	钢 种	钢 号	影响系数 m	平均数
Ⅰ	普碳钢	10 号钢	1.0	
Ⅱ	珠光体-马氏体钢	T_7A（碳钢）	1.24	1.25 ~ 1.32
		GCr15（轴承钢）	1.29	
		16Mn（结构钢）	1.29	
		4Cr13（不锈钢）	1.33	
		38CrMoAl（合结钢）	1.35	
		4Cr10Si2Mo（不锈耐热钢）	1.35	
Ⅲ	奥氏体钢	4Cr14Ni14W2Mo	1.36	1.35 ~ 1.46
		2Cr13Ni4Mn9（不锈耐热钢）	1.42	
Ⅳ	带残余相的奥氏体（铁素体，莱氏体）钢	1Cr18Ni9Ti（不锈耐热钢）	1.44	1.4 ~ 1.5
		3Cr18Ni25Si2（不锈耐热钢）	1.44	
		1Cr23Ni13（不锈耐热钢）	1.53	
Ⅴ	铁素体钢	1Cr17Al5（不锈耐热钢）	1.55	
Ⅵ	带有碳化物的奥氏体钢	Cr15Ni60（不锈耐热合金）	1.62	

按一般公式计算出来的宽展，很少考虑合金元素的影响。为了确定合金钢的宽展，必须将按一般公式计算所求得的宽展值乘上表 1-2 中的系数 m，也就是

$$\Delta b_{合} = m \cdot \Delta b_{计}$$

式中 $\Delta b_{合}$——所求得的合金钢的宽展；

$\Delta b_{计}$——按一般公式计算的宽展；

m——考虑化学成分影响的系数。

（5）轧辊化学成分的影响：轧辊的化学成分影响摩擦系数，从而影响宽展，一般在钢轧辊上轧制时的宽展比在铸铁轧制时为大。

E 轧件宽度对宽展的影响

如前所述，可将接触表面金属流动分成四个区域：即前、后滑区和左、右宽展区。用它说明轧件宽度对宽展的影响。假如变形区长度 l 一定，当轧件宽度 B 逐渐增加时，由 $l_1 > B_1$ 到 $l_2 = B_2$ 如图 1-19 所示，宽展区是逐渐增加的，因而宽展也逐渐增加，当由 $l_2 = B_2$ 到 $l_3 < B_3$ 时，宽展区变化不大，而延伸区逐渐增加。因此从绝对量上来说，宽展的变化也是先增加，后来趋于不变，这已为实验所证实。

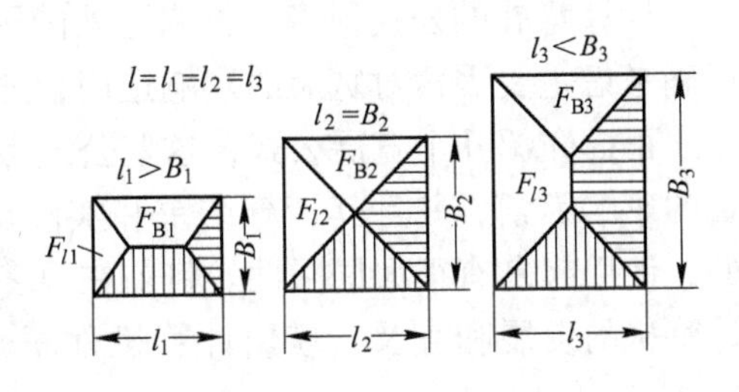

图 1-19 轧件宽度对变形区划分的影响

从相对量来说，则随着宽展区 F_B 和前、后滑区 F_l 的 F_B/F_l 比值不断减小，而 $\Delta b/B$ 逐渐减小。同样若 B 保持不变，而 l 增加时，则前、后滑区先增加，而后接近不变；而宽展区的绝对量和相对量均不断增加。

一般说来，当 $l/\overline{B}$ 增加时，宽展增加，亦即宽展与变形区长度 l 成正比，而与其宽度

$\overline{B}$ 成反比。轧制过程中变形区尺寸的比，可用下式表示

$$l/\overline{B} = \frac{\sqrt{R\Delta h}}{\frac{B+b}{2}} \tag{1-36}$$

此比值越大，宽展亦越大。$l/\overline{B}$ 的变化，实际上反映了纵向阻力及横向阻力的变化，轧件宽度 B 增加，Δb 减小，当 B 值很大时，Δb 趋近于零，即 $b/B=1$ 即出现平面变形状态。此时表面横向阻力的横向压缩主应力 $\sigma_2 = \frac{\sigma_1 + \sigma_3}{2}$。在轧制时，通常认为，在变形区的纵向长度为横向长度的二倍时（$l/\overline{B}=2$），会出现纵横变形相等的条件。为什么不在两者相等（$l/\overline{B}=1$）时出现呢？这是因为前面所说的工具形状的影响。此外，在变形区前后轧件都具有外端，外端将起着阻碍金属质点向横向移动的作用，因此，也使宽展减小。

F　前、后张力对宽展的影响

轧制时，由于外区的作用，在变形接触区板材边部及边部的外区产生纵向张应力，在与它相邻的区域将产生纵向压应力，在所研究的每一个面上，此压应力与张应力相平衡。以 σ_A 和 σ_B 表示作用在 A 点和 B 点的纵向应力（外区作用及张力作用，见图 1-20），由于此应力的作用，在变形区中由外摩擦影响而产生的压应力 σ_x 将大大减小，因此表示纵向应力 σ_x 和横向应力 σ_z 相等的应力线将不通过 A、D 和 B 点，而是远离外区，处在新的位置（EG 和 GF）上。这样一来，张力的影响表现为有宽展趋势的金属区段的缩小，因而明显地减小了宽展量。因此，板带轧制采用前、后张力时，随着张力的增大，宽展减小。

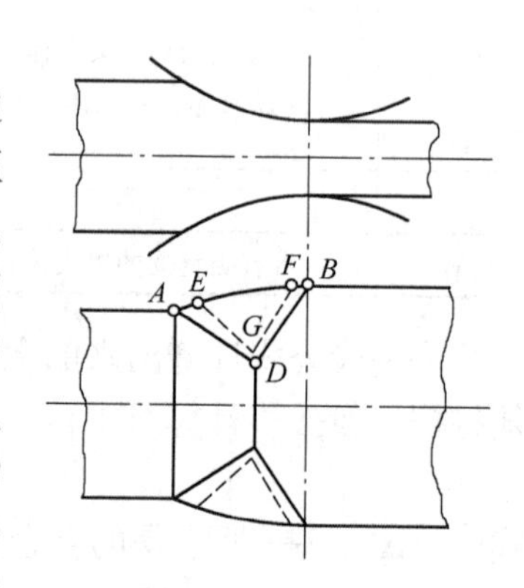

图 1-20　在外区及张力作用下，假想的宽展区的位移（以虚线表示）

1.2.2.5　平辊轧制时宽展的计算

计算宽展的公式很多，影响宽展的因素也很多，只有在深入分析轧制过程的基础上，正确考虑主要因素对宽展的影响选用合适的公式才能获得较好的宽展计算结果。

下面介绍几个宽展公式，这些公式考虑的影响因素并不很多，而只是考虑了其中最主要的影响因素，并且其计算结果和实际出入并不太大。现在很多公式是按经验数据整理的，使用起来有很大局限性。目前在很多实际生产中很多情况是按经验估计宽展，但随着计算机的发展和普及，应用计算机程序、结合专家知识会使宽展的计算更加科学化、合理化。

在平辊上计算宽展的公式反映了部分轧制情况，适用于一定的金属变形条件。

（1）Л. 热兹公式：此公式是最简单的公式，其表达式为

$$\Delta b = C\Delta h \tag{1-37}$$

式中，C 包括了除压下量 Δh 以外的所有轧制参数对宽展的影响，它的变化范围在 0 ~ 1 之间。不同轧制情况的 C 值，是由实验确定的。现在常把它表示成一个宽展指数 $C=\Delta b/\Delta h$，它广泛应用于表征轧制时金属的横向流动的运动学特征。

（2）С. Н. 别特罗夫-Э. 齐别尔公式：

$$\Delta b = C(\Delta h/H)\sqrt{R\Delta h} \tag{1-38}$$

式中，$C=0.35\sim0.45$，对于强度较高的钢种，建议取上限值。此公式没有考虑板材的接触摩擦条件、宽度和张力。

（3）С. И. 古布金公式：

$$\Delta b = \left(1+\frac{\Delta h}{H}\right)\left(\mu\sqrt{R\Delta h}-\frac{\Delta h}{2}\right)\frac{\Delta h}{H} \tag{1-39}$$

此公式是由实验数据回归得到的，它除了考虑主要几何尺寸外，还考虑了接触摩擦条件。而且当$\mu=0.40\sim0.45$时，计算结果与实际相当吻合，因而在一定范围内是适用的。

（4）Б. П. 巴赫契诺夫公式：此公式是根据移动体积与其消耗功成正比的关系导出的，即

$$\frac{V_{\Delta b}}{V_{\Delta h}} = \frac{A_{\Delta b}}{A_{\Delta h}}$$

式中　$V_{\Delta b}$，$A_{\Delta b}$——向宽度方向移动的体积与其所消耗的功；

$V_{\Delta h}$，$A_{\Delta h}$——高度方向移动体积与其所消耗的功。

从理论上导出宽展公式、忽略宽展的一些影响因素后得出实用的简化公式如下

$$\Delta b = 1.15\frac{\Delta h}{2H}\left(\sqrt{R\Delta h}-\frac{\Delta h}{2\mu}\right) \tag{1-40}$$

巴赫契诺夫公式考虑了摩擦系数，相对压下量，变形区长度及轧辊形状对宽展的影响，在公式推导过程中也考虑了轧件宽度及前滑的影响。实践证明，用巴赫契诺夫公式计算平辊轧制和箱型孔型中的自由宽展可以得到与实际相接近的结果，因此可以用于实际变形计算中。

（5）S. 艾克隆德公式：该公式导出的理论依据是：认为宽展决定于压下量及轧件与轧辊接触面上纵横阻力的大小，并假定在接触面范围内，横向及纵向单位面积上的单位功是相同的；在延伸方向上，假定滑动区为接触弧长的2/3及粘着区为接触弧长的1/3。按体积不变条件进行一系列的数学处理，得

$$b^2 = 8m\sqrt{R\Delta h}\Delta h + B^2 - 2\times 2m(H+h)\sqrt{R\Delta h}\ln\frac{b}{B} \tag{1-41}$$

式中

$$m = \frac{1.6\mu\sqrt{R\Delta h}-1.2\Delta h}{H+h}$$

摩擦系数可按下式计算：

$$\mu = k_1k_2k_3(1.05-0.0005t)$$

式中　k_1——轧辊材质与表面状态的影响系数，见表1-3；

k_2——轧制速度影响系数，其值见图1-21；

k_3——轧件化学成分影响系数，见表1-2；

t——轧制温度，℃。

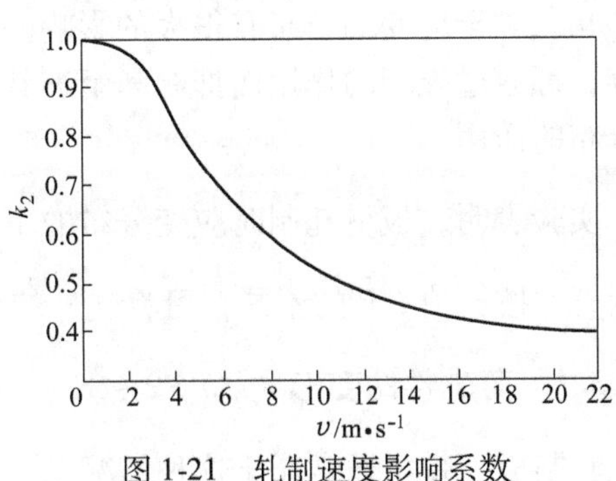

图1-21　轧制速度影响系数

表 1-3　轧辊材质与表面状态影响系数 k_1

轧辊材质与表面状态	k_1
粗面钢轧辊	1.0
粗面铸铁轧辊	0.8

1.2.3　轧制过程中的不均匀变形

许多实验研究结果已经证明，金属在轧制过程中在变形区内的变形通常是不均匀的。这种不均匀变形不仅是轧件外部几何形状的不均匀性，更主要的是轧件内部变形分布的不均匀性（见图 1-22，图 1-23）。

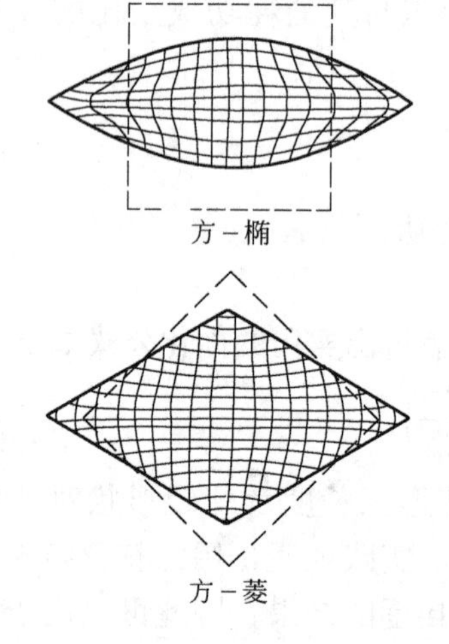

图 1-22　孔型轧制时断面内部变形

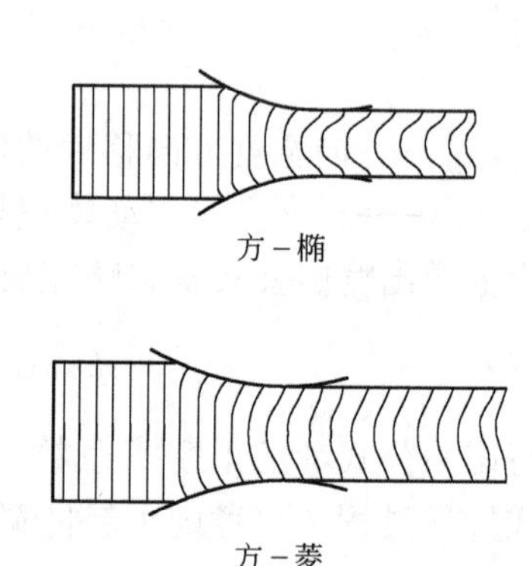

图 1-23　轧件对称面上的变形

引起不均匀变形的因素有：接触表面摩擦力作用，不均匀压下及同一断面上轧件与轧辊接触的非同时性（孔型轧制），板坯厚度不均，坯料温度不均、组织不均等等，其中主要的因素是前两种。

轧制时的不均匀变形对轧制产品的尺寸、形状、内部质量、表面状态、成材率以及轧辊磨损等有着重要的影响。当板材厚度不均匀时，引起接触压力分布的变化、板面内应力分布不均匀以及产生边部和中部波浪或裂纹的情况。

在轧制时，除接触表面的摩擦外，位于塑性变形区前、后的轧出部分和待轧部分的金属外端，对于应变的分布有很大的影响。在轧制过程中，变形区内垂直横断面上的各不同部分，都通过外端的作用而抑制和牵连其他部分的变形。因此，一般来讲，外端有均分应变分布的作用。

实验表明，板材轧制时应变分布的不均匀性随比值 $l/\bar{h}\left(\bar{h}=\frac{h_0+h_1}{2}\right)$ 的改变将呈现不同的状态。按比值 $l/\bar{h}$ 的不同，可将轧件的变形粗略地分为下述三种情况，分别讨论。

1.2.3.1　薄轧件的变形（$l/\bar{h}>2\sim3$）

轧制板、带材通常属于这种情况。

根据采利柯夫的实验结果，板带材轧制时，在变形区内沿轧件宽度上金属质点的运动速度分布是不均匀的（见图 1-24）。

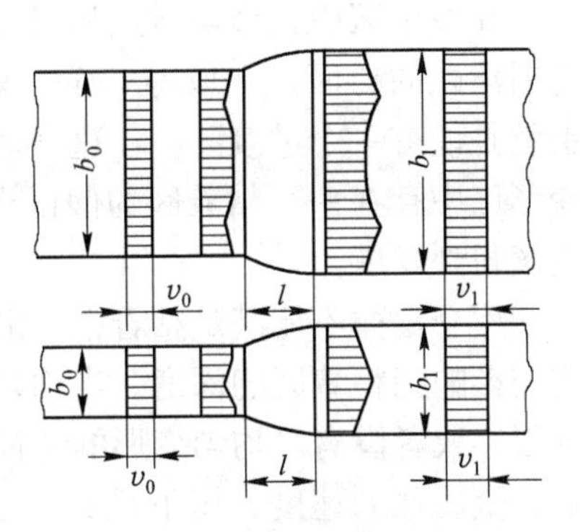

图 1-24 沿带材宽度金属质点运动的速度分布图

在比值 $l/\overline{h}$ 较大时，由于轧件中部到接触表面的距离较小，整个塑性变形区受接触摩擦力的影响都很大，无论在接触表面附近还是在轧件的中部，都呈现较强的三向压缩应力状态。再考虑到外端的作用（限制出、入口断面向外凸肚），在水平对称面附近的中部区域内水平压应力值将有所增大，在靠上、下接触表面的表层区域内水平压应力值将有所减小，于是应力沿横断面高度的分布明显地趋于均匀化。结果使应变沿断面高度的分布也趋于均匀化。此时，接触表面主要由滑动区所构成。

这时，可以采用“平面假设”或“平面应变假设”，即认为变形前的垂直横断面在变形过程中保持为一平面，宽度方向无变形，在变形区内沿断面高度金属质点的流动速度相同。

1.2.3.2 中等厚度轧件的变形（$2 \sim 3 > l/\overline{h} > 0.5 \sim 1.0$）

型材的轧制多数属于此种情况。

由于比值 $l/\overline{h}$ 的减小，摩擦力对中部区域的影响减弱，应力—应变沿垂直横断面分布的不均匀性明显地增大。这时的不均匀变形状态与产生单鼓形的不均匀镦粗相当。轧制后轧件的侧表面出凸肚，有侧表面转移为接触表面的现象存在，有粘着区存在。

1.2.3.3 高轧件的变形（$l/\overline{h} < 0.5 \sim 1$）

在初轧机和大型开坯机上轧制钢坯或立辊轧制时，前面的若干道次多属此种情况。

利用滑移线方法，对于平面应变的条件，求解高轧件内的应力分布，根据理论分析的结果，可得如下结论：

（1）在轧制高轧件的情况下，外端对于塑性区内的应力分布及接触表面上的平均单位压力值有很大影响，随比值 $l/\overline{h}$ 的减小，外端的作用不断增强，致使轧件完全产生表面变形为止。

（2）沿变形区的高度，在轧件的表面层有水平压应力产生，在轧件的中部有水平拉应力产生。比值 $l/\overline{h}$ 愈小，这些应力的数值（绝对值）愈大。

（3）在接触表面下面有刚性移动区（难变形区）存在。

这些结论对于实际的高轧件的轧制过程，实验证明都是正确的。应该指出的是，对于轧制宽度不是很大的高轧件的轧制过程，表层金属的横向流动趋势比镦粗时要大。

大量的实验研究的结果表明，在比值 $l/\overline{h} < 0.5 \sim 1$ 时，轧件主要是产生表面变形。当比值 $l/\overline{h} < 0.11 \sim 0.21$ 时，轧件只能产生表面变形。轧制板坯时的立辊轧制多属此种情况。

下面讨论在不均匀变形情况下，平辊轧制时的粘着区及中性面的形状和位置。

轧制时，所有关于前滑的理论计算，都是在平截面的假设下，在变形区中有两个滑动区（前滑与后滑）的情况下得到的。

在各个区中，金属质点相对于轧辊表面的移动，均具有不同速度，在中性面（前滑区与后滑区的界面）上取得一样的速度。应当认为：在中性面的周围金属的移动是平稳的，也就是说有一个过渡区。在这个区上，金属相对于轧辊表面滑动不大或者完全没有。关于变形区中存在一个粘着区的假说最先是由 H. A. 索波列夫提出的，后来在其他人的工作中继续得到发展。

库仑定律不能满足粘着区。沿轧件厚度上的变形不均匀影响到粘着区的深度。当均匀变形时，粘着区的深度很小或者没有。均匀变形的特征是在给定的垂直截面上，金属移动速度、压下系数、延伸系数和展宽系数，沿高向是一样的。

在 И. Я. 塔尔诺夫斯基的实验数据基础上，建议当 $l/\overline{h}>3\sim3.5$ 即轧制较薄的板材时，板材的变形接近均匀变形。在这种情况下，金属的滑动沿所有接触面上（即在前后滑区上）进行。当 $l/\overline{h}<3\sim3.5$ 时，是不均匀变形，而且随着比值的减小，不均匀变形程度增加，后滑区的长度也增加。$l/\overline{h}$ 值较小时，在接触表面上可能有较长的粘着区（占接触长度的60%～70%）。曲线1（图1-25）的水平段是粘着区，在金属的表面层没有变形。

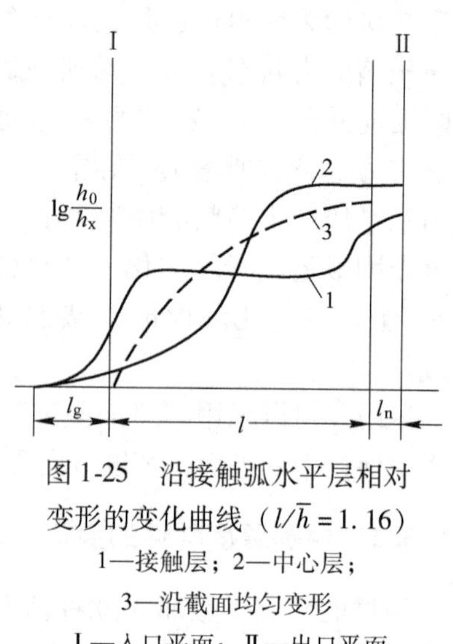

图 1-25　沿接触弧水平层相对变形的变化曲线（$l/\overline{h}=1.16$）
1—接触层；2—中心层；
3—沿截面均匀变形
Ⅰ—入口平面；Ⅱ—出口平面

1.3　轧制过程中的前滑和后滑

前已述及，轧制过程中存在轧辊转动、轧件运动以及轧件金属本身的流动，由此产生轧制时的前滑和后滑现象。这种现象使轧件的出辊速度与轧辊圆周速度不一致，而且这个速度在轧制过程中并非始终不变，它受许多因素的影响而变化。在连轧机上轧制和周期断面金属材的轧制等，都要求精确知道轧件进出轧辊的实际速度。本节讨论轧件的速度与轧辊圆周速度之间的关系。

1.3.1　平辊轧制前滑、后滑的计算

1.3.1.1　轧制时的前滑与后滑的定义

轧件在轧制时，高度方向受压下的金属一部分流向纵向，使轧件伸长；另一部分流向横向，使轧件展宽。前已述及，轧件的延伸是被压下金属向轧辊入口和出口两方面流动的结果；轧件进入轧辊的速度 v_H 小于轧辊在该点处线速度 v 的水平分量 $v\cos\alpha$；而轧件的出口速度 v_h 大于轧辊在该处的线速度 v。这种 $v_h>v$ 的现象称为前滑，而 $v_H<v\cos\alpha$ 的现象称为后滑。前滑值是用轧辊出口断面上轧件与轧辊速度的相对差值来表示，即

$$S_h=\frac{v_h-v}{v}\times100\%\qquad(1\text{-}42)$$

式中　S_h——前滑值；

v_h——轧辊出口截面轧件的速度；

v——轧辊圆周速度。

同样，后滑是用轧辊入口断面轧件的速度与轧辊该点的水平分速差的相对值来表示，即

$$S_H = \frac{v\cos\alpha - v_H}{v\cos\alpha} \times 100\% \tag{1-43}$$

式中 S_H——后滑值。

如果将式（1-42）中的分子和分母各乘以轧制时间 t，则得

$$S_h = \frac{v_h t - vt}{vt} = \frac{L_h - L_H}{L_H} \tag{1-44}$$

如果事先在轧辊表面上刻出距离为 L_H 的两个小坑，则轧制后测量 L_h，即可用实验方法计算出轧制时的前滑值。实测前滑时量出轧件上的 L'_h 是冷尺寸，换算成热态尺寸时，可用下面公式来完成

$$L_h = L'_h[1 + a(t_1 - t_2)] \tag{1-45}$$

式中 L'_h——轧件冷却后测得的长度；

a——膨胀系数，见表1-4；

t_1，t_2——轧件轧制时的温度和测量时的温度。

表1-4 碳素钢的温度膨胀系数

温度/℃	膨胀系数 a
0～1200	$(15\sim20)\times10^{-6}$
0～1000	$(13.3\sim17.5)\times10^{-6}$
0～800	$(13.5\sim17.0)\times10^{-6}$

式（1-44）说明，前滑可以用长度来表示，所以在轧制理论中有人将前滑、后滑作为纵向变形来讨论。

式（1-42）可改写成

$$v_h = v(1 + S_h) \tag{1-46}$$

按秒流量体积相等的条件，则

$$F_H v_H = F_h v_h \quad 或 \quad v_H = v_h \cdot \frac{F_h}{F_H} = \frac{v_h}{\lambda}$$

式中，$\lambda = F_H/F_h$。将式（1-46）代入上式，得

$$v_H = \frac{v}{\lambda}(1 + S_h) \tag{1-47}$$

由式（1-43）可知

$$S_H = 1 - \frac{v_H}{v\cos\alpha} = 1 - \frac{\frac{v}{\lambda}(1 + S_h)}{v\cos\alpha}$$

或

$$\lambda = \frac{1 + S_h}{(1 - S_H)\cos\alpha} \tag{1-48}$$

由式（1-46）、式（1-47）、式（1-48）可知，当延伸系数 λ 和轧辊周速 v 已知时，

轧件进出辊的实际速度 v_H 和 v_h 决定于前滑值 S_h，或知道前滑值便可求出后滑值 S_H；此外还可以看出，当 λ 和接触角 α 一定时前滑值增加，后滑值就必然减少。

既然轧件进出辊实际速度之间或前滑值与后滑值之间存在上述的明确关系，所以下面可以只讨论前滑问题。

1.3.1.2 前滑值的计算方法

式（1-42）是前滑值的定义表达式。此式并没有反映出轧制参数对前滑的影响。下面就来推导前滑与轧制参数的关系式。此式的推导是以变形区各横断面秒流量体积不变的条件为出发点。应指出，不论符合于平断面假设的薄件轧制情况或接触表面产生粘着的厚件轧制情况，变形区内各横断面秒流量相等的条件，即 $F_x v_{hx}$ = 常数都是正确的，因为这里的水平速度 v_x 是沿轧件断面高度上的平均值。按秒流量体积不变条件，变形区出口断面金属的秒流量应等于中性面处金属的秒流量，由此得出

$$v_h h = v_\gamma h_\gamma \quad 或 \quad v_h = v_\gamma \frac{h_\gamma}{h} \tag{1-49}$$

式中 v_h，v_γ——轧件出口和中性面的水平速度；

h，h_γ——轧件在出口和中性面（前滑区与后滑区的界面）的高度。

因为 $v_\gamma = v\cos\gamma$ 并参照式（1-1），$h_\gamma = h + D(1-\cos\gamma)$，由式（1-49）得出

$$\frac{v_h}{v} = \frac{h_\gamma \cos\gamma}{h} = \frac{[h + D(1-\cos\gamma)]}{h}\cos\gamma$$

由此得到前滑值为

$$S_h = \frac{v_h - v}{v} = \frac{v_h}{v} - 1$$

代入后得

$$S_h = \frac{h\cos\gamma + D(1-\cos\gamma)\cos\gamma}{h} - 1 = \frac{D(1-\cos\gamma)\cos\gamma - h(1-\cos\gamma)}{h}$$

$$= \frac{(1-\cos\gamma)(D\cos\gamma - h)}{h} \tag{1-50}$$

此即艾·芬克（E. Fink）前滑公式。由此公式反映出，前滑是轧辊直径 D、轧件厚度 h 及中性角 γ 的函数。为了使我们对这些影响前滑的因素在公式中反映的状况有一个明确的印象，下面用图 1-26 中的曲线来表示。

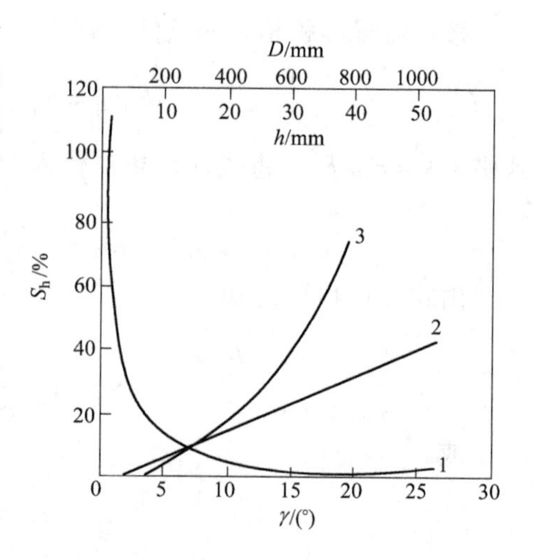

图 1-26　按芬克公式计算的曲线

这些曲线是用芬克公式在以下情况下计算出来的：

曲线 1：$S_h = f(h)$、$D = 300$mm、$\gamma = 5°$；曲线 2：$S_h = f(D)$、$h = 20$mm、$\gamma = 5°$；曲线 3：$S_h = f(\gamma)$、$h = 20$mm、$D = 300$mm。

由图可知，前滑与中性角呈抛物线关系；前滑与辊径呈直线关系；前滑与轧件厚度呈双曲线的关系等。当 γ 角很小时，可取

$1-\cos\gamma = 2\sin^2\frac{\gamma}{2} = \frac{\gamma^2}{2}$，$\cos\gamma = 1$

则式（1-50）可简化为

$$S_h = \frac{\gamma^2}{2}\left(\frac{D}{h} - 1\right) \tag{1-51}$$

此即 S. 艾克伦德（S. Ekelund）的前滑公式。因为$\frac{D}{h} \gg 1$，故上式括号中之 1 可以忽略不计，则该式又变为

$$S_h = \frac{\gamma^2}{2} \cdot \frac{D}{h} = \frac{\gamma^2}{h}R \tag{1-52}$$

此即 D. 德里斯顿（D. Dresden）公式。由式（1-52）可知：若$\frac{R}{h} = C$（常数）时，则 $S_h = C\gamma^2$，成抛物线；若$\frac{\gamma^2}{h} = C$（常数）时，则 $S_h = CR$，为直线；若 $\gamma^2 R = C$（常数）时，则 $S_h = \frac{C}{h}$是双曲线。

此式所反映的函数关系与式（1-50）是一致的。这就是在不考虑宽展时求前滑的近似公式。若宽展不能忽略，则实际的前滑值将小于式（1-52）所算得的结果。在一般情况下，前滑 S_h 的数值平均波动在 2% ~10% 之间，但在某些特殊情况下，其值也有可能超出这个范围。

1.3.2 平辊轧制时中性角的确定

由式(1-50) ~式(1-52)可知，为计算前滑值必须知道中性角 γ。对简单的理想轧制过程，在假定接触面全滑动和遵守库仑干摩擦定律以及单位压力沿接触弧的均匀分布和无宽展的情况下，按变形区内水平力平衡条件导出确定中性角 γ 的计算式为

$$\gamma = \frac{\alpha}{2}\left(1 - \frac{\alpha}{2\beta}\right) \tag{1-53}$$

或

$$\gamma = \frac{\alpha}{2}\left(1 - \frac{\alpha}{2\mu}\right) \tag{1-54}$$

图 1-27 为根据上式作出的 γ 与 α 的关系曲线。由图 1-27 可见，当 $\mu = 0.4$、0.3 时，中性角 γ 最大只有 4° ~6°。而且当 $\alpha = \beta = \mu$ 时，$\gamma_{max} = \alpha/4$，有极大值。但当 $\alpha = 2\beta$ 时（相当于稳定轧制阶段的极限咬入角），γ 角又再变为零。此时前滑区完全消失，轧制过程实际上已经不能再进行下去。

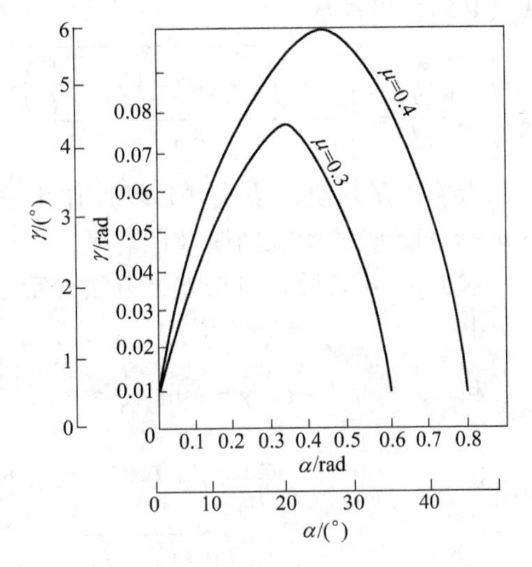

图 1-27 中性角 γ 与咬入角 α 的关系

带前、后张力轧制和推导式（1-54）的假设条件和方法相同，仅把所加的前、后张力 Q_h 和 Q_H 列入平衡条件中，则得

$$\gamma = \frac{\alpha}{2}\left(1 - \frac{\alpha}{2\mu}\right) + \frac{1}{4\mu p B_{\mathrm{H}} R}(Q_{\mathrm{h}} - Q_{\mathrm{H}}) \tag{1-55}$$

式中　p——平均单位压力；

B_{H}——轧前轧件宽度，$B_{\mathrm{H}} \approx B_{\mathrm{h}}$。

式（1-55）是Ю. М. 费因别尔格导出的。

现代轧制理论和实验表明，实际轧制过程中单位压力沿接触弧上分布是不均匀的，而且在接触面上也不一定全滑动。所以许多作者是根据后滑区和前滑区单位压力分布公式中确定的 p 在中性面处相等的条件来确定中性角 γ。下面就用这种方法对接触面上全滑动和全黏着的情况来确定 γ。

1.3.2.1　整个接触面全滑动并遵守库仑干摩擦定律

（1）А. И. 采利柯夫解：按1.7节将讲到的沿后滑区和前滑区确定单位压力分布的采利柯夫公式（1-128）和（1-129），并由单位压力 p 在中性面处相等的条件确定 γ 角，即由

$$\frac{K}{\delta}\left[(\xi_{\mathrm{H}}\delta - 1)\left(\frac{H}{h_\gamma}\right)^{\delta} + 1\right] = \frac{K}{\delta}\left[(\xi_{\mathrm{h}}\delta + 1)\left(\frac{h_\gamma}{h}\right)^{\delta} - 1\right]$$

在不考虑加工硬化时得出

$$\frac{h_\gamma}{h} = \left[\frac{1 + \sqrt{1 + (\xi_{\mathrm{H}}\delta - 1)\cdot(\xi_{\mathrm{h}}\delta + 1)\left(\frac{H}{h}\right)^{\delta}}}{\xi_{\mathrm{h}}\delta + 1}\right]^{1/\delta} \tag{1-56}$$

式中　$\xi_{\mathrm{H}} = 1 - \frac{q_{\mathrm{H}}}{K}$；$\xi_{\mathrm{h}} = 1 - \frac{q_{\mathrm{h}}}{K}$；$\delta = \frac{\mu}{\tan\frac{\alpha}{2}} = 2\frac{\mu\sqrt{R\Delta h}}{\Delta h} = \mu\sqrt{\frac{2D}{\Delta h}}$；

h_γ——在中性面处轧件的高度。

当无张力轧制时（$q_{\mathrm{H}} = 0$ 和 $q_{\mathrm{h}} = 0$；$\xi_{\mathrm{H}} = \xi_{\mathrm{h}} = 1$）式（1-56）可写成

$$\frac{h_\gamma}{h} = \left[\frac{1 + \sqrt{1 + (\delta^2 - 1)\cdot\left(\frac{H}{h}\right)^{\delta}}}{\delta + 1}\right]^{1/\delta} \tag{1-57}$$

为了计算方便，按式（1-57）作出不同变形程度下 h_γ/h 和 δ 间的函数曲线（图1-28）。

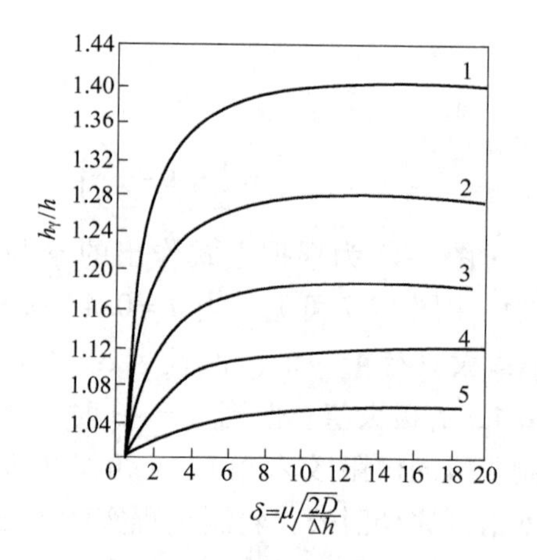

图1-28　在不同变形程度时中性面高度与 δ 值的关系

压下率 $\frac{\Delta h}{H}$ 分别为：1—50%；2—40%；3—30%；4—20%；5—10%

求出 h_γ/h 之后，可按如下方法确定 γ 角：

由　$h_\gamma = h + 2R(1 - \cos\gamma)$

和　$1 - \cos\gamma = 2\sin^2\frac{\gamma}{2} \approx \frac{\gamma^2}{2}$

得　$\frac{h_\gamma}{h} = 1 + \frac{\gamma^2 R}{h}$

或

$$\gamma = \sqrt{\frac{h}{R}\left(\frac{h_\gamma}{h} - 1\right)} \tag{1-58}$$

(2) D. 勃兰特-G. 福特解（D. Bland-G. Ford）：联解前滑区和后滑区单位压力分布的勃兰特-福特解公式可求出中性角 γ

$$\gamma = \sqrt{\frac{h}{R'}}\tan\sqrt{\frac{h}{R'}}\times\frac{\alpha_\gamma}{2} \tag{1-59}$$

无张力时

$$\alpha_\gamma = \frac{\alpha_H}{2} - \frac{1}{2\mu}\ln\frac{H}{h} \tag{1-60}$$

有张力时

$$\alpha_\gamma = \frac{\alpha_H}{2} - \frac{1}{2\mu}\ln\left[\frac{H}{h}\left(\frac{1-\frac{q_h}{K_h}}{1-\frac{q_H}{K_H}}\right)\right] \tag{1-61}$$

$$\alpha_H = 2\sqrt{\frac{R'}{h}}\arctan\left(\sqrt{\frac{R'}{h}}\alpha\right) \tag{1-62}$$

式中　R'——考虑轧辊弹性压扁的轧辊半径。

1.3.2.2　假定沿接触面全黏着的 R. B. 西姆斯（R. B. Sims）解

联解 1.6 节将讲到的前、后滑区单位压力分布的西姆斯式（1-155）和（1-156），整理得到求中性角 γ 的公式

$$\gamma = \sqrt{\frac{h}{R'}}\tan\left[\frac{1}{2}\tan^{-1}\sqrt{\frac{\varepsilon}{1-\varepsilon}} + \frac{\pi}{8}\ln(1-\varepsilon)\sqrt{\frac{h}{R'}}\right] \tag{1-63}$$

1.3.3　影响前滑的主要因素

生产实践表明，影响前滑的因素很多。归纳起来，主要因素有辊径、摩擦系数、压下率、轧件厚度和孔型形状等等。

1.3.3.1　轧辊直径的影响

从式（1-52）的前滑值公式可以看出，前滑值是随辊径增加而增加的，这是因为在其他条件相同的条件下，辊径增加时咬入角 α 就要降低，而摩擦角 β 保持常数，所以稳定阶段的剩余摩擦力就增加，由此将导致金属塑性流动速度的增加，也就是前滑的增加。实验证明了轧辊直径对前滑的影响如图 1-29 所示。但应指出，辊径 $D<400$mm 时，前滑随辊径的增加而增加得较快；辊径 $D>400$mm 时，前滑值增加得较慢。这是由于辊径增大时，伴随着轧辊线速度的增加，摩擦系数相应降低，所以剩余摩擦力的数值有所减少；另外，当辊径增大时，ΔB 增大，延伸也

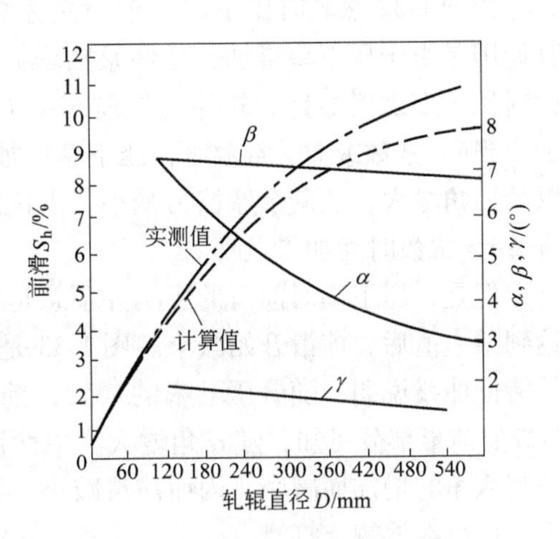

图 1-29　辊径 D 对前滑的影响

相应地减少。这两个因素的共同作用，使前滑值增加得较为缓慢。另外，当轧辊直径增大时，前滑增加也由于接触弧长的增加而相应地增加了前滑区的长度。

1.3.3.2 摩擦系数的影响

实验证明，在压下率相同的条件下，摩擦系数 μ 越大，其前滑越大。这是由于摩擦系数增大，剩余摩擦力增加，因而前滑增大。利用前滑公式同样可以说明摩擦系数对前滑的影响。因为摩擦系数增加导致中性角 γ 增加，因此前滑也增加，如图 1-30 所示。

从以上实验结果不难看出，凡是影响摩擦系数的因素（如轧辊材质、轧件化学成分、轧制温度和轧制速度等）均能影响前滑的大小。图 1-31 表示轧制温度对前滑的影响。

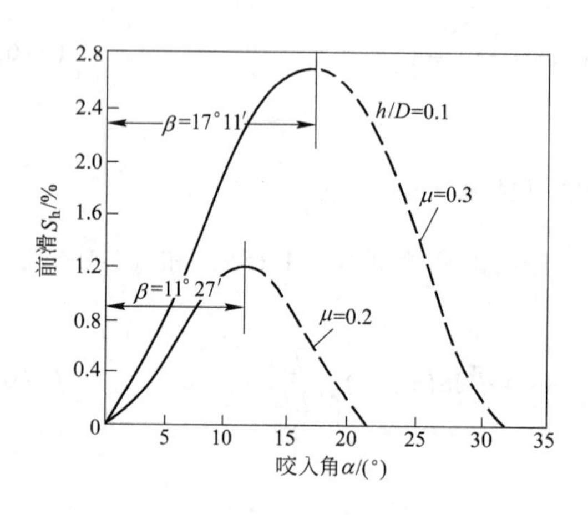

图 1-30　咬入角、摩擦系数对前滑的影响

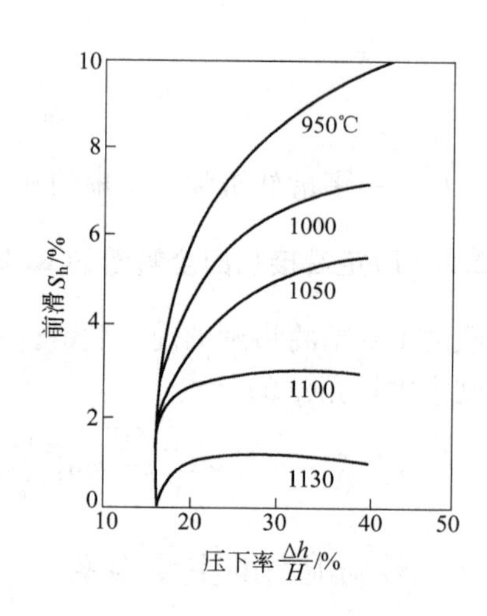

图 1-31　轧制温度和压下率对前滑的影响

1.3.3.3 压下率的影响

由图 1-32 热轧时压下率与前滑关系的实验曲线可见，前滑随压下率的增加而增加，其原因是由于压下率增加，延伸系数增大。且当 Δh = 常数时，前滑增加非常显著。因为此时压下率之增加是靠轧件的轧前高度 H 的减少得到的。咬入角不变，故前滑有显著增加。当 h = 常数或 H = 常数时，压下率增加，伸长率必然增加，但这是因为 Δh 增加了，所以咬入角增大，故剩余摩擦力减小。由这两个因素的联合作用，使前滑虽有所增加，但没有 Δh = 常数时增加得显著。

但是，压下率对前滑的影响并不总是单值的。随着压下率的增加，前滑随之增加；当达到某一值后，前滑开始减小。图 1-33 是 A. Л. 格鲁捷夫的冷轧实验曲线。这个前滑变化的特征曲线说明，随着压下率的增大，前滑区中的位移体积增加，因而前滑增加。由图 1-27的前半部分可知，随 α 角增大，中性角 γ 随之增大。当继续增大压下量时，中性角伴随咬入角的增加而减小，因而前滑减小。当压下量增加到 $\alpha = 2\beta$ 时，中性角与前滑均等于零，板材在轧辊上打滑。

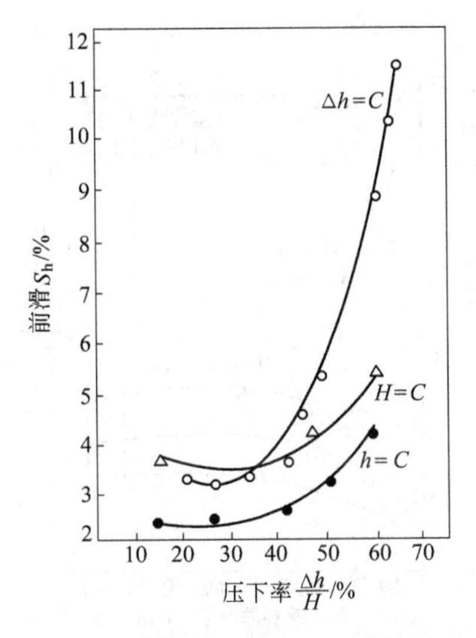

图 1-32 热轧时压下率与前滑的关系
（当 Δh、H、h 为常数时，1 号钢 $t=1000℃$，$D=400\text{mm}$）

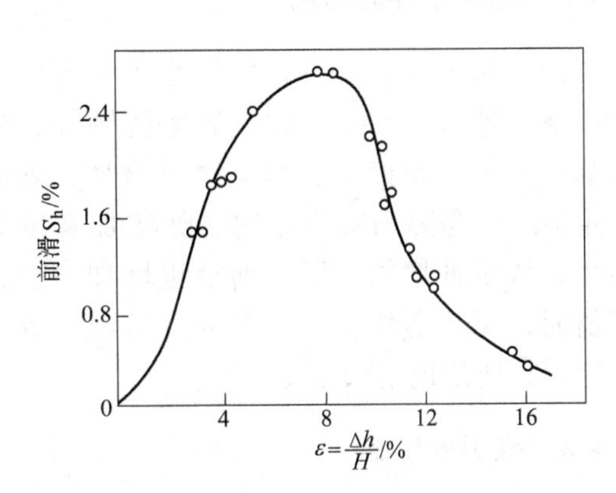

图 1-33 冷轧钢板时压下率与前滑的关系
（$H=4\text{mm}$，$L=100\text{mm}$，$D=126.7\text{mm}$，润滑-乳化液）

1.3.3.4 轧件厚度的影响

由式（1-50）和（1-52）可知，当其他轧制参数不变时，随着轧件最终厚度的增加，前滑减小（见图 1-34）。这一现象可以这样解释，假如把钢板沿高度在水平方向上分成相等的厚度层，在一定的变形条件下，所有层上的压下量是相等的。随着板厚的增加，水平层数目也增加，而每层的变形程度和每层的位移体积沿高度减小，由于金属质点沿纵向的位移减小，这就意味着前滑也减小了。

图 1-35 表示了切克马廖夫的实验研究，假设在不同轧入角时，前滑与 h/D 的比值间

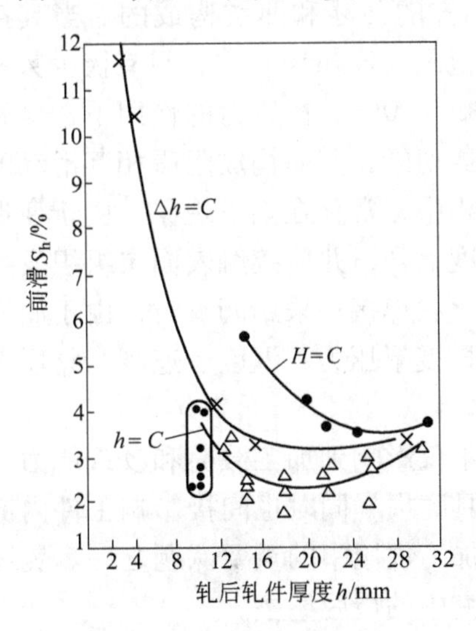

图 1-34 轧件轧后厚度与前滑的关系
（铅试样 $\Delta h=1.2\text{mm}$，$D=158.5\text{mm}$）

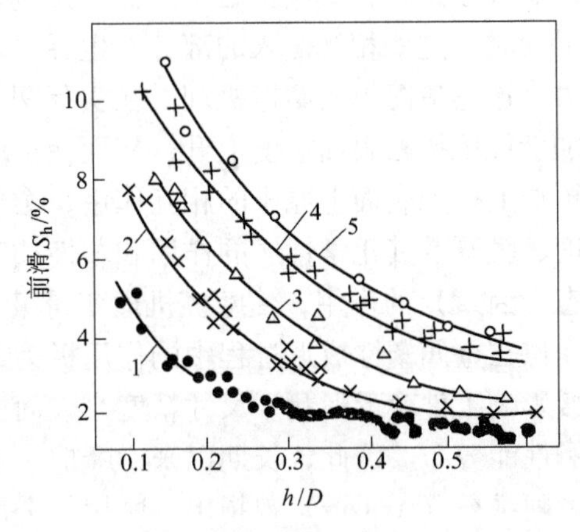

图 1-35 不同咬入角时，前滑与 h/D 的关系（$D=80\text{mm}$）
1—$\alpha=8°40'$；2—$\alpha=12°14'$；3—$\alpha=13°$；4—$\alpha=17°20'$；5—$\alpha=19°24'$

的关系。由图可知，当咬入角不同时，D = 常数，随着比值 h/D 的增加，前滑减小。

1.3.3.5　轧件宽度的影响

由图1-36可见，当轧件宽度小于一定值（在此情况下为小于40mm）时，如宽度增加，则前滑增加；大于一定值时，如宽度再增加，则前滑为一定值。这是因为宽度小时，如增加宽度其宽展减小，故延伸增加，所以前滑也增加。当大于一定值时，宽度再增加，宽展为一定值，故延伸也为定值，所以前滑值不变。

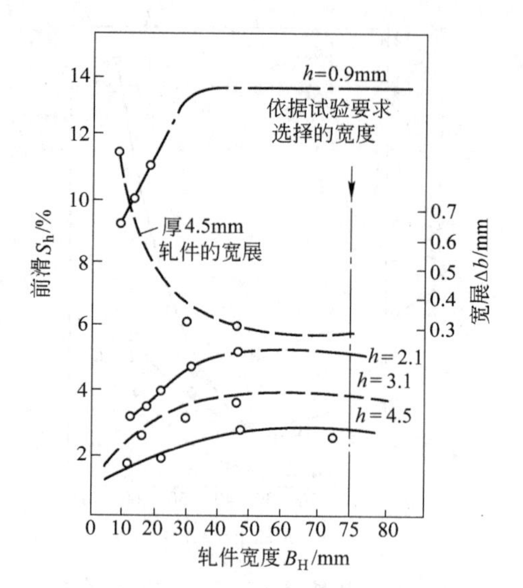

图1-36　轧件宽度与前滑的关系

1.3.3.6　张力的影响

显而易见，前张力增加时，则使金属向前流动的阻力减小，增加前滑区，使前滑增加。反之，后张力增加时，则后滑区增加。实验结果完全证实了上述分析的正确性。

1.4　轧制过程中的摩擦

1.4.1　摩擦的基本概念

金属塑性成形时，在金属和成形工具（如轧件和轧辊）的接触面之间产生阻碍金属流动或滑动的界面阻力，这种界面阻力称为接触摩擦（外摩擦）。

实际上，工具和工件的微观表面是由无数参差不齐的凸牙和凹坑构成的。当其接触时，凸牙与凹坑无规则地互相插入，在整个宏观相接范围（摩擦场）内，只有极少数相对孤立的点直接接触，真实接触率只占摩擦场面积的1%～10%。在压力的作用下，接触面相对滑动时，这些相互嵌入的部分发生弹—塑性变形或切断，因而构成阻碍相互滑动的摩擦阻力。这是最简单的摩擦机理。在实际塑性加工过程中，常存在如下现象：由于变形热或热加工件使接触表面温度上升，从而使接触表面温度上升，并使接触表面层组织发生变化，再加上接触表面上原子的相互作用，会使局部熔化和焊接；采用润滑时，由于润滑剂的黏度、膜厚及其化学性质的作用和塑性加工条件（即变形压力、温度、速度、材质、表面状态等因素）的作用，使摩擦机理变得极其复杂。

摩擦在金属塑性成形过程中的作用极为重要，它不仅影响到加工载荷和咬入能力，而且直接影响工件变形形状、尺寸精度、表面质量和工具磨损，同时也间接影响工件内部的组织和性能分布。因此，长期以来，摩擦一直是塑性加工领域中的重要课题之一。美国著名学者阿维兹（Avitzur）曾指出，摩擦是金属成形研究中的最后堡垒。

1.4.2　金属塑性成形时摩擦的特点

金属塑性成形时的摩擦与机械传动时的摩擦有很大差别：

首先，它是在高压力下产生的摩擦。塑性成形时，金属所受的单位压力，在热变形时为100～150MPa，冷变形时可达500～2500MPa。而受重载荷的轴承，工作时的单位压力仅为20～40MPa。接触面上承受的单位压力愈高，润滑就愈困难。

其次，塑性成形时，常常由于金属的变形而不断产生新的接触表面以及工具在加工过程中也不断受到磨损，因此，摩擦情况是不断变化的。接触面上金属各点的位移情况也不同，有滑动的，有黏着的。

另外，很多塑性成形是在高温下进行的。例如，钢的热轧和热锻变形温度一般在800～1200℃之间，在这样高的温度下进行塑性成形，金属的组织和性能不断发生变化，表面状态也在变化，如原生氧化层的脱落和新氧化层的形成以及工具表面的黏结等，这些实际现象改变了摩擦条件，也给润滑带来很大影响。

金属成形时摩擦的影响主要表现在：

（1）改变金属所处的应力状态，使变形力增加，能耗增多。例如，热轧薄板时可使载荷增加20%甚至1倍以上。

（2）引起工件变形不均匀。金属塑性成形时，因接触表面摩擦的作用而使金属质点流动受到阻碍，使工件各部分变形的发生、发展极不均匀。这种变形的不均匀性不但表现在工件的宏观性质方面，而且反映到变形金属的微观组织、性能及其分布，它直接影响到产品的内外质量。

（3）金属的黏结。外摩擦的一个严重后果，是促使表层金属质点或氧化物从变形工件上转移到轧辊表面，产生轧辊表面粘结金属的现象（还可能产生折叠），这显著缩短轧辊使用寿命，损伤产品的表面质量。对金属的热变形，尤其是热轧薄板，如何选用优良的润滑剂并实现良好均匀的润滑，是一个重要问题。

（4）轧辊磨损。在产生轧辊磨损的三种原因即摩擦磨损、化学磨损和热磨损中，摩擦磨损是主要的。轧辊磨损有时是局部的和严重的。板带轧制时，常使辊形和辊面受到破坏，而影响板形和板材表面质量。型钢轧制时，常使孔型局部磨损而影响型材形状尺寸精度。

1.4.3 接触摩擦理论

在塑性加工过程中，根据接触表面摩擦的特征提出了干摩擦、半干摩擦、边界摩擦和液体摩擦等各种摩擦机理的假设：

（1）干摩擦　在轧辊与轧件两洁净的表面之间，不存在其他物质。这种摩擦方式在轧制过程中不可能出现，因为在接触表面上有被氧化物污染、吸附氧气、水分以及其他物质的存在。但在真空条件下，表面进行适当处理后，在实验室条件下，一定程度上可以再现这种干摩擦过程。

（2）边界摩擦　在接触表面内，存在一层厚度为百分之一微米数量级的薄油膜。当用带有表面活性的物质进行润滑时（例如用脂肪酸），在轧辊或金属表面上，形成致密而坚固的油膜。具有长链物质的极性分子垂直分布在金属表面上，形成一定厚度的致密层。这样，边界油膜具有像结晶结构一样的一定结构。它的性质很容易与润滑本身的性质区分。其特性是可以承受高的载荷，同时对各层间剪切抵抗不大。在边界润滑条件下，摩擦系数很小，就是因为各层之间剪切抗力很小。

（3）液体摩擦　在轧件与轧辊之间存在较厚的润滑层（油膜），接触表面不再直接接触。在一定情况下，这种润滑具有一定的实际意义。例如在高速冷轧润滑情况下，属此类润滑。

在实际中最常遇到的是混合摩擦，即半干摩擦和半液体摩擦。半干摩擦是干摩擦与边界摩擦的混合，部分区域存在黏性介质薄膜，这是在润滑表面之间，润滑剂很少的情况下出现的。半液体摩擦可理解为液体摩擦与干摩擦或者与边界摩擦的混合。在这种情况下，接触物体之间有一个润滑层，但没有把接触表面之间完全分隔开来。在进行滑动时，在个别点上由于表面凹凸不平处相啮合，即出现了边界摩擦区或干摩擦区。在具有工艺润滑的冷轧变形区中，常出现这种润滑。

为了定量描述塑性加工过程中的摩擦规律，研究者们提出了各种摩擦理论：

（1）干摩擦理论（库仑 Coulomb 定律）：接触表面上的切应力与正应力成正比，即单位摩擦为

$$\tau = \mu p \tag{1-64}$$

式中，μ 为摩擦系数；p 为接触表面正压力。库仑定律适合干摩擦条件，在多数情况下，认为它可以反映混合摩擦力与正压力之间的规律。

（2）常摩擦理论（西贝尔 Siebel 理论）：接触面上的切应力与正应力无关，是一个常数

$$\tau = mk \tag{1-65}$$

式中　m——摩擦因子，$0 \leqslant m \leqslant 1$；

k——剪切屈服应力 $k = 0.577\sigma_s$。

常摩擦理论通常用于塑性加工中的黏着状态条件（如热轧、热锻）。如在轧制中沿接触弧上金属与工具间无滑动，此时称为黏着。一般都把产生黏着的条件定为单位摩擦力最大值τ_{max}不应超过剪切屈服应力

$$\tau_{max} = k$$

（3）液体摩擦理论（Nadai 理论）：认为摩擦阻力来自于液体润滑层的内摩擦，切应力与润滑剂黏度及相对速度成正比。

$$\tau = \eta \frac{\Delta v}{h} \tag{1-66}$$

式中，η 为润滑剂黏度；Δv 为润滑层内相对运动速度；h 为润滑层厚度。这一理论是针对良好润滑条件下的高速轧制（$v \geqslant 10 \sim 40$m/s）的。在实际轧制过程中，变形区内各点的摩擦力方向是变化的（见图 1-37），并且沿接触弧上的摩擦条件有时是变化的，采利柯夫还提出了摩擦力分区假说，认为在变形区内除了前、后滑区两个滑动区外，在两个滑动区之间还存在一个黏着区。根据变形区形状参数 l/h 的不同有四种摩擦力分布形式。

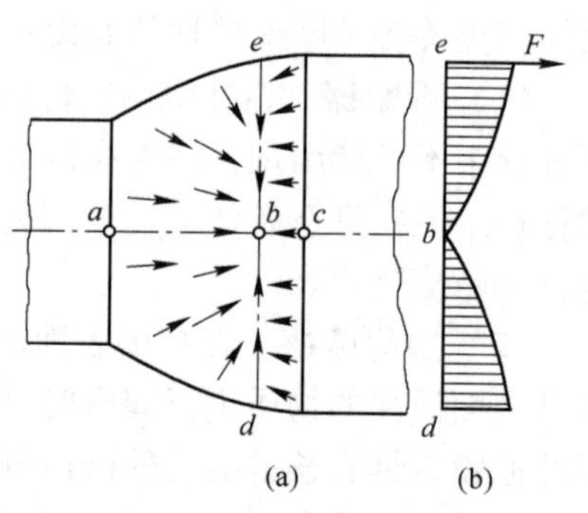

图 1-37　变形区内摩擦力分布
（a）轧辊接触区投影；
（b）中性面上的摩擦力分布

1.4.4 确定轧制时摩擦系数的方法

热轧和冷轧时，干摩擦、边界摩擦和液体摩擦三种摩擦形式都可能出现，通常以混合摩擦或边界摩擦形式存在。轧件与轧辊之间的摩擦系数，不仅与表面接触状态和接触条件（包括轧制金属材质，轧制温度，是否有氧化铁皮、润滑剂种类、接触压力、轧制速度等）有关，而且也与润滑本身的特征有关。所有这些因素的相互作用，确定了摩擦参数。为简化分析，一般取轧辊接触弧上摩擦系数的平均值。在轧制过程中分为咬入时的摩擦系数和稳态轧制时的摩擦系数。

1.4.4.1 热轧咬入时的摩擦系数

咬入时的摩擦系数是用实验方法测定极限咬入角来确定的。

取

$$\mu_e = \tan\alpha_{max} \tag{1-67}$$

艾克伦德曾经用10mm×225mm的试样研究了热轧低碳钢（0.15%C）咬入时的摩擦系数μ_e。使用的轧辊直径为427mm，热轧温度范围为700～1100℃。在这批实验基础上，艾克伦德推荐用下式来确定摩擦系数与温度（不低于700℃）的关系：

$$\mu_e = k(1.05 - 0.0005t) \tag{1-68}$$

式中，对于冷硬光滑表面铸铁辊$k=0.8$；对于钢轧辊，$k=1.0$，t为轧件温度（℃）。

斯米尔诺夫提出了考虑轧件温度、轧辊表面粗糙度、轧件化学成分以及轧辊速度与摩擦系数的关系式：

$$\mu_e = [0.7935 - 0.000356t + 0.012(R_a)^{1.5}]k_1k_2 \tag{1-69}$$

$$k_1 = 1 - (0.348 + 0.00017t)w_C \tag{1-70}$$

式中 R_a——轧辊的算术平均表面粗糙度，μm；

w_C——钢中碳含量质量分数。系数k_2取决于轧辊速度，见表1-5。

表1-5 系数k_2与轧辊圆周速度的关系

轧制速度 v/m·s^{-1}	0～2	2～3	>3
k_2 值	1～0.1v	1.44～0.28v	0.5

式（1-69）、式（1-70）是在轧辊直径90mm，轧辊速度0.05m/s的实验条件下得到的。轧辊算术平均表面粗糙度R_a=4～74μm，轧辊材料为碳钢（0.3%C）和不锈钢（20%Cr，20%～30%Ni），工作温度范围为700～1150℃。实验发现，咬入时的最小摩擦系数值的温度，对碳钢在920℃，对不锈钢在1030℃，并且硬钢辊比软钢辊的咬入摩擦系数小20%。

乌萨托斯基（1969）给出了各种轧辊表面状态时的最大咬入角和咬入时的摩擦系数，实验结果见表1-6。最大咬入角和咬入摩擦系数随轧辊表面粗糙度的增加而增加。

表 1-6　热轧时最大咬入角和咬入摩擦系数

轧　辊	最大咬入角/(°)	咬入摩擦系数
光滑研磨辊	12 ~ 15	0. 212 ~ 0. 266
钢板轧机轧辊	15 ~ 22	0. 268 ~ 0. 404
小截面轧机光滑辊	22 ~ 24	0. 404 ~ 0. 445
轧制扁钢矩形孔槽	24 ~ 25	0. 445 ~ 0. 466
箱型孔道次	28 ~ 30	0. 532 ~ 0. 577
箱型孔刻痕	28 ~ 34	0. 532 ~ 0. 675

1. 4. 4. 2　冷轧咬入时的摩擦系数

当冷轧轧件厚度小于4mm 时，轧件的曳入一般不受工作辊咬入能力的限制。冷轧时轧件材质、润滑条件及轧制速度对咬入时摩擦系数的影响一直是很受重视的课题。

（1）轧件材质的影响：表 1-7 是冷轧时由碳素钢轧件、轧辊表面粗糙度 RMS（均方根值 R_s）0. 2 ~0. 4μm，得到的摩擦系数。可见，碳含量 0. 08% ~0. 25%，锰含量 0. 27% ~0. 65% 范围内，化学成分对咬入摩擦系数无影响。另外，不锈钢（18% Cr，10% Ni）的咬入摩擦系数比碳素钢大 5% ~20%。

表 1-7　冷轧碳钢咬入时的摩擦系数

润 滑 条 件	碳钢咬入摩擦系数 μ_e			
	0. 08% C	0. 10% C	0. 2% C	0. 25% C
无润滑	0. 136	0. 131	0. 133	0. 131
棉籽油	0. 116	0. 118	0. 116	0. 117
蓖麻油	0. 109	0. 109	0. 101	0. 115

（2）润滑条件的影响：表 1-8 表示不同润滑条件下，咬入摩擦系数的变化范围和平均值。当钢带进入轧辊时，润滑膜的形成条件变差，润滑条件对咬入摩擦系数 μ_e 有一定影响。

表 1-8　润滑条件对冷轧低碳钢咬入摩擦系数的影响

润 滑 条 件	咬入摩擦系数 μ_e	
	范　围	平均值
水	0. 152 ~ 0. 160	0. 156
煤　油	0. 154 ~ 0. 157	0. 156
变压器油	0. 148 ~ 0. 161	0. 152
机　油	0. 128 ~ 0. 139	0. 136
葵花籽油	0. 133 ~ 0. 138	0. 137
蓖麻油	0. 115 ~ 0. 124	0. 122

（3）轧制速度的影响：在实验中轧制 3. 9mm 厚 0. 3% C 碳钢试样用蓖麻油润滑，轧辊表面粗糙度 RMS 为 0. 2 ~0. 4μm，当轧制速度在 0 ~0. 15m/s 时，咬入摩擦系数下降很快。当轧制速度超过 0. 15m/s 时，咬入摩擦系数随轧制速度的增加缓慢下降。

（4）轧辊材质和表面粗糙度的影响：表 1-9 表示了不同表面粗糙度的轧辊冷轧的最大咬入角和咬入摩擦系数。

表 1-9 冷轧时不同轧辊条件的最大咬入角和咬入摩擦系数

轧辊及润滑	最大咬入角/(°)	咬入摩擦系数
光滑研磨辊，矿物油	3 ~ 4	0.052 ~ 0.07
铬钢辊，中等研磨，矿物油	6 ~ 7	0.105 ~ 0.12
无润滑粗糙辊	>8	0.150

1.4.4.3 热轧稳态轧制时的摩擦系数

热轧稳态轧制时的摩擦系数受许多因素的影响，下面作简要叙述。

(1) 轧件温度：对于低碳钢，轧制温度在700℃以上，摩擦系数μ随轧制温度的增加而下降。

$$\mu = 0.55 - 0.00024t \tag{1-71}$$

式中 t——轧件温度，℃。

通常，对一定化学成分的钢，轧件的摩擦系数μ在某温度下达到最大值后再下降（见图1-38）。表1-10列出了在无润滑情况下热轧低碳钢时的摩擦系数。

表 1-10 在不同温度下热轧低碳钢时的摩擦系数

温度/℃	不同轧制速度下的摩擦系数 μ				
	0.2m/s	0.3 ~ 0.5m/s	0.5 ~ 1.0m/s	1.0 ~ 1.5m/s	1.5 ~ 2.5m/s
800	0.53 ~ 0.56	0.44 ~ 0.49	0.34 ~ 0.39	0.29 ~ 0.33	0.17 ~ 0.20
900	0.50 ~ 0.57	0.38 ~ 0.46	0.32 ~ 0.37	0.24 ~ 0.32	0.17 ~ 0.24
1000	0.45 ~ 0.54	0.37 ~ 0.44	0.28 ~ 0.34	0.25 ~ 0.29	0.17 ~ 0.23
1100	0.41 ~ 0.49	0.33 ~ 0.38	0.26 ~ 0.34	0.26 ~ 0.29	0.18 ~ 0.23
1200	0.40 ~ 0.43	0.32 ~ 0.38	0.30 ~ 0.34	0.22 ~ 0.27	0.18 ~ 0.21

(2) 轧件化学成分：热轧时轧件化学成分对摩擦系数的影响通常取决于氧化铁皮形成机制。实验表明轧制碳钢的摩擦系数随钢中碳含量的增加而下降（见图1-39）。这种影响

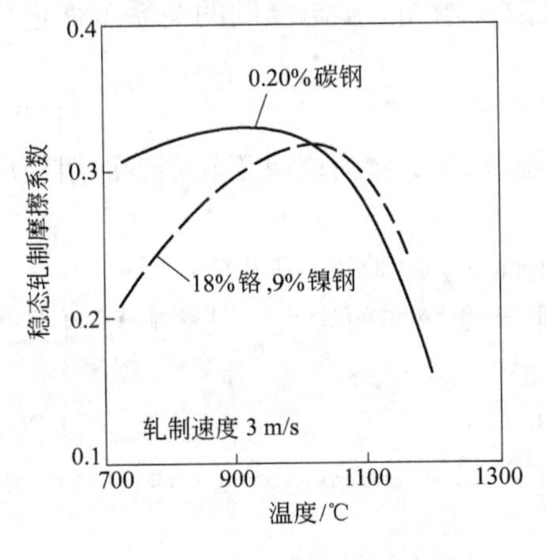

图 1-38 稳态轧制时轧件温度对摩擦系数的影响

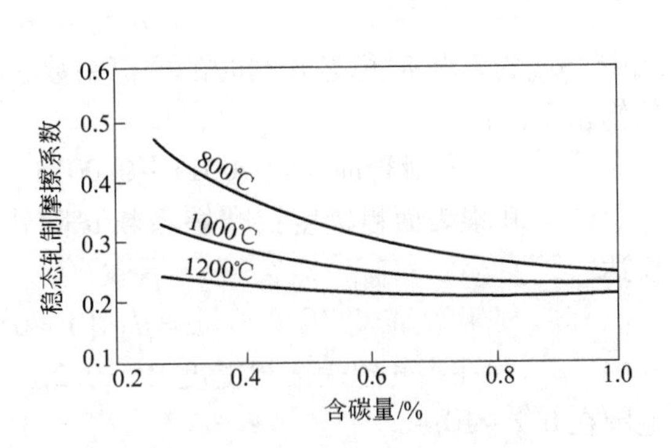

图 1-39 热轧稳态轧制时轧件碳含量对摩擦系数的影响

随温度的升高而逐渐减小。这种现象有时也可以解释为随钢中碳含量的增加，金属表面之间的分子吸引力减弱的作用。这一点可以由奥氏体不锈钢轧制时，由于轧辊表面产生压焊趋势，摩擦系数比碳钢轧制时大1.3～1.5倍这一事实得以确认。

（3）轧辊表面粗糙度：如表1-11所示，稳态轧制时，摩擦系数随轧辊表面粗糙度的增加而显著上升，这里的μ值是由加力打滑法得到的。

表1-11　热轧稳态轧制时轧辊表面粗糙度对摩擦系数的影响

轧辊直径/mm	平均表面粗糙度 R_a/μm	稳态轧制摩擦系数
193	0.63	0.20～0.28
193	0.8～1.6	0.21～0.31
188	12.5～50	0.51～0.69

（4）轧制速度：根据盖列依的研究，轧制速度增加使稳态轧制时的摩擦系数减小，可用下面公式计算μ值。

对于钢轧辊：
$$\mu = 1.05 - 0.0005t - 0.056v \tag{1-72}$$
对于铸铁辊：
$$\mu = 0.92 - 0.0005t - 0.056v \tag{1-73}$$
对于磨光钢轧辊和冷硬铸铁辊：
$$\mu = 0.82 - 0.0005t - 0.56v \tag{1-74}$$
式中，v为轧制速度，m/s；t为轧件温度，℃。

（5）润滑油浓度：通常，稳态轧制时的摩擦系数随润滑油浓度的增加而减小。然而，当润滑油的浓度达到一定值时，再增加浓度，对降低摩擦系数的作用不明显。这种润滑油浓度的一定值取决于润滑剂的类型：

聚合棉籽油乳化液	5%
硬脂酸液	20%
菜籽油	40%

1.4.4.4　冷轧稳态轧制时的摩擦系数

冷轧稳态轧制时的摩擦系数主要受以下因素影响：

（1）轧件温度：通常，当轧件温度增加时摩擦系数μ增加。μ与温度的关系可做近似计算：
$$\mu = \mu_{20} + a(t - 20)^{0.5} \tag{1-75}$$
式中，μ_{20}为20℃时稳态轧制时的摩擦系数；t为轧件温度，℃；a为取决于轧辊表面粗糙度的修正系数：

光滑辊面 $a = 0.0011 \sim 0.0015$　　粗糙辊面 $a = 0.0035 \sim 0.0073$

（2）轧辊表面粗糙度：摩擦系数μ随轧辊表面粗糙度增加而增大，其影响可由下式表达：
$$\mu = \mu_{0.2}[1 + 0.5(R_a - 0.2)] \tag{1-76}$$
式中，$\mu_{0.2}$为在当轧辊表面粗糙度$R_a = 0.2\mu m$稳态轧制时的摩擦系数。式（1-76）中R_a的范围在0.2～10μm。

（3）轧件化学成分：碳素钢轧制采用润滑时，轧件化学成分对摩擦系数的影响可以忽略。但轧制奥氏体不锈钢时，由于存在轧辊粘结趋势，因此，其摩擦系数通常比碳钢增大

10% ~20%。

（4）润滑剂黏度：通常油膜厚度随润滑剂黏度增加而增加，因此，摩擦力也随之下降，图1-40是两种润滑油的黏度变化对 μ 值的影响。摩擦系数与润滑剂黏度的关系可近似由下式表示：

$$\mu = c[0.5(\eta_{50})^{-0.5} + 0.03] \quad (1\text{-}77)$$

式中，η_{50} 为50℃时润滑剂黏度，$m^2/s \times 10^{-2}$；c 为计算系数，对于矿物油，$c = 1.4$，对植物油，$c = 1.0$。

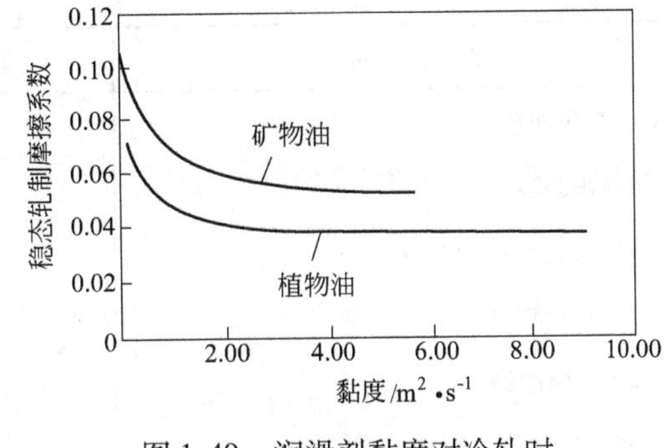

图1-40 润滑剂黏度对冷轧时摩擦系数的影响

（5）轧制速度：根据研究结果，油膜厚度与轧制速度成正比。因此，当轧制速度增加时，摩擦系数下降（见图1-41）。

（6）道次压下量：道次压下量对摩擦系数的影响很大程度上取决于轧件表面粗糙度以及加工硬化程度，图1-42表示轧制低碳钢，采用蓖麻油和10%矿物油乳液润滑时轧件摩擦系数随道次压下量的变化。当钢带表面粗糙时，退火的和加工硬化的钢带的摩擦系数随压下量的增加而降低。当轧制的钢带表面光滑时，退火钢带的 μ 值随压下量的增加而增加，加工硬化钢带的 μ 值保持不变。

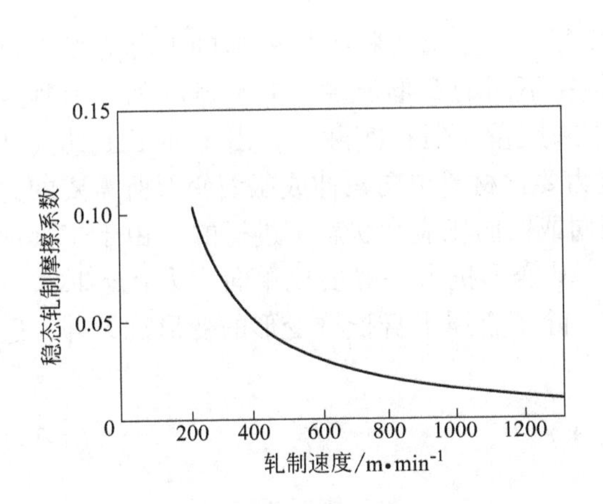

图1-41 冷轧速度对摩擦系数的影响（润滑条件下）

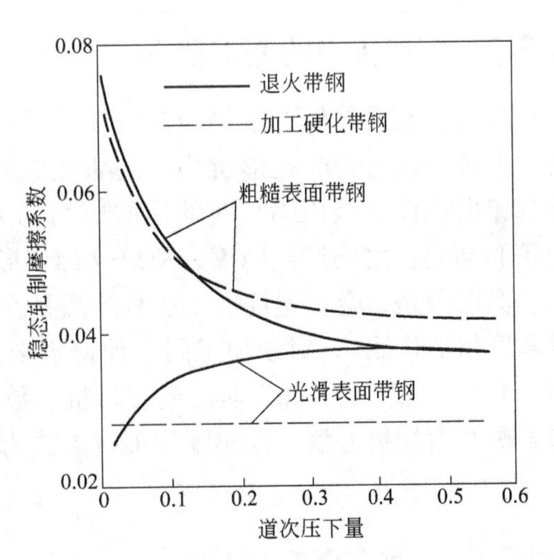

图1-42 冷轧时道次压下量对摩擦系数的影响

表1-12给出了用实验方法测定的冷轧低碳钢的摩擦系数数据。轧制在二辊轧机上进行，采用抛光钢轧辊，轧辊直径100mm，轧制速度0.15m/s。

表1-12 轧制低碳钢时的摩擦系数 μ

润滑条件	道次号	道次压下率/%	摩擦系数
无润滑（轧辊与带材清洁面干燥）	1	15.0	0.085
煤油润滑	1	16.5	0.080
煤油润滑	3	22.0	0.060

续表 1-12

润滑条件	道次号	道次压下率/%	摩擦系数
煤油加添加剂:			
1%硬脂酸	1	16.7	0.075
1%硬脂酸+0.6%硫	1	17.0	0.071
5%硬脂酸铜	1	16.8	0.063
5%硬脂酸钠	3	24.0	0.060
5%硬脂酸铅	2	17.3	0.058
1%月桂酸	3	24.3	0.053
5%油酸钠	4	23.0	0.049
1%棕榈酸	3	22.0	0.072
68/615 含油石墨	1	15.5	0.072

1.5　金属的变形抗力

1.5.1　变形抗力的基本概念

在用轧制或其他方法将金属加工成形的过程中，金属材料抵抗变形的力称为变形抗力。某种金属材料的变形抗力，通常由该材料在不同的变形温度、变形速度和变形程度下，单向拉伸（或压缩）时的屈服应力的大小来度量。但在实际中，由于加工工具（轧辊等）与材料之间产生摩擦，所以这种变形抗力要比材料单向拉伸或压缩变形所需要的力大。其原因是，金属塑性加工过程多数是在两向或三向压应力状态下进行的（由于工具形状和摩擦的作用），对于加工同一种材料来说，其变形抗力一般要比单向应力状态时大得多（1.5~6 倍）。因此，实际的变形抗力数值，除了金属本身抵抗变形的变形抗力外，还包含一个附加抗力值，故实际变形抗力式为

$$k_f = \sigma_s + q \tag{1-78}$$

式中　k_f——实际变形抗力；

σ_s——材料在单向应力状态下的屈服应力；

q——由影响应力状态的外部因素（工具与变形物体表面状态及其形状）所引起的附加抗力值。

在研究金属材料的变形抗力时，必须注意材料在一定变形条件（变形温度、变形速度及变形程度）下进行单向压缩（或拉伸）时，所得到的变形抗力同在实际塑性加工条件下的实际变形抗力的区别。

金属材料的变形抗力主要取决于化学成分和组织结构，并受变形温度、速度及变形程度等外部因素的影响。金属材料的实际变形抗力在很大程度上还取决于当时变形条件所产生的应力状态情况（摩擦、工具与工件形状及附加外力等因素）。

由于材料的化学成分、组织状态、变形时的温度-速度条件、时刻变化着的变形程度以及变形机构等因素十分复杂，目前还不能从理论上建立符合实际的变形抗力计算式。因此，目前多以在一定条件下建立的关系式为基础，通过实验统计的方法确定其中的各影响系数（实验常数）的具体值或直接采用实验测定结果。

1.5.1.1　变形抗力的一般行为

对于一定化学成分和组织状态的金属材料来说，变形温度、变形速度、变形程度以及变形时间等因素构成综合变形条件。材料的变形抗力可由下式表示

$$k_{\mathrm{f}}=f(\varepsilon,\dot{\varepsilon},T,t) \tag{1-79}$$

式中　ε——变形程度（应变）；

$\dot{\varepsilon}$——变形速度（应变速率）；

T——变形温度；

t——变形时间。

对于实际轧制过程来说变形抗力还受应力状态条件的影响。

变形时间对材料的加工硬化和再结晶软化现象有影响，在变形速度中已有体现，故此因素可以不考虑，则式（1-79）变为

$$k_{\mathrm{f}}=f(\varepsilon,\dot{\varepsilon},T) \tag{1-80}$$

在这里，根据碳素钢由常温到高温（γ 相区）范围内的几个实验结果，来说明变形抗力随温度、应变和应变速度如何变化。进而根据温度区间将其特性分为五个区域。

图 1-43 是作井（1975 年）在 0.036% 碳素钢的拉伸实验中测定的应力-应变曲线。根据在不同温度区间（温度区间随成分和应变速率变化，不是固定的）所观察到的特征性的变化，可将低碳钢的应力-应变曲线分为四个阶段：

（1）0～200℃随应变增加，发生单调的加工硬化；

（2）约 600℃发生急剧的加工硬化，在达到峰值后又发生很大的加工软化，这时对应于蓝脆区；

（3）约 800℃发生缓慢的加工硬化，并在高应变下饱和于一定值；

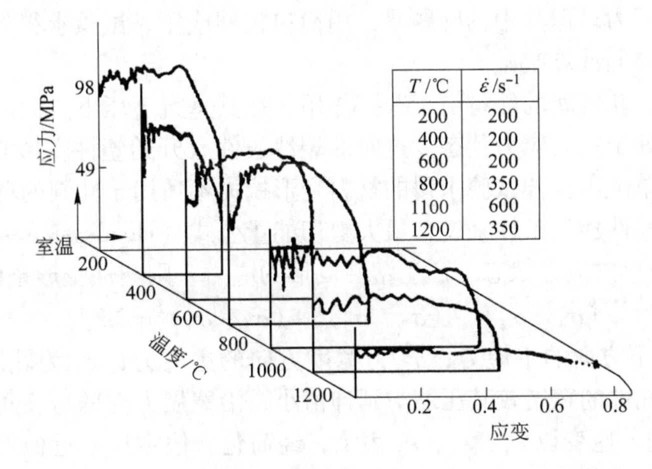

T/℃	$\dot{\varepsilon}$/s^{-1}
200	200
400	200
600	200
800	350
1100	600
1200	350

图 1-43　0.036% 碳素钢在不同温度下的应力-应变曲线

（4）~1200℃加工硬化比（3）更缓慢，达到峰值后发生缓慢的加工软化。

应变速率一定时，在应变2%时的变形抗力$\sigma_{0.02}$（或下屈服点σ_{LY}）、与抗拉强度σ_b和σ_T对应的延伸ε_m、总延伸ε_T和加工硬化指数n随温度变化的关系由作井求出。低碳钢的变形行为由室温到1200℃可以分为下述5个区域：

（1）低温变形区域：由室温到蓝脆性出现之前的区域。在这个区域，变形抗力随温度升高而降低，而加工硬化指数n没有大的变化。

（2）蓝脆性区域：随温度升高，伸长率下降，加工硬化指数n增加，变形抗力达到峰值前的区域。当应变速度提高时，出现峰值的温度（蓝脆性温度）向高温侧偏离。

（3）α相高温型变形区：由蓝脆性温度开始到A_1相变点（723℃）之间的区域。随温度上升，总延伸急剧增大，加工硬化指数n减小，变形抗力降低。

（4）α-γ两相区：由A_1点开始到A_3相变点之间的区域。由于温度上升，γ相形成，因而总延伸急剧减小。与此相反，加工硬化指数n急剧增大。可以认为，这是由于在相同温度下，γ相比α相变形抗力高，所以变形集中于α相。

（5）γ相区：总延伸ε_T重新恢复，随温度升高，变形抗力降低。

1.5.1.2 轧制中的变形抗力

在实际中，通过实验或理论计算直接求出轧制中的变形抗力是很困难的，其原因是轧制时的变形条件很复杂（摩擦条件，轧辊和轧件形状，变形速度-温度变化及分布等等）。因此，通常是做拉伸或压缩实验来求变形抗力，然后再应用到轧制问题中。

拉伸、压缩实验结果的比较：

通过拉伸实验求金属的变形抗力时，直到试验中试件产生缩颈为止，试件断面上的应力分布是比较均匀的，而且其测定值具有再现性。

在压缩实验中，由于基准面或压缩面与试件的接触面之间有摩擦，因此在半径方向上产生摩擦应力，阻碍金属变形，其结果变形抗力有增高倾向。根据齐别尔（Siebel）的实验结果，当钢材应变为20%时，压缩实验测得的变形抗力是拉伸实验的1.1~1.2倍。

轧制金属时，与压缩实验一样，轧辊与轧件之间存在摩擦，因此，所需要的轧制压力要大于轧材的拉伸变形抗力。如果已知轧材的变形抗力，可以通过轧制理论公式或经验公式粗略计算出轧制压力。但其中的问题是，用简单拉伸或压缩试验求得的材料变形抗力能否直接用作轧制压力的计算基础。

在轧制过程中，轧辊间的轧材由于摩擦作用，在其垂直于压下方向的水平方向上产生应力，因此，轧件处于三向应力状态。这时的塑性条件（开始塑性变形的条件）与单向应力时不同。因此，单纯由拉伸试验求得的材料变形抗力不适用于轧制的场合。

对于钢材等的塑性加工条件来说，最大剪切能量公式（Hendky-Mises公式）是可以建立起来的，设σ_s为单向应力状态下产生塑性变形的应力，则塑性变形条件式为

$$(\sigma_1-\sigma_2)^2+(\sigma_2-\sigma_3)^2+(\sigma_3-\sigma_1)^2=2\sigma_s{}^2 \tag{1-81}$$

式中，σ_1为轧制压下方向的主应力；σ_2为宽度方向的主应力；σ_3为轧制方向的主应力。平板轧制过程中，轧件的宽展较其压缩与延伸值小，沿宽展方向的应变可近似视为零。现将σ_1、σ_2、σ_3方向的应变以ε_1、ε_2、ε_3表示，经简化，假定这些近似值与应力有直接关系，则

$$\varepsilon_2 = C_1[\sigma_2 - C_2(\sigma_1 + \sigma_3)] \tag{1-82}$$

其中 C_1、C_2 为系数，根据 Nadai 塑性变形条件，$C_2 = 1/2$。

假设 $\varepsilon_2 \approx 0$ 时，由式（1-82）得

$$\sigma_2 = \frac{1}{2}(\sigma_1 + \sigma_3)$$

将上式代入式（1-81），则

$$\sigma_1 - \sigma_3 = \pm\frac{2}{\sqrt{3}}\sigma_s = \pm 1.15\sigma_s \tag{1-83}$$

即轧制时的变形抗力相当于由拉伸试验求得的变形抗力值的 1.15 倍。根据剪切能量理论，上述情况适用于轧制时没有宽展的情况，但实际上多少还有一些宽展，所以必须适当地调整为 1.15 的倍数值。

通过压缩试验求得的变形抗力，由于摩擦作用，其应力状态为三向应力状态，所以除了计算摩擦影响或者采用适当的润滑剂的试验方法外，也可以直接采用，且影响不大。

1.5.1.3　平均变形抗力

金属材料的变形抗力一般地可由变形程度 ε、变形速度 $\dot{\varepsilon}$ 及变形温度 T 来决定。在轧制过程中，即轧件从被轧辊咬入到轧出的过程中，由于各点的变形量及变形速度不同，变形抗力也不断变化。可以将各应变时的变形抗力代入理论轧制压力公式，对接触投影面积进行积分求得，但通过把变化的变形抗力代入理论轧制压力公式来计算轧制力，由于积分困难，实际上是不可能的。因此，为便于计算，近似地把变形抗力做定量处理。把这种变形抗力称为平均变形抗力。

平均变形抗力 k_m 由下式定义

$$k_m = \frac{1}{\varepsilon}\int_0^{\varepsilon} k_f \mathrm{d}\varepsilon \tag{1-84}$$

轧制过程中的平均变形抗力，为简化计算常使用所分析道次入、出口累计压下率的均值 $\bar{\varepsilon}$ 对应的 k_f 值作为 k_m。

变形抗力 k_f 一般可用下式表示

$$k_f = K\varepsilon^n \dot{\varepsilon}^m \tag{1-85}$$

式中，K 为与材料有关的常数；n 为加工硬化指数；m 为应变速度敏感性指数。

因此，对于平均变形抗力 k_m 来说，也必须考虑应变速率指数 m 和加工硬化指数 n。若变形中 $\dot{\varepsilon}$ 值不变，则平均变形抗力

$$k_m = \frac{1}{\varepsilon}\int_0^{\varepsilon} K\varepsilon^n \dot{\varepsilon}^m \mathrm{d}\varepsilon = \frac{K}{\varepsilon}\dot{\varepsilon}^m \frac{\varepsilon^{n+1}}{n+1}$$

$$k_m = \frac{K}{n+1}\dot{\varepsilon}^m \varepsilon^n = K' \dot{\varepsilon}^m \varepsilon^n \tag{1-86}$$

实际上用试验机求应力-应变曲线时，在原点附近的曲线误差很大，而且用式（1-86）求出的 k_m 值多数偏低，所以将 $0 \sim \varepsilon$ 区间分成几等分，并且往往采用这些点应力的算术平均值。

在求平均变形抗力时，应变速率大多是变化的，平均应变速率一般可用下式计算

$$\dot{\varepsilon} = e/\text{变形时间(s)}$$

或

$$\dot{\varepsilon} = \varepsilon/\text{变形时间(s)}$$

式中，e 为工程应变；ε 为对数应变。

1.5.2 影响变形抗力的因素

影响变形抗力的主要因素有化学成分和组织结构（内因）、变形温度、变形速度和变形程度（外因）。

1.5.2.1 化学成分的影响

各种纯金属，因原子间相互作用的特性不同，故具有不同的变形抗力。同一金属，其纯度越高，变形抗力越小。不同牌号的合金，组织状态不同，其变形抗力也不同。如退火后的纯铝，在不同条件下，其变形抗力（σ_s）为30MPa左右。而LY12硬铝合金，在退火状态下，其 σ_s 为100MPa左右；在淬火时效后，σ_s 可达300MPa以上。

合金元素对变形抗力的影响，主要取决于溶剂原子与溶质原子间相互作用的特性、原子体积大小，以及溶质原子在溶剂基体中的分布情况而定。要阐明化学成分与变形抗力之间的关系是比较困难的。据研究，二元合金的化学成分与变形抗力之间的关系同二元状态图的形式也有某些规律性。

除合金组元的影响外，金属的变形抗力在很大程度上取决于各元素的含量，如钢中C、N、Si、Mn、S、P等元素增多都会使抗力显著增加。图1-44是高温条件下的变形抗力与含碳量的关系。又如，当青铜中的砷含量为0.05%时，强度极限为190MPa，而当砷含量提高到0.145%时，强度极限反而降到140MPa。可见，少量的元素就能使金属的变形抗力发生明显变化。各元素对变形抗力的影响与元素的本性及其在基体中的分布特性有关。元素原子与基体组元形成固溶时，会引起基体组元点阵畸变。进入基体点阵中的元素原子所引起的点阵畸变越大，则变形抗力提高得越多。另外，金属中有些杂质元素形成化合物（如钢中的C、N形成碳化物、氮化物）阻碍金属的变形，也使抗力增高。

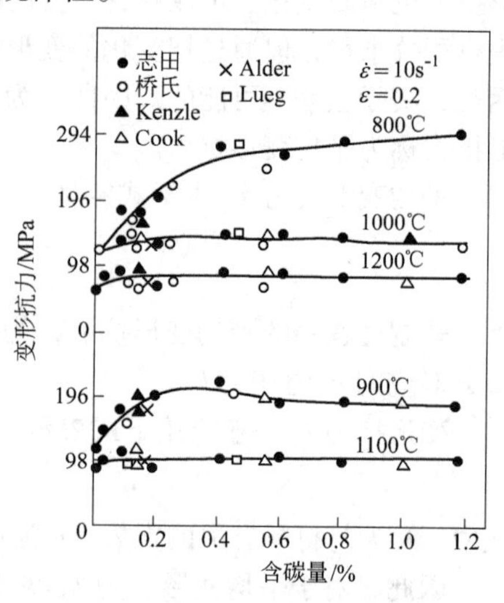

图1-44　变形抗力与含碳量的关系
（采用凸轮试验机）

1.5.2.2 组织结构

金属与合金的性质取决于组织结构，即取决于原子间的结合和原子在空间的排列情况。当原子的排列方式发生变化时（当合金发生相变时）所产生的力学性能和物理性能的突变，就是一个例证，图1-45a是α-Fe和γ-Fe在相变（910℃）时变形抗力随温度变化的图示。

如果不发生相变，则α-Fe的曲线是平滑下降的，反之，若只存在γ-Fe，曲线也是平

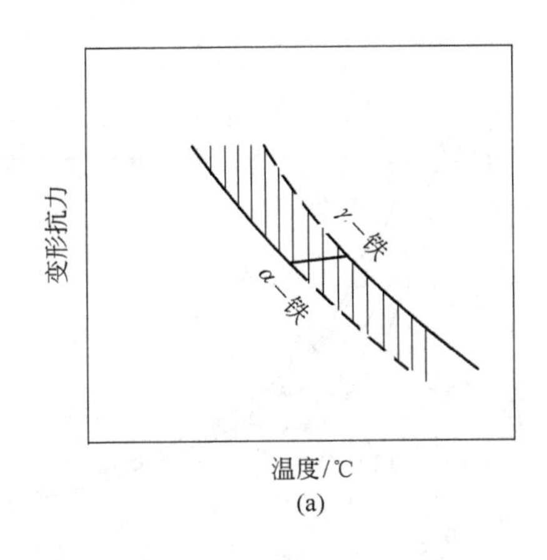

(a)

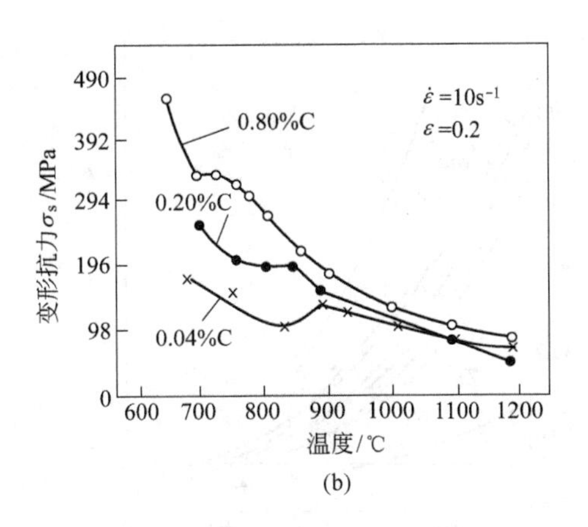

(b)

图 1-45 α-Fe 及 γ-Fe 在相变时的变形抗力

（a）示意图；（b）碳素钢

滑延伸的。由于发生相变，使变形抗力在转变温度区间成为复杂曲线。产生这种结果的原因，正是发生同素异构转变的结果，图 1-45b 是碳素钢（0.04% C，0.2% C，0.8% C）在相变点处的变形抗力变化曲线。依含碳量不同，α-γ 转变点也不同，故变形抗力的波动点各异。

合金组织，特别是晶粒大小对金属材料的变形抗力也有很大影响。通常，多晶体的晶粒大小为 1.0 ~ 0.01mm，超细晶粒可以达到 1μm 左右。一般情况下，细一些的晶粒可使变形抗力增高。实验证明在许多金属中（主要是体心立方金属包括钢、铁、钼、铌、钽、铬、钒等以及一些铜合金），屈服点和晶粒大小的关系满足下式

$$\sigma_y = \sigma_i + k_y d^{-1/2} \tag{1-87}$$

式中，σ_i、k_y 为材料有关的常数；d 为晶粒直径。

这个公式称为霍耳-配奇（Hall-Petch）公式。由这个公式可以说明晶粒度与变形抗力的一般关系。变形抗力随晶粒尺寸的减小而增加的原因可以从表面张力和周围晶粒的作用力、晶体滑移阻力（晶界作用）等方面考虑。

在超塑性变形时，其流动应力与晶粒直径的关系基本上也符合这一规律。但因它是特定条件下的一种塑性的异常现象，其流动规律及客观上的力学表现是有特殊值的。

1.5.2.3 变形温度

由于温度的升高，降低了金属原子间的结合力，因此几乎所有金属与合金的变形抗力都随变形温度的升高而降低，如图 1-46 所示。对于那些随着温度变化产生物理化学变化或相变的金属与合金，则存在着例外的情况。比如有蓝脆和热脆现象的钢，在温度变化区间有相变的合金材料，其变形抗力随温度的变化将有起伏，图 1-47 示出了碳素钢的屈服应力与温度的关系。一般规律是随着温度的升高，硬化强度减少，而且以一定的温度开始，硬化曲线几乎成为一平行线。这表明当温度升高到一定程度时，已没有硬化了，即以软化作用为主。

长期以来，许多学者都在寻求用计算式来确定温度与变形抗力的关系，但因金属与合

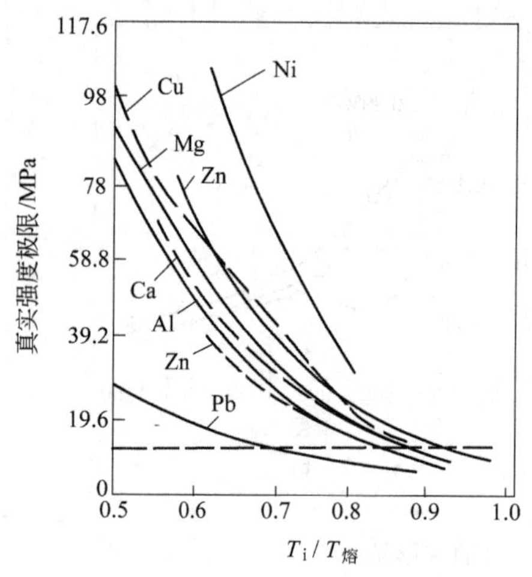

图 1-46　各种金属的真实强度极限与温度的关系

（T_i 为金属的实际温度；$T_{熔}$ 为金属的熔点温度）

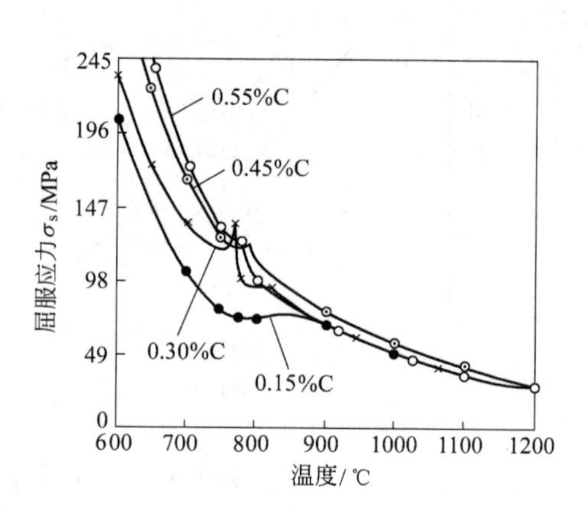

图 1-47　碳素钢的屈服应力与温度的关系

金的种类繁多，且温度影响又与变形时的热效应有不可分割的联系，所以至今未能得出一个可用的计算式，还只能依赖于大量实验结果的数据积累。这个问题是有待解决的，因为热变形时的温度控制及产品精度控制，都要求有一个比较可靠的温度影响的数学模型。

1.5.2.4　变形速度

变形速度对变形抗力的影响，主要取决于在塑性变形过程中，金属内部所发生的硬化与软化这一矛盾过程的结果。因为再结晶过程不但同晶格的畸变及温度的高低有关，而且与过程的时间（孕育及形核长大时间）有关。所以变形速度的提高，对软化的作用具有二重性，因单位时间发热率的增加有利于软化的发生与发展；又因其过程时间的缩短而不利于软化的迅速完成。因为速度的增加缩短了变形时间，从而使塑性变形时位错运动的发生与发展的时间不充足，使变形抗力升高，在高温下的表现尤为显著。

塑性变形是金属流动，从以往的流体力学概念出发，可以认为变形抗力受应变速率的影响最大，对于这方面的研究已有很多。对于应变速率范围在 $\dot{\varepsilon}=10^{-4}\sim10^{-3}\mathrm{s}^{-1}$内，可应用下面的实验公式

$$k_f=\alpha\dot{\varepsilon}^m \tag{1-88}$$

式中，α 为系数；$\dot{\varepsilon}$ 为应变速率，s^{-1}；m 为应变速率敏感性指数。

根据池岛、井上的研究，实验温度为 900～1200℃时，低碳钢的 m 值是 0.10～0.15，沸腾钢和镇静钢的 m 值为 0.12～0.18，高速钢的 m 值为 0.15～0.22。一般是随着温度下降，m 值减小。同时也说明温度越高，应变速率的影响越大；在低温或常温情况下，应变速率的影响较小。

在各种温度范围内，应变速率对变形抗力提高的影响可归纳为图 1-48。从图中曲线可以看出，在冷变形温度范围内，应变速率的影响小；在热变形温度范围内，应变速率的影

响较大，最明显的是从不完全热变形到热变形的温度范围。产生上述现象的原因是，在常温条件下，金属材料原来的抗力就比较大，变形热效应也不显著，因此应变速率提高所引起的抗力相对增加量较小；相反，在高温变形时，因为原来金属变形抗力比较小，应变速度增加使变形抗力增加的相对值就显得大得多。又因为在高温下变形热效应的作用也相对变小，而且由于速度的提高使变形时间缩短，软化过程来不及充分发展，所以此时应变速率的作用是不可忽视的。当温度更高时，软化速度将大大提高，以致速度的影响又有所降低。

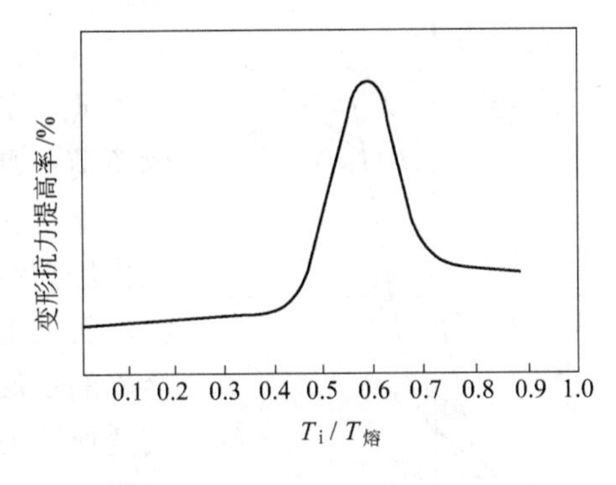

图 1-48 在各种温度范围内应变速率对变形抗力提高的影响

1.5.2.5 变形程度

无论在室温或较高温度条件下，只要回复和再结晶过程来不及进行，则随着变形程度的增加必然产生加工硬化，使变形抗力增加。通常，变形程度在30%以下时，变形抗力增加得比较显著，当变形程度较高时，随着变形程度的增加，变形抗力的增加变得比较缓慢，这是由于变形程度的进一步增加，晶格畸变能增加，促进了回复与再结晶过程的发生与发展以及变形热效应的作用，使变形温度提高所致。

对于同一金属或合金，在室温下进行冷变形时，影响变形抗力的最主要因素是变形程度。因此，代表性的静态冷变形抗力公式如下

$$k = K\bar{\varepsilon}^n \tag{1-89}$$

$$k = A(B+\bar{\varepsilon})^n \tag{1-90}$$

或

$$k = k_0 + C\bar{\varepsilon}^n \tag{1-91}$$

式中，K，A，B，C 为常数；n 为应变硬化指数；$\bar{\varepsilon}$ 为累计等效应变；k_0 为材料在完全退火状态下的屈服极限。

1.5.2.6 应力状态

实际变形抗力要受应力状态的影响，一般情况下，三向压应力状态使变形抗力提高。其实质是应力球张量的作用。因为静水压力增加了金属原子间的结合力，消除了晶体点阵中的部分缺陷，使位错运动增加了困难，所以大大增加了滑移阻力，使变形抗力提高。

在塑性变形过程中，当变形体内有相变发生时，流体静压力可使第二相的数量增多或减少，从而改变其变形抗力值。如硬铝合金在流体静压力下拉伸时，第二相的数量增多，而且真实应力曲线比在没有附加流体静压力的拉伸稍高一些。

1.5.2.7 其他因素

多晶体金属在受到反复交变的载荷作用时，出现变形抗力降低的现象，这称为包辛格效应。图 1-49 是显示包辛格效应时所得到的应力-应变曲线的例子。拉伸时材料的原始屈

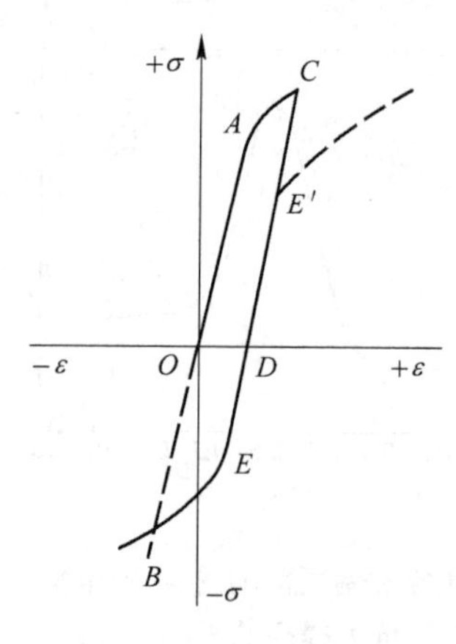

图 1-49　包辛格效应

服应力在 A 点，若对此材料进行压缩时，其屈服应力也与它相近（在虚线的 B 点）。以同样的试样，使其受载超过 A 点至 C 点，卸载后将沿 CD 线返回至 D，若在此时对它施以压缩负荷，则开始塑性变形将在 E 点。E 点的应力明显比原来受压缩材料在 B 点的屈服应力低。这个效应是可逆的，若原试样经塑性压缩后再拉伸时，同样会发生屈服应力降低的现象。实际上，当连续变形是以异号应力交替进行时，可降低金属的变形抗力；用同一符号的应力有间隙地连续变形时，则变形抗力连续地增加。包辛格效应仅在塑性变形不大时才出现（部分钢铁材料 $\varepsilon < 3\%$，如黄铜 $\varepsilon < 4\%$，硬铝 $\varepsilon = 0.7\%$）。

周围介质对金属的变形抗力也有影响。当金属表面吸附了活性物质时，能促进金属的变形，降低变形抗力。这是因为吸附的介质降低了金属的表面能，故在较低的应力下即可使金属产生屈服。

1.5.3　冷变形抗力

冷变形抗力在轧制理论模型中以及冷连轧计算机过程控制中是必不可少的参数。在目前的高速冷连轧中，轧制速度已达到2000m/min，轧制温度达到100～200℃，在这种情况下，变形抗力不仅仅是变形程度的函数，应变速率和温度的影响也不可忽视。

1.5.3.1　冷变形抗力公式

对于低碳钢，当仅考虑变形程度的影响时，变形抗力通常采用式（1-89）或式（1-90）。根据实验结果，式（1-90）给出了更好的近似值。

当考虑低温变形中应变速率和温度的影响时，可采用下述变形抗力公式：

木原在研究动态变形抗力公式的基础上，提出一个关于 ε、$\ln\dot{\varepsilon}$ 和 $1/T$ 的二次展开式构成的回归式

$$k_f = a + b\varepsilon + c\log\dot{\varepsilon} + d/T + e\varepsilon^2 + f(\log\dot{\varepsilon})^2 + g/T^2 + h\dot{\varepsilon}\log\dot{\varepsilon} + i(\log\dot{\varepsilon})/T + j\varepsilon/T \quad (1\text{-}92)$$

式中，$a \sim j$ 为由材料的物理特性（活化能）确定的参数，表 1-13 列出了低碳铝镇静钢和低碳沸腾钢的有关参数；ε 为应变；$\dot{\varepsilon}$ 为应变速率；T 为绝对温度。

志田就碳钢冷变形抗力对应变速率的依赖关系，整理了有关实验结果，给出下式

$$k_f = \sigma_0(1 + a\dot{\varepsilon}^m) \quad (1\text{-}93)$$

式中，σ_0、a 和 m 与图 1-50 中的 k_f（静态变形抗力）有关。

根据图 1-50 可知，只要进行一次静态试验即可预测动态变形抗力。

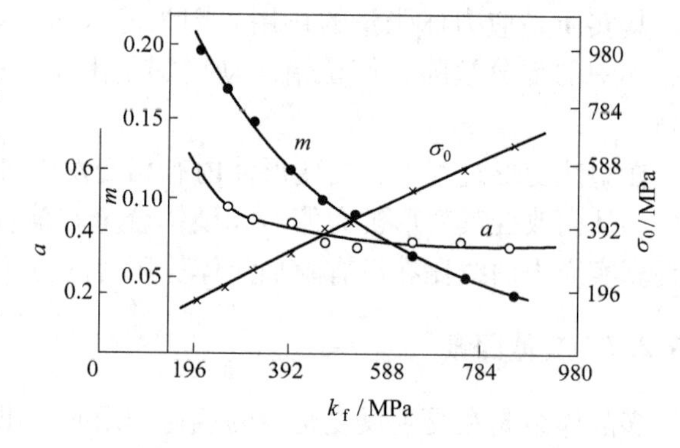

图 1-50　σ_0、a 和 m 值与 k_f 的关系

表 1-13 式（1-92）中的参数

参 数	低碳铝镇静钢	低碳沸腾钢	参 数	低碳铝镇静钢	低碳沸腾钢
a	2.57×10	1.37×10	f	1.28×10^{-1}	1.73×10^{-1}
b	2.27×10^{2}	2.44×10^{2}	g	2.99×10^{6}	3.13×10^{6}
c	−2.81	−3.21	h	−4.33	−6.04
d	-8.35×10^{3}	-6.29×10^{3}	i	1.32×10^{3}	1.61×10^{3}
e	-2.34×10^{2}	-2.31×10^{2}	j	-3.16×10^{4}	-3.99×10^{4}

对冷轧在线控制来说，综合考虑具备学习功能及由图 1-50 所示的在室温约 200℃ 温度区间内变形抗力变化很少（在 100 ~ 200℃，蓝脆效果对 k_f 的影响很小）等因素，可以说，在实用上无论采用上述两个公式中哪一个都不会有明显差别。

1.5.3.2 冷变形抗力的实验研究结果

A 温度和应变速率的影响

图 1-51 为低碳沸腾钢的静态变形抗力随温度的变化。试验试样中的含氮量各不相同。其化学成分见表 1-14。除去含氮量为 0.0017% 的钢之外，在 100℃ 以下和在 100 ~ 200℃ 之间，变形抗力和温度的关系是不同的。特别是含氮 0.0126% 的钢，表现出明显的蓝脆效果。普通轧材含氮在 0.006% 左右，故可以不考虑蓝脆的影响。

表 1-14 图 1-51 中材料的化学成分（w/%）

曲 线	C	Si	Mn	P	S	N
1	0.053	<0.01	0.29	0.009	0.034	0.0017
2	0.080	<0.01	0.28	0.009	0.038	0.0048
3	0.083	<0.01	0.25	0.003	0.007	0.0126

应变速率对铝镇静钢的影响见图 1-52。先由轧制给出 20% ~ 77% 的预应变，再改变拉

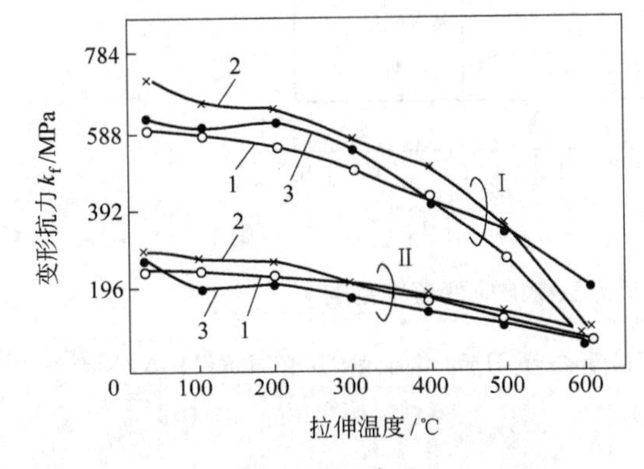

图 1-51 温度及含氮量对变形抗力的影响（蓝脆性）

Ⅰ—预应变（轧制），$\varepsilon_0 \approx 50\%$；Ⅱ—$\varepsilon_0 = 0\%$

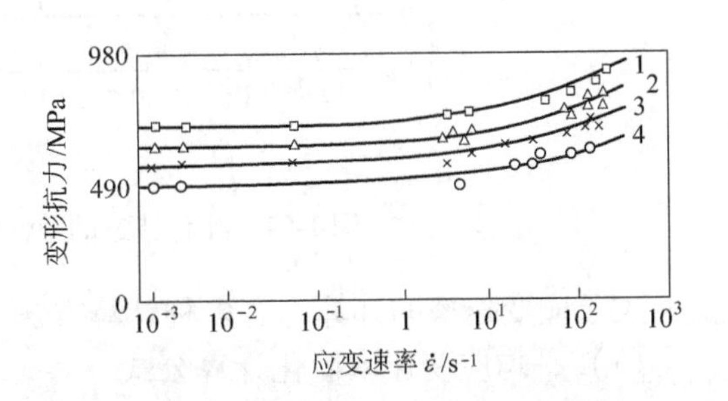

图 1-52 应变速率对冷变形抗力的影响

化学成分/%：0.07C，0.011Si，0.35Mn 0.12P，0.014S，0.006N，0.066Al

预应变 ε_0/%：1—77；2—60；3—41；4—20

伸试验时的变形速度进行实验。当应变速率 $\dot{\varepsilon} \geqslant 1/\mathrm{s}$ 时，变形抗力急剧增大；在 $\dot{\varepsilon} = 0.001 \sim 100/\mathrm{s}$ 时，可以说变形抗力对应变速率的依赖关系不受预应变的影响。

B　成分和晶粒直径的影响

随钢中含碳量的增加，变形抗力直线上升。

图1-53是晶粒直径影响的研究结果，表示等效应变为 $\varepsilon_{eq} = 1.0$ 时的变形抗力与参数 $C_{eq} + \sqrt{d}/100$（$C_{eq} = w(\mathrm{C}) + 1.5w(\mathrm{Si}) + 2w(\mathrm{P}) + w(\mathrm{S})$，$d$ 是平均晶粒直径）的关系。可见，当成分一定时，变形抗力随晶粒直径的减小而显著增加。

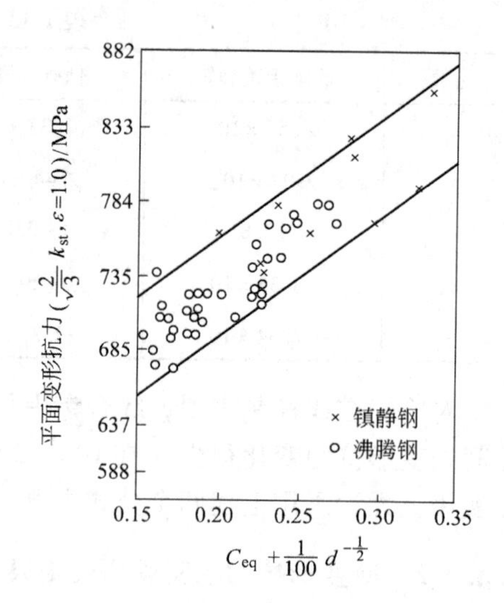

图1-53　变形抗力和 $C_{eq} + \sqrt{d}/100$ 的关系
（轧制-拉伸法）
d—平均晶粒直径，mm

1.5.4　热变形抗力

在热变形过程中，金属的变形抗力同时受变形程度、变形温度和应变速率的影响。正确地预报热变形抗力对于预报高温、高速轧制时的轧制力、轧制过程控制和轧件尺寸、形状精度控制是非常重要的。

1.5.4.1　轧制应变速率计算

热变形时，材料的硬化和软化过程同时存在，由于应变速率对材料塑性成形过程中的变形行为影响很大，因此应变速率的大小起着重要的作用。图1-54给出了几种特定的塑性成形方法中的应变速率范围。

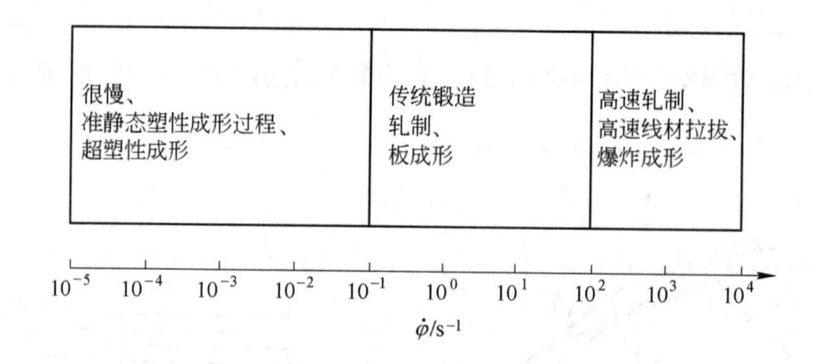

图1-54　几种特定的塑性成形方法中的应变速率范围

关于应变速率的计算，有多种计算方法，下面介绍几种常用的应变速率计算公式。

（1）平均应变速率简化计算公式

纵轧时的平均应变速率可由下式计算。

$$\dot{\varepsilon}_m = v_1 / l \times \Delta h / h_0 \tag{1-94}$$

式中　v_1——轧辊出口处金属的速度，m/s；

l——接触弧长的水平投影，m；

h_0——轧前金属断面高度，m。

对于各种形式的热轧机，平均应变速率（s^{-1}）的范围如下：

初轧机和板坯轧机　　0.1～10

宽带钢轧机　　≤500

厚板轧机　　1～15

大型和中型轧机　　0.5～250

小型和线材轧机　　≤1000

（2）艾克伦德（Ekelund）平均应变速率计算公式

$$\bar{\dot{\varepsilon}} = \frac{2v_1\sqrt{\Delta h/R}}{H+h} \tag{1-95}$$

（3）Tresca 等效应变速率

$$\dot{\varepsilon}_m = \ln(h_0/h_1)\cdot(R\Delta h)^{-1/2}\cdot v_1 \tag{1-96}$$

式中 h_0——轧件轧前厚度；

h_1——轧件出口厚度；

R——轧辊半径；

v_1——轧辊出口处轧件的速度。

（4）平面应变条件下的 Von Mises 等效应变速率

$$\dot{\varepsilon}_m = 1.15\ln(h_0/h_1)\cdot(R\Delta h)^{-1/2}\cdot v_1 \tag{1-97}$$

（5）福特-亚历山大应变速率公式

$$\dot{\varepsilon} = \frac{\pi N}{30}\sqrt{\frac{R}{h_0}}\left(1+\frac{\varepsilon}{4}\right)\sqrt{\varepsilon} \tag{1-98}$$

式中 N——轧辊转数，r/min；

R——轧辊半径，mm；

h_0——轧件入口厚度，mm；

ε——相对压下量，$\varepsilon=\Delta h/h_0$。

（6）西姆斯应变速率公式

$$\dot{\varepsilon} = \frac{\pi N}{30}\sqrt{\frac{R}{h_0}}\frac{1}{\sqrt{\varepsilon}}\ln\left(\frac{1}{1-\varepsilon}\right) \tag{1-99}$$

（7）乌萨托夫斯基应变速率公式

$$\dot{\varepsilon} = \frac{\pi N}{30}\sqrt{\frac{R}{h_0}}\sqrt{\frac{\varepsilon}{1-\varepsilon}} \tag{1-100}$$

1.5.4.2 热变形抗力公式

（1）恰古诺夫公式

$$k_f = [1+\mu(Z_a-1)]K_t\sigma_s \quad (\text{MPa}) \tag{1-101}$$

式中 μ——外摩擦系数；

Z_a——变形区算术平均长宽比；

K_t——温度影响系数；

σ_s——材料在20℃下的屈服应力，MPa。

Z_a 值由下式计算

$$Z_a = l/h_m = \frac{2l}{h_0 + h_1}$$

系数 k_t 为

$$k_t = \frac{t_m - t - 75}{1500} \quad \text{当} \ t \geqslant t_m - 575℃$$

$$k_t = \left(\frac{t_m - t}{1000}\right)^2 \quad \text{当} \ t < t_m - 575℃$$

式中，t_m 为熔点温度,℃；t 为轧制温度,℃。

（2）艾克伦德（Ekelund）公式

$$k_f = \left(1 + \frac{0.8\mu l - 0.6\Delta h}{h_m}\right)\left(\sigma_s + \frac{9.8\eta v\ \sqrt{\Delta h/R}}{h_m}\right) \quad (\text{MPa}) \tag{1-102}$$

式中　v——轧辊表面速度，mm/s；

R——轧辊半径，mm；

η——材料塑性系数，kg · s/mm²；

σ_s——给定温度和化学成分下材料的屈服应力，MPa；

h_m——在变形区中板带平均厚度，mm。

摩擦系数 μ 取决于轧制温度 t 和轧辊材质及表面状态。

对铸钢辊或表面粗糙钢辊：$\mu = 1.05 - 0.0005t$

对冷硬铸钢辊和表面光滑钢轧辊：$\mu = 0.8(1.05 - 0.0005t)$

对研磨钢轧辊：$\mu = 0.55(1.05 - 0.0005t)$

屈服应力 σ_s 是轧制温度和轧件成分的函数：

$$\sigma_s = 9.8(14 - 0.01t)(1.4 + \text{C} + \text{Mn} + 0.3\text{Cr}) \quad (\text{MPa}) \tag{1-103}$$

式中，C、Mn、Cr 为钢中化学成分含量百分数,%；t 为轧件温度,℃。

轧制材料的塑性系数 η 与温度有关。

$$\eta = 0.001(14 - 0.01t) \tag{1-104}$$

艾克伦德公式适用于下述条件：最小轧制温度800℃，最大轧制速度7m/s，最大含锰量为1%。

（3）吉尔吉（Geleji）公式

$$k_f = 1.15\sigma_s(1 + C\mu Z_a \sqrt[4]{v}) \quad (\text{MPa}) \tag{1-105}$$

式中，σ_s 为在给定温度下轧件的屈服应力，MPa；C 为几何因子，由下式确定：

$$C = 17Z_a^2 - 29.85Z_a + 18.3 \qquad (0.25 < Z_a < 1)$$

$$C = 0.8Z_a^2 - 4.9Z_a + 9.6 \qquad (1 < Z_a \leqslant 3) \tag{1-106}$$

摩擦系数 μ 取决于轧制温度 t，轧辊材质和表面条件以及轧制速度 v：

对钢轧辊　　$\mu = (1.05 - 0.0005t)K_v$

对硬化处理钢轧辊

$$\mu = (0.92 - 0.0005t)K_v \qquad (1\text{-}107)$$

对硬化处理并研磨的钢轧辊

$$\mu = (0.82 - 0.0005t)K_v$$

其中，K_v 为轧制速度影响系数，见图 1-55。

屈服应力 σ_s 由下式计算

$$\sigma_s = 0.147(1400 - t) \quad (\text{MPa}) \quad (1\text{-}108)$$

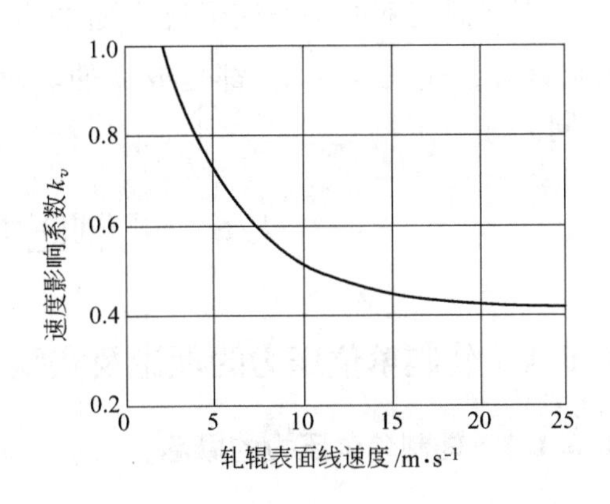

图 1-55　轧制速度影响系数

1.5.4.3　热变形抗力实验研究结果

从 1955 年到 1966 年，日本钢铁协会轧制理论学术委员会曾组织 6 个研究单位，分别采用飞轮、落锤、凸轮塑性仪等变形抗力试验装置对 8 个钢种的变形抗力进行了测定。其目的是测定各钢种在不同变形条件的变形抗力并比较各测试方法和实验装置造成的差异。变形条件的影响因素主要考虑变形程度、温度和应变速率。

（1）变形程度的影响：研究结果表明，在高温条件下，各钢种的平均变形抗力均随变形程度的增加而增加；冲击压缩（凸轮塑性仪或落锤压缩）的实验值总是偏高，飞轮拉伸或落锤拉伸实验值一般偏低。

（2）变形温度的影响：五弓、木原曾从塑性力学的观点探讨了由温度引起钢铁材料变形抗力的变化，图 1-56 是含碳量分别为 0.2%、0.25% 和 0.55% 碳素钢在变形程度 $\varepsilon = 0.2$ 时的变形抗力随温度变化的实验结果。在 400 ~ 500℃ 区间各钢种均出现变形抗力的上升的现象，这种现象可认为是由于称为蓝脆性的时效现象引起的，变形抗力最大值那一点的温度有随应变速率的增加向高温侧移动的趋势。尽管在 800℃ 左右时产生同样的异常现象，但这可认为是由于钢从 α 相向 α + γ 相转变而产生的。

（3）应变速率的影响：根据对低碳铝镇静钢（0.038% C）、0.6% C 钢和 Cr18 不锈

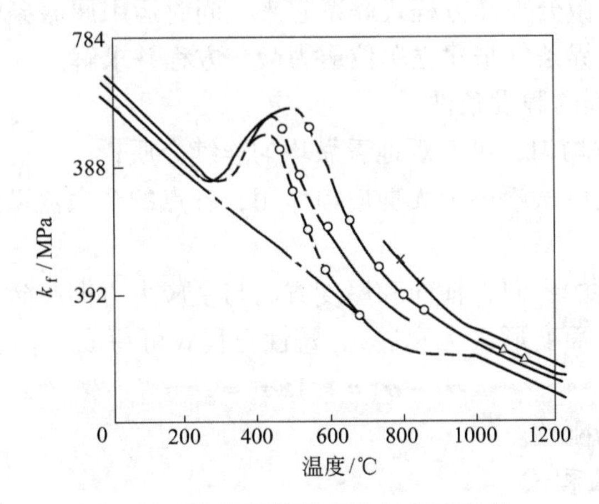

图 1-56　碳素钢的变形抗力-温度曲线

○—0.2% 碳素钢；$\varepsilon = 0.2$，$\dot{\varepsilon} = 30$、3.5、0.2s^{-1}；△—0.25% 碳素钢；$\varepsilon = 0.2$，$\dot{\varepsilon} = 10\text{s}^{-1}$；×—0.55% 碳素钢；$\varepsilon = 0.2$，$\dot{\varepsilon} = 10\text{s}^{-1}$

钢在不同温度下的平均变形抗力随平均应变速率变化的实测结果，除低碳钢（0.038% C）以外，式 $k_{fm}=K\dot{\varepsilon}^m$ 都是成立的。对低碳钢来说，以 $\dot{\varepsilon}=30s^{-1}$ 为界，应变速率指数不同。

1.6　轧制压力、轧制力矩及功率

1.6.1　轧制单位压力的理论及实验

1.6.1.1　轧制单位压力的概念

当金属在轧辊间变形时，在变形区内，沿轧辊与轧件接触面产生接触应力（见图1-57）。通常将轧辊表面法向应力称为轧制单位压力，将切应力称为单位摩擦力。

研究单位压力的大小及其在接触弧上的分布规律，对于从理论上正确确定金属轧制时的力能参数——轧制力、传动轧辊的转矩和功率具有重大意义。因为计算轧辊及工作机架的主要部件的强度和计算传动轧辊所需的转矩及电机功率，一定要了解金属作用在轧辊上的总压力，而金属作用在轧辊上的总压力大小及其合力作用点位置完全取决于单位压力值及其分布特征。

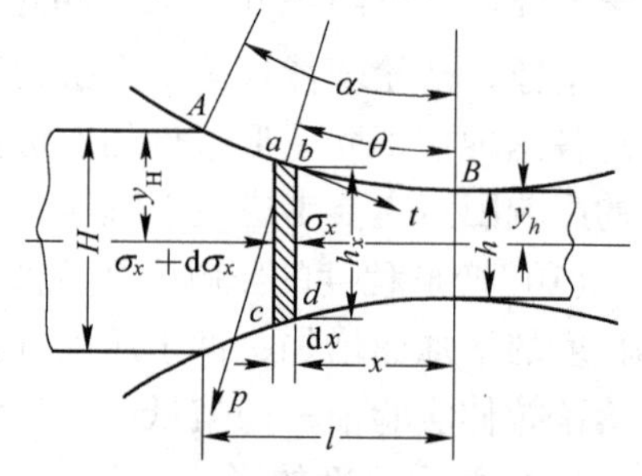

图1-57　变形区内任意微分体上受力情况

1.6.1.2　轧制时的平衡微分方程

A　卡尔曼（T. Karman）单位压力

现代轧制理论中，单位压力的数学-力学理论的出发点是在一定的假设条件下，在变形区内任意取一微分体（图1-57）。分析作用在此微分体上的各种作用力，在力平衡条件的基础上，将各力通过微分平衡方程式联系起来，同时运用屈服条件或塑性方程式、接触弧方程、摩擦规律和边界条件来建立单位压力微分方程并求解。

a　卡尔曼微分方程的假设条件

（1）轧件金属性质均匀，可宏观地看做均匀连续介质；

（2）变形区内沿轧件横断面上无剪应力作用，各点的金属流动速度、正应力及变形均匀分布；

（3）轧制时，轧件的纵向、横向和厚度方向与主应力方向一致；

（4）轧制过程为平面变形（无宽展），塑性方程式可写成

$$\sigma_1-\sigma_3=1.15\sigma_s=2k=K \tag{1-109}$$

（5）轧辊和机架为刚性。

b　单位压力微分方程式

如图1-57所示，在后滑区取一微分体积 $abcd$，其厚度为 dx，其高度由 $2y$ 变化到 $2(y+dy)$，轧件宽度为 B，弧长近似视为弦长，$\widehat{ab}\approx\overline{ab}=\dfrac{dx}{\cos\theta}$。

作用在 ab 弧长的力有径向单位压力 p 及单位摩擦力 t，在后滑区，接触面上金属质点向着轧辊转动相反的方向滑动，它们在接触弧 ab 上的合力的水平投影为

$$2B\left(p\frac{\mathrm{d}x}{\cos\theta}\sin\theta - t\frac{\mathrm{d}x}{\cos\theta}\cos\theta\right)$$

式中　θ——ab 弧切线与水平面所成的夹角，亦即相对应的圆心角。

根据纵向应力分布均匀的假设，作用在微分体积两侧的应力各为 σ_x 及 $\sigma_x + \mathrm{d}\sigma_x$，而其合力为

$$2B\sigma_x y - 2B(\sigma_x + \mathrm{d}\sigma_x)(y + \mathrm{d}y)$$

根据力之平衡条件，所有作用在水平轴 X 上力的投影代数和应等于零。亦即

$$\Sigma X = 0$$

$$2B\sigma_x y - 2B(\sigma_x + \mathrm{d}\sigma_x)(y + \mathrm{d}y) + 2Bp\tan\theta\mathrm{d}x - 2Bt\mathrm{d}x = 0 \tag{1-110}$$

原假设没有宽展，并取 $\tan\theta = \mathrm{d}y/\mathrm{d}x$，忽略高阶项，对上式进行简化，可以得到

$$\frac{\mathrm{d}\sigma_x}{\mathrm{d}x} - \frac{p - \sigma_x}{y} \cdot \frac{\mathrm{d}y}{\mathrm{d}x} + \frac{t}{y} = 0 \tag{1-111}$$

同理，前滑区中金属的质点沿接触表面向着轧制方向滑动，与上式相同，但摩擦力的方向相反，故可如上面相同的方式得出下式

$$\frac{\mathrm{d}\sigma_x}{\mathrm{d}x} - \frac{p - \sigma_x}{y} \cdot \frac{\mathrm{d}y}{\mathrm{d}x} - \frac{t}{y} = 0 \tag{1-112}$$

为了对方程（1-111）、方程（1-112）求解，须找出单位压力 p 与应力 σ_x 之间的关系。根据假设，设水平压力 σ_x 和垂直压应力 σ_y 为主应力，则可写成

$$\sigma_3 = -\sigma_y = \left(p\frac{\mathrm{d}x}{\cos\theta}B\cos\theta \pm t\frac{\mathrm{d}x}{\cos\theta}B\sin\theta\right)\frac{1}{B\mathrm{d}x}$$

忽略第二项，则

$$\sigma_3 \approx p\frac{\mathrm{d}x}{\cos\theta}B\cos\theta\frac{1}{B\mathrm{d}x} = -p$$

同时 $\sigma_1 = -\sigma_x$，代入塑性方程式（1-109），则

$$p - \sigma_x = K \tag{1-113}$$

式中　K——平面变形抗力，$K = 1.15\sigma_s$。

上式可写成

$$\sigma_x = p - K$$

对其微分，则得

$$\mathrm{d}\sigma_x = \mathrm{d}p$$

代入式（1-111）、式（1-112），则可得出下式

$$\frac{\mathrm{d}p}{\mathrm{d}x} - \frac{K}{y}\frac{\mathrm{d}y}{\mathrm{d}x} \pm \frac{t}{y} = 0 \tag{1-114}$$

上式即为单位压力微分方程的一般形式。

B　卡尔曼微分方程的 A. И. 采利柯夫解

如欲对式（1-114）求解，必须知道式中单位摩擦力 t 沿接触弧长的变化规律、接触弧方程、边界上的单位压力（边界条件）。由于各研究者所取的求解条件不同，因而存在着大量的不同解法。

a　边界条件

由式（1-113）可知$p-\sigma_x=K$，若认为进出口处K值不变，且进出口处纵向应力σ_x为零，则在轧件出口处，即$x=0$时

$$p_h=K$$

在轧件入口处，即$x=1$时，$p_H=K$。亦即在轧件入口、出口处单位压力之值p_H、p_h等于轧件之平面变形抗力K。

如果变形抗力从轧件入口至出口是变的，而且在轧件入口及出口处之单位压力分别取该处之平面变形抗力值，那么在$x=0$时，$p_h=K_h$；在$x=1$时，$p_H=K_H$。式中，K_h、K_H分别为在轧件出口、入口处之平面变形抗力。

当考虑张力的影响，并设变形抗力沿接触面为常数，如以q_h、q_H分别代表前、后张应力，此时边界条件可以设当$x=0$时，$\sigma_x=-q_h$，则$p_h=K-q_h$；当$x=1$时，$\sigma_x=-q_H$，则$p_H=K-q_H$。

如果既考虑张力影响，又考虑变形抗力在轧件入口处和出口处的差异，那么边界条件可写成

在$x=0$时，即出口处

$$p_h=K_h-q_h \tag{1-115}$$

在$x=1$时，即入口处

$$p_H=K_H-q_H \tag{1-116}$$

总之，所取的边界条件不同，其解自然也就不同。

b　接触弧方程

如果把精确的圆柱形接触弧坐标代入方程式，再进一步积分时，结果会变得很复杂，甚至受数学条件的限制不能求解，而且也难以应用。所以在求解的时候，都设法加以简化，常用的有下列几种假设：

把圆弧看成平板压缩；把圆弧看成直线，以弦代弧；用抛物线代替圆弧；仍采取圆弧方程，但改用极坐标。

c　单位摩擦力变化规律

因为摩擦问题非常复杂，对此所做的假设或理论也就非常多，如假设遵从干摩擦定律，即

$$t=\mu p \tag{1-117}$$

假设单位摩擦力不变，且约略等于

$$t=\text{常数}\approx\mu K \tag{1-118}$$

假设轧件与轧辊之间发生液体摩擦，并且按液体摩擦定律，把单位摩擦力表示为

$$t=\eta\frac{\mathrm{d}v_x}{\mathrm{d}y} \tag{1-119}$$

式中　η——黏性系数；

$\frac{\mathrm{d}v_x}{\mathrm{d}y}$——在垂直于滑动平面方向上的速度梯度。

根据实测结果，变形区内摩擦系数并非恒定不变，因此可把摩擦系数视为单位压力的函数，即

$$\mu=v(p)$$

此外，还有把变形区内分成若干区域，而每个区域采取不同的摩擦规律等。

显然，不同的边界条件，不同的接触弧方程，不同的摩擦规律代入微分方程，将会得出不同的解。下面先介绍其中的一种，即 А. И. 采利柯夫解。其特点是将摩擦力分布规律运用于摩擦定律，即式(1-117)

$$t=\mu p$$

接触弧方程用直线，以弦代弧。

对于边界条件，设 K 为常值，并考虑前后张力的影响。在上述条件下对单位压力微分方程求解。

将式（1-117）代入式（1-114），得

$$\frac{\mathrm{d}p}{\mathrm{d}x}-\frac{K}{y}\frac{\mathrm{d}y}{\mathrm{d}x}\pm\frac{\mu p}{y}=0 \tag{1-120}$$

此线性微分方程的一般解为

$$p=\mathrm{e}^{\mp\int\frac{\mu}{y}\mathrm{d}x}\left(C+\int\frac{K}{y}\mathrm{e}^{\pm\int\frac{\mu}{y}\mathrm{d}x}\mathrm{d}y\right) \tag{1-121}$$

如果以弦代弧，设通过轧件入口、出口处直线 AB 的方程式为

$$y=ax+b$$

当在出口处，$x=0$ 时，$y=h/2$，求出系数 b 为

$$b=h/2$$

当在入口处，$x=1$ 时，$y=H/2$，系数 a 为

$$a=\frac{\Delta h}{2l}$$

代入直线方程式即得

$$y=\frac{\Delta h}{2l}x+h/2$$

此式即为和轧制接触区对应的弦的方程式。

微分后，求得

$$\mathrm{d}x=\frac{2l}{\Delta h}\mathrm{d}y \tag{1-122}$$

将 dx 之值代入式（1-121）

$$p=\mathrm{e}^{\mp\int\frac{\delta}{y}\mathrm{d}y}\left(C+\int\frac{K}{y}\mathrm{e}^{\pm\int\frac{\delta}{y}\mathrm{d}y}\mathrm{d}y\right) \tag{1-123}$$

式中，$\delta=\frac{2l\mu}{\Delta h}$。

将上式积分，对于后滑区，得到

$$p=C_{\mathrm{H}}y^{-\delta}+\frac{K}{\delta} \tag{1-124}$$

而对于前滑区

$$p = C_h y^{\delta} - \frac{K}{\delta} \tag{1-125}$$

有前后张力时的边界条件，在 $y = H/2$ 处为

$$p = K - q_H = K\left(1 - \frac{q_H}{K}\right) = \xi_H K \tag{1-126}$$

$y = h/2$ 处为

$$p = K - q_h = K\left(1 - \frac{q_h}{K}\right) = \xi_h K \tag{1-127}$$

式中，q_h、q_H 为前后张力；$\xi_H = 1 - \frac{q_H}{K}$；$\xi_h = 1 - \frac{q_h}{K}$。

得出积分常数为

$$C_H = K\left(\xi_H - \frac{1}{\delta}\right)\left(\frac{H}{2}\right)^{\delta}$$

和

$$C_h = K\left(\xi_h + \frac{1}{\delta}\right)\left(\frac{h}{2}\right)^{-\delta}$$

代入式（1-124）和式（1-125），并且用 $h_x/2$ 代替 y，得出：

在后滑区

$$p_H = \frac{K}{\delta}\left[(\xi_H\delta - 1)\left(\frac{H}{h_x}\right)^{\delta} + 1\right] \tag{1-128}$$

在前滑区

$$p_h = \frac{K}{\delta}\left[(\xi_h\delta + 1)\left(\frac{h_x}{h}\right)^{\delta} - 1\right] \tag{1-129}$$

无前后张力时：

在后滑区

$$p_H = \frac{K}{\delta}\left[(\delta - 1)\left(\frac{H}{h_x}\right)^{\delta} + 1\right] \tag{1-130}$$

在前滑区

$$p_h = \frac{K}{\delta}\left[(\delta + 1)\left(\frac{h_x}{h}\right)^{\delta} - 1\right] \tag{1-131}$$

由式(1-128)～式(1-131)可看出，在公式中考虑了外摩擦、轧件厚度、压下量、轧辊直径以及轧件在进出口所受张力的影响。

C　E. 奥洛万（E. Orowan）单位压力微分方程

奥洛万方程与卡尔曼方程之间并无太大差异。奥洛万假设与卡尔曼假设最重要的区别是：不认为水平法向应力沿断面高度均匀分布，并且认为在垂直横断面上有剪应力存在，故有剪变形发生，此时轧件的变形将为不均匀的。

所推导的奥洛万方程为

$$\frac{d[h_\theta(p - K\omega)]}{d\theta} = D'p(\sin\theta \pm \mu\cos\theta) \tag{1-132}$$

1.6.1.3　轧制单位压力分布的计算与实验结果

A　根据采利柯夫单位压力公式计算的结果

根据卡尔曼方程的采利柯夫解得到的轧制单位压力公式(1-128)～式(1-131)可得到图

1-58～图1-62所示接触弧上单位压力分布图。由图1-58看出，在接触弧上单位压力的分布是不均匀的，由轧件入口开始向中性面逐渐增加，并达到最大，然后降低，至出口降至最低。而摩擦力（$t_x = fp_x$）在中性面上改变方向。

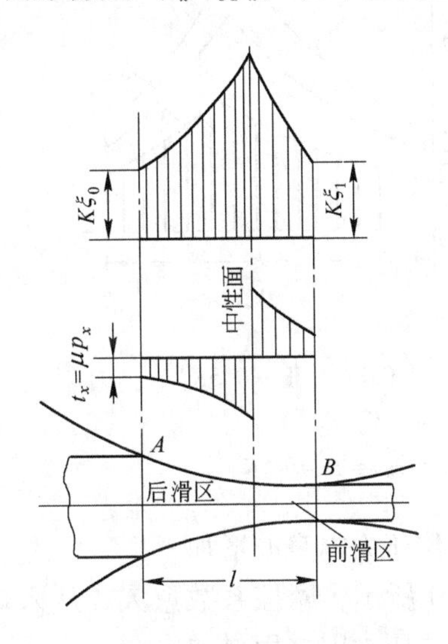

图1-58　在干摩擦条件下（$t_x = \mu p_x$），接触弧上单位压力分布图

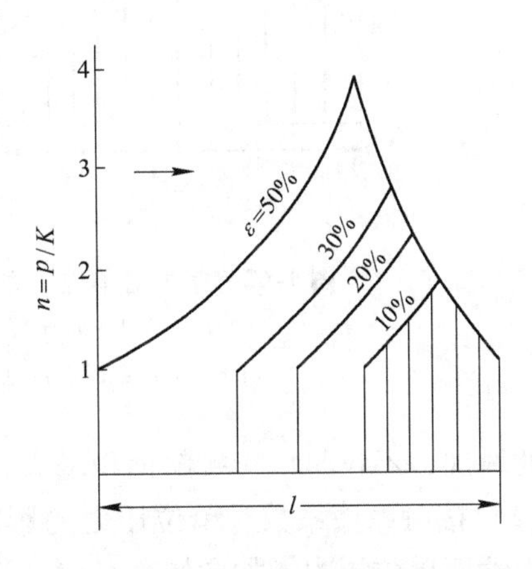

图1-59　相对压下量对单位压力分布的影响
（$h = 1$mm，$D = 200$mm，$\mu = 0.2$，其他条件相同）

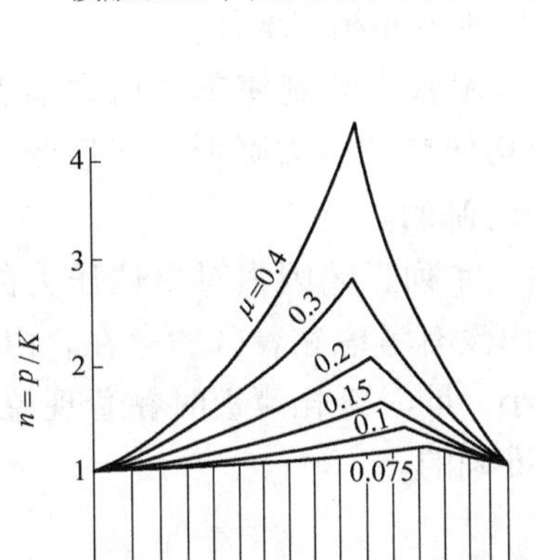

图1-60　摩擦系数对单位压力分布的影响
（$\Delta h/H = 30\%$，$\alpha = 5°46'$，$h/D = 1.16\%$，其他条件相同）

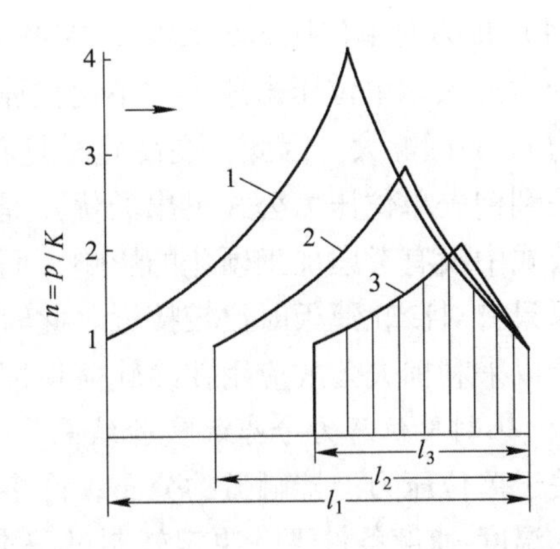

图1-61　辊径对单位压力分布的影响
（$\Delta h/H = 30\%$，$\mu = 0.3$）
1—$D = 700$mm，$D/h = 350$mm，$l_1 = 17.2$mm；
2—$D = 400$mm，$D/h = 200$mm，$l_2 = 13$mm；
3—$D = 200$mm，$D/h = 100$mm，$l_3 = 8.6$mm

分析式(1-128)～式(1-131)可知，影响单位压力的主要因素有外摩擦系数、轧件厚度、压下量、轧辊直径以及前、后张力等。单位压力与诸影响因素间的关系，从图1-59～图1-62中的曲线清楚可见，分析这些定性曲线可得到如下结论：

（1）相对压下量对单位压力的影响：如图1-59所示，在其他条件一定的条件下，随相对压下量影响，接触弧长度增加，单位压力亦相应增加，在这种情况下，轧件对轧辊总

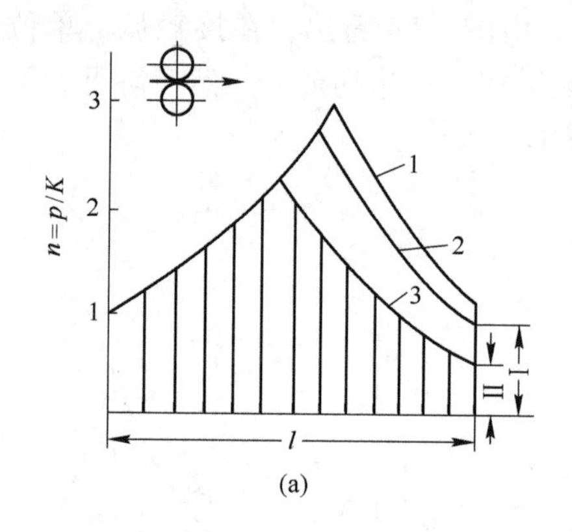

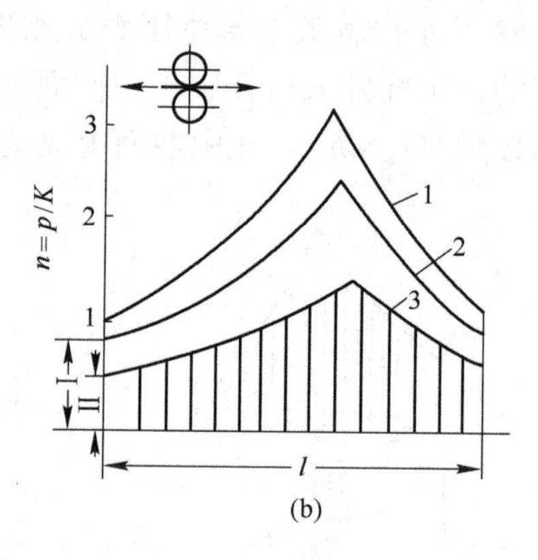

图 1-62　张力对单位压力分布的影响（Ⅰ—0.8K；Ⅱ—0.5K）

（a）1 - $q_h=0$；2 - $q_h=0.2K$；3 - $q_h=0.5K$；

（b）1 - $q_h=q_H=0$；2 - $q_h=q_H=0.2K$；3 - $q_h=q_H=0.5K$

压力的增加，不仅是由于接触面积增大，并且由于单位压力本身亦增加。

（2）接触摩擦系数对单位压力的影响：如图 1-60 所示，摩擦系数愈大，从入口、出口向中性面单位压力增加愈快，显然，轧件对轧辊的总压力因之而增加。

（3）辊径对单位压力的影响：如图 1-61 所示，辊径对单位压力的影响与相对压下量的影响类似，随轧辊直径增加，接触弧长度增加，单位压力亦相应增加。

（4）张力对单位压力的影响：如图 1-62 所示，采用张力轧制使单位压力显著下降，并且张力愈大，单位压力愈小，不论前张力或后张力均使单位压力降低，但后张力 q_H 比前张力 q_h 的影响大。因此，在冷轧时是希望采用张力轧制的。

采利柯夫单位压力公式突出的优点是反映了上述一系列工艺因素对单位压力的影响，但在公式中没有考虑加工硬化的影响，而且在变形区内没有考虑黏着区的存在。以直线代替圆弧只有对冷轧薄板时比较接近。此时弦弧差别较小，同时冷轧薄板时黏着现象不太显著，所以采利柯夫公式应用在冷轧薄板情况下是比较准确的。

B　轧制单位压力分布的实验结果

关于单位压力沿接触弧的分布，许多人进行了大量研究。其结果表明，对同一金属在相同的温度-速度条件下，决定轧制过程本质的主要因素是轧件和轧辊尺寸。在 α、D、Δh 皆为常值情况下，用 H/D、$\varepsilon(\%)$参数可以估价外端及轧件尺寸因素的影响，取决于压下率 $\varepsilon(\%)$之值。有三种典型轧制情况，它们都具有明显的力学、变形、运动学特征。

首先分析第一种轧制情况，即以大压下量轧制薄轧件的轧制过程，$l/\overline{h}>3\sim5$，$\varepsilon=34\%\sim50\%$。在这种情况下，单位压力沿接触弧的分布曲线有明显的峰值，而且，压下量越大，单位压力越高，且峰值越尖，尖峰向轧件出口方向移动（图 1-63）。

前面我们在简单理想轧制过程的分析中，曾假设单位压力、单位摩擦力沿接触弧的分布是均匀不变的常值，而且摩擦遵从干摩擦定律，但由上面实验结果看出，这些假设与实际有很大差别。不仅单位压力 p 及摩擦力 t 沿接触弧不均匀分布，如图 1-64 所示，摩擦系数沿接触弧的分布也非定值，而呈曲线分布。

其次分析第三种轧制情况（$l/\overline{h}<1$）。第三种轧制情况相当于初轧开始道次或板坯立

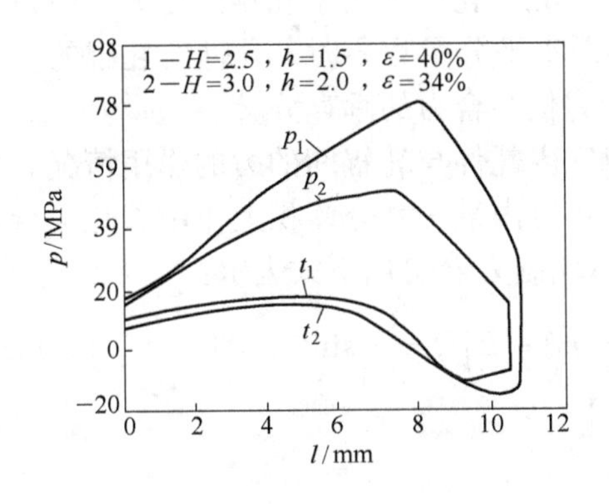

图 1-63 轧制薄件（$l/\overline{h}>3\sim5$）时单位压力 p 及单位摩擦力 t 沿接触弧之分布

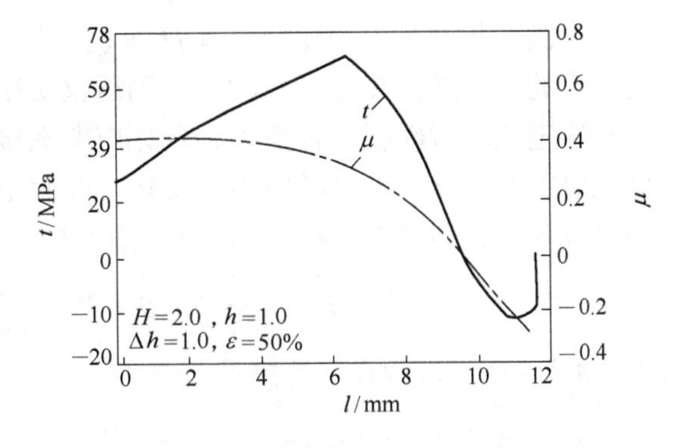

图 1-64 摩擦力及摩擦系数沿接触弧之分布

轧道次，它是以小压下量轧制厚轧件过程。ε 较小，在 10% 以下。这一类轧制过程的单位压力也具有明显的特征（图 1-65），单位压力曲线在变形区入口处具有很高的峰值，向着出口方向急剧降低。

第二种轧制情况为中等厚度轧件轧制过程（$l/\overline{h}\approx1.5\sim2$），$\varepsilon$ 约为 15%。对于第二种典型轧制情况，由图 1-66 看到，单位压力分布曲线没有明显的峰值，而且它的单位压力小。

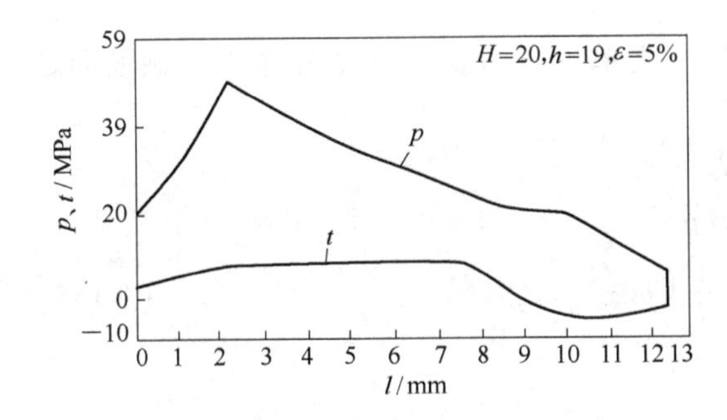

图 1-65 第三种轧制情况（$l/\overline{h}<1$）的 p、t 沿接触弧分布曲线

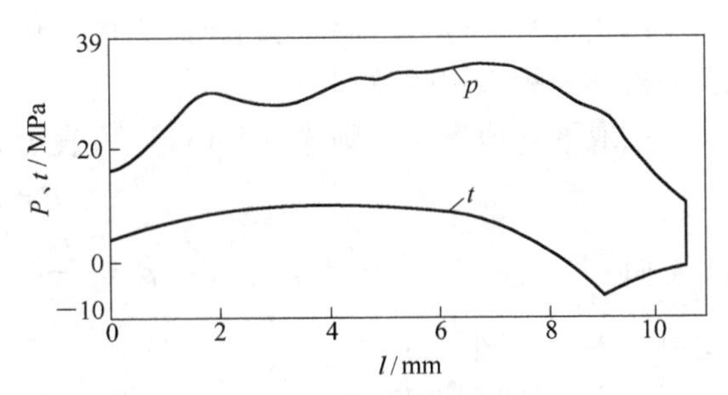

图 1-66 第二种轧制情况（$l/\overline{h}\approx1.5\sim2$）的 p、t 分布曲线

1.6.2 轧制力计算

1.6.2.1 确定轧制力的方法

通常所谓轧制力是指用测压仪在压下螺丝下实测的总压力，即轧件给轧辊的总压力的垂直分量。只有在简单轧制情况下，轧件对轧辊的合力方向才是垂直的（图 1-67）。

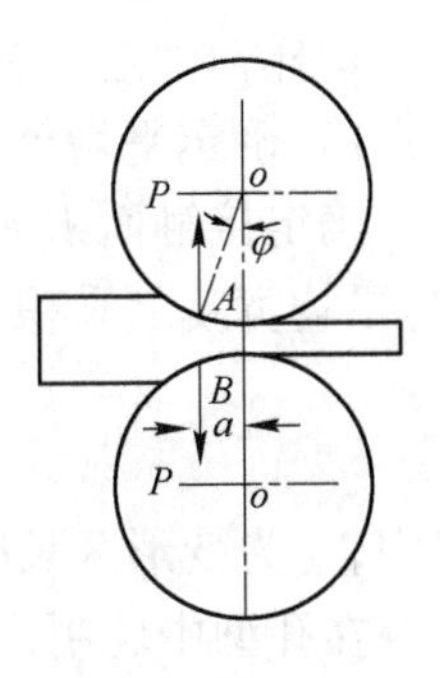

图 1-67 简单轧制条件下的合力方向

假定轧制进行的一切条件与简单轧制条件情形相同，只是在轧件出口及入口处作用有张力 Q_h 及 Q_H，在单机架带卷筒的二辊式冷轧机和连轧机各机架间产生张力，即属于这种情况。设 $Q_h>Q_H$，合

力的方向已不再是垂直的了，而是有一个水平分量，此时轧件作用于轧辊的合力方向是偏向于出口侧。具有张力的轧制只有 $Q_h = Q_H$ 时，亦即水平分量为零时，轧件对轧辊的合力才是垂直的。否则，在压下螺丝下用测压仪实测的力仅为合力的垂直分量。

在确定轧件对轧辊的合力时，首先应考虑接触区内轧件与轧辊间的力的作用情况。现忽略轧件沿宽度方向上接触应力的变化，并假定变形区内某一微分体积上作用着轧辊给轧件的单位压力 p 和单位接触摩擦力 t（图 1-67）。总轧制力 P 可用下式表示：

$$P = \overline{B}\int_0^{\alpha} p\,\frac{dx}{\cos\theta}\cos\theta + \overline{B}\int_{\gamma}^{\alpha} t\,\frac{dx}{\cos\theta}\sin\theta - \overline{B}\int_0^{\gamma} t\,\frac{dx}{\cos\theta}\sin\theta \tag{1-133}$$

式中　θ——变形区内任一角度；

$\overline{B}$——轧件的平均宽度，$\overline{B} = \dfrac{B_H + B_h}{2}$。

显然，$\dfrac{dx}{\cos\theta}$为轧件与轧辊在某一微分体积上的接触面积。那么式中第一项为单位压力的垂直分量之和，第二项为后滑区单位摩擦力 t 的垂直分量之和，第三项为前滑区单位摩擦力 t 的垂直分量之和，分两项积分是由于前、后滑区单位摩擦力的作用方向不同。

由式（1-133）可以看出，一般通称的轧制力或实测的轧制总压力，并非为单位压力之合力，而是轧制单位压力、单位摩擦力的垂直分量之和。但式中第二项、第三项与第一项相比，其值甚小，工程上完全可以忽略。即轧制力为

$$P = \overline{B}\int_0^{\alpha} p\,\frac{dx}{\cos\theta}\cos\theta = \overline{B}\int_0^{l} p\,dx \tag{1-134}$$

由式（1-134）可知，轧制压力为微分体积上之单位压力 p 与该微分体积接触表面之水平投影面积乘积的总积。

如取平均值形式，则式（1-134）可表示为

$$P = \overline{B}\,\overline{p}$$

而

$$\overline{p} = \frac{P}{F} = \frac{1}{l}\int_0^{l} p\,dx \tag{1-135}$$

式中　P——轧制力；

$\overline{p}$——平均单位压力；

F——接触面积。但需指出，这里所说的接触面积乃是轧件与轧辊的实际接触面积之水平投影。

这样，确定轧制时金属作用在轧辊上的总压力的问题，归结为解决如下两个基本问题：1）确定平均单位压力 $\overline{p}$；2）计算接触面积 F。

确定接触面积 F，在平板轧制的简单轧制情况下，并没有什么困难，它为变形区长度 l 与平均宽度之乘积（图 1-67），即

$$F = l\,\frac{B_H + B_h}{2}$$

式中，l 为变形区长度。

在孔型中轧制，以及冷轧板材时考虑轧辊弹性压扁、轧件弹性回复，确定接触面积的问题就变得复杂多了。确定轧制接触面积的方法参见本书 1.1 节。

确定平均单位压力的方法，归结起来有如下三种：

（1）理论计算法：它是建立在理论分析基础之上，用计算公式确定单位压力。通常，都要首先确定变形区内单位压力分布形式及大小，然后再计算平均单位压力。

（2）实测法：在轧钢机上放置专门设计的压力传感器，将压力信号转换成电信号，通过放大或直接送往测量仪表把它记录下来，获得实测的轧制力资料。用实测的轧制总压力除以接触面积，便求出平均单位压力。

（3）经验公式和图表法：根据大量的实测统计资料，进行一定的数学处理，抓住一些主要影响因素，建立经验公式或图表。

目前，上述方法确定平均单位压力时都得到广泛的应用，它们各有优缺点。理论方法虽然是一种较好的方法，但理论计算公式目前尚有一定局限性，还没有建立起包括各种轧制方式、条件和钢种的高精度公式，因而应用起来比较困难，并且计算繁琐。而实测方法，若在相同的实验条件下应用，可能得到较为满意的结果，但它又受到实验条件的限制。总之，目前计算平均单位压力的公式很多，参数选用各异，而各公式又都具有一定的适用范围。因此计算平均单位压力时，根据不同情况上述方法都可得到采用。

1.6.2.2 影响轧制压力的主要因素分析

平均单位压力与以下两类因素有关：

第一类是塑性变形时由金属机械性能决定的因素，参见本书1.5节；

第二类是影响应力状态的因素，接触摩擦、外端、轧件宽度及张力等。

确定平均单位压力在许多情况下是很困难的，因为平均单位压力与变形抗力及影响应力状态的许多因素有关，可以按如下的方程式确定

$$\bar{p} = \omega n_\sigma n_b \sigma \tag{1-136}$$

式中，ω 为考虑中间主应力影响的应力状态系数；n_σ，n_b 为材料变形抗力和宽度影响系数。

$$\omega = \frac{2}{\sqrt{3+\mu_\sigma^2}}$$

$$\mu_\sigma = 2\frac{\sigma_2 - \sigma_3}{\sigma_1 - \sigma_3} - 1 \tag{1-137}$$

ω 在1～1.15范围内变化。如果忽略宽展，认为轧件产生平面变形，有 $\sigma_2 = \frac{\sigma_1 + \sigma_3}{2}$，那么 $\mu_\sigma = 0$，而

$$\omega = \frac{2}{\sqrt{3+\mu_\sigma^2}} = \frac{2}{\sqrt{3}} \approx 1.15$$

斯米尔诺夫根据因次理论得出如下关系式

$$\left.\begin{aligned} &\text{当}\ 0 < \frac{\bar{b}}{\bar{h}} \leqslant \frac{0.465}{\mu}\ \text{时} \qquad \omega = 1 + \frac{\mu}{3}\frac{\bar{b}}{\bar{h}} \\ &\text{当}\ \frac{\bar{b}}{\bar{h}} > \frac{0.465}{\mu}\ \text{时} \qquad \omega = \frac{2}{\sqrt{3}} = 1.15 \end{aligned}\right\} \tag{1-138}$$

式（1-136）右边第二个系数 n_σ 为考虑外摩擦、外端及张力影响的应力状态系数，根

据轧制条件的不同，n_σ 值的变化范围很大（0.08～8），可表示为：

$$n_\sigma = n'_\sigma n''_\sigma n'''_\sigma \tag{1-139}$$

式中，n'_σ 为考虑外摩擦及变形区几何参数影响的应力状态系数；n''_σ 为考虑外端影响的应力状态系数；n'''_σ 为考虑张力影响的应力状态系数，其值小于 1，当张力很大时可达到 0.7～0.8。

式（1-136）中的第三个系数 n_b 为考虑轧件宽度影响的系数。

式（1-136）中第四个参量 σ 为对应一定的变形温度、变形速度及变形程度的线性拉伸（或压缩）变形抗力。

在比值 $l/\bar{h}<1$ 时，外摩擦对单位压力的影响很小（$n'_\sigma \approx 1$），实际计算时可以忽略不计；但此时外端的影响较大，必须予以考虑。当 $l/\bar{h}>1$，外端的影响可以忽略不计，即取 $n''_\sigma=1$，则计算轧制压力主要是确定系数 n'_σ 及 n''_σ。

1.6.2.3　冷轧轧制力计算

A　A. И. 采利柯夫平均单位压力公式

按式（1-134），轧制力为

$$P = \frac{B_H + B_h}{2}\int_0^l p\mathrm{d}x \tag{1-140}$$

根据单元压力微分方程，将 $p=f(x)$ 函数关系代入上式，即可得到轧制压力的数值。把 $2y=h_x$ 代入式（1-122），在后滑区中积分限由 H 到 h_γ，而在前滑区积分限将由 h_γ 到 h。按式（1-130）和（1-131），得出轧制力为

$$P = \frac{B_H + B_h}{2}\cdot\frac{2lh_\gamma}{\Delta h(\delta-1)}K\left[\left(\frac{h_\gamma}{h}\right)^\delta - 1\right] \tag{1-141}$$

这样，平均单位压力可按下式确定

$$\bar{p} = \frac{P}{Bl} = \frac{P}{\dfrac{B_H + B_h}{2}l}$$

把式（1-141）代入，得

$$\bar{p} = K\left[\frac{2h}{\Delta h(\delta-1)}\right]\left(\frac{h_\gamma}{h}\right)\left[\left(\frac{h_\gamma}{h}\right)^\delta - 1\right] \tag{1-142}$$

或

$$\bar{p} = K\frac{2(1-\varepsilon)}{\varepsilon(\delta-1)}\left(\frac{h_\gamma}{h}\right)\left[\left(\frac{h_\gamma}{h}\right)^\delta - 1\right] \tag{1-143}$$

式中，$\varepsilon=\dfrac{\Delta h}{H}$；$\delta=\mu\dfrac{2l}{\Delta h}=\mu\sqrt{\dfrac{2D}{\Delta h}}$。

$\dfrac{h_\gamma}{h}$值可由式（1-56）导出，简化后得到

$$\frac{h_\gamma}{h} = \left[\frac{1+\sqrt{1+(\delta^2-1)\left(\dfrac{1}{1-\varepsilon}\right)^\delta}}{\delta+1}\right]^{1/\delta} \tag{1-144}$$

$\dfrac{h_\gamma}{h}$也可由式（1-144）作出的曲线来确定。

由式（1-142）、式（1-143）和式（1-144）可见，$n=\bar{p}/K$ 与 δ 和 ε 存在一定的函数关系，为简化计算作出如图1-68所示的曲线。由图1-68可以看出，当压下率、摩擦系数和辊径增加时，平均单位压力急剧增大。

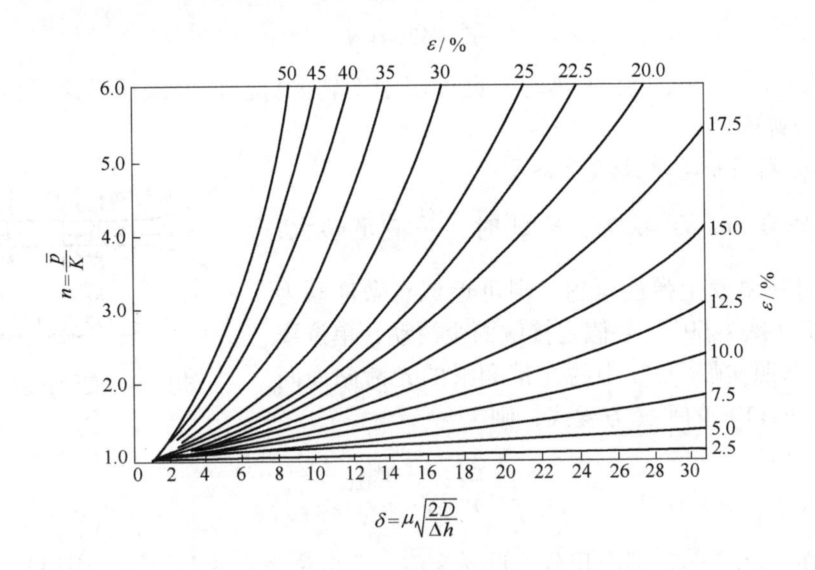

图1-68 平均单位压力与摩擦、尺寸因素影响关系

［**例1-1**］ 在 $D=350$mm 的四辊轧机上轧制低碳钢板，将已经过冷加工变形程度 $\varepsilon=40\%$、厚度 $H=1$mm，宽度 $B=700$mm 的轧件，轧至厚度0.8mm。轧件与轧辊的摩擦系数 μ 为0.1，试求轧制力。

［**解**］ 首先求平均单位压力，由

$$\delta=\mu\sqrt{\frac{2D}{\Delta h}}$$

得出

$$\delta=0.1\sqrt{\frac{700}{0.2}}=5.9$$

并且

$$\varepsilon=\frac{\Delta h}{H}=\frac{1-0.8}{1}=20\%$$

由图1-68查出 $\frac{\bar{p}}{K}=1.28$，平面变形抗力 $K=1.15\sigma_s$，可由加工硬化曲线确定。

先用下式求该道次后累积压下率的平均值

$$\bar{\varepsilon}=\varepsilon_H+0.6\varepsilon(1-\varepsilon_H)=0.4+0.6\times0.2\times(1-0.4)=0.472$$

根据 $\bar{\varepsilon}$，由加工硬化曲线来求该道次之平均 σ_s 值。当 $\bar{\varepsilon}=0.472$ 时，查得 $\sigma_s=700$MPa，所以平面变形抗力 K 为

$$K=1.15\sigma_s=1.15\times700=805\text{MPa}$$

此时，平均单位压力 $\bar{p}$ 为

$$\bar{p}=1.28\times805\approx1030\text{MPa}$$

忽略宽展和轧辊弹性变形，接触面积为

$$F = \bar{B}l = B\sqrt{R\Delta h} = 700\sqrt{175\times 0.2} = 4140\text{mm}^2$$

故得出轧制力

$$P = F\bar{p} = 4140\times 1030 = 4264200\text{N}$$

或

$$P \approx 4264\text{kN}$$

A. И. 采利柯夫公式可用于热轧，也可用于冷轧薄件。该公式还考虑了张力的影响，所以应用较为普遍。

B　M. D. 斯通平均单位压力公式

斯通（M. D. Stone）认为，冷轧时，$\dfrac{D}{h}$值足够大，而且在轧制时还要发生弹性压扁，则可近似看做件厚为$\bar{h}$的平板压缩（图 1-69），并假定接触面全滑动，单位摩擦力 $t=\mu p$，参照文献［5］中的在带润滑的光滑砧面间压缩薄件（$l/\bar{h}\geqslant 1$）的平衡方程式，则

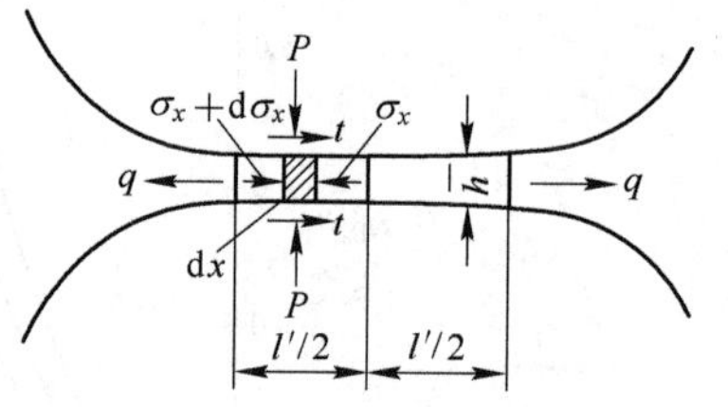

图 1-69　变形区应力图示

$$\frac{\mathrm{d}p}{p} = -\frac{2\mu}{\bar{h}}\mathrm{d}x \tag{1-145}$$

把上式在 $x=0\sim\dfrac{l'}{2}$范围内积分，设 $\bar{q}$ 为前、后单位张力的平均值，则得到下式

$$p = (K-\bar{q})\mathrm{e}^{\frac{2\mu}{\bar{h}}\left(\frac{l'}{2}-x\right)} \tag{1-146}$$

设板宽为 B，则轧制力为

$$P = B\int_{-l'/2}^{+l'/2} p\mathrm{d}x = \frac{B(K-\bar{q})\bar{h}}{\mu}\left(\mathrm{e}^{\frac{\mu l'}{\bar{h}}}-1\right) \tag{1-147}$$

这样，平均轧制单位压力为

$$\bar{p} = \frac{P}{Bl'} = (K-\bar{q})\left(\frac{\mathrm{e}^{\frac{\mu l'}{\bar{h}}}-1}{\frac{\mu l'}{\bar{h}}}\right) \tag{1-148}$$

在没有张力时，上式可写成

$$\bar{p} = K\left(\frac{\mathrm{e}^{\frac{\mu l'}{\bar{h}}}-1}{\frac{\mu l'}{\bar{h}}}\right) \tag{1-149}$$

或

$$n = \frac{\bar{p}}{K} = \frac{\mathrm{e}^{\frac{\mu l'}{\bar{h}}}-1}{\frac{\mu l'}{\bar{h}}} = \frac{\mathrm{e}^{x}-1}{x} \tag{1-150}$$

式中，$x=\dfrac{\mu l'}{\bar{h}}$；$l'$为考虑轧辊弹性压扁的变形区长；$K$ 为平面变形抗力，$K=1.15\sigma_s$；$\bar{q}$ 为前后单位张力的平均值，$\bar{q}=\dfrac{q_H+q_h}{2}$。

按式（1-14），$l'=\sqrt{R\Delta h+C^2R^2\bar{p}^2}+CR\bar{p}$，对上式两边乘以$\dfrac{\mu}{\bar{h}}$，并令 $c=CR$，$C=$

$8(1-\nu^2)/\pi E$，则

$$\frac{\mu l'}{\bar{h}} = \sqrt{\left(\frac{\mu l}{\bar{h}}\right)^2 + \left(\frac{\mu c}{\bar{h}}\right)^2 \bar{p}^2} + \frac{\mu c}{\bar{h}}\bar{p} \tag{1-151}$$

$$\left(\frac{\mu l'}{\bar{h}} - \frac{\mu c}{\bar{h}}\bar{p}\right)^2 = \left(\frac{\mu l}{\bar{h}}\right)^2 + \left(\frac{\mu c}{\bar{h}}\right)^2 \bar{p}^2$$

或

$$\left(\frac{\mu l'}{\bar{h}}\right)^2 - \left(\frac{\mu l}{\bar{h}}\right)^2 = 2\left(\frac{\mu l'}{\bar{h}}\right)\left(\frac{\mu c}{\bar{h}}\right)\bar{p}$$

将平均单位压力 $\bar{p}$ 代入，得

$$\left(\frac{\mu l'}{\bar{h}}\right)^2 = 2c\,\frac{\mu}{\bar{h}}(K-\bar{q})\left(e^{\frac{\mu l'}{\bar{h}}} - 1\right) + \left(\frac{\mu l}{\bar{h}}\right)^2 \tag{1-152}$$

设 $x = \frac{\mu l'}{\bar{h}}$，$y = 2c\,\frac{\mu}{\bar{h}}(K-\bar{q})$，$z = \frac{\mu l}{\bar{h}}$，则式（1-152）可写成

$$x^2 = (e^x - 1)y + z^2$$

按此式可作出如图 1-70 所示的图表。

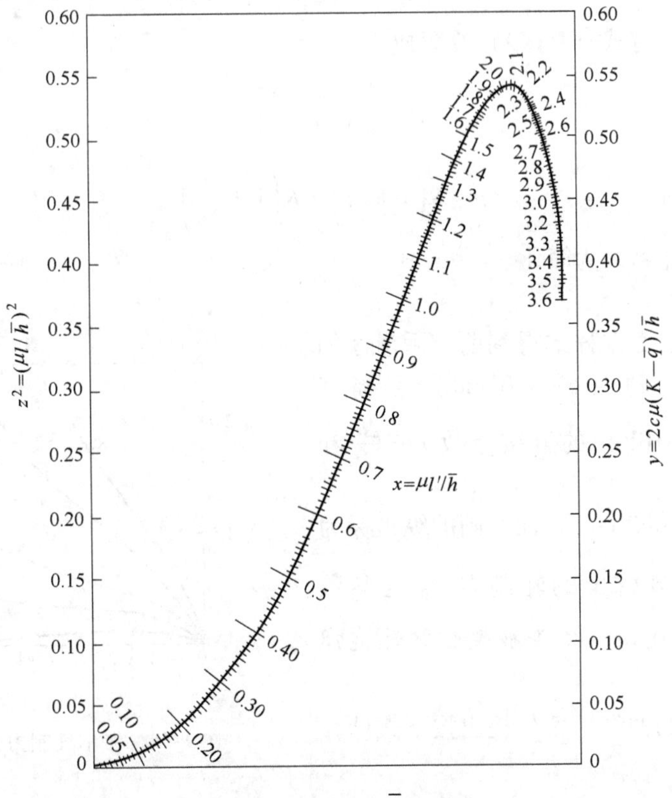

图 1-70　确定 $\mu l'/\bar{h}$ 之图表

如果已知 z 和 y 则可根据图表确定 $\frac{\mu l'}{\bar{h}}$，进而求得轧制力，在这里就不要为轧辊弹性压扁做反复计算了。

在图 1-70 的两个纵标上确定 z 和 y 并连成直线，与图中曲线相交即为 $\frac{\mu l'}{\overline{h}}$，然后根据式（1-148）和式（1-149）即可求平均单位压力。

计算步骤如下：

（1）已知 H、h、R、q_H、q_h，确定 $\overline{q}$ 和 $\overline{h}$，由加工硬化曲线求 $\overline{K}$，计算 $l=\sqrt{R\Delta h}$。

（2）计算$\frac{\mu l}{\overline{h}}$，$2c\frac{\mu}{\overline{h}}(\overline{K}-\overline{q})$。

（3）由图 1-70 确定 $\frac{\mu l'}{\overline{h}}$，并用 $n=\frac{e^x-1}{x}$求出应力状态系数 n。

（4）用式（1-148）求出平均单位压力 $\overline{p}$。

（5）用 $P=\overline{p}Bl'$求轧制力。

在电子计算机上计算，图表是不方便的，为了方便，根据数学公式

$$e^x=1+\frac{x}{1!}+\frac{x^2}{2!}+\frac{x^3}{3!}+\cdots$$

或

$$e^x-1=\frac{x}{1!}+\frac{x^2}{2!}+\frac{x^3}{3!}+\cdots$$

利用此式，可将式（1-149）改写成

$$\overline{p}=\frac{\overline{K}}{x}\left(\frac{x}{1!}+\frac{x^2}{2!}\right)$$

或当 x 较小时

$$\overline{p}=\overline{K}\left(1+\frac{x}{2!}\right)=K\left(1+\frac{\mu l'}{2\overline{h}}\right) \tag{1-153}$$

这一公式使计算大为简化。

C　希尔轧制力公式

希尔求解卡尔曼方程式得到前、后滑区的单位压力公式。勃兰德（Bland）和福特（Ford）将希尔（Hill）的解按参数 $\varepsilon=\frac{\Delta h}{H}$和 $c=\mu\sqrt{\frac{R'}{H}}$作成曲线图 1-71，曲线图的纵坐标为作用在单位宽度轧件上的轧制力 P_0 与参数 $P_0'=2k\sqrt{R'\Delta h}$的比值（R'为在接触区轧辊弹性压扁的半径）。

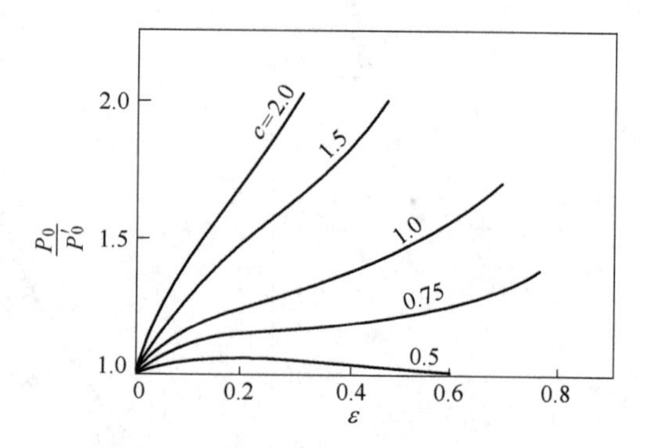

图 1-71　希尔轧制力公式的曲线

根据图 1-71 的曲线，希尔提出按下式计算比值

$$\frac{P_0}{P_0'}=1.08+1.79\varepsilon c-1.02\varepsilon$$

在 $0.1<\varepsilon<0.6$、$P_0/P_0'<1.7$ 时，按上式计算误差不超过 ±1%。

由此，对于不带张力的轧制，有如下的计算轧制力公式

$$P=2k\bar{b}\sqrt{R'\Delta h}(1.08+1.79\varepsilon c-1.02\varepsilon) \tag{1-154}$$

式中

$$c=\mu\sqrt{\frac{R'}{H}}$$

1.6.2.4　热轧轧制力计算

A　B. R. 西姆斯（B. R. Sims）轧制力公式

此公式的特点是考虑发生黏着的摩擦规律。前已述及，一些学者认为单位摩擦力 t 达到 $K/2$ 时发生黏着。西姆斯认为热轧时发生黏着，并在奥洛万方程中取单位摩擦力为

$$t=\mu p=\frac{K}{2}$$

通过将作用在轧制变形区内弧形微分面素上的水平力代入奥洛万方程积分求解，对后滑区得出轧制单位压力为

$$\frac{p_1}{K}=\frac{\pi}{4}\ln\frac{h_\theta}{H}+\frac{\pi}{4}+\sqrt{\frac{R'}{h}}\arctan\left(\sqrt{\frac{R'}{h}}\alpha\right)-\sqrt{\frac{R'}{h}}\arctan\left(\sqrt{\frac{R'}{h}}\theta\right) \tag{1-155}$$

对前滑区为

$$\frac{p_2}{K}=\frac{\pi}{4}\ln\left(\frac{h_\theta}{h}\right)+\frac{\pi}{4}+\sqrt{\frac{R'}{h}}\arctan\left(\sqrt{\frac{R'}{h}}\theta\right) \tag{1-156}$$

上面两式即为西姆斯单位压力方程式。

将式（1-155）、式（1-156）代入下面单位宽度上轧制力公式

$$P_0=R'\left(\int_0^\gamma p_2\mathrm{d}\theta+\int_\gamma^\alpha p_1\mathrm{d}\theta\right) \tag{1-157}$$

积分后则得

$$P_0=RK\left(\frac{\pi}{2}\sqrt{\frac{h}{R}}\arctan\sqrt{\frac{\varepsilon}{1-\varepsilon}}-\frac{\pi}{4}\alpha-\ln\frac{h_\gamma}{h}+\frac{1}{2}\ln\frac{H}{h}\right) \tag{1-158}$$

式中，比值$\frac{h_\gamma}{h}$可由下列条件求出：当 $\theta=\gamma$ 和 $h_\theta=h_\gamma$ 时，式（1-155）、式（1-156）的单位压力值应当相等，即 $p_1=p_2$，求得

$$\frac{\pi}{4}\ln\left(\frac{h}{H}\right)=2\sqrt{\frac{R}{h}}\arctan\left(\sqrt{\frac{R}{h}}\gamma\right)-\sqrt{\frac{R}{h}}\arctan\left(\sqrt{\frac{R}{h}}\alpha\right) \tag{1-159}$$

如采用

$$f\left(\frac{R}{h},\ \varepsilon\right)=\frac{\pi}{2}\sqrt{\frac{1-\varepsilon}{\varepsilon}}\arctan\sqrt{\frac{\varepsilon}{1-\varepsilon}}-\frac{\pi}{4}-\sqrt{\frac{1-\varepsilon}{\varepsilon}}\sqrt{\frac{R}{h}}\ln\frac{h_\gamma}{h}+\frac{1}{2}\sqrt{\frac{1-\varepsilon}{\varepsilon}}\sqrt{\frac{R}{h}}\ln\frac{1}{1-\varepsilon} \tag{1-160}$$

则平均单位压力为

$$p=Kf\left(\frac{R}{h},\varepsilon\right) \tag{1-161}$$

或者用应力状态系数 n 表示，则

$$n=\frac{p}{K}=f\left(\frac{R}{h},\varepsilon\right) \tag{1-162}$$

应力状态系数 n 与压下率 ε 和 $\frac{R}{h}$ 的关系如图 1-72 所示。知道 n 值，就可求平均单位压力和轧制力了。虽然该图表较简易，但公式还是比较复杂的，不利于运算，故在此基础上有些简化式。

［例 1-2］ 在 ϕ860 轧机上热轧低碳钢板，轧制温度为 1100℃，轧前轧件厚度 $H = 93$mm，轧后厚度 $h = 64.2$mm，板宽 $B = 610$mm，轧制速度 $v = 2$m/s，此时变形抗力 $\sigma_s = 80$MPa，求轧制力。

［解］

$$K = 1.15 \times 80 = 92\text{MPa}$$

$$\varepsilon = \frac{93 - 64.2}{93} \times 100\% = 30.9\%$$

$$l = \sqrt{430 \times 28.8} = 111\text{mm}$$

$$\frac{R}{h} = \frac{430}{64.2} = 6.69$$

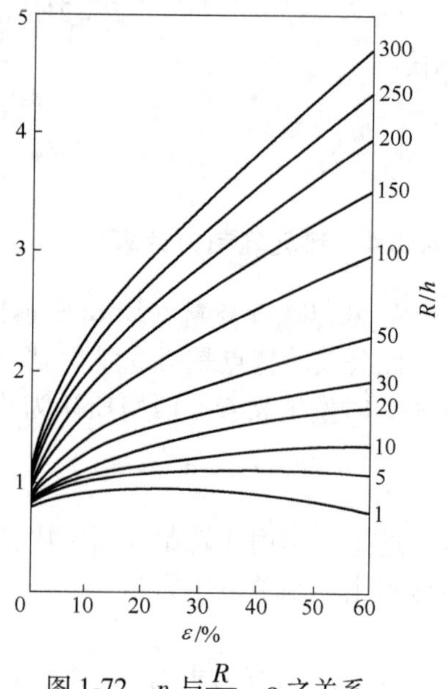

图 1-72　n 与 $\frac{R}{h}$，ε 之关系

由图 1-72 查得 $f\left(\frac{R}{h}, \varepsilon\right) \approx 1.2$，那么轧制力为

$$P = KlBf\left(\frac{R}{h}, \varepsilon\right) = 92.4 \times 111 \times 610 \times 1.2 = 7500000\text{N} = 7500\text{kN}$$

B　S. 艾克伦德轧制压力公式

艾克伦德公式是用于热轧时计算平均单位压力的半经验公式。其公式为

$$\bar{p} = (1 + m)(K + \eta \bar{\dot{\varepsilon}}) \tag{1-163}$$

式中　m——外摩擦对单位压力的影响系数；

η——黏性系数；

$\bar{\dot{\varepsilon}}$——平均变形速率。

第一项 $(1 + m)$ 是考虑外摩擦的影响，为了决定 m，作者给出以下公式

$$m = \frac{1.6\mu\sqrt{R\Delta h} - 1.2\Delta h}{H + h} \tag{1-164}$$

式（1-163）的第二项中乘积 $\eta\bar{\dot{\varepsilon}}$ 是考虑变形速率对变形抗力的影响。其中平均变形速率 $\bar{\dot{\varepsilon}}$ 值用下式计算

$$\bar{\dot{\varepsilon}} = \frac{2\nu\sqrt{\Delta h/R}}{H + h}$$

把 m 值和 $\bar{\dot{\varepsilon}}$ 值代入式（1-163），并乘以接触面积的水平投影，则轧制力为

$$P = \frac{B_H + B_h}{2}\sqrt{R\Delta h}\left(1 + \frac{1.6\mu\sqrt{R\Delta h} - 1.2\Delta h}{H + h}\right)\left(K + \frac{2\eta\nu\sqrt{\frac{\Delta h}{R}}}{H + h}\right) \tag{1-165}$$

艾克伦德还给出了计算 K 和 η 的经验式

$$K = 9.8 \times (14 - 0.01t)(1.4 + w_C + w_{Mn}) \quad (\text{MPa}) \tag{1-166}$$

$$\eta = 0.1 \times (14 - 0.01t) \quad (\mathrm{N \cdot s/mm^2}) \tag{1-167}$$

式中 t——轧制温度,℃;

w_C——以%表示的碳含量;

w_{Mn}——以%表示的锰含量。

当温度 $t \geqslant 800$℃和锰含量 $w_{Mn\%} \leqslant 1.0\%$ 时，这些公式是正确的。

μ 用下式计算

$$\mu = a(1.05 - 0.005t)$$

对钢轧辊，$a=1$；对铸铁轧辊，$a=0.8$。

后来，对艾克伦德公式进行了修正，按下式计算黏性系数

$$\eta = 0.1(14 - 0.01t)C' \quad (\mathrm{N \cdot s/mm^2})$$

式中 C'——决定于轧制速度的系数:

轧制速度/m·s^{-1}	系数 C'
<6	1
6~10	0.8
10~15	0.65
15~20	0.60

计算 K(MPa)时，建议还要考虑含铬量的影响:

$$K = 9.8(14 - 0.01t)(1.4 + \mathrm{C} + \mathrm{Mn} + 0.3\mathrm{Cr})$$

C 志田平均单位压力公式

志田根据其本人和沃克维特等的实验资料，对西姆斯公式进行修正和简化，得到平均单位压力公式为

$$\frac{\bar{p}}{2k_m} = 0.8 + C\left(\sqrt{\frac{R}{\bar{h}}} - 0.5\right) \tag{1-168}$$

式中，$C = 0.52/\sqrt{\varepsilon} + 0.016$（在 $\varepsilon \leqslant 0.15$ 时）或 $C = 0.2\varepsilon + 0.12$（在 $\varepsilon > 0.15$ 时）。

对于轧制钢坯或厚板的情况，即当 $l/\bar{h}$ 很小时，上式需补充一项，即

$$\frac{\bar{p}}{2k_m} = \left[0.8 + C\left(\sqrt{\frac{R}{\bar{h}}} - 0.5\right)\frac{3 + \frac{\bar{h}}{l}}{3 + \frac{l}{\bar{h}}}\right] \tag{1-169}$$

D 斋藤轧制压力公式

斋藤于1970年提出，当 $l/\bar{h}$ 很小时（轧制钢坯及厚板），可按下式计算热轧轧制压力

$$\frac{\bar{p}}{2k_m} = (\pi + \bar{h}/l)/4 \tag{1-170}$$

以上除斋藤公式外，都没有考虑外端的影响。前已述及，轧制厚件时外端对单位压力的影响是主要的，而外摩擦的影响可以忽略。为了估算初轧条件下的平均单位压力，可采用下式计算

$$\bar{p} = K\left(0.14 + 0.43\frac{l}{\bar{h}} + 0.43\frac{\bar{h}}{l}\right) \quad 1 \geqslant \frac{l}{\bar{h}} > 0.35$$

和

$$\bar{p} = K\left(1.6 - 1.5\frac{l}{\bar{h}} + 0.14\frac{\bar{h}}{l}\right) \quad \frac{l}{\bar{h}} \leqslant 0.35 \tag{1-171}$$

由生产和实验轧机的实测数据证实上式是可用的。

1.6.3 轧制力矩及功率

1.6.3.1 轧制力矩的概念

轧制力矩 M 可按力与力臂之乘积求得。由图 1-73 可以看出，如果去掉由水平力而引起的力矩（考虑到水平力平衡），则轧制力矩 M 可由单元体素对一个轧辊作用的垂直力乘以相应的力臂来计算

$$M_1 = \overline{B}\left(\int_0^l p_y x \mathrm{d}x + \int_{l_\gamma}^l t_y x \mathrm{d}x - \int_0^{l_\gamma} t_y x \mathrm{d}x\right) \tag{1-172}$$

或简化之

$$M_1 = \overline{B}\int_0^l p_y x \mathrm{d}x = Pa \tag{1-173}$$

式中 p_y，t_y——单位压力 p 和单位摩擦力 t 之垂直分量；

l_γ——中性点处之变形区长度；

a——力臂长度。

为消除几何因素对力臂 a 的影响，通常不直接确定出力臂，而是通过确定力臂系数 ψ 的方法来确定之，即

$$\psi = \frac{\beta}{\alpha} = \frac{a}{l} \quad 或 \quad a = \psi l$$

式中 β——合压力作用角，见图 1-74；

α——接触角；

l——接触弧长度。

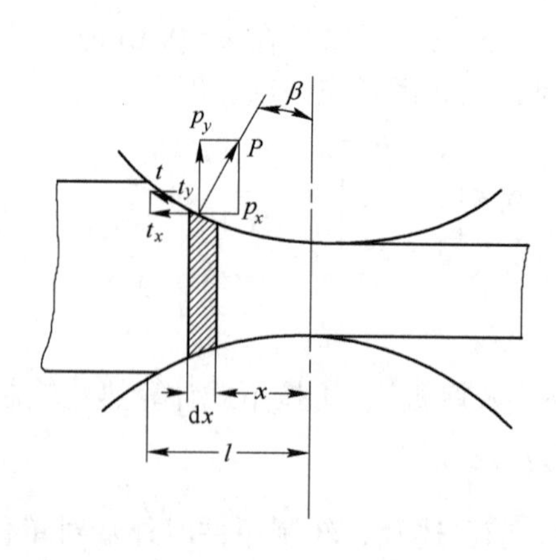

图 1-73　变形区内之作用力

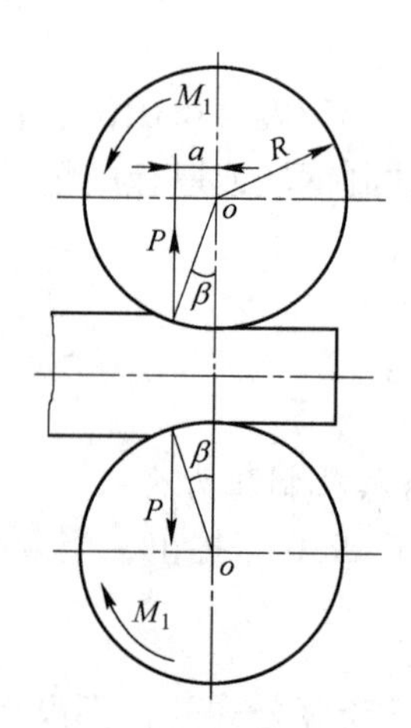

图 1-74　简单轧制时轧件对轧辊的作用力

因此，转动两个轧辊所需的轧制力矩为：

$$M = 2Pa = 2P\psi l \tag{1-174}$$

上式中的轧制力臂系数 ψ 根据大量实验数据统计，其范围为：

热轧铸锭或板坯时，$\psi = 0.55 \sim 0.60$；

热轧板带时，$\psi=0.42\sim0.50$；

冷轧板带时，$\psi=0.33\sim0.42$。

1.6.3.2 轧件对轧辊作用力分析

A 简单轧制情况下辊系受力分析

轧制时轧件在轧辊的压力作用下产生塑性变形，与此同时金属也给轧辊以大小相等的反作用力。金属对轧辊的作用力 P 相对轧辊中心之矩，即轧制阻力矩。轧制力矩 M 与轧制压力 P 的方向和作用点的位置有关。

在轧辊直径及圆周速度相等、轧件机械性能均匀的情况下，轧制过程相对轧件的水平中心线是上下对称的。对于这种简单轧制情况，轧件作用在轧辊上的作用力如图 1-74 所示。由该图可以确定作用在一个轧辊上的轧制力矩

$$M_1=Pa=PR\sin\beta$$

式中，R 为轧辊半径；a 为力臂；β 为合力 P 作用点对应的圆心角。

作用在两个轧辊上的轧制力矩

$$M=2Pa=2PR\sin\beta \tag{1-175}$$

B 有张力作用时轧辊受力分析

当轧件上作用有前、后张力时，如果张力不相等，则轧件作用在轧辊上的作用力将偏离垂直方向，当前张力 T_1 大于后张力 T_0 时，轧件的前进速度将增大，从而中性角 γ 和前滑区的长度增大，结果轧件对轧辊的作用力 P 偏向出口侧（见图 1-75a）。当后张力 T_0 大于前张力 T_1 时，轧件进入轧辊的速度将减小，从而中性角 γ 和前滑区的长度减小，轧件作用在轧辊上的压力 P 偏向入口侧（见图 1-75b）。

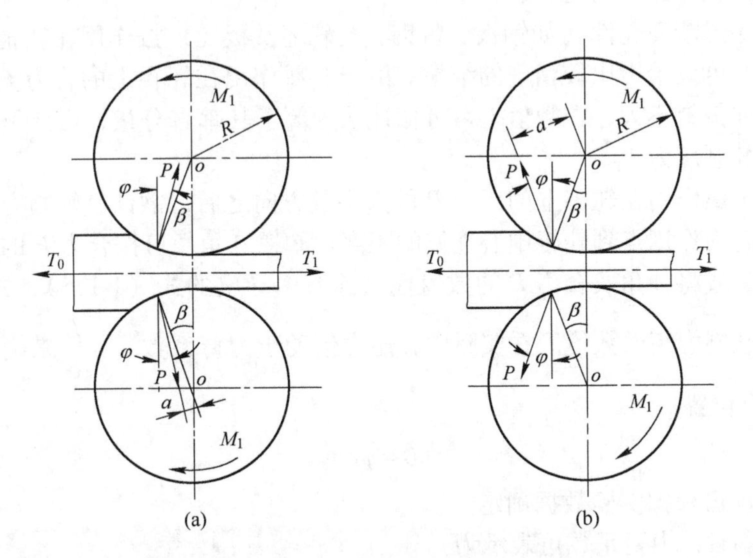

图 1-75 有张力作用时轧件对轧辊的作用力

(a) 前张力大于后张力（$T_1>T_0$）；(b) 后张力大于前张力（$T_0>T_1$）

此时，根据轧件的平衡条件，有

$$2P\sin\varphi=T_0-T_1$$

所以
$$\sin\varphi = \frac{T_0 - T_1}{2P} \tag{1-176}$$

式中　φ——轧制压力偏离垂直方向的角度。

根据图 1-75 可求得作用在两个轧辊上的轧制力矩为

$$M = 2Pa = 2PR\sin(\beta + \varphi) \tag{1-177}$$

式中，φ 值当 $T_0 > T_1$ 时为正，当 $T_0 < T_1$ 时为负。

从上述分析中可以看出，前张力 T_1 使轧制力矩减少；后张力 T_0 使轧制力矩增大。

1.6.3.3　轧制力矩的计算

确定轧制力矩的方法有三种：

（1）按金属作用在轧辊上的总压力 P 计算轧制力矩：关于按总压力 P 计算轧制力矩的一般公式，已在前节中导出。在实际计算中如何根据具体轧制条件，确定合力作用角 β 的数值。这将在下面详细讨论。

（2）按金属作用在轧辊上的切向摩擦力计算轧制力矩：轧制力矩等于前滑区、后滑区的切向摩擦力与轧辊半径之乘积的代数和

$$M = 2R^2\left(-\int_0^{\gamma} \tau \, d\alpha_x + \int_{\gamma}^{\alpha} \tau \, d\alpha_x\right) b$$

在轧辊不产生弹性压缩时上式是正确的。由于不能精确地确定摩擦力的分布及中性角 γ，这种方法不便于实际应用。

（3）按轧制时的能量消耗确定轧制力矩。

下面介绍按轧制压力确定轧制力矩。

对于轧制矩形断面轧件（如钢板、带钢、初轧坯及板坯）按作用在轧辊上的总压力 P 确定轧制力矩，可以给出比较精确的结果。由于金属作用在轧辊上的合力 P，在一般情况下相对垂直方向偏斜不大，在数值上可近似地认为等于其垂直分量，由此可按 1.6 节中所述的方法确定轧制压力 P。

在确定了金属作用在轧辊上的压力 P 的大小及方向之后，欲计算轧制力矩需要知道合力作用角 β 或合力作用点到轧辊中心连线的距离。知道 β 角便可按合力 P 的作用方向确定力臂 a 的数值，或将 β 角及合力 P 的数值代入前节中导出的式（1-175）、式（1-177）中去，直接计算轧制力矩的数值。在实际中，通常借助于力臂系数 $\psi = \frac{\beta}{\alpha}$ 来确定合力作用角 β 或合力作用点位置：

$$\beta = \psi\alpha$$

力臂系数 ψ 可根据实验数据确定。

在简单轧制时，力臂系数可表示为

$$\psi = \frac{\beta}{\alpha} \approx \frac{a}{l}$$

由此，在简单轧制情况下，转动两个轧辊所需的力矩

$$M \approx 2P\psi l = 2P\psi\sqrt{R\Delta h} \tag{1-178}$$

由于在轧制矩形断面轧件时，有

$$P = F\bar{p} \qquad F = \frac{b_0 + b_1}{2}\sqrt{R\Delta h}$$

由此，轧制力矩可表示为

$$M = \bar{p}\psi(b_0 + b_1)R\Delta h \tag{1-179}$$

很多人对于力臂系数 ψ 进行了实验研究，他们在生产条件或实验室条件下，在不同的轧机上关于不同的轧制条件，测出轧件对轧辊的压力和轧制力矩，然后按下式计算力臂系数

$$\psi = \frac{M}{2P\sqrt{R\Delta h}} \tag{1-180}$$

E. C. 洛克强在初轧机和板材轧机上进行了实验研究，结果表明，力臂系数决定于比值 $l/\bar{h}$。随比值 $l/\bar{h}$ 的增大力臂系数 ψ 减小，在轧制初轧坯时由 0.55 ~ 0.5 减小到 0.35 ~ 0.3；在热轧铝合金板时由 0.55 减小到 0.45，下面分热轧和冷轧考虑轧制力矩计算方法。

A 冷轧时的轧制力矩计算

斯通轧制力矩计算方法：

该方法是基于与推导轧制压力公式相同的假设条件得到的。轧制力矩公式为

$$M = 2P\left(\frac{l'}{2} - CK_w\right) \tag{1-181}$$

式中，l'为考虑轧辊弹性压扁的接触弧长度；K_w 可由下式确定

$$K_w = \frac{1}{2C}(l' - l^2/l') \tag{1-182}$$

式中，系数 C 为

$$C = \frac{8R(1 - \nu^2)}{\pi E} \tag{1-183}$$

由式（1-181）和式（1-182）可得到

$$M = Pl^2/l' \tag{1-184}$$

由斯通轧制压力公式可得到简单的轧制力矩公式

$$M = K_w\bar{b}R\Delta h \tag{1-185}$$

B 热轧时的轧制力矩计算

（1）西姆斯轧制力矩计算方法：西姆斯推荐采用下式来计算单位宽度 $b = 1$ 时作用在两轧辊上的力矩

$$M = 2RR'(2\tau_s)f\left(\frac{R}{h}, \frac{\Delta h}{H}\right) \tag{1-186}$$

式中 R——轧辊的理论半径；

R'——考虑弹性压扁的轧辊半径；

$f\left(\frac{R}{h}, \frac{\Delta h}{H}\right)$——与 R/h 及 $\Delta h/h$ 有关的函数（见图 1-76）。

（2）库克-马克洛姆（Cook-Mccrum）轧制力矩计算方法：该公式为

$$M = 2RR'\bar{b}C_g I_g \tag{1-187}$$

式中

$$C_g = Q_g \sqrt{\frac{1-\varepsilon}{1+\varepsilon}}$$

$$I_g = \sigma_g \sqrt{\frac{1-\varepsilon}{1+\varepsilon}}$$

Q_g 为几何系数，与 R'/h 及压下量有关，由图 1-77 确定；σ_g 为平均条件屈服应力：

$$\sigma_g = \frac{1}{\varepsilon}\int_0^{\varepsilon} \sigma_p \mathrm{d}\varepsilon_x$$

式中，σ_p 为平面应变压缩屈服应力。

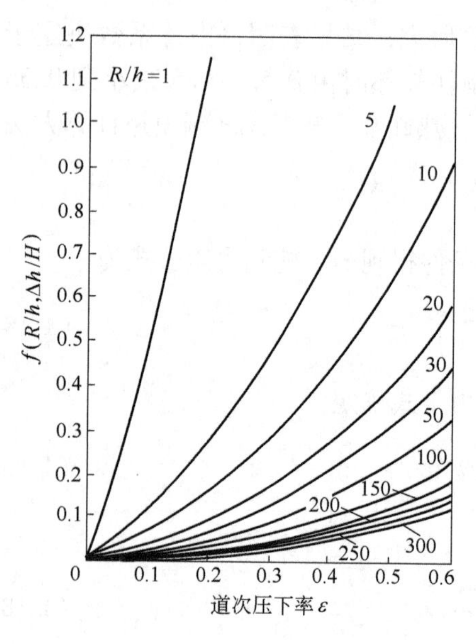

图 1-76　按式（1-182）确定轧制力矩时 $f(R/h, \Delta h/H)$ 与 R/h 及压下率 $\Delta h/H$ 的关系

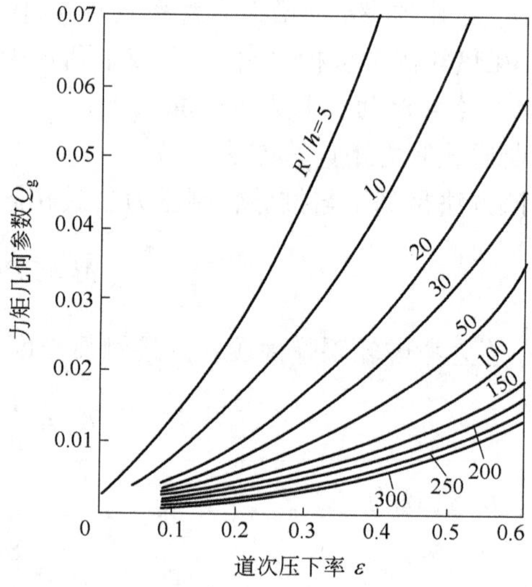

图 1-77　轧制力矩计算时的几何系数 Q_g

（3）邓顿-卡兰（Denton-Crane）轧制力矩公式：轧制力矩为

$$M = \bar{b}l(0.795 + 0.22Z_g)\sigma_p \tag{1-188}$$

式中　Z_g——变形区平均长宽比；

σ_p——平面应变压缩屈服应力。

力臂系数 ψ 也可由下式确定

$$\psi = \frac{0.795 + 0.22Z_g}{1.31 + 0.53Z_g} \tag{1-189}$$

（4）西姆斯-怀特（Sims-Wright）轧制力矩公式：西姆斯和怀特根据开坯机、板坯及带材轧机得到的精确轧制数据，计算了力臂系数 ψ 值。根据对于 $R/h < 25$ 条件下的分析，得到轧制软钢时的力臂系数为

$$\psi = 0.78 + 0.017\frac{R}{h} - 0.163\sqrt{\frac{R}{h}} \tag{1-190}$$

根据实验数据进一步得到范围更宽的力臂系数计算式，即对于 $R/h < 100$，力臂系数为

$$\psi = 0.39 + 0.295\exp\left(-0.193\frac{R}{h}\right) \tag{1-191}$$

1.6.3.4 主电机传动轧辊所需的力矩及功率

A 传动力矩的组成

欲确定主电动机的功率，必须首先确定传动轧辊的力矩。在轧制过程中，在主电动机轴上，传动轧辊所需力矩最多由下面四部分组成：

$$M_m = \frac{M}{i} + M_f + M_k + M_d \tag{1-192}$$

式中 M——轧制力矩，用于使轧件塑性变形所需的力矩；

M_f——克服轧制时发生在轧辊轴承、传动机构等的附加摩擦力矩；

M_k——空转力矩，即克服空转时的摩擦力矩；

M_d——动力矩，为克服轧辊不匀速运动时产生的惯性力所必须的力矩；

i——轧辊与主电机间的传动比。

组成传动轧辊的力矩的前三项为静力矩，即

$$M_j = \frac{M}{i} + M_f + M_k \tag{1-193}$$

式（1-193）指轧辊做匀速转动时所需的力矩。这三项对任何轧机都是必不可少的。在一般情况下，以轧制力矩为最大，只有在旧式轧机上，由于轴承中的摩擦损失过大，有时附加摩擦力矩才有可能大于轧制力矩。

在静力矩中，轧制力矩是有效部分，至于附加摩擦力矩和空转力矩是由于轧机的零件和机构的不完善引起的有害力矩。

这样换算到主电动机轴上的轧制力矩与静力矩之比的百分数称为轧机的效率：

$$\eta = \frac{\dfrac{M}{i}}{\dfrac{M}{i} + M_f + M_k} \times 100\% \tag{1-194}$$

轧机效率随轧制方式和轧机结构不同（主要是轧辊的轴承构造）在相当大的范围内变化，即 $\eta = 0.5 \sim 0.95$。

动力矩只发生于用不均匀转动进行工作的几种轧机中，如可调速的可逆式轧机以及升速或减速轧制，当轧制速度变化时，便产生克服惯性力的动力矩，其数值可由下式确定：

$$M_d = \frac{GD^2}{375}\frac{dn}{dt} \tag{1-195}$$

式中 G——转动部分的重量；

D——转动部分的惯性直径；

$\frac{dn}{dt}$——角加速度。

在转动轧辊所需的力矩中，轧制力矩是最主要的。确定轧制力矩有两种方法：按轧制力计算和利用能耗曲线计算，前者对板带材等矩形断面轧件计算较精确，后者用于计算各种非矩形断面的轧制力矩。

B　附加摩擦力矩的确定

在轧制过程中轧件通过轧辊时，在轴承中与轧机传动机构中有摩擦力产生，所谓附加摩擦力矩，是指克服这些摩擦力所需力矩，而且在此附加摩擦力矩的数值中，并不包括空转时轧机转动所需力矩。

组成附加摩擦力矩的基本数值有两大项，一为轧辊轴承中的摩擦力矩，另一项为传动机构中的摩擦力矩。

（1）轧辊轴承中的附加摩擦力矩：对上下两个轧辊（共 4 个轴承）而言，此力矩值为：

$$M_{f_1}=\frac{P}{2}\mu_1\frac{d_1}{2}4=Pd_1\mu_1 \tag{1-196}$$

式中　P——作用在 4 个轴承上的总负荷，它等于轧制力；

d_1——轧辊辊颈直径；

μ_1——轧辊轴承摩擦系数，它取决于轴承构造和工作条件：

滑动轴承金属衬热轧时　$\mu_1=0.07\sim0.10$

滑动轴承金属衬冷轧时　$\mu_1=0.05\sim0.07$

滑动轴承塑料衬　$\mu_1=0.01\sim0.03$

液体摩擦轴承　$\mu_1=0.003\sim0.004$

滚动轴承　$\mu_1=0.003$

（2）传动机构中的摩擦力矩：这部分力矩即指减速机座、齿轮机座中的摩擦力矩。此传动系统的附加摩擦力矩根据传动效率按下式计算：

$$M_{f_2}=\left(\frac{1}{\eta_1}-1\right)\frac{M+M_{f_1}}{i} \tag{1-197}$$

式中　M_{f_2}——换算到主电动机轴上的传动机构的摩擦力矩；

η_1——传动机构的效率，即从主电动机到轧机的传动效率，一级齿轮传动的效率一般取 0.96 ~ 0.98，皮带传动效率取 0.85 ~ 0.90。

换算到主电动机轴上的附加摩擦力矩应为：

$$M_f=\frac{M_{f_1}}{i}+M_{f_2}$$

或

$$M_f=\frac{M_{f_1}}{i\eta_1}+\left(\frac{1}{\eta_1}-1\right)\frac{M}{i} \tag{1-198}$$

C　空转力矩的确定

空转力矩是指空载转动轧机主机列所需的力矩。通常是根据转动部分轴承中引起的摩擦力计算的。在轧机主机列中有许多机构，如轧辊、联接轴、齿轮机座及飞轮等等，各有不同重量及不同的轴颈直径及摩擦系数。因此，必须分别计算。显然，空载转矩应等于所有转动机件空转力矩之和，当换算至主电动机轴上时，则转动每一个部件所需力矩之和为：

$$M_{k}=\Sigma M_{k_n} \tag{1-199}$$

式中 M_{k_n}——换算到主电动机轴上的转动每一个零件所需的力矩。

如果用零件在轴承中的摩擦圆半径与力来表示 M_{k_n}，则

$$M_{k_n}=\frac{G_n\mu_n d_n}{2i_n} \tag{1-200}$$

式中 G_n——该机件在轴承上的重量；

μ_n——在轴承上的摩擦系数；

d_n——轴颈直径；

i_n——电动机与该机件间的传动比。

将式（1-200）代入式（1-199）后，得空转力矩为：

$$M_{k}=\Sigma\frac{G_n\mu_n d_n}{2i_n} \tag{1-201}$$

按上式计算甚为复杂，通常可按经验办法来确定：

$$M_{k}=(0.03\sim0.06)M_{H} \tag{1-202}$$

式中 M_H——电动机的额定转矩。

对新式轧机可取下限，对旧式轧机可取上限。

D 主电机的功率计算

当主电机的传动负荷图确定后，就可对电机的功率进行计算。这项工作包括两部分：一是由负荷图计算出的等效力矩不能超过电机的额定力矩；二是负荷图中的最大力矩不能超过电机的允许过载负荷和持续时间。

如果是新设计的轧机，则对电机就不是校核，而是要根据等效力矩和所要求的电机转速来选择电机。

（1）等效力矩计算及电机的校核：轧机工作时电机的负荷是间断式的不均匀负荷，而电机的额定力矩是指电机在此负荷下长期工作，其温升在允许的范围内的力矩，为此必须计算出负荷图中的等效力矩。其值按下式计算：

$$M_{jum}=\sqrt{\frac{\Sigma M_n^2 t_n+\Sigma M_n'^2 t_n'}{\Sigma t_n+\Sigma t_n'}} \tag{1-203}$$

式中 M_{jum}——等效力矩，N · m；

Σt_n——轧制时间内各段纯轧时间的总和，s；

$\Sigma t'_n$——轧制周期内各段间隙时间的总和，s；

M_n——各段轧制时间所对应的力矩，N · m；

M'_n——各段间隙时间对应的空转力矩，N · m。

校核电机温升条件为： $M_{jum}\leqslant M_H$

校核电机的过载条件为： $M_{max}\leqslant K_G M_H$

式中 M_{max}——轧制周期内最大的力矩；

M_H——电机的额定力矩；

K_G——电机的允许过载系数，直流电机 $K_G = 2.0 \sim 2.5$；交流同步电机，$K_G = 2.5 \sim 3.0$。

电机达到允许最大力矩 $K_G M_H$ 时，其允许持续时间在 15s 以内，否则电机温升将超过允许范围。

（2）电机功率的计算：对于新设计的轧机，需要根据等效力矩计算电机的功率（kW），即：

$$N = \frac{1.03 M_{jum} n}{\eta} \quad (1\text{-}204)$$

式中 n——电机的转速，r/min；

η——由电机到轧机的传动效率。

（3）超过电机基本转速时电机的校核：当实际转速超过电机的基本转速时，应对超过基本转速部分对应的力矩加以修正（见图 1-78），即乘以修正系数。

如果此时力矩图形为梯形，如图 1-78 所示，则等效力矩为：

$$M_{jum} = \sqrt{\frac{M_1^2 + M_1 M + M^2}{3}} \quad (1\text{-}205)$$

$$M = M_1 \frac{n}{n_H}$$

式中 M——转速超过基本转速时乘以修正系数后的力矩；

M_1——转速未超过基本转速时的力矩；

n——超过基本转速时的转速；

n_H——电机的基本转速。

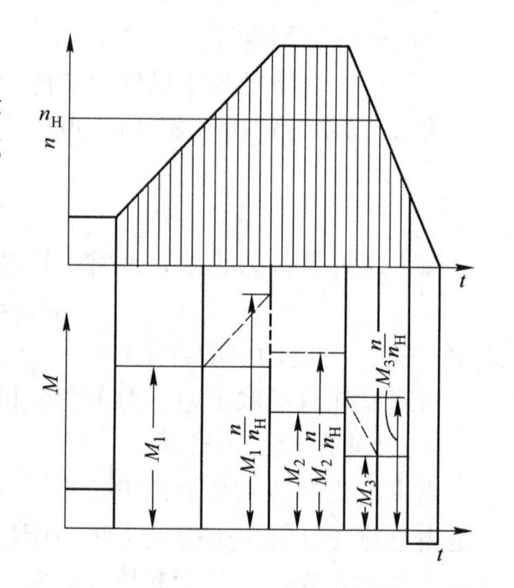

图 1-78　超过基本转速时的力矩修正图

校核电机过载条件为：

$$\frac{n}{n_H} M_{max} \leqslant K_G M_H \quad (1\text{-}206)$$

1.7　连续轧制理论

连续轧制（简称连轧）是指同一轧件在两架以上串列配置的轧机上同时轧制的状态。其特点是由于机架间通常存在张力或推力作用，各种轧制因素相互影响，其结果产生了与单机轧制时不同的特殊轧制现象。例如，冷轧带钢轧机中，就辊缝变化对成品板厚的影响而言，距成品最近的末架辊缝变化所产生的影响小于距成品最远的第 1 架辊缝所产生的影响。这种现象是以机架间张力为媒介，轧制因素相互施加影响所引起的。

板带轧制时，热轧带钢轧机的精轧机组一般为 6～7 个机架串列配置组成，冷轧带钢轧机一般由4~6架组成。以冷连轧带钢轧机为例，其轧制因素有机架入口和出口板厚、机架间张力、摩擦系数、前滑、辊缝、轧辊速度、电机特性、辊径、材料的变形抗力等。这些轧制因素遍及所有机架，因此，从轧机整体来考虑，则有几十个轧制因素以连轧机架间张力为媒介相互施加影响。如此大量的轧制因素既有它本身的变化，又有相互间的影响。因此，需要把全部机架作为一个系统综合进行研究。但就具体方法而言，一般是以单机架的轧制特性为基础，对连轧机所有机架的轧制因素联立求解，求出轧机的整体特性。

这种从理论上求出连轧机特性的方法称之为连轧理论。连轧理论大致可分两类，即不考虑时间因素的静态连轧理论和考虑时间因素的动态连轧理论。根据材料变形状态，连轧又可分为冷连轧和热连轧。二者的基本方程式和主要考虑方法几乎完全相同，热连轧与冷连轧的不同有两点，首先，要考虑轧件温度变化的作用，其次是机架间张力发生机制不同。

目前连轧在轧钢生产中所占的比重日益增大。在大力发展连轧生产的同时，需要完善连轧理论，研究连轧的一些特殊规律。

1.7.1 连续轧制基本规律

1.7.1.1 连续轧制常数

如图1-79所示，连轧机各机架顺序排列，轧件同时通过数架轧机进行轧制，各机架通过轧件相互联系，从而使轧制的变形条件、运动学条件和力学条件等都具有一系列的特点。

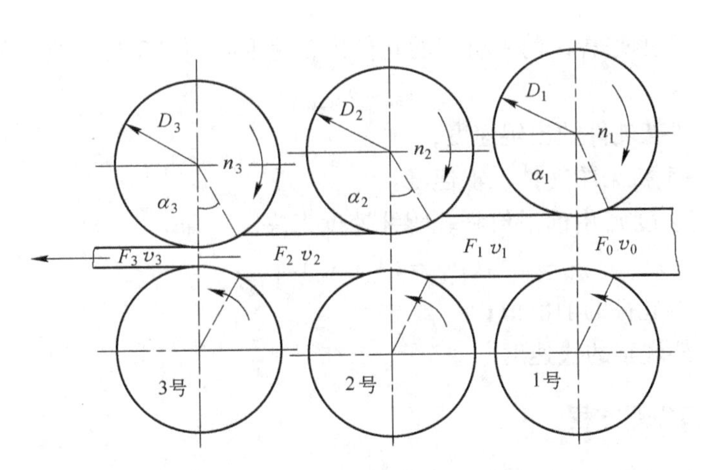

图1-79 连续轧制时各机架与轧件的关系示意图

连续轧制时，随着轧件断面的减小，轧制速度递增，保持正常的轧制条件是轧件在轧制线上每一机架的秒流量相等原则，即

$$F_1v_1 = F_2v_2 = \cdots = F_nv_n \tag{1-207}$$

式中 1，2，…，n——轧机序号；

F_1，F_2，…，F_n——轧件通过各机架时的轧件断面积，mm^2；

v_1，v_2，…，v_n——轧件通过各机架时的轧制速度，mm/s；

F_1v_1，…，F_nv_n——轧件在各机架轧制时的秒流量，mm^3/s。

为简化起见，已知

$$v_1 = \frac{\pi D_1 n_1}{60}, v_2 = \frac{\pi D_2 n_2}{60}, \cdots, v_n = \frac{\pi D_n n_n}{60} \tag{1-208}$$

将式（1-208）代入式（1-207）得：

$$F_1 D_1 n_1 = F_2 D_2 n_2 = \cdots = F_n D_n n_n \tag{1-209}$$

式中　D_1，D_2，…，D_n——各机架的轧辊工作直径，mm；

n_1，n_2，…，n_n——各机架的轧辊转速，r/min。

为简化公式，以 C_1，C_2，…，C_n 代表各机架轧件的秒流量，即

$$F_1 D_1 n_1 = C_1, F_2 D_2 n_2 = C_2, \cdots, F_n D_n n_n = C_n \tag{1-210}$$

将式（1-210）代入式（1-209）得：

$$C_1 = C_2 = \cdots = C_n \tag{1-211}$$

轧件在各机架轧制时的秒流量相等，即为一个常数，这个常数称为连轧常数（mm^3/s），以 C 代表连轧常数时，即

$$C_1 = C_2 = \cdots = C_n = C \tag{1-212}$$

这个条件一旦被破坏，就会造成拉钢或堆钢，从而破坏了变形的平衡状态。拉钢会使轧件横断面收缩，严重时会造成轧件破断事故；堆钢会导致轧件折叠在机架间堆积，或引起其他设备事故。

1.7.1.2　连续轧制速度条件

从轧制运动学角度来看，前一机架的轧件出辊速度必须等于后一机架的入辊速度，即

$$v_{h_i} = v_{H_{i+1}} \tag{1-213}$$

式中　v_{h_i}——第 i 机架轧件的出辊速度；

$v_{H_{i+1}}$——第 $i+1$ 机架的轧件入辊速度。

这里轧件出辊速度 v_{h_i} 由前滑值和轧辊线速度来决定，即

$$v_{h_i} = (1 + S_{h_i}) v_{R_i} \tag{1-214}$$

式中　S_{h_i}——第 i 架轧件的前滑值；

v_{R_i}——第 i 架轧辊的线速度。

1.7.1.3　轧机出口板厚方程

第 i 架轧机出口板厚用无负荷时的轧辊辊缝 S_i 与由轧制力 P_i 引起的轧机弹性变形之和来表示：

$$h_i = S_i + P_i / M_i \tag{1-215}$$

式中　S_i——第 i 架轧机的辊缝；

P_i——第 i 架轧机的轧制力；

M_i——第 i 架轧机的刚性系数。

轧制力 P_i 是板坯厚度 H_0、各机架入口厚度 H_i、出口厚度 h_i、前张力 q_{h_i}、后张力 q_{H_i}、摩擦系数 μ_i、变形抗力 k_i、轧件宽度 b_0 的函数，即：

$$P_i = P(H_0、H_i、h_i、q_{h_i}、q_{H_i}、\mu_i、k_i、b_0) \tag{1-216}$$

在冷轧时，通常采用 Hill 提出的轧制压力公式计算 P_i。

热轧时，轧件的前滑值是轧件入、出口厚度 H_i、h_i、变形抗力 k_i、温度 T_i 和轧辊转数 N_i 的函数，即：

$$S_{h_i} = S(H_i、h_i、k_i、T_i、N_i) \tag{1-217}$$

热轧时的轧制压力 P_i 通常采用 Sims 公式计算。如前所述，热轧时必须考虑轧件的温度变化，而轧件的温度变化取决于下面四个因素：

（1）轧制时的塑性变形热；

（2）工作辊的传热导致的轧件降温；

（3）机架间的热辐射和对流发生降温；

（4）轧辊冷却水对轧件的冷却。

热连轧轧件的温度下降可通过对上述(1)～(4)项计算得出。

式（1-207）、式（1-213）、式（1-215）为连轧过程处于平衡状态（静态）下的基本方程式。但应指出，秒体积流量相等的平衡状态并不等于张力不存在，即带张力轧制仍可处于平衡状态，但由于张力作用、种种轧制外干扰或改变操作量，使稳定的轧制状态受到破坏后，过渡到下一个稳定轧制状态。这一过程称为动态过程。因此，对连轧过程必须深入研究下面两个问题：

（1）在外扰量或调节量的变动下，从一平衡态达到另一新的平衡态时，各参数变化量及其变化规律；

（2）从一平衡态向另一平衡态过渡时的动态特性。

1.7.2 连续轧制中的前滑

如前所述，轧辊的线速度与轧件离开轧辊的速度，由于有前滑的存在实际上是有差异的，即轧件离开轧辊的速度大于轧辊的线速度。前滑的大小用前滑系数和前滑值来表示。

各机架的前滑系数为：

$$\overline{S}_1 = \frac{v_{h_1}}{v_1}, \overline{S}_2 = \frac{v_{h_2}}{v_2}, \cdots, \overline{S}_n = \frac{v_{h_n}}{v_n} \tag{1-218}$$

各机架的前滑值为：

$$S_{h_1} = \frac{v_{h_1} - v_1}{v_1} = \frac{v_{h_1}}{v_1} - 1 = \overline{S}_1 - 1, S_{h_2} = \overline{S}_2 - 1, \cdots, S_{h_n} = \overline{S}_n - 1 \tag{1-219}$$

式中 $\overline{S}_1$，$\overline{S}_2$，…，$\overline{S}_n$——轧件在各机架的前滑系数；

v_{h_1}，v_{h_2}，…，v_{h_n}——轧件实际从各机架离开轧辊的速度；

v_1，v_2，…，v_n——各机架的轧辊线速度；

S_{h_1}，S_{h_2}，…，S_{h_n}——各机架的前滑值。

考虑到前滑的存在，则轧件在各机架轧制时的秒流量（mm^3/s）为：

$$F_1 v_{h_1} = F_2 v_{h_2} = \cdots = F_n v_{h_n} \tag{1-220}$$

及

$$F_1 v_1 \overline{S}_1 = F_2 v_2 \overline{S}_2 = \cdots = F_n v_n \overline{S}_n \tag{1-221}$$

此时式（1-210）和式（1-212）也相应成为：

$$F_1 D_1 n_1 \overline{S}_1 = F_2 D_2 n_2 \overline{S}_2 = \cdots = F_n D_n n_n \overline{S}_n \tag{1-222}$$

$$C_1\overline{S}_1 = C_2\overline{S}_2 = \cdots = C_n\overline{S}_n = C' \tag{1-223}$$

式中　C'——考虑前滑后的连轧常数。

在孔型轧制时，前滑值常取平均值，其计算式为：

$$\overline{\gamma} = \frac{\overline{\alpha}}{2}\left(1 - \frac{\overline{\alpha}}{2\beta}\right) \tag{1-224}$$

$$\cos\overline{\alpha} = \frac{\overline{D} - (\overline{H} - \overline{h})}{\overline{D}} \tag{1-225}$$

$$\overline{S}_{\mathrm{h}} = \frac{\cos\overline{\gamma}[\overline{D}(1 - \cos\overline{\gamma}) + \overline{h}]}{\overline{h}} - 1 \tag{1-226}$$

式中　$\overline{\gamma}$——变形区中性角的平均值；

$\overline{\alpha}$——咬入角平均值；

β——摩擦角，一般为21°~27°；

$\overline{D}$——轧辊工作直径的平均值；

$\overline{H}$——轧件轧前高度的平均值；

$\overline{h}$——轧件轧后高度的平均值；

$\overline{S}_{\mathrm{h}}$——轧件在任意机架的平均前滑值。

1.7.3　连续轧制的静态特性

1.7.3.1　冷连轧静态特性

连续轧制的静态特性是指在两个稳定状态之间的关系，其中不考虑时间因素。当冷连轧机稳定轧制时，在1.7.1节中论述的连轧基本方程式（1-207）、式（1-213）、式（1-215）对所有机架成立。如果因某种外界因素或者人为原因改变了轧制条件，则上述各个方程中的变量将发生变化，使轧制状态转移到另一个新的稳定状态，这时稳定状态方程式（1-207）、式（1-213）、式（1-215）依然对所有机架成立。轧制条件变化前的稳定状态和轧制条件变化后的稳定状态各轧制变量数值不同，然而任何情况下式（1-207）、式（1-213）、式（1-215）的成立是说明无论轧制状态如何变化，变量间的关系是一定的，并且受此三式约束。因此轧辊辊缝值、轧辊速度等发生变化时，其他轧制变量的变化可以通过求解非线性方程式（1-207）、式（1-213）、式（1-215）得出。直接求解非线性方程时计算量非常庞大，而且只能求出计算条件下轧制变量间的关系，不能一次计算出全体轧制变量的相互关系。求解轧制条件稍微变化时的变量关系方法称为影响系数法。

关于这些轧制变量，对式（1-207）、式（1-213）、式（1-215）进行泰勒展开，略去2次以上的项，求解表示轧制变量的微小变化量的相互关系的一次方程式，即为求轧制变量相互关系的方法。例如，根据秒流量一定方程式（1-207）

$$h_i b v_i = F_1 v_1 = F_2 v_2 = \cdots = F_n v_n = C \qquad (i = 1, 2, \cdots, n) \tag{1-227}$$

可用下式表示秒流量的微量变化

$$\left(\frac{\Delta v}{v}\right)_i + \left(\frac{\Delta h}{h}\right)_i + \left(\frac{\Delta b}{b}\right)_i = \left(\frac{\Delta C}{C}\right)_i \tag{1-228}$$

同样，可由式（1-213）、式（1-214）得出

$$\left(\frac{\Delta v}{v}\right)_i = \frac{\Delta S_{h_i}}{1+S_{h_i}} + \frac{\Delta v_{R_i}}{v_{R_i}} \tag{1-229}$$

关于影响系数法的详细计算方法可参见参考文献［6］。

研究者们通过对影响系数法的计算得到了冷轧带钢轧机的各种轧制特性，其计算结果归纳如下：

（1）入口来料（板坯）厚度的影响（如图1-80所示）：入口来料的厚度变化按相同比率影响各机架出口轧件厚度，也就是如果入口侧板坯厚度呈阶梯形变化，则第1机架出口轧件厚度将发生变化，其比率也持续到后面的机架。

（2）辊缝的影响（如图1-81所示）：辊缝变化对精轧板厚的影响以第1机架最为显著，而第2、第5机架的影响较小，第3、第4机架几乎不受影响。

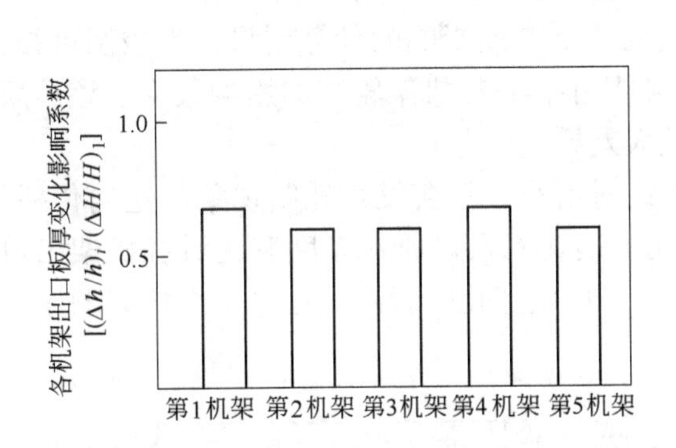

图1-80　热轧来料板坯厚度变化对各机架出口板厚的影响

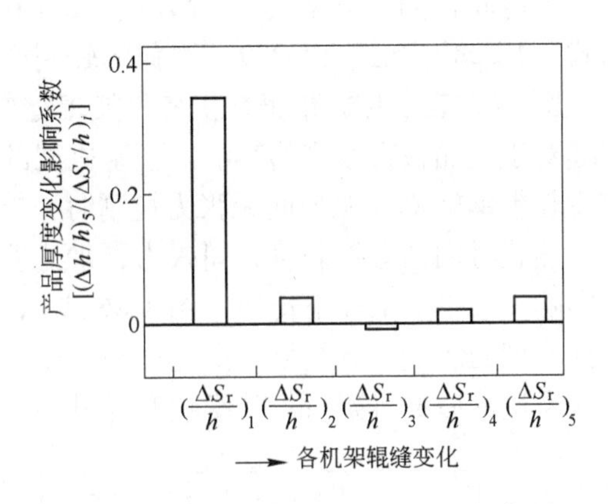

图1-81　各机架辊缝变化对产品厚度的影响

（3）轧辊速度的影响（如图1-82所示）：轧辊转数对板带产品厚度的影响以第1、第5机架最为显著，第2机架造成的影响很小，第3、第4机架几乎不产生影响。

（4）轧辊轧件间摩擦系数的影响（如图1-83所示）：第1与第2机架的摩擦系数的变

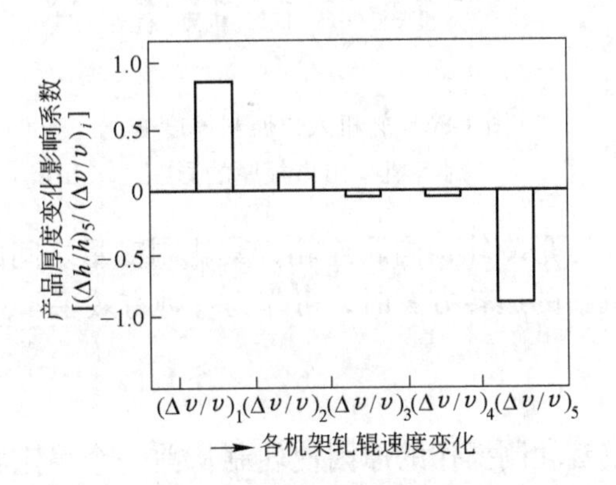

图1-82　各机架轧辊速度变化对产品厚度的影响

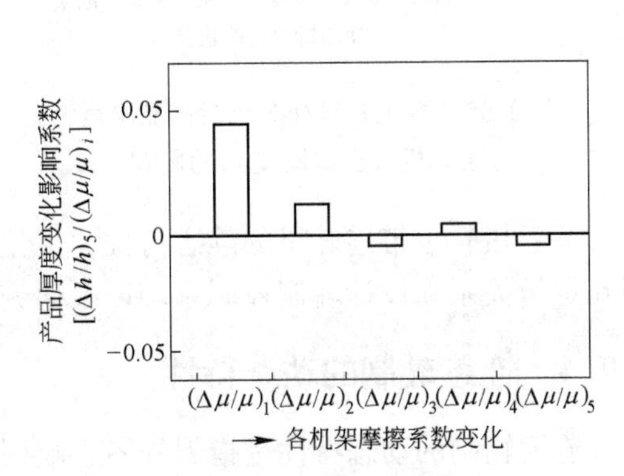

图1-83　各机架摩擦系数对产品厚度的影响

化对板带产品厚度造成的影响很大，第3、第4和第5机架造成的影响不大。

（5）变形抗力的影响（如图1-84所示）：第1机架轧件的变形抗力变化对板带产品厚度的影响大，第2～第5机架的变形抗力变化对产品厚度影响不大。

另外，辊缝变化、轧辊速度变化均对机架间的张力产生影响，并通过张力变化影响成品板带厚度，详见参考文献［6］。

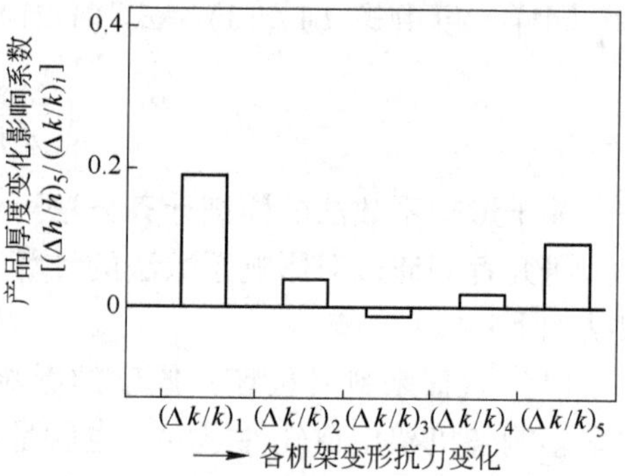

图1-84　各机架间轧件变形抗力变化对产品厚度的影响

1.7.3.2　热连轧静态特性

与冷轧相同，根据式（1-207）、式（1-213）进行泰勒展开，略去2次以上项，得出与式（1-228）和式（1-229）类似的轧制变量微量变化时的1次关系式。

图1-85表示热轧带钢轧机各机架辊缝变化对产品厚度影响的计算结果。由该图可知，辊缝对于成品板带厚度的影响，上游机架的影响趋小，终轧机架辊缝的影响最大。该结果与冷轧带钢轧机（机架间无张力控制时）有较大差异。

热轧时用活套控制机架间张力，加之张力绝对值小，不会发生轧制现象的逆向传播，其影响一般是从上往下传递。图1-86表示热轧带钢轧机入口原料厚度变化对各机架出口轧件厚度的影响计算结果。由此可知，热轧时来料厚度变化的影响每通过1个机架顺序减弱；通过最后的机架时，其影响变得最小。

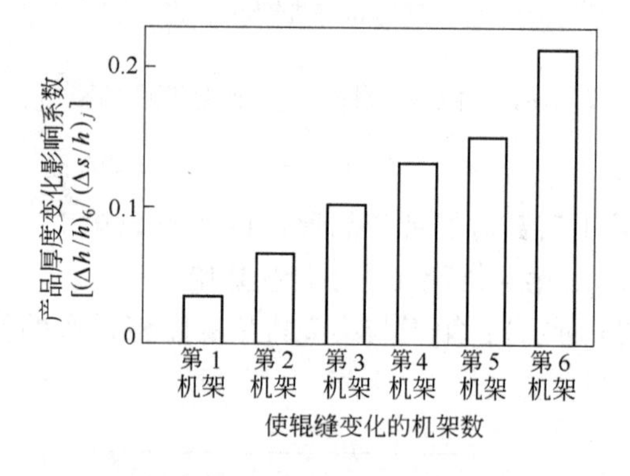

图1-85　各机架辊缝变化对产品厚度（第6机架出口厚度）的影响

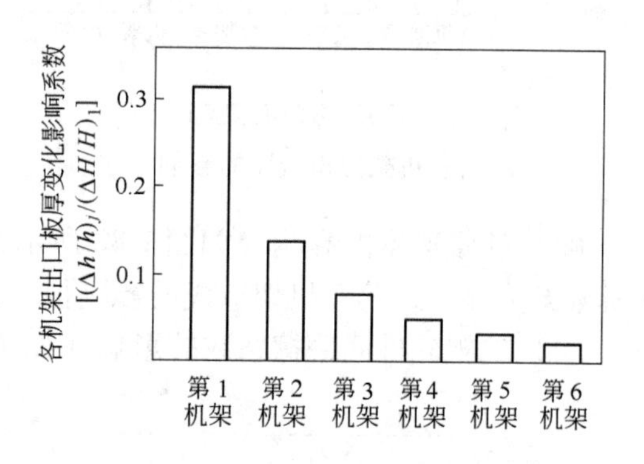

图1-86　轧机入口原料厚度变化对各机架出口板厚的影响

关于热轧板带连轧机的静态特性，无论热轧还是冷轧，同属连轧，其轧制变量之间的相互定量关系在设计轧制控制系统以及研究轧机新的运转方案时，可作为一种有效手段。

1.7.4　连续轧制的动态特性

连续轧制的动态特性是指因外界影响因素或者轧制操作的原因使轧制从前一个稳定状态过渡到下一个稳定状态的过渡特性，其中要考虑时间因素。所谓外界影响因素指加减速时产生的摩擦系数变化、油膜厚度变化、轧制入口处坯料厚度变化等等。动态特性分析是分析外界因素造成轧制状态变化，是各种组合控制系统（板厚控制或机架间张力控制）轧制机制所必需的手段。

1.7.4.1 冷连轧动态特性

动态连续轧制的基本方程与静态连续轧制不同的是，在整个轧机机组中秒流量一定的关系在过渡阶段不成立，而其他关系式与静态特性基本相同。

关于机架间的张力模型，研究者们提出了多种分析模型，下面介绍三种张力模型：

（1）简单模型：该模型是在机架间通过沿轧制方向材料变形入口侧和出口侧的轧制速度差的积分来求解，然后用应力应变关系式求前张力，根据与后张力的平衡式，确定后张力。

第 i 机架的前张力

$$q_{h_i} = E/L\int(v_{in,i+1} - v_{out,i})\,dt \tag{1-230}$$

第 $i+1$ 机架的后张力

$$q_{H_{i+1}} = h_i/H_{i+1}q_{h_i} \tag{1-231}$$

式中 q_{h_i}，$q_{H_{i+1}}$——分别为第 i 机架的前张力和第 $i+1$ 机架的后张力；

$v_{in,i+1}$，$v_{out,i}$——分别为第 $i+1$ 机架轧件的入口速度和第 i 机架的出口速度；

h_i，H_{i+1}——分别为第 i 机架轧件出口厚度和第 $i+1$ 机架轧件入口厚度；

E——弹性模量；

L——机架间距离。

（2）考虑机架间板厚分布的模型（本城模型）：对机架入口、出口侧材料的速度差进行积分，求出材料轧制方向的变形，假设材料在机架间具有图 1-87 所示的厚度分布，然后求解前张力和后张力。

$$T_i^0 = \frac{1}{\left(\sum_{j=1}^{j=n}\frac{1}{K_j}\right)}\int_0^t(v_{in,i+1} - v_{out,i})\,dt \tag{1-232}$$

式中，T_i^0 为全张力；

$$K_j = Eb\,\overline{h}_j/l_i$$

$$q_{h_i} = T_i^0/(bh_i) \tag{1-233}$$

$$q_{H_{i+1}} = T_i^0/(bH_{i+1}) \tag{1-234}$$

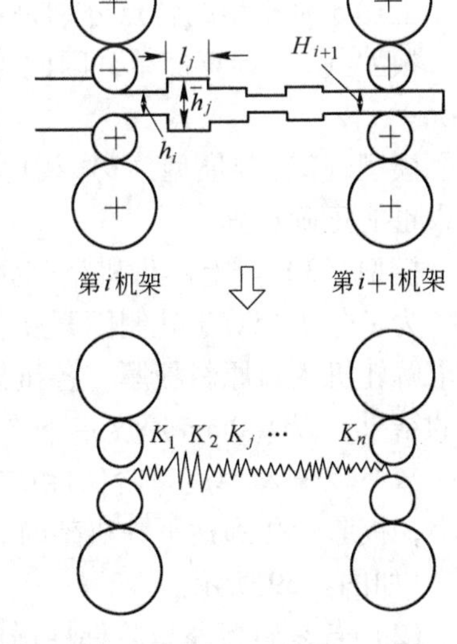

图 1-87 机架间的延伸弹性常数

此模型与简单模型相比，虽然能得到精确解，但计算过程复杂烦琐。

（3）将机架间的材料作为刚性体的模型（阿高、铃木）：设第 i 机架的轧件出口速度与第 $i+1$ 机架轧件的入口速度相等，当稳定轧制状态受到外界干扰时，其平衡被打破，并转移到下一个平衡状态。连续轧机的过渡现象可以认为是短暂的稳定状态顺序延续并阶段性集中的，取某一瞬间的板厚示于图 1-88 中。

也就是一旦受外界影响，瞬间产生的响应使连续轧机体系的各个非独立变量发生阶段性变化，该变化值将一直保持到下一个外界影响的到来。因此，在各瞬间第 i 机架材料的流出速度必须与第 $i+1$ 机架材料的流入速度相等。此外，由于在任意机架轧辊间隙流入、流出材料的量是相等的，因此在轧辊间隙中秒流量一定方程是成立的。式（1-237）表示第 i 架轧机的前张力总量与第 $i+1$ 架轧机的后张力总量相等，由此可以正确地描述出机架间板厚不均一时的张力。

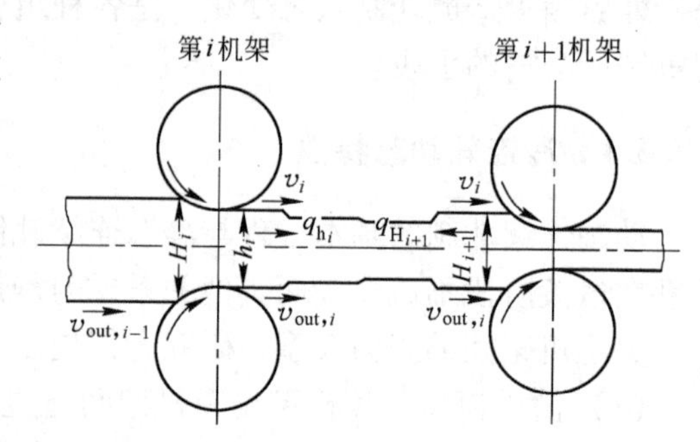

图 1-88　过渡状态机架间模型

轧辊咬入区秒流量一定方程

$$v_{out,i-1}H_i = v_{out,i}h_i \tag{1-235}$$

机架出口材料的流出速度

$$v_{out,t} = (1 + S_{h_i})v_{R_i} \tag{1-236}$$

张力平衡式

$$h_i q_{h_i} = H_{i+1} q_{H_{i+1}} \tag{1-237}$$

此方法的特点是它与上述（1）、（2）方法不同，机架间张力不做式（1-230）、式（1-232）的积分计算，而是用代数计算求解。

上述 3 种模型的特点分别是：

模型（1）计算简单，因此当板厚变化不太大时，适合用于了解轧制特性大致趋势的情况；

模型（2）与模型（1）相比，计算复杂，要准确分析轧制现象时，即使板厚变化幅度大也能正确计算；

模型（3）具有不做机架间张力的积分计算，能用代数计算求解的特点。

为了分析相对于轧制因素变化时连续轧制的动态特性，可采用上述的连续轧制动态模型求解轧机入口原料板厚、各机架轧辊速度、各机架辊缝阶梯变化时的响应。作为计算分析的结果，以 1.0mm 厚度带钢产品为例，分析 5 机架冷连轧时的动态特性：

（1）若来料厚度呈阶梯性增厚，当来料厚度变化部分达到该机架时，该机架的前张力减小；板厚变化到达下一机架时，其张力更加减小，最终减小了各机架间的张力（单位断面），如图 1-89 所示。

（2）若来料板厚呈阶梯性增厚，当来料厚度变化部分达到该机架时，该机架的出口板厚增加至最大，该厚度变化到达下一机架时，机架间的张力减小，带钢厚度因此更增厚。

（3）第 1 机架辊缝减小时，第 1 机架出口板厚减薄，板厚变更点即使通过了 5 机架也持续减薄，要经过一定时间的调整。这是机架间张力变化导致了轧制现象往前段机架逆向迁移的原因。机架间张力在辊缝减小的瞬间减小，在板厚变更点到达下一机架时刻上升，最终增大了各机架间的张力。

（4）缩小第 5 机架辊缝，则瞬间产品带钢厚度减小。同时，由于第 4 与第 5 机架间张

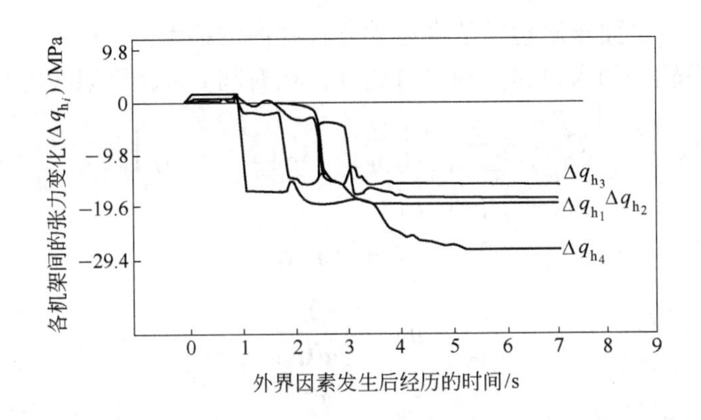

图 1-89 对应于热轧来料板厚呈阶梯性板厚时各机架间张力的变化

力减小，第 4 机架出口板厚增大，最终导致第 5 机架出口板厚几乎不减小。

(5) 使第 1 机架轧辊速度增加，则第 1 与第 2 机架间张力大幅度降低，第 1 机架、第 2 机架出口板厚增大，这一板厚变化最终传播到最后机架，结果第 5 机架出口板厚增大，同时各机架间张力减小。

(6) 增加中间机架（例如第 3 机架）的速度，第 3 和第 4 机架间张力减小，相反，第 2 与第 3 机架间张力增大。第 5 机架出口板厚虽发生过渡性变化，但最终几乎不变。

(7) 增加第 5 机架速度，第 4 与第 5 机架间张力增加，第 5 机架出口板厚减小，同时因为第 4 机架出口板厚减小，改变第 5 机架轧辊速度后，第 4 机架出口板厚的变化部分到达第 5 机架出口后，第 5 机架出口板厚发生调整。

1.7.4.2 热连轧动态特性

热连轧动态特性分析与冷连轧几乎相同，其差异点在于机架间的张力装置。冷连轧机架间有$(98 \sim 196) \times 10^{-4}$MPa 的张应力，轧件在机架间以无挠度状态被轧制，于是机架间张力仅由相邻机架轧件的进出速度来决定，而热轧时机架间轧件通过活套装置形成活套，张力由活套机构的力矩来控制，图 1-90 为热连轧轧机概念图。为了求解包括机架间张力

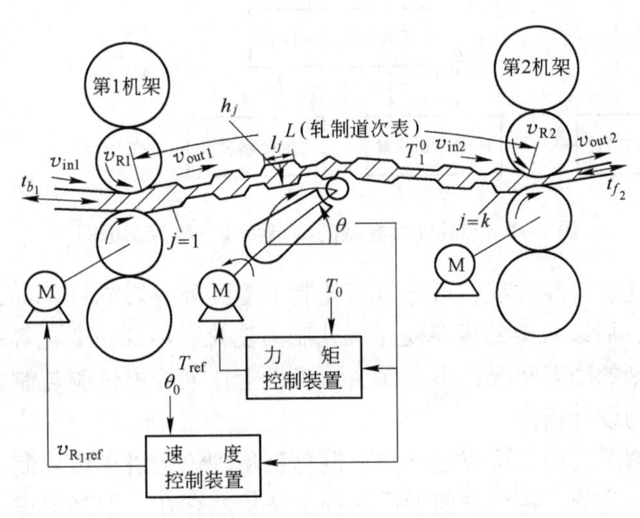

图 1-90 热连轧轧机概念图

变化的动态特性，有必要求解包括活套运动方程在内的模型。

考虑机架之间轧件的入口速度和出口速度，在时间 t 时，机架间的张力如下

$$T_i^0 = \frac{1}{\sum_{j=1}^{j=k}\frac{1}{K_j}}\int_0^t\left[\frac{\mathrm{d}L}{\mathrm{d}t} + (v_{\mathrm{in},i+1} - v_{\mathrm{out},i})\right]\mathrm{d}t \tag{1-238}$$

$$K_j = Ebh_j/l_j$$

$$q_{\mathrm{H}_{i+1}} = \frac{T_i^0}{bH_{i+1}} \tag{1-239}$$

$$q_{\mathrm{h}_i} = \frac{T_i^0}{bh_i} \tag{1-240}$$

$$\sigma = A\varepsilon'^m \tag{1-241}$$

热轧带钢的应力 σ 和应变 ε 关系由式（1-241）表示，则 E 可用下式表示

$$E = mA\varepsilon'^{m-1} \tag{1-242}$$

在式(1-238)~式(1-240)中，有考虑机架间轧件厚度分布的精确模型，其简化式常用下述方程

$$q_{\mathrm{h}_i} = q_{\mathrm{H}_{i+1}} = \frac{E}{L}\int_0^t\left[\frac{\mathrm{d}L}{\mathrm{d}t} + (v_{\mathrm{in},i+1} - v_{\mathrm{out},i})\right]\mathrm{d}t \tag{1-243}$$

此外，热轧必须精确控制机架间张力，因此活套运动方程很重要，并通过速度控制装置和力矩控制装置来实现对主马达特性和活套的控制，相关的控制方程见参考文献［6］。通过求解上述方程式，可得到热轧连续轧制的动态特性分析，其计算框图示于图1-91。

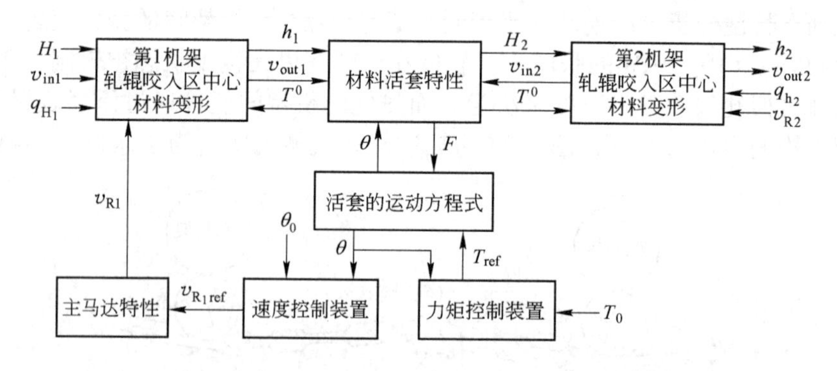

图1-91　热轧连续轧制的动态特性分析控制框图

根据上述热轧动态特性方程，可分析当轧制中受到外界影响（例如，在精轧机入口侧轧件厚度变化）时，后续机架的板厚变化、轧制力变化、活套角变化等等。这样能分析热轧连续轧制每时每刻的动态状况，不必在实际机组上作大规模试验轧制也能得到机械系统以及各种控制系统的设计指南。

在讨论了各种情况之后，可以建立如下概念：从理论上讲连续轧制时各机架的秒流量相等，连轧常数是恒定的，在考虑前滑后这种关系仍然存在。但当考虑了连轧过程中的动态特性、堆钢和拉钢的操作条件后，实际上各机架的秒流量已不相等，连轧常数已不存

在，而是在建立了一种新的平衡关系下进行生产的。在实际生产中采用的张力轧制，就是这个道理。

思　考　题

1-1　当两轧辊半径不同时，$R_1 \neq R_2$，根据作用在两辊上力和压力平衡条件推导变形区长度。设：m_1 和 m_2 为两轧辊侧的压下量，Δh 为总压下量，且 $m_1 + m_2 = \Delta h$。

1-2　在什么轧制条件下应考虑轧辊弹性压扁，为什么？

1-3　试述孔型轧制与平辊轧制咬入条件的异同点。

1-4　采用移位体积分析方法推导以下三种变形方式的变形程度（图 1-92）。

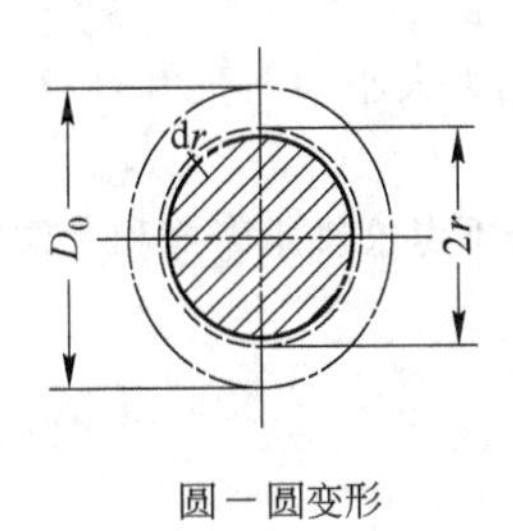

圆 — 圆变形

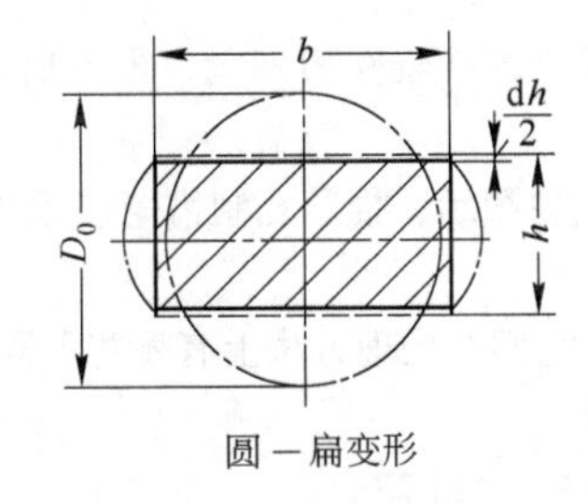

圆 — 扁变形

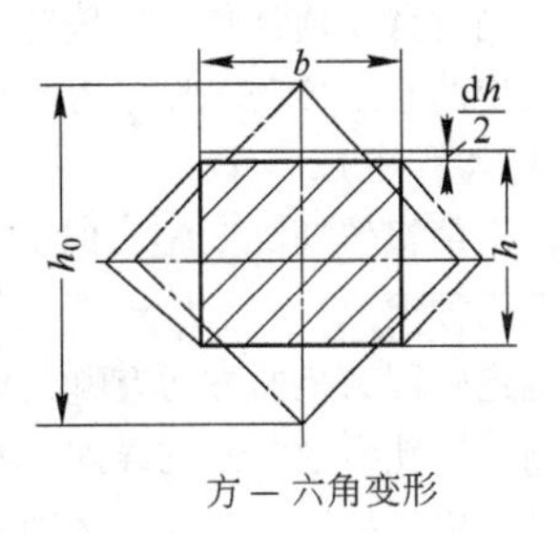

方 — 六角变形

图 1-92　三种变形方式示意图

1-5　简述三种宽展类型的特征，并说明如何控制各类型宽展量的大小。

1-6　平辊轧制时决定轧后轧件侧边形状的主要因素是什么，通常根据什么来判断轧后轧件的侧边形状？

1-7　影响宽展的基本因素是什么？

1-8　在孔型中轧制较之平辊轧制有哪些特点？

1-9　孔型轧制时，引起轧件不均匀变形的主要因素是什么？

1-10　试利用图 1-26 中的三条曲线所对应的数据分别代入 S. 艾克伦德前滑公式和 D. 德里斯顿前滑公式，给出相应的曲线并比较三个前滑公式的差别。

1-11　对简单理想轧制过程，假定接触面全滑动并遵守库仑干摩擦定律，单位压力沿接触弧均匀分布、轧件无宽展，按变形区内水平力平衡条件导出中性角 γ 与咬入角 α 及摩擦角 β 的关系式 $\gamma = \frac{\alpha}{2}\left(1 - \frac{\alpha}{\beta}\right)$。

1-12　利用前滑公式和中性角公式来说明各因素对前滑的影响趋势。

1-13　简述金属成形时摩擦的影响，如何降低轧制时金属的黏结和轧辊磨损。

1-14　实际轧制中常见的是哪一种摩擦类型？

1-15　干摩擦、边界摩擦及液体摩擦理论的应用条件是什么？

1-16　热轧稳态轧制时的摩擦系数主要受哪些因素的影响，其影响趋势是什么？

1-17　冷轧稳态轧制时的摩擦系数主要受哪些因素影响，其影响趋势是什么？

1-18　金属材料的实际变形抗力由哪几部分组成？

1-19　说明低碳钢的 $\sigma_{0.2}$、σ_b 随温度由室温到 1200℃ 的变化状态，并指出各峰值区形成的原因。

1-20　说明轧制时平均变形抗力的概念、表示方法及一般处理方法。

1-21　影响变形抗力的主要因素是什么，这些因素是怎样影响的？

1-22　冷变形抗力应主要考虑哪几种因素的作用，各因素的影响趋势是怎样的？

1-23　给出低碳钢、低合金钢和高强钢的冷变形抗力随压下率的变化范围。
1-24　当成分一定时，冷变形抗力与晶粒直径具有怎样的关系，为什么？
1-25　热变形抗力应主要考虑哪几种因素的作用，各因素作用的趋势是怎样的？
1-26　定义轧制单位压力和单位摩擦力。
1-27　卡尔曼方程建立的假设条件是什么？
1-28　影响轧制单位压力分布的主要因素有哪些，其作用结果是怎样的？
1-29　对同一金属材料，在相同温度及速度条件下，决定轧制过程本质的主要因素是什么？
1-30　什么叫轧制压力，轧制压力与单位压力及变形区几何参数的关系是怎样的？
1-31　平均单位压力如何表示，确定平均单位压力的方法有哪几种？
1-32　平均单位压力主要与哪些因素有关，这些因素的影响趋势是怎样的？
1-33　通常轧制力矩是由哪几部分组成？
1-34　轧制力臂 a 通常是怎样确定的？
1-35　画出两辊不传动，靠张力辊拉拔时的轧辊受力图示，推导所需作用力大小（前张力 Q_h 和后张力 Q_H 均存在）。
1-36　画出单辊传动（下辊）时的作用力图示，推导轧制力矩表示式（分不考虑轴承摩擦和考虑轴承摩擦两种情况）。
1-37　确定轧制力矩的方法有哪几种，它们在处理方法上有哪些不同？
1-38　何为连轧常数？试推导连轧常数。
1-39　轧机出口板厚主要与什么因素有关，如何表示？
1-40　连续轧制的静态特性是指什么，在连轧静态特性分析上，冷轧与热轧有什么区别？
1-41　连续轧制的动态特性是指什么，在连轧动态特性分析上，冷轧与热轧有什么区别？

参考文献

[1] J. A. Schey. Tribology in Metalworking：Friction，Lubrication and Wear［J］，American Society for Metals Park，Ohio，(1983) P. 11-39.
[2] V. B. Ginzburg. Steel-Rolling Technology［M］. Printed in the U. S. A.，marcel dekker，inc. /New York. basel，(1988) P. 343-392.
[3] A. И. 采利柯夫著．王克智，欧光辉，张维静译．轧制原理手册[M]．北京：冶金工业出版社，1989.
[4] 曹乃光．金属塑性加工原理[M]．北京：冶金工业出版社，1983.
[5] 赵志业．金属塑性变形与轧制理论[M]．北京：冶金工业出版社，1980.
[6] 镰田正诚著．李伏桃，陈岿，康永林译．板带连续轧制[M]．北京：冶金工业出版社，2002.
[7] 茹铮，余望等编著．塑性加工摩擦学[M]．北京：科学出版社，1992.
[8] B. Avitzur. Advanced Technology of Plasticity 1990[C]. 4th ICTP，(1990)，1627-1636.
[9] 五弓勇雄．金属塑性加工の进步[M]．コロナ社(1978)，213～215.
[10] 曹宏德．塑性变形力学基础与轧制原理[M]．北京：机械工业出版社，1987.
[11] R. Kopp，H. Wiegels 著，康永林，洪慧平译．金属塑性成形导论[M]．北京：高等教育出版社，2010.
[12] 王廷溥，齐克敏．金属塑性加工学—轧制理论与工艺（第 2 版）[M]．北京：冶金工业出版社，2005.
[13] 鹿守理，黎景全译．轧辊孔型设计[M]．北京：冶金工业出版社，1991.
[14] 筱仓恒树．塑性と加工，Vol. 34，1993，21.
[15] 日本钢铁协会编．王国栋，吴国良，等译．板带轧制理论与实践[M]．北京：中国铁道出版

社，1990.
[16] Л. И. 波卢欣，等著．林治平，等译．金属与合金的塑性变形抗力[M]．北京：机械工业出版社，1984.
[17] 周纪华，管克智，等．钢铁，127，1992，45.
[18] 美板，吉本．塑性と加工，Vol. 18，(1967)，414.
[19] 鹿守理．相似理论在塑性加工过程模拟中的应用，北京科技大学，1991.
[20] 李曼云，孙本荣．钢材的控制轧制与控制冷却技术手册[M]．北京：冶金工业出版社，1990.
[21] 贺毓辛．现代轧制理论[M]．北京：冶金工业出版社，1993.
[22] V. B. 金兹伯格著．马东清，等译．板带轧制工艺学[M]．北京：冶金工业出版社，1998.
[23] V. B. 金兹伯格著．姜明东，王国栋，等译．高精度板带轧制理论与实践[M]．北京：冶金工业出版社，2000.

2 板带轧制理论及工艺

2.1 板带材生产概论

国民经济建设与发展中大量使用着金属材料，其中钢铁材料占有很大比例，例如2013年世界钢产量为16.07亿吨，其中中国钢产量7.79亿吨。98%的钢铁材料是采用轧制方法生产的，轧材中30%～60%以上（如1997年日本为52.7%，美国为61.4%，中国为32.3%，2012年中国板带比达到36.4%）是板带材。板带钢产品薄而宽的断面，决定了其在生产和应用上特有的优越条件。从生产上讲，板带钢生产方法简单，便于调整、便于改换规格；从产品应用上讲，钢板的表面积大，是一些包覆件（如油罐、船体、车厢等）不可缺少的原材料，钢板可冲、可弯、可切割、可焊接，使用灵活。因此板带钢在建筑、桥梁、机车车辆、汽车、压力容器、锅炉、电器等方面得到广泛应用。

2.1.1 板带钢的种类及用途

板带材根据规格、用途和钢种的不同，可划分成不同的种类。

（1）按规格可分为厚板、薄板、极薄带等，有时又把厚板细分为特厚板、厚板、中板。目前世界上并无统一的划分标准，我国的分类标准是把厚度60mm以上的称为特厚板，20～60mm称为厚板，3～20mm称为中板，0.2～3.0mm称为薄板，0.2mm以下称为极薄带钢或箔材。美国、日本、德国、法国等国家把厚度4.7～5.5mm以上的钢板统称厚板，此厚度以下到3.0mm称为中板，3.0mm以下称为薄板。从钢板的规格来看，世界上生产钢板的厚度范围最薄已达到0.001mm，最厚达500mm，宽度范围最宽达5350mm，最重250吨。

（2）按用途可分为汽车钢板、压力容器钢板、造船钢板、锅炉钢板、桥梁钢板、电工钢板、深冲钢板、航空结构钢板、屋面钢板及特殊用途钢板等。不同用途的板带钢常用的产品规格是不同的。

（3）按钢种可分为普通碳素钢板、优质碳素钢板、低合金结构钢板、碳素工具钢板、合金工具钢板、不锈钢板、耐热及耐酸钢板、高温合金钢板等。

一个钢种的钢板可以有不同的规格、不同的用途，同一用途的钢板也可采用不同的钢种来生产。因此标识一个钢板品种，通常是用钢板的钢种、规格、用途等来表示。

2.1.2 板带钢产品的技术要求

板带钢的用途非常广泛，用途不同对板带钢的技术要求也就不同。对板带钢产品的基本要求包括化学成分、几何尺寸、板形、表面、性能等几个方面：

（1）钢板的化学成分要符合选定品种的钢的化学成分（通常是指熔炼成分），这是保证产品性能的基本条件。

(2) 钢板的外形尺寸包括厚度、宽度、长度以及它们的公差应满足产品标准的要求。例如公称厚度为0.2～0.5mm的冷轧板带钢，其厚度允许偏差A级精度为±0.04mm，B级精度为±0.05mm，公称宽度不大于1000mm的冷轧板带钢宽度允许偏差为+6mm，公称长度不大于2000mm的冷轧板带钢长度允许偏差为+10mm。对钢板而言，钢板的厚度精度要求是钢板生产和使用特别关注的尺寸参数。钢板的厚度控制精度是一条钢板生产线技术装备水平的重要标志之一。

(3) 钢板常常作为包覆材料和冲压等进一步深加工的原材料使用，使用上要求板形要平坦。在钢板的技术条件中对钢板的不平度提出要求，以钢板自由放在平台上，在不施加任何外力的情况下，钢板的浪形和瓢曲程度的大小来度量。不同品种对钢板不平度的要求不同，例如公称厚度大于4～10mm的热轧钢板或钢带，在测量长度1000mm条件下，不平度要不大于10mm；公称厚度大于0.70～1.50mm、公称宽度大于1000～1500mm的冷轧钢板或钢带，不平度要不大于8mm。

(4) 使用钢板作原料生产的零部件，原钢板的表面一般是工作面或外表面，从使用的要求出发对钢板表面有较高的要求，生产中从设备和工艺上要保障能生产出满足表面质量要求的产品。技术条件中通常要求钢板和钢带表面不得有气泡、裂纹、结疤、拉裂和夹杂，钢板和钢带不得有分层；钢板表面上的局部缺陷应用修磨的方法清除，清除部位的钢板厚度不得小于钢板最小允许厚度。

(5) 根据钢板用途的不同，对钢板和钢带的性能要求也不同。对性能的要求包括四个方面：力学性能、工艺性能、物理性能、化学性能。对力学性能的要求包括对强度、塑性、硬度、韧性的要求，对绝大多数的钢板、钢带产品而言，力学性能是最基本的要求；工艺性能包括冷弯、焊接、深冲等性能；材料使用时对物理性能有要求时在技术条件中提出，如电机和变压器用钢对磁感强度、铁磁损失等物理性能有具体要求；材料使用时对化学性能有具体要求时，也须在技术条件中提出，如不锈钢板钢带对防腐、防锈、耐酸、耐热等化学性能提出要求。

2.1.3 有色金属板带材的种类及用途

通过热轧或热轧后经冷轧所获得的产品，按横断面形状和交货形状、产品尺寸，分为板材、带材和箔材。以铝及铝合金为例，板材（sheet）是指横断面为矩形，厚度均一并大于0.20mm，以平直状外形交货的轧制产品；带材（strip）是指横断面为矩形，厚度均一并大于0.20mm，以成卷交货的轧制产品；箔材（foil）是指横断面为矩形，厚度均一并小于0.20mm，以成卷交货的轧制产品，箔材的最小厚度可达0.005mm，但最小经济厚度为0.007mm。

2.1.3.1 产品分类

有色金属及合金板带材按金属及合金系统分类有铝及铝合金、铜及铜合金、镁及镁合金、钛及钛合金等。按金属及合金性能、用途，铝及铝合金又分为：纯铝、硬铝、防锈铝、锻铝、包覆铝、钎焊铝、特殊铝等。按金属及合金中主要元素，铜及铜合金又分为纯铜、无氧铜、铝黄铜、铅黄铜、铝青铜等。

有色金属板及合金带材的应用范围，铝及铝合金主要有飞机蒙皮用优质板、结构板、装饰板、包装铝箔、电容器铝箔及各种包铝板，而铜及铜合金板带则包括汽车水箱带、电缆铜带、装饰铜板带、雷管带及仪表或弹簧用板带等。

2.1.3.2 品种

产品品种包括金属牌号、供应状态、规格，外形尺寸及允许偏差，板带材的不平度等。我国目前生产的重有色金属板、带、箔材尺寸范围见表2-1。供应状态，根据同一合金牌号的产品质量级别，以及力学性能的不同要求，按技术标准重划分不同的供应状态。我国有色金属板、带、箔材部分供应状态见表2-2。

表2-1 重有色金属板、带、箔材产品尺寸范围

产 品	尺寸范围/mm	厚度允许偏差/mm
热轧板	(4 ~ 50) × (200 ~ 3000) × (1000 ~ 6000)	-0.45 ~ 3.5
冷轧板	(0.2 ~ 10) × (200 ~ 2500) × (800 ~ 3000)	-0.06 ~ -0.80
带 材	(0.05 ~ 1.5) × (10 ~ 1000) × (3000 ~ 100000)	-0.01 ~ -0.14
箔 材	(0.005 ~ 0.05) × (10 ~ 300) × (5000 ~ 500000)	±0.001 ~ $^{+0.004}_{-0.005}$

表2-2 板、带、箔材的供应状态

供应状态名称	标准代号	供应状态名称	标准代号
热轧成品	R	不包铝（热轧）	BR
退火成品（软态）	M	不包铝（退火）	BM
硬（冷轧状态）	Y	不包铝（淬火、优质表面）	BCO
$\frac{3}{4}$硬、$\frac{1}{2}$硬、$\frac{1}{3}$硬、$\frac{1}{4}$硬	Y_1、Y_2、Y_3、Y_4	不包铝（淬火、冷作硬化）	BCY
特 硬	T	优质表面（退火）	MO
淬 火	C	优质表面淬火自然时效	CZO
淬火后冷轧（冷作硬化）	CY	优质表面淬火人工时效	CSO
淬火（自然时效）	CZ	淬火后冷轧、人工时效	CYS
淬火（人工时效）	CS	热加工、人工时效	RS
淬火自然时效冷作硬化	CZY	加厚包铝	J

2.1.3.3 技术要求

产品技术包括：

（1）化学成分：化学成分一般由熔铸车间按技术标准控制；

（2）力学性能：一般产品只要求抗拉强度、屈服强度、屈服极限和伸长率，有的产品还要求硬度、硬化指数、高温持久或瞬时强度等；

（3）物理性能：大部分产品对物理性能无具体要求，有的产品要求弹性、电阻率等；

（4）工艺性能：供深冲或拉伸的产品要求做杯突试验，其深冲值应符合标准。试验时试样不允许有明显的裙边，或其制耳率不超过允许范围；

（5）金相组织：有的产品要求不同的晶粒度大小，第二相分布，含氧量及过烧情况的金相检验；

（6）表面质量：表面质量要求目前基本上是定性的。如表面要求光滑、清洁，不应有裂纹、皱纹、起皮、起泡、针孔、水迹、酸迹、油斑、腐蚀斑点、压入物、划伤、擦伤、包铝层脱落、辊印、氧化等；或不超过允许范围；

（7）产品内部质量：不允许有中心裂纹和分层，对双金属复合材料要求层间结合牢固，经反复弯曲试样不分层等。

此外，对产品的验收规则和实验方法、包装、标志、运输及保管方法等都有具体规定。

板带材产品尽管品种、用途不同，技术要求也各不相同，但其共同点可归纳为“尺寸精确板形好，表面光洁性能好”。这概括了板带材产品的主要质量要求，某一产品的整个生产工艺过程，都要求保证产品质量要求，严格按照技术标准组织生产。

2.1.4 板带材生产特点

板带材的外形特点是宽而薄，宽厚比很大，这一特点决定了生产板带材的轧机特点。板带材的宽度大，轧制压力大，生产板带材的轧机轧辊辊身长度大。要降低轧制压力，就必须减小辊径；为了保证轧辊的刚度要求，则需要使用有支持辊的多辊轧机，同时轧机整体的刚度也要高。轧制压力过高与其在轧制过程中的波动是影响板带材厚度公差的关键因素，板带轧机应有板厚自动控制装置，用于检测与控制轧制压力的波动以控制板厚变化。在生产过程中轧辊受变形热等因素的影响以及轧辊因与轧件接触摩擦导致不均匀磨损，轧辊直径会发生不同变化，要保证板材的厚度和板形，就要对轧辊的辊型进行调整，因此板带轧机应具有辊型的调整手段和装置。

板带材的外形特点还决定了板带材轧制工艺上的特点。由于板带材的表面积很大，对板带材的表面质量要求高，保证表面质量是板带材生产工艺中一个重要技术要求。例如加热时加热制度、氧化铁皮的清除、轧辊表面状态、运送过程中对表面的防护等，都是生产工艺中不可或缺的关注环节。热轧板带材由于表面积大，散热快且温度难以均匀，造成轧制压力波动，使板厚不均，影响产品质量。为减少热轧时的温度波动，减少温度在板面与内部的不均匀分布，是板带材生产工艺的重要环节。

2.2 板带轧机

2.2.1 板带轧机的分类

板带材产品与生产工艺的多样性必然导致生产这些产品的轧机的多样性。板带轧机的分类方法有按辊系分类、按轧辊驱动方式分类、按轧机组成分类、按轧机用途分类等多种分类方法。

2.2.1.1 按辊系分类

板带轧机按辊系分类是最常用、最基本的方式（见表 2-3）。常用的轧机有二辊、三辊、四辊、六辊、八辊、十二辊、二十辊以及偏八辊、非对称式八辊、行星式轧机等，这些形式的轧机是由一对工作辊和多个支撑辊构成。一般而言，随辊数增加，工作辊径减小。还有一种轧机的结构是多个工作辊按行星方式布置在支撑辊的周围，称为行星轧机。这是一种特殊形式的轧机，能将板坯一次轧制成薄板。

表 2-3　轧机按辊系分类

标　记	轧辊配置	特点及用途
2H	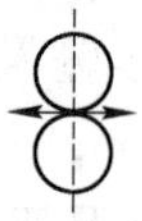	最简单的板带轧机，用于板坯粗轧
3H	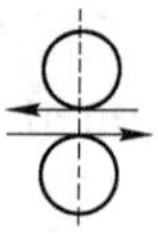	早期使用的一种单机架中板轧机（也称为劳特式轧机），或作为双机架中板轧机的粗轧机使用，利用中辊的升降进行可逆轧制
4H	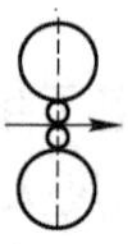	使用最多的一种板带轧机形式，可用于热轧的粗、精轧和冷轧轧机
5H	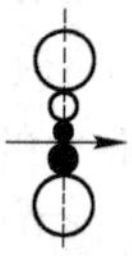	在四辊轧机的基础上发展的一种轧机形式，工作辊径可进一步减小，降低轧制压力，主要用于变形抗力大的薄材的轧制
6H	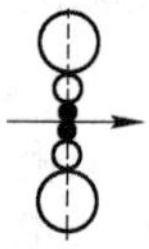	在四辊轧机的基础上增加中间游动辊，以提高板形的控制能力，多用于冷、热轧的精轧机
8H	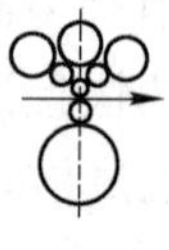	在四辊轧机的基础上发展的一种减小单侧工作辊的轧机形式。用于较硬、较薄材的轧制
12H	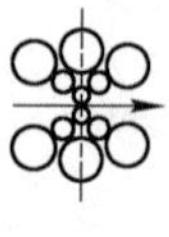	工作辊径小，有利于降低轧制压力，用于不锈钢、硅钢、有色金属轧制
20H	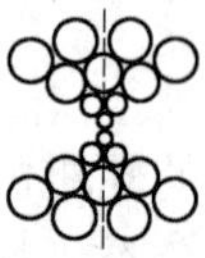	工作辊径小，有利于降低轧制压力，用于不锈钢、硅钢、极薄带和有色金属轧制，又称森吉米尔轧机
—	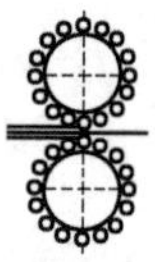	工作辊行星方式布置，可一次轧制，实现大的变形量。用于热轧板坯一次轧制成薄板

带钢轧机辊系种类多的特点是由板带钢产品的特点决定的。板带钢轧件宽而薄，轧制压力大，轧制力大的结果影响到轧辊的刚度和强度，使轧辊产生弯曲变形影响到产品的尺寸精度，以致发生断辊。

增大辊径虽可提高轧辊的刚度和强度，但是轧制力也因辊径的增大而增大，同时轧辊的弹性压扁增加，难以轧制薄轧件。另外的解决途径是减小辊径，减小辊径能降低轧制力，减小弹性压扁，有利于轧制薄轧件。为防止细而长轧辊的弯曲变形和断辊，可采用增设支撑辊的方法。从防止工作辊的垂直弯曲和水平弯曲的目的出发，演变出各种板带钢轧机的辊系。

2.2.1.2 按轧辊驱动方式分类

板带轧机按轧辊驱动方式分类见表2-4。轧辊最基本的驱动方式是直接驱动一对工作辊。但是由于轧制更薄、更硬材料的需求增加，为了降低轧制压力，工作辊的辊径变小，传递轧制力矩的辊头尺寸小，受轧辊强度、刚度限制不能直接驱动工作辊，因此发展了传动辊径大的支撑辊间接传动方式和其他驱动方式。

表2-4 轧机按轧辊驱动方式分类

方式	驱动辊	轧辊配置	特点及用途
对称驱动	上、下工作辊	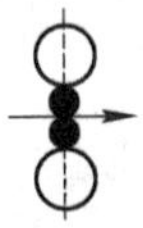	最主要的轧辊驱动方式
对称驱动	上、下中间辊	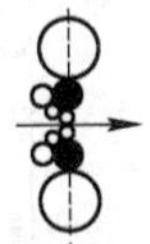 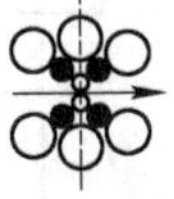	为了轧制变形抗力大的薄材，使用小工作辊，由于小工作辊的强度和刚度不足，所以采用驱动中间辊的方式。由于驱动时产生的切向力会使工作辊在水平方向产生弯曲，要有在水平方向支持工作辊的装置
对称驱动	上、下支撑辊	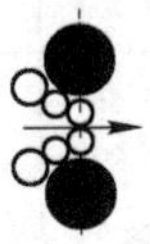	由于小工作辊的强度和刚度不足，所以采用驱动支撑辊的方式。要有在水平方向支持工作辊的装置
非对称驱动	一根工作辊	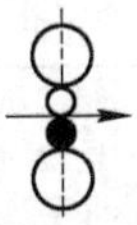	由于非驱动工作辊水平方向有作用力，工作辊径小时，要有在水平方向支持工作辊的装置
非对称驱动	一根工作辊和一根支撑辊	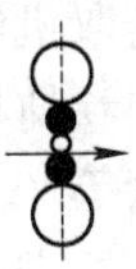	控制中间辊的驱动力矩可调整切向力，因此可改变小工作辊的水平挠曲，以控制板形

续表 2-4

方 式	驱动辊	轧 辊 配 置	特 点 及 用 途
异步驱动	上、下辊异步传动		为了降低轧制力，采用上、下辊圆周速度不同的传动方式
异步驱动	上、下工作辊异步传动		为了降低轧制力，采用上、下工作辊圆周速度不同的传动方式

间接驱动方式带来的问题是，在水平方向上对工作辊作用有切向力，使工作辊产生水平弯曲。因此要有阻止工作辊水平方向挠曲的装置。十二辊、二十辊轧机结构具有防止工作辊水平方向挠曲的作用，而轧辊垂直布置的四辊、六辊轧机没有防止工作辊水平方向挠曲的作用，在工作辊径小时要考虑添加防止工作辊水平方向挠曲的装置。

2.2.1.3 按轧机组成分类

轧机按组成方式可以分为单机架可逆式轧机和多机架连续式轧机，表 2-5 是轧机的两种布置形式和用途的简要说明。

表 2-5 轧机按轧机组成分类

名 称		布 置 方 式	用 途
可逆式轧制方式	无卷取机	正向 反向	适用于开坯和厚板等厚轧件的轧制
	有卷取机	正向 反向 卷取机 卷取机	主要用于冷轧带钢轧机，热轧带钢时炉卷式轧机是这种形式
连续式轧制方式			带钢冷连轧机（多为 2 ~ 6 架） 带钢热连轧机（多为 4 ~ 6 架）

单机架可逆式轧机是在单一的机架上完成多道次往复轧制。在开坯和厚板轧制时，轧件通过轧前辊道和轧后辊道将轧件输送到轧机中进行往复轧制，在轧制薄轧件时，轧前和轧后设置有卷取机，进行往复轧制。目前带有卷取机的可逆式带钢轧机是冷轧带钢用轧机的主要形式之一，而在热轧带钢轧制时使用的炉卷轧机，轧前、轧后的卷取机安装在加热炉内，用于生产变形温度区间窄的不锈钢、硅钢等产品。

多机架连续式板带轧机是当今热轧带钢和冷轧带钢生产的主要轧机。

2.2.1.4 按轧机用途分类

轧机按在生产中的用途可分为开坯轧机、中厚板轧机、热轧带钢轧机、冷轧带钢轧机和平整机，见表2-6。

表2-6 轧机按轧机用途分类

名称 \ 方式		布置形式	轧机形式
开坯		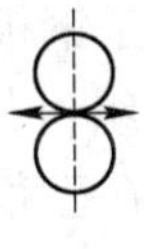	二辊
中厚板		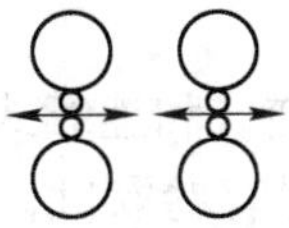	粗轧：二、四辊 精轧：四、六辊
热轧带钢	可逆式	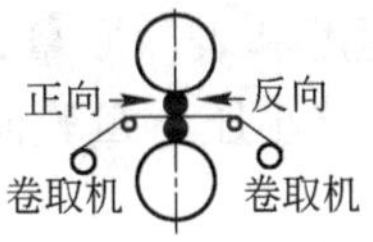 正向 反向 卷取机 卷取机	粗轧：四辊 精轧：四、六辊
	连续式	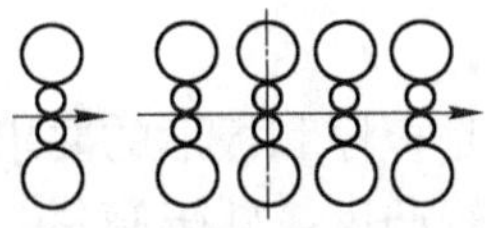	粗轧：二、四辊 精轧：四、六辊
	行星式	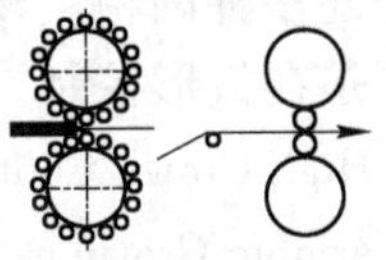	粗轧：行星式 精轧：四、六辊
冷轧带钢	可逆式	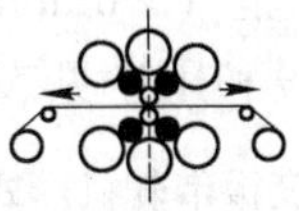	四、六、十二、二十辊
	连续式	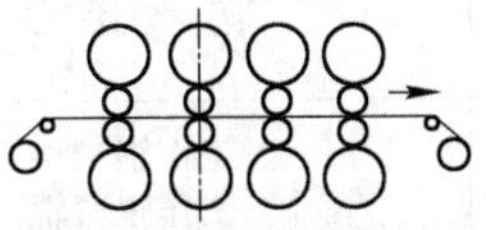	四、六辊
平整		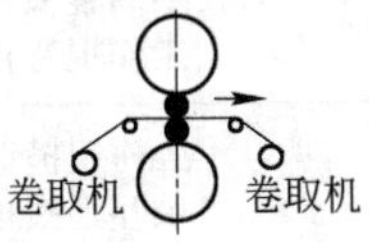 卷取机 卷取机	二、四、六辊

（1）开坯轧机：采用钢锭生产钢板时，要先将钢锭轧制成板坯，作为成品轧机的原料。由于开坯时一般压下量大，所以使用大辊径的二辊开坯轧机。近年来板坯连铸生产技术发展很快，采用开坯机生产板坯的量已很少。

（2）中厚板轧机：中厚板生产多采用板坯为原料，经粗轧和精轧生产成品板材。中厚板生产线的主要形式是双机架轧机布置方式，粗轧和精轧分别在粗轧机（二辊或四辊轧机）和精轧机（多为四辊轧机）上完成，也有在一台轧机上完成粗轧和精轧全部轧制过程的。

（3）热轧带钢轧机：有可逆式、连续式和行星式三种形式。一般轧制过程分为粗轧和精轧两个阶段。可逆式带钢轧机的粗轧机使用四辊轧机，精轧机使用四辊或六辊轧机，由于单机架轧制速度低，钢板温降大，特别是钢板边部温降大，可采用把卷取机放在加热炉内的炉卷轧机生产；连续式轧机的粗轧机组可使用二辊、四辊轧机或全部使用四辊轧机，精轧机组多使用四辊轧机；行星式轧机现在已很少使用，受轧制产品质量的影响，通常不作为成品轧机使用，而是作为粗轧机使用，轧后要配置一台四辊或六辊轧机作为精轧机生产成品。

（4）冷轧带钢轧机：有单机架可逆式和连续式两种方式。单机架可逆式轧机多使用四辊、六辊和二十辊轧机，轧机前后设置有卷取机，在单机架上完成多道次轧制。连续式轧机多采用4 ~6 架轧机连轧，一般多使用四辊或六辊轧机。

（5）平整机：为改善钢板的平坦度和表面质量，有时为了调整力学性能，在钢板轧后或钢板热处理后，在平整机上进行一道小压下量轧制。不同规格的钢板平整机有二辊、四辊、六辊等不同形式的轧机。

2.2.2　高精度板带轧机

随着对板带材表面质量，特别是板厚和板形的要求越来越高，以及板厚和板形在线调控的需要，传统的调控手段如原始辊凸度、轧辊倾斜、弯辊及轧辊工艺冷却等已无法满足轧机高速、高精度和自动化要求，为此多种高精度现代化轧机不断投入生产，其中 HC 轧机已形成系列家族。新一代轧机主要是在板形控制方面进行了改进，具体表现在对轧辊辊形和辊缝的控制。这包括 HC 轧机（High Crown Control）系列、UC 轧机（Universal Crown Control）、CVC 轧机（Continuously Variable Crown）、UPC 轧机（Universal Profile Control）、PC 轧机（Pair Crown Control）以及 VC 辊（Variable Crown Roll）和 IC 辊（Inflatable Crown Roll）。各种轧机的具体形式、调整手段和用途见表 2-7。

表 2-7　高精度板带轧机形式、特点及用途

<table>
<tr><th colspan="2">轧机名称</th><th>辊系</th><th>调整手段</th><th>用途
（工作辊直径 D/带宽 b）</th></tr>
<tr><td rowspan="3">HC 轧机系列
（High Crown Control）</td><td>HCW</td><td>四辊</td><td>工作辊横移
工作辊弯辊</td><td>热轧、冷轧低碳钢
$D/b<0.30$</td></tr>
<tr><td>HCM</td><td>六辊</td><td>中间辊横移
工作辊弯辊</td><td>冷轧低碳钢
$D/b<0.25$</td></tr>
<tr><td>HCMW</td><td>六辊</td><td>工作辊横移
中间辊横移
工作辊弯辊</td><td>热轧、冷轧
低碳钢、合金钢
$D/b<0.25$</td></tr>
</table>

续表 2-7

轧机名称		辊系	调整手段	用途 （工作辊直径 D/带宽 b）
HC 轧机系列 （High Crown Control）	UCM	六辊	中间辊弯辊 中间辊横移 工作辊弯辊	冷轧 低碳钢、合金钢 $D/b<0.20$
	UCMW	六辊	工作辊横移 中间辊横移 中间辊弯辊 工作辊弯辊	热轧超薄钢 冷轧低碳钢、合金钢 $D/b<0.20$
	5MB	五辊	中间辊弯辊 工作辊弯辊 上支撑辊锥形	冷轧低碳钢 $D/b<0.25$
	6MB	六辊	中间辊弯辊 工作辊弯辊 上、下支撑辊锥形	冷轧低碳钢 $D/b<0.20$
UC 轧机 （Universal Crown Control）	UC2	六辊	工作辊弯曲	冷轧中硬钢 $D/b\approx0.15$
	UC3		中间辊横移	冷轧硬钢 $D/b\approx0.08$
	UC4		中间辊弯曲	冷轧硬钢 $D/b\approx0.04$
CVC 轧机 （Continuously Variable Crown）		四辊	工作辊 S 形曲面 工作辊横移、弯辊	热轧、冷轧 低碳钢
		六辊	工作辊 S 形曲面 工作辊横移、弯辊 中间辊横移	冷轧铝合金 $D/b=0.11\sim0.21$
UPC 轧机 （Universal Profile Control）		四辊	工作辊 工作辊横移、弯辊	冷轧低碳钢 $D/b<0.26$
PC 轧机 （Pair Crown Control）		四辊	工作辊交叉 0～1.2° 工作辊横移 工作辊弯辊	热轧、冷轧 低碳钢
VC 辊（Variable Crown Roll） IC 辊（Inflatable Crown Roll）		四辊	工作辊或支撑辊 工作辊或支撑辊	热轧、冷轧、平整 低碳钢、铝合金

2.2.3 轧机刚度

2.2.3.1 轧机刚度的概念

轧制过程中，轧件的变形抗力作用在轧辊上，使轧机的机架、轧辊、轴承、压下螺丝等部件发生弹性变形，轧机刚度代表着作用在轧机上的力与机座变形量的比。可以表示为：

$$轧机的刚度=作用在轧机上的力/轧机的变形量$$

轧制时轧制力很大，轧机的刚度不同，轧制时轧机机座的变形不同，引起轧辊辊缝变化也就不同。轧机刚度的大小是影响轧制产品尺寸精度的重要因素。

A 纵刚度

纵刚度又称为轧机常数，是表征轧机特性的、有代表性的数值。纵刚度系数的定义如下：

纵刚度系数 = 压下力的变化量/轧辊间隙调整量

压下力是指用轧辊压靠的办法对轧机机架的作用力。图 2-1 是工作辊辊径 520mm、支撑辊辊径 1350mm、辊身长 1420mm 的轧机用压靠的方法得到的轧机弹性特性曲线。从曲线上可看出，除去空载间隙影响，压下力与压下螺丝的旋入量呈直线关系。直线的斜率为纵刚度系数（kN/mm）。可以用理论计算的方法求出纵刚度系数，也可以使用在轧辊压靠时也不发生变形的硬板材测定纵刚度系数。求出的纵刚度系数在实际使用时要对板宽进行修正。

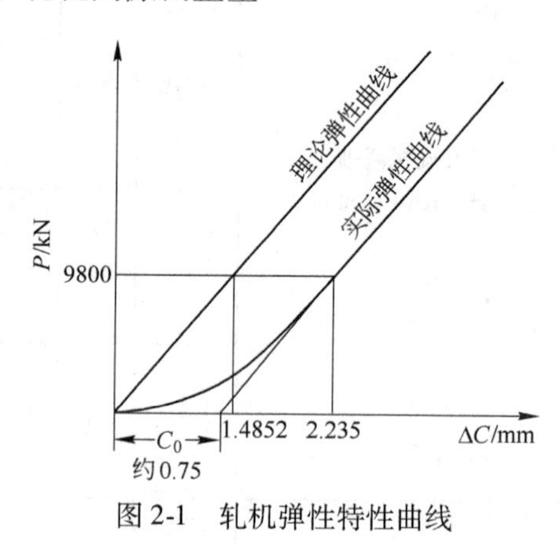

图 2-1 轧机弹性特性曲线

B 横刚度

横刚度的概念是开始重视板的平坦度和板的形状时出现的新概念。横刚度系数的定义如下：

横刚度系数 = 轧制负荷/板凸度

横刚度系数可用试验的方法得到，也可用理论计算的方法求得。试验的方法是把铝板夹在辊缝间压靠，从厚度分布求得板凸度，但是难以提高厚度测量精度，又不能忽略铝的变形特性，所以多用理论计算的方法算出板凸度。如图 2-2 所示，工作辊上作用有均布载荷时，从辊的弯曲变形和辊表面的弹性压扁计算板凸度，求出横刚度系数。

C 左右刚度

图 2-3 为表示轧机左右刚度的示意图。轧件偏离轧制中心线和轧件在宽度方向上呈楔形的情况下，或轧辊的间隙左右设定不等的情况下，工作辊相对于轧辊中心受到左右不均衡的力，辊的间隙产生一个倾角。左右刚度的定义为：

左右刚度系数 = 绕轧机中心的力矩/倾角

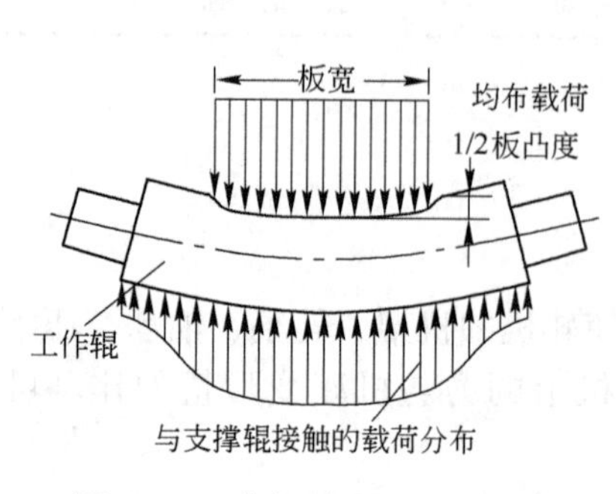

图 2-2 工作辊的变形和板凸度

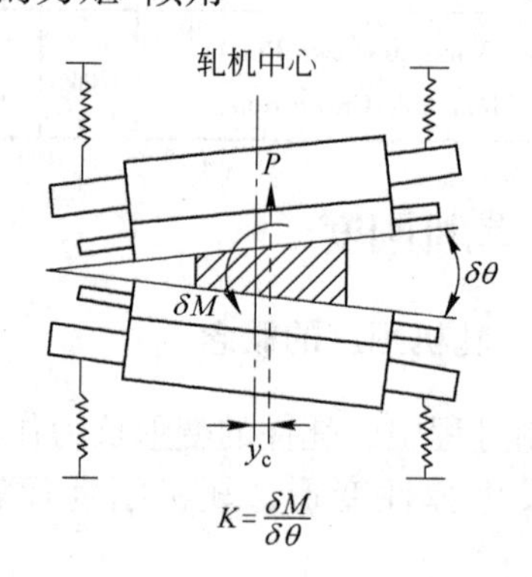

图 2-3 左右刚度的定义

如图2-3所示，在偏离中心 y_c 的点作用力为 P，力矩 $\delta M = Py_c$，轧辊的间隙倾角用 $\delta\theta$ 表示的话，左右刚性系数 $K = \delta M/(\delta\theta)$。左右刚度与轧制板材的不均匀性有关，在偏心的情况下，左右刚度系数大对板的均匀性有利；反之，在板材呈楔形的情况下，左右刚度系数小才有利。

2.2.3.2 刚度的计算

这里仅介绍纵刚度的计算方法，关于横刚度和左右刚度的计算请参阅有关专著和文献。在压下力的作用下，用材料力学的方法可以计算轧机各部件的弹性变形量，下面分别说明机架的变形、压下装置的变形、轧辊的变形和其他变形计算方法。

A 机架的变形

图2-4和图2-5为四辊轧机简图和机架受力分析示意图。把机架看成是上下左右对称的框架，分解为横梁和立柱。设压靠力为 $P/2$，横梁和立柱的惯性矩记作 I_l 和 I_h，断面积记作 A_l 和 A_h，杨氏模量记作 E，角部的力矩记作 M，由横梁和立柱两端的转角 θ_l 和 θ_h 相等，可求出 M：

$$M = \frac{Pl}{16} \Big/ \left(1 + \frac{hI_h}{lI_l}\right) \tag{2-1}$$

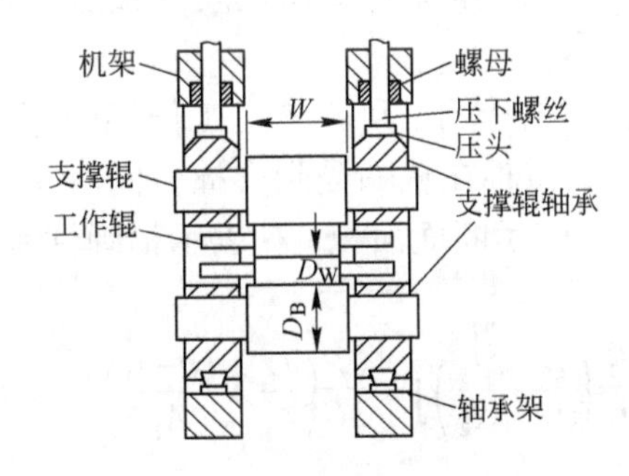

图2-4 四辊轧机结构简图

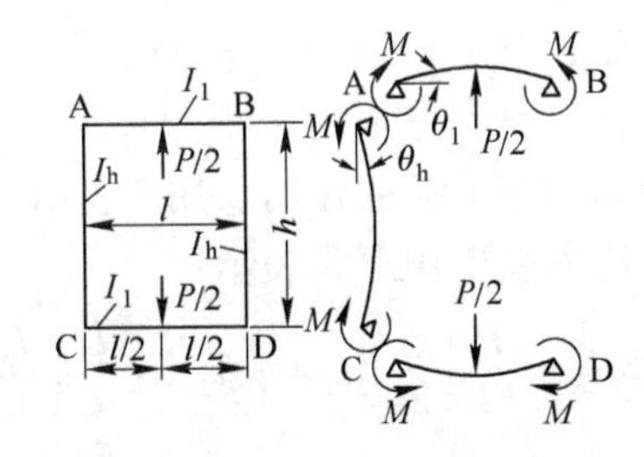

图2-5 轧机机架受力分析

因此受到压靠力 $P/2$、力矩 M 的作用时横梁中部的挠度为：

$$\delta H_2 = \frac{Pl^3}{96EI_l} - \frac{Ml^2}{8EI_l} + \frac{3Pl}{16GA_l} \tag{2-2}$$

式中，最后一项为剪切力产生的变形；G 为剪切弹性模量。

立柱在压靠力的作用下的拉伸为：

$$\delta H_1 = Ph/(4EA_h) \tag{2-3}$$

机架总的变形为两部分变形的和。

B 压下装置的变形

压下螺丝和螺母的杨氏模量记作 E_s 和 E_n，压缩变形量记作 δS_1 和 δS_2，螺丝和螺母的有效啮合长度为 $l_{s_3}/2$，螺纹齿的变形记作 δS_3，螺距为 t 齿的剪切刚性记作 μ。图2-6为压下螺丝和螺母示意图，则变形用下式计算：

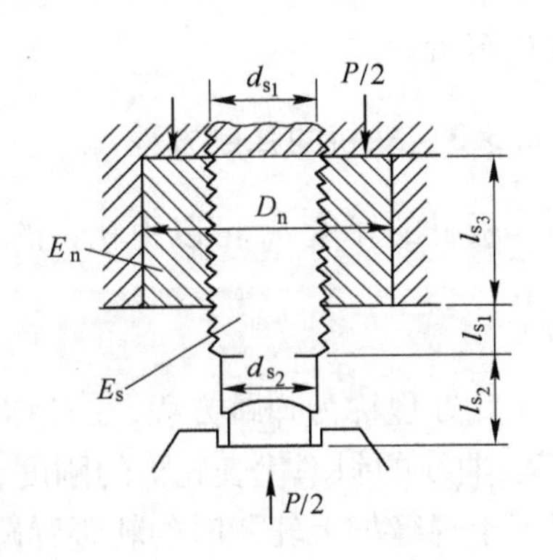

图2-6 压下螺丝和螺母示意图

$$\delta S_1 = \frac{2P}{\pi E_s}\left(\frac{l_{s_3}}{2d_{s_1}^2} + \frac{l_{s_1}}{d_{s_1}^2} + \frac{l_{s_2}}{d_{s_2}^2}\right) \tag{2-4}$$

$$\delta S_2 = \frac{Pl_{s_3}}{\pi E_n(D_n^2 - d_{s_1}^2)} \tag{2-5}$$

$$\delta S_3 = \frac{P}{2\mu l_{s_3}} \qquad \mu = \frac{\pi E_s d_{s_1}}{3.5t(1 + E_s/E_n)} \tag{2-6}$$

C　轧辊的变形

要考虑轧辊的弯曲变形和接触变形。相接触的两圆柱体的接触变形量 δR 和接触宽度 b 用下式求出：

$$\delta R = \left(\frac{1-\nu_1^2}{E_1} + \frac{1-\nu_2^2}{E_2}\right)\frac{P'}{\pi}\left(\frac{2}{3} + \ln\frac{2D_1}{b} + \ln\frac{2D_2}{b}\right) \tag{2-7}$$

$$b = 2.26\sqrt{\frac{P'}{2}\left(\frac{1-\nu_1^2}{E_1} + \frac{1-\nu_2^2}{E_2}\right)\frac{D_1 \times D_2}{D_1 + D_2}} \tag{2-8}$$

式中，P'为单位宽度负荷；D_1、D_2 分别为相接触的两圆柱体的直径；E_1、E_2 分别为相接触的两圆柱体的纵弹性系数；ν_1、ν_2 分别为相接触的两圆柱体的泊松比。

在压靠状态下，工作辊之间的接触变形量 δR_3 以及工作辊与支撑辊间的接触变形量 δR_2 可用上式求得。

在压靠状态下，由于工作辊受到上下分别相同负荷的作用，可不考虑工作辊的弯曲变形，要考虑的是支撑辊的弯曲变形。如图 2-2 所示，支撑辊在辊颈受到支撑，同时受到来自工作辊的均布负荷的作用。用 I 表示断面惯性矩，A 表示断面面积，G 表示横弹性系数，则轧辊的挠曲变形用下式表示：

$$\delta R_3 = \frac{P}{EI_3}\left[\frac{5}{24}l_3^2 l_2 + \frac{1}{12}l_3 l_2^2 + \frac{l_2^3}{6}\left(\frac{I_3}{I_2} - 1.75\right) + \frac{l_1^3}{6}\left(\frac{I_3}{I_1} - \frac{I_3}{I_2}\right)\right] + \frac{2P}{3G}\left(\frac{l_1}{A_1} + \frac{l_2 - l_1}{A_2}\right) \tag{2-9}$$

D　其他变形

支撑辊轴承使用油膜轴承或滚柱轴承，轧辊的转速不同、承受的力不同。纵刚度系数是用上述各部分变形量的总和去除压下力得到的。各部分变形量占总变形量的比例是：轧辊部分的变形量所占比例最大，为 40% ~70%；机架的变形占 10% ~16%；压下装置的变形占 4% ~20%。如要详细计算各部分的变形和应力分布等，可使用有限元法和上界法进行解析。

2.2.3.3　轧机的弹跳方程

板材的厚度 h_2 可以用轧辊的辊缝 C_0、轧制力 P 和轧机的刚度系数 K 表示：

$$h_2 = C_0 + \frac{P}{K} = C_0 + \Delta C \tag{2-10}$$

此方程称为弹跳方程，ΔC 称为辊跳值。由弹跳方程可得到轧机弹性特征曲线，见图 2-7。曲线的斜率代表轧机的刚度，即 $K = \tan\alpha = \Delta P/\Delta C$。此方程表示的意义是：板材的厚度等于辊缝加上轧制时的轧辊弹跳值。

金属在一定的轧制力下发生塑性变形，轧制力是轧材的化学成分、加工温度、轧制时的力学条件和轧件、轧辊等几何条件等的函数。轧制条件一定时，可以认为轧制力是变形程度的函数。若忽略宽展，则轧制压力只随轧件厚度 H 的变化而变化。图 2-8 给出了板带材轧制时轧件的塑性变形曲线。

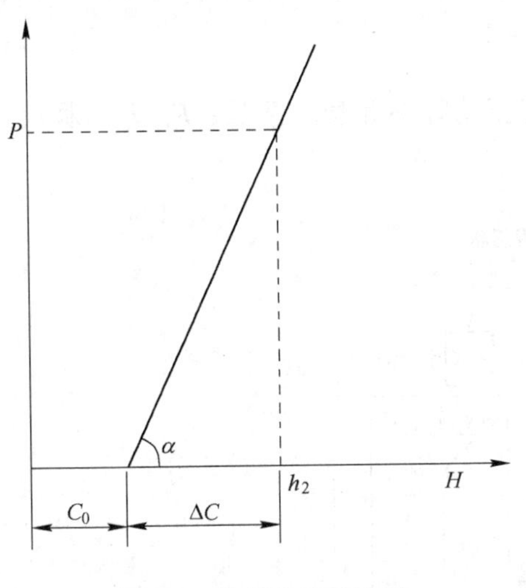

图 2-7 轧机弹性特性图

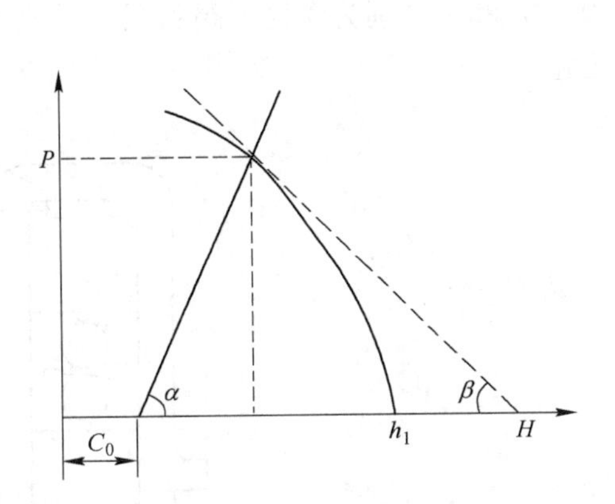

图 2-8 板带材轧制时轧件的塑性变形曲线

塑性曲线的斜率 $K_m = \Delta P/\Delta h = \tan\beta$，称之为塑性（系数）刚度。

使用轧前厚度 h_1 轧件采用不同的压下量轧制，测出相应的轧出厚度 h_2 及轧制力 P，在以轧制力为纵坐标，轧件厚度 H 为横坐标的坐标图上画出轧机的弹性特征曲线和轧件塑性变形曲线。

2.2.3.4 轧机刚度的动态特性

纵刚度系数又称为轧机常数，应该是个定值。但是，即使是使用高响应速度的液压压下装置，按通常轧制负荷调整轧辊间隙的话，纵刚度系数也不是固定的，也就是说其随控制的不同状态而改变。所谓高响应是指对板厚精度的干扰速度必须能完全响应。同样，横刚度的情况下，与轧制负荷成比例地调整轧辊弯曲力；左右刚度的情况下，按轧制负荷的差调整辊左右的间隙差，刚度都是可变的。

A 纵刚度可变原理

轧辊的间隙设定为 C_0，测量轧辊间隙检测装置的检测信号 C 等于 C_0 时，伺服阀使油流向油缸。这样测量纵刚度系数的话，求得轧制固有的 K 值。控制系统中表示的是 $C_0 = C - aP/K$（其中 a 为比例常数）。此时板厚 h 为：

$$h = C + \frac{P}{K} = C_0 + \frac{P(1-a)}{K} = C_0 + \frac{P}{K_{eq}} \tag{2-11}$$

式中，K_{eq} 相当于在控制的条件下得到的纵刚度系数，$K_{eq} = K/(1-a)$。如使 a 在 0 ~ 1 的范围内变化，则纵刚度系数可在 0 ~ ∞ 范围内选定。这样可实现可变轧机刚度。

B 压下控制系统的动态特性

伺服系统的动态特性会影响控制液压压下油缸的位置。

图 2-9 和图 2-10 表示液压压下系统的简图和线路框图。伺服阀和液压配管系统的传递

函数 G_v 和位置控制系统的传递函数 G_p 可表示为：

$$G_v = \frac{\omega_n^2}{s^2 + 2\xi\omega_n s + \omega_n^2} \tag{2-12}$$

$$G_p^{-1} = \frac{s}{K_p}G_v + 1 \tag{2-13}$$

式中，ω_n 和 ξ 分别为含伺服阀和配管系统的固有振动频率和衰减系数；K_p 为伺服放大器的增益。

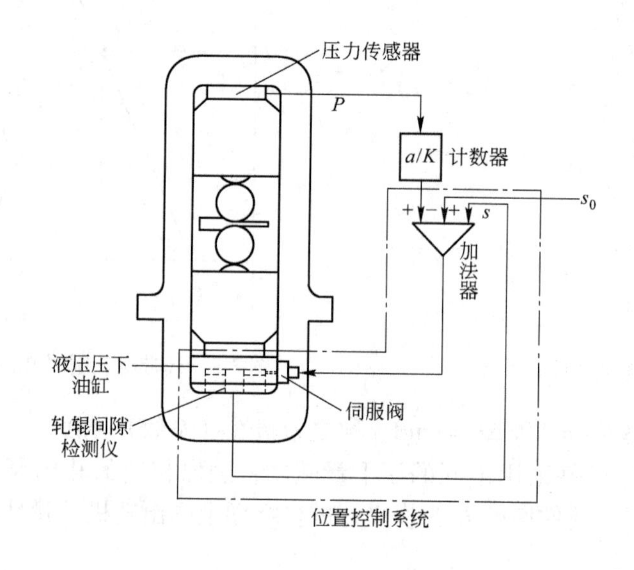

图 2-9　液压压下控制系统简图

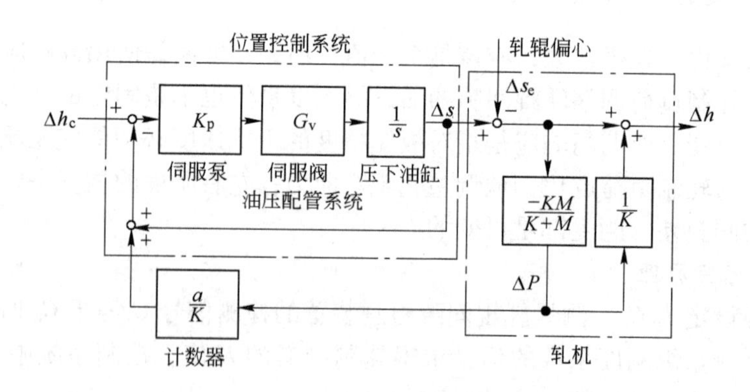

图 2-10　液压压下控制系统线路框图

为求动态的轧机刚性，在相当于有偏心的情况下求出轧制负荷的变化 ΔP：

$$\left(\frac{\Delta P}{\Delta s_e}\right)^{-1} = \frac{1}{K} + \frac{1}{M} - \frac{a}{K}\frac{1}{\frac{s}{K_p}\left[\left(\frac{s}{\omega_n}\right)^2 + 2\xi\left(\frac{s}{\omega_n}\right) + 1\right] + 1} \tag{2-14}$$

式中，M 为板材的塑性常数；K 的最佳值为：

$$K_{\mathrm{p}} = \frac{0.3\omega_{\mathrm{n}}(K+M)}{K+(1-a)M} \tag{2-15}$$

取 $K=4.9\mathrm{MN/mm}$，$M=9.8\mathrm{MN/mm}$，$a=0.9$，$\xi=0.7$，求出的位置控制系统响应和动态可控轧机刚度的结果如图 2-11 和图 2-12 所示。从图 2-12 可以看出，位置控制系统的频率响应为90°的位相延迟，$\omega_{90}/\omega_{\mathrm{n}}=0.46$，此时的可控轧机刚度为 10.78MN/mm，动态可控轧机刚度在低频下为49MN/mm，在高频下为轧机固有刚度（4.9MN/mm）。

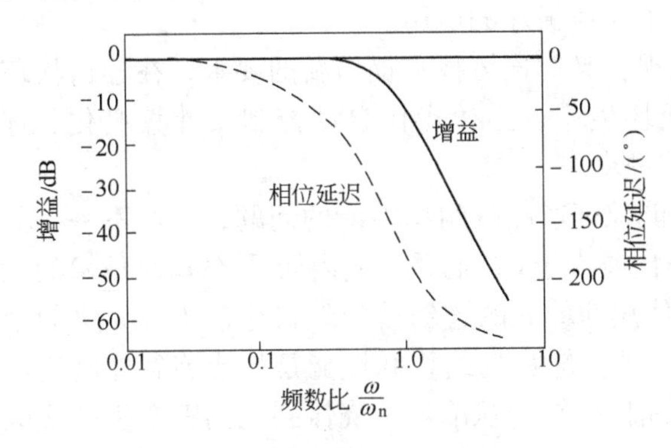

图 2-11 位置控制系统频率响应

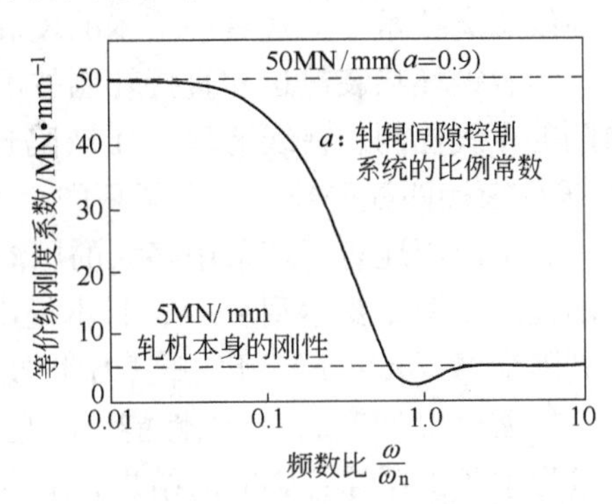

图 2-12 动态可控轧机刚度

2.3 板带生产工艺

2.3.1 中厚板生产工艺

2.3.1.1 中厚板生产工艺概述

中厚板是机械制造、桥梁建设、核反应堆和石油化工容器及管道制造等重要的原材料。由于中厚板可以根据需要剪裁，可以焊接成结构件、焊接成大型型材和大口径钢管等，与型材和管材相比运输容易，有利于现场施工，因此中厚钢板在许多工业生产部门得到广泛应用，对中厚钢板的需求量很大。

中厚板产品中以碳素结构钢、低合金结构钢的船用钢、容器用钢等钢质的产量最大，同时也生产一些特殊材质、特殊用途的钢板，如用于原子反应堆的压力容器和重油脱硫反应器的低合金特厚钢板，具有高强度、高韧性、好的耐腐蚀性能的石油勘探平台用钢板，用于液化天然气的低温、超低温容器钢板，用于船舶、桥梁、坦克上的变厚度特殊用途钢板等。

轧制中厚板使用的原料主要有扁钢锭、初轧板坯和连铸板坯三种。原料的选择包括原料的种类、尺寸、重量的选择。选择合理与否会直接影响产品的质量、产量以及原材料的消耗等技术经济指标。另一影响原料选择的因素是供应原料的条件。

将扁钢锭经一次加热轧成中厚板是一种传统的方法，将钢锭在初轧机上轧成不同规格的初轧板坯，提供给中厚板厂作为原料。目前除生产一些特殊钢种或生产特厚钢板外已很少采用。随着连铸技术的发展与广泛应用，连铸板坯省去了铸锭、初轧工序，节省了设备庞大的初轧厂的投资，提高了钢材收得率，同时给工艺过程简化提供了条件，使物料流程更合理，有利于实现热装和直接轧制，既节省能源，又减少中间仓库面积。因此，连铸板坯已逐渐取代初轧板坯，成为中厚板厂的主要原料。

由连铸技术特点所决定，连铸技术适用于镇静钢，而沸腾钢、半镇静钢应用连铸技术非常困难，因此开发了准沸腾钢钢种，以替代一些沸腾钢、半镇静钢钢种，以便应用连铸技术。连铸工艺在更换浇铸的钢种时存在一个“钢种混合区”的问题，因此推动了异钢种连浇技术的发展。在更换连铸板坯规格时，要调整结晶器的结构尺寸，因此发展了连铸板坯在线调宽技术。上述这些技术的发展推动了连铸板坯的应用。

随着钢坯热装热送和直接轧制技术的出现，又对连铸技术提出新的要求，在连铸板坯缺陷的在线检测、在线清理、无缺陷连铸板坯生产、连铸操作自动控制及计算机化、连铸-连轧衔接匹配等技术又有了新的、长足的进步。

关于使用连铸板坯采用多大的压缩比才能保证产品的组织性能的问题，说法不一。如美国提出压缩比要达到4～5，日本提出压缩比要大于6，而采用曼内斯曼-德马克技术的意大利阿维第（Arvedi）开发的I. S. P技术，使用50mm的连铸薄板坯可生产15mm厚的中板，压缩比仅为3.3，组织性能可满足使用要求。轧材的组织和性能是从冶炼到轧制生产全过程中各工序综合影响的结果，适宜的压缩比应结合从冶炼、浇铸到轧制整个生产线的装备和技术水平的具体情况，在实践中验证。无疑较大的压缩比对提高材料的性能是有利的，一般认为连铸板坯的压缩比采用4～6是合理的。在实际生产中常采用6～10的压缩比，以期获得更可靠的性能。中厚板主要生产工艺包括加热、轧制、精整和热处理。

A　加热

中厚板厂使用的加热炉按其结构分为连续式加热炉、室状加热炉和均热炉。均热炉用于大型钢锭的加热；室状加热炉加热能力小，但生产灵活，主要用于加热特大或特小板坯、高合金钢板坯等批量小、加热周期特殊的情况。中厚板板坯加热炉的主要炉型是连续式加热炉。

连续式加热炉有推钢式和步进式两种形式。近十多年来加热技术的发展以节约燃料、提高热效率为主要目标，主要的技术进展表现在以下几个方面：一是加热炉炉型由推钢式发展为步进式，步进式加热炉操作上便于调整坯料的间隙和加热时间，易于调整出炉节奏，以适应冷装坯、热装坯、冷热混装坯在炉内的加热条件控制；二是表现为由单纯加热冷坯，发展为冷热坯混装或全部为热坯，板坯装炉温度每升高100℃，加热炉的热耗能降低80～120kJ/kg，实现热装能有效地降低能耗；三是提高加热炉的热效率，在减少废气的热损失、减少炉体辐射热损失、回收废热等方面采取了相应技术措施，如降低炉底强度、增加炉长，以减少废气的热损失；采用绝热炉墙以减少辐射热损失等。特别是加热炉采用计算机控制，按照装炉和轧制条件设定和控制加热炉各段温度、燃料分配和出炉温度，以期获得最佳热工制度，用计算机测量和控制废气中的氧含量，以保证最佳的燃烧状态等。

B　轧制

中厚板轧制过程包括除鳞、粗轧、精轧三个阶段。随控制轧制技术的应用，为满足控制轧制时的温度条件，在粗轧过程中或粗轧后还有一个控制钢板温度的阶段。轧制过程主要包括以下几个阶段：

a　除鳞

钢板表面质量是钢板重要的质量指标之一，加热时高温下生成的氧化铁皮若在轧制前不及时清理或清理不净，在轧后的钢板表面上，因氧化铁皮被压入钢板表面，会产生“麻点”等缺陷，因此轧前除鳞是保证获得优良表面的关键工序。

除鳞的方法有多种，有在板坯上投入食盐，利用这些材料在高温下爆破来破除氧化铁皮，但是清除效果差，而且污染环境。还有在粗轧机前设置一台立辊轧机轧制侧边，既可破碎氧化铁皮，同时也能起到调整坯料宽度的作用。目前广泛采用的方法是使用高压水除鳞箱和轧机前后的高压水喷头进行除鳞。生产实践表明，喷水压力对碳素钢为 12 ~ 16MPa、对合金钢为 17 ~ 20MPa 时，能有效地清除一次氧化铁皮和二次氧化铁皮，而无须设置专门的机械除鳞机。高压水除鳞箱有一个或两个上、下集水管，在板坯进入除鳞箱前由光电管检测出板坯位置和厚度，上集水管自动调整高度，并打开进水阀门。为了减少水的消耗量，除鳞时间随板坯长度自动调整。所需水压取决于氧化铁皮的状态，对碳素钢而言，一次氧化铁皮较疏松，可以采用较低的压力（如 16MPa），而一些合金钢的氧化铁皮致密，必须使用高的水压（20MPa，有的达 25MPa）。

b　粗轧

中厚板轧制粗轧阶段的任务是将板坯或扁锭轧制到所需的宽度、控制平面形状和进行大压缩延伸。

粗轧阶段首先调整板坯或扁锭尺寸，以保证轧制最终产品尺寸的宽度满足要求。实际生产中轧制产品的规格变化较多，而各种规格的产品很难做到使用一一对应的坯料，坯料的断面尺寸的变化要少得多，调整宽度是粗轧阶段的一项重要任务。根据坯料尺寸和延伸方向的不同，“调整宽度”的轧制方法可分为：全纵轧法、全横轧法、横轧-纵轧法、角轧-纵轧法。图 2-13 为纵轧、横轧、角轧轧制方法示意图。

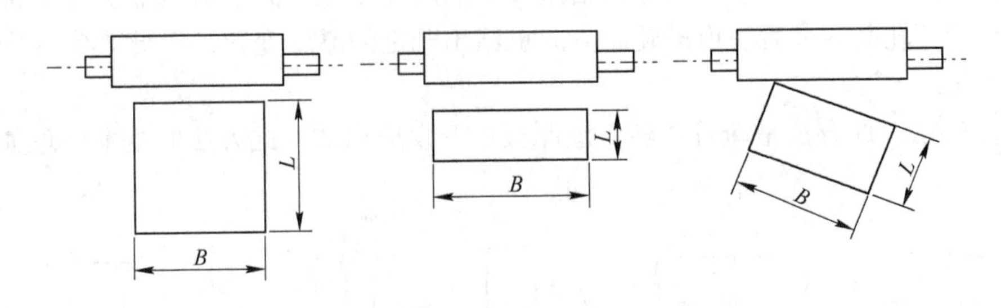

图 2-13　三种基本粗轧方式

轧制过程中金属在轧向和横向上流动是不均匀的，造成在轧制一道或数道后，钢板的平面形状不是一个精确的矩形，甚至与矩形形状偏离较大，如在轧向上形成鱼尾形或舌头形，横向上形成桶形等，进入精轧后无法修正，使轧后最终产品的平面形状复杂，必须切掉头、尾、边部才能得到所需的矩形，增加了金属消耗。自 1970 年以后，为了降低材料消耗，提高成材率，降低成本，日本的一些企业首先开发了平面形状控制技术。中厚板厂的金属收得率提高到 80% ~ 90%。收得率的提高中，60% 是靠提高连铸比，其余 40% 是靠采用新的轧制方法，其中最有效的是平面形状控制技术。

在影响金属收得率的因素中，因平面形状不良造成切头、切尾、切边的损失占总收得率损失的 49%，造成收得率的损失为 5% ~ 6%，因此使平面形状矩形化在提高金属收得率中起重要作用。常用的几种平面形状控制的方法有：

（1）MAS 轧制法：又称水岛平面形状自动控制系统（Mizu Shima Automotic Plan View Patten Control System），1978 年开始在日本川崎制铁株式会社的水岛厂 2 号厚板轧机上采用，收得率高达 94.2%。常规轧制时切头切尾切边的收得率损失为 5.5% 左右，而采用 MAS 轧制法的切头切尾切边的收得率损失仅为 1.1%，此项就使收得率提高 4.4%。MAS 轧制法如图 2-14 所示。粗轧的第一阶段为了去除板坯表面清理等原因造成的凹凸不平，得到均匀的板坯厚度，提高展宽轧制时精度，首先在板坯的长度方向轧制 1～4 道，此阶段有人称为成形阶段即板坯轧制成正确厚度的阶段；第二阶段又称为展宽轧制，将板坯展宽到需要的宽度。

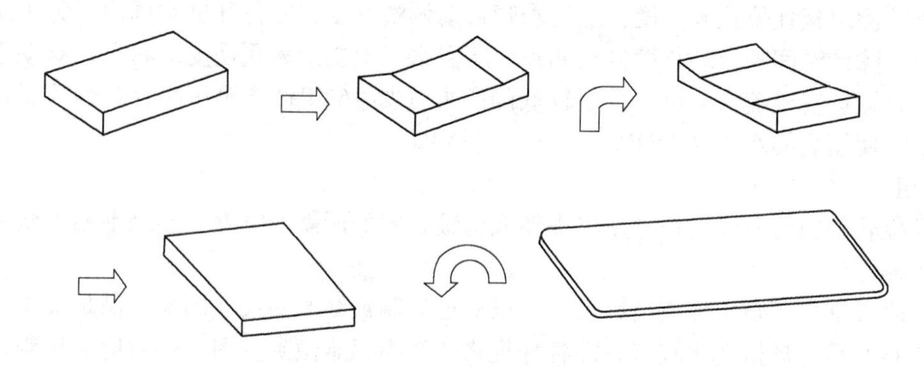

图 2-14　MAS 轧制法原理示意图

MAS 轧制法是根据最终中厚板的平面形状，预先规定轧制各阶段的板坯形状，在第一阶段成形轧制的最后一道，沿轧制方向给出既定的厚度变化，为了对成品头尾端部形状进行控制，在展宽轧制的最后一道沿轧制方向也给出既定的厚度变化，以此来实现产品平面形状的矩形化。

（2）立辊法：此方法是新日铁名古屋厚板厂开发应用的。此方法的基本原理如图 2-15

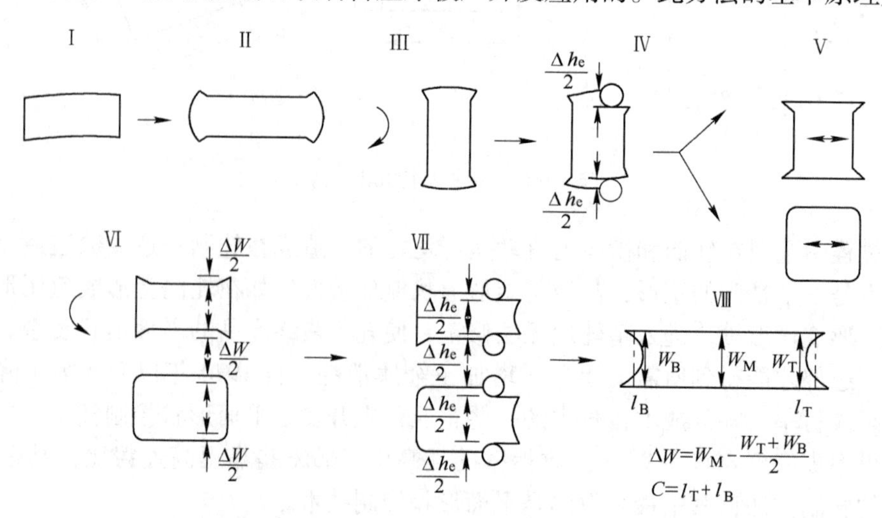

图 2-15　立辊轧边法原理

Ⅰ—板坯；Ⅱ—成形轧制；Ⅲ，Ⅵ—转 90°；Ⅳ—横向轧制；Ⅴ—展宽轧制；Ⅶ—纵向轧制；Ⅷ—伸长轧制

所示。利用立辊对侧边进行轧制，可自由改变成品的平面形状，使产品的平面形状接近矩形。立辊轧机和水平辊轧机之间需有较大距离，轧制中的温降和能耗成为应用立辊轧制法的限制因素。

（3）不等厚展宽法：此种方法的基本思路与 MAS 法相同，此种方法的轧制过程是：在展宽轧制后，使轧辊倾斜将侧边轧薄，再轧一道将另一侧边也轧薄，使展宽轧制后得到不等厚的断面，然后再转 90°进入精轧阶段，得到平面形状接近矩形断面的产品。此方法可使收得率提高 1%左右。

（4）咬入回轧法：此方法是将钢锭或板坯的两端咬入返回轧制几道，轧到钢锭厚度的 65%，两端在厚度方向上成凸形，然后对厚度方向未轧制部分进行轧制，结果可使端部沿厚度方向矩形化。

c 精轧

精轧阶段的主要任务是延伸和质量控制。在精轧机上为了减少板宽方向各点纵向延伸不均，以获得良好的板形，一些中厚板轧机的精轧机上装备有工作辊或支撑辊液压弯辊系统，通过控制轧辊凸度，提高板宽方向上的均匀性。1974 年日本金属株式会社开发了 VC 轧机，支撑辊使用把辊套热装在辊芯上的组合轧辊，辊芯中可通入压力最高可达 50MPa 的油，通过油压大小来改变辊套的膨胀量，从而改变轧辊的凸度。

精轧机在厚度控制方面大多采用厚度自动控制系统（AGC）。轧辊的压下调整有电动压下和液压压下两种形式，液压压下速度可达 4mm/s，比电动压下 1mm/s 要快得多，液压压下反应灵敏，响应速度快，设定精度可高达 0.01mm，控制系统也比较简单。目前液压压下是主要的厚度控制方式。

C 精整与热处理

中厚板厂产品质量最终处理和控制的环节。精整工序主要包括矫直、冷却、划线、剪切、检查、缺陷清理、包装入库等根据钢材技术条件要求有的还需要热处理和酸洗。中厚板厂通常在作业线上设置热矫直机，多使用带支撑辊的四重式矫直机，为了补充热矫直机的不足，还离线设置拉力矫直机或压力矫直机等冷矫设备。板厚在 25mm 以下时侧边使用圆盘剪，头尾使用铡刀剪或摇摆剪。板厚在 50mm 以上的钢板多采用在线连续气割的方式。中厚板的热处理最常采用的是退火、正火、正火加回火、淬火加回火处理。

2.3.1.2 中厚板轧制压下规程设定

制订压下规程要根据设备条件和生产的产品确定原料尺寸、轧制道次、各道次压下量。在设备能力允许和能平稳操作的条件下，尽可能减少轧制道次，提高产量。对大多数钢种来说，限制压下量的主要因素是咬入条件和设备条件。

咬入条件要限制粗轧最初道次的压下量，咬入条件决定于轧辊尺寸、轧制速度、钢板的表面状态、润滑状态、材料的塑性等因素。轧制速度与允许的最大咬入角的关系见表 2-8。

表 2-8 轧制速度与允许的最大咬入角的关系

轧制速度/$m \cdot s^{-1}$	0	0.5	1.0	1.5	2.0	2.5	3.5
最大咬入角/(°)	25	23	22.5	22	21	17	11

最大压下量 Δh_{max} 可由最大咬入角 α_{max} 按下式求出：

$$\Delta h_{max}=D(1-\cos\alpha_{max})=D\left(1-\frac{1}{\sqrt{1+\mu^2}}\right) \tag{2-16}$$

式中，D 为轧辊直径；μ 为摩擦系数。

中厚板轧制时多使用可逆式轧机，可以采用低速咬入高速轧制的方法，一般咬入条件不成为限制压下量的因素，最大咬入为15°～22°。

设备的限制条件主要是轧辊的强度和主电机的能力。

最大轧制压力和最大轧制力矩一般取决于轧辊等零件的强度条件，在制定轧制压下规程时应进行强度校核。二辊轧机最大轧制压力取决于轧辊辊身强度，要用轧辊许用弯曲应力来计算允许的最大轧制压力：

$$P_{rmax}=\frac{0.4D^3[\sigma_w]_r}{L+l-0.5B} \tag{2-17}$$

式中，P_{rmax} 为允许的最大轧制压力，Pa；D、L、l 为轧辊直径、辊身长度、辊颈长度，mm；B 为钢板宽度，mm；$[\sigma_w]_r$ 为轧辊许用弯曲应力，MPa。

常用轧辊材料的许用弯曲应力取值见表2-9。

表2-9　常用轧辊材料的许用弯曲应力取值范围

轧辊材质	一般铸铁	合金铸铁	铸　钢	锻　钢	合金锻钢
许用弯曲应力/MPa	70～80	80～90	100～120	120～140	140～160

四辊轧机承受轧制压力，允许的最大轧制压力一般取决于支撑辊辊颈的弯曲强度，用轧辊许用弯曲应力来计算允许的最大轧制压力：

$$P_{rmax}=0.4[\sigma_w]_r\frac{d^3}{l} \tag{2-18}$$

式中，d、l 分别为支撑辊辊颈、支撑辊长度，mm。

轧制过程中的粗轧道次压下量较大，应考虑最大允许轧制力矩可能成为影响轧制进行的限制因素。最大轧制力矩取决于电动机额定力矩，同时还取决于传动辊辊颈强度和万向节的强度。最大轧制力矩和按传动轴辊颈许用扭转应力计算的最大轧制压力分别为：

$$M_{rmax}=P_{rmax}\sqrt{R\Delta h}=0.4d^3[\tau] \tag{2-19}$$

$$P_{rmax}=0.4d^3\frac{[\tau]}{\sqrt{R\Delta h}} \tag{2-20}$$

式中，R 为传动辊半径，mm；Δh 为压下量，mm。

同时也要对主电机的过载能力和发热能力进行校核。一般以过载电流来限制最大压下量。过载时的最大功率 N_{max} 应小于过载系数 K_1 与电机额定功率 N_H 的乘积。一般使用均方根功率 N_Z 校核电机发热，均方根功率 N_Z 要小于电机额定功率 N_H。

$$N_{max}<K_1N_H \tag{2-21}$$

$$M_Z=\sqrt{\frac{M_Z^2t_Z+M_K^2t_K}{\Sigma(t_Z+t_K)}}<M_H \tag{2-22}$$

$$N_Z=\sqrt{\frac{N_Z^2t_Z+N_K^2t_K}{\Sigma(t_Z+t_K)}}<N_H \tag{2-23}$$

式中，M_Z、M_K 为轧制力矩和空转力矩；N_Z、N_K 为轧制功率和空转功率；t_Z、t_K 为轧制时间和间隙时间；K_1 为过载系数，一般取2.5。

道次压下量的分配方法有两种，第一种方法是等强度分配法，各道次的轧制压力均匀分配，充分利用轧辊的强度，同时各机架轧辊的磨损条件相近，有利于统一换辊；第二种方法是等能耗分配法，使各道次轧制时电机的能耗均匀分配，如电机功率不同时，使各道次相对负荷均匀分配，充分利用电机的能力。使用哪种方法要根据设备的情况决定。一般道次压下量的分配规律是：根据是否受咬入条件的限制和轧前是否将氧化铁皮清理掉考虑，如开始道次受咬入条件的限制或轧前氧化铁皮未清理掉，开始道次的压下量要小，然后利用金属高温塑性好、变形抗力低的条件，给予大的压下量，随着轧制温度的降低压下量逐渐减少。最后1~2道次要从保证板形考虑，压下量不能大。

2.3.1.3 中厚板轧制速度制度设定

中厚板轧制速度制度主要有两种形式，一是可逆式轧制时的转向变化、转速可调的形式；二是转向固定、转速可调的形式，将在后文中介绍。

可逆式轧制时的转向变化、转速可调的形式轧制速度图有梯形速度图和三角形速度图两种类型。图2-16为两种类型速度图的模式。

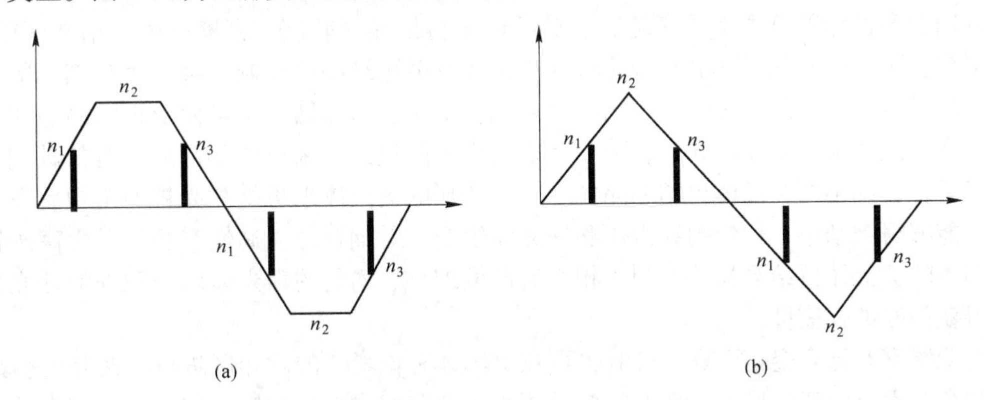

图2-16 梯形速度图（a）和三角形速度图（b）

n_1—轧件咬入速度；n_2—轧制最高速度；n_3—轧件抛出速度

合理的速度制度包括要确定各道次的咬入速度、抛出速度、最大速度、轧制时间、间隙时间等。

咬入和抛出速度的确定是以在保证轧件能正常轧制条件的前提下，获得最短的轧制节奏时间为原则。实际上合理的咬入和抛出速度应在压下调整时间内，完成轧辊从抛出速度—停止—逆转到咬入速度和轧件的抛出—停止—辊道逆转—轧件回送到辊缝，这段时间短，轧制效率就高。

2.3.1.4 中厚板轧制温度制度设定

A 加热温度的设定

板坯的加热质量好坏会直接影响轧制过程和轧制产品的质量，而加热质量包括温度的均匀性、加热温度的准确性、加热造成的缺陷的程度等。应该注意的是可以检测和控制的是板坯的表面温度，也就是通常泛指的加热温度。钢坯的加热温度取决于钢质和轧制工艺要求。在生产的钢质确定后，考虑加热温度的高低要以满足产品的技术条件和设备条件为前提，要综合考虑轧制条件和冷却条件来确定加热温度。通常要首先确定开轧温度、终轧温度，再计算出加热炉至轧机的温降来决定加热温度。

B 轧制温度的设定

轧制温度的设定是轧制过程对产品的成形和组织、性能控制的关键。轧制温度控制不单单是对开轧温度的控制，应该是对整个轧制过程温度的控制，即对开轧温度、中间轧制道次的温度控制、终轧温度的控制等。在实际生产中在轧机前后设置有红外线测温仪对轧制过程的温度变化进行监测。为简化生产中的控制环节对大多数钢种常注重开轧或终轧温度的监测和控制。

轧制温度设定的原则是：第一要满足产品技术条件要求的性能指标；第二要结合变形量等其他变形条件考虑；第三要设备条件允许和操作稳定且可控性好。也就是说，轧制温度是轧制过程的控制因素之一，设定轧制温度时要综合考虑其他轧制条件，甚至包括轧后的冷却条件，通过对形变条件的控制实现对组织转变的控制，以达到满足产品技术条件要求的目的。

对碳素钢而言，中厚板轧制一般在奥氏体区进行，奥氏体区轧制又分为在奥氏体再结晶区轧制和奥氏体部分再结晶区轧制、奥氏体未再结晶区轧制。在奥氏体再结晶区轧制，通过形变和再结晶使奥氏体晶粒细化；在奥氏体部分再结晶区轧制，会产生较细小的奥氏体再结晶晶粒和粗大的奥氏体未再结晶晶粒，多道次变形的结果也可使未再结晶晶粒累积变形；在奥氏体未再结晶区轧制，形变后得到变形的奥氏体未再结晶晶粒。对低碳钢、低合金钢而言，细小的奥氏体再结晶晶粒、充分变形的奥氏体未再结晶晶粒的组织状态，经相变后能够得到细小、均匀的铁素体和珠光体组织，对钢材的强韧性有利。对中高碳钢而言，细小的奥氏体再结晶晶粒有利于相变后形成细小、均匀的珠光体球团和细的珠光体片层，可获得好的强韧性。

对低碳钢和低合金钢而言，轧制也可在奥氏体和铁素体的两相区进行。两相区变形使奥氏体和铁素体均产生形变，形变的奥氏体经相变转变成细小的铁素体晶粒。相变的铁素体形成亚结构等，对钢的强韧性有利。但是由于轧件在低的温度下轧制，变形抗力大，目前大多数中厚板轧件难以实现两相区轧制。

参考的轧制温度范围对亚共析钢而言，终轧温度为 A_3 线上 50 ~ 100℃；过共析钢终轧温度为 A_1 线上 100 ~ 150℃。双机架式中厚板轧机轧制碳素钢和低合金钢，出炉温度为 1150 ~ 1200℃，粗轧机开轧温度为 1100 ~ 1150℃，粗轧的终轧温度为 1000 ~ 1050℃，精轧机开轧温度为 950 ~ 1000℃，终轧温度为 780 ~ 880℃。

C 冷却温度制度的设定

中厚板轧后冷却的目的是为了控制相变过程，从而控制产品的组织和性能，同时可以缩短钢材的冷却时间，提高轧件的生产能力，以及可以防止钢板在冷却过程中温度不均造成变形。

冷却温度制度包括开始冷却温度、终了冷却温度和冷却速度。冷却温度设定依据是要满足产品技术条件要求的性能指标。也就是说，冷却温度制度是轧制过程的控制钢材组织和性能的重要手段之一，设定冷却温度时要综合考虑轧制条件，通过对形变条件的控制和冷却条件的控制实现对组织转变的控制，以达到满足产品技术条件要求的目的。

轧制过程为相变做好了组织准备，在轧后的冷却过程中要发生相变，冷却温度制度的控制实质上是对相变过程和相变产物的控制。冷却条件不同，相变后的晶粒尺寸不同、相变产物不同、析出物的状态不同。开始冷却温度一般要尽量接近终轧温度，轧后快冷到相变温度以下，因为无论是亚共析钢还是过共析钢，在奥氏体再结晶区轧制，轧后马上快冷，可防止再结晶奥氏体晶粒长大和防止过共析钢发生网状碳化物析出；在奥氏体未再结晶区轧制和两相区轧制时，终轧温度已接近相变温度，实际上也应立即进入冷却阶段。低碳钢和低合金钢终冷温度在550～650℃。冷却速度对组织转变和产品的力学性能有较大影响，要根据钢质、相变前的组织准备确定冷却速度。低碳钢和低合金钢的冷却速度大多选用5～10℃/s或稍高一些。

2.3.1.5 中厚板轧制时轧辊辊型设计

要轧制出断面厚度均匀的钢板，必须在轧制时能使轧辊辊缝的形状和尺寸保持规则的矩形。在轧制过程中轧辊的辊缝是变化的，主要来自轧辊的不均匀热膨胀、在轧制力作用下轧辊的弹性弯曲变形、轧辊的磨损等三方面的影响。

在轧制过程中，高温轧件要向轧辊传递热量，变形功转化的热量和轧辊与轧件摩擦产生的热量也会使轧辊温度升高。冷却水、周围空气和与轧辊的接触部件会使轧辊散失热量，使轧辊温度降低。在轧制过程中沿轧辊辊身长度受热和散热的条件不同，辊身两端受热少、散热快，辊身中部受热多、散热慢，通常辊身的中部比辊身的两端温度要高。轧辊温度不均造成轧辊辊径不均匀膨胀，一般辊身中部比两端辊径的热膨胀大。辊身中部与辊两端辊径热膨胀差值称为热凸度 Y_t。为补偿热凸度，轧辊应做成凹面辊，热膨胀后形成平辊缝。热凸度按下式计算：

$$Y_t = \alpha R \Delta t \tag{2-24}$$

式中，α 为轧辊平均热膨胀系数，铸钢辊为 1.3×10^{-5}/℃，铸铁辊为 1.1×10^{-5}/℃；Δt 为轧辊辊面中部与边部的温差，℃；R 为轧辊半径，mm。

在轧制力作用下，轧辊要产生弹性弯曲变形，轧辊辊身中部的挠度值大于辊身两端的挠度值，辊缝形成凸形，轧制的钢板中间厚两边薄，产生凸度。为补偿轧辊的弹性弯曲变形，轧辊要做成凸面辊，在轧制力的作用下，得到平辊缝。二辊可逆式轧机轧辊的弹性弯曲变形的挠度 Y_f 按下式计算：

$$Y_f = \frac{P}{18.8ED^4}(12aL - 4L^3 - 4b^2L + b^3) + \frac{P}{2.83GD^2}\left(L - \frac{b}{2}\right) \tag{2-25}$$

式中，P 为轧制压力，kN；D 为轧辊辊身直径，mm；L 为轧辊辊身长度，mm；G 为轧辊剪切弹性模量，其中铸铁辊为450MPa，铸钢辊为810MPa；a 为压下螺丝间距，mm；b 为轧件宽度，mm。

有支撑辊的多辊轧机轧辊的挠度应为工作辊和支撑辊的挠度之和。

2.3.1.6 中厚板生产轧机组成及布置形式

A 中厚板轧机

按结构形式划分，目前中厚板轧机主要有以下三种：二辊可逆式轧机、四辊可逆式轧机、万能式轧机。

a　二辊可逆式轧机

二辊可逆式轧机轧制过程是通过轧辊的可逆运行和利用上辊调整压下量实现的。轧辊辊径一般为800～1300mm，轧辊长度与轧辊辊径之比为2.2～2.8。二辊可逆式轧机大多采用直流电动机驱动，这是由于直流电动机调速和可逆转动的可控性好所致。1985年以后采用变频技术用交流电动机驱动可逆式轧机。由于采用可逆式轧制，在一台轧机上可以完成多道次轧制，采用调速性能好的电动机驱动轧机，可实现低速咬入、高速轧制，以增大压下量来提高产量。但是由于这种轧机辊系刚度较差，多道次轧制造成轧辊易于磨损，换辊又不方便，所以轧制精度受到影响，不适合作为成品轧机使用，目前已不再单独使用二辊可逆式轧机生产中厚钢板，尚有一些中厚板厂把二辊可逆式轧机作为粗轧机、开坯机使用。

b　四辊可逆式轧机

四辊可逆式轧机是当前生产中厚板特别是厚板的主要轧机形式，近几十年来得到迅速发展。它是由辊径较大的两个支撑辊和辊径较小的两个工作辊组成辊系。支撑辊与工作辊的辊径之比为1.6～2.0，轧辊长度通常为支撑辊辊径的2.0～2.5倍。20世纪90年代以来，轧辊最大尺寸发生了很大变化，工作辊辊径从1000mm发展到1100～1230mm；支撑辊辊径从1800mm发展到2150～2400mm；辊身长度从4300mm发展到4700～5500mm。采用小辊径工作辊和大辊径支撑辊能显著降低轧制压力和减少能耗，增加轧机的刚度。目前生产较宽产品和产品尺寸精度要求高的产品几乎均使用四辊可逆式轧机。四辊可逆式轧机由于结构精密、调整、控制复杂，需要使用调速性能好的电动机，所以这种轧机的设备投资较大。

c　万能式轧机

在二辊可逆式轧机、四辊可逆式轧机的机前或机后设置一对立辊，也有的在机前和机后各设置一对立辊，此类轧机称为万能式轧机。立辊的作用是轧制轧件的侧边，生产可以不切边的齐边钢板，降低金属消耗，提高成材率。1950～1965年建设的中厚板轧机广泛采用轧制力为1～3MN的轻型立辊轧机或立辊与水平辊组合在一起的万能式轧机，但新建的中厚板轧机已不再采用万能式，现代化的装备技术的发展，已能实现大刚度的四辊可逆式轧机无须立辊也能生产平行侧边的钢板。

现代化的四辊可逆式中厚板轧机的基本特征是刚度大、轧辊辊身长，为获得厚度均匀的钢板，在设计上通过加大支撑辊直径和牌坊尺寸，改进轧机结构，来提高轧机的刚度。体现中厚板生产水平的主要指标有最大板坯单重、最大钢锭单重、钢板成品最大宽度、轧制钢板最大轧制长度与定尺长度、轧制钢板最大厚度和钢板成材率等。表2-10列出国内外不同技术水平中厚板轧机的主要性能参数。

表2-10　国内外中厚板轧机主要性能参数

主要参数	国内		国外	
	上海浦钢厚板	莱钢宽厚板	日本大分厚板厂	德国迪林根厚板厂
最大轧制力/kN	6000	90000	98000	89000
主电机容量/kW	5750×2	9000×2	8000×2	8600×2

续表 2-10

主要参数	国内		国外	
	上海浦钢厚板	莱钢宽厚板	日本大分厚板厂	德国迪林根厚板厂
除鳞水压力/MPa	15.0	26.0	19.6	16.7
自动厚度控制	有	有	有	有
弯辊装置	无	有	有	有
工作辊尺寸 $D \times L$/mm × mm	960 × 4200	1210 × 4300	1020 × 5500	1120 × 4300
支撑辊尺寸 $D \times L$/mm × mm	1800 × 4000	2200 × 4200	2400 × 5400	2150 × 4300
生产能力/万吨 · a^{-1}	100	180	240	200

B　中厚板生产的轧机组成及布置形式

中厚板轧机的布置方式主要有以下三种方式。

a　单机架式布置

在一个轧机上完成由原料到成品的整个轧制过程。单机架式的轧机可以选用二辊可逆式轧机、三辊劳特式轧机、四辊可逆式轧机、万能式轧机中的任何一种轧机，但是使用二辊可逆式轧机或三辊劳特式轧机以单机架方式来生产钢板，由于轧机刚度差，产品尺寸精度和表面质量难以满足现代化工艺对中厚板的质量要求，已逐渐被淘汰。单机架式布置大多采用四辊可逆式轧机。

b　双机架式布置

在两架轧机上完成由原料到成品的整个轧制过程，是现代中厚板生产的主要方式。由于粗轧和精轧两个阶段的任务分别由两架轧机承担，所以双机架式与单机架式相比，轧机产量高、产品尺寸精度高、板形和表面质量好、换辊时间少。双机架轧机组成有二辊式加四辊式、三辊式加四辊式、四辊式加四辊式等三种形式，其中三辊式加四辊式的形式已不再新建。从产品质量好、生产能力大的要求来看，四辊式加四辊式是目前较理想的双机架组成方式。

c　多机架式布置

在多台轧机上完成由原料到成品的整个轧制过程，主要是半连续式、3/4 连续式和连续式的布置方式，是生产宽带钢的高效率轧机。一套轧机的年产量可达 250 ~ 600 万吨。产品的厚度范围为 1.2 ~ 25.4mm，其中板厚在 16 ~ 25.4mm 的产品占 65%，进入了传统的中厚板轧机的生产领域。中厚板带材的规格对传统的单机架式、双机架式的中厚板轧机而言是薄规格，由传统中厚板轧机生产会限制生产能力的发挥，改由连轧机生产既有利于充分发挥中厚板轧机的能力，又提高了连轧机的能力。生产相同规格产品时，热连轧坯料比中厚板轧机坯料重量大，能提高成材率；热连轧机机架多，有利于改善成品表面质量。但是目前宽带钢连轧机生产成产品的最大宽度为 2100mm，所以使用连轧机生产中厚板时，其宽度受到限制。

2.3.1.7　中厚板炉卷轧机生产

20 世纪 80 年代中后期炉卷轧机复兴，以生产不锈钢为主的炉卷轧机因采用多项热连轧机的控制技术得到长足发展，已成为不锈钢领域的主力热轧机。以卷轧方式生产中厚板和热轧卷的中厚板炉卷轧机因采用了热连轧机和常规中厚板轧机的控制技术，得到了广泛关注与应用。进入 21 世纪，国内外相继投产多套 1500 ~ 3500mm 炉卷轧机，用于生产中厚板和宽规格热轧卷。炉卷轧机的工作机座分前后两部分，设有带保温炉的卷取机，因此可以在热状态下实现成卷带钢的可逆轧制。

A　中厚板炉卷轧机生产的主要技术特点

（1）中厚板炉卷轧机适合批量生产厚度为 20mm 以下、宽度为 2000 ~ 3200mm 的薄、宽规格钢板及宽度不小于 2000 ~ 2500(2800)mm 宽规格热轧钢卷。这些规格正好是常规中厚板轧机不宜组织生产且热连轧机又不能生产的产品。所以，大型钢厂建设中厚板炉卷轧机是对几套中厚板轧机产品的合理分工和资源优化配置，同时可补充生产部分热连轧机不能生产的宽规格产品。

（2）炉卷轧机生产方式既不同于普通中板生产方式，也不同于热连轧钢卷生产方式。当轧件轧至厚度 25mm 以下时，长轧件进入机前或机后卷取炉进行保温方式，因此既减少了轧件的温降，也可使轧件在卷取炉与轧机之间形成张力，进而可减小轧件纵向的变形抗力。因而可使轧件轧得更薄，并能得到较好的板形。

（3）由于炉卷中厚板轧机生产的坯料可以加大，因而相对减少了轧机轧制相同重量钢板的切头、尾量，提高了钢板成材率，降低了生产成本。另外，可使多数成品钢板由同一母板上剪切，提高了钢板质量，减少了异板差。

（4）在轧制过程中可大大减少带钢的温降，并且可以调节炉温，控制轧件的终轧温度，因此，轧制道次可以灵活变化，可生产出各种热轧带卷，适合于轧制加工温度范围较窄的难变形的特殊钢带，例如不锈钢。与连轧机相比，其设备质量轻，占地面积小。

（5）中厚板炉卷轧机在收得率和热装方面优于常规中厚板轧机，更适合轧制厚度不大于 10mm 的薄规格钢板。而且，由于是全纵轧生产，因此 3250mm 宽规格连铸机浇铸同宽规格板坯需要一定批量。在需要 Z 向性能的钢板方面，中厚板炉卷轧机不及常规中厚板轧机，较适合同宽度规格批量较大（如管线钢）的产品生产。

现代炉卷轧机综合了热连轧机和中厚板轧机的技术特点，形成了现代卷轧中厚板轧机的技术特色。采用的主要技术有：直接热装技术，热装比例最高可达到 75%；炉卷轧制工艺技术；控制轧制及热机轧制工艺技术（可满足生产管线钢、高强度造船板、高强度结构钢板的要求）；高精度、快速动态自动厚度控制技术（AGC）；板形控制（目前仅限于轧辊弯辊）技术；控制冷却及层流冷却 + 加速冷却技术；全液压地下卷取机及自动踏步控制技术等。中厚板炉卷轧制工艺与常规中厚板轧制工艺比较见表 2-11。

表 2-11　中厚板炉卷轧制工艺与常规中厚板轧制工艺比较

项　目	中厚板炉卷轧制工艺	常规中厚板轧制工艺
工艺布置	配有带钢生产线，中厚板生产线	中厚板生产线
轧制方式	在单机架或双机架上进行全纵向轧制	在单机架或双机架上进行纵-横向轧制
钢　种	碳素钢板，管线钢用板，桥梁用板，造船板，压力容器板，贮罐用板，重型车辆、建筑及机械用板	碳素钢板，管线钢用板，桥梁用板，造船板，压力容器板，贮罐用板，重型车辆、建筑及机械用板，海洋用钢板

续表 2-11

项 目	中厚板炉卷轧制工艺	常规中厚板轧制工艺
板坯尺寸	厚度：100 ~ 152mm，坯宽：轧制成品钢板宽度	厚度：150 ~ 300mm，宽度：1200 ~ 2300mm
产品厚度	4.5 ~ 50.0mm	5.0 ~ 400mm
成材率	94% ~ 95%	90%
年产量	3000 ~ 3500mm 单机架炉卷宽厚板轧机可达 100 万吨	3000 ~ 3500mm 单机架宽厚板轧机一般为 50 ~ 90 万吨
能 耗	采用连铸 + 炉卷轧机短流程，热装率可达 90%	热装率可达 30% 以上，多数生产厂为冷装

B 中厚板炉卷轧机生产方式

（1）单张钢板往复轧制方式：这种方式主要用于轧制厚度大于 20mm 的厚钢板，使用较长的板坯，当轧制到目标钢板厚度时，最终长度大于 50m（一般≤100m），轧件直接从出口卷取炉下面送至转鼓飞剪，将之剪切成倍尺母板长度；通过加速冷却后进入热矫直机及冷床；最后经精整线剪切出定尺成品钢板。这种方式适于常规的中厚板生产工艺。

（2）卷轧钢板方式：这种方式主要用于轧制生产厚度≤20mm 的中厚钢板。使用较长板坯，先在轧机上经反复可逆轧制，当轧件厚度≤25mm 时，长轧件进入轧机入口或出口卷取炉进行保温，经往复轧制，最终轧至成品厚度；然后从出口卷取炉下面送往飞剪剪切成长度≤50m 的母板长度，再经热矫直机矫直，冷床冷却，在精整线剪切成定尺长度钢板。这种生产工艺是炉卷中厚板轧机特有的生产工艺。

（3）钢卷轧制方式：这种方式用于轧制商品钢卷。采用出、入口卷取炉，将轧件往复轧至厚 2.5 ~ 20.0mm 的带钢，经层流冷却后进入地下卷取机卷成钢卷。

C 炉卷轧机的生产工艺流程和设备布置。

目前国内已投产的炉卷轧机生产线典型布置形式分别为单机架布置形式、1 +1 布置形式、1 +1 +3 布置形式和双机架串列布置形式，根据不同的产品大纲还可以扩展出更多的生产线布置形式。

a 单机架布置

单机架布置即仅配有 1 架带附属立辊的四辊可逆式炉卷轧机生产线，目前国内的 3500mm 炉卷轧机生产线为此布置形式（见图 2-17）。

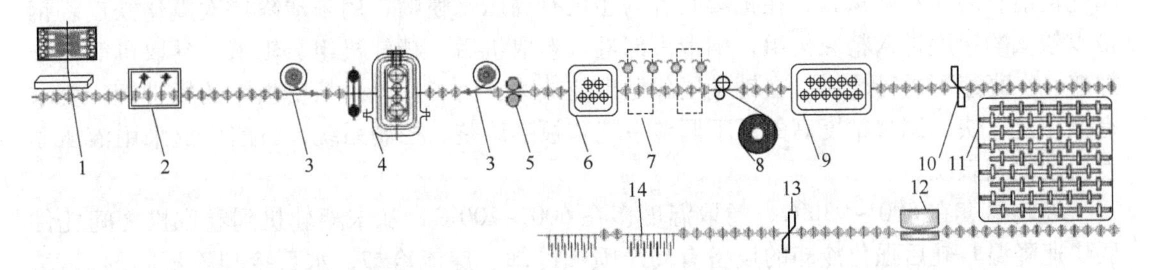

图 2-17 单机架布置形式示意图（钢卷和中板；立辊轧机在前）

1—加热炉；2—粗除鳞机；3—卷取炉；4—立辊轧机 EI/炉卷轧机；5—飞剪；6—预矫直机；7—冷却装置；8—卷取机；9—热矫直机；10—分段剪；11—冷床；12—双边剪；13—定尺剪；14—堆垛装置

采用单机架布置形式的炉卷轧机生产线以生产中板为主，因此还需要配置一条完整的中板精整线。精整线的设备组成和布置情况需要根据实际厂房面积、年产量和成品规格等要求进行配置，配置方式非常灵活，以图 2-17 所示生产中板为例，其工艺流程：合格无缺陷板坯→加热炉→粗除鳞机→炉卷→轧机→切头→预矫直→快速冷却→热矫直→分段→冷床缓冷→切边→切定尺→堆垛→入库

b 1 +1 单机架布置形式

1 +1 布置形式的炉卷轧机生产线配有 1 架带附属立辊的四辊可逆式粗轧机和 1 架四辊可逆式炉卷轧机，目前国内的 1750mm 炉卷轧机生产线皆为此布置形式。该类型炉卷轧机生产线以生产钢卷为主，其工艺流程为：合格无缺陷板坯→加热炉→粗除鳞机→粗轧（E1/R1）→飞剪→精除鳞机→炉卷轧机→层流冷却→卷取→打捆→称重→喷印→入库。此生产线根据钢铁企业的实际要求还可以生产中板，但其年产量较低，因此仅需要配置一条简易的中板精整线。

2.3.2 热连轧板带生产工艺

2.3.2.1 常规热连轧生产

热轧薄板产品薄、表面积大，这一特点决定了薄板热轧时具有不同于中厚板轧制的特性。热轧薄板生产主要有带钢热连轧机、炉卷轧机、行星轧机三种方式，其中热连轧带钢生产方式是目前世界上生产板带钢的主导形式，产品的厚度规格为 1.0 ~ 25.4mm，绝大多数的薄板（厚度 4mm 以下）是采用这种方式生产的。

A 热连轧带钢生产工艺概述

热连轧带钢生产一般使用 200 ~ 360mm 连铸坯，由于带钢连轧机采用全纵轧法，板坯宽度比成品宽度宽 50mm。采用步进式连续加热炉多段供热方式，从连铸机拉出板坯后直接用保温辊道和保温车热送至加热炉进行热装炉。板坯加热炉是补充加热、衔接连铸机与轧机、调节连铸机与轧机生产节奏的环节。

热连轧带钢轧制分为除鳞、粗轧、精轧等几个阶段。除鳞一般采用立辊轧机和高压水除鳞箱的方式。立辊在板坯宽度方向给予 50 ~ 100mm 压下量，可使板坯表面上一部分氧化铁皮破碎，然后经过高压水除鳞箱。粗轧采用全纵轧方式，一般需轧制 5 道以上。精轧机组多为 5 ~ 7 架四辊轧机或 HC 轧机组成，精轧机前设置一台飞剪，用于切头、切尾。在精轧机前有高压水除鳞箱，在机架间有的还设有高压水喷嘴，用来清除二次氧化铁皮。钢带以较低的速度进入精轧机组，钢带头部进入卷取机后，精轧机组、辊道、卷取机等同步加速，在高速下进行轧制，在钢带尾部抛出前减速。为了获得高精度板厚的板带钢，要求有响应速度快、调整精度高的压下调整系统和板形调整、控制系统，目前广泛采用液压厚度自动控制系统。

终轧温度在 800 ~ 930℃，卷取温度多在 600 ~ 700℃，从末架轧机到卷取机之间轧件要快速降温。轧后强化冷却的设备有高压喷嘴冷却、层流冷却、水幕冷却等不同的形式，广泛采用的是层流冷却和水幕冷却方式。层流冷却与水幕冷却相比，占地面积大、控制系统复杂、对水质要求高，如三对水幕冷却区长 20m、使用水量 7500L/min 情况，比长 55m、使用 117 根上部集水管的 U 形虹吸管层流冷却系统的冷却效率要高，目前有用水幕

冷却代替层流冷却的趋势。

冷却后钢带温度在550～650℃下卷取，通常设置2～3台卷取机交替使用，卷取后经卸卷和运输链送往精整作业线，进行纵剪、横剪、平整、检验、包装等工序。

B 热连轧带钢生产的轧机组成及布置形式

热连轧带钢生产是当今板带材生产的最主要方式。用热连轧方式生产的热连轧带钢根据用户需要可成卷交货，也可按张交货，同时也可以将宽带钢按需要纵切成窄带钢交货。

热连轧带钢产品厚度范围不断发生变化，1960年设计的热连轧带钢产品为1.0～9.5mm，1961年后厚度的上下限为0.8～20.2mm，近20年来为1.2～25.4mm，厚度的下限不追求更薄，而上限进一步提高则说明热连轧带钢产品已占有了传统中板的相当一部分市场。日本使用热连轧带钢轧机市场的16.0～25.4mm厚的钢板占热连轧带钢产品的65%。世界上热轧薄板带材产品大多数是使用热连轧带钢轧机生产的，冷连轧板带材的原料来源也是热连轧板带材。

自1926年建成世界上第一台带钢热连轧机以来，它的发展大体上分成四个阶段。第一阶段是1927～1960年第一代常速轧机，为了保证离开末架精轧机的带钢头部能顺利地送入卷取机，轧制时末架精轧机的轧制速度限制在600～700m/min的水平。机组年产量为100～300万吨，单位宽度卷重4.0～11.0kg/mm。1961～1969年为第二代升速轧机。升速轧机是以过去控制的带钢轧制速度进行穿带轧制，待带钢头部送入卷取机后，全部精轧机、卷取机、辊道等同步升速，以更高的速度进行轧制，提高轧制能力。机组年产量为超过300万吨，单位宽度卷重18.0～22.0kg/mm。1968年后达到了1300～1600m/min。1970～1978年为第三代的超级轧机。与第二代轧机相比，其特点是钢卷单位宽度卷重提高到36kg/mm，成品厚度范围从1.2～12.7mm变为1.2(0.8)～25.4mm，板坯厚度从250～300mm变为250～360mm，板坯重量从25～40t增加到40～50(60)t，最大轧制速度提高到1440～1800m/min，年生产能力提高到500～600万吨/年。简单说第三代轧机的性能和生产能力有了进一步提高，所以第三代轧机又称为高产型轧机。1973年以后受世界石油危机的影响，世界上主要发达国家出现经济萧条，市场紧缩，板带钢轧机开工不足，因上述原因促成了第四代经济型轧机的出现。第四代轧机的特点是生产能力大幅度降低，年产量从500～600万吨/年降为300～500万吨/年，单位宽度卷重减少到20～25kg/mm，板坯厚度、长度、重量都减少，但在技术经济上更合理，采用降低能耗、降低成本的措施，以提高市场竞争能力。

带钢热连轧机由粗轧机组和精轧机组组成。粗轧机组前大多设置一台立辊轧机，其作用是调整坯料宽度和破碎氧化铁皮。热带钢连轧机可以分为全连续式、半连续式、3/4连续式三种不同的方式。三种方式中精轧机组均为6～8架四辊轧机组成的连轧机组，三种方式的差别主要在粗轧机组的轧机组成和布置上。

半连续式热带钢连轧机的粗轧机组多由一架或两架轧机组成，其组成与布置如图2-18a和图2-18b所示。在立辊轧机破鳞后，坯料在第一架二辊可逆式轧机往复轧制多道，然后在第二架四辊可逆式轧机上进行多道轧制。和全连续式相比，半连续式的粗轧机组只有两架轧机，设备少、生产线短、占地面积小，所以投资少。粗轧机组与精轧机组能力的匹配方面也能比较灵活地控制，可充分发挥粗轧机组的能力。由于粗轧机组要进行往复轧制，产量相对要低一些，适于小批量、多品种的板带钢生产。此外这种半连续式布置方式

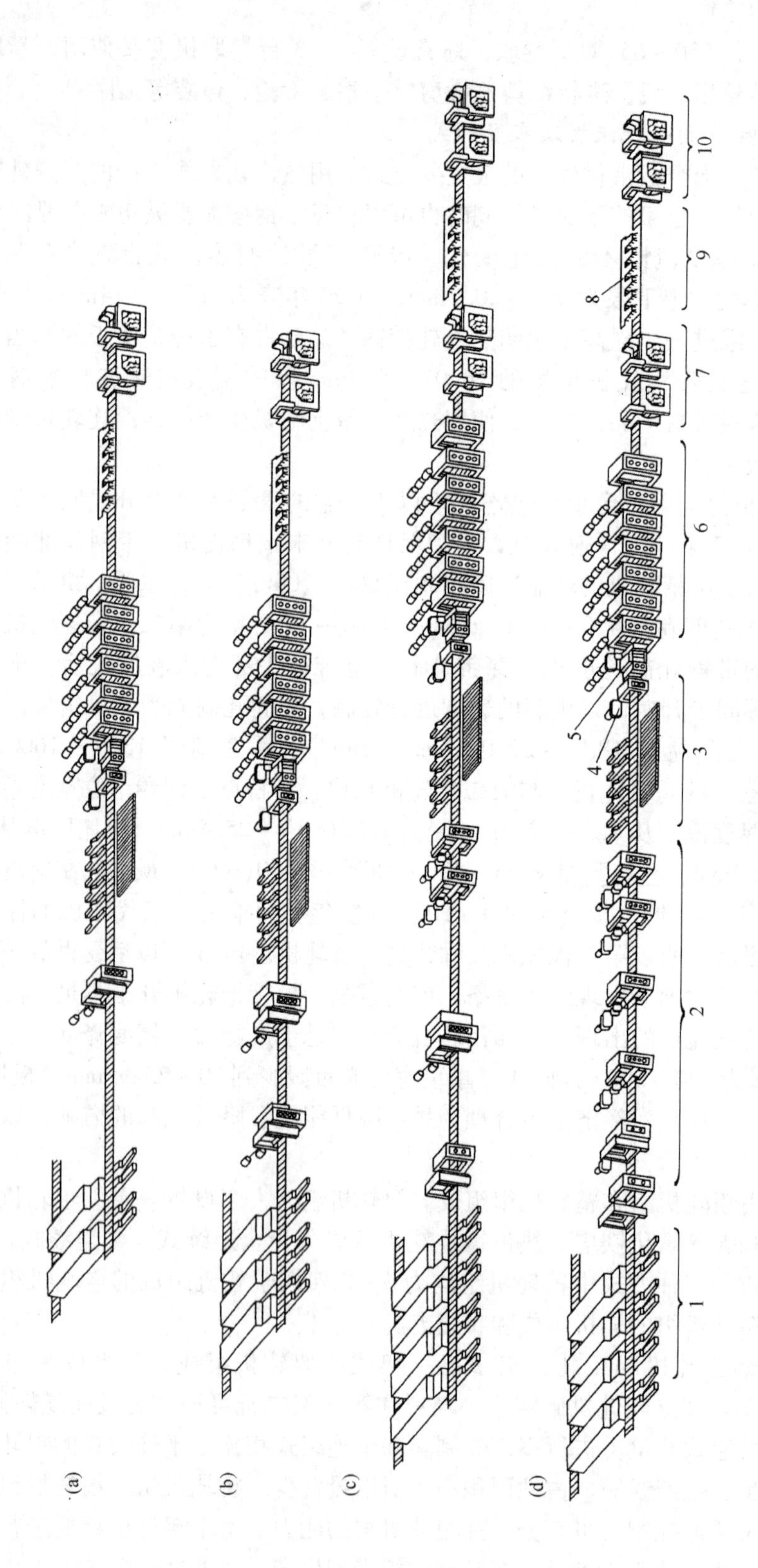

图2-18　带钢热连轧机机组布置方式

(a),(b)半连续式;(c)3/4连续式;(d)全连续式

1—加热炉;2—粗轧机;3—输送辊道;4—剪切机;5—氧化铁皮破碎机;6—精轧机;7,10—卷取机;8—冷却水喷嘴;9—输出辊道

还可以只用粗轧机组生产中板，即将粗轧机组的最后一架作为中板产品的成品轧机使用。尽管用这种轧机生产中板使精轧机组等后部设备的利用率降低，但是在精轧机组等出现需要停机，不能使用的情况下，能利用粗轧机组完成中板的订货，也恰恰是这种布置的灵活的一面。

3/4 连续式带钢热连轧机的粗轧机组由 3 ~ 4 架轧机组成，其组成和布置如图 2-18c 所示。其中既有可逆式轧机，又有不可逆式轧机。一般第一架为二辊可逆式轧机，也有的采用四辊可逆式轧机，第二架后均为四辊不可逆式轧机，也有的两架采用可逆式，第三、四架使用不可逆式轧机，后两架形成连轧。近年来新建的热轧带钢厂多采用 3/4 的布置形式，它的生产能力一般在 300 万吨，介于全连续式和半连续式之间，设备重量、生产线长度、占地面积、投资等也介于两者之间。

全连续式热带钢连轧机的粗轧机组的组成与布置如图 2-18d 所示。通常由 5 ~ 6 架轧机组成，粗轧机组每架轧机只轧一道，不进行可逆轧制，但也不进行连轧。由于每架轧机只轧一道，主电动机使用交流电机。全连续式热连轧机最突出的优点是生产能力大，年产量可达 600 万吨。但生产线长、占地面积大、设备多、投资大。此外粗轧机组和精轧机组的生产能力不平衡，粗轧机组的利用率低，难以充分发挥其设备能力。

C 热轧薄板轧制压下规程设定

下面以带钢热连轧机生产为例进行介绍。

a 板坯尺寸的确定

板坯厚度 H(mm)、宽度 B(mm)、最大长度 L_{max}(mm)、最小长度 L_{min}(mm) 由成品厚度 h(mm)、宽度 b(mm)、加热炉内宽 B_1(mm) 和加热炉滑轨间距 B_g(mm) 确定，用下式表示：

$$H = (100 \sim 150)h$$

$$L_{max} \leqslant B_1 - (200 \sim 300)$$

$$B = b + (50 \sim 100)$$

$$L_{min} \geqslant B_g + (100 \sim 200)$$

b 粗轧机组压下量分配

在粗轧机组轧制时，轧件温度高，变形抗力小、塑性好，轧件又短，应尽可能采用大的压下量。考虑到粗轧机组和精轧机组间轧制节奏和负荷的平衡，粗轧机组变形量要占总变形量的 70% ~80%。为简化精轧机组的调整，粗轧机组轧出的带坯厚度变化尽可能少，多采取固定厚度为精轧机组供坯。粗轧机组第一道压下量不要过大，中间道次采用大压下量，最后道次为控制厚度和板形要适当减小压下量。

c 精轧机组压下量分配

精轧机组的压下量占总压下量的 10% ~25%，压下量的分配从 40% ~50% 逐道减小，最后一道压下量在 10% ~15%。精轧机组是保证成品组织性能和尺寸精度的最重要的工序，在考虑压下量分配时要以注重保证成品的质量为原则。

D 热轧薄板轧制的速度制度设定

在中厚板轧制的速度制度制定中介绍了可逆式轧制时的转向变化、转速可调的速度制度形式，在此以带钢热连轧机精轧机组为例，介绍转向固定、转速可调速度制度的形式。

带钢热连轧机精轧机组末架轧机的速度曲线如图 2-19 所示。1 点为穿带开始时间，选用的速度约 10m/s 的穿带速度；2 点表示带钢头部出末架轧机后，以 0.05 ~ 0.1m/s^2 加速度开始第一级加速；3 点为带钢咬入卷取机后以 0.05 ~ 0.2m/s^2 加速度开始第二级加速；4 点表示带钢以工艺制度设定的最高速度轧制；5 点为带钢尾部离开连轧机组中的第三架时，机组开始减速，速度降到 15m/s；6 点为以 15m/s 速度轧制等待抛出；7 点表示带钢尾部离开精轧机组开始第二级减速，降到穿带速度；8 点为开始以穿带速度等待下一条钢带；9 点表示第二条开始穿带。

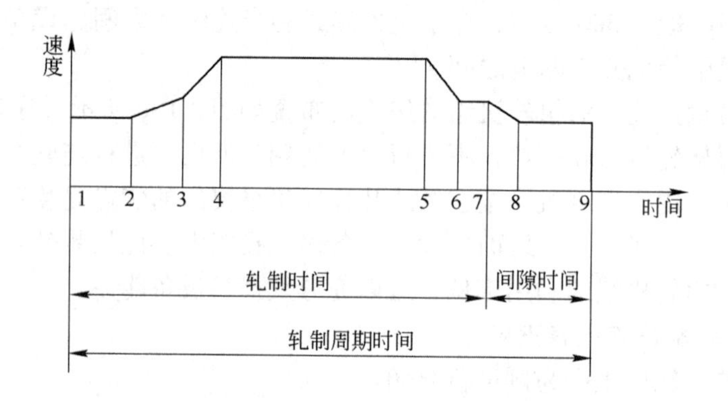

图 2-19　精轧机组末架轧机的速度曲线

穿带速度取决于终轧温度、轧后冷却能力、卷取温度和卷取机咬入的稳定性来确定，主要受卷取机咬入稳定性的限制，穿带速度过快卷取机咬入困难，一般在 11m/s 以下，同时要考虑轧制工艺对终轧温度的要求和轧后冷却能力能否保证合理的卷取温度。加速度的确定与终轧温度和带钢的厚度有关，同时要考虑带钢头尾部温度的变化。

末架轧机的速度制度确定后，应用秒流量相等的原则，根据各机架轧出的厚度和前滑值求出各机架的速度。末架的出口速度与总延伸系数有关。总延伸系数越大，末架轧机的出口速度越大。从 $v_n/v_0=\mu_{总}$ 可看出，当连轧机组的末架轧机的出口速度 v_n 最大、第一架轧机的出口速度 v_0 最小时，可以得到最大的延伸系数；反之，当末架轧机的出口速度 v_n 最小、第一架轧机的出口速度 v_0 最大时，可以得到最小的延伸系数。连轧机组的速度范围 v_n/v_1 与第一机架上的压下率 ε_1 有关，ε_1 越大 v_n/v_1 越小。一般第一架轧机的压下率为 40% ~ 50%，所以 v_n/v_1 等于（0.5 ~ 0.6）$\mu_{总}$。

首先根据末架的最高速度 v_{nmax} 和机组生产的最薄产品求出最大伸长率 $\mu_{总max}$，即可按式（2-26）求出第一架轧机的最小速度 v_{1min}

$$v_{1min}=\frac{v_{nmax}}{(0.5-0.6)\mu_{总max}} \tag{2-26}$$

同理再根据直流电机的调速特性（调速范围为 3），即可知道末架轧机的最小出口速度 v_{nmin}，同样根据生产最厚产品时的最小延伸 $\mu_{总min}$，按式（2-27）求出第一架轧机的最大出口速度 v_{1max}。

$$v_{1max}=\frac{v_{nmin}}{(0.5-0.6)\mu_{总min}} \tag{2-27}$$

这样以机架号为横坐标，以轧制速度为纵坐标，将 v_{nmax}、v_{nmin}、v_{1max}、v_{1min} 标示在坐标图上，如图 2-20 的 c、d 线；考虑到轧机速度要有一定的调整范围，这样轧机的实际速度范围要比工作速度增大 8% ~10%，如图中所示的 a、b 线。此图又称为速度锥图，轧制工艺要求的总延伸和速度范围必须落在此速度锥范围内，否则轧制过程不能实现。

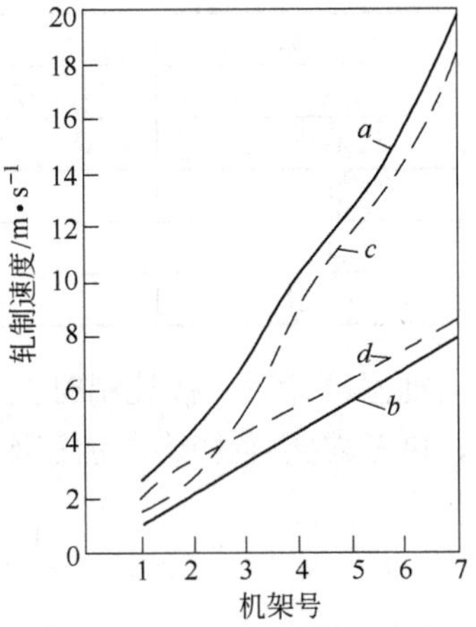

图 2-20　精轧机组各架速度范围

E　热轧薄板轧制的轧辊辊型设计

薄板生产中大多使用四辊轧机，下面以四辊热轧薄板轧机为例进行介绍：

四辊轧机的轧辊总的热凸度是工作辊热凸度和支撑辊热凸度共同作用的结果，要分别计算，计算方法为：

$$\Delta d = k\alpha d\Delta t \tag{2-28}$$

式中，Δd 为轧辊热凸度；k 为轧辊中心与表层温度不均匀系数；α 为轧辊热膨胀系数；Δt 为轧辊中部与边部的温度差；Δd 为轧辊热凸度。

四辊轧机上、下辊弯曲挠度 y_f^{shang}、y_f^{xia} 计算方法如下：

$$y_f^{shang} = q\frac{A+\varphi B}{\beta(1+\varphi)} - \frac{\Delta d_{shang} + \Delta D_{shang}}{2(1+\varphi)} \tag{2-29}$$

$$y_f^{xia} = q\frac{A+\varphi B}{\beta(1+\varphi)} - \frac{\Delta d_{xia} + \Delta D_{xia}}{2(1+\varphi)} \tag{2-30}$$

式中　q——工作辊、支撑辊间平均单位压力，$q = P/L$；

φ——中间函数，$\varphi = (1.1\lambda_1 + 3\lambda_2\xi + 18\beta k)/(1.1 + 3\xi)$；

A——中间函数，$A = \lambda_1[(l/L) - (7/12)] + \lambda_2\xi$；

B——中间函数，$B = [(3 - 4u^2 + u^3)/12] + (1 - u)$；

u——带钢宽度 b 与辊身长度 L 之比，即 b/L；

k——中间函数，$k = \theta\ln[0.97(d+D)/(q\theta)]$

即：

$$k = \theta\ln\left(0.97\frac{d+D}{q\theta}\right)$$

l——轴承支撑反力的间距，$l = l_0 - 2\Delta l$，其中 l_0 为压下螺丝中心距，Δl 为偏移量，与轴承自位性能有关，近似为 0 ~1.5；

Δd_{shang}，ΔD_{shang}——上工作辊、上支撑辊的实际辊凸度；

Δd_{xia}，ΔD_{xia}——下工作辊、下支撑辊的实际辊凸度；

d，D——工作辊、支撑辊辊径。

λ_1、λ_2、ξ、β、θ 各参数取值及应用条件见表 2-12。

表 2-12　λ_1、λ_2、ξ、β、θ 各参数取值及应用条件

计算参数	工作辊、支撑辊均为钢辊	工作辊为铸铁辊、支撑辊为钢辊
λ_1	$\lambda_1=(d/D)^4$	$\lambda_1=0.773(d/D)^4$
λ_2	$\lambda_1=(d/D)^2$	$\lambda_1=0.864(d/D)^2$
ξ	$\xi=0.753(d/L)^2$	$\xi=0.674(d/L)^2$
β	$\beta=346000(d/L)^4$	$\beta=267000(d/L)^4$
$\theta/\mathrm{mm}^2\cdot\mathrm{N}^{-1}$	$\theta=0.276\times10^{-3}$	$\theta=0.325\times10^{-3}$

辊型设计时，按轧制时上下工作辊挠度总和等于轧制时上下工作辊实际凸度的二分之一，再考虑实际生产中为使钢带轧制稳定，要使辊缝有一凸度 ΔL，即：

$$y_{\mathrm{f}}^{\mathrm{shang}}+y_{\mathrm{f}}^{\mathrm{xia}}=\frac{1}{2}(\Delta d_{\mathrm{shang}}+\Delta d_{\mathrm{xia}})+\Delta L \tag{2-31}$$

2.3.2.2　薄板坯连铸连轧生产

薄板坯连铸连轧（Thin Slab Casting and Rolling，TSCR）技术是现代钢铁制造业的一项新的、短流程生产技术，其中包括冶炼、连铸、均热、连轧与冷却等主要工艺环节。其工艺特点是流程紧凑，将冶炼、精炼的钢水经薄板坯连铸机以高的连铸速度（通常 3 ~ 6m/min.）生产薄板坯（通常厚度 50 ~ 90mm），并直接进入隧道炉短时均热（约 20min）、直接轧制成热轧板卷，全流程仅需 1.5 小时左右。根据生产厂商及生产线的技术特点不同，薄板坯连铸连轧工艺主要有 CSP（Compact Strip Production）工艺、FTSR（Flexible Thin Slab Rolling）工艺以及 ISP（Inline Strip Production）工艺等。1989 年，世界上第一条薄板坯连铸连轧-电炉 CSP 线在美国纽柯投产。

A　*薄板坯连铸连轧工艺与传统工艺的比较*

目前世界上已建成 60 多条薄板坯连铸连轧生产线，中国有 13 条，其中 CSP 线约占总数的三分之二。CSP 技术设备相对简单、流程通畅，生产比较稳定，其工艺设备简图如图 2-21 所示。CSP 线的铸坯厚度一般在 50 ~ 70mm（当采用动态软压下时，可将结晶器出口 90mm 左右坯厚带液芯压下成 65 ~ 70mm，或将 70mm 坯厚软压下到 55mm），精轧机组由 6 ~ 7 机架组成。由薄板坯连铸连轧工艺流程的特殊技术组成和工艺特点，决定其在连铸

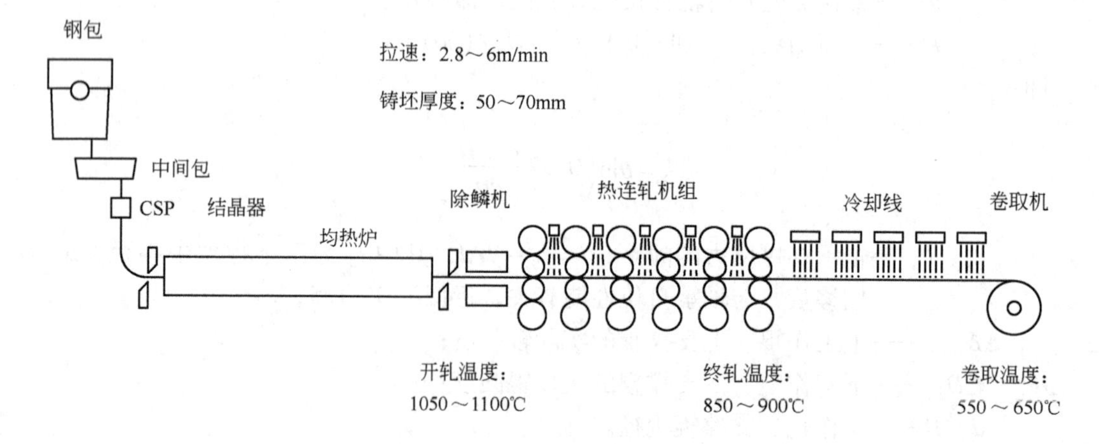

图 2-21　CSP 工艺设备布置简图

和轧制等主要工艺环节与传统热连轧工艺的区别。下面简要地将两者在轧制工艺特点等方面进行比较。

a　轧制工艺特点及板坯热历史比较

薄板坯连铸连轧工艺过程与传统连铸连轧工艺的最大不同在于热历史差别，图 2-22 为两者之间工艺过程流程的比较，图 2-23 为两者之间热历史的比较。由图 2-22 可见，薄板坯连铸连轧工艺过程中，从钢水冶炼到板卷成品约为 1.5 小时，而传统连铸连轧工艺所需时间要长得多。图 2-23 清楚地表明，在薄板坯连铸连轧工艺中，从钢水浇铸到板卷成品，板坯经历了由高温到低温、由 $\gamma \rightarrow \alpha$ 转变的单向变化过程，而传统连铸连轧工艺中板坯的热历史为 $\gamma_{(1)} \rightarrow \alpha$，$\alpha \rightarrow \gamma_{(2)}$，$\gamma_{(2)} \rightarrow \alpha$ 过程，由于薄板坯和厚板坯连铸连轧的热历史及变形条件与过程不同，决定其再结晶、相变以及第二相粒子析出过程、状态和条件的不同，从而对板材成品的组织性能具有不同的影响。

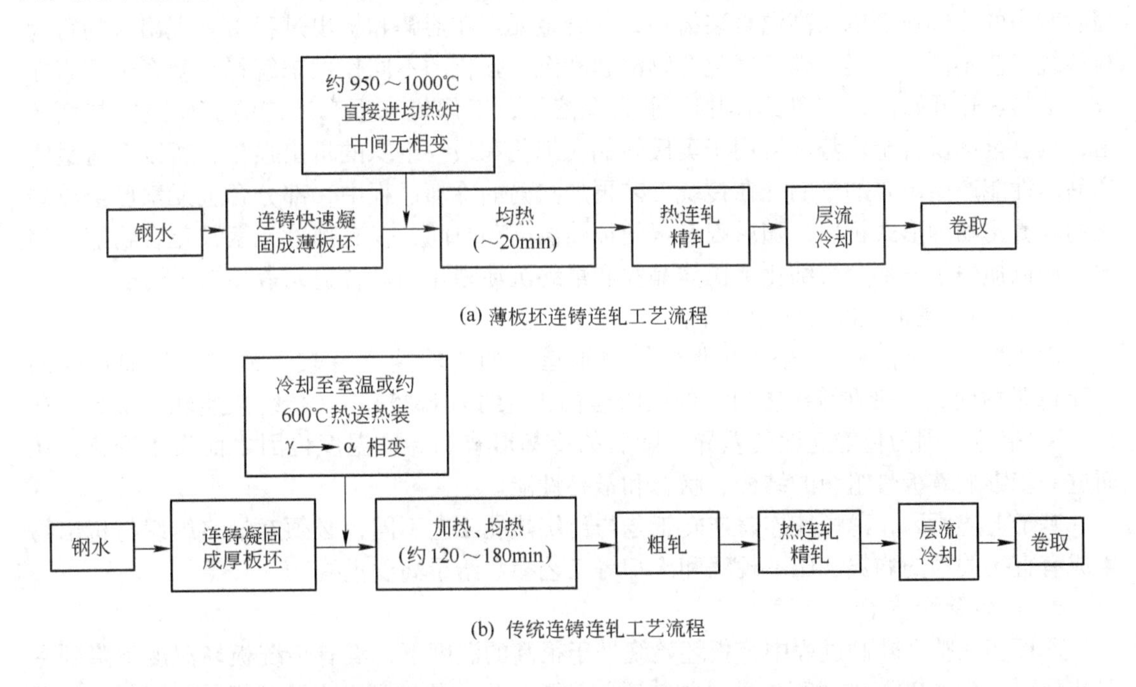

图 2-22　薄板坯连铸连轧工艺（a）与传统连铸连轧工艺（b）的比较

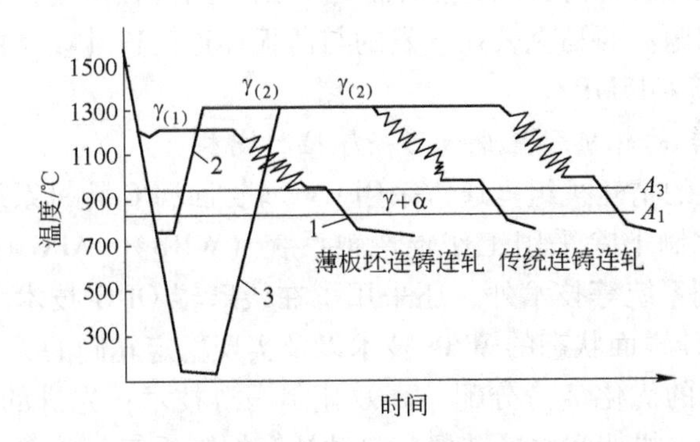

图 2-23　薄板坯连铸连轧工艺与传统连铸连轧工艺热历史的比较

1—薄板坯连铸连轧；2—传统连铸连轧（热送热装）；3—传统连铸连轧（冷装）

目前，在 CSP 线连轧关键技术中，均热采用直通式辊底隧道炉，冷却采用层流快速冷却技术，而且 CSP 线轧机的布置与传统生产线不同，精轧机组与均热炉紧密衔接，大压下和高刚度轧制等等，是现代薄板坯连铸连轧的工艺特点之一。直通式辊底隧道炉可以保证坯料头尾无温降差，因而不需要采用类似于带钢边部加热、提速或中间机座冷却的修正措施来均匀板坯温度；层流快速冷却可保证薄板在长度及宽度方向上温度均一，抑制微合金元素的固溶状态，实现薄板中这些元素微细弥散析出，有利于相变细化和组织强化。

b　二相粒子的析出行为不同

在连铸连轧生产时，为了细化粗大的奥氏体晶粒，就不得不进行多次晶粒细化过程；为了细化晶粒，必须发生完全再结晶。奥氏体的再结晶行为可以通过加入微合金元素得以改善。

与传统工艺相比，薄板坯连铸连轧工艺具有独特的微合金元素行为，这是由于铸坯凝固后较高的冷却速度以及高温直装铸坯，使合金元素在溶解和析出过程中表现出来的行为与传统工艺不同。这可由碳、氮化合物溶解和沉淀强化的不同作用来解释。微合金元素在 CSP 工艺热轧开始前，在奥氏体中几乎完全溶解，不像传统生产工艺的板坯因冷却而析出，具有全部微合金优势，可用于奥氏体晶粒细化和最终组织的析出强化，所以会对最终产品的性能产生重要的影响。在传统工艺再加热前的冷却过程中，部分合金元素已经以碳化物和氮化物的形式析出，随后因有限的加热温度和时间，仅有部分元素及化合物能够溶解，所以损失了一部分可细化奥氏体晶粒和最终沉淀强化的微合金元素及二相粒子。

c　板坯在辊道上的传输速度不同

CSP 线与传统热轧工艺的板带在传输辊道上的传输速度有较大差异。例如在轧制 1.0mm 带材时，板带在输出辊道上的极限运行速度约为 12.5m/s（传统热连轧线最高可达 20m/s 左右）。因为传输速度的差异，随后的冷却形式和卷取温度也因之而发生变化，从而进一步影响着板带组织的结构、状态和最终性能。

基于上述原因，薄板坯连铸连轧工艺与传统热轧工艺不同，必须对最终组织与析出物生成有直接关系的均热、压下规程和冷却等工艺参数给予高度重视。

d　高效除鳞技术

薄板坯在整个轧制过程中，板坯始终处于很高的温度下，没有传统板坯温度下降到室温或降到 600 ~ 700℃的过程，并且加热时间和板坯出加热炉到进入除鳞机的时间很短，温降很小，氧化铁皮在板坯表面薄且黏，很难除净，因此用薄板坯生产的热带，表面质量一直是一个较难解决的问题。西马克公司开发的与薄板坯连铸连轧设备配套的高压小流量高效除鳞设备，压力达 35 ~ 45MPa。

B　*薄板坯连铸连轧的轧机配置及板形板厚控制技术*

在薄板坯连铸连轧的精轧机组上通常采用 CVC 轧机或 PC 轧机系统。为了批量生产良好的薄带钢，在轧机控制上除采用工作辊弯辊系统（WRB）、APC 自动端面形状控制系统、AGC 自动辊缝控制系统等技术外，还采用了在线磨辊 ORG 技术、保持良好板凸度的动态 PC 轧机、保持最佳辊面状态的 WRS 技术以及实现稳定轧制的无间隙装置等等。其中包括高刚度大压下轧制的优化负荷分配；高效轧制润滑技术；先进的板形板厚控制系统，保证高精度的板材质量；机架间水冷装置与自动活套控制系统，等等。通过灵活选用机架间冷却并与道次变形量配合，可精确控制机架间轧件的变形温度，从而对轧件的再结晶变形条件、细化组织、改善性能等进行控制。自动活套控制系统又进一步对轧制过程稳定性、轧件尺寸形状精度起到保证作用。

2.3.2.3 热带无头轧制、半无头轧制

热轧板带无头轧制和半无头轧制的目的，在于解决间断轧制问题的同时，进一步提高板带成材率、尺寸形状精度及薄规格和超薄规格比例、降低轧辊消耗及节能降耗等。该项技术是钢铁轧制技术的一次飞跃，代表了世界热轧带钢的前沿技术。

目前的热带无头轧制技术有两种：一是在常规热连轧线上，在粗轧与精轧之间将粗轧后的高温中间带坯在数秒钟之内快速连接起来，在精轧过程中实现无头轧制；二是无头连铸连轧技术（ESP 技术）。半无头轧制是在薄板坯连铸连轧线上，采用比通常短坯轧制的连铸坯长数倍（2~7 倍）的超长薄板坯进行连续轧制的技术。

A 在常规热连轧线上的无头轧制技术

在现有常规热连轧线上，在粗轧与精轧之间，将粗轧后的中间带坯在数秒钟之内快速连接起来，在精轧连轧机组实现无头轧制，经层流冷却线后的飞剪切断，由卷取机卷成热卷。其增加的设备主要有：在粗轧与精轧之间设置热卷箱、切头剪、中间板坯连接装置及卷取机前的飞剪。典型的生产线及技术有：

（1）日本 JFE 公司千叶厂于 1996 年开发的采用感应加热焊接作为粗轧后的带坯连接方式。该方式要求对带坯接头区进行快速加热，形成热熔区实现对焊连接。图 2-24 为 JFE 无头轧制生产线示意图。该生产线投产后，在提高热轧板带生产效率、成材率及板形板厚精度、降低轧辊消耗、扩大薄宽规格品种等方面，取得了显著的效果。

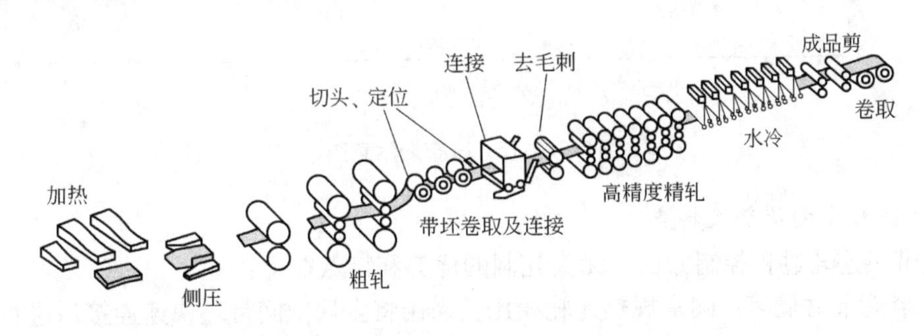

图 2-24 日本 JFE 无头轧制生产线示意图

（2）日本新日铁大分厂于 1998 年开始采用大功率激光焊接方式进行中间带坯连接。在该种方式下，为得到优质的焊接效果，要求激光焊接对带坯头部、尾部进行精确切割，以实现良好对焊质量。

（3）韩国浦项和日立公司于 2007 年联合开发成功热轧中间带坯的剪切连接技术，即利用特殊设计的剪切压合设备完成带坯瞬间固态连接，其生产线如图 2-25 所示。通过无头轧制，不仅在薄宽规格产品尺寸精度方面得到显著提高，与通常短坯间歇式轧制比较，生产效率提高 25%~30%，充分发挥了精轧机组的能力。

B 无头连铸连轧技术（ESP）

无头连铸连轧技术 ESP（Endless Strip Production）由意大利阿维迪公司开发，2009 年在阿维迪公司克莱蒙纳厂建设投产了世界上第一条无头连铸连轧生产线-ESP 线。ESP 线的

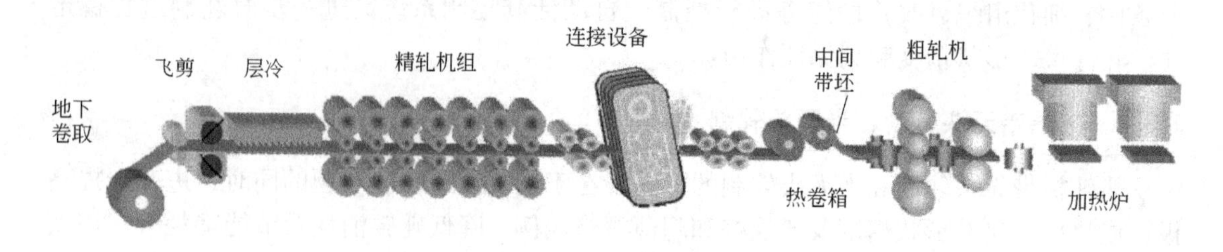

图 2-25　韩国浦项无头轧制生产线示意图

最大铸速 7.0m/min，带钢的极限规格(0.7～0.8)mm×1600mm，1.5mm×2100mm，非常适合薄规格板带大批量生产。50%的带钢厚度小于等于2mm，钢水到热轧卷的收得率达到97%～98%，能源消耗比常规热轧工艺降低50%以上，排放量降低55%。图2-26为ESP线布局示意图。

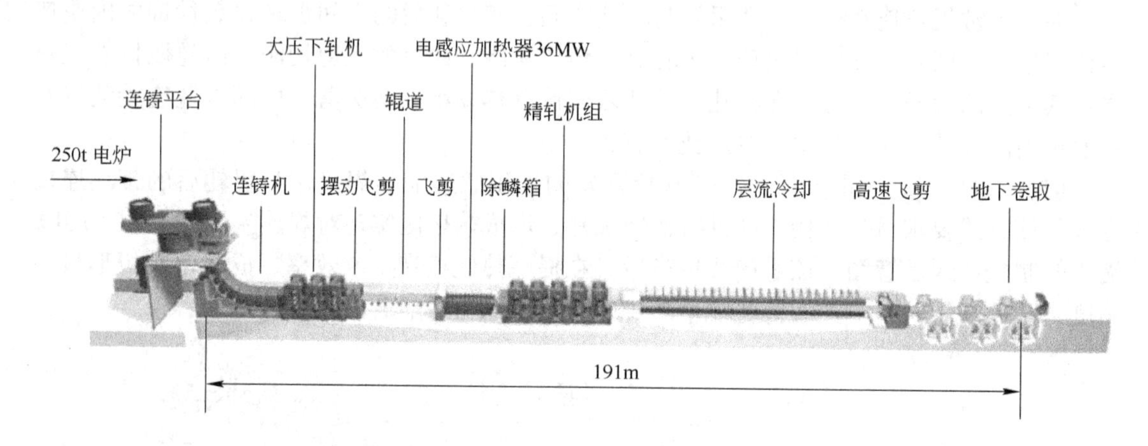

图 2-26　ESP 线布局示意图

C　无头轧制的优势及特点

在板带热连轧过程控制方面，无头轧制的优势和特点在于：

（1）节能节材显著：同常规热连轧相比，采用将多块中间带坯快速连接后进行无头轧制的成材率平均提高1%～2%，辊耗降低约2%，生产效率提高5%～10%（无头轧制过程中轧机无间隙空转时间）；采用无头连铸连轧的ESP技术与传统板带轧机比较，可使成材率提高2%～3%，能耗减少40%。

（2）提高穿带效率：单块坯薄带轧制过程中穿带时产生的弯曲和蛇形，多是由于无张力产生的头尾特有现象。当无头轧制产生张力后，几乎不发生蛇形现象并可实现稳定轧制。

（3）提高质量稳定性和成材率：无头或半无头轧制使整个带卷保持恒定张力实现稳定轧制，并且不发生由轧辊热膨胀和磨损模型引起的预测误差及调整误差产生的板厚变化和板凸度变化，可显著提高板厚精度。超薄热带的厚度精度可达±20μm，合格率超过99%，1.0mm带钢合格率甚至比1.2mm还要高。超薄热带还显示出优良的伸长率和均匀的微观组织结构。另外，通过稳定轧制也提高了温度精度。在无头轧制中，几乎不发生板带头部到达卷取机前这段约100多米长的板形不良，或非稳定轧制引起的质量不良。

(4) 提高生产率：通常，在常规热连轧线生产1.2~1.8mm的薄规格板带时，由于板带头部在辊道上发飘，穿带速度限制在800m/min左右。而在无头或半无头轧制时已不受此限制。另外，单块坯轧制中的间歇时间在无头轧制中减为零，由此可显著提高薄规格轧制效率；

(5) 可生产薄而宽的薄板和超薄规格板：无头或半无头轧制的主要目的之一在于稳定生产过去热轧工艺几乎不可能生产的薄宽板和超薄规格钢板。例如，在传统连铸连轧工艺中，过去热轧最薄轧制到1.2mm，其最宽到1250mm。采用无头轧制时，可将非常难轧的材料夹在较容易轧制的较厚材料之间，使其头尾加上张力进行稳定轧制。因此，板厚1.2mm的可轧到1600mm宽，板宽1250mm以下的可轧到0.8mm厚。

(6) 通过稳定润滑和强制冷却轧制生产新品种：热轧时采用强制润滑轧制可生产具有优良性能的钢板，但实际上，为了防止因喷润滑油产生的带坯头部咬入打滑，稳定的润滑区仅限于每卷的中部区域，因此产品质量难以稳定，成材率也低。在无头轧制中，当第一块板坯的头部通过精轧机组后，直到最后部分板带通过机组的较长时间内都可实现稳定润滑，因此，在能进行稳定润滑的同时又可减少材料损耗1/10~1/6。在无头轧制时，由于可以对精轧出口处的板带施加张力，即使采用快速冷却也不存在穿带和冷却不均问题，由此可得到全长均匀的材质。

D 半无头轧制技术

半无头轧制是在薄板坯连铸连轧线上，采用比通常短坯轧制的连铸坯长2~7倍的超长薄板坯进行连续轧制的技术。其生产线设备除通常的薄板坯连铸连轧设备外，关键设备是在层冷线后的卷取机前设置飞剪，如图2-27所示。

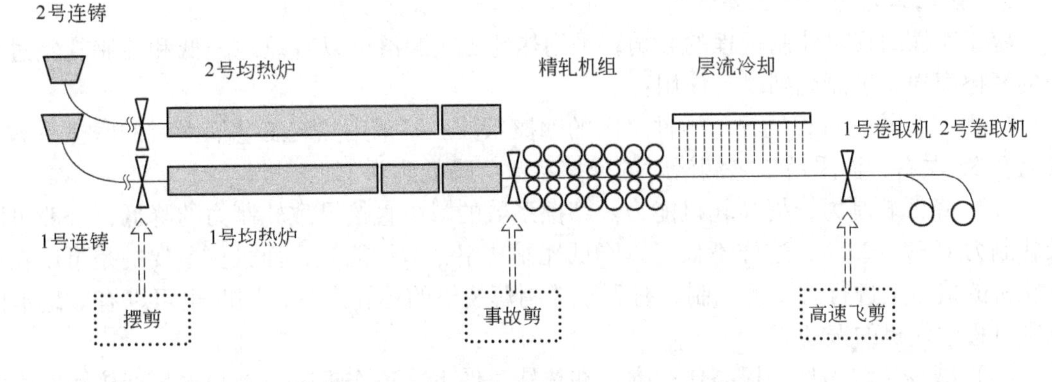

图2-27 半无头轧制生产线的设备布置图

采用半无头轧制不仅可以扩展生产线的薄规格、高强钢品种范围，实现部分“以热代冷”，而且在提高生产效率和成材率，改善板带全长组织性能稳定性、均匀性以及尺寸形状精度等方面，优势明显。德国蒂森和荷兰霍戈文以及中国涟钢等的CSP线均已先后实现半无头轧制，在大批量生产高质量薄规格板带生产上取得显著效果。

目前在薄板坯连铸连轧生产线上通过采用半无头轧制工艺，热轧薄规格成品厚度最薄达到0.8mm（宽度1200mm），厚度1.2mm时，宽度可达1600mm。

实现半无头轧制工艺的关键技术主要有：

（1）采用动态 CVC 轧机、动态 PC 轧机等，连续控制工作辊热凸度和平直度，以及厚度自动控制（AGC）技术；

（2）采用动态变规格轧制技术 FGC（Flying Gauge Control）；

（3）均匀轧辊磨损专用设备和技术，如轴向串辊技术等（如 CVC、F2CR、ORG 技术等）；

（4）在卷取机前设置一台高速滚筒式飞剪，可在带钢速度高达 20m/s 时切分钢卷；

（5）为保证带钢顺利导入卷取机，尽可能在靠近末架精轧机后设置一台近距离的轮盘式卷取机，或设置两台带有高速穿带装置的地下卷取机，在带钢高速运行情况下，能在两个卷取机之间进行快速切换，连续不断地卷取带钢；

（6）优化铸坯长度与拉坯速度；

（7）采用工艺润滑，确定合理的衔接段长度，以及采用特殊的轧机主传动系统设计等。

2.3.2.4 热轧板带工艺润滑

长期以来，水一直作为热轧板带钢时轧辊的润滑和冷却介质使用。随着轧机向高速化、连续化、自动化和大压下量方向发展，轧辊工作负荷明显增加，加速了轧辊的剥落和磨损，频繁的换辊又造成轧制作业率的降低。水已远远不能满足热轧时作为润滑介质的需要，因此板带钢热轧工艺润滑自 1968 年在美国 National 钢铁公司 Great Lake 钢铁厂首次应用成功以来，在世界各国发展迅速并得到越来越广泛的应用。目前主要围绕热轧工艺润滑的作用、节能减排效果、热轧润滑剂的功能、热轧润滑剂的供给方式、工艺润滑装置与控制方法等方面开展研究。

A 热轧工艺润滑的主要作用

鉴于摩擦磨损对轧制过程的影响，采用热轧工艺润滑可以有效地降低和控制轧制过程中的摩擦磨损，进而起到以下作用：

（1）减少热轧过程轧辊与轧件之间的摩擦系数。不采用热轧工艺润滑时的摩擦系数一般为 0.35 左右，而采用工艺润滑时的摩擦系数可降低到 0.12。

（2）降低轧制力，提高轧机能力。摩擦系数的减少直接导致轧制力的降低，一般可降低轧制力 10% ~25%，这样不仅可以降低轧制功率，节约能耗，而且更重要的是可以在原有轧机的接触上进行大压下轧制，有利于轧制薄规格的热轧产品，同时也可以有效地消除轧制过程中轧机的振动。

（3）减少轧辊消耗，提高作业率。在热轧条件下，工作辊因与冷却水长期接触发生氧化在其表面生成黑皮，这是造成轧辊异常磨损的主要原因。润滑剂能够阻止轧辊表面黑皮的产生，进而延长轧辊使用寿命；同时减少换辊次数，提高了轧制生产作业率。

（4）减少轧制过程二次氧化铁皮生成，改善轧后表面质量。轧辊磨损的降低、氧化皮的减少，直接改善了轧后板面质量；另外，工艺润滑对变形区摩擦的调控作用可以促进轧后板形的提高。轧后表面质量的改善还可以提高热轧板带的酸洗速度，降低酸液消耗，减少酸洗金属的损失。

（5）节能、降耗和减排。采用工艺润滑后，热轧吨钢平均节电 3 度；金属消耗降低

1.0kg；轧辊消耗降低30% ~50%；酸洗酸液消耗减少0.3 ~1.0kg。

B 热轧工艺润滑机理

通常热轧润滑剂是以油水混合液的形式被送到轧辊表面的，水是载体，少量的油均匀分散在水中。一般认为，油滴进入变形区后，一般在百分之一到千分之一秒的很短时间内就会经过变形区，此时变形区内摩擦润滑情况十分复杂。由于变形区内压力急剧增加，并与外界空气隔绝，一部分由于钢板的高温加热作用开始燃烧（裂解），分解出炭黑残留物（主要是残炭）将金属和轧辊表面隔开，由于炭黑是直径小于1μm的固体颗粒，从而可以减少金属与轧辊之间的摩擦，这种情况为固体润滑；一部分润滑剂在变形区内高温高压下急剧气化和分解，在封闭区内形成气垫，将金属与轧辊表面隔开，也起到润滑作用，这种情况为气体润滑；其余部分未燃烧分解的润滑剂保持原有状态，以原来的状态在变形区内起润滑作用，这种情况为流体摩擦。由于热轧钢板表面高温，变形区内轧辊和钢板表面之间分布的热轧润滑剂会在轧辊和钢板表面之间的微小不连续间隙内以不同形式存在，但各种形式都不同程度起到润滑作用。

对某钢厂热轧2.75 ×292mm产品的生产线现场数据计算，钢板在经过各机架汽化燃烧区域停留时间的最长时间为粗轧第四道次R4机架0.017 ~0.052s，精轧道次最长时间仅为0.035s，而经过变形区时间则更短，与前者相比可以忽略不计。在轧制变形区入口汽化燃烧区的油水混合液是不能完全燃烧的，而且同一温度下，随着液滴直径增加，燃烧时间也相应增加；而随着液滴含水量的增加，燃烧时间变短。

润滑剂经过变形区后，轧制实验中在出口区域可以看到会有燃烧产生，沿轧辊轴向有火焰喷出。变形区内，由于润滑剂在钢板和轧辊的间隙内被挤压，此时润滑剂处于高温高压状态，此条件下除了部分润滑剂会裂解燃烧外，由于间隙内缺氧，润滑剂不可能完全烧尽，还会以蒸汽和原始状态形式存在。所以，与变形区内相比，变形区外压力降低，又能够与含氧气充足的空气接触，再加上变形区内钢板和轧辊在高压下把润滑剂加热到燃点以上温度，在出变形区后，部分剩余的蒸汽和液体状态的润滑剂就会立刻燃烧。

C 热轧工艺润滑剂

热轧板带钢与有色金属带材由于在轧制温度、材料变形抗力包括润滑机制等方面不同，因此在与热轧润滑剂的选择和使用上也存在差异。

根据热轧时高温、高压和大量轧辊冷却水喷淋的工作条件，热轧工艺润滑剂应具备以下基本功能：

（1）润滑性能稳定，能充分降低或调控变形区的摩擦，从而减少轧辊磨损；

（2）良好的润湿性和黏着性，能均匀地分散在轧辊表面并牢固地附着，抗水淋性好，可以防止或减少在工作辊和支撑辊上形成的氧化物；

（3）在高温下有良好的抗氧化性和耐分解性，保证与轧件接触之前不在轧辊表面燃烧或分解，但是轧机出口带钢上的残余润滑油要在尽可能短的时间内烧尽，防止残余油遗留在带钢表面形成新的污染；

（4）良好的抗乳化性和离水展着性；

（5）无毒、无味，特别是在热分解中产生的气体也无毒、无味，而且燃烧产物进入废水中的残留物也无毒，对环境无污染。

由于现有热轧机组都有轧辊冷却水系统，所以尽管热轧润滑剂有水基和油基两种形式，但水基热轧润滑剂（如乳化液），使用条件复杂，同时又不便废水处理，所以目前大多采用油基热轧油。油基热轧油的基本组成见表2-13。

表2-13　带钢热轧油的基本组成

热轧油组成	成　分	含量/%
基础油	矿物油 聚烯烃 酯类油	50～100 50～100 0～100
油性剂	动、植物油 脂肪酸 高级脂肪醇 合成酯 固体润滑剂	0～50 0～50 0～50 50～100 不确定

D　热轧工艺润滑效果

对于不同的轧机、轧制工艺及轧制不同的产品品种，轧制工艺润滑作用效果也是不同的，对热轧和冷轧工艺过程轧制工艺润滑作用效果统计数据见表2-14。

表2-14　热轧和冷轧工艺过程轧制工艺润滑作用效果统计　（%）

项　目	热　轧	冷　轧
摩擦系数降低	30～50	10～30
轧制力降低	10～40	10～30
轧机功率降低	5～30	5～20
轧辊使用寿命提高	20～50	10～25
酸洗速度提高	10～40	—
作业率提高	3～10	3～5
轧后板带表面粗糙度降低	10～50	10～50

除此之外，采用工艺润滑还可使轧件在物理和冶金特性上发生如下变化：

（1）控制和改善晶粒组织；

（2）降低屈服点、极限拉伸强度和缺口强度；

（3）提高塑性应变比 r 值，提高伸长率；

（4）控制轧制织构形成，提高板带深冲性能

E　热轧工艺润滑系统

热轧板带钢的润滑效果，与所采用工艺润滑系统特别是供油方式有很大关系，目前热轧工艺润滑都采用非循环式润滑系统，即热轧油不能回收重复使用。

非循环式工艺润滑系统的程序、设备的结构和组成取决于所用的润滑形式，根据机组的不同情况，工艺润滑系统结构和系统程序由一系列单元系统构成，包括：润滑剂的贮存，润滑剂使用前的配置，润滑剂向工作机架和油量分配装置的供给，向轧辊喷涂润滑剂等，见图2-28。

油水在管路中直接混合法是目前各国普遍采用的方法之一，需建立独立的油水供给系

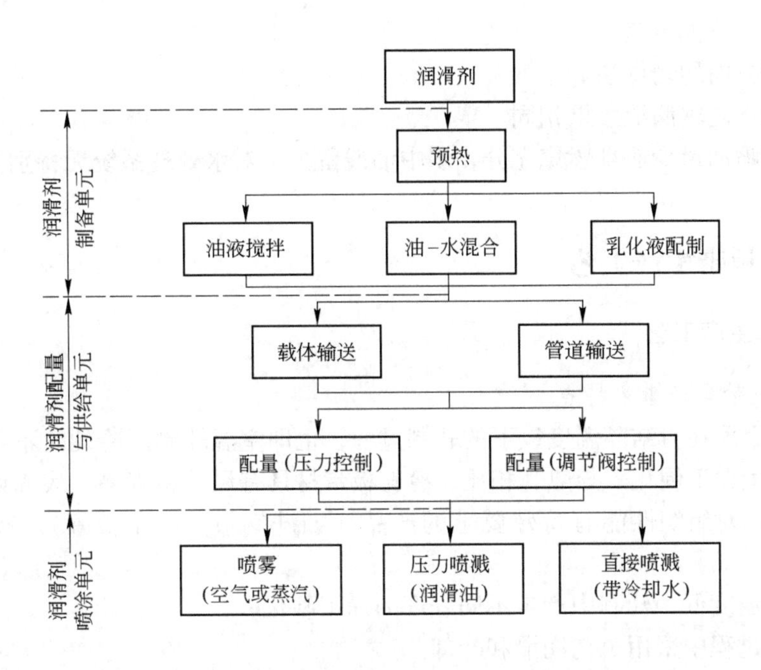

图 2-28 板带钢热轧润滑系统分类示意图

统，按要求的油水混合比例在管路中通过混合器混合后送到轧辊表面。一般来说，当油与水混合时，油的浓度为0.1%～0.8%左右。此法也可以微量供油，时间滞后相对少些，喷嘴不易被堵塞；但设备投资大，操作难度也大。

图 2-29 为一种新型可移动的轧制油供油系统装置工作示意图。该系统由计量泵、流量计、水量计和控制柜组成，设备可安放在离轧机较远处。计量泵与混合器相连接，油水通过管路进入混合器后，在上、下工作辊入口处各设置一根热轧油喷射集管，距辊缝100～250mm，通过喷嘴分散喷射。热轧油喷嘴与轧机冷却水之间由切水板完全隔开，刮水板布置成双面可移动式，可改善刮水板与工作辊的接触。该系统可以针对轧机的咬入和抛钢自动开启和关闭，同时可根据轧机速度任意调节流量。这种布置方式在使用过程中可充分发挥润滑优点，主要表现有：

（1）喷油量少（100～150g/t），而且易调节浓度，稳定性好。

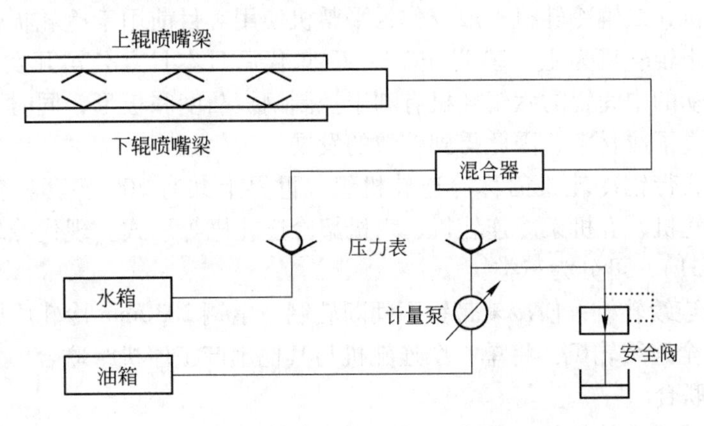

图 2-29 一种新型可移动的轧制油供油系统装置工作示意图

（2）供油，停油迅速。

（3）宽度方向均匀供油。

（4）上、下轧辊润滑效果相同。

（5）由于喷油量少而且燃烧充分，水中油残留少，对水处理系统无特别要求，也无需进行额外处理。

2.3.3　冷轧板带生产工艺

2.3.3.1　冷轧生产工艺

A　冷轧板带生产工艺特点

冷轧是指金属在再结晶温度以下的轧制过程，也即室温轧制。冷轧时不会发生再结晶过程，但会产生加工硬化。与热轧相比，冷轧板带材具有尺寸精度高，表面好；组织性能好，有利于生产对组织性能有特殊要求的产品（如硅钢板、汽车板等）。冷轧工艺的特点为：

（1）加工温度低，轧制中产生不同程度的加工硬化。

（2）冷轧过程中采用工艺润滑和冷却。

（3）张力轧制（防止跑偏，保持板形，降低变形抗力，调整电动机负荷）。

（4）冷轧产品须经退火或中间退火。

B　典型产品工艺流程

冷轧板带钢的产品品种多，生产技术复杂，生产工艺流程亦各有特点。成品供应状态有板、卷或纵剪带形式。冷轧生产的基本工序为热轧板卷的酸洗或碱洗、冷轧、热处理、平整、剪切、检验、包装、入库等。典型产品工艺流程如图 2-30 所示。

C　冷轧板带材生产的轧机组成及布置形式

传统的冷轧板带钢是单张轧制或成卷轧制。轧机通常为单机架，四辊可逆轧机或多机架连轧机。

单机架可逆式冷轧机生产规模小（一般年产 10 ~ 30 万吨），调整辊形困难，但它具有设备少、占地面积小、建设费用低、生产灵活等特点，因此在冷连轧机迅速发展的今天，目前世界上单机架可逆式冷轧机仍保有 260 多台。单机架可逆式冷轧机采用二辊、四辊、多辊等辊系的轧机，二辊冷轧机一般仅作为平整机使用。目前用于冷轧板带材轧制的轧机以四辊轧机和二十辊轧机为主，20 世纪 70 ~ 80 年代后日本日立公司开发了 HC 轧机，这种具有可轴向移动的中间辊的六辊轧机有利于控制钢板凸度和板形，同时有利于带钢边部的厚度控制，提高了成材率，因此得到较快的发展。

多机架连续式带钢冷轧机简称冷连轧机组，世界上共有 200 多套。有三机架冷连轧机、四机架冷连轧机、五机架冷连轧机、六机架冷连轧机等形式。现代冷轧生产方式为全连续式（见图 2-31），可分为三类：

（1）单一全连续轧机：使冷轧带钢不间断轧制。宝钢 2030mm 冷轧厂属该种形式。

（2）联合式全连续轧机：将单一全连轧机与其他生产工序机组联合。如与酸洗机组联合，与退火机组联合。

（3）全联合式全连续轧机：将全部工序联合起来。

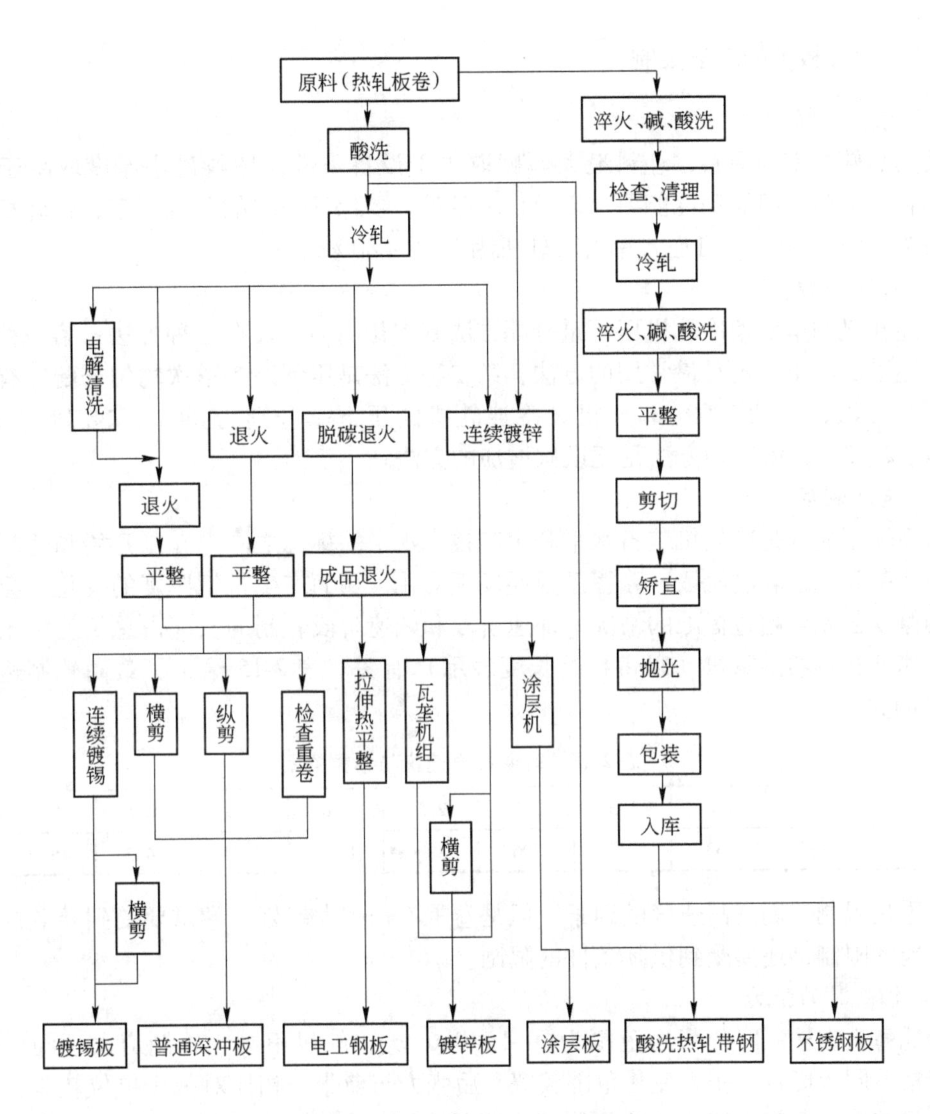

图 2-30　冷轧板带生产工艺流程图

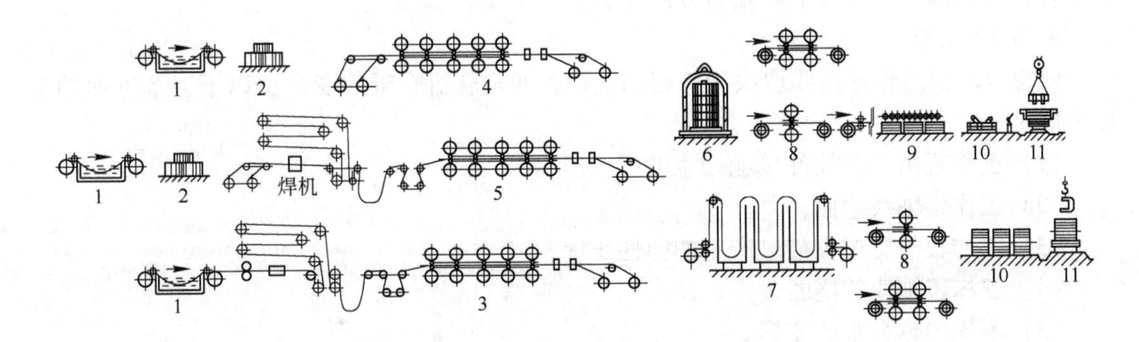

图 2-31　现代冷轧生产方法

1—酸洗；2—酸洗板卷；3—酸洗轧制联合机组；4—双卷双拆冷连轧机；5—全连续冷轧机；6—罩式退火炉；7—连续退火炉；8—平整机；9—自动分选横切机组；10—包装；11—运输

2.3.3.2　冷轧板带的工艺控制

A　原料选择

使用热轧板带为原料，坯料最大厚度取决于设备条件，坯料最小厚度取决于成品厚度、钢种、成品的组织和性能要求以及供坯条件。要保证一定的总压下率，连轧机总压下率一般为50% ~60%，可逆式单机架轧机为50% ~80%。

B　压下规程

冷连轧机和单机架冷轧机压下量分配方法基本相同，主要有三种方法：第一种方法是压下率逐道次减小，这是最常用的方法；第二种方法是压下率各道次均匀分配，有的连轧机使用此方法，如某1700mm五机架冷连轧机的压下率分别为24%、24.3%、24.3%、24.1%、24.2%；第三种方法是逐道次增加的方法。

C　速度制度

最高轧制速度是冷轧机装备水平和生产技术水平的标志之一，轧制开始和轧制终了前的加速轧制和减速轧制阶段，摩擦系数要发生变化，从而产生带钢厚度的变化，会出现头尾部的厚度公差等超过标准的情况。加速阶段和减速阶段轧制的长度占总长度的比例与最高轧制速度和钢卷的重量（以带材的长度表示）有关。表2-15给出了最高轧制速度 v 与卷重 G 的关系。

表2-15　轧制最高速度与卷重关系

$v/\mathrm{m\cdot s^{-1}}$	0.5	1.0	1.5	2.0	2.5	3.0	3.5	4.0	4.5	5.0
G/m	177	353	530	706	883	1060	1236	1413	1590	1766

卷重是限制轧制最高速度的因素，但是卷重不是越大越好，卷重要受到卷取机电动机调速性能的限制，还要受到供坯条件的限制。

D　轧制时的张力

冷轧薄板在轧制时的张力范围为$(0.1 \sim 0.6)\sigma_s$，轧机不同、轧制道次不同、钢种不同、规格不同等影响，张力变化范围较宽。后张力与前张力相比对减少单位轧制压力效果明显，足够大的后张力能使单位轧制压力降低35%，而前张力只能降低20%左右。可逆式冷轧机多采用后张力大于前张力方法轧制。

E　轧辊辊形

四辊冷轧机的辊形曲线取决于轧辊的变形，四辊轧机轧辊的变形由以下五个方面的变形组成：

（1）工作辊由于与轧件接触产生的弹性压扁；

（2）工作辊轴线挠曲；

（3）工作辊与支撑辊接触产生的弹性压扁；

（4）支撑辊轴线的挠曲；

（5）不均匀热膨胀的变形。

轧辊变形的计算方法有多种方法，可参阅有关文献。

轧辊辊形曲线的配置有两种方法。第一种方法是上下工作辊采用相等或不相等的凸度值，此方法的优点是凸度分布在上下辊，带钢板形平直；缺点是上下辊凸度顶点要对应，必须有轧辊的横向调整装置。第二种方法是凸度集中在上工作辊，下工作辊为圆柱形，其优点是轧制时辊缝平直，安装方便；但轧后板形略呈凹形，经平整可基本消除，此方法被广泛使用。

2.3.3.3 冷轧板带工艺润滑

板带钢冷轧时由于材料加工硬化，变形抗力增加，导致轧制压力升高，同时，随着轧制速度的提高，轧辊发热，必须采用兼有冷却作用的润滑剂进行工艺润滑以减少摩擦、降低轧制压力、冷却轧辊和控制板形。在相同条件下，水的冷却性能要优于油，而乳化液的冷却能力介于水和油之间，一般为水的40%～80%，而且随着乳化液浓度的增加，其冷却能力下降。

A 冷轧工艺润滑剂基本功能

鉴于冷轧工艺润滑的重要作用（详见表2-14），作为润滑剂除了应具备一般润滑剂的基本功能外，还应满足以下特征要求：

（1）润滑性能好，能够有效地降低或调控摩擦系数，降低轧辊磨损。

（2）冷却能力强，具有较高的导热和传热系数，满足高速轧制时的冷却性要求。

（3）性能稳定，在高温、高压环境下循环使用不变质，润滑效果不变，或者具有较长的使用周期。

（4）使用方便，作为油基润滑剂应具有较高的闪点和较低的凝固点，确保使用的安全性和低温时的流动性；作为乳化液应在乳化温度、时间、水质等方面无特殊要求，管理维护方便，破乳方法简单。

（5）清净性强，在使用过程中能随时带走轧辊和板带表面的磨屑和粉尘，轧后板面无油渍，退火时表面无油斑。

（6）防锈性好，能有效地防止与其长期接触的轧机和所轧板带材锈蚀。

（7）无毒、无味，排放或者板带材表面残留物符合环保要求。

（8）使用的经济性。

板带钢冷轧润滑剂的分类及用途见表2-16，由于冷轧产品品种较多，轧制工艺也存在差异，应根据具体情况如轧件材质、轧件厚度、轧机、轧制速度、表面质量要求等选择最适合的润滑剂。

表2-16 板带钢轧制润滑剂的分类与用途

使用特征 \ 类型	乳化液			轧制油
	矿物油基础油	脂肪油基础油	混合型基础油	矿物油或混合油
特征	油脂含量低； 清净性好； 乳化液较硬； 皂化值①：30～40	润滑性最好； 清净性较差； 适宜高速轧制； 皂化值：190～200	润滑性好； 热分离性强； 乳化液较软； 皂化值：100～160	低黏度+添加剂； 循环使用； 低速轧制； 轧后表面质量好
用途	连轧机； 可逆轧机； 森吉米尔轧机	连轧机； 可逆轧机	连轧机； 可逆轧机	连轧机； 可逆轧机； 森吉米尔轧机

续表 2-16

类型 使用特征	乳化液			轧制油
	矿物油基础油	脂肪油基础油	混合型基础油	矿物油或混合油
工　况	浓度 2% ~8%；温度 35 ~50℃	浓度 2% ~5%；温度 50 ~60℃	浓度 2% ~5%；温度 50 ~60℃	添加剂含量 1% ~10%
轧制钢种	普通钢，特殊钢	普通钢，特殊钢	普通钢，特殊钢	特殊钢，极薄带

①皂化 1g 油品所需 KOH 的毫克数，mg(KOH)/g。

B　冷轧乳化液的润滑性能

皂化值是轧制润滑剂润滑性能的标志，皂化值越高，轧制润滑性能越好，但轧后退火板面清净性也随之变差。所以皂化值也是用来选择轧制不同规格板带材的轧制油标准之一。轧制油的皂化值与润滑性和清净性的关系见图 2-32。轧制不同规格板带钢选用的乳化液类型及皂化值范围见表 2-17。

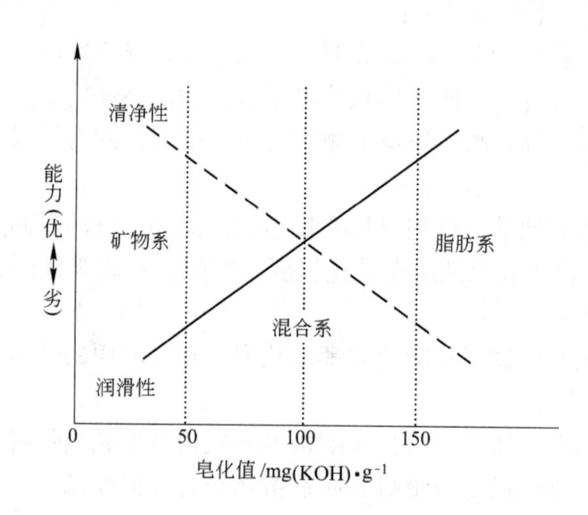

图 2-32　轧制油的皂化值与润滑性和清净性的关系

表 2-17　轧制油的选用

产品厚度/mm	皂化值/mg(KOH)·g^{-1}	乳化液类型
>0.5	30 ~50	较稳定
0.3 ~0.5	50 ~130	稳定性一般
<0.3	160 ~200	不稳定

乳化液的润滑性能除了决定于皂化值外，还与乳化液中浓度、稳定性、油滴的颗粒度分布有很大关系。乳化液配制方法不同，其颗粒度分布也不相同，特别是随着乳化液的使用，颗粒度的分布发生变化，导致轧制过程润滑性能变化，最终使得轧制过程中轧制力、张力等因素发生波动。

C　冷轧乳化液的应用

在单机架冷轧板带钢，特别是板材较厚、速度较低时，可以直接使用酸洗涂油进行工艺润滑，或者在酸洗涂油中掺入部分脂肪油，水则作为冷却液。若轧制成品厚度大于

0.5mm 的钢带时，可采用矿物油型乳化液，使用该乳化液冷轧轧机清净性较好，轧后钢带可不经脱脂直接进行罩式退火，退火后表面清净性好。当轧制成品厚度小于 0.3mm 的镀锡原板和镀锌原板时，通常使用脂肪型乳化液并添加油性剂和极压剂以提高其润滑性能，但是，轧后需经脱脂后才能进行退火。

上述乳化液循环过滤使用时，乳化液浓度 3% ~5%，温度 38 ~66℃，流量 11350 ~18900L/min。轧制 1 吨带钢油耗 0.4 ~1.5kg。

在多机架连轧板带钢，如汽车板、电工钢等表面质量要求高的产品时，由于轧制速度高，可采用混合型或脂肪型乳化液进行工艺润滑。表 2-18 为五机架冷轧板带钢使用的典型乳化液产品质量标准要求。该产品的使用方法是将其调入工业脱盐水中配制成乳化液循环使用，供 1 ~4 架轧机使用的乳化液浓度为 2.2% ~3.5%；因第 5 轧机是平整轧机，轧制力较小，所用轧制乳化液浓度也较低，为 1.5%。乳化液在使用过程中还需测定浓度、pH 值、电导率、游离脂肪酸及稳定指数 ESI 等。通过工业应用发现：乳化液性能、轧制工艺和退火吹氢三个方面会影响钢板表面的清净度。

表 2-18 典型冷连轧乳化液质量标准要求

项 目	指 标	分析方法
密度(25℃)/kg · m^{-3}	850 ~950	GB/T 1884
运动黏度(40℃)/mm^2 · s^{-1}	55.3 ~58.4	GB/T 265
黏度指数	>100	GB/T 2541
酸值/mg (KOH) · g^{-1}	8.5 ~9.5	GB/T 264
皂化值/mg (KOH) · g^{-1}	137 ~147	GB/T 8021
pH 值	5.7 ~6.8	SH/T 0365—92
折射率	1.4803 ~1.4865	Q/SH 018.0031—86
乳化液稳定性指数	0.1 ~0.5	SH/T 0579—1994
颗粒度/μm	2.1 ~2.5	电镜法
水分/%	0.08 (实测)	GB/T 260

在冷轧过程中，乳化液参数、轧制工艺参数、设备工况、轧辊状态、退火工艺、平整工艺等任何一个情况有变化，都会对带钢的表面质量造成影响，所以一旦出现问题，首先要分析是乳化液自身的问题，还是润滑工艺问题，或者是轧机工况如液压、电力、机械故障等造成的问题，确定故障性质，制订合理措施。冷轧润滑过程中板带钢表面常见问题与解决方法见表 2-19。

表 2-19 冷轧润滑板带钢表面常见问题与解决方法

表面缺陷	原 因	解决方法
热划伤	浓度过低，辊温过低，异物进入轧机，开卷时带钢之间的摩擦	提高浓度，轧辊预热，除去异物，酸洗涂油，增加张力
斑 迹	吹扫不力，杂油泄漏，空气湿度大、库位存放时间长，雨水侵蚀	提高吹扫压力保持钢卷干燥，杂油含量过高时可部分或全部换油，改善存放及包装条件
锈 蚀	浓度过低，吹扫不力，钢板表面铁粉含量高；酸性物质介入，细菌，冬天结露水	检测浓度、pH 值、氯含量等及时调整乳化液，必要时添加杀菌剂，可采用封闭措施防止结露

续表 2-19

表面缺陷	原　因	解决方法
泡　沫	碱性物质介入、杂油泄漏、轧制油配方不当，乳化液系统泵压太高	检测浓度、水质、杂油以调整乳化液，还可以提高水的硬度或改善撇油方法减少泡沫
霉菌生长	乳化液发生酸败，通常在低黏度、低 pH 值、缺氧条件下，在油泥等污染物中繁殖，传播迅速，伴有难闻的味道	检测并调节浓度，控制杂油泄漏，必要时加杀菌剂；控制乳化液温度在 50～60℃，停机时至少保持小循环
轧后带钢板面清净性差	乳化液残留物：铁粉、铁皂、灰分、细菌含量过高，因浓度、杂油造成的乳化液润滑性下降，轧材、轧辊材质及粗糙度变化	提高乳液浓度、温度，清除杂油，降低轧辊表面粗糙度，严格控制轧制规程：先轧薄料、硬料，后轧厚料、软料；先轧宽料，后轧斜料
退火清净性差	乳液残留过多，杂油含量过高，退火制度安排不当或冷轧油的配方不合理	提高吹扫质量，除杂油（撇油或增加磁过滤时间）；调整退火制度，在 350℃左右处设保温平台；改进冷轧油的配方
碳化边	退火制度或退火气氛控制不当，冷轧油的配方不合理	调整退火制度，检查退火气氛质量，改进冷轧油的配方
油耗高	浓度控制不当，撇油器及磁性过滤器开启频繁，乳液被污染稳定性变差，或配方设置的 ESI 偏小	保持浓度平稳，浓度与变形量要保持一致，合理控制撇油器及磁性过滤器的操作，适时调整频率

D　冷轧工艺润滑系统

冷轧工艺润滑与热轧所不同的是乳化液为循环使用，同时还兼有分段冷却、控制轧后板形的作用，轧后板带材表面质量要求也较高。因此对乳化液在使用过程中的循环、过滤提出了严格要求。冷轧工艺润滑系统主要包括以下 4 项。

a　乳化液的循环

现代化冷轧机都配置了轧辊分段冷却调节系统，一般情况工作辊为多段，支撑辊为一段。冷轧板带钢乳化液用量为每千瓦主电机功率约 1～2L/min。乳化液在喷嘴出口处的压力为 0.39～0.49MPa；乳化液在使用前应进行过滤。全连轧乳化液循环系统见图 2-33。

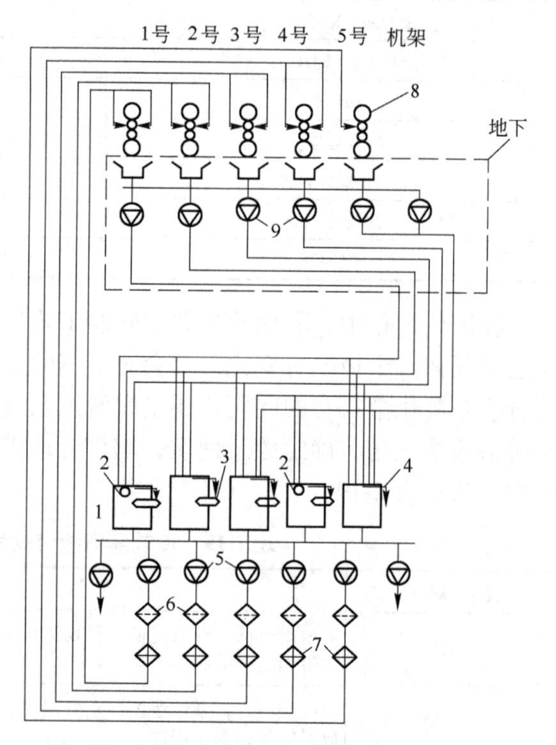

图 2-33　全连轧乳化液循环系统图

1—乳液槽；2—搅拌器；3—磁过滤器；4—撇油装置；5—输送泵；6—反冲过滤器；7—冷却器；8—轧机；9—回流泵

b　乳化液的过滤

在冷轧过程中，钢板表面上的氧化铁皮与轧辊表面磨损脱落物质会形成细小微粒悬浮在乳化液中，如果过滤不干净，在轧制过程中就会被压入板带钢表面，造成轧后表面黑化，影响轧后表面质量。

一般乳化液过滤装置为霍夫曼过滤器，但是，该装置只能过滤去较大的粒子，而较细小的微粒仍留在乳化液中。新型的电磁净化装置具有磁场强、流速低、液面薄和多次穿越磁场等特点，从而实现在短时间内捕获乳化液中微细及超微细的铁磁粒子。

电磁净化乳化液系统由三部分组成，即净化过程、再生过程、排渣过程。再生过程是待净化过程结束后，为使磁介质钢球再次循环使用，用高压热水（内设搅拌装置）将钢球表面冲刷干净。排渣过程是将冲刷下来的污水排入废水站。循环过滤后的乳化液控制参数为：

铁含量 $<200\times10^{-6}$　　电导率 $<200\mu S/cm$

氯含量 $<30\times10^{-4}$　　pH 值 $=6.0\sim6.5$

c　乳化液的温度控制

乳化液温度除了与乳化液的冷却性能和腐败变质有关外，还影响乳化液中油滴的粒径，进而影响到乳化液的轧制润滑性能和轧后带钢表面清洁性。因为温度增加，导致乳化液的油滴粒径增大，润滑性能提高，因此轧制过程中铁粉生成量减少，轧后带钢表面清净度提高。但是，乳化液温度过高，会影响其稳定性和冷却能力。

当然，乳化液的使用浓度与乳化液的类型有关，其中：若使用稳定型乳化液，浓度为2.5%～4.5%，乳化液温度控制在45～50℃；若使用半稳定型乳化液，浓度为3.5%～5.5%，乳化液温度控制在50～55℃。

d　分段冷却

现代冷轧机多具有闭环板形控制系统，其中轧制润滑剂的分段冷却也是板形的控制手段之一。以板带钢五机架连轧为例：多数品种和规格的轧制都采用稳定型乳化液（使用浓度3.5%～4.5%）。由于全连续轧制时连续高速运行，轧辊和带钢表面温度较高，所以乳化液不仅要喷射到工作辊和支撑辊表面上，而且也要喷射到机架间的带钢上，以保证良好的冷却条件。为了高速轧制薄带钢（$h<0.6$mm）及难变形带钢，还可以在每架轧机前向带钢喷射半稳定型乳化液以提高其润滑性能。同时，为了控制工作辊的热凸度，在不同机架上进行分段冷却。由于各机架工作辊热凸度控制精度要求不同，所以第1、2架分三段冷却控制；第3、4、5架分五段冷却控制；第6架轧机由于直接影响到出口带钢板形，故分九段冷却控制。

2.3.4 有色金属板带材生产工艺

有色金属板带材生产主要包括铸锭、热轧、冷轧、坯料与成品热处理等主要工序过程。

2.3.4.1 铸锭

热轧的铸锭通常是采用连续、半连续、铁模等铸造方法生产的扁锭，但铝及铝合金多采用铸轧（Continuous Casting-Rolling）工艺生产热轧卷。铸锭的质量指标除了铸锭尺寸、形状应满足要求外，还包括铸锭的化学成分、表面和内部质量。

（1）化学成分。铸锭的化学成分不符合技术标准，或者化学成分不均匀，不仅恶化了轧制工艺性能，而且轧材最终组织与性能也达不到技术标准要求。所以，铸锭的化学成分必须符合标准，而且成分要均匀。

（2）铸锭表面质量。铸锭表面应无冷隔、裂纹、气孔、偏析及夹渣等缺陷，表面光洁平整。上述表面缺陷会引起热轧时热脆、碎裂、开裂或分层的发生，热轧出现表面起皮、气孔不能压合等现象，此时需要进行表面处理。

（3）铸锭内部质量。铸锭内部缺陷与成分、组织不均，对轧制过程及轧后产品质量有较大影响。常见的内部缺陷有偏析、缩孔、裂纹、气孔及非金属夹杂等。因此，除了对铸锭进行成分分析、低倍或高倍组织检查外，热轧前还要进行铸锭表面处理和热处理。

铸锭表面处理方式分机械处理、化学处理和表面包覆。机械处理是利用铣面、车皮、刨面、打磨等手段将铸锭表面或局部剥去一层以消除铸锭表面缺陷。表面化学处理是用化学方法除去铸锭表面的油污和污物，使表面形成新的氧化膜。表面包覆是用机械方法衬上纯金属或合金板材，随铸锭一起加热、热轧或冷轧直至成品。包覆的目的是为了改善有色金属的加工性能或提高产品的抗腐蚀能力。

为了改善铸锭组织，消除铸锭内应力，热轧前一般对铸锭进行均匀化退火，以提高金属的轧制性能和成品最终组织性能。

2.3.4.2　热轧

有色金属热轧常采用二辊、四辊轧机。如铜及合金热轧一般采用二辊可逆轧机。铝及铝合金使用二辊或四辊可逆轧机，采用较多的有四辊可逆单机架布置、双机架布置和多机架连续。

与传统铝材轧制工艺相比，铝材热连轧具有自动化程度高、生产效率高，产量大、产品质量稳定、轧制速度快等优点，现已被广泛重视并得到应用。目前国内外应用较多的是1+4式热连轧，即1架4辊可逆式粗轧机和4架4辊不可逆式精轧机。由于热连轧是在铝再结晶温度以上进行，热连轧终轧温度高，而且轧制速度快，铝板厚度薄，板面质量要求高，因此对热轧工艺润滑提出了更高的要求。以典型的3004铝合金为例，铸锭尺寸为610×1850×8000mm，热连轧工艺见表2-20。

表2-20　3004铝合金的热连轧工艺

道　次	热粗轧			
	厚度/mm	压下量/mm	压下率/%	轧速/$m \cdot min^{-1}$
1	582	28	4.6	96
2	551	31	5.3	96
3	519	32	5.8	96
4	486	33	6.4	96
5	453	33	6.8	96
6	419	34	7.5	96
7	384	35	8.4	96
8	348	36	9.4	96

续表 2-20

道　次	热粗轧			
	厚度/mm	压下量/mm	压下率/%	轧速/m·min⁻¹
9	311	37	10.6	96
10	271	40	12.9	96
11	229	42	15.5	96
12	183	46	20.1	96
13	141	42	23.0	96
14	104	37	26.2	96
15	75	29	27.9	132
16	52	23	30.7	158
17	35	17	32.7	180
热精轧				
1	15.8	19.2	54.9	63
2	7.6	8.2	51.9	131
3	3.8	3.8	50.0	262
4	2.2	1.6	42.1	450

铝合金和铜合金的热轧温度见表 2-21 和表 2-22。铝及铝合金的变形速度为 1～100s^{-1}，铜为 6～18s^{-1}，镍及铜镍合金为 6～20s^{-1}，锌为 0.4～4.0s^{-1}。与钢铁轧制不同的是，有色金属热轧必须采用工艺润滑以防止热轧时粘辊，改善轧后板材表面质量；同时冷却轧辊，控制辊形。由于铜的氧化物自身具有润滑作用，其热轧时可用水进行冷却轧辊，或采用乳化液。而铝及铝合金由于质软，极易粘辊，必须采用乳化液进行润滑冷却。

表 2-21　铝合金热轧温度

合　金	开轧温度/℃	终轧温度/℃	合　金	开轧温度/℃	终轧温度/℃
纯　铝	450～500	350～360	LF5	450～480	320～360
LF2	450～510	350～360	LF6	430～470	360～370
LF3	410～510	310～330	LY11，LY12	390～410	340～360

表 2-22　铜合金热轧温度

合　金	开轧温度/℃	终轧温度/℃	合　金	开轧温度/℃	终轧温度/℃
紫　铜	800～850	500～650	H59、HPb59-1	650～800	700
H96、H90	800～850	470～700	QAl5、QAl7	600～870	650
H80、H68	750～800	450～700	QBe2.5、QBe2.0	600～810	650
H65、H62	750～800	450～700			

2.3.4.3　冷轧

冷轧根据不同目的，可分为开坯、粗轧、中轧和精轧等四种类型。开坯冷轧是将不宜热轧的有色金属铸锭或铸坯，直接冷轧成一定厚度的板坯或卷坯。粗轧则是将热轧后的板坯（卷坯）或铸轧卷坯冷轧到一定厚度。中轧是将粗轧后的板坯或卷坯冷轧到成品前所要求的坯料厚度。精轧（轧成品）是按成品总加工率轧至成品厚度。根据设备及工艺条件，上述不同冷轧过程既可在不同的轧机上进行，也可在同一台轧机上完成。

现代冷轧机均为四辊或六辊高精度轧机，如1850mm、2050mm、2300mm为国内铝板带箔主力机型，轧制速度可达30m/s，同时配有液压压下、液压弯辊、分段冷却系统及AGC和AFC装置。如6辊CVC轧机，以2050单机架六辊可逆轧机为例，可以生产1系、3系、5系、8系铝及铝合金板带材，成品宽度范围为1000～1950mm，冷轧的最薄厚度为0.06mm。其主要技术参数见表2-23。

表2-23　2050六辊可逆轧机的主要参数

工作辊辊径	最大卷重	最高轧制速度	工作辊宽度	最大轧制力	来料厚度	来料宽度
1300mm	24t	1200m/min	2050mm	20000kN	6～12mm	950～1920mm

同样，工艺润滑在冷轧过程中起着重要作用。与钢铁冷轧不同，有色金属冷轧都采用全油润滑，即使用低黏度基础油并加入添加剂作为轧制油。

2.3.4.4　热处理

根据不同的目的即合金强化特点，板带材坯料与成品的热处理分为中间退火、成品退火、淬火-时效及形变热处理。中间退火包括热轧坯料退火和冷轧中间坯料退火。前者是为了消除热轧后因不完全变形产生的硬化，后者则是消除冷轧加工硬化，降低变形抗力以便继续冷轧。成品退火分完全退火与低温退火。完全退火用于生产软态产品，低温退火在于消除内应力，稳定材料尺寸、形状及性能，以获得半硬态或硬态产品。为了改善产品的性能，对热处理可强化的合金进行淬火可将合金中的可溶相溶解到固溶体之中，形成室温下不稳定的过饱和固溶体，又称固溶处理。时效则是在淬火的基础上促使过饱和固溶体进行分解（脱溶）而达到强化的目的。表2-24列举了部分铜铝合金的中间退火和成品完全退火温度。

表2-24　部分铜铝合金的退火温度

合　金	退火温度/℃		保温时间/min
	中间退火	成品退火	
L4，L6	340～360	350～420	50～60
LY11，LY12，LY16	390～410	350～400	60～180
LF2，LF3	370～390	350～420	50～90
T2，H90，HSn70-1	500～600	420～500	30～40
H59，H62，	600～700	550～650	30～40

续表 2-24

合金	退火温度/℃		保温时间/min
	中间退火	成品退火	
H68，H80，HSn62-1	500 ~ 600	450 ~ 500	30 ~ 40
B19，B30	780 ~ 810	500 ~ 600	40 ~ 60
HPb59-1，HMn58-2 QAl5，QAl7	600 ~ 750	500 ~ 600	30 ~ 40

铝及铝合金板带材典型生产工艺流程见图 2-34，铜及铜合金板带材典型生产工艺流程见图 2-35。

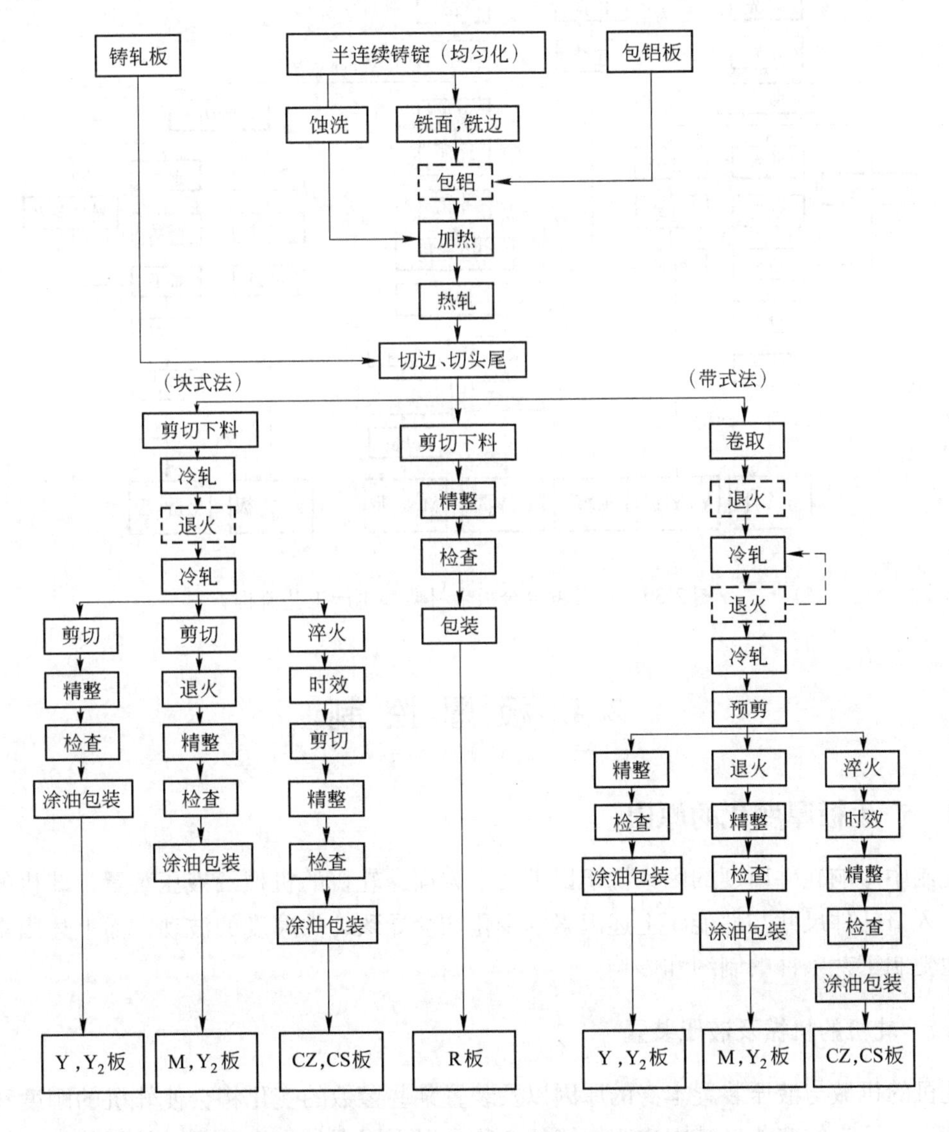

图 2-34 铝及铝合金板带材典型生产工艺流程

（实线为常采用的工序，虚线为可能采用的工序）

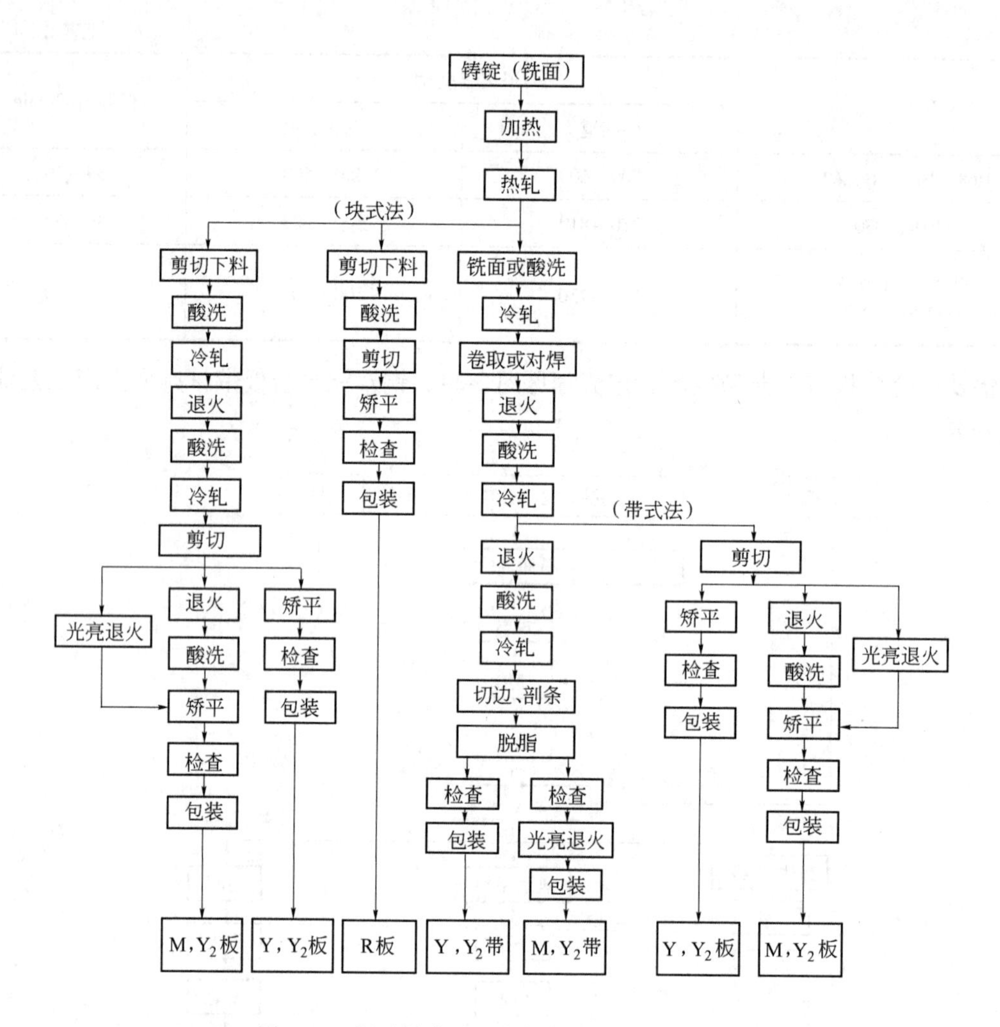

图 2-35　铜及铜合金板带材典型生产工艺流程

2.4　板厚控制

2.4.1　产生板厚变化的原因

轧制中影响轧件厚度的因素源于以下几个方面：轧机的机械及液压装置、轧机的控制系统、入口轧件尺寸与性能。上述因素的变化均会导致轧件厚度的波动，而上述因素又受到其他轧制工艺条件的制约和影响。

2.4.1.1　轧机的机械及液压装置

轧机的机械与液压装置本身的原因以及装置某些参数的变化将会使轧机的刚度和空载辊缝产生非预定的变化。其中空载辊缝的变化是以下因素的作用结果：轧辊偏心、轧辊的椭圆度、轧辊磨损、轧辊的热胀冷缩、轧机的振动、轧辊表面润滑剂油膜厚度的变化等。

当轧件咬入时，轧机开始承受载荷，传递载荷的轧机构件将发生挠曲和变形，从而使辊缝产生额外的变化，其变化程度取决于轧机结构刚度的大小。而轧机刚度主要与轧辊直径、轧辊凸度、轧辊压扁、压下螺丝、液压缸、轴承油膜的厚度、轧辊表面润滑剂的油膜厚度以及轧件宽度有关。

2.4.1.2 轧机的控制系统

由于轧机控制系统本身不完善或发生变化引起轧件厚度的变化，这包括轧制速度的控制、辊缝的控制、轧制力的控制、弯辊的控制、轧辊平衡的控制、轧辊润滑冷却的控制、轧制张力的控制、测厚仪以及测量与控制系统的误差与滞后等。

2.4.1.3 入口轧件尺寸与性能

入口轧件在厚度、宽度、板形、硬度、温度等方面的变化也会导致轧后轧件厚度的波动。

2.4.1.4 连轧时张力变化

连续式轧机轧制时机架间的张力对最终板厚有很大影响。产生张力变化的原因主要有三点，其一是由于轧制压力、轧辊间隙等设定时的误差，使前一机架的出口速度和下一机架的入口速度之间有较大的差别，或者是在咬入时电动机的速度瞬时降低等原因，造成带坯的头部在被下一架轧机咬入时张力产生变化；其二是带坯的尾部从前一机架中脱出时张力要产生变化，此时下一机架的轧制负荷增加，板厚增加，要进行修正；其三是稳定轧制时由于材料的性能和尺寸等因素的波动也会造成张力的变化。

2.4.2 板厚控制原理

以轧制力为纵坐标，轧件厚度为横坐标，将轧机的弹性曲线 A 和轧件的塑性曲线 B 放在同一坐标内构成的图称为 P-H 图（见图 2-36a）。曲线 A 与曲线 B 的交点为 n，该点的坐标表示了轧制力 P 和轧件出口厚度 h_2 的数值。可以利用方程（2-11）和曲线（图 2-36）来调整轧件出口厚度。用 P-H 图建立起原料厚度 h_1、钢板轧出厚度 h_2、轧制时压下量 Δh、轧制力 P、轧辊辊缝 C_0、轧机弹跳 ΔC 之间的关系：

（1）初始辊缝设定：辊缝增加，来料厚度不变，曲线 A 向右平移（图 2-36b），导致轧制力降低到 P'，轧件出口厚度增加到 h'_2。根据弹跳方程或图 2-36b 中的几何关系可以得到厚度的改变量 Δh_2，即：

$$\Delta h_2 = \frac{K_w}{K_w - K_m}\Delta C_0 \tag{2-32}$$

（2）来料厚度：来料厚度增加，辊缝不变，曲线 B 向右平移（图 2-36c），导致轧制力增加到 P'，轧件出口厚度增加到 h'_2。

（3）轧机刚度：轧机刚度增加，辊缝和来料厚度不变，相当于曲线 A 的斜率增加（图 2-36d），导致轧制力增加到 P'，轧件出口厚度降低到 h'_2。

（4）轧件变形抗力：轧件变形抗力减小，相当于曲线 B 的斜率减小（图 2-36e），导

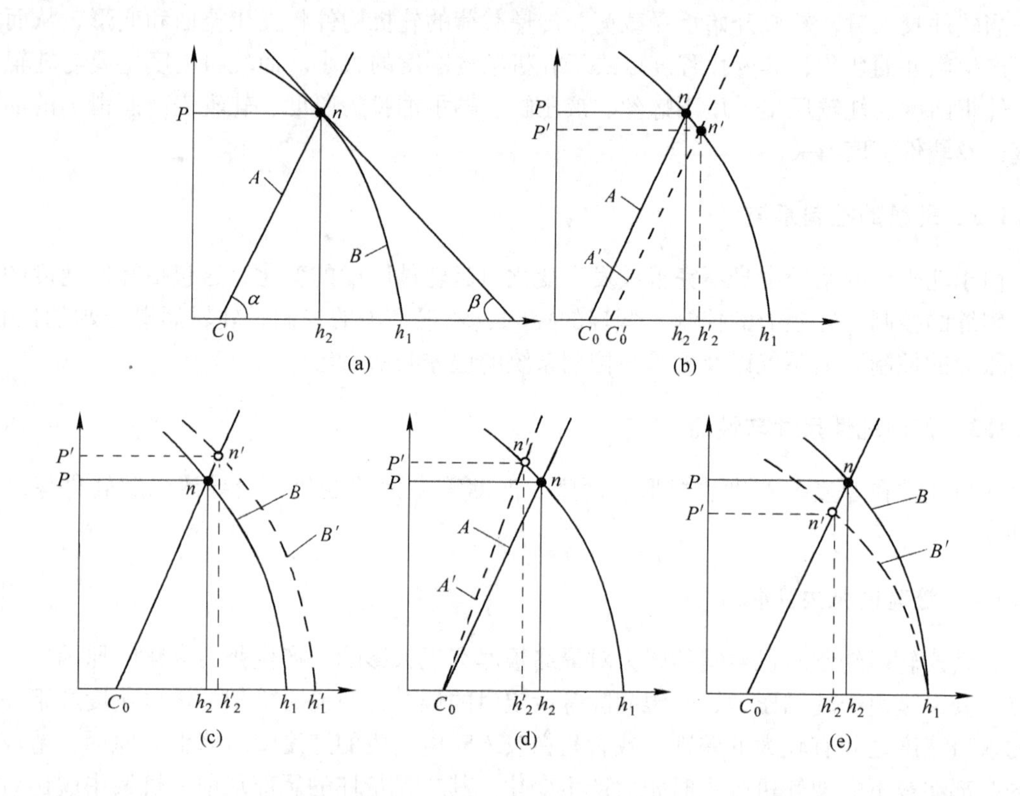

图 2-36　轧制过程弹塑性曲线

（a）初始辊缝设定；（b）改变轧辊辊缝；（c）改变轧件入口厚度；（d）改变轧机刚度；（e）轧件塑性系数

致轧制力降低到 P'，轧件出口厚度也降低到 h'_2。

因此，凡是影响到上述四个方面的工艺条件都可以对轧件出口厚度产生影响，如轧件温度和轧制过程的张力都会对轧件变形抗力产生影响，进而影响到轧件出口厚度。如热轧时轧件温度的波动导致轧件厚度的变化；通过调整连续式轧机速度来控制机架间的张力，进而控制最终板厚等。一般后张力比前张力的影响大一倍左右，因此主要是用后张力来控制板厚。

2.4.3　连轧板厚控制

2.4.3.1　冷连轧板厚控制原理

如有两机架冷连轧机轧制速度一定，要控制出口端的板厚，往往会想到要改变后面的 B 机架的轧辊间隙，如图 2-37 所示。但改变轧辊间隙造成的后一机架出口端板厚的变化很小，往往达不到预期的目的。B 机架的轧辊间隙减小，板厚应变薄，但 B 机架出口端因前滑值变小，使钢板速度几乎不变，钢板从 B 机架出口流出的秒流量变小，使入口的秒流量不得不减小，入口的钢板速度变慢；由此造成的 A—B 机架间堆钢，A—B 间的张力急剧下降，即 B 机架的后张力降低，轧制压力急剧增加，板厚增加。

在稳定状态下，各机架的秒流量与第一架入口的秒流量是相同的，各机架出口端的板厚可由第一架的秒流量与各机架出口端的钢板速度的比决定。如假设前滑值可影响很小，

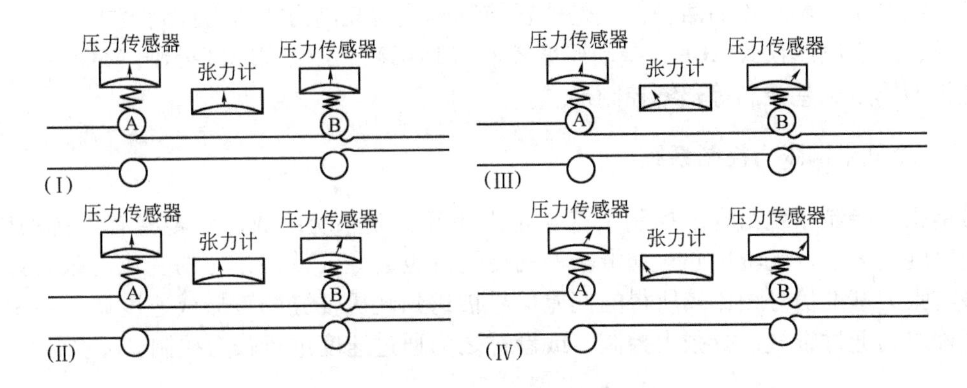

图 2-37 冷连轧机调整方法示意图

最终出口端的板厚可由第一架的秒流量与各机架出口端的钢板速度的比决定。因此为了改变出口端的板厚，可以采用如下方法：改变秒流量，如通过改变轧辊间隙或改变后张力改变第一架出口的板厚；也可用改变第一架轧机轧辊速度来实现秒流量的改变；如秒流量一定的话，改变最后一架轧机的轧辊速度。B 的速度增加，A、B 间的张力增加，A 和 B 的负荷降低，板厚变薄。

2.4.3.2 热连轧板厚控制原理

热轧时在张力稳定的状态下进行速度的控制，所以能够调整的只有轧辊的间隙，各机架的轧辊间隙的调整量 ΔC 和出口端板厚的偏差 Δh 可表示为：

$$\begin{cases} \Delta h_1 = \dfrac{K_1}{K_1 + M_1}\Delta C_1 \\ \Delta h_2 = \dfrac{K_2}{K_2 + M_2}\Delta C_2 + \dfrac{\mathrm{d}P/\mathrm{d}h_0}{K_2 + M_2}\Delta h_1 \\ \vdots \qquad\qquad \vdots \qquad\qquad\qquad \vdots \\ \Delta h_i = \dfrac{K_i}{K_i + M_i}\Delta C_i + \dfrac{\mathrm{d}P/\mathrm{d}h_0}{K_i + M_i}\Delta h_i \end{cases} \tag{2-33}$$

与冷轧不同，热轧情况下，越是后面的机架对最终出口端板厚的影响越大。

2.4.4 板厚自动控制系统 AGC

厚度自动控制系统（AGC）是指为使板带材厚度达到设定的目标偏差范围而对轧机进行的在线调节的一种控制系统。AGC 系统的基本功能是采用测厚仪等直接或间接的测厚手段，对轧制过程中板带的厚度进行检测，判断出实测值与设定值的偏差；根据偏差的大小计算出调节量，向执行机构输出调节信号。AGC 系统由许多直接和间接影响轧件厚度的系统组成，通常包括：辊缝控制系统、轧制速度控制系统、张力控制及补偿功能系统。

2.4.4.1 辊缝控制系统

辊缝控制的执行机构有机械式和液压式，其中液压缸被广泛地应用在辊缝控制的执行机构中。液压缸被安装在上支撑辊轴承座上方，或下支撑辊轴承座下方。液压执行机构采用闭环控制系统，最常用的两种模式是位置控制模式和轧制力或压力控制模式。

此外，还有测厚仪式 AGC、差动厚度控制（DGC）、定位式厚度控制（SGC）以及单机架轧机的厚度偏差控制等辊缝控制形式。

2.4.4.2　冷轧带钢张力控制系统

带钢张力控制系统由辊缝控制系统与张力闭环控制系统组成，对辊缝有干扰的因素，如来料厚度的波动、轧辊偏心、润滑条件的变化等也会导致带钢张力的变化。张力计的输出信号与张力基准信号相比较所得的偏差信号被送到轧机辊缝调节器或速度调节器中。对于前者称之为通过辊缝进行张力控制，或者称之为通过速度进行张力控制。

2.4.4.3　带活套的热带连轧机组中间机架的张力控制系统

在热带连轧机组中，机架间的张力通常是通过活套来控制的。常用的活套形式有电动活套、气动活套、液压活套。活套是一种带自由辊的机构，这个自由辊在带钢穿带后就会上升并高于轧制线带钢的张力及活套的上升情况都是受连续监控的。当活套上升到预定的目标位置时，控制系统就要使机架间的张力达到其目标位置。如果张力目标值是活套在其他位置处达到的，那就要调节相邻机架的辊缝或轧制速度。

2.4.4.4　补偿功能

钢带的头尾部分没有张力作用，厚度要发生变化，因此要进行辊缝或张力调整，这是头尾补偿功能。调整辊缝时会造成轧件的秒流量变化，张力要改变，为保持张力不变，必须修正速度，这就需要有速度补偿功能。轧制压力变化会造成油膜厚度的变化，所以要有油膜补偿功能。

2.4.4.5　热带连轧机组三段式 AGC

热带连轧机组的三段式 AGC 是厚度控制系统的典型范例，见图 2-38。它由三部分

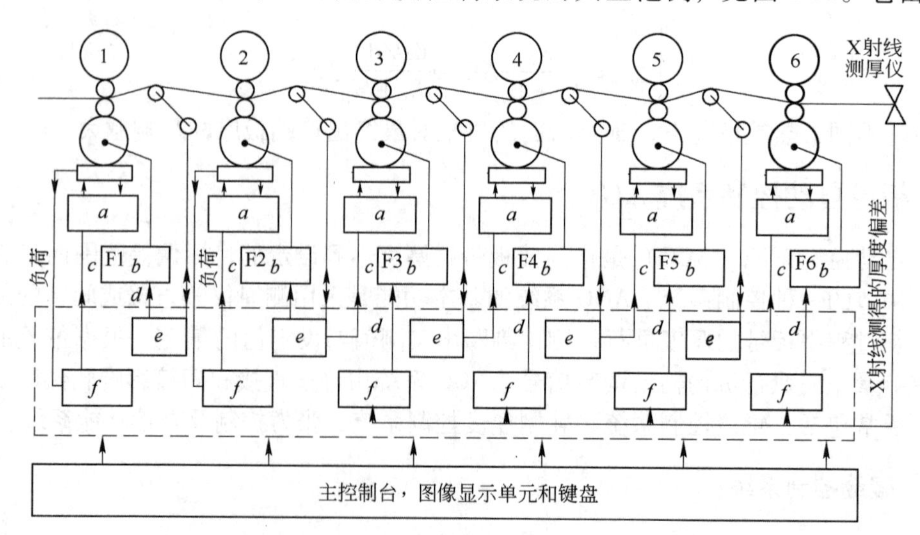

图 2-38　热带连轧机组的三段式 AGC 示意图

a—位置控制；*b*—驱动电器；*c*—位置基准；*d*—速度调整；*e*—活套控制；*f*—厚度控制

组成：

（1）入口 AGC，包括 1、2 机架上的测厚仪式 AGC。1、2 架轧机之间的张力可以通过调节第 1 架的轧辊速度来维持。

（2）机架间 AGC。机架间的张力是通过调节下游机架的辊缝和活套来维持机架间带钢张力的恒定以保证秒流量的稳定。

（3）出口 AGC，包括出口偏差反馈控制系统。能够通过调节下游机架的速度来控制轧件的出口厚度。

2.5 板形控制

2.5.1 板形的定义

板形（shape）就是板材的形状，具体指板带材横截面的几何形状和在自然状态下的表观平坦度，见图 2-39。板形可以用来表征板带材中波浪形或瓢曲是否存在，及其大小及位置。良好的板形不仅是使用的需要，而且是轧制过程保持稳定连续生产的需要。板形可以用下列参数来描述：

（1）凸度：横截面中点厚度与两侧标志点的平均厚度差

$$CW = h_0 - \frac{1}{2}(h_e + h_{e'}) \tag{2-34}$$

一般取 $e = 25$mm 或 40mm。

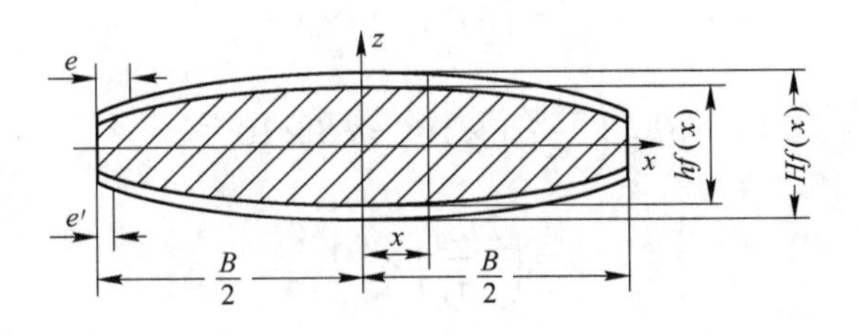

图 2-39 板带材横截面几何形状

（2）楔形：横截面操作侧与传动侧边部标志点厚度之差

$$CW_1 = h_e^E - h_e^O \tag{2-35}$$

（3）边部减薄量：横截面操作侧与传动侧边部标志点厚度与边缘位置厚度差

操作侧：
$$E_O = h_e - h_{e'} \tag{2-36}$$

传动侧：
$$E_M = h'_e - h'_{e'} \tag{2-37}$$

一般取
$$e' = 5\text{mm}$$

（4）局部高度：横截面上局部范围内的厚度凸起，即对于带材较宽时在横截面上两标志点之间测量多个厚度值，并拟合成曲线：

$$h(x) = b_0 + b_1 x + b_2 x + b_3 x^2 + b_4 x^4 \tag{2-38}$$

b_1，b_2，b_3，b_4 为多项式系数，进一步定义：

一次凸度：
$$cw_1 = 2b_1 \tag{2-39}$$

二次凸度：
$$cw_2 = -(b_2 + b_4) \tag{2-40}$$

三次凸度：
$$cw_4 = -\frac{b_4}{4} \tag{2-41}$$

（5）平坦度：也即板带材表观平坦程度，见图 2-40。由于在轧制过程以及成品检验时采用的测量平坦度方法不同，因此有几种平坦度的定义：

1）平度（纤维相对长度）：自由状态下在某一取定长度区间内，某条纵向纤维沿板带表面的实际长度 L_i 对参考长度 L_0 的相对值，即

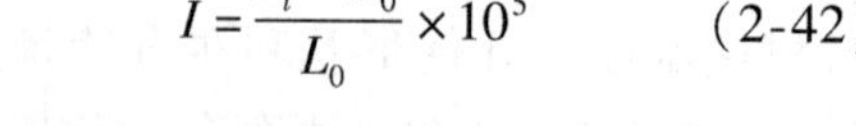

$$I = \frac{L_i - L_0}{L_0} \times 10^5 \tag{2-42}$$

平度的量度用 I 表示，$1I = 10^5$。

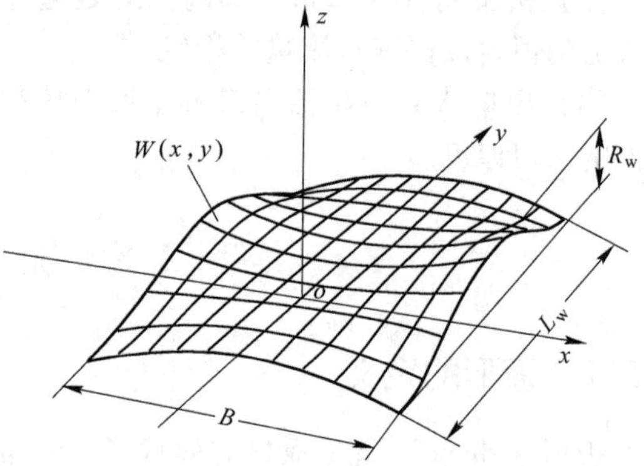

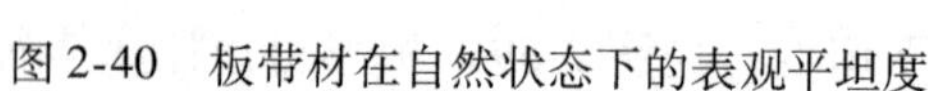

图 2-40　板带材在自然状态下的表观平坦度

2）波高：在自然状态下，板带材瓢曲表面上偏离检查平面的最大距离 H。

3）波浪度（陡度）：板带材波高 H 与 L_0 的比值的百分数，即

$$S = \frac{H}{L_0} \times 100\% \tag{2-43}$$

若波浪曲线为正弦曲线，则有：

$$I = \left(\frac{\pi H}{2L_0}\right)^2 \times 10^5 \tag{2-44}$$

$$H = \left(\frac{2L_0 I}{\pi}\right) \times 10^5 = LS \times 10^{-2} \tag{2-45}$$

$$S = \left(\frac{2IL_0}{\pi}\right) \times 10^{-1} \tag{2-46}$$

2.5.2　板形控制原理

2.5.2.1　板形的成因分析

在轧制过程中，塑性伸长率（或加工率）若沿横向处处相等则产生平坦板形；反之，则产生不同形状的板形。其原因是由于延伸不同而产生内应力，在纵向压应力作用下，而且在轧件较薄时，轧件失稳而形成瓢曲或波浪形。

造成轧制过程横向加工率不同的原因包括变形区辊缝的形状不同，或者来料的板形较差。板形的生成过程见图 2-41。

2.5.2.2　板形的表现形式

如图 2-42 所示，板内应力分布与板形的表现形式有：

（1）理想板形：板带材横向内应力相等，切条后仍保持平整。

（2）潜在板形：板带材横向内应力不相等，但由于轧件较“厚”，刚度较大，在张力

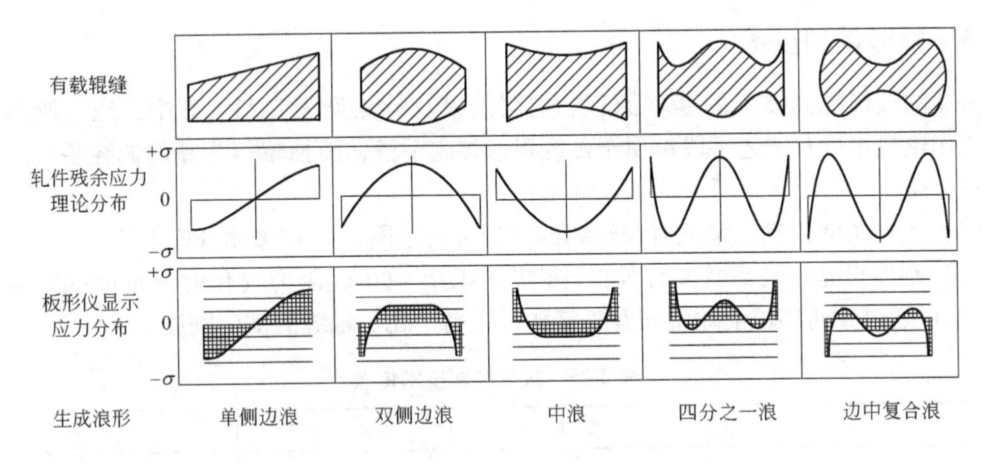

图 2-41 板形的生成过程

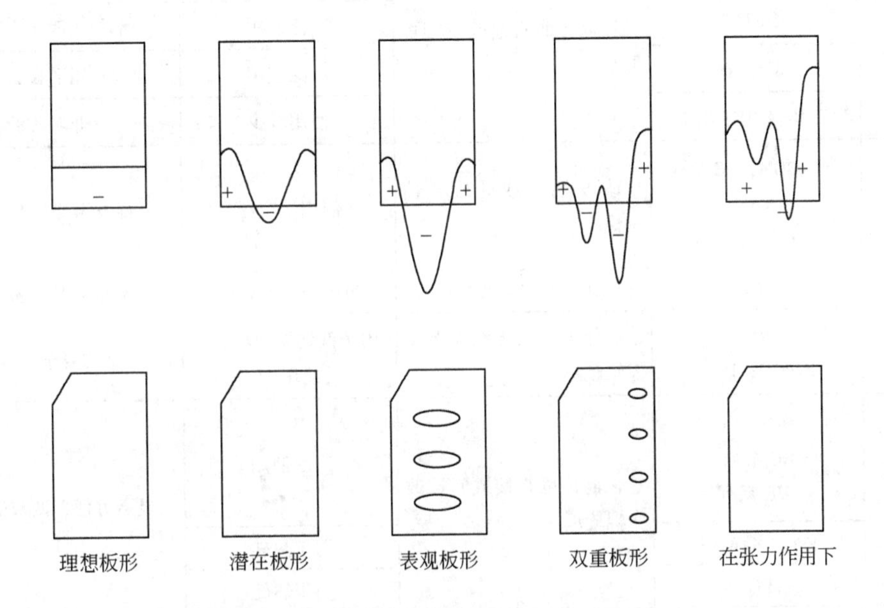

图 2-42 板内应力分布与板形的表现形式

作用下仍保持平整，可是切条后内应力释放出来，形状就参差不齐了。

(3) 表观板形：板带材横向内应力的差值较大，且轧件又较“薄”，导致局部瓢曲或波浪，适当增加张力可使其减弱，甚至于转化成“潜在板形”，但切条后又表现出来。

(4) 双重板形：即同时存在潜在板形和表观板形。

2.5.2.3 影响板形的因素

板形控制与厚度控制的实质都是对辊缝的控制，所不同的是板形控制必须是沿带材宽度方向辊缝曲线的全长。除了来料的原始板形外，凡是影响辊缝的所有工艺参数如力学参数、热力学参数及几何参数等都会对板形产生影响。这些参数包括：1）总轧制压力；2）单位轧制压力分布；3）弯辊力；4）支撑辊与工作辊间接触压力；5）初始辊形；6）轧辊磨损；7）热凸度；8）变位辊形等。

2.5.3　板形控制技术

常见的板形控制技术的基本原理、应用效果及特点见表2-25。其中：压下倾斜、弯辊、工作辊热辊形及工艺手段都属于传统板形控制手段，而抽辊等为新的调控手段。但是就板形控制的实质而言，可分为两大类型：

（1）柔性辊缝控制：增大有载辊缝凸度的可调范围，如CVC和PC轧机。

（2）刚性辊缝控制：增大有载辊缝横向刚度，减小轧制力变化时对辊缝的影响，如HC轧机可通过轴向移位消除辊间有害接触，提高了轧机辊缝的横向刚度。

表2-25　板形控制技术特点

名　称		原　理	应　用	特　点
液压弯辊	支撑辊	轧辊弯曲有效改变辊缝形状	使用少	弯曲力大
	中间辊		广泛使用	中部作用明显，方便易行
	工作辊		广泛使用	边部作用明显，方便易行
	工作辊单侧弯曲		使用较少	非对称调节
支撑辊变形	BCM，SC VBL IB-UR，IC	改变辊型或轧辊弯曲特性	使用不广泛	结构复杂，作用有限
	VCL	自动改变接触线长度	用于冷轧及热轧	简单有效，改造方便
	VC NIPCO，DSR	以外力方式无级调节支撑辊辊形	用于低轧制力场合，使用少	结构复杂，密封难
轧辊移位	HC系列 UC系列 CVC系列	轧辊移位直接或间接改变辊缝形状	广泛使用	灵活方便，调节能力强大
	FPC，K-WRS		用于热轧	
	PC		用于热轧	
工艺手段	初始轧辊配置	直接改变辊缝形状	一般都有应用	预先考虑，非在线作用
	压下倾斜	整体改变辊缝形状	广泛使用	只针对单侧波浪
	优化规程	分配压下量时考虑板形	一般都有应用	预先考虑，非在线作用
	改变张力分布	改变张力分布影响板形	使用少	作用有限
	分段冷却	改变温度场	使用广泛	可控制任意浪形，滞后大

2.5.4　板形控制系统

2.5.4.1　硬件系统

板形控制硬件系统构成见图2-43。其中，板形仪是该系统的核心。目前采用的板形仪主要有接触式和非接触式两种。非接触式主要是通过涡流或激光测距直接测量波高，在热轧应用较广泛。而接触式则是通过测量轧制过程的张力变化由下式计算：

$$\frac{\Delta L}{L}=\frac{\Delta\sigma_{\mathrm{i}}}{E_{\mathrm{s}}} \tag{2-47}$$

式中，$\Delta\sigma_{\mathrm{i}}$ 为带材横截面应力的变化；E_{s} 为带材的弹性模量。

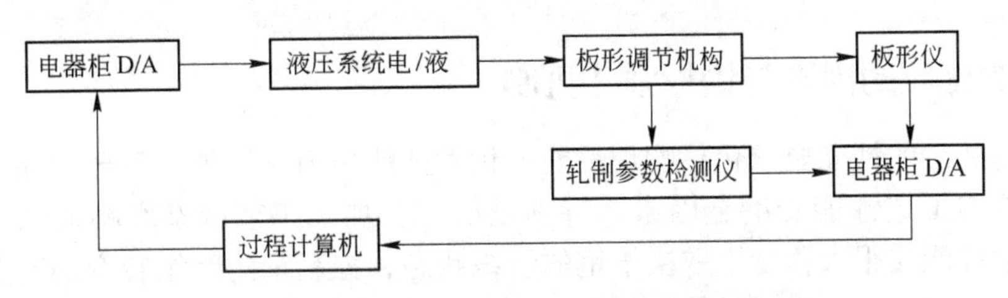

图 2-43 板形控制硬件系统构成示意图

2.5.4.2 软件模型

整个板形控制模型应包括以下控制模型：

（1）预设定控制模型：带材头部进入轧机之前，轧机的各种板形机构都应有正确的预设定值，以此作用反馈控制的调节起点。必要时可手工干涉。

（2）轧制力-弯辊力前馈控制模型：板形预设定控制模型在计算设定值时采用的轧制力是预估的，肯定与实际轧制过程的轧制力存在误差，而且在轧制过程中轧制力是不断变化的，为了消除误差和轧制力的波动对板形的干扰，必须对弯辊力进行不断的补偿性调整。

（3）闭环反馈模型：闭环反馈控制模型是板形控制的核心，在轧制过程中闭环反馈控制模型通过周而复始地根据板形仪实测板形信号对各板形调节机构的动作值进行修正，以使轧后带材板形达到板形控制的目标值，见图 2-44。图中左路是过去常采用的控制模式，

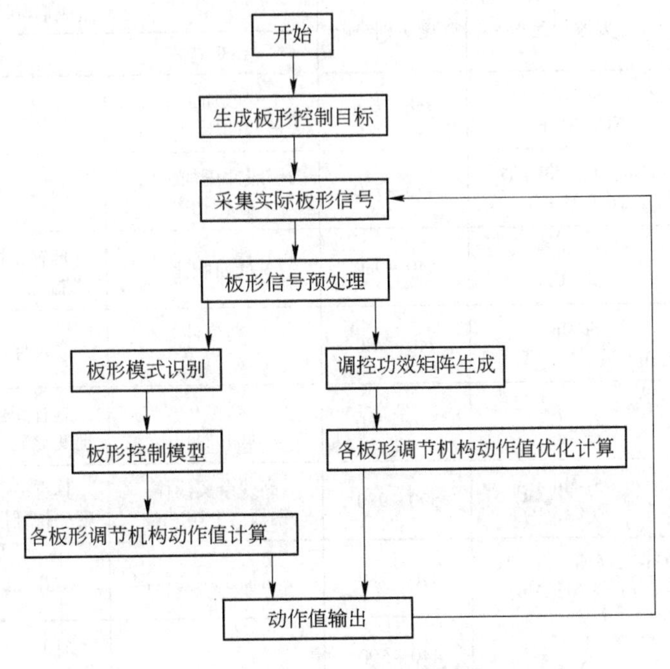

图 2-44 闭环反馈控制系统

而右路则是建立在大维数（多参数）矩阵运算并经计算机优化的现代板形控制模式。

2.6　轧材性能控制

2.6.1　影响材质的因素与钢板强化机制

对板带材成品的性能要求包括物理性能、化学性能、力学性能、工艺性能等，这些性能中力学性能与工艺性能受冶金因素，特别是冶炼、加工工艺因素影响最敏感。以钢为例，钢的力学性能在很大程度上取决于钢的组织状态，控制钢的组织转变的冶金因素，包括钢的化学成分和冶炼、加工工艺。钢的组织状态是获得所需要的力学性能与工艺性能的关键。钢的成分、冶金工艺因素、组织、性能的关系如图 2-45 所示。钢板常用的强化机制见表 2-26。

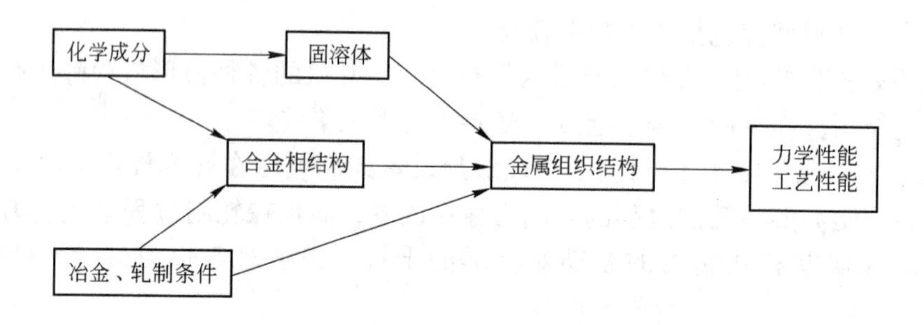

图 2-45　影响轧材力学与工艺性能的因素关系图

表 2-26　钢板常用的强化机制

强化机制	主要添加元素	强度级别/MPa	冲压成形特性	
			一般特性	具体特性
固溶强化（固溶 + 析出强化）	Si-Mn，Nb，Nb + V	370 ~ 590	一般加工用 一般冲压加工用	弯曲特性良好
析出强化	Nb，Ti，Nb + Ti Nb + Ti + Cr	440 ~ 780	一般冲压加工用 高扩孔率	深冲、弯曲、焊接性良好
相变强化（马氏体系）	Si-Mn Si，Cr	540 ~ 980	低屈服比	具有高拉延，低屈服点综合性能
相变强化（贝氏体系）	Si-Mn Si-Mn-Nb，Cr，Ti + Cr	440 ~ 780	高延伸 高拉深	高延伸，高拉深性
相变强化（M + B 系）（析出 + 相变强化）	Si，Ti	540 ~ 780	高扩孔 低屈服比	具有高且均匀变形能力和局部变形能力，适于拉深成形
相变强化（残余奥氏体型）	Si-Mn Si，（Cr，P）	590 ~ 980	高残余奥氏体钢板（TRIP 钢）	具有极高的延伸率，尤其强度—拉延性综合性能良好
耐蚀性	Cu-P，（Ni，Si，Ti，Cr），（Ni，Mo）	370 ~ 780	一般加工用高拉深	耐开孔腐蚀良好
热处理强化型	Cu （Ni）	440 ~ 590		加工性良好，热处理后强度提高

2.6.2 轧制工艺对材质的影响

轧制的目的包括产品的成形和控制产品的性能。轧制工艺对材料性能的影响主要是通过轧制过程中对金属组织转变的影响实现的。形变对金属组织转变的影响在热轧时表现为对高温组织的影响，对相变的影响，对一些合金相存在形态的影响；在冷轧时表现为对组织形态的影响和随后的热处理的影响等。

2.6.2.1 热轧过程奥氏体的回复与再结晶

对低碳钢、低合金钢等钢种而言，热轧过程中主要是在奥氏体区变形。根据形变的温度、变形程度等条件的不同，形变对奥氏体组织的影响有发生奥氏体动态回复与再结晶、静态回复与再结晶、发生回复而不发生再结晶等几种不同情况。图 2-46 表示的是再结晶区域图。图中给出了奥氏体再结晶区、部分再结晶区、未再结晶区三个区域，表示在不同的轧制温度和压下率的条件下变形时，奥氏体的再结晶状态。

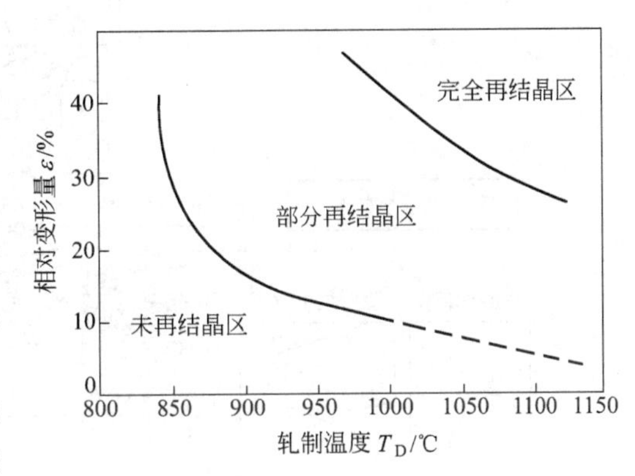

图 2-46 含铌 16Mn 钢再结晶区域图

形变时奥氏体的回复与再结晶的状态要影响到形变后奥氏体的回复和再结晶的状态。形变时上述不同的奥氏体组织状态会发生亚动态再结晶、静态再结晶、静态回复等不同的情况。

研究形变对奥氏体状态的影响主要是相变前的奥氏体状态，不同的奥氏体状态会使相变发生不同变化。奥氏体状态的差别主要表现在奥氏体发生再结晶晶粒的数量和奥氏体晶粒的大小。热轧后相变前的奥氏体状态主要有粗大的奥氏体再结晶晶粒组织、细小奥氏体再结晶晶粒组织、奥氏体部分再结晶组织、未再结晶奥氏体组织等。

2.6.2.2 热轧过程的相变

从再结晶奥氏体晶粒向铁素体转变时，铁素体晶粒优先在奥氏体晶界形核，一般不在奥氏体的内部形核。生成的铁素体晶粒有等轴状或多边形和针状的差别，大颗粒的奥氏体晶粒在冷却速度较慢的条件下形成大的等轴状或多边形的铁素体晶粒；在含碳量 0.15% ~ 0.5%、晶粒度级别小于 5 级、冷却速度较快的条件下，大的奥氏体晶粒相变会形成魏氏组织，小的奥氏体晶粒相变时会形成小颗粒的铁素体晶粒，对材料的强韧性有利。

奥氏体部分再结晶组织一般是由较小的奥氏体晶粒和较大的未再结晶晶粒组成的混晶组织，相变后生成的铁素体也是混晶状态，出现等轴状或多边形和针状的混晶、大小晶粒的混晶。

从未再结晶奥氏体组织向铁素体转变时，铁素体晶粒优先在晶界和变形带上形核，形变使奥氏体晶粒变为扁平形，等轴状的铁素体晶粒的最大尺寸仅为扁平形奥氏体晶粒短轴的尺寸，同时还有变形带形核增加形核率，起到细化铁素体晶粒的作用。所以，从未再结晶奥氏体晶粒转变的铁素体组织，是由细小等轴状或多边形的铁素体晶粒组成的。

图 2-47 为热轧钢材时不同的奥氏体向铁素体转变的几种不同形式的示意图。

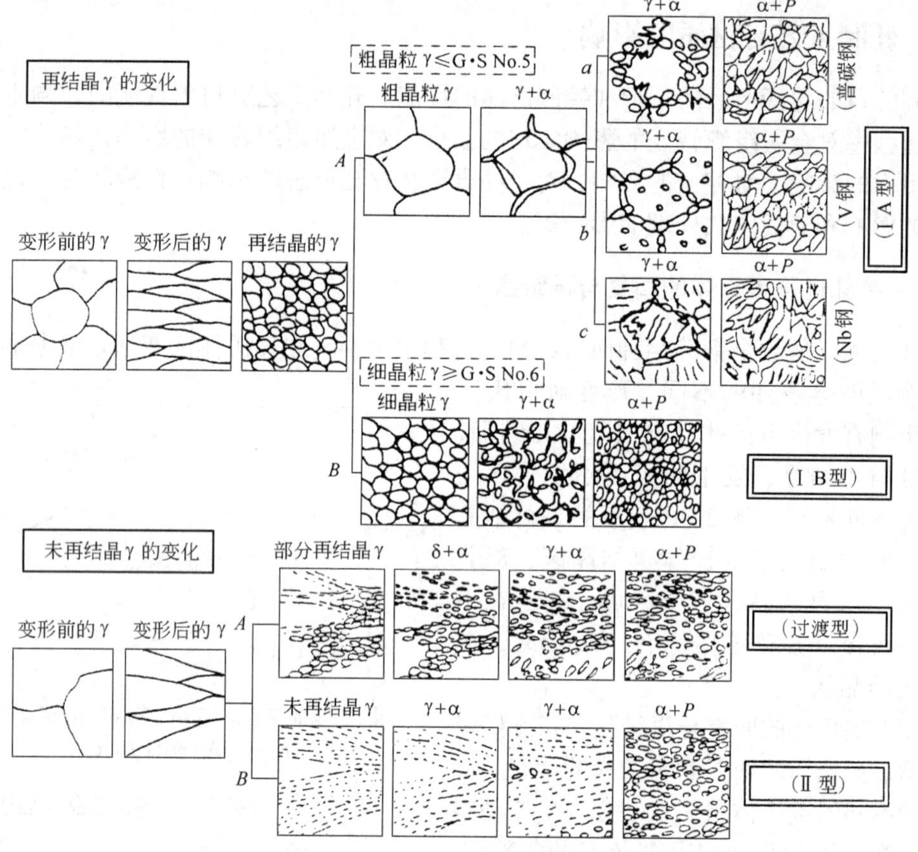

图 2-47　热轧条件下奥氏体向铁素体转变的示意图

2.6.2.3　热轧过程的析出

钢中一般均含有合金元素，这些元素在钢中的存在形态与元素的原子结构和钢的热力学条件有关，有的元素因条件不同会以固溶的形式或形成新相析出的形式存在。C 曲线给出了在平衡状态下钢从奥氏体中合金元素的析出行为，一般析出物从完全固溶温度下，温度越降低析出的驱动力越大；另一方面，温度越低，合金元素的扩散越慢。热加工会对合金元素的析出有显著的促进作用。图 2-48 是含 Nb 低碳钢在没有热加工和有热加工情况下 NbC 的析出行为。

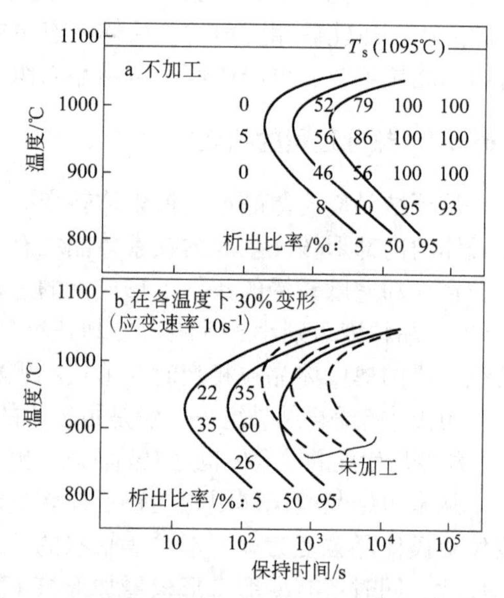

图 2-48　NbC 从奥氏体中的析出行为
(0.05C-0.3Mn-0.04Nb、1250℃
固溶、测量 10nm 以上的析出物)

NbC 在热轧的温度范围有明显析出，析出的 NbC 对形变再结晶产生重要的影响，此外受到关注的析出物还有 TiC 等 Ti 的化合物、MnS 及在不锈钢等特殊钢中的 $Cr_{23}C_6$、Mo_2C、

$V_4(C,N)_3$等。

热轧给析出物带来的影响还包括析出物的形态和分布发生改变，塑性析出物会沿轧制方向变形，脆性析出物沿轧制方向分布，使材料产生各向异性。

2.6.2.4 冷轧过程的组织与性能变化

金属的塑性变形是沿特定的滑移面、特定的滑移方向进行的，体心立方金属的滑移面为｛110｝、｛112｝、｛123｝等，滑移方向为〈111〉。冷轧前晶体的取向是各向随机分布的，冷轧后形成特定结晶方向发达的织构组织。冷轧钢板在冷轧后要进行软化退火，在退火过程中发生晶粒回复、再结晶与晶粒长大，见图2-49。再结晶温度取决于冷轧时的压下量，压下量越大，再结晶温度就越低。另外，退火时形成再结晶织构。要得到发达的织构组织首先要在冷轧时得到发达的｛111｝面织构，为此冷轧的压下率要达到80%左右。为了退火后得到｛111｝或接近｛111｝的再结晶织构组织，冷轧前的热轧时要细化铁素体晶粒和控制析出物。

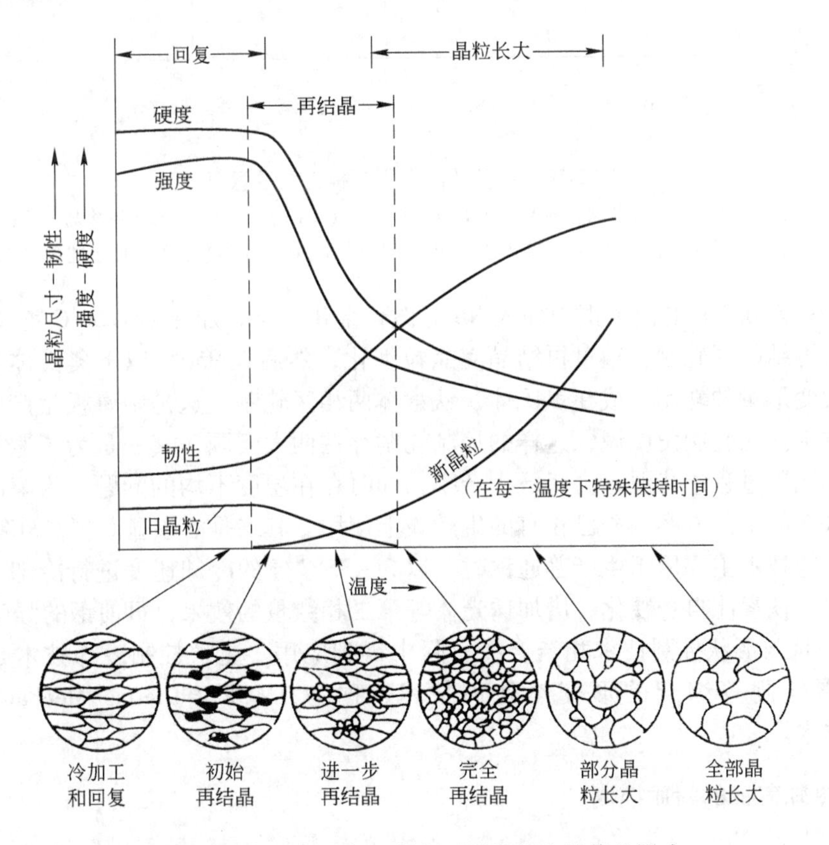

图2-49 退火对冷加工材料显微组织和性能的影响

2.6.3 轧制工艺与材质控制

2.6.3.1 中厚板轧制的材质控制

一般金属在热轧各道次间发生静态再结晶，奥氏体晶粒细化，得到的晶粒度约6～7

级。为了获得晶粒细化，中厚板热轧即可在奥氏体再结晶区控制轧制（Ⅰ型），也可以在奥氏体未再结晶区（Ⅱ型）或者奥氏体和铁素体（A + F）两相区控制轧制。具体控轧工艺取决于钢的化学成分、组织性能要求、轧机装备与工艺控制水平等。图 2-50 为各种中厚板热轧工艺示意图。

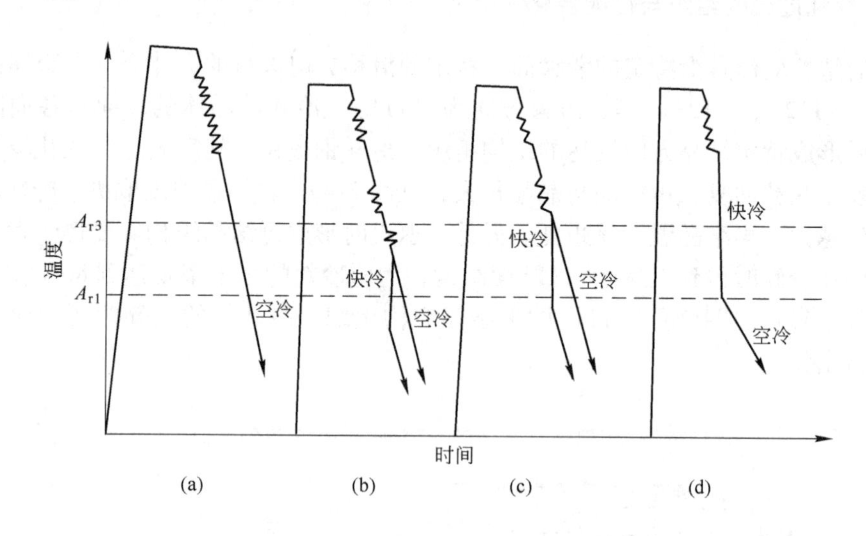

图 2-50　各种轧制中厚钢板工艺示意图

（a）普通热轧工艺；（b）三阶段控制轧制工艺（Ⅰ型 + Ⅱ型 + （A + F）两相区）和控制冷却工艺；（c）两阶段控制轧制工艺（Ⅰ型 + Ⅱ型）和控制冷却工艺；（d）高温再结晶型（Ⅰ型）控制轧制工艺和控制冷却工艺

对于含一定量 Mn 的低碳钢中加入 Nb 等微合金化元素，加热到 1250℃ 使 Nb 固溶，在 1000℃ 以上再结晶区轧制，通过再结晶使晶粒细化，然后在 950℃ 以下奥氏体未再结晶区给予累积大变形量的轧制，或在奥氏体、铁素体两相区轧制。这是中厚板生产中常采用的控制轧制技术。从轧制角度说，这样的控制轧制存在两大问题，其一是为了避开部分再结晶区必须在轧制过程中待温，会降低生产率，同时存在温度不均的问题。为解决此问题提出了中间水冷的工艺方案，并已在有的生产线上使用。其二是必须显著提高轧制压力。

控制冷却技术主要用于生产普通钢时，以 3 ~ 35℃/s 的冷却速度进行冷却，利用细化铁素体晶粒、铁素体自身硬化、增加珠光体等第二相数量的效果，可使钢的强度提高 10 ~ 100MPa，并且与形状控制技术相结合在实际中得到应用。这种控制冷却技术是包括成分设计、控制轧制等综合的形变热处理技术，称为 TMCP（Thermo Mechanical Control Process）技术。

2.6.3.2　热轧薄板的材质控制

热轧薄板生产的材质控制主要靠精轧阶段的连续式轧制实现。精轧的出口速度在 10 ~ 20m/s 之间。由于精轧机机架间隔 5 ~ 6m，在精轧的前几架道次之间几乎完成再结晶，而后几架变形不断积累，在轧制终了的冷却中发生再结晶。由于压下率大，奥氏体晶粒比厚板的要小，铁素体晶粒通常可以细到 10 ~ 11 级。热轧薄板带轧机通常轧制条件的确定主要考虑生产能力。单方向轧制带来的问题是轧制方向和板宽方向材料性能上的差异，此问题可以靠降低钢中含硫量和加钙来解决。

钢板轧后在输出辊道上冷却，目前薄板带的冷却速度可达100℃/s。冷却后卷取的温度高的话，为保证钢带的头尾与中间性能的均匀性，对冷却水量要相应调整。

用于冷轧带钢的热轧板卷希望得到细小、等轴的铁素体晶粒，应在稍高于相变点终轧和低温卷取。

2.6.3.3 直接轧制的材质控制

连铸连轧组织转变的特点取决于钢材加工过程的热履历，主要表现为奥氏体组织和微合金化元素的固溶和析出两个方面。

连铸连轧技术与传统生产工艺和连铸热装热送工艺的主要不同点是：在浇铸成坯后，板坯在温度连续降低的过程中完成变形。在变形前是以粗大的奥氏体晶粒为主的混晶组织。为了消除这种混晶组织，在变形时期望粗大的奥氏体晶粒发生再结晶，以细化奥氏体晶粒。但是粗大的奥氏体晶粒由于晶界面积小，不利于再结晶的形核，动态再结晶和静态再结晶的临界变形量要大，要想实现奥氏体再结晶区轧制，就应采用比较大的变形量和在更高的温度下轧制，以实现再结晶区轧制，使奥氏体经再结晶而细化，为相变做好组织准备。微合金元素的作用表现在对奥氏体再结晶行为、相变行为、微合金元素的沉淀析出强化等方面。研究表明，轧前的析出物不起强化作用，只有在轧前充分固溶，在轧制过程中或轧后冷却过程中析出的微细析出物才具有强化作用。而轧前的析出物具有阻碍奥氏体再结晶的作用。连铸连轧技术的微量元素固溶和析出行为与传统工艺有很大不同。应用连铸连轧技术时，在轧前微量元素几乎完全处于固溶状态，使再结晶容易进行，这些析出物在轧制过程中和轧后的冷却过程中析出，能抑制再结晶的奥氏体晶粒长大，有助于奥氏体晶粒的细化。轧制过程中和轧后冷却过程中的析出物微细、分布弥散，起析出强化的作用。在奥氏体向铁素体转变时，细小、弥散的析出物可以成为新相的核心，有利于形成细小的铁素体晶粒。

2.6.3.4 热轧板带钢组织、性能的预测和控制

热轧板带钢组织、性能的预报模型及相互关系见图2-51，主要包括：

（1）初始状态模型：由于加热时奥氏体晶粒尺寸在大压下率条件下对最终的影响很小，一般多采用简单、近似的计算方法，也有用半理论公式进行计算的。

（2）析出模型：多使用试验研究的方法获取微合金元素的固溶和析出的模型。

（3）热轧模型：热轧模型是建立热轧工艺条件与相变温度和相变后的组织状态间的模型。由于在奥氏体再结晶区、奥氏体部分再结晶区、奥氏体未再结晶区轧制对相变的影响

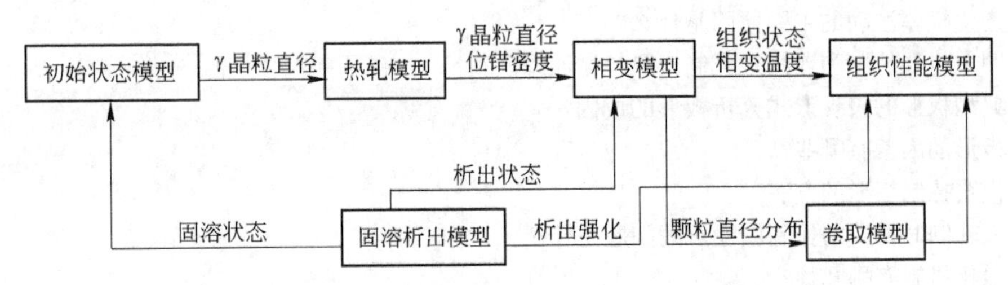

图2-51 组织、性能预报模型示意图

不同，相变后的产物也不同，所以热轧模型中形变对相变温度的影响、形变对铁素体晶粒尺寸的影响、形变对珠光体的比例和珠光体球团尺寸及片层间距的影响等，多采用试验研究和理论分析相结合的方法得到。

（4）组织性能模型：组织性能模型给出力学性能与化学成分因素和组织因素的关系，大多是采用统计学方法得到的，因此统计的范围不同，得到的模型也不同。例如，有的文献介绍的普通钢使用的热轧模型如下：

$$\sigma_s(\mathrm{MPa}) = 15.4[3.5 + 2.1(\%\mathrm{Mn}) + 5.4(\%\mathrm{Si}) + 23(N_f) + 1.13d^{-1/2}] \tag{2-48}$$

$$\sigma_b(\mathrm{MPa}) = 15.4[19.1 + 1.8(\%\mathrm{Mn}) + 5.4(\%\mathrm{Si}) + 0.25(\%\text{珠光体}) + 0.5d^{-1/2}] \tag{2-49}$$

$$\text{脆性转变温度}(℃) = -19 + 44(\%\mathrm{Si}) + 700(N_f^{1/2}) + 2.2(\%\text{珠光体}) - 11.5d^{-1/2} \tag{2-50}$$

式中，N_f 为固溶的 N 含量。

在控制冷却情况下，考虑冷却速度对组织转变的影响，同样可通过统计的方法和试验研究的方法得到组织性能模型。

思 考 题

2-1 板带钢的分类方法有哪几种，如何标示板带钢品种？

2-2 板带钢产品的技术要求包括哪些方面？

2-3 简述铝和铝合金板带轧制工艺及其特点？

2-4 举例说明板带钢与有色金属板带轧制工艺的异同。

2-5 板带材轧制技术的特点是什么？

2-6 板带轧机的分类方法有几种？

2-7 中厚板轧机的组成和布置方式有哪几种形式？

2-8 热带钢连轧机有哪几种布置形式，其主要差别是什么？

2-9 纵刚度、横刚度、左右刚度的概念是什么？

2-10 简述中厚板生产工艺的关键工序。

2-11 试分析中厚板轧制轧件长度一定、电动机加减速一定时，轧制节奏的长短取决于间隙时间，而不取决于轧制时的最高速度。

2-12 简述板带钢热轧工艺润滑机理。

2-13 试述连轧机的速度锥图的几个特征点的求法。

2-14 冷轧板带钢与热轧板带钢工艺上的主要差别有哪些？

2-15 冷轧板带钢与冷轧铝合金对工艺润滑的要求有何不同？

2-16 说明产生板厚波动的主要原因是什么？

2-17 试说明单机架轧制和连续式轧制板厚控制原理。

2-18 结合典型板形的表现形式分析板形的成因？

2-19 影响板形的因素有哪些？

2-20 举例说明控制板形的方法。

2-21 中厚板轧制时材质的控制应注意的问题是什么？

2-22 钢板强化机制有哪几种？

2-23 简要描述热轧板带钢组织、性能预报与控制模型。

参 考 文 献

[1] 王廷溥. 轧制工艺学[M]. 北京：冶金工业出版社，1989.

[2] 日本塑性加工学会. 板压延[M]. コロナ社，1993.

[3] 阮熙寰，王连忠. 板带钢轧制生产工艺（内部资料）.

[4] 王国栋等译. 日本钢铁协会：板带轧制理论与实践[M]. 北京：中国铁道出版社，1984.

[5] 王国栋. 板形控制和板形理论[M]. 北京：冶金工业出版社，1986.

[6] 王有铭. 钢的控制轧制和控制冷却[M]. 北京：冶金工业出版社，1995.

[7] 贺毓辛. 冷轧板带生产[M]. 北京：冶金工业出版社，1992.

[8] 铃木 弘. 塑性加工[M]. 裳华房，1989.

[9] V. B. 金兹伯格. 马东清译. 板带轧制工艺学[M]. 北京：冶金工业出版社，1998.

[10] V. B. 金兹伯格. 姜明东，王国栋等译. 高精度板带材轧制理论与实践[M]. 北京：冶金工业出版社，1999.

[11] 田乃媛. 薄板坯连铸连轧[M]. —2 版. 北京：冶金工业出版社，2007.

[12] 康永林，傅杰，柳得橹，等. 薄板坯连铸连轧钢的组织性能控制[M]. 北京：冶金工业出版社，2006.

[13] 傅祖铸. 有色金属板带材生产[M]. 长沙：中南大学出版社，2000.

[14] 孙建林. 轧制工艺润滑原理. 技术与实践[M]. —2 版. 北京：冶金工业出版社，2010.

[15] 康永林，傅杰，毛新平. 薄板坯连铸连轧钢的组织性能综合控制理论及应用[J]. 钢铁，2005，40(7)：41 ~ 45.

[16] 康永林，朱国明. 热轧板带无头轧制技术[J]. 钢铁，2012，47(2)：1 ~ 6.

[17] 康永林. 我国中厚板产品生产现状及发展趋势[J]. 中国冶金，2012，22(9)：1 ~ 4.

[18] 马博，赵华国，孙韶辉，等. 炉卷轧机生产线布置型式及工艺特点分析[J]. 一重技术，2013，(5)：6 ~ 11.

[19] 张冶. 中厚板炉卷轧机发展分析[J]. 轧钢，2008，25(2)：32 ~ 36.

3 钢管成形理论及工艺

3.1 概　　述

3.1.1 钢管的特性及分类

凡是两端开口并具有中空封闭型断面，而且其长度与断面周长成较大比例的钢材，都可以称为钢管。而该比值较小的钢材称为管段或管件。钢管属于经济型钢材，是钢铁工业的主要产品之一，其使用范围非常广泛，几乎涉及国民经济的各个部门，因此受到各国的普遍重视。我国无缝钢管的年产量于1994年就位居世界第一，随后一直保持至今。

钢管被广泛用于工业、国防及民用等领域。钢管的特性有两个方面：具有封闭的中空几何形状，可以作为液、气体及固体的输送管道；在同样重量下，钢管相对于其他钢材具有更大的截面模数，也就是说它具有更大的抗弯、抗扭能力，属于经济断面钢材、高效钢材。

钢管的种类繁多，性能也各不相同，按其生产的方式可分为：

（1）热轧无缝管：其生产过程是将实心管坯（或钢锭）穿轧成具有要求的形状、尺寸和性能的钢管。目前生产的热轧无缝钢管外径 D 为 8～1066mm，D/S 为 4～43。

（2）焊接钢管：其生产过程是将管坯（钢板或钢带）用各种成形方法弯卷成要求的横断面形状，然后用不同的焊接方法将接缝焊合。焊管的产品范围是外径 D 为 0.5～3600mm，壁厚 S 为 0.1～40.0mm，D/S 在 5～100。

（3）冷加工管：冷加工管有冷轧、冷拔和冷旋压三大类。冷加工管的产品范围是外径 D 为 0.1～450mm，壁厚 S 为 0.01～60mm，D/S 一般在 2.1～2000，旋压管的 D/S 可达 12000 以上。

钢管按产品的尺寸又可分为：

根据 D/S 的不同可将钢管分为特厚管：$D/S \leqslant 10$；厚管：$D/S = 10 \sim 20$；薄壁管：$D/S = 20 \sim 40$ 和极薄壁管：$D/S \geqslant 40$。

此外，还有按产品的用途分为管道用管、结构管、石油管、热工用管及其他特殊用途管；按材质分为普通碳素钢管、碳素结构钢管、合金钢管、轴承钢管、不锈钢管以及双金属管、涂镀层管；按管端形状分为圆管和异型管；按纵向断面形状分为等断面钢管、变断面钢管。

3.1.2 钢管生产的基本工艺

钢管生产的形式是由产品的要求决定的，以产品确定生产工艺、选定生产设备，同时对工艺、设备不断改造更新以适应产品要求不断提高的要求。钢管生产的一般模式为：

坯料→成形→精整→检验→一次产品→再加工→二次产品

按照成形的不同可以分成无缝管生产和焊管生产，冷加工实质上属于管材的二次加工产品。热轧无缝管的成形模式为：

实心管坯→穿孔→延伸→定减径→冷却→精整

焊管的成形模式为：

板带坯料→成形为管筒状→焊接成管→精整

钢管的热轧（或热加工）是无缝钢管生产的主要方式。从无缝管的成形模式看，钢管的热轧或热加工主要通过三个基本的变形工序完成，即穿孔、延伸和定减径。基本工序的不同组合形成了无缝管生产的各种形式，特别是延伸工序使用的设备起决定性的作用。根据三个基本变形工序中不同设备的组合，热轧或热加工的主要生产方式见表 3-1。焊管按直径的大小一般分为大直径焊管和中小直径焊管，不同尺寸的焊管其生产方式不同，见表 3-2。

表 3-1　无缝管的主要生产方式

生产方式		原　料	主要变形工序及设备		
			穿　孔	延　伸	定减径
热轧	自动式轧管机组	圆轧坯 圆连铸坯	二辊斜轧穿孔机 菌式穿孔机	自动轧管机	定径机 微张减径机
		连铸方坯	P. P. M（Press-Piercing Mill 推轧穿孔）+ 斜轧延伸机		
	连续式轧管机组	圆轧坯	二辊斜轧穿孔	全浮芯棒 连轧管机	张力减径机
		圆连铸坯	狄舍尔穿孔机 三辊斜轧穿孔机	限动芯棒 连轧管机	定径机
		连铸方坯	P. P. M + 斜轧延伸	限动芯棒 连轧管机	微张减径机
	三辊式轧管机组	圆轧坯 圆连铸坯	二辊斜轧穿孔 三辊斜轧穿孔	三辊轧管机组 （Assel 轧管机）	定径机 张力减径机
	皮尔格轧管机组	圆　锭	二辊斜轧穿孔机	皮尔格轧管机	定径机 张力减径机
		多角锭	压力穿孔 + 斜轧延伸		
		连铸方坯	P. P. M + 斜轧延伸		
	狄舍尔轧管机组	圆轧坯	二辊斜轧穿孔	狄舍尔轧管	同　上
顶制	顶管机组	方轧坯 方铸坯	压力穿孔 + 斜轧延伸	顶管机组顶制	定径机 减径机
	CPE（Cross-roll Piercing and Elongating）机组	圆轧坯 圆连铸坯	狄舍尔穿孔机 三辊斜轧穿孔	顶管机组顶制	定径机 张力减径机
挤压	热挤压机组	圆　锭 圆　坯	压力穿孔 机械钻孔后扩孔	挤压机	定径机 减径机

表 3-2　焊管的主要生产方式

生产方式		原　料	基本工序	
			成　形	焊　接
炉焊	链式炉焊机组	短带钢	管坯加热后在链式炉焊机上用碗模成形和焊接	
	连续炉焊机组	带钢卷	管坯加热后在连续成形-焊接机上成形并焊接	
电焊	直缝连续电焊机组	带钢卷	连续辊式成形机成形或排辊成形	高频电阻焊、高频感应焊、氩弧焊
	UOE 直缝电焊机组	钢　板	UO 压力机（直缝）成形	电弧焊、闪光焊、高频电阻焊
	螺旋电焊机组	带钢卷	螺旋成形器成形	电弧焊、高频电阻焊

无缝钢管生产中的热轧和冷轧一般以其所能生产的规格品种以及延伸机的类型表示机组的名称，如包钢 ϕ400mm 自动轧管机组表示为其产品的最大外径在 ϕ400mm 左右，采用自动轧管机轧管的机组；宝钢 ϕ140mm 连轧管机组表示为其产品的最大外径为 ϕ140mm 左右，采用连轧管机进行轧管的机组。冷拔则以其允许的拔制力命名机组，如 LB-100 表示拔制力的额定值为 1000kN 的冷拔管机。焊管生产则一般以其所能生产的最大产品直径表示机组名称，如首钢 ϕ114mm 焊管机组表示其产品所谓最大外径为 ϕ114mm 左右的焊管机组，有时在机组名称之前也加上成形方式（如直缝、螺旋、UOE 等）和焊接方式（电焊、炉焊等）。

3.1.3　钢管的技术要求与钢管生产技术进步的趋势

产品的技术要求是组织产品生产的主要依据，产品必须按照技术条件进行生产。世界上各个国家都有自己对不同钢材产品的技术条件，如石油用钢管产品一般采用美国的 API 标准。API 标准是美国石油学会制定的石油管标准，共有 7 种，每一种标准适用于一定品种的油井管。对于钢管产品而言，其主要的技术条件包括规格精度、制造方法、物理性能、化学性能、专业使用的特殊要求、成品管的标记与涂层等。API Spec 5CP 为套管和油管规范，API Spec 5DP 为钻杆规范。表 3-3、表 3-4 分别为套管、油管和钻杆对不同钢级抗拉强度指标的要求。

表 3-3　API Spec 5CT 标准对不同钢级抗拉强度的要求

组　别	钢　级	类　型	屈服强度/MPa		抗拉强度/MPa
			最　低	最　高	最　低
1	H40	—	276	552	414
	J55	—	379	552	517
	K55	—	379	552	655
	N80	1	552	758	689
	N80	Q	552	758	689
	R95	—	655	758	724
2	M65	—	448	586	586
	L80	1	552	655	655
	L80	9Cr	552	655	655

续表 3-3

组 别	钢 级	类 型	屈服强度/MPa		抗拉强度/MPa
			最 低	最 高	最 低
2	L80	13Cr	552	655	655
	C-90	1	621	724	689
	T-95	1	655	758	724
	C110	—	758	828	793
3	P-110	—	758	965	862
4	Q-125	1	862	1034	931

表 3-4 API Spec 5DP 标准对不同钢级抗拉强度的要求

类 别	钢 级	屈服强度/MPa		抗拉强度/MPa
		最 低	最 高	最 低
钻杆管体	E	517	724	689
	X	655	862	724
	G	724	931	793
	S	931	1138	1000
钻杆接头		827	1138	965

对钢管产品的技术要求是钢管生产制定工艺的基础，也是钢管生产技术改造的依据。随着工业技术的不断发展，无缝钢管向着高精度、多品种、高性能、少工序、高质量管坯的方向发展，促进了其生产技术的不断进步。管材产品对多种腐蚀介质的高抗蚀性、对高温强度和低温韧性的越来越高的要求，使得管材产品的化学成分不断变化，冶炼、加工工艺不断改进；对管材产品尺寸（特别是壁厚精度）、形状精度的要求促使在线检测、自动控制技术不断进步；管材产品成本降低的要求使得其生产过程向短流程、近终成形方向发展。对管材产品要求总的趋势是优质、价廉、高效、低耗。

3.2 热轧无缝钢管的生产

3.2.1 钢管的一般生产工艺过程

无缝钢管比较常见的工艺流程有两种，即自动轧管和连轧管。目前，三辊轧管方式的使用也呈上升的趋势，在新型阿塞尔（Assel）轧机上生产高精度的小口径薄壁管材，使得这种生产方式得到了较快的发展。

3.2.1.1 无缝钢管生产的一般工艺流程

（1）自动轧管机组：

坯料制备 - -→加热 - -→热定心 - -→穿孔 - -→轧管(自动轧管机) - -→均整 - -→定径 - - - - -→冷却

（坯料制备）↓ 冷定心 - - - - - - - -→加热 ↑（穿孔）；（定径）↓ 再加热 - - -→减径 ↑（冷却）

→矫直 - -→热处理 - -→尺寸外观检查 - -→ 涂油、包装、入库

（2）连轧管机组：

坯料制备－－→加热－－→热定心－－→穿孔－－→空减－－→连轧管－－→切头、尾－－－→再加热－－→
↓　　　　　　　　↑
→冷定心－－→加热→
高压水除鳞－－→张力减径－－→冷却－－→切断（或分断锯）－－－→切头、尾－－→矫直－－→无损探伤
－－→外表面检查－－→管端检查－－－－－－→分断锯－－→内表面检查－－→打印、包装入库
↓　　　　　　　　↑
→再切头尾→

（3）三辊轧管机组：

坯料制备→加热→热定心→穿孔→三辊轧管机轧管→再加热→高压水除鳞→定径→冷却－－→
↓　　　　　　　　↑　　　　　　　　↓　　　　　　↑
→冷定心－－→加热→　　　　－－→减径－－→
切断（或分断锯）－矫直－－→热处理－－→尺寸外观检查－－→涂油、包装入库

3.2.1.2　无缝钢管生产的基本工艺

热轧无缝钢管生产工艺可以概括为六大工艺：坯料制备、加热、穿孔、轧管、定减径、精整。坯料制备包括坯料的选择、检查、切断、表面清理、测长称重，定心等，目的是为后续生产工序提供合格管坯。加热的目的是降低金属的变形抗力，提高金属的塑性，改善组织性能及提高钢管的生产质量。穿孔工序将实心坯穿成中空的毛管，是钢管生产的最重要变形工序。轧管工序对空心毛管实施减壁延伸，使轧后荒管壁厚接近于成品尺寸。定、减径工序对轧后荒管外径进行加工，精确外径尺寸或减少外径以扩大品种范围。精整工序通过一系列工序对钢管进行检查和进一步加工，以达到合格产品的条件。

3.2.1.3　管坯及其轧前加热

A　管坯种类的选择

根据穿孔方式、轧管方法和制管材质的不同，热轧无缝钢管生产所选用的坯料主要有四种：

（1）连铸圆坯：连铸圆坯是目前国际上无缝管生产中应用较多的坯料，也是衡量一个国家钢管生产技术水平的标志之一。连铸圆坯具有成本低、能耗少、组织性能稳定等特点，是管坯发展的主流。也是钢管实现连铸连轧的首要条件。

（2）轧坯：一般是圆坯，生产中经常使用。

（3）铸（锭）坯：主要有方（锭）坯，用于 P. P. M 轧制方式。

（4）锻坯：用于穿孔性能较差的合金钢与高合金钢管的生产。

用于钢管生产的坯料，除了化学成分、断面形状、几何尺寸、内部组织及物理机械性能等方面有要求外，由于其工艺上的特殊性，对坯料的要求也有特殊之处。首先要求坯料断面径向、周向的组织、化学成分均匀；其次断面形状要求平齐，断面斜度误差 $\Delta \leqslant 6\text{mm}$，头部压扁不超过 8%～10%，表面缺陷深度不超过 0.7mm；坯料长度有一定范围，

坯料的长度误差有一定的要求。

B 坯料的定心

定心指在管坯前端断面的中心部位形成有一定尺寸的漏斗形状的孔穴，便于穿孔时顶头对准坯料断面中心，减少穿孔后毛管的壁厚不均；减少顶头的阻力，便于二次咬入。定心的方式因钢种的不同而主要分成两种，即冷定心和热定心。前者指在室温或低温状态下用专用的机床在坯料中心钻孔，一般用于变形抗力较大或价格昂贵的高合金钢等；它的尺寸精度高，但是要损失一部分金属。后者一般安装在加热炉与穿孔机之间，利用压缩空气或液压方式带动冲头冲孔，其结构简单、效率高，应用比较广泛。

二辊斜轧穿孔前一般采用定心工序，直径较小的管坯在穿孔时管坯前端会形成漏斗状的凹穴来实现自动定心的作用，因此可以不定心，特别是对轧制薄壁管的情况。三辊斜轧穿孔时，管坯中心处于全向压应力状态，中心形成一个刚性核，起不到自动定心的作用，因此三辊斜轧穿孔用管最好都进行定心。

C 坯料的加热

将坯料加热到一定的温度范围对于保证其穿孔性能是至关重要的。管坯加热时应保证加热温度在规定的范围内，特别是对加热范围较窄的合金钢和高合金钢，同时沿管坯纵向和横向加热要均匀，否则穿孔时易造成钢管壁厚不均、穿破或引起轧卡。管坯的加热制度包括加热温度、加热时间和加热速度。

3.2.2 无缝钢管的穿孔工艺

3.2.2.1 概述

无缝钢管的生产一般以实心坯为原料，从管坯到中空钢管的断面收缩率是非常大的，为此变形需要分阶段才能完成，一般情况下要经过穿孔、轧管、定减径三个阶段。图 3-1 为钢管生产的变形过程示意图。

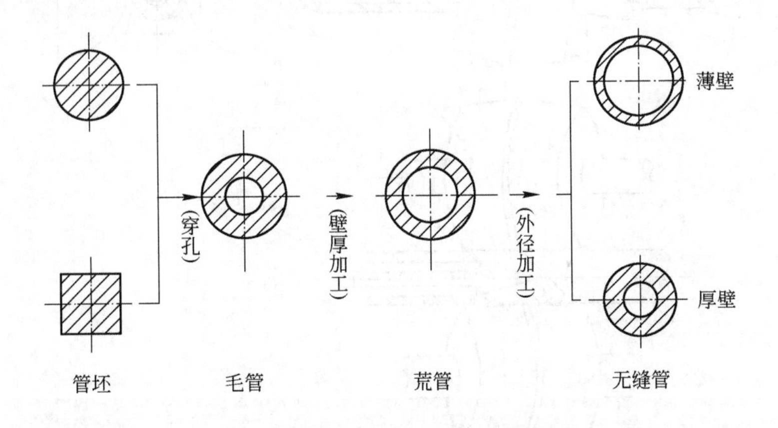

图 3-1 钢管生产的变形过程示意图

管坯穿孔的目的是将实心的管坯穿成要求规格的空心毛管，根据穿孔中金属流动变形特点和穿孔机的结构，可将穿孔方法进行分类，如图 3-2 所示。穿孔后的中空管体叫毛管。

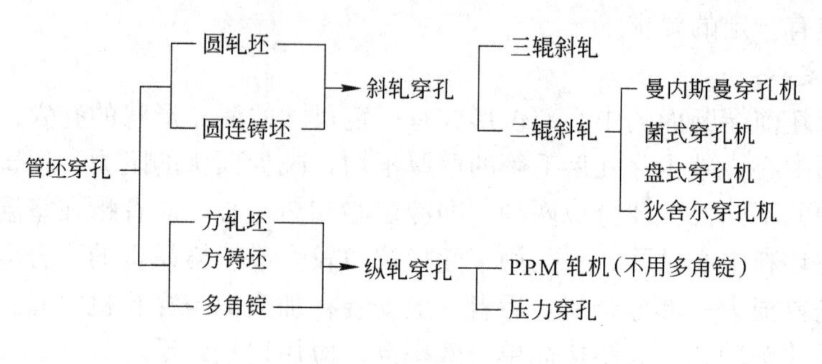

图 3-2　穿孔方式

3.2.2.2　斜轧穿孔机

斜轧穿孔机是目前最广泛应用的穿孔设备，包括曼氏穿孔机、狄舍尔穿孔机、菌式穿孔机以及三辊穿孔机。

二辊斜轧穿孔机是穿孔方法中最先应用的穿孔设备，其他斜轧穿孔机都是在其基础上或其后发明和应用的。

A　曼氏穿孔机

穿孔机由一对轧辊左右布置，相对于轧制线（即管坯运动轨迹）各呈一个 α 角，也称咬入角（或前进角），上下有两块固定不动的导板。两块导板、一对同向旋转且又与轧制线呈一角度的轧辊与位于坯料中心随动的顶头构成了一个“环形封闭的变形区域”，实心的金属坯料通过此区域时变成了中空的管体，如图 3-3 所示。

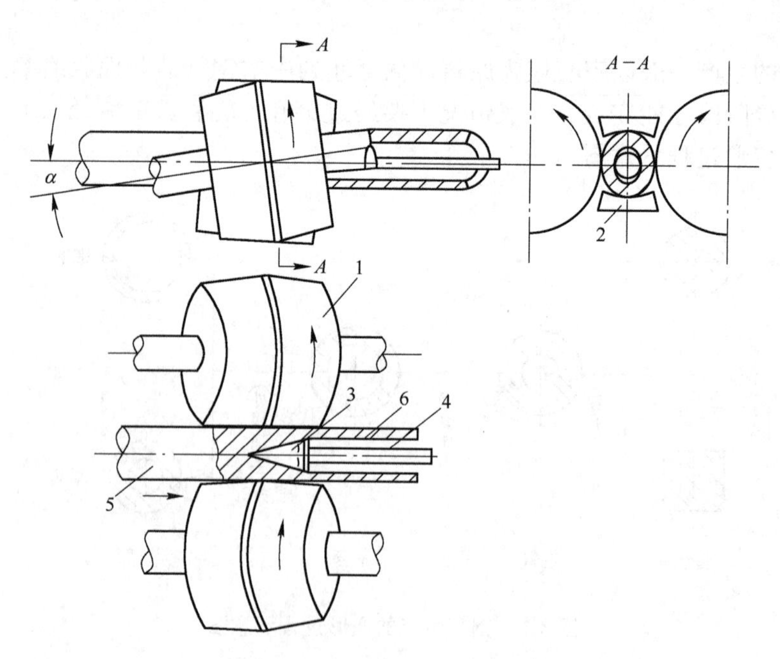

图 3-3　轧辊角度及环形孔型图

1—轧辊；2—导板；3—顶头；4—顶杆；5—管坯；6—毛管

曼氏穿孔机的特点是对心性好，毛管壁厚较为均匀，延伸系数 $\mu = 1.25 \sim 4.5$；但穿孔时的变形及应力状态条件较差，毛管内外表面易产生缺陷；轧制中旋转横锻效应大，附加变形严重，能耗大；受电动机驱动条件限制，送进角较小（$\alpha<13°$），故轧制速度不快。

B　狄舍尔穿孔机

狄舍尔穿孔机与曼氏穿孔机的不同点主要在于以主动旋转导盘代替固定不动的导板，且采用立式布置，即轧辊上下放置，导盘左右放置，如图 3-4 所示。其送进角 α 可达到 18°以上。相对于曼氏穿孔机而言，由于其主动导盘的线速度大于毛管的出口速度，因此狄舍尔穿孔机生产效率、金属的可穿性、毛管的质量和成材率都提高了，工具的消耗减少，降低了成本。

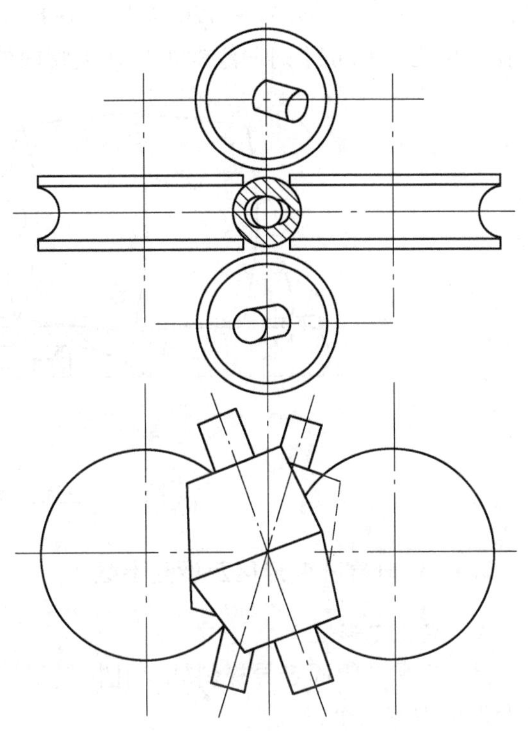

图 3-4　狄舍尔穿孔机的结构示意图

C　菌式穿孔机

在布置上，菌式穿孔机（如图 3-5 所示）轧辊轴线除与轧制线倾斜一个送进角 α 外，还有一个辗轧角 φ。导向工具可用导板或导盘。菌式穿孔机轧辊呈锥形，锥形辊的直径沿穿孔变形区逐渐增大，从而有利于变形区中轧辊与轧件间的速度（轴向速度与旋转速度）能较好地匹配，减轻变形区中金属的堆积，促进延伸，提高穿孔效率和可穿性；同时，减少扭转变形和横向剪切变形，减少内外表面缺陷发生的几率。所以，近年来已在许多钢管厂采用。

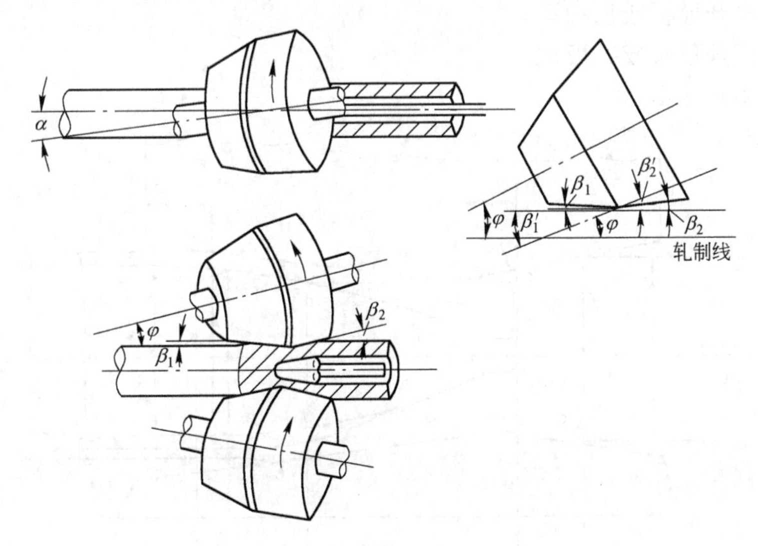

图 3-5　双支撑菌式穿孔机示意图

D　三辊穿孔机

三辊穿孔机与曼氏穿孔机的不同点在于前者以三个主动轧辊和一顶头构成“封闭的环

形区域”，三个主动轧辊呈 120°布置，各自与轧制线呈一送进角，如图 3-6 所示。与曼氏穿孔机相比，它可穿钢种范围扩大，毛管内外表面质量好，穿孔效率高，毛管尺寸稳定。

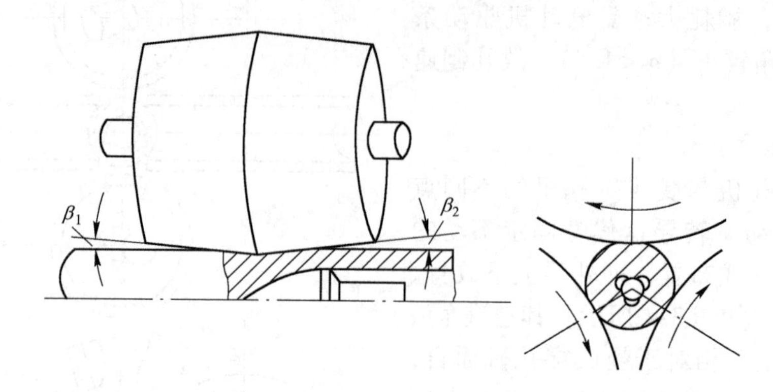

图 3-6　三辊斜轧穿孔机示意图

3.2.2.3　斜轧穿孔变形区及调整参数

A　穿孔变形区

图 3-7 是二辊固定导板斜轧穿孔机变形工具的 90°剖面图，在轧辊、导板、顶头构成的变形区中有八个特征点：

（1）管坯与轧辊接触点；
（2）管坯与导板接触点；
（3）管坯与顶头接触点；
（4）管坯进入轧辊压缩带；
（5）管坯进入顶头辗轧带；
（6）毛管离开导板或顶头；
（7）毛管离开顶头或导板；
（8）毛管离开轧辊。

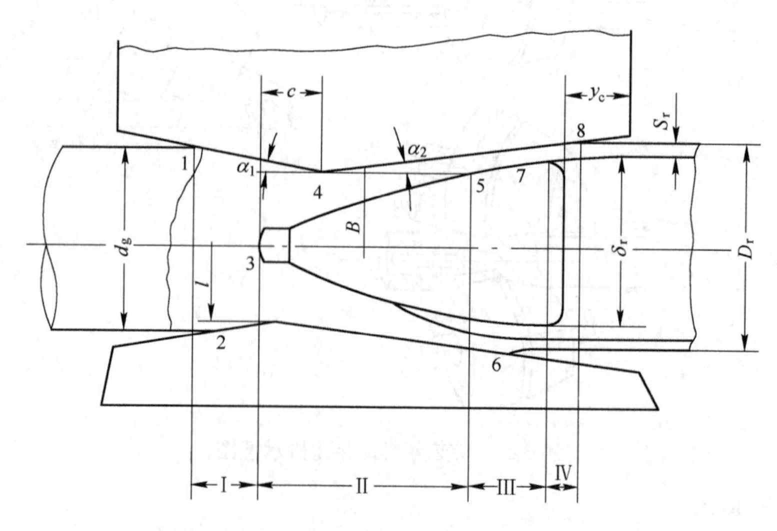

图 3-7　曼氏穿孔机变形区示意图

同时，我们可以将整个变形区分为四个区，也叫做变形的四个阶段：

Ⅰ（1—3）为穿孔准备区：该区的作用是实现管坯的一次咬入，并为管坯的二次咬入做好准备，积累足够的轧辊与轧件接触面上的摩擦曳入力；同时，通过该区使金属的应力状态，造成有利于实现穿孔的金属组织状态。

Ⅱ（3—5）为穿孔区：该区的作用是对管坯穿孔并进行毛管减壁，毛管的壁厚是一边旋转一边压下的，是一个螺旋的连轧过程。该区承担着穿孔过程中的主要变形量。

Ⅲ（5—7）为辗轧区（也叫平整区）：它的主要作用是通过顶头辗轧带与轧辊的作用，起到平整毛管内外表面、均匀壁厚的目的。

Ⅳ（7—8）为归圆区：该区的主要作用是通过轧辊将毛管的外径形状由椭变圆，实际上是一个无顶头的空心毛管的塑性弯曲过程。

B 穿孔机的变形工具

二辊斜轧穿孔机的变形工具主要有三个：轧辊、顶头、导板（或导盘）。穿孔机的变形工具形状及尺寸如何，对穿孔过程的进行状态是非常重要的。

（1）轧辊：穿孔机的轧辊是主传动的，形状有桶式、菌式、盘式等，而以桶式为常见形状。轧辊属于外变形工具，它通常分为三段：入口锥Ⅰ、出口锥Ⅲ、辗轧带Ⅱ，如图3-8所示。表征斜轧轧辊的特征参数是轧辊直径、辊身长度以及出入口锥角。

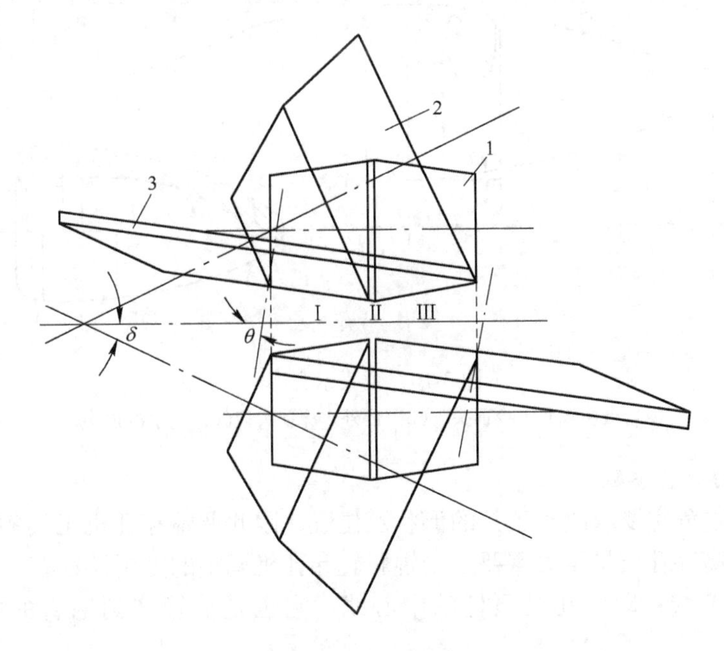

图3-8 轧辊示意图

1—桶形轧辊；2—蘑菇形轧辊；3—盘形轧辊

（2）导板：导板也属于外变形工具，只是它是固定不动的，其主要作用是为管坯及毛管导向，同时限制金属横向变形，并与轧辊一起构成封闭的外环。它也分成三段：入口斜面、出口斜面、过渡带，如图3-9 所示。

（3）顶头：顶头（图3-10）一般是随动的，其轴向不能运动，但可以旋转。顶头属于内变形工具，其主要作用是完成从实心管坯到中空毛管的变形，而这一变形是钢管穿孔

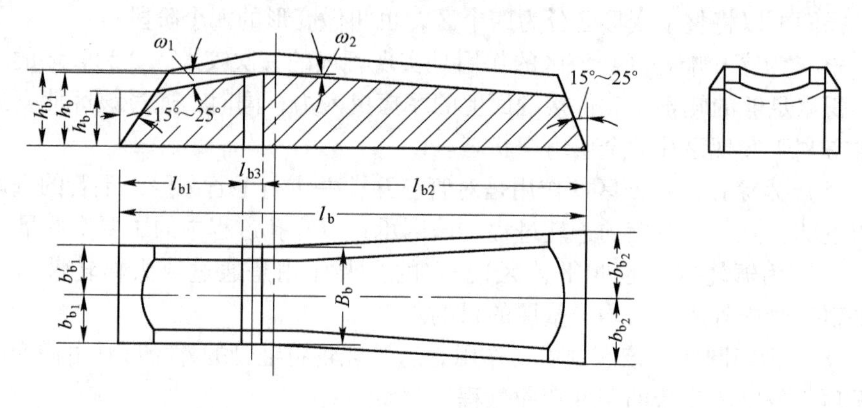

图 3-9　导板示意图

中的主要变形，因此顶头的工作条件是非常恶劣的。顶头由四部分组成：鼻部、穿孔锥、均壁锥（辗轧锥）和反锥。

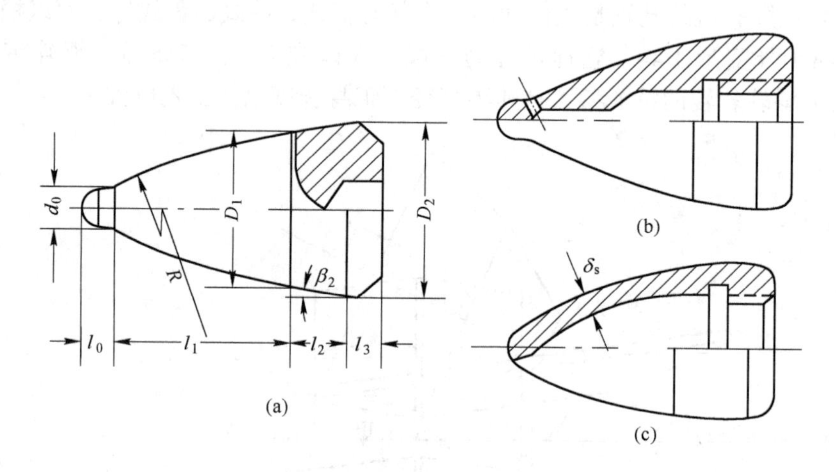

图 3-10　顶头示意图

（a）更换式非水冷顶头；（b）内外水冷顶头；（c）内水冷顶头

C　穿孔机的调整参数

穿孔的变形过程主要取决于工具的形状及位置，因此调整穿孔机工具的相对位置对实现顺利穿孔，提高穿孔质量至关重要。二辊斜轧穿孔机调整的主要参数有：

（1）轧制中心线：即穿孔机顶杆的中心线。它也是从管坯到毛管的中心线的运动轨迹。

（2）轧机中心线：即穿孔机本身的中心线。一般说来为了使穿孔过程比较稳定，安装设备时使轧制线比轧机中心线低 3 ~ 6mm。

（3）前-后台中心线：常以管坯受料槽与轧制线的相对高度衡量，原则上以受料槽中的管坯中心线略低于轧制线为宜。

调整三条线的目的就是使三条线处于一个合适的位置或三线对中，使轧辊、导板（导盘）、顶头在轧制中处于正确的空间关系，以获得合理的变形区。

（4）辊间距 B：指两轧辊辗轧带之间的间距。间距的大小必须保证管坯有足够的顶前压下量；同时应保证轧辊相对于轧制线对称。辊间距的调整一般以管坯碰到顶头前总的直径压下率在 10% ~17% 为宜，通常为 15% 左右。

（5）导板距 L：指两导板过渡带之间的距离。调整导板距主要依据椭圆度的大小 $\xi = L/B$，一般 $\xi \approx 1.01 \sim 1.15$。同时还要调整导板在轧制线方向上的位置，原则上要保证管坯接触轧辊经约两个螺距后再接触导板；同时要保证毛管最后离开轧辊。

（6）顶前压下率：它指坯料在碰到顶头之前其径向的压下程度。顶前压下量过大则坯料穿孔前容易出现孔腔，影响穿孔质量；过小则坯料中心不能形成有利于穿孔的“疏松”状态，造成顶头阻力过大而“轧卡”。一般顶前压下率控制在 6% ~8%。在实际生产中为方便起见，常以顶头位置 C 的大小衡量（见图 3-6）。

（7）顶头位置 C：因为实测顶头位置较困难，常用顶杆位置 Y 表示。C 指顶头鼻部伸出辗轧带的距离，其大小直接影响穿孔能否进行及穿后毛管的质量。C 过大则不利于咬入，顶头阻力大，易轧卡；C 过小则坯料中心容易出现“孔腔”，影响毛管的质量。

（8）轧辊倾角 α 和轧辊转速：轧辊倾角是斜轧穿孔中最积极的工艺参数。适当增加 α 弊少利多，α 增加可提高穿孔效率和改善毛管质量，不利是穿孔负荷增加。轧辊转速会影响穿孔速度。

穿孔机调整的目的就是保证能在穿孔时轧机顺利地咬入管坯和抛出毛管，并获得一定尺寸精度和内外表面质量，为此需要对三条线、四个主要参数（顶前压下率除外）进行调整，原则上应使管坯能按时顺利通过变形区内各点各段，完成变形的全过程。

3.2.2.4 斜轧穿孔咬入条件和运动学条件

管坯穿孔过程是一个独特的连轧过程，管坯被咬入后，由轧辊带动获得螺旋运动，一面旋转，一面前进。管坯的螺旋运动是靠两个轧辊同向旋转和既不平行又不相交的交错布置（即 $\alpha \neq 0$）实现的。而表征管坯螺旋运动的参数有切向转动速度、轴向运动速度及 $1/n$ 转（对二辊斜轧而言，$n=2$）管坯前进的距离（螺距）。

A 螺旋运动的建立

如图 3-11 所示，轧辊轴线相对于轧制线倾斜一个角度 α，称为咬入角。此时轧辊与坯料接触点处的轧辊辗轧带处（即两轧辊轴线相交点处）辊面圆周速度 v_R 可以分解为沿轧件轴向的分速度 v_{Rx} 以及周向的分速度 v_{Ry}（此处沿轧件径向的分速度可视为零）。

$$v_{Rx} = v_R \cdot \sin\alpha = \frac{\pi}{60} D_x \cdot n \cdot \sin\alpha \quad (3\text{-}1)$$

$$v_{Ry} = v_R \cdot \cos\alpha = \frac{\pi}{60} D_x \cdot n \cdot \cos\alpha \quad (3\text{-}2)$$

式中，D_x 为所讨论截面的轧辊直径；n 为轧辊转速。

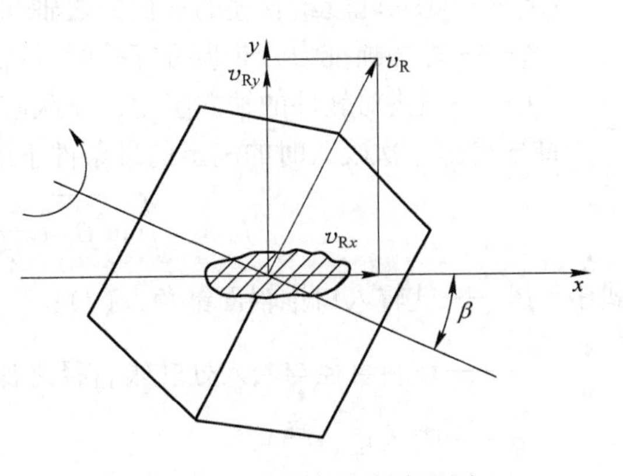

图 3-11 轧辊的速度分量图

由于轧辊与轧件之间的摩擦作用，轧件也产生了两个方向的分速度，即 v_{Bx} 使轧件轴向前进、v_{By} 使轧件周向旋转，构成了轧件的螺旋运动。一般轧件运动的速度小于轧辊速度，即轧件和轧辊之间要产生滑动，可用滑移系数来表示两者速度差。因此，轧件的轴向旋转速度应等于：

$$v_{Bx} = v_R \cdot \sin\alpha = \frac{\pi}{60} D_x \cdot n \cdot \sin\alpha \cdot \eta_0 \tag{3-3}$$

切向旋转速度应等于：

$$v_{By} = v_R \cdot \cos\alpha = \frac{\pi}{60} D_x \cdot n \cdot \cos\alpha \cdot \eta_T \tag{3-4}$$

式中，η_T、η_0 分别为轴向和切向滑移系数，一般两者都小于1。

螺旋运动中两个参数是非常重要的，一是半转螺距，轧件每转一转受轧辊加工两次间前进的距离称为半转螺距；二是轧件每经轧辊一次加工的半径压下量，称之为单位压下量。

出口螺距值 t_0 可由下式求出：

$$t_0 = \frac{\pi}{2} \times \frac{\eta_0}{\eta_T} D_0 \tan\beta \tag{3-5}$$

式中，D_0 为管子直径。

B　斜轧穿孔过程的咬入条件

斜轧穿孔过程分一次咬入和二次咬入，接触轧辊时的咬入为一次咬入，接触顶头或内变形工具时的咬入为二次咬入。一次咬入是轧辊通过摩擦作用带动轧件做螺旋运动而曳入变形区；二次咬入则是管坯（轧件）在轧辊的带动下，克服顶头或内变形工具的阻力而继续曳入变形区，形成稳定过程。而每次咬入都必须满足旋转条件和轴向前进条件。

（1）一次咬入条件：一次咬入的旋转条件就是管坯旋转力矩大于或等于管坯旋转阻力矩。即

$$M_T \geqslant M_N \tag{3-6}$$

式中　M_T——每一轧辊给管坯的旋转摩擦力矩，N·m；

M_N——每一轧辊正压力对管坯旋转的阻力矩，N·m。

一次咬入的轴向前进条件为管坯的轴向曳入力（前进力）应大于或等于其轴向阻力。

$$n(T_x - N_x) + P_0 - Q_x \geqslant 0 \tag{3-7}$$

式中　n——轧辊数，此处 $N=2$；

T_x——每一轧辊给管坯的摩擦力之轴向分力，N；

N_x——每一轧辊给管坯的正压力之轴向分力，N；

P_0——外加顶推力，非顶推穿孔时，$P_0=0$；

Q_x——顶头对轧件的轴向阻力，一次咬入时 $Q_x=0$。

推导得出一次咬入时的满足前进条件下的旋转公式为：

$$f \geqslant \sqrt{\tan^2\beta_1 + \frac{\pi}{n}(1+i)\tan\alpha \cdot \tan\beta_1} \tag{3-8}$$

式中　β_1——轧辊入口锥辊面锥角，(°)；

i——坯料直径与咬入处轧辊直径之比，$i = \frac{D_P}{D}$；

α——咬入角，(°)；

n——轧辊数。

实际生产中 $\beta_1 \leqslant 6°$，$i \leqslant 0.3$，$\alpha \leqslant 18°$，实现一次咬入是没有问题的。

（2）二次咬入条件：在两次咬入中，第二次咬入是关键，因为二次咬入存在顶头或内变形工具的阻力，所以满足一次咬入的条件不一定满足二次咬入，并且满足了旋转条件也不一定能前进。因此斜轧穿孔的咬入条件最终来说二次咬入条件中的前进条件才是主要的。对于二次咬入中的旋转条件而言，尽管比一次咬入条件增加了顶头—顶杆系统的惯性阻力矩，但由于数值不大可以忽略，故与一次咬入相同。

二次咬入的轴向前进条件由于顶头的阻力，使 $Q_x \neq 0$，因此有

$$2(T_x - N_x) - Q_x \geqslant 0 \tag{3-9}$$

式中 Q_x——顶头鼻部接触管坯时的阻力，N。

经过一系列的推导可以得出：

$$\varepsilon_{dq} > \varepsilon_{min} \tag{3-10}$$

式（3-10）为二次咬入条件表达式，它表示要满足二次咬入的轴向前进条件，其顶前的压下量 ε_{dq} 必须大于临界压下量 ε_{min}，即：

$$\varepsilon_{dq} > \varepsilon_{min} = \frac{\frac{\pi}{n} r_0^2 \frac{\overline{p_0}}{\overline{p}} \tan\beta_1}{\frac{1}{2} D_P b \left\{ f \sqrt{1 - \left[\left(\frac{1+i}{f D_P} \right) b \right]^2} - \sin\beta_1 \right\}} \tag{3-11}$$

式中 $\overline{p_0}$——顶头鼻部给金属的平均单位压力，MPa；

$\overline{p}$——穿孔准备区轧辊与轧件的平均单位压力，MPa；

b——穿孔准备区轧辊与轧件的平均接触宽度，mm；

r_0——顶头鼻部半径，mm；

n——轧辊数（$n=2$）；

D_P——管坯直径，mm；

β_1——轧辊入口锥角，（°）。

（3）其他形式穿孔机的二次咬入条件：在相同条件下三辊穿孔机的二次咬入曳入力比二辊穿孔机大，但此时顶头鼻部的阻力也比二辊穿孔机大，因此三辊穿孔机的二次咬入条件并不一定比二辊好。由于顶头阻力大，二次咬入时对钢温变化、辊面状况以及顶头形状等反映极为敏感。为了保证穿孔过程稳定，一般选用较大的顶前压缩量（8%～12%）。

带导盘穿孔机，由于导盘主动旋转速度大于轧件轴向速度，导盘给轧件一个轴向曳入力，从而改善二次咬入前进条件，但这对管坯旋转条件不利，因为导盘对轧件的旋转阻力大。

锥形穿孔机的二次咬入条件比一般二辊穿孔机的咬入条件好。

C 斜轧穿孔的变形特点

斜轧穿孔过程中存在着两种变形：基本变形和附加变形。

基本变形也称有用变形，是几何尺寸的变形关系，与轧件本身的性质无关，仅仅取决于变形区的几何形状。穿孔过程中基本变形就是延伸变形、切向变形和径向变形（壁厚压缩）。根据体积不变定律可知，壁厚压缩的金属流向纵向（延伸）和切向，由于切向变形

受到孔型的限制，因此，纵向（延伸）变形是主要的。

附加变形指的是轧件内部的变形，也称无用变形，是由于轧件变形不均匀引起的，它对基本变形没有益处，只能增大轧件的变形应力，引起毛管中产生缺陷的几率增大。

传统的桶式穿孔机无辗轧角，设计的轧辊辊径中间大，两头小，穿孔变形过程中金属流动遵守秒体积相等的规律，因此，桶式穿孔机提供给轧件的轴向速度在变形区入口处和出口处小，轧制带处大，这样轧辊的轴向速度不能与变形区金属流动速度匹配，增大轧辊与轧件滑动，使得变形区中形成堆积，不利于延伸，降低穿孔效率和可穿性，增大了附加变形。而轧件理论转速也同样是变形区入口处和出口处小，轧制带处大，这样形成出入口锥变形区扭转方向是相反的，产生扭转变形，特别是在出口变形区，轧件壁厚较薄，抗扭能力弱，使得轧制薄壁管带来不利条件，所以桶式穿孔机不能实现大变形，大扩径穿孔，特别是高合金钢穿孔。

菌式穿孔机由于有辗轧角 φ，设计的轧辊辊径顺轧制方向逐渐增大。辗轧角 φ 的大小影响着辊径沿变形区长度方向的分布，辗轧角 φ 越大，变形区入口侧辊径越小，变形区出口侧辊径越大。所以轧辊与轧件间的轴向速度与旋转速度能较好地匹配，减轻变形区中金属堆积和金属与轧辊之间的滑动，同时减少出口锥变形区各截面的轧件转速差，降低扭转变形和附加变形，也为大变形，大扩径穿孔创造有利条件。

3.2.3　毛管的轧制延伸理论及工艺

穿孔以后的毛管必须进行壁厚加工，同时还要对外径进行加工，才能投入使用。毛管轧制就是对穿孔以后的毛管进行壁厚加工，实现减壁延伸，使壁厚接近或等于成品壁厚。

3.2.3.1　轧管延伸机的分类及变形特点

目前常用的轧管延伸机的特点比较见表 3-5。

表 3-5　各种轧管延伸机的特点比较

<table>
<tr><th rowspan="2">变形特点</th><th colspan="3">设备工具特点</th><th rowspan="2">加工工艺方法</th><th rowspan="2">延伸系数</th></tr>
<tr><th colspan="2">外工具、设备</th><th>芯棒（短芯头）</th></tr>
<tr><td rowspan="5">斜轧法</td><td rowspan="3">二　辊</td><td>导　板</td><td>短芯头</td><td>斜轧延伸机</td><td>1.8～2.5</td></tr>
<tr><td rowspan="2">主　动
导　盘</td><td rowspan="2">长芯棒</td><td>狄舍尔延伸机（Diescher）</td><td><2.0</td></tr>
<tr><td>锥形辊延伸机（Accu-roll）</td><td><3.4</td></tr>
<tr><td colspan="2">三　辊</td><td>（中）长芯棒</td><td>三辊轧管机（Assel、Transval）</td><td>1.3～5.5</td></tr>
<tr><td colspan="2">多　辊</td><td>（中）长芯棒</td><td>行星轧机（PSW）</td><td>5～14</td></tr>
<tr><td rowspan="5">纵轧法</td><td colspan="2">单机架</td><td>短芯头</td><td>自动轧管机（Plug mill）</td><td>1.5～2.1</td></tr>
<tr><td rowspan="4">多机架
连轧</td><td rowspan="3">二辊</td><td>长芯棒</td><td>全浮芯棒连轧管机（MM）</td><td>3～4.5</td></tr>
<tr><td>中长芯棒</td><td>半浮芯棒连轧管机（Neuval）</td><td rowspan="2">3～6.5</td></tr>
<tr><td>中长芯棒</td><td>限动芯棒连轧管机（MPM）</td></tr>
<tr><td>三辊</td><td>中长芯棒</td><td>三辊连轧管（PQF）</td><td></td></tr>
<tr><td>锻轧法</td><td colspan="2">周期断面辊</td><td>中长芯棒</td><td>周期式轧管机（Pilger）</td><td>7～12</td></tr>
<tr><td>顶制法</td><td colspan="2">一列模孔</td><td>长（与出口端同步）</td><td>顶管机</td><td>4～16.5</td></tr>
<tr><td>挤压法</td><td colspan="2">单模孔</td><td>中长芯棒</td><td>挤压机</td><td>1.2～30</td></tr>
</table>

A 纵轧变形的特点

按照机架的形式及内变形工具的类型，纵轧基本上有三种形式：即空心、短芯头、长芯棒，见图 3-12。轧制所用孔型有二辊孔型和三辊孔型，见图 3-13。各种孔型的几何参数有：Δ—辊缝；a—孔型宽度；b—孔型高度；e—椭圆孔型偏心距；R—孔型顶部的半径；r—圆角半径；θ—孔型椭圆度系数，θ 值越小，则表示孔型越窄。

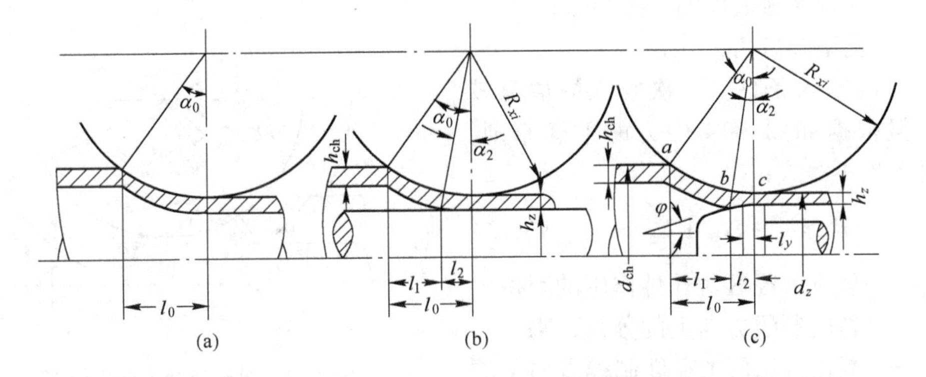

图 3-12 空心、短芯头、长芯棒轧制图示

（a）空心管轧制；（b）长芯棒轧制；（c）短芯头轧制

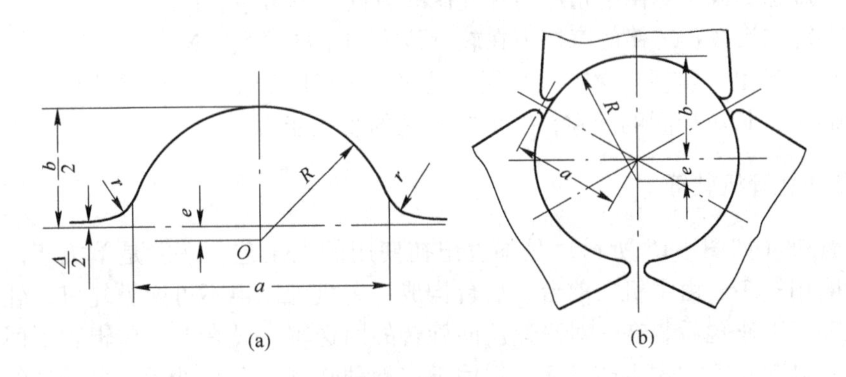

图 3-13 孔型图

（a）椭圆形二辊孔型图；（b）三辊孔型图

纵轧过程中的变形有：

（1）压扁：由于毛管的横断面与孔型的形状不相适应，毛管轧制时首先产生的是压扁变形，此时的变形只是断面形状的变化，尺寸并无改变。

（2）减径：减径是纵轧的主要目的之一，也是主要变形，此时毛管出现延伸，壁厚略有增减。纵轧减径时由于孔型开口处金属径向流动阻力较小，壁厚也比孔型底部的大，出现了壁厚不均的现象。

（3）减壁：减壁也是纵轧的一个主要目的。当碰到短芯头或长芯棒，或对变形金属施加了一定张力后，毛管的壁厚很快减薄，毛管迅速延伸；由于孔型开口处金属流动阻力与孔型底部之间存在差别，使开口处管壁相对更厚，壁厚不均更为严重。

3.2.3.2 纵轧的咬入条件

纵轧也有一次咬入和二次咬入问题，对于空心管轧件来说只要满足一次咬入条件就可以了，而对于短芯头或长芯棒轧制来说则有满足二次咬入条件的问题。

（1）一次咬入条件：

$$\tan\alpha \leqslant \frac{2f}{1-f^2} \quad 或 \quad f \geqslant \tan\alpha \cdot \sin\psi \tag{3-12}$$

式中　α——开始接触点的第一次咬入角，(°)；

f——轧辊接触表面的摩擦系数；

ψ——孔型开口角，(°)；

（2）二次咬入条件：二次咬入的情况较为复杂，但根据如图 3-14 中力的平衡原则，它应满足下列不等式：

$$T_x \geqslant N_x + N_{dx} + T_{dx} \tag{3-13}$$

式中　T_x——轧辊减径区对轧件作用的摩擦力在轧制线方向上的分量，N；

N_x——减径区正压力在轧制线方向上的分量，N；

N_{dx}——短芯头或长芯棒上正压力在轧制线方向上的分量，N；

T_{dx}——短芯头或长芯棒的摩擦力在轧制线方向上的分量，N。

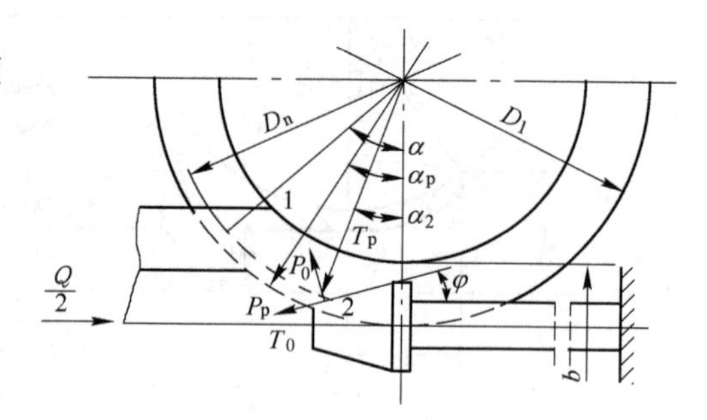

图 3-14　纵轧时受力分析简图

由上式可以看出，实现二次咬入必须有足够的减径区长度，也就是说要尽可能加大毛管内径与短芯头、长芯棒间的间隙，扩大减径区的咬入能力。

3.2.3.3　自动轧管机轧管

自动轧管机（如图 3-15 所示）是本世纪初使用的老工艺，一般是单机架，在我国无缝钢管厂中应用较多，由主机、前台、后台构成；主机为二辊不可逆纵轧机，轧辊上刻有不同的圆孔型。工作辊后装有一对高速反向旋转的回送辊，设有上工作辊和下回送辊的快速升降装置。自动轧管方式生产灵活，适用于多钢种轧制，在小批量、多品种的生产中具有优势。其设备投资相对较小。但变形能力低，$\mu \leqslant 2.3$。且壁厚不均较严重，需要后续配

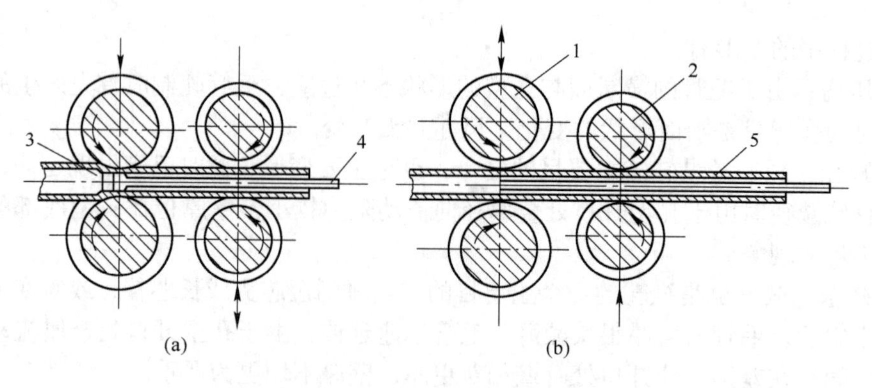

图 3-15　自动轧管机工作示意图

（a）轧制情况；（b）回送情况

1—轧辊；2—回送辊；3—顶头；4—顶杆；5—轧制毛管

置均整机，以辗轧壁厚和整圆。同时荒管长度受后台顶杆的限制而较短，不利于张力减径，生产效率低。由于自动轧管机的上述优缺点，目前新投产的 ϕ170mm 以下的钢管生产线一般不予考虑，但在中口径以上的钢管生产中占有一定的优势。

3.2.3.4 连续轧管机组轧管

连轧管机组一般按照芯棒的运动特点可分为三种形式，即全浮动 MM（Mandrel Mill）、半浮动（Semi-floating Mandrel Mill）和限动 MPM（Multi-Stant Pipe Mill）芯棒连轧管机。

A 全浮动连轧管机组

在整个轧制过程中对芯棒速度不加限制，由被辗轧金属的摩擦力带动芯棒通过轧机，随后用脱棒机将芯棒由钢管中抽出。我国宝钢 ϕ140mm 连轧管机就是这种类型的轧机。

图 3-16 为全浮动连轧过程示意图。其特点是：1）机组由 6 ~ 9 架二辊纵轧机组成，机架与水平呈 45°，各机架之间互呈 90°；2）各机架均由直流电机单独驱动，速度可调；3）机组后配置张力减径机，以扩大产品范围；4）整个机组采用最新的电控技术。MM 轧机具有生产率高；钢管的表面质量和尺寸精度高；生产出的管子较长，从而减小了切头的比例，提高了成材率；变形量大，一般 $\mu = 3.5 \sim 5.0$，因此对管坯的质量要求也比自动轧管机宽松；机械化、自动化程度高，操作人员少；钢管的成本低，金属消耗小的优点。但是轧制参数不当会使轧后管子的头、尾部有壁厚增厚现象，也就是“竹节”现象，影响了产品的收得率；同时由于使用的是长芯棒，产品规格越大，芯棒的自重也越大，芯棒的自重限制了机组的发展。

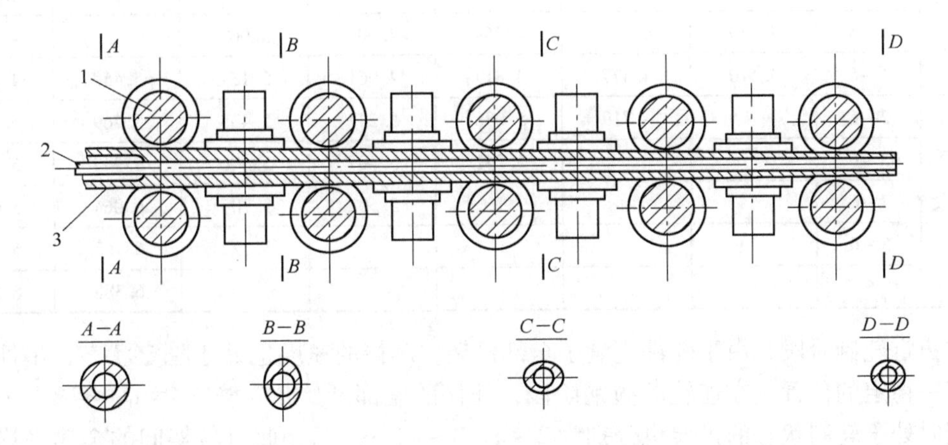

图 3-16 连轧管机组轧制过程示意图

1—轧辊；2—浮动芯棒；3—毛管

综上所述，MM 机组在小口径管的生产中是比较理想的。

芯棒的运动特点：

（1）芯棒中性面：连轧机之所以能保持连轧，首要条件是要遵循秒流量体积不变原则，也就是说金属通过每一机架的每秒钟的流量体积是个常数，即 $F_i \cdot v_i = C$。轧制时，作为内变形工具的芯棒在轴向只受到轧件的摩擦力作用。而处于全浮动状态的芯棒由于是个刚体，因此在任意时刻全长上只有一个速度，这一速度与此时处于轧制状态下的各机架金属速度的某一平均值相当。由于金属在各机架上的速度根据秒流量体积不变原则是逐架提高的（金属截面逐架减小），因此必然在芯棒和轧件内表面的整个接触长度上存在一个速度同步面，也叫芯棒中性面。中性面往入口方向，有 $v_z < v_x$（v_z 为轧件速度；v_x 为芯棒速度）；中性面往出口方向，有 $v_z > v_x$。

表3-6为某6机架全浮动芯棒连轧管机组轧制产品时咬、抛钢阶段的各机架速度及芯棒速度分布。由表可知，在连轧的咬入阶段，轧件依次在第一架、1～2架、1～3架、…、1～n架上轧制（n=6～9），最后充满整个机组。在咬入过程中，芯棒速度起初与第一架轧机的轧件速度相近；随着同时轧制的机架数增加，且又由于由入口往出口方向机架的速度越来越快，因而咬入各架后的金属平均速度也在增加，即 $v_1 < v_{1-2} < v_{1-3} \cdots < v_{1-n}$，此时芯棒的速度也随着咬入轧件的机架数增多而跳跃性地增大，中性面的位置也随之向出口方向移动。

表3-6　咬、抛钢阶段轧件出口速度及芯棒速度

轧件占有的机架		轧件的出口速度/m·s^{-1}						芯棒速度 v_D /m·s^{-1}
阶段	编号	1号机架 v_{m1}	2号机架 v_{m2}	3号机架 v_{m3}	4号机架 v_{m4}	5号机架 v_{m5}	6号机架 v_{m6}	
咬入阶段	1	3.011						3.011
	1～2	3.207	4.137					3.655
	1～3	3.300	4.258	4.570				3.960
	1～4	3.365	4.343	4.665	4.802			4.181
	1～5	3.430	4.426	4.759	4.901	5.067		4.394
	1～6	3.470	4.477	4.817	4.961	5.131	5.459	4.524
抛钢阶段	2～6		4.719	5.088	5.247	5.435	5.769	5.144
	3～6			5.241	5.407	5.606	5.943	5.493
	4～6				5.502	5.707	6.064	5.698
	5～6					5.822	6.163	5.937
	6						6.388	6.388

在稳定轧制阶段，由于轧件充满了全部机架，芯棒的速度也处于稳定状态，中性面也处于某一稳定的位置。在连轧的抛钢阶段，轧件的尾部开始依次离开第1、第2、…各机架，同时处于轧制状态的机架也分别为2～n、3～n、…、n，此时各架间的金属平均速度又在增加，芯棒的速度也随之又开始跳跃性地增加，中性面也由稳定状态位置向前移动，直到末架出口。

（2）芯棒摩擦力对轧件变形的影响：连轧状态下芯棒的摩擦力对轧件变形的影响主要体现在首先对变形区内的内表面金属产生切应力，有利于延伸。其次对各机架延伸速度产生一个相对变化值，造成金属向芯棒中性面的堆积，使轧件的横截面积产生一个增大值。三是芯棒摩擦力对各架轧制力的影响使中性面附近的轧制力增大，弹跳也随之增大，轧后横截面增大。加上咬入阶段电机特性的影响和抛钢阶段张力的变化，造成连轧后的头、尾“竹节”现象。

全浮动芯棒连轧管机由于轧制过程中芯棒速度改变而使金属流动条件发生变化，因金属流动的不规律性而引起钢管纵向壁厚和直径的变化，虽然采取了不少措施，但轧制条件的变化依然存在，且成品管的尺寸精度始终不如限动芯棒。

B　限动芯棒连轧管机组

限动芯棒连轧过程中芯棒以某一限定的速度运动，轧制后期芯棒由限动机构驱动回退，当荒管尾部离开机组时，芯棒回到起始位置，继续下一根轧制。我国包头钢铁公司 ϕ180mm 连轧管机，天津钢管公司 ϕ250mm 连轧管机属于这种类型。

与 MM 轧机比较，MPM 具有工具消耗低，减小或避免了 MM 轧机出现的“竹节”现象，改善了管子的质量，扩大了品种范围，降低了能耗，缩短了工艺流程，提高了延伸系数等优点。但是由于需要芯棒回退工序，故生产率大为降低，每分钟只能轧两根，相当于 MM 轧机的 50%。

MPM 轧管机使用后部带有限动装置的芯棒，使芯棒在整个轧制过程中的工作行程只有二至三个机架的间距。轧制时芯棒在限动装置的作用下，以低于或等于第一架钢管咬入的速度向前运动，MPM 机组出来的荒管随即进入由一组轧辊组成的脱管机，轧制完毕并且钢管尾部由脱管机拉出最末机架时，芯棒快速退回原位，重新更换芯棒后进行下一根管的轧制。更换下来的芯棒在冷却装置中用高压水快速冷却，再喷上润滑油待用。

为使芯棒磨损均匀，每轧一根管子前应当变动芯棒原始位置，变动量相当于齿条的一个节距，变化范围为 0.5mm。

目前限动芯棒速度恒定且低于第一架轧件轧出速度，从而每个机架上金属的速度总高于芯棒的速度，两者间存在相对速度差，而且越往后面，机架间相对速度差就越大。

C　半浮动芯棒连轧管机组

半浮动芯棒轧机在轧制过程中对芯棒速度也进行控制，但在轧制结束之前将芯棒放开，同全浮动芯棒轧机一样由钢管将芯棒带出轧机，然后由脱棒机将芯棒抽出。在对芯棒速度进行限动时，在一定程度上解决了金属流动规律性的问题，将芯棒放开后，又如同浮动芯棒一样要考虑脱棒条件的限制，因此半浮动芯棒轧机所轧制的管径不宜太大。

D　小型 MPM 轧机（MINI-MPM）

限动芯棒连轧管机的另一发展是小型 MPM 的出现。小型 MPM 轧机充分利用了传统 MPM 轧机的优点，同时可较经济地生产钢级和规格范围较宽的高质量钢管。MINI-MPM 轧机有以下特点：

（1）在目前较先进的 MPM 工艺基础上大幅度改善钢管质量和经济性。

（2）将 MPM 工艺成功地运用到 MINI-MPM 新型设计中，使 MPM 机架数量明显减少，设计和制造费用大大降低。表 3-7 是其建议的产品大纲。

表 3-7　小型 MPM 建议产品大纲

产品类别	尺寸范围			产量/$t \cdot a^{-1}$
	外径/mm	壁厚/mm	长度/m	
套　管	127.6～244.5	5.59～13.84	6～15	162775
套管接手	127.0～269.9	13.18～21.96	—	
输送管	114.3～219.1	4.78～25.40	6～15	30000

续表 3-7

产品类别	尺寸范围			产量/t·a^{-1}
	外径/mm	壁厚/mm	长度/m	
油　管	60.3~88.9	5.51~6.45	6~9.8	16276
油管接手	73.0~114.3	9.80~21.96	—	
商品管	114.3~219.1	5.60~25.00	6~12	25000
合　计				234051

3.2.3.5 三辊轧管及ACCU-ROLL轧管方式

A　三辊轧管及其特点

三辊轧管方式属于斜轧延伸，可以用来生产外径在 ϕ240mm 以下的钢管，尤其在生产高精度厚壁管中具有明显的优势。其主要特点是道次变形量大，工艺过程简单；产品的尺寸精度高，表面质量好；生产便于调整，更换规格容易；轧管工具少且工具消耗小，易于实现自动化。不足之处是生产效率低；对坯料要求严格；生产薄壁管比较困难。三辊轧管原理示意见图 3-17。

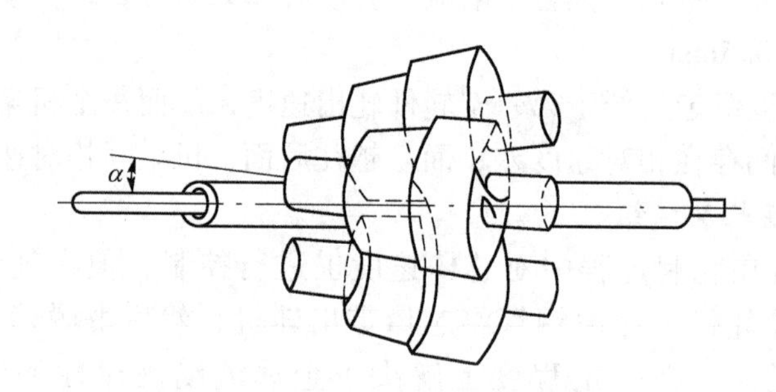

图 3-17　三辊轧管原理图

由图 3-17 可知，三辊轧管机的三个辊各呈 120°“对称”地布置在以轧制线为形心的等边三角形的顶点，轧辊轴线与轧制线有一送进角 α；同时，轧辊轴线与轧制线在包含轧制线的垂直平面上的投影之间有一夹角，叫辗轧角，如图 3-18 所示。轧辊的辊身分为入口锥、辊肩、平整段和出口锥四部分，相应的变形区也分为咬入减径区、减壁区、平整

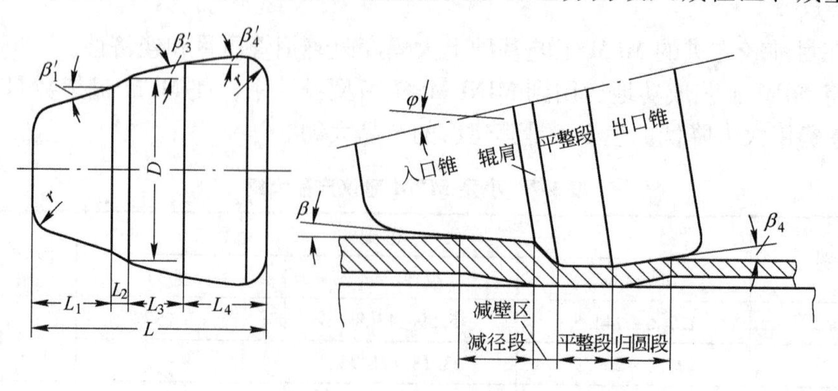

图 3-18　三辊轧管机辊型及变形区示意图

区、归圆区。就结构而言，三辊轧管方式目前有四种形式，即：

(1) 阿塞尔 (Assel) 轧管机 (属第一代三辊式轧管机)，主要用于生产高精度的厚壁管，当轧制 $D/S \geqslant 12$ 的毛管时会出现“尾三角”现象，严重的会导致尾部轧卡。

(2) 特朗斯瓦尔 (Transval) 轧管机 (属第二代三辊轧管机)，采用了在毛管轧制后期转动入口回转牌坊来改变送进角、同时变化轧制速度的办法，以消除“尾三角”的现象。但是却存在头尾部壁厚增厚的现象，增加了切头损失。

(3) 抬辊快开型轧管机 (属第三代三辊轧管机)，在轧制过程接近尾端时使轧辊迅速抬起，在尾端留有一小段只减径不减壁的荒管 (长度 50 ~ 70mm)，它可以消除“尾三角”现象；轧后产品的精度也得以进一步提高。

(4) 带 NEL (无尾切损装置) 轧管机，属最新的三辊轧管技术，其主机取消了旋转牌坊，仍采用刚性高的 Assel 机架，轧制过程中保持孔喉直径不变；在主轧机上或轧机前增设一预轧机构，当轧件接近尾部约 100mm 部分通过时由 NEL 机构对其先进行减径减壁，而三辊轧管机只给这部分少量的压下量，消除了“尾三角”的现象。NEL 轧管机具有可以轧制薄壁管 ($D/S<40$)，产品尺寸精确，成材率高 (因没有切尾损失) 的优点，有着广阔的发展前景。

B ACCU-ROLL 轧管机组

ACCU-ROOL 轧管机组实质上是二辊斜轧延伸机，但它又与一般的斜轧延伸机不同，在轧制高精度钢管方面具有独特的功能，被称为精密轧管机。

ACCU-ROLL 轧管机采用锥形辊，带有辗轧角，并采用旋转与限动的芯棒、大直径主动旋转导盘，从而轧出的荒管具有高精度的壁厚，提高了钢管的内表面质量。扩大了轧制的钢种和品种。同时提高了轧制效率，降低了能耗。

ACCU-ROLL 轧管机组的主要变形工序由穿孔机、ACCU-ROLL 轧管机、定径机 (有时配置微张力减径机) 组成。在轧管机的前后台的关键设备是毛管夹送辊和限动装置。夹送辊夹着毛管旋转前进，限动装置也夹着芯棒旋转并前后运动。芯棒的限动方式有前进式和回退式两种，前进限动时芯棒的前端必须超前毛管前端约 300mm；回退限动时芯棒的前端必须伸出轧机中心线足够的长度，轧制过程中芯棒缓慢地回退，与毛管的运动方向相反。

3.2.4 钢管的定、减径工艺及理论

毛管在轧管机上进行了以减壁为主的加工后，已成为壁厚接近于成品的荒管。为了扩大生产使用范围，就需要对其外径进行加工，同时对壁厚继续进行少量的加工，这就是钢管生产中变形的第三个阶段——定、减径工序。钢管的定、减径属于纵连轧过程，与前面轧管所不同的是它们均属于空心的不带芯棒 (芯头) 的纵连轧过程。定、减径机的分类见图 3-19。

3.2.4.1 定径机

定径机的作用是将荒管轧成具有要求尺寸精度和真圆度的成品管。其任务一是少量减径，修磨尺寸精度；二是归圆。定径机一般由 3 ~ 12 架轧机组成，常用的有 5 ~ 7 架，在轧制过程中一般没有减壁现象，而且由于直径减小而使得壁厚略有增加。在新建的轧管机组定减径设备中，定径机较多采用了三辊式，原因是三辊式定径机的三辊孔型为整体加

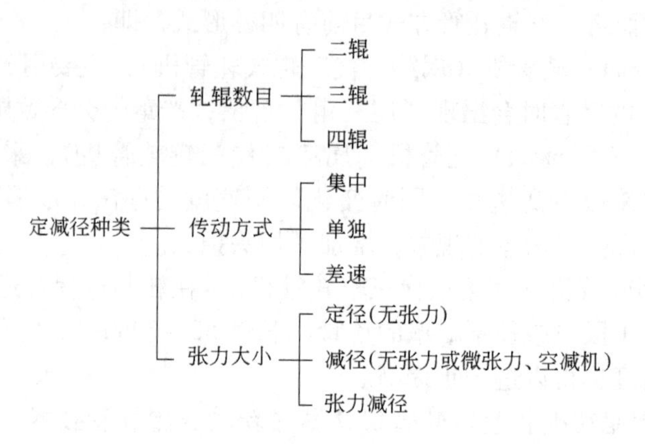

图 3-19　定、减径机分类图

工，保证了钢管的尺寸精度；同时由于是整个工作机座更换，时间短，提高了工作效率；另外三辊定径机组一般选用 12 架左右轧机，且又采用分组传动技术，生产上灵活性大。定径机一般单机减径率为 3% ~5%，最大总减径率大约在 30% 左右。

3.2.4.2　减径机

它除了定径的任务外，还以较大的减径率实现用大管料生产小管子的目的，而后者是主要的任务。因此减径机的工作机架比定径机多，有 9 ~24 架，一般取 20 架左右。在减径机上由于机架间少张力或无张力，所以没有减壁现象，相反由于径向压下较大，管壁增厚现象较定径明显。特别是横向壁厚不均显著，出现内四方（二辊）和内六方（三辊）现象。无张力减径一般单机减径率在 3% ~3.5%，总减径率在 45% 以下。

3.2.4.3　张力减径

张力减径除了减径的任务外，还有通过机架间的张力建立实现减壁的任务，工作机架也更多，一般在 12 ~30 架不等，常用的为 20 ~28 架，机架形式以三辊为主。目前也有采用十几个机架的微张力减径机。张力减径机多采用三辊结构，其优点为：1）三辊张力减径机的孔型由三段圆弧组成，管子受力均匀，轧辊与钢管的相对滑动小，摩擦损失小，变形率高；2）三辊的孔型椭圆度比二辊要小，在大的减径、减壁量时，三辊张力减径后的成品管质量较好；3）张力减径机的机架间距大小直接影响钢管的切头损失，三辊的机架距可以等于轧辊名义直径的 0.9 倍，二辊则等于名义直径，也就是说就轧机间距一项三辊比二辊减少切头损失 10%；4）三辊张力减径机轧辊是在组装好之后，再放到专门的机床上加工孔型，然后将轧辊机架整体装入工作机座之中，不需要调整，孔型精度高。

A　张力减径机的变形制度

张力减径机的两个主要工艺参数是总减径量和总减壁量，其大小及在各机架上的分配比例的选择合适与否直接影响到成品管的质量。

（1）减径率的分配：单机架的最大减径率可根据钢管的品种确定，与其相关的因素有壁厚变化值、壁厚系数、张力系数，另外它还受到钢管横断面的稳定性的限制，我们称钢管没有失去稳定性时的减径率为临界减径率。

总的减径率则需要根据管料、成品管的尺寸（和其精度要求）及机架数目来定。减径率的分配就是把总的减径率合理地分配到各机架上。一般地说，在机架数目确定的条件下，总的减径率增加，单机减径率也相应增加。张力减径机可以按机架间张力的变化将机组分为始轧、中轧、终轧三部分，如图 3-20 所示。

单机减径率的最大值应处于中轧机组部分，减径率的分配原则是始轧机架逐渐增加；中轧机架均匀分配，并略有减小；终轧机架迅速减小，至成品机架为零或接近于零。根据图示，张力减径时单机架减径率最大在 12%，一般在 7% ~9% 之间（最大的个别机架可达 17%）；其总的减径率可达 90%。

（2）减壁率的分配：减壁率（确切地说是壁厚变化率）分配总的原则是：单机的壁厚变化率必须与单机架减径率相对应，如果有张力存在，再根据张力升起和降落是否平滑来加以调整。张力减径机的减壁率是靠轴向张力得到的，而张力的大小又与单机架的减径率大小有关，较大的单机架减径率是施加较大张力的条件。张力减径机的壁厚变化率根据上述原则一般按图 3-21 所示变化，即第一、二架为管壁增厚，三、四架管壁减薄，但第三架减薄后其管壁仍大于原始壁厚，而第四架减薄后的管壁开始小于原始壁厚。第四架以后的各架壁厚按图中规律逐架次减薄。

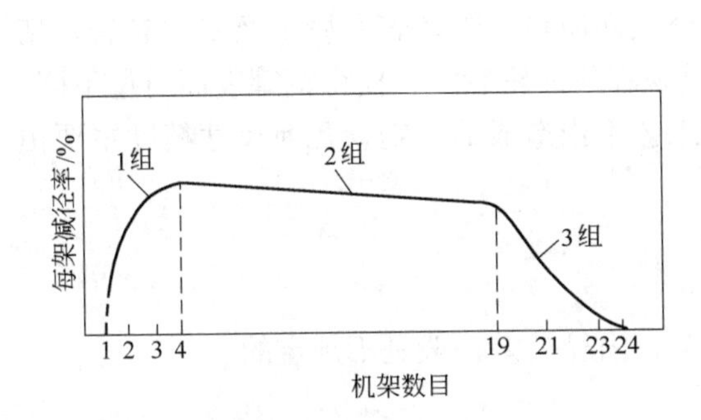

图 3-20 各机架减径率的分配

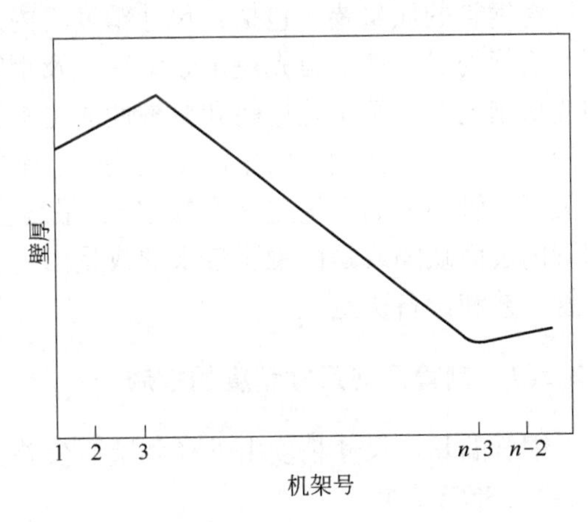

图 3-21 壁厚变化在各机架上的分布

B 张力减径机的张力系数

张力系数是用以表示张力减径机的机架间张力大小的系数。张力系数有两种表达方式：

（1）运动学张力系数：它定义为相邻机架的相对秒流量差（指自然轧制状态的秒流量），即：

$$C_{i,i+1} = \frac{F_{i+1} \cdot v_{i+1} - F_i \cdot v_i}{F_i \cdot v_i} \tag{3-14}$$

当 $C>0$ 时 机架间产生张力

$C=0$ 时 自然轧制状态

$C<0$ 时 机架间产生推力

（2）塑性张力系数（Z）：它定义为作用于机架间金属截面上的实际应力 σ_1 与此时金

属的屈服极限 σ_s 之比。即：

$$Z = \frac{\sigma_1}{\sigma_s} \tag{3-15}$$

当　$Z > 1$ 时　张力轧制

$Z = 1$ 时　自然轧制状态

$Z < 1$ 时　推力轧制

C　张力减径时的管端增厚

张力减径时经常出现减径后的管料头、尾部壁厚相对中间偏厚，这一部分管段需要切除，增加了切头损失。造成张力减径管端增厚的主要原因是轧件的头、尾部轧制时处于过程的不稳定状态，建立稳定的张力需要一段时间，使得头尾部的减壁量相对中间小所致。为此工艺上必须采取一定的措施，如缩短机架间距；提高单机减径率；在可能的条件下，降低总减径率及总的延伸系数；提高电机特性；控制张力的大小；增加摩擦系数；有条件时实现“无头张力轧制”等。

3.2.5　无缝钢管的质量控制

对钢管的质量要求包括：尺寸精度、内外表面质量和机械性能。

钢管的机械性能首先决定于钢种以及钢管的热处理，有些情况下轧制钢管的温度制度和变形制度对钢管工艺性能和机械性能也有影响。钢管的内外表面质量主要由原料表面质量和内部组织以及钢管的生产工艺决定。钢管外表面质量和管坯表面质量及修磨有着密切的关系。管坯表面质量差（有缺陷），最终会反映在成品钢管上，使得钢管表面质量下降。钢管内表面缺陷或是由钢质带来的或是由轧管工艺不当造成的。钢管几何尺寸精度主要由轧管工艺和设备决定。

3.2.5.1　钢管几何尺寸精度的控制

钢管的几何尺寸精度由外径和壁厚公差决定，内径公差一般是不规定的。

A　外径精度

影响外径精度的主要因素为：

（1）定径方法。用纵轧定减径机定径时，外径精度可达 ±0.8% ~1.0%；而用斜轧定径机，其精度可达 ±0.5%。

（2）工艺制度。终轧温度不稳定或沿管长温度分布不均匀，将因冷却收缩量不同而引起外径尺寸波动；变形量分配不均，例如前几架过分地压下，而精轧等于空转，则轧出的钢管呈椭圆形，有可能造成椭圆长轴超正偏差或短轴超负偏差，使钢管外径精度下降。

（3）来料尺寸波动造成外径精度下降。

（4）轧辊孔型精度及轧机调整精度。如果轧辊孔型车削不规整（特别是精轧孔），那么轧出的钢管外径精度低；轧辊同心度不好时，造成钢管外径沿长度方向或大或小。

B　壁厚精度

各种标准对无缝钢管壁厚精度的要求通常是以名义壁厚和壁厚公差来表示的，其形式为 $S_{0T_1}^{T_u}$，其中 S_0 为名义壁厚，T_u 为上公差，T_1 为下公差。上下公差通常以百分数表示。钢管的壁厚只有在公差范围内才算合格。

在生产和科研中，为了生产控制和精度研究的方便，通常引入如下一些概念。

a 平均壁厚

如果在钢管的横截面上沿周向均匀测量 n 个点的壁厚值 S_i（$i=1, 2, \cdots, n$），则该横截面上的平均壁厚可用下式表示：

$$\overline{S} = \frac{1}{n}\sum_{i=1}^{n} S_i$$

b 壁厚不均

壁厚不均又称为壁厚偏差，分为纵向壁厚不均和横向壁厚不均。

纵向壁厚不均大小由钢管前端的平均壁厚与后端的平均壁厚之差来确定：

$$\Delta S_l = \frac{1}{n}\sum_{i=1}^{n} S_{\mathrm{h}} - \frac{1}{n}\sum_{i=1}^{n} S_{\mathrm{e}}$$

式中 $\sum_{i=1}^{n} S_{\mathrm{h}}$——在钢管前端所测壁厚之和，mm；

$\sum_{i=1}^{n} S_{\mathrm{e}}$——在钢管后端所测壁厚之和，mm；

n——每端所测点数。

横向壁厚不均大小由同一横截面上最大壁厚值与最小壁厚值之差来确定：

$$\Delta S_t = S_{\max} - S_{\min}$$

式中 $S_{\max}$——最大壁厚值，mm；

$S_{\min}$——最小壁厚值，mm。

在实际生产和科研中，横向壁厚不均又往往表示为相对值形式，即将上述横向绝对壁厚偏差 $S_{\max} - S_{\min}$ 除以名义壁厚 S_0，其表达式为：

$$Z = \frac{S_{\max} - S_{\min}}{S_0} \times 100\%$$

热轧生产中影响壁厚均匀度特别是横向壁厚均匀度的主要因素为：

（1）管坯加热的影响。管坯加热不均很容易造成横向壁厚不均（偏心）。如果管坯温度一面低一面高，则毛管坯低温面壁厚，高温面壁薄。如果沿毛管长度方向温度不均容易造成纵向壁厚不均，毛管前端冷却快，轧管时由于温度低造成变形抗力大，轧机弹跳大导致钢管前端壁厚大，特别是轧制长管时，这一现象更明显。

（2）管坯定心的影响。定心是减小钢管前端壁厚不均最有效的方法。通常，毛管前端长 300mm 一段的壁厚不均特别明显，因而如果采取热定心可以在生产热轧成品钢管时防止钢管头部壁厚超公差。

（3）工具精确度的影响。工具尺寸不精确，如顶头芯棒椭圆形、穿孔机顶头后孔偏心等必然会造成壁厚不均；使用过度磨损（不均匀磨损）的孔型也会增加壁厚不均。总之，凡是变形区正确的几何形状遭到破坏时，壁厚不均都会加剧。

（4）轧机调整的影响

1）穿孔机的调整。钢管前端壁厚不均的一种原因是咬入不良，顶头鼻部不能对准管坯中心，这时应适当增加顶头前压缩量；另一种原因是穿孔前顶头的中心线与顶杆中心线不重合，穿孔时顶头不能对准管坯中心，尤其在穿厚壁毛管时更为严重，但随着穿孔过程的进行，顶头能自动找正，从而仅造成前端壁厚不均。

全长性壁厚不均可以通过观察毛管上是否出现大螺纹来判断。造成全长性壁厚不均的原因主要有工具安装不当或工具磨损使轧制线不正，另外还有两个轧辊倾角不一致、定心辊调整不当、顶杆剧烈抖动、工具没有紧固好以及加热不均等。

后端壁厚不均主要是过早地打开定心辊，轧辊转速过高，顶头位置过前，轴向力大或管坯温度低，顶杆弯曲严重，终轧前管坯尾端甩动严重。

2）轧机的调整。当两个轧辊不平行时造成孔型一边辊缝大一边辊缝小，于是两边壁厚不同；另外上下轧辊轴线不在同一垂直面上，且轴线相交时容易造成钢管扭转，孔型辊缝带给钢管的凸棱不成直线，翻钢困难，故易造成壁厚不均加剧。

（5）张力减径的影响。为了减轻张力减径时的横向壁厚不均，应当合理地选择单机架减径率、张力和孔型椭圆度；在张力减径中采用沿孔型宽度上接触长度相等的孔型可显著减轻横向壁厚不均；采用端头厚度电控技术可使管端段增厚长度减少 37% ~53%。

（6）变形制度的影响。在成壁道次（自动轧管机的 2 ~3 道，连续轧管机的成品及成品前架）的变形量要小以达到均壁作用。

C 钢管弯曲度

钢管弯曲是由于轧机调整不当、轧制时残留的残余应力以及由于沿管子截面和长度上冷却不均等原因造成的。因此，不可能从轧机上直接得到很直的管子，弯曲度只有通过冷矫直来消除。通常，钢管原始弯曲度小、矫直压下量大、钢管与矫直辊接触充分，矫直效果好。

3.2.5.2 钢管表面质量控制

钢管外表面缺陷主要有：外折叠、发裂、压痕（凹坑、结疤）、划伤、耳子、楞面和轧折等。内表面缺陷主要有：内折叠、内裂和内划伤（直道和螺旋道）等。

A 钢管外表面质量控制

外表面缺陷主要由两种原因造成的：一是管坯表面上有缺陷；二是各种机械因素。

钢管外表面的折叠、发裂一般是由钢质不良造成的，有时和管坯的轧制也有关。如在轧制管坯时金属因过充满产生耳子，经下道次轧制，很容易造成直线形折叠。由于穿孔过程存在扭转变形，所以通过斜轧穿孔时缘于冶金的缺陷多呈螺旋分布，而且螺距比较大；对于厚壁管或三辊穿孔，由于扭转变形很小，缺陷也可能呈直线形的。从铸锭到管坯的轧制是纵轧过程，因此在管坯上的缺陷多为直线形的或近似直线形的。

机械因素是指变形工具作用的结果。要判断是由哪种原因造成的缺陷，应掌握工具的运动学特点和塑性变形时的几何现象。钢管生产中工具的运动学特点有斜轧过程的螺旋运动（穿孔机、斜轧轧管机、均整机），从而由于工具作用而带给钢管表面的缺陷形式应呈螺旋分布。如因导板磨损或导板上焊上金属而造成的毛管或荒管上深的刮伤，必然按螺旋线分布，而且螺距比较小（与扭转螺距相比），缺陷的方向应和轧辊旋转方向相同。

在纵轧过程中钢管呈直线运动，轧辊作圆周运动（轧管、定减径），如果轧辊上粘有金属（或凹坑等），反映在钢管表面上的缺陷应该有规律性，各个缺陷形状大致相似，并且各缺陷之间距大致相等，并近似等于轧辊的圆周周长（应考虑前滑的影响），假如规律性不强，这可能是由于压入氧化铁皮而造成的压痕（凹坑）缺陷。若轧管机和顶管机的孔槽错位或变形量大则会造成楞子缺陷，是直线形缺陷。在定减径机上孔型错位会造成“青线”缺陷，这种缺陷有对称的不对称的，取决于有几架孔型错位及其错位程度。在定减径机轧辊上粘有金属也会造成凹坑缺陷，但由于轧辊直径比轧管机辊径小，所以各缺陷的间距要小得多。

此外，判断缺陷产生的原因和变化情况要和金属的宏观流动（几何现象）紧密联系起来。

B 钢管内表面的质量控制

a 内折叠和内裂纹

内折叠和内裂纹可能沿钢管全长分布，也可能仅位于两端或出现在一部分长度上。形成内折叠的原因为：

（1）由于原料质量、钢种及加工性能、加热制度、穿孔变形制度、轧机调整、工具设计及磨损状况等因素，使穿孔过程中过早形成孔腔。

（2）定心孔不良造成的内折常发生在毛管前端。

（3）由于穿孔机顶头磨损及表面熔化，毛管内壁粘有金属而造成内折。

（4）因穿孔展轧阶段变形不均匀而产生内裂纹，或者内裂纹继续加工而成内折。

内折在内壁上的分布形状多呈螺旋形、半螺旋形或无规则分布的锯齿状。内裂纹一般规律性不强，但根据穿孔延伸系数和扭转变形的大小以及后续工序的再加工（如轧管、定减径等），缺陷分布形式有可能改变，如成直线形等。

b 内割伤（或称严重的内螺纹）

内割伤是由于顶头设计不合理及连接顶头的连接杆上有尖棱的凸起或焊有金属瘤等原因把毛管内表面刮伤造成的。如果使用的顶头展轧段锥角和轧辊出口锥角不符以及顶头质量不好或顶头表面有缺陷，也会导致内表面刮伤。轧机调整不正确会加剧这种缺陷的产生。这种缺陷为螺旋形（连续和不连续）。

c 内直道

内直道是在自动轧管机上常易出现的缺陷，也是较难解决的问题。影响内直道产生的因素为：

（1）轧制温度。轧制温度过高，顶头表面容易烧化而粘接金属和铁皮，促使内直道缺陷增加。

（2）变形量。变形量大，内直道缺陷增多。因此，在总变形量一定时，加大第一道次变形量，减小第二道次变形量，可以减少内直道缺陷。但在辊缝处的内直道不能消除，因为在这里顶头不与金属接触。

（3）顶头形状及表面状态。使用球形顶头可减小内直道缺陷，这是因为球顶头加工面多，减壁区窄，轧制力小，顶头上不易粘金属和铁皮。顶头表面应有一定的硬度，无裂纹。

d 内螺纹

内螺纹是斜轧轧管常易出现的缺陷，形式有全长性的和局部性的。影响内螺纹产生的因素为：

（1）芯棒的表面状态。因为芯棒参与变形，所以，如果芯棒上有磨损、变形、粘金属和氧化铁皮等缺陷，在轧制过程中必然反映在管子内壁上。特别是使用固定芯棒和半浮动芯棒时，缺陷更为明显。

（2）芯棒的运动状态。使用拉力芯棒与全浮动芯棒时内螺纹较少和较轻；采用固定芯棒和半浮动芯棒时，由于芯棒是固定在顶杆上的，因而芯棒-顶杆系统的跳动会促使内螺纹产生。另外，芯棒在变形区中跳动厉害时，也易产生内螺纹。

（3）辊型设计。辊型设计中展轧段的作用是均壁，如果展轧段长度不够，则轧管不能充分地展轧，管壁内螺纹难以消除。在展轧段中承受较大的变形量时，也易产生内螺纹。

（4）工艺参数。延伸系数大、轧制温度低、前进角大、轧辊转速高等，都容易产生较重的内螺纹缺陷。

e　内麻坑

内麻坑是顶管机常易出现的内表面缺陷。芯棒磨损严重没有及时更换以及冲孔坯内氧化铁皮没有消除干净，是产生内麻坑的主要原因。

3.2.5.3　钢管机械性能的控制

很多情况下钢管的使用条件比较恶劣，对耐高温及低温耐腐蚀等方面有较高的要求，因此，对钢管要求高强度的同时还要求有较高的韧性，并且有较好的低温冲击韧性等。为了达到这些性能要求，除采用合金化外，还可以采用控制轧制、轧后直接淬火（DQ 法）、余热正火等方法。

A　控制轧制

钢管控制轧制的关键是控制好终轧温度、变形量以及轧后冷却速度。

与传统的轧制方法类似，钢管的控制轧制可按钢管在轧制时所处的温度不同，分为高温控制轧制、低温控制轧制和等温控制轧制。

高温控制轧制是把钢加热到奥氏体化温度后，冷却至再结晶温度以上，但低于 A_3 以上 100～150℃的范围内进行轧制，急冷至室温后再进行回火或时效处理的轧制过程。

低温控制轧制是把钢加热到奥氏体化温度，冷却至再结晶温度以下的介稳奥氏体区域进行轧制，急冷至室温后再进行回火或时效处理。

等温控制轧制是把钢加热到奥氏体化温度，冷却到介稳奥氏体温度区，在奥氏体—珠光体的转变过程中进行变形，形成了铁素体及弥散的碳化物颗粒组织的过程。

热轧无缝钢管的生产可以分成三个主要阶段：穿孔变形、轧管延伸变形和定减径变形。可以认为穿孔工序和轧管工序是高温粗轧阶段，而定减径（包括均整工序）是低温精轧阶段，并且热轧无缝钢管生产中主要变形集中在前两个工序上。另外，现代钢管车间定减径工序和轧管工序间通常设置再加热炉，因此，可以将再加热炉与定减径看作一个独立的变形过程。综上所述，在热轧钢管生产中的三个变形阶段都可以采用再结晶型控制轧制工艺达到细化晶粒的目的。为更有效地发挥这一工艺的作用，需对所用钢种、工艺参数和轧后冷却速度进行调整和控制。

在热轧无缝钢管生产中，为使穿孔和轧管时道次间隙时间内的静态再结晶得以充分进行，温度高些有利，因此没有必要去调整轧制温度。但由于加热温度对原始奥氏体晶粒影响很大，穿孔过程中伴随升温现象，因此适当降低加热温度是十分必要的。

在生产小规格管采用较大变形量的减径或张力减径工艺时，对 Ti-V 钢，降低再加热温度和减径温度有利于细化轧后奥氏体晶粒；而对定径工艺，应适当增加变形量，采用未再结晶型控制轧制工艺来细化晶粒。对于 Nb-V 钢，在减径工艺中，由于未再结晶区增大，也可采用未再结晶型控制轧制细化铁素体晶粒。

B 余热正火

余热正火主要用于 12CrMoV 锅炉钢管。12CrMoV 锅炉钢管轧后要进行正火和高温回火。余热正火则可以利用钢管的余热取消正火，这样既简化了工艺，又节约了能源。

C 轧后直接淬火（DQ 法）

直接淬火是指利用热加工的余热在线淬火。直接淬火与传统淬火方法相比，具有如下优点：

1）提高了热处理的生产能力；2）扩大了可淬火的最大管壁厚度，DQ 法的高淬火强度使厚壁管能够达到所需的淬硬性；3）节约能源。

D 冷矫直对钢管机械性能的影响

冷矫直变形量较小，对钢管机械性能的影响不如热轧大。其影响主要表面在：1）冷矫直对钢管强度极限的影响较小；2）冷矫直对屈服点的影响和钢管壁厚有关，钢管壁厚在 6mm 以下时屈服点上升，而壁厚大于 6mm 时冷矫直使金属屈服点下降；3）钢管通过冷矫直后钢的延伸率有所下降，而且管壁愈薄，下降的程度也愈大，矫直速度愈快，延伸率减小得愈多；4）矫直薄壁管（壁厚在 4mm 以下）硬度稍有增加，大多数情况下硬度有所降低。

3.3 焊管生产

3.3.1 焊管生产的一般工艺过程

焊管生产在钢管生产中占有重要地位，国外工业国家的焊管产量一般要占钢管比重的 60% ~70%，而现代焊管技术正向提高管坯质量、发展成形技术、控制焊接工艺、强化焊缝处理、完善在线检测手段的方向发展。

3.3.1.1 焊管的定义及工艺特点

焊管就是将钢板或带钢卷成管筒状，然后将接缝焊合而成的钢管。其基本工序为

坯料准备→成形→焊接→精整→检验→包装入库

焊管之所以有巨大的发展前景，与其产品生产的工艺特点密切相关。其主要特点有：

（1）产品精度高，尤其是壁厚精度。

（2）主体设备简单，占地小。

（3）生产上可以连续化作业，甚至“无头轧制”。

（4）生产灵活，机组的产品范围宽。

3.3.1.2 焊管的分类

焊管生产线可以生产外径达 4m 左右、壁厚在 40mm 上下的大口径管。与热轧无缝管相比，焊管的壁厚系数 D/S 相对较大，一般 $D/S=5\sim100$。焊管生产与无缝管生产在钢管

生产领域竞争一直是激烈的，竞争的焦点集中在两点上，一是产品质量；二是经济效益。焊管在大口径、薄壁、极薄壁、高精度钢管的生产上占有一定的优势，其分类见图 3-22。

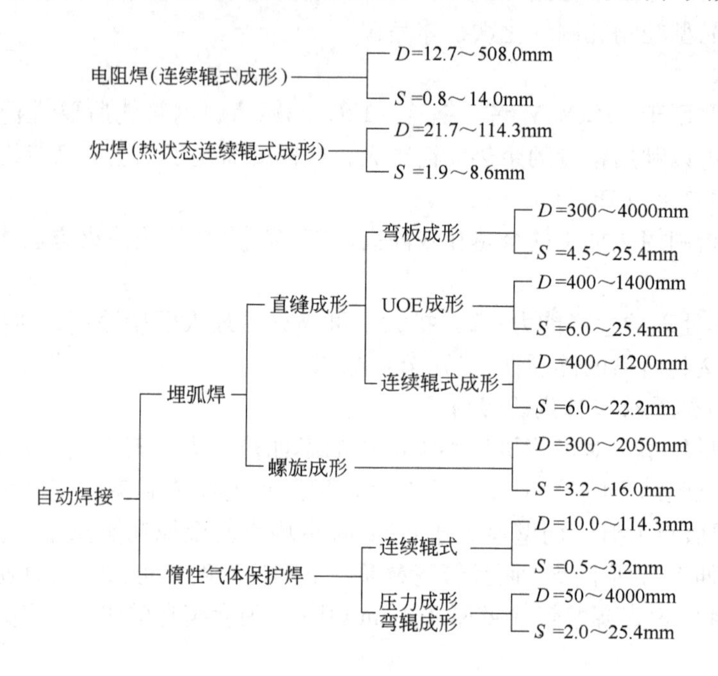

图 3-22　焊管成形的分类

3.3.2　直缝焊管的成形

直缝电焊钢管以带钢为原料，通过一组成形机架连续成形为管状，然后用电阻加热或感应加热使带钢边缘部位处于熔融状态，在压力的作用下将接缝焊合而得到钢管。它能生产的产品最大直径 $D_{max}<660.4mm$，$S_{max}<16mm$，$D/S>100$。连续辊式成形是将管坯在具有一定轧辊孔型的多机架轧机上进行连续塑性弯曲而成管筒状，是一种应用广泛、优质高效的中小口径电焊管成形方法。

3.3.2.1　辊式成形法分类

辊式成形法大致可以分成三类，即阶段成形法、自然成形法和立辊组成形法。

A　阶段成形法

阶段成形法是纵向由一系列成对孔型辊组成的成形法。它还可以按管坯横向成形特点分类和按管坯纵向成形特点分类。

（1）按横向成形特点的分类：带钢在连续成形过程中依其横截面塑性弯曲的轨迹不同而可以分为带钢边部开始弯曲的边缘弯曲成形法（图 3-23）、由带钢的中部开始弯曲的中心弯曲成形法（图 3-24）、在带

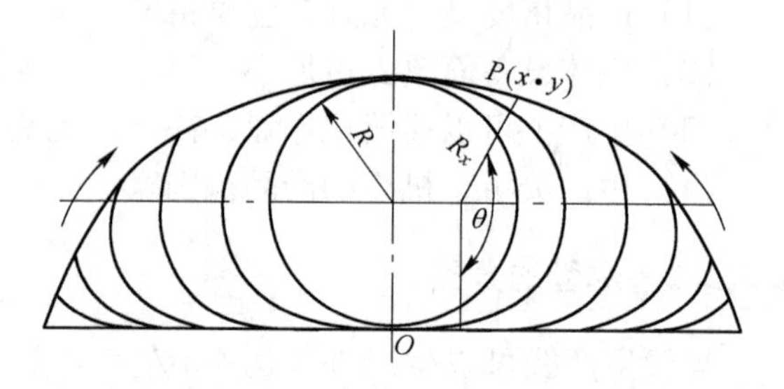

图 3-23　边缘弯曲成形法示意图

钢全宽上进行弯曲的圆周弯曲成形法（图 3-25）以及双半径孔型弯曲成形法（图 3-26）。

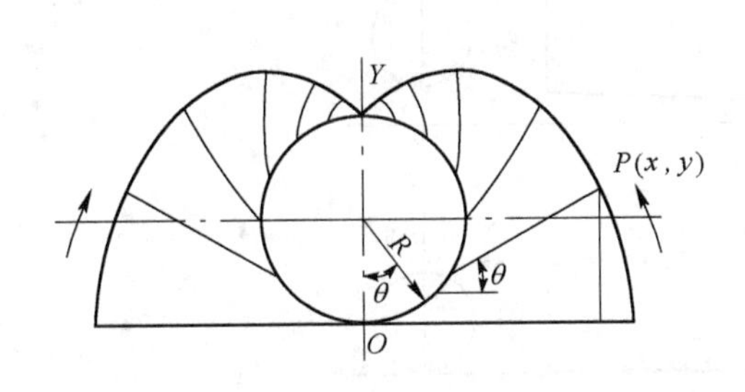

图 3-24 中心弯曲成形法示意图

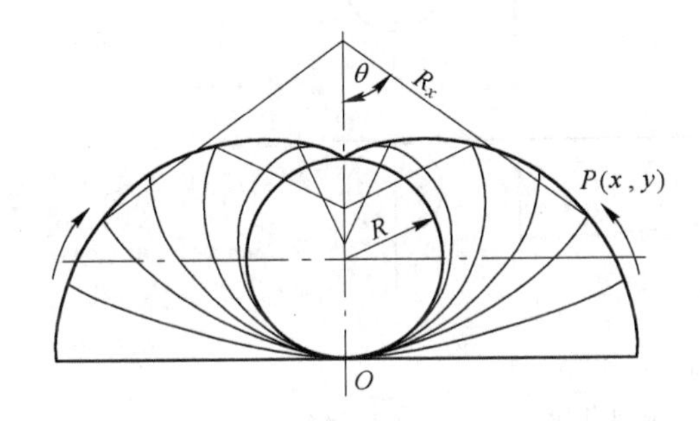

图 3-25 圆周弯曲成形法示意图

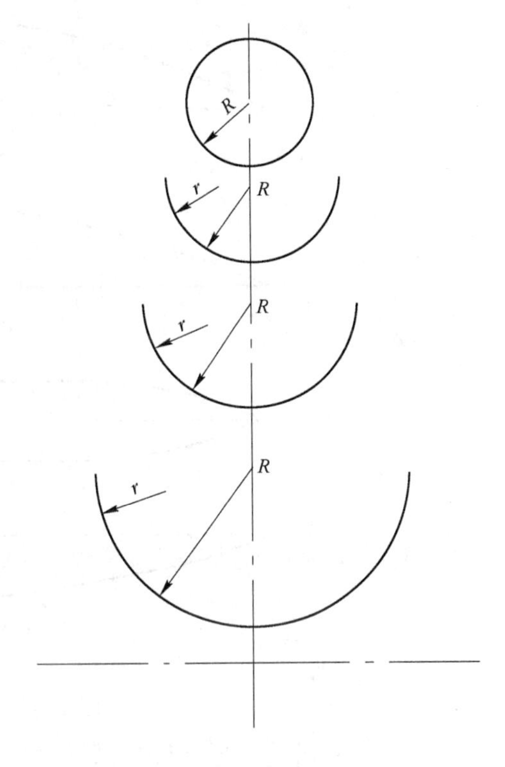

图 3-26 综合弯曲成形法示意图

（2）按管坯纵向成形的特点分类：按成形管底线的分布形式来划分，焊管成形也可以分成四种，即上山成形法、下山成形法、底线水平法和边缘线水平法（图 3-27）。

根据分析可以看出：上山成形法产生的拉伸为最大；下山成形法所产生的纵向拉伸应变在沿管坯宽度方向各部分的分布是均匀的，且边缘延伸为最小。图 3-28 是下山成形法与底线水平法边缘延伸的比较。

（3）阶段成形方法的进步：目前在焊管成形方面开始采用如 W 反弯弯曲成形法（成形机组的前几架采用 W 反弯型轧辊）、F. F 成形法（成形前段由 4 架组合平辊和 6 架群集立辊组成）等较为先进的成形方式，对改善成形质量起到了积极作用。

B 自然成形法

自然成形法也叫排辊成形法（CFE），该成形法的特点是在成形过程中，沿纵向在管坯的边缘外侧配置了轧辊群，以控制边缘延伸。同时轧辊群又从外侧来束缚管坯的边缘，将边缘延伸作为压缩变形的形式来吸收，使带钢的成形过程接近于自然弯曲形状的成形法。因此它是一种既能防止边缘延伸，又能吸收边缘延伸的成形法，适用于成形中口径薄壁管（$D>400$mm）。

C 立辊组成形法

在纵向由一组立辊对成形过程的变形加以约束，它是一种兼容了阶段成形和排辊成形特点的成形法，其特点是：

（1）轧辊对带钢成形中纵向的拉伸作用小，使边部拉伸处于最小状态。

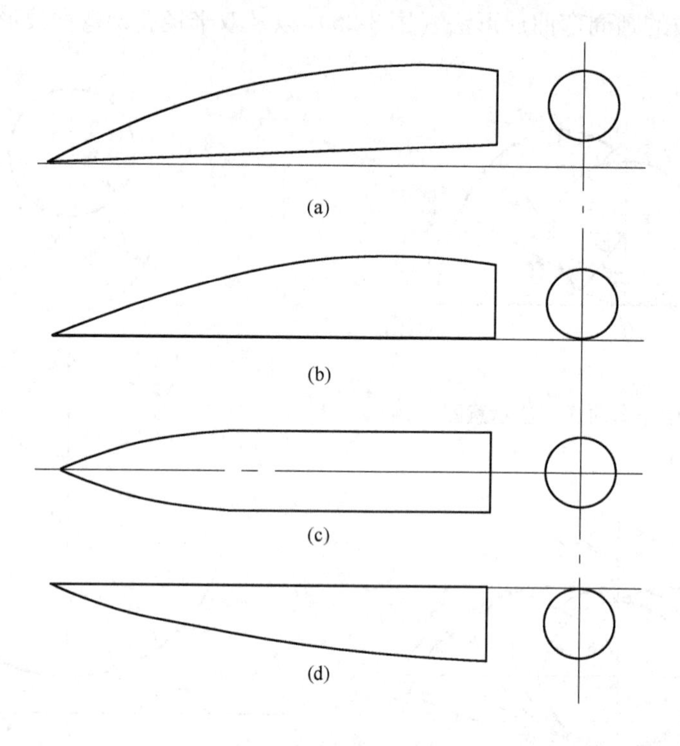

图 3-27　四种成形底线

（a）上山成形法；（b）下山成形法；（c）底线水平法；（d）边缘线水平法

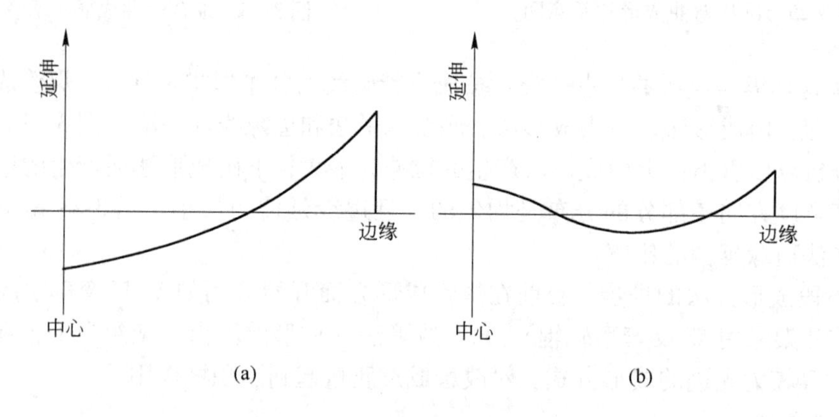

图 3-28　两种成形方法的比较

（a）底线水平法；（b）下山法

（2）立辊组可以用来成形各种规格的管材而不必换辊，共用性好。

（3）立辊组均为被动辊，摩擦消耗小，故成形所需功率小。

3.3.2.2　成形质量的控制

将图 3-29 中的管坯弯曲成管筒状，当前端形成圆形时，后端仍为平面，因而带钢前端形成的圆断面将与垂直于带钢纵长的平面倾斜一个角度 α。为了使带钢由平面连续成形为圆管状，带钢管坯的边缘在成形过程中就受到了拉伸作用。成形变形区 L 越长，则 α 就越小，边缘的拉伸变形也就越小；反之，带钢边缘的拉伸变形就越大。当拉伸应力很大或拉伸变形很大时，在外力消除后变形不能全部消除，以至于产生较大的残余变形，成形后的管筒就会在边缘处产生波浪弯，从而影响到焊缝质量。因此我们在制订成形工艺时，首先应考虑带钢边缘在成形过程中产生最小的拉伸，不至于产生残余变形。

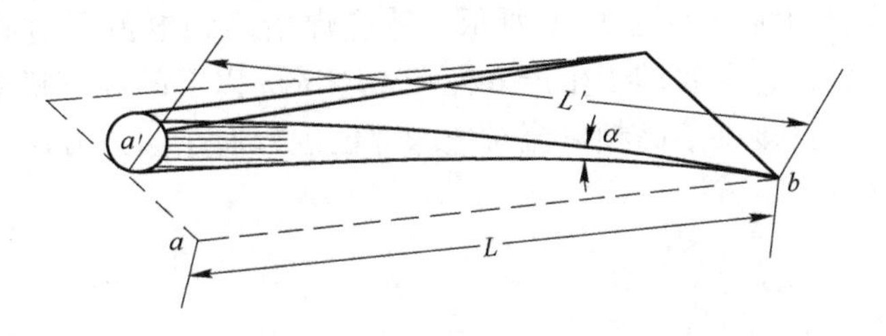

图 3-29 带钢弯曲成形示意图

3.3.3 螺旋焊管成形

螺旋焊是生产大直径焊管的一种有效方法。它的优点是设备费用少，可以用一种宽度的带钢（或钢板）生产直径范围相当大的钢管而不需要特殊的成形模具，可以生产长的钢管。由于采用双面焊，且具有各种探伤方法检查和保证焊缝的质量，因此，在敷设输油管线时也和直缝焊一样使用。目前，螺旋焊管的管壁厚度可达 25.4mm，甚至达到 28mm。

螺旋焊管设备比 UOE 焊管机组简单，设备费用也少。在钢管的真圆度和直度方面也比直缝焊管好。它的缺点是由于主要以热轧带钢做原料，因此在厚度和低温韧性方面受到一定限制；钢管外面焊缝处有突出的尖峰，在焊缝高度和外观形状方面，不如直缝焊管。

螺旋焊管机组的生产方式分为连续和间断式两种，如图 3-30 所示。螺旋焊管生产新的工艺是采用分段焊接，先在一台螺旋焊管机上进行成形和预焊（点焊），再在最终焊管上进行内、外埋弧焊接。其产量相当于四台普通的螺旋焊管设备，是很有发展的新工艺。

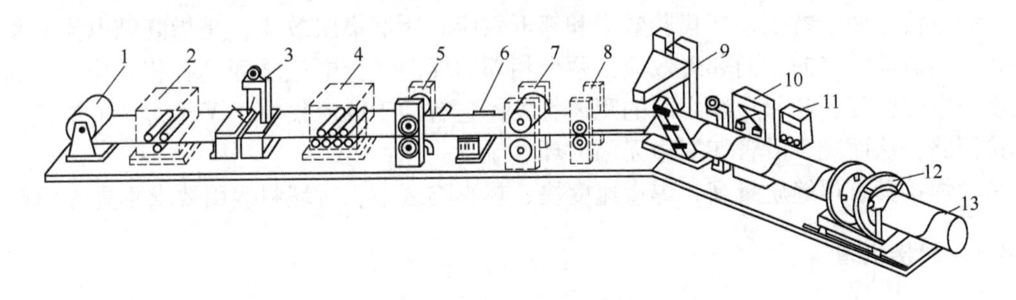

图 3-30 螺旋焊管机组示意图

1—板卷；2—三辊直头机；3—焊接机；4—矫直机；5—剪边机；6—修边机；
7—主动递送辊；8—弯边机；9—成形机；10—内、外自动焊接机；
11—超声波探伤机；12—剪切机；13—焊管

3.3.4 焊管的焊接

钢管的焊接是一种压力焊接方法，它是利用通过成形后的管坯边缘 V 形缺口的电流产生的热量，将焊缝加热到焊接温度，然后加压焊合。按照频率的不同电阻焊又可分为低频焊、中频焊、高频焊三种，而高频焊接又可分为高频接触焊和高频感应焊。目前使用比较多的是高频焊接。

3.3.4.1　高频焊接的分类

高频焊接可以分成两种，如图 3-31 所示。感应焊指高频电流通过感应圈，使从中通过的管筒受到感应加热，它主要用于生产外径在 ϕ160mm 以下的焊管机组。接触焊是在管筒两边缘部位设电极，直接供给高频电流对边缘部位进行加热。该方法一般用于较大直径焊管机组的生产。

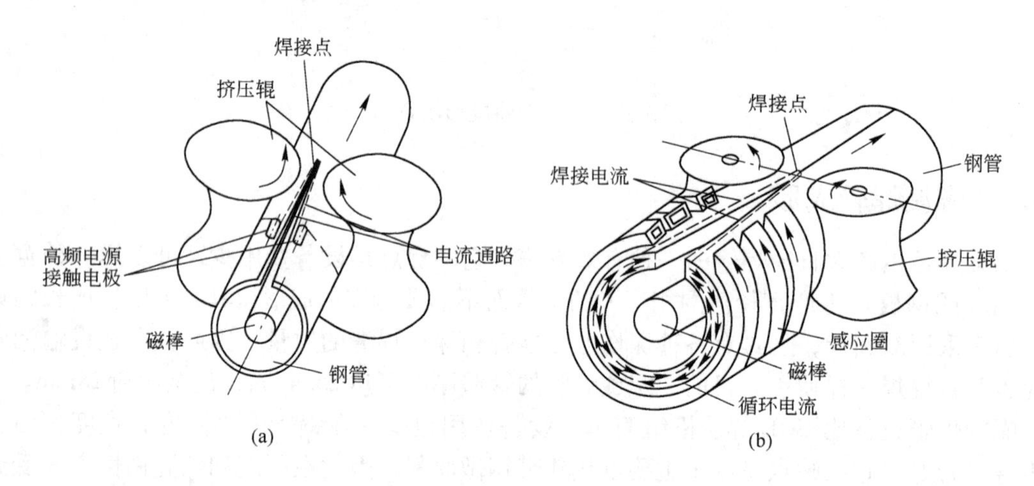

图 3-31　两种焊接简要示意图
（a）高频电阻焊；（b）高频感应焊

3.3.4.2　高频焊接的性质及特点

高频电流有两个特征，即集肤效应和邻近效应。所谓集肤效应，是指高频电流有集中在导体表面流动的趋向。而邻近效应指两个相邻的反向平行电流之间具有相互作用，其作用强度与电流密度、相邻边缘之间的距离有关，它有利于电流集中于 V 形焊口的端面，构成焊接回路，从而减少沿管坯周边无用循环电流。

高频焊接具有焊缝质量高、焊接速度快、热影响区小、对坯料表面要求不高等优点。

3.3.4.3　焊接机理

图 3-32 所示为电焊管的成形过程，在高频焊接过程中，从开始加热到挤压焊合实际上经历了三个持续阶段：

第一阶段：从电极所在部位形成的加热点 S（加热白点）到两边缘的 V 形会合点之间的加热段 $S—V$。

第二阶段：从会聚点（会合点）V 到焊接点 W 之间的烧化段 $V—W$。

第三阶段：从焊接点 W 到挤压辊中心线 C 之间的焊接段 $W—C$。

电焊钢管的过程是在焊接区内进行的，不同的焊接条件会有不同的焊接状态。所谓焊接条件是指焊接速度、输入热量和电极位置。根据观察，带钢边缘不总是在 V 形会聚点处

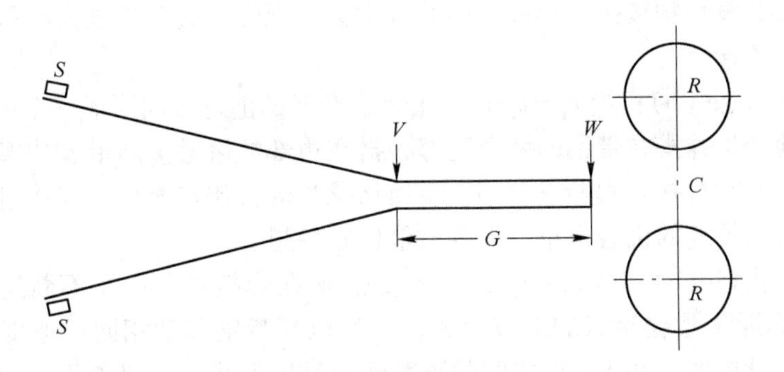

图3-32 电焊管焊接过程示意图

V—V形会聚点；W—焊接点；C—挤压辊中心点；
G—狭窄间隙区；R—挤压辊；S—焊脚

进行焊接，有时会在它前进的方向上出现一个狭窄的间隙 $V—W$，因此带钢的边缘可能在 W 处（焊接点）进行焊接，也可能在 $V—W$ 这一狭窄的地带内焊接。高频电焊时在相对的带钢表面上通过了一个非常大且方向相反的电流。这样在焊管过程中，在带钢边缘的表面之间将会产生一个很强的电磁力，足以将带钢边缘上产生的熔融金属立即赶到表面上去。由此在带钢边部出现了两个同时存在且方向又相反的运动，即在成形过程中带钢的边部互相靠拢，同时又按照金属熔化的速度互相远离。我们可以假设带钢边缘互相靠拢的速度为 v_a，由于熔化金属被赶出去而使边缘表面互相远离的速度为 v_r，因此焊接可以分成三种状态，如图3-33所示。

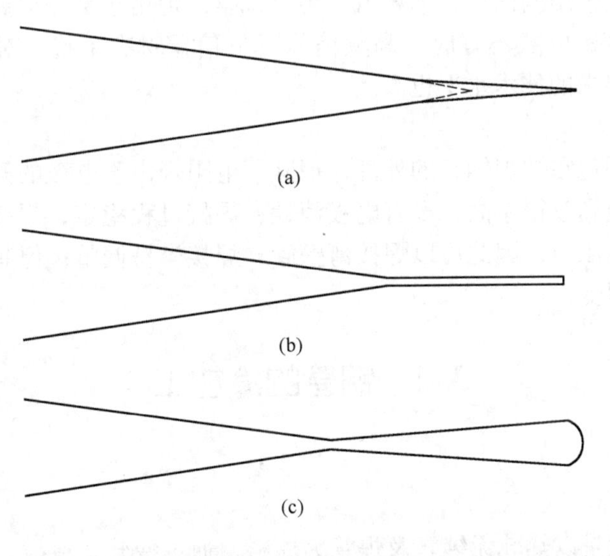

图3-33 三种焊接状态

(a) $v_a > v_r$；(b) $v_a = v_r$；(c) $v_a < v_r$

第一种焊接状态（a）：没有产生狭窄间隙，带钢边缘在V形会聚点连续地进行焊接，即 V 点与 W 点重合；当焊速高，加热功率小，温度低，$v_a > v_r$ 时，V 点和 W 点靠拢。此时带钢边缘金属刚熔化就被挤焊在一起。在这种焊接状态下，一方面金属熔化不透，另一方面熔化金属表面的氧化物被挤入焊缝，因此常常会出现焊不透和焊缝夹杂等缺陷，我们称之为冷焊或低温焊接。

第二种焊接状态（b）：当 $v_a = v_r$ 时，在会聚点 V 的前进方向形成一个狭窄的间隙，熔化的金属不断地产生并搭在带钢的两个边部，搭在边部的熔融金属沿着狭窄的间隙迅速地移向焊接点 W。此时焊接是间断进行的，金属熔化与焊接比较充分，焊接过程的金属回流也小，氧化物挤入焊缝的机会也小，焊缝质量比较理想。

第三种焊接状态（c）：当 $v_a < v_r$ 时，焊接点 W 在焊接过程中是不断运动变化的，开始焊接点 W 在靠近 V 形会聚点的地方形成，此后以与带钢移动相同的速度向挤压辊中心线 C 点运动。与此同时，在 V—W 之间的狭窄间隙呈扇形状态，即在 W 点移动时，虽然带钢的两边部是在 V 点相接触，并在此瞬间熔化了的金属搭上桥向 W 点方向移动，但带钢边缘并不是马上焊接，而是移动到某一位置时突然开始焊接，因此在 V—W 之间的狭窄间隙充满了熔化的金属，最后凝结起来。这样 W 点又回到了靠近 V 点的位置，又重复它向 C 点移动的过程。此时加热温度高，金属熔化量大，焊接过程金属的回流量也大，从而产生大量的回流夹杂，影响焊缝质量。

3.3.4.4 电阻焊与感应焊的特点

A 电阻焊的特点

电阻焊接适用钢种广（碳钢、不锈钢、合金钢、铝、钛等都可以应用电阻焊）。由于电阻焊的热能高度集中于焊缝上，焊速较高，可达 2.5m/s；焊接质量好，主要体现在没有“跳焊”现象；热影响区小，自冷作用强，焊缝不易氧化；耗电少，效率高；焊接区平滑、美观；焊接用电极结构简单，消耗低，容易调整。但由于部分回路采用的是高压，因此要求有高的绝缘度；屏蔽不好时，高频信号对电信器材有干扰，对人体也有一定的危害，并且使用维修要求的技术水平也高。

B 感应焊的特点

感应焊由于线圈包在被焊钢管的外部，消除了电阻焊由于电极的开路所引起的设备故障，设备利用率和金属收得率高，没有电极消耗；焊接过程稳定，焊接质量好，焊缝表面光滑；由于没有电极压力，因此可以焊接薄壁管；焊接容易调整；但其功率消耗比电阻焊大，焊速也比电阻焊低。

3.4 钢管的冷加工

3.4.1 概述

钢管的冷加工就是以热轧无缝管及焊管为原料，通过冷轧、冷拔、旋压等加工方式制成产品。冷加工具有独特的变形方式和工艺流程，是钢管深加工的主要方法之一。

3.4.1.1 冷加工产品的特点及生产方法分类

钢管冷加工产品有如下特点：

（1）产品的尺寸精确，表面质量高。

(2) 壁厚系数大 $(D/S)_{max} \approx 5000$，且最小壁厚可达0.01mm，在大口径薄壁管、极薄壁管的生产中占有优势。

(3) 可生产小口径管材及毛细管，冷轧时 $D_{min}=3$mm，冷拔时 $D_{min}=0.1$mm。

(4) 可生产各种异型管和变断面管，品种范围宽。

冷加工方法大致可以分成三类：

冷轧	二辊	$(D/S) \approx 60 \sim 100$	$S_{min} = 0.1$mm
	多辊	$(D/S) \approx 150 \sim 250$	$S_{min} = 0.04$mm
冷拔		$(D/S) < 2000$	$S_{min} = 0.01$mm
旋压		$(D/S) < 5000$	$S_{min} \approx 0.01$mm

3.4.1.2 冷加工生产的基本特点及工艺流程

冷加工的生产具有以下特点：

冷加工生产加工道次多，为了消除道次间加工硬化，需要对管料进行热处理；多道次、多工序循环反复，生产现场缺乏整齐性；生产周期长，金属消耗大；设备大都为单体布置，不易连续化生产；生产是间断性的、批量的。

冷加工基本工艺流程如下：

原料准备⟶酸洗、润滑⟶冷轧或冷拔⟶热处理⟶精整⟶检验⟶成品入库

（热处理⟶酸洗、润滑：循环反复）

3.4.2 钢管的冷轧生产

冷轧一般都采用周期式轧管法，即通过轧辊组成的孔型断面的周期性变化和管料的送进旋转动作，实现钢管在芯棒上的轧制。冷轧的主要优点是：几乎没有金属损耗；可以得到很大的壁厚压下量（75%～85%）和外径压下量（约65%）；产品的尺寸精度高，特别是壁厚精度好；钢管的表面质量好。二辊冷轧管机是获得高精度薄壁管的重要手段，它也可以生产外径和内径精度要求高的厚壁管和特厚壁管等，生产范围一般为 $D \approx 4 \sim 250$mm，$S=0.1 \sim 40$mm，壁厚系数 $D/S=60 \sim 100$。冷轧法的变形量很大，其延伸系数一般为 $\mu = 2 \sim 7$；如果采用温轧的方法，其 μ 值可达16。

图3-34为二辊冷轧管示意图，冷轧机的变形工具是周期式变断面轧辊和芯棒。轧辊实际上是个组合件，它是在轧辊的切槽中装入带有变断面轧槽的孔型块，上下两个轧辊与中间的芯棒构成了冷轧的闭环孔型。变形用的芯棒长度原则上以满足冷轧变形需要为准，其头部为工作锥，而后部与芯杆相连，芯杆的尾部又固定在轧机后部。当管料从芯棒前部装入芯棒-芯杆系统之中后，芯棒-芯杆系统只能旋转而轴向不能自由移动。由变断面轧槽构成的孔型最大处比被加工的管料直径略大一点，最小处相当于管材产品外径。轧制开始时，孔型处于（图3-34）孔型开口的最大极限位置处（Ⅰ），此时管料5由送进机构向前送进一段距离 m，称为送进量；然后轧辊2向前滚动，圆形轧槽1的孔型由大变小，并对管料进行轧制直到轧辊处于孔型开口的最小极限位置（Ⅱ）；接着管料与芯棒3同时被回转机构转动60°～90°（芯棒的转动角度略小于或略大于轧件，便于其磨损均匀）；然后机架带动轧辊往回滚动，芯棒的工作锥对刚轧过的管料进行整形和辗轧，直到回到最大极限

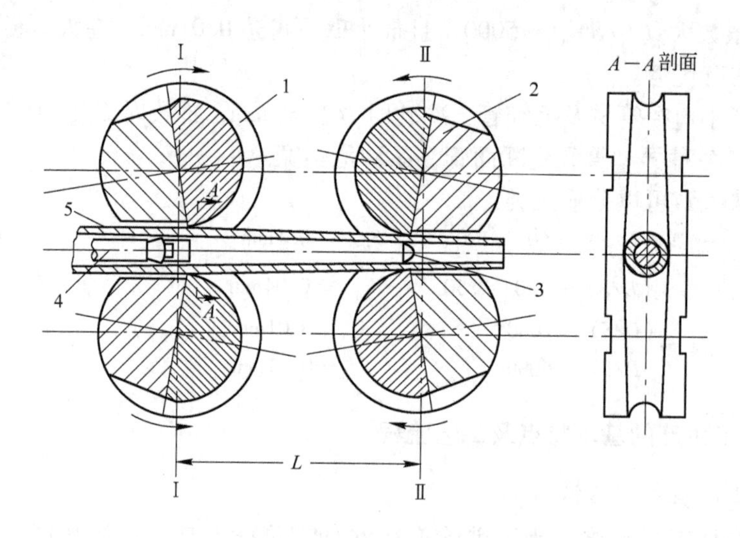

图 3-34　二辊周期式冷轧管机示意图

Ⅰ—Ⅰ：孔型开口最大的极限位置；Ⅱ—Ⅱ：孔型开口最小的极限位置

1—圆形轧槽的孔型块；2—轧辊；3—锥形芯棒；4—芯棒杆；5—管坯

位置（Ⅰ）；完成一个轧制周期，管料又被送进一段 m，进入下一循环轧制。在整个过程中，轧辊只转动 220°左右，如此重复过程，直到完成整根钢管的轧制。由于这一过程是在冷状态下周而复始地进行的，所以叫周期式冷轧管机。为了避免进料和转料时管子与轧槽接触，并保证进料和转料的顺利进行，在轧槽的两端都留有空口。

3.4.3　钢管的冷拔生产

冷拔法就是使金属在模孔与芯棒之间进行拔制加工（也可以是无芯棒拔制）。冷拔方式的主要优点是生产率高，灵活性大，成品管质量好，工具费用少，设备比较简单；但其变形量较小（一般每道次变形量小于 40%）、生产的循环次数多、辅助工序多、金属消耗大。冷拔法在生产如毛细管、厚壁小直径管和异型管方面具有优势。根据所使用的芯棒及模具的不同，又可将冷拔法分为常用的四种：空拔、短芯棒拉拔、游动芯棒拉拔、长芯棒拉拔。

3.4.3.1　拉拔过程建立的条件

金属在拉拔过程中的变形特点是其从变形区出来以后仍受到外力——拉拔力的作用，而它在变形区内只有发生了塑性变形才能出来，为此就带来一个问题，即要得到我们所希望的产品，金属必须在模具所限定的变形区内发生塑性变形；为了使拉拔过程能继续顺利进行，金属出变形区后就不允许再产生塑性变形。这样就需要建立拉拔过程顺利进行的条件。

设作用在被拉拔金属出口端的拉拔应力为 σ_z，则

$$\sigma_z = \frac{P}{F} \tag{3-16}$$

式中，P 为拉拔力，N；F 为金属截面积，mm^2。

要使拉拔过程顺利进行，金属出模孔后其屈服强度必须大于拉拔应力 σ_z，才能保证其不再发生塑性变形，即 $\sigma_s > \sigma_z$，此时拉拔过程才能建立。这就有

$$\sigma_s > \sigma_z \rightarrow \frac{\sigma_s}{\sigma_z} > 1 \tag{3-17}$$

令

$$k = \frac{\sigma_s}{\sigma_z} \qquad \text{则有 } k > 1 \tag{3-18}$$

式中，k 称为“拉拔安全系数”，而 $k > 1$ 就是拉拔过程的建立条件。

3.4.3.2　冷拔的模具结构与变形过程

冷拔的变形工具为拔模。一般拔模有两种——锥形模和弧形模，而比较常用的是锥形模如图 3-35 所示。锥形模结构上分三部分，即入口锥 a、定径带 b、出口锥 c。钢管由入口锥进入模孔，首先在入口锥被压下减径，碰到内变形工具后减壁，然后进入定径带定径。

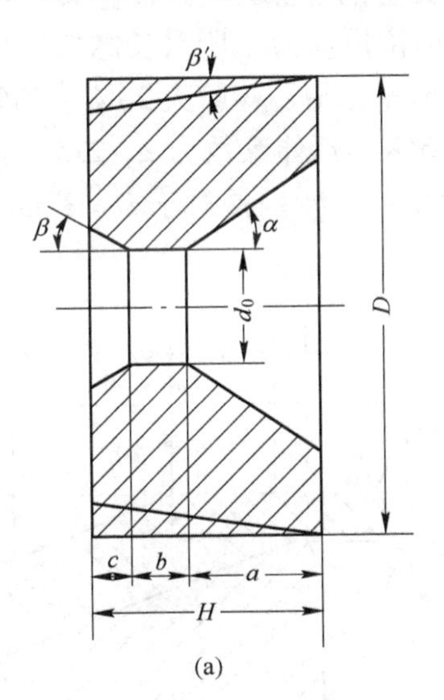

(a)

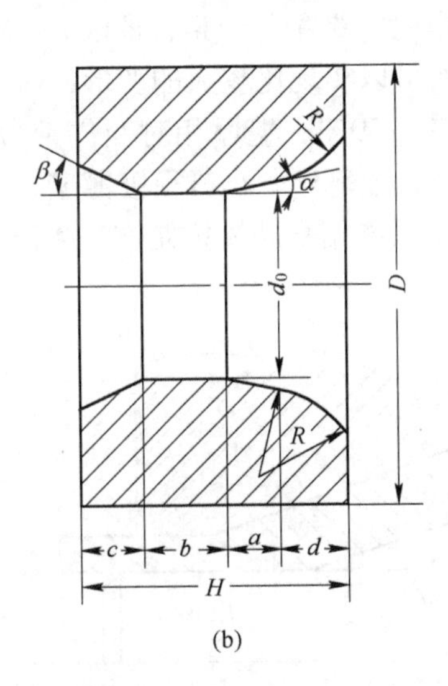

(b)

图 3-35　锥形模（a）和弧形模（b）

在锥形模的结构中，入口锥模角 α 是非常重要的参数。α 过小，会使管料与模壁的接触面积增大，摩擦作用增加，不均匀变形增大；α 过大，则会使金属在变形区的流线急剧转弯，导致附加剪切变形增大，继而拉拔力和非接触变形增大，同时单位正应力也增大，使润滑剂很容易被挤出模孔，恶化润滑条件。

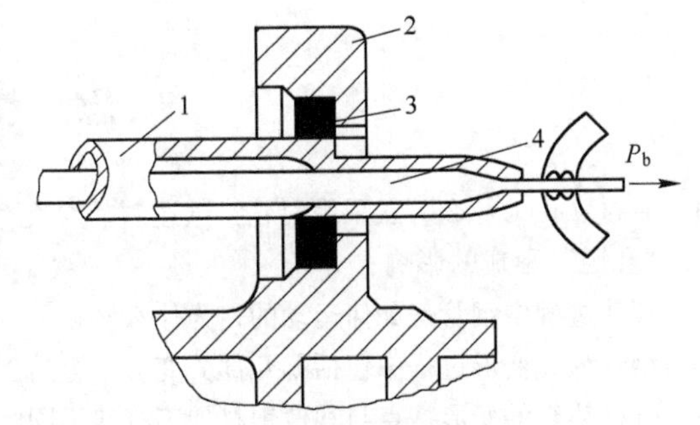

图 3-36　空拔示意图

1—钢管；2—模座；3—拔管模；4—芯棒

3.4.3.3　冷拔的分类

（1）空拔（见图 3-36）：空拔是在管料内没有任何芯棒支撑的情况下，施加外力使

管材通过模孔。此时管材的内、外径均减小，但没有减壁。由于是空拔，钢管的内、外表面必然产生金属的不均匀变形，并由此产生了附加应力，这一附加拉应力是产生纵向裂纹的力学因素。实际生产中空拔的 $\Delta D \approx 4 \sim 8\text{mm}$，$\Delta D_{max} \leqslant 15\text{mm}$，每道次的面缩率一般在 30% ~35%，$\mu \leqslant 1.6$。无芯棒空拔可以纠正管子的偏心，使壁厚趋于均匀，因此一般用于生产小口径薄壁管材，产品范围为 $D \times S \leqslant \phi 30 \times 1\text{mm}$。此外还可以生产异型管。

（2）短芯棒拔制（固定芯棒拔制）：短芯棒拔制又分为柱形芯棒和锥形芯棒两种。在短芯棒拔制时，管料通过由芯棒与模子组成的环形间隙而被拔出，此时管材的直径与壁厚同时得到压缩，既减径又减壁，变形量较大，如图 3-37 所示。一般短芯棒拔制的 $\Delta D \approx 4 \sim 8\text{mm}$，$\Delta D_{max} \leqslant 10\text{mm}$，道次面缩率为 35% ~40%，$\mu < 1.7$。短芯棒拔制一般生产 > $\phi 8\text{mm}$ 的产品。

（3）长芯棒拔制：如图 3-38 所示，长芯棒拔制时，管料内插入了长芯棒。拉拔时长芯棒随同管料一起向前运动，依次通过变形区。长芯棒拔制时变形区内金属的流动速度始终低于芯棒的运动速度，因此管子内表面与芯棒表面上的摩擦力将帮助金属向前流动（这一摩擦力的作用主要存在于Ⅱ、Ⅲ区），有助于减小拉拔应力，所以长芯棒拉拔时的拔制力较小，从而可以实现比较大的变形，一般道次变形量比短芯棒时大 20% ~30%，总的变形量可达 40% ~50%，壁厚相对变化量为 30% ~35%，延伸系数为 2 ~2.5。长芯棒拔制比较适合于小口径薄壁、小口径极薄壁、毛细管的生产，特别是对于 $D < 3\text{mm}$、壁厚 $S \leqslant 0.2\text{mm}$ 的管子只能用长芯棒拔制方法生产。

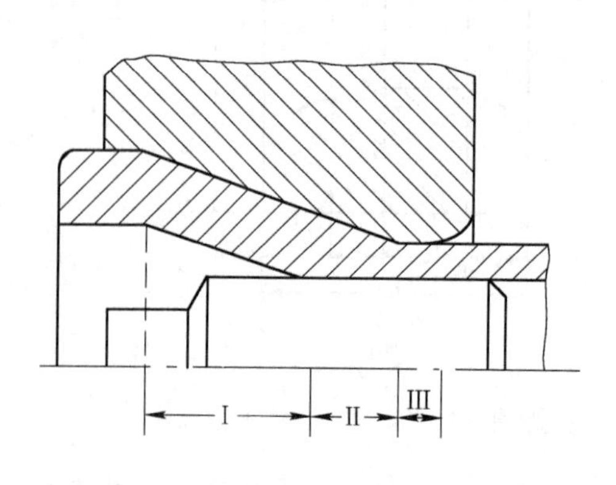

图 3-37　短芯棒拔制示意图

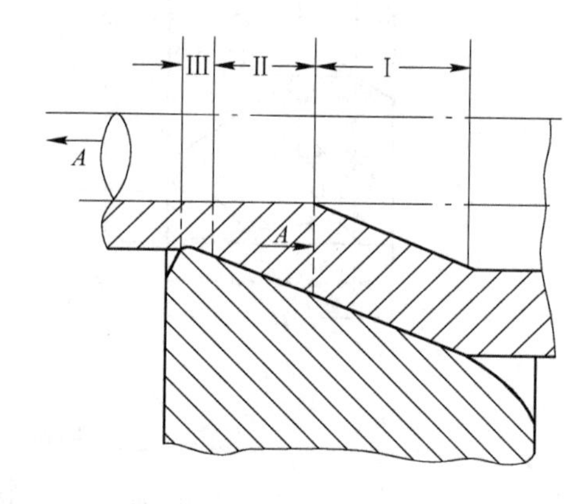

图 3-38　长芯棒拔制的示意图

思 考 题

3-1　管材穿孔为什么一般采用斜轧？试述斜轧穿孔过程中穿孔变形区各区的作用和穿孔机调整参数对“孔腔”形成的影响。

3-2　穿孔过程中钢管是如何运动的，为什么？

3-3　钢管纵轧变形过程中包括哪几部分变形，容易出现的缺陷及解决办法是什么？

3-4　管材热轧的变形特点与其他钢材加工有何不同？

3-5　管材的冷加工中如何搭配冷轧、冷拔工序，并发挥各自的特长？

3-6　怎样才能保证焊管生产的成形质量？

参 考 文 献

[1] 李群，高秀华．钢管生产[M]．北京：冶金工业出版社，2008.

[2] 王廷溥，齐克敏．金属塑性加工学—轧制理论与工艺[M]．北京：冶金工业出版社，2012.

[3] 王先进，徐树成．钢管连轧理论[M]．北京：冶金工业出版社，2005.

[4] 李连诗，韩观昌．小型无缝钢管生产．上册[M]．北京：冶金工业出版社，1989.

[5] 李连诗．钢管塑性变形原理[M]．北京：冶金工业出版社，1982.

[6] 李长穆，等．现代钢管生产[M]．北京：冶金工业出版社，1982.

[7] 首钢电焊钢管厂．高频直缝焊管生产[M]．北京：冶金工业出版社，1982.

[8] 吕庆功．无缝钢管壁厚不均的机理和壁厚精度的控制模式[D]．北京：北京科技大学博士学位论文，1998.

4 型材轧制工艺及孔型设计基础

4.1 型材轧制工艺基础

4.1.1 型材生产的特点

金属经过塑性加工成形、具有一定断面形状和尺寸的实心直条称为型材。型材的品种规格繁多，用途广泛，在轧制生产中占有非常重要的地位。

型材生产具有如下特点：

（1）品种规格多。目前已达万种以上，而在生产中，除少数专用轧机生产专门产品外，绝大多数型材轧机都在进行多品种多规格生产。

（2）断面形状差异大。在型材产品中，除了方、圆、扁钢断面形状简单且差异不大外，大多数复杂断面型材（如工字钢、H 型钢、Z 字钢、槽钢、钢轨等）不仅断面形状复杂，而且互相之间差异较大，这些产品的孔型设计和轧制生产都有其特殊性；断面形状的复杂性使得在轧制过程中金属各部分的变形、断面温度分布以及轧辊磨损等都不均匀，因此轧件尺寸难以精确计算和控制，轧机调整和导卫装置的安装也较复杂；另外复杂断面型材的单个品种或规格通常批量较小。上述因素使得复杂断面型材连轧技术发展难度大。

（3）轧机结构和轧机布置形式较多。在结构形式上有二辊式轧机、三辊式轧机、四辊万能孔型轧机、多辊孔型轧机、Y 型轧机、45°轧机和悬臂式轧机等。在轧机布置形式上有横列式轧机、顺列式轧机、棋盘式轧机、半连续式轧机和连续式轧机等。

4.1.2 型材的分类和特征

型材常见的分类方法主要有以下 5 种：

（1）按生产方法分类。型材按生产方法可以分成热轧型材、冷弯型材、冷轧型材、冷拔型材、挤压型材、锻压型材、热弯型材、焊接型材和特殊轧制型材等。因为热轧具有生产规模大、生产效率高、能量消耗少和生产成本低等优点，现今生产型材的主要方法之一是热轧。

（2）按断面特点分类。型材按其横断面形状可分成简单断面型材和复杂断面型材。简单断面型材的横断面对称、外形比较均匀、简单，如圆钢、线材、方钢和扁钢等。复杂断面型材又叫异型断面型材，其特征是横断面具有明显凸凹分支，因此又可以进一步分成凸缘型材、多台阶型材、宽薄型材、局部特殊加工型材、不规则曲线型材、复合型材、周期断面型材和金属丝材等等。

（3）按使用部门分类。型材按使用部门分类有铁路用型材（钢轨、鱼尾板、道岔用轨、车轮、轮箍）、汽车用型材（轮辋、轮胎挡圈和锁圈）、造船用型材（L 型钢、球扁钢、Z字钢、船用窗框钢)、结构和建筑用型材(H型钢、工字钢、槽钢、角钢、吊车钢轨、窗框和门框用材、钢板桩等)、矿山用钢(U型钢、槽帮钢、矿用工字钢、刮板钢等)、机械制造用异型材等。

(4)按断面尺寸大小分类。型材按断面尺寸可分为大型、中型和小型型材,其划分常以它们分别适合在大型、中型和小型轧机上轧制来分类。大型、中型和小型的区分实际上并不严格。另外还有用单重(kg/m)来区分的方法。一般认为,单重在5kg/m以下的为小型材,单重在5~20kg/m的为中型材,单重超过20kg/m的为大型材。

(5)按使用范围分类。有通用型材、专用型材和精密型材。

4.1.3 经济断面型材和深加工型材

经济断面型材是指断面形状类似于普通型材,但断面上各部分的金属分布更加合理,使用时的经济效益高于普通型材的型材。例如H型钢由于其腰薄、边宽、高度大、规格多、边部内外侧平行和边端平直的特点,成为一种用途广泛的经济断面型材。H型钢是断面形状类似于H的一种经济断面型材,它又被称为万能钢梁、宽边(缘)工字钢或平行边(翼缘)工字钢。H型钢的断面形状与普通工字钢的区别参见图4-1。

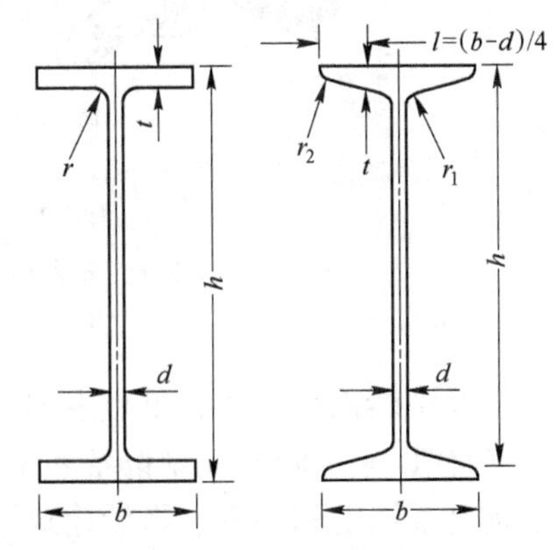

图4-1 H型钢和普通工字钢的区别

H型钢的断面通常分成为腰部和边部两部分,也称为腹板和翼缘。H型钢的边部内侧与外侧平行或接近于平行,边部呈直角,平行边工字钢由此得名。与腰部同样高度的普通工字钢相比,H型钢的腰部厚度小,边部宽度大,因此又称宽边工字钢。由形状特点所决定,H型钢的截面模数、惯性矩及相应的强度均明显优于同样单重的普通工字钢。H型钢用在不同要求的金属结构中,不论是承受弯曲力矩、压力负荷还是偏心负荷都显示出其优越性能,比普通工字钢具有更大的承载能力,并且由于它的边宽,腰薄、规格多、使用灵活、节约金属10%~40%。由于其边部内侧与外侧平行,边端呈直角,便于拼装组合成各种构件,从而可节约焊接和铆接工作量达25%左右,因而能大大加快工程的建设速度,缩短工期。H型钢的应用广泛,用途完全覆盖普通工字钢。它主要用于:各种工业和民用建筑结构;各种大跨度的工业厂房和现代化高层建筑,尤其是地震活动频繁地区和高温工作条件下的工业厂房;要求承载能力大、截面稳定性好、跨度大的大型桥梁;重型设备;高速公路;舰船骨架;矿山支护;地基处理和堤坝工程;各种机械构件等。

H型钢可用焊接或轧制方法生产。焊接H型钢是将厚度合适的带钢裁成合适的宽度,在连续式焊接机组上将边部和腰部焊接在一起。焊接H型钢存在金属消耗大、生产的经济效益低、不易保证产品性能均匀等缺点。因此,H型钢生产多以轧制方式为主。H型钢和普通工字钢在轧制上的主要区别是,工字钢可以在两辊孔型中轧制,而H型钢则需要在万能孔型中轧制。使用万能孔型轧制,H型钢的腰部在上下水平辊之间进行轧制,边部则在水平辊侧面和立辊之间同时轧制成形。由于仅有万能孔型尚不能对边端施加压下,这样就需要在万能机架后设置轧边端机,俗称轧边机,以便加工边端并控制边宽。在实际轧制生产中，可以将万能轧机和轧边端机组成一组可逆连轧机，使轧件往复轧制若干次，如图4-2a，或者是将几架万能轧机和1～2架轧边端机组成一组连轧机组，每道次施加相应的压下量，将坯料轧成所需规格形状和尺寸的产品。在轧件边部，由于水平辊侧面与轧件之间有滑动，故轧辊磨损比较大。为了保证重车后的轧辊能恢复原来的形状，除万能成品孔型外，上下水平辊的侧面及其相对应的立辊表面有3°～10°的倾角。成品万能孔型，又称万能精轧孔，其水平辊侧面与水平辊轴线垂直或有很小的倾角，一般在0°～0.3°，立辊呈圆柱状，见图4-2d。

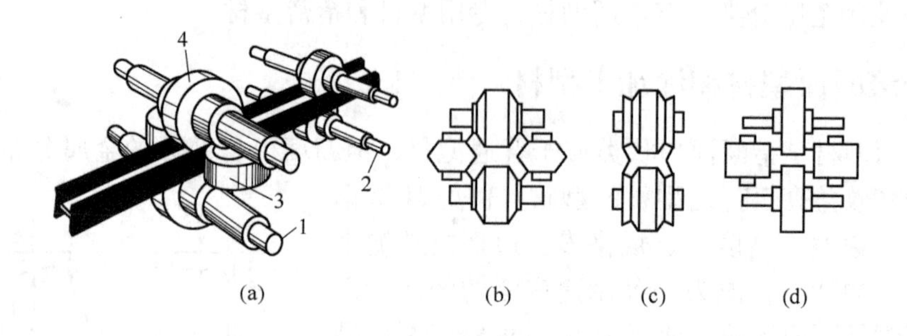

图4-2　采用万能轧机轧制H型钢举例

（a）万能-轧边端可逆连轧；（b）万能粗轧孔；（c）轧边端孔；（d）万能成品孔
1—水平辊；2—轧边端辊；3—立辊；4—水平辊

在经济断面型材中，重点发展的品种有轻型薄壁型材和专用经济断面型材。自20世纪60年代以来，随着轧制设备和工艺技术的进步，特别是低合金高强度钢的发展与应用，为了提高金属的利用率、降低建筑结构和机器的重量与成本，轻型薄壁型材得到了迅速发展。轻型薄壁型材与普通型材相比，其厚度减少，边（腿）宽增大，既节约金属，又减少用户的加工费用，因此具有较好的社会经济效益。

专用经济断面型材是指用于专一用途的型材。开发专用经济断面型材。对于提高金属利用率和创造良好的社会经济效益具有重要意义。常见的专用经济断面型材有铁路钢轨垫板、鱼尾板、道岔用轨、车轮、轮箍、汽车轮辋、轮胎挡圈和锁圈。造船用L型钢、球扁钢、Z字钢、船用窗框钢、U型钢、槽帮钢、帽形钢、叶片钢等等。

深加工型材是指用冷轧、冷拔、冷弯和热弯等加工方法，用板带、热轧型材或棒线材做原料而制成的各种断面形状的型材。深加工型材一般具有光滑表面（0.8μm）、高尺寸精度、优良的力学性能或者是具有热轧型材所不能获得的断面形状。它比热轧型材的材料利用率高、并且重量小、强度大、性能好，可以满足许多特殊需要，因此得到了广泛应用和迅速发展。深加工型材，已经成为现代轻工业、建筑业、机械制造业、汽车和船舶等制造业的重要原材料，如建筑业用的冷拉预应力钢筋、轻型房屋构架用的冷弯型钢，钢丝绳、钢丝网等均属深加工型材。

4.1.4　有色金属型材

有色金属型材中产量比较大的是铜材和铝材。铜、铝型材主要采用挤压方法生产，也可用轧制的方法生产，其中产量比较大的是各种异型断面的棒材和电气工业用材。由于这些材料的塑性好，变形抗力比钢材低，轧制的工艺和设备比钢材轧制简单，采用冷轧的情况较多。

4.1.5　型材轧制工艺

4.1.5.1　开坯

开坯工艺流程如图4-3所示。

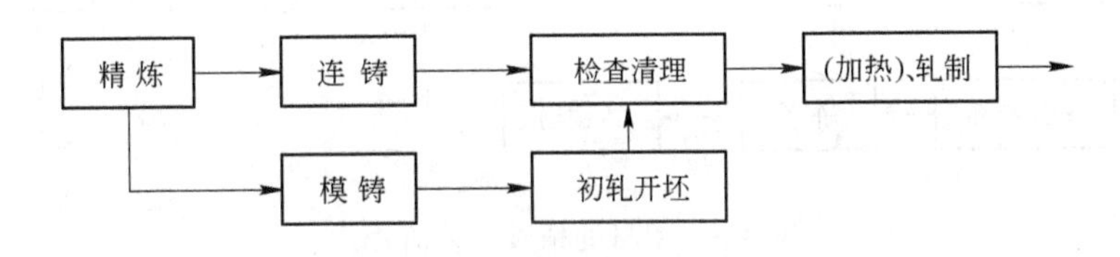

图4-3　型钢轧制的开坯工艺

4.1.5.2　加热、轧制

通用型材的轧制工艺流程的举例如图4-4所示。型材轧制分为粗轧、中轧和精轧。粗轧的任务是将坯料轧成适用的雏形中间坯。在粗轧阶段，轧件温度较高，应该将不均匀变形尽可能放在粗轧孔型轧制的阶段。中轧的任务是使轧件迅速延伸，接近成品尺寸。精轧是为保证产品的尺寸精度，延伸量较小。成品孔和成前孔的延伸系数一般分别为1.1～1.2和1.2～1.3。现代化的型钢生产对轧制过程通常有以下要求：

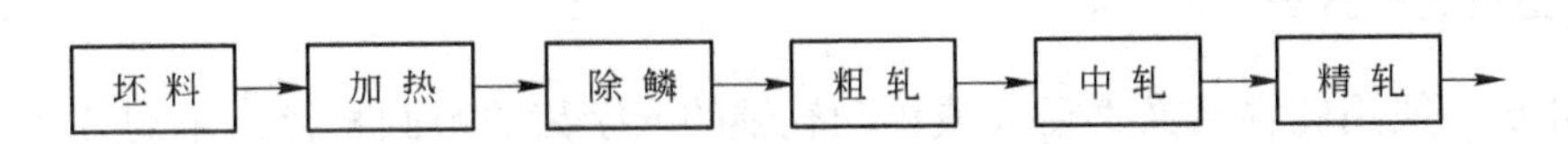

图4-4　通用型材加热、轧制的工艺流程举例

（1）一种规格的坯料在粗轧阶段轧成多种尺寸规格的中间坯。型钢的粗轧一般都是在两辊孔型中进行。如果型钢坯料全部使用连铸坯，从炼钢和连铸的生产组织来看，连铸坯的尺寸规格是愈少愈好，最好是只要求一种规格。而型钢成品的尺寸规格却是愈多，企业开拓市场的能力就愈强。这就要求粗轧具有将一种坯料轧成多种规格坯料的能力。粗轧既可以对异型坯进行扩腰扩边轧制，也可以进行缩腰缩边轧制。其较典型的例子是用板坯轧制H型钢。

（2）对于异型材，在中轧和精轧阶段尽量多使用万能孔型和多辊孔型。由于多辊孔型和万能孔型有利于轧制薄而高的边，并且容易单独调整轧件断面上各部分的压下量，可以有效地减少轧辊的不均匀磨损，提高尺寸精度。

（3）型钢连轧，由于轧件的断面截面系数大，不能使用活套。机架间的张力控制一般是采用驱动主电机的电流记忆法或者是力矩记忆法进行。

（4）对于大多数型钢，在使用上一般都要求低温韧性好和具有良好的可焊接性，为保证这些性能，在材质上就要求碳当量低。对这些钢材，实行低温加热和低温轧制可以细化晶粒，提高材料的机械性能。在精轧后进行水冷，对于提高材料性能和减少在冷床上的冷却时间也有明显好处。

4.1.5.3　精整

型材的轧后精整有两种工艺，一种是传统的热锯切定尺，定尺矫直工艺。一种是较新式的长尺冷却、长尺矫直、冷锯切工艺，工艺流程的例子如图 4-5 所示。

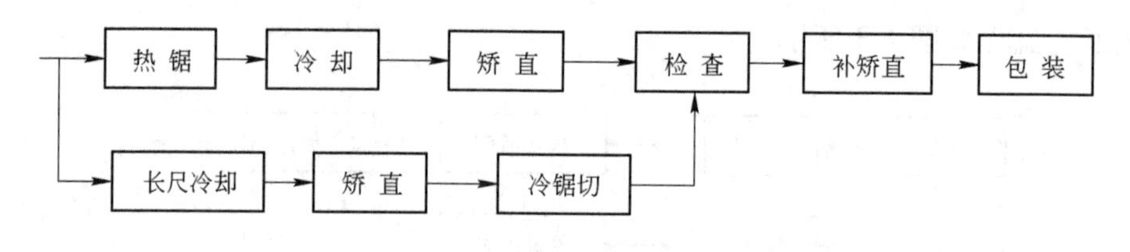

图 4-5　型材的精整工艺流程

型材精整，较突出之处就是矫直。型材的矫直难度大于板材和管材，原因是：其一在冷却过程中，由于断面不对称和温度不均匀造成的弯曲大；其二是型材的断面系数大，需要的矫直力大。由于轧件的断面比较大，因此矫直机的辊距也必须大，矫直的盲区大，在有些条件下，对钢材的使用造成很大影响，例如：重轨的矫直盲区明显降低了重轨的全长平直度。减少矫直盲区，在设备上的措施是使用变截距矫直机，在工艺上的措施就是长尺矫直。

4.1.6　型材轧机分类及典型布置形式

4.1.6.1　型材轧机分类

型材轧机一般用轧辊名义直径（或传动轧辊的人字齿轮节圆直径）来划分。若有若干列或若干架轧机，通常以最后一架精轧机的轧辊名义直径作为轧机的标称。型材轧机按其用途和轧辊名义直径不同可分为轨梁轧机、大型型材轧机、中型型材轧机、小型型材轧机、线材轧机或棒、线材轧机等。各类轧机的轧辊名义直径范围见表 4-1。

表 4-1　型材轧机按轧辊名义直径的分类

轧机类型	轨梁轧机	大型轧机	中型轧机	小型轧机	线材轧机
轧辊直径/mm	$\phi750 \sim \phi950$	$\phi650 \sim \phi750$	$\phi350 \sim \phi650$	$\phi250 \sim \phi350$	$\phi150 \sim \phi350$

4.1.6.2　型材轧机的典型布置形式

型材轧机的布置形式主要取决于生产规模大小、轧制品种和范围以及选用的原料情况和投资成本等。其典型的布置形式有：横列式（包括一列、两列和多列）、顺列式、棋盘式、半连续式和连续式等，如图 4-6 所示。

(1) 横列式。大多数用一台交流电机同时传动数架三辊式轧机，在一列轧机上进行多道次穿梭轧制。其每架轧机上可以轧制若干道次，变形灵活，适应性强，品种范围较广，控制操作容易。主要用于生产各种型材、线材和开坯生产。另外，横列式轧机具有设备简单、投资少、建厂时间短的优点。其缺点为：①产品尺寸精度不高。由于横列式布置，换辊一般在机架上部进行，故多采用开口式或半闭口式机架。由于每架排列的孔型数目较

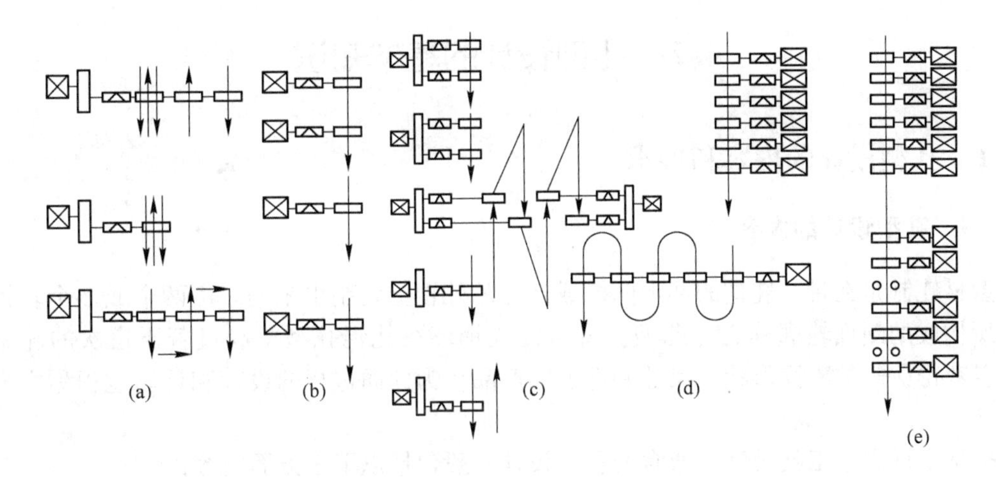

图 4-6 型材轧机的若干典型布置形式

(a) 横列式；(b) 顺列式；(c) 棋盘式；(d) 半连续式；(e) 连续式

多，辊身较长，辊身长度与轧辊直径比值 $L/D\approx3$，因而轧机刚度不高，这不但影响产品尺寸精度，而且也难以轧制宽度较大的产品。②轧件需要横移和翻钢，故长度不能大。又因间隙时间长，轧件温降大，因而轧件长度和壁厚均受限制。③不便于实现自动化。第一架轧机受咬入条件限制，希望轧制速度低，末架轧机为保证终轧温度和减少轧件头尾温差，又希望轧制速度高，而各架轧机辊径差受接轴的倾角限制不能过大。为了克服这一缺点采取了多列布置的方式，这样可随轧件长度的增加适当提高轧制速度。这对于生产断面细小、成品较长、温降较快的小型钢材或线材是很必要的。

(2) 顺列式。各架轧机顺序布置在 1 ~ 3 个平行纵列中，各架轧机单独传动，每架只轧一道，但机架间不形成连轧。这种布置的优点是：各机架的速度可单独设置或调整，使轧机能力得以充分发挥。由于每架只轧一道，故轧辊 $L/D\approx1.5\sim2.5$，且机架多为闭口式，刚度大，产品尺寸精度高，由于各架轧机互不干扰，故机械化、自动化程度较高，调整亦较方便。其缺点为：轧机布置比较分散，由于不连轧，故随轧件延伸，机架间的距离加大，厂房很长，轧件温降仍然较大。机架数目多，投资大。为了弥补上述缺点，可采用顺列布置、可逆轧制，从而减少机架数和厂房长度。

(3) 棋盘式。它介于横列式和顺列式之间，前几架轧件较短时用顺列式，后几架精轧机布置成两横列，各架轧机互相错开，两列轧辊转向相反，各架轧机可单独传动或两架成组传动，轧件在机架间靠斜辊道横移。这种轧机布置紧凑，适于中小型型钢生产。

(4) 半连续式。它介于连轧和其他型式轧机之间。常用于轧制合金钢或旧有设备改造。其中一种粗轧为连续式，精轧为横列式；另一种粗轧为横列式或其他形式，精轧为连续式。

(5) 连续式。连续式布置的轧机每架顺次轧制一道，一根轧件可在数架轧机上同时轧制，各机架间的轧件秒流量保持相等。连续式轧机的优点是：易于实现轧制过程的自动化；轧制速度快，产量高；轧机紧密排列，间隙时间短，轧件温降小，可尽量增大坯料重量，提高轧机产量和金属收得率。连续式布置的轧机是各类轧机发展的方向。其缺点是：机械和电器控制设备较复杂，投资大，并且所生产的品种受限制。

4.2　孔型设计的基本知识

4.2.1　孔型设计的内容和要求

4.2.1.1　孔型设计的内容

型材轧制是在带有轧槽的环形凹槽或凸缘的轧辊上轧制出来的。由两个或多个轧辊的轧槽所构成的断面轮廓称之为孔型。将钢锭或钢坯在轧辊孔型中经过若干道次的轧制变形，以获得所需的断面形状、尺寸和性能的产品，为此而进行的设计和计算过程称之为孔型设计。

孔型设计属于工具设计，通常的孔型设计一般包括以下三方面内容：

（1）断面孔型设计。根据原料与成品的断面形状、尺寸及其性能的要求，确定出轧件的变形方式、所需道次数和各道次的变形量以及为完成此变形过程所需要的孔型形状和尺寸。

（2）轧辊孔型设计。这一过程即孔型配置，是根据断面孔型设计的结果，确定孔型在每个机架上的配置方式，从而保证轧件能正常轧制。既要保证能顺利轧制和操作方便，还要保证轧辊满足其强度条件、具有较短的轧制节奏，以获得较高的产量和较高的产品质量。

（3）轧辊辅件设计。这一过程即导卫或诱导装置的设计，导卫或诱导装置应保证轧件能按照要求的状态和位置进、出孔型，或使轧件在孔型以外发生一定的变形，或对轧件起矫正或翻转作用等。

4.2.1.2　孔型设计的要求

孔型设计是否合理，直接影响到产品质量、轧机生产能力、产品成本和劳动条件等。

通常合理的孔型设计应满足以下要求：

（1）保证产品质量符合技术标准和用户要求。这主要包括断面形状正确、尺寸公差合格、表面光滑、机械性能合乎要求。

（2）生产成本低。为降低生产成本，应使金属消耗及轧辊和电能消耗最少，各项经济技术指标先进。

（3）轧机有较高的生产效率。应使轧制过程易于实现自动化、机械化，便于调整和操作，使轧机具有最短的轧制节奏和较高的产量。

（4）设计的孔型应符合生产车间的具体工艺及设备条件，充分考虑车间各主、辅设备的性能及其布置情况。不能盲目地将其他车间使用的孔型，搬到某一车间去，这可能不适用。在孔型设计过程中，应理论联系实际，在充分掌握车间设备工艺特点的基础上依据孔型的基本原则，做出正确的孔型设计。

4.2.1.3　孔型设计的基本原则

为了得到一套合理的孔型系统，在设计过程中应注意遵循下述设计原则：

(1) 选择合理的孔型系统。选择合理的孔型系统是孔型设计的关键环节之一。孔型系统合理与否直接影响到轧机的生产率、产品质量、各项消耗指标以及生产操作等。通常在设计新产品的孔型时，应根据轧件的变形规律，拟定出各种可能的孔型系统方案，通过充分的对比分析和论证，从中选择合理的孔型系统。

(2) 充分利用钢的高温塑性，把变形量和不均匀变形尽量放在前几道次，然后顺轧制程序逐道减小变形量，这样对轧制成形过程有利。

(3) 尽可能采用形状简单的孔型，专用孔型的数量要适当。

(4) 在多品种的型钢轧机上，多选用共用性好的孔型。

(5) 各机架间的道次数分配、翻钢及移钢次数和程序应合理。

(6) 轧件在孔型中力求有良好的稳定性。

(7) 孔型在轧辊上有合理的配置，便于轧机调整且有较强的共用性。

4.2.2 孔型设计的主要步骤

4.2.2.1 收集和了解有关的原始资料

收集和了解必要的原始资料是孔型设计的重要工作，其主要内容有：

(1) 了解产品的技术要求和技术标准。这包括产品的断面形状、尺寸、允许公差、表面质量、金相组织和性能要求等。有时还应了解用户对产品的使用情况及其特殊要求。

(2) 了解原料条件。掌握已有的钢锭或钢坯的断面形状和尺寸，或者按照产品要求重新选定坯料尺寸。

(3) 了解轧机的性能及其他设备条件。这包括轧机的布置形式、机架数目、轧辊直径、辊身长度、轧制速度、电机能力以及加热炉、移钢机和翻钢设备、工作辊道与延伸辊道、剪机或锯机的性能等。

(4) 了解国内外生产该产品的有关生产工艺情况。这包括生产方式、选用的孔型系统、变形系数的范围以及生产该产品的难点、存在的问题等等。只有充分地研究和借鉴国内外的先进经验和方法并结合具体的实际情况，才能进行合理的设计。

4.2.2.2 选择合理的孔型系统

通常，对于新产品应了解类似产品的轧制情况及其存在的问题，作为新产品孔型设计的依据之一；对于老产品应了解该产品在其他轧机上轧制情况及存在问题。同时还应考虑与其他产品共用孔型的可能性，拟定出可能采用的各种孔型系统方案，在分析对比的基础上，确定较为合理的孔型系统。

4.2.2.3 确定坯料断面尺寸与总的轧制道次

在一定的设备和工艺条件下，正确地确定坯料断面尺寸与轧制道次，涉及到确定总变形量及分配各道次的变形量。在孔型设计中可用延伸系数来表示变形，确定总变形量和道次。

采用延伸系数表示变形时

$$\mu_z = F_0/F_n \tag{4-1}$$

式中，μ_z 为总延伸系数；F_0 为原料的断面积；F_n 为成品的断面积。

总延伸系数与各道次的延伸系数和平均延伸数及轧制道次的关系为

$$\mu_z = \mu_1\mu_2\cdots\mu_n = \mu_p^n \tag{4-2}$$

式中，μ_1、μ_2，…，μ_n 是相应道次的延伸系数，μ_p 为平均延伸系数。由此可得轧制道次 n 为

$$n = \ln\mu_z/\ln\mu_p = (\ln F_0 - \ln F_n)/\ln\mu_p \tag{4-3}$$

平均延伸系数一般是根据经验或同类轧机用类比法选取的。确定道次 n 时，应根据轧制的具体条件决定选用偶数道次还是奇数道次。

根据经验数据：初轧机的平均延伸系数 $\mu_p = 1.13 \sim 1.16$（有的 1.2 以上）；三辊开坯机 $\mu_p = 1.2$ 以上；连轧小坯料 $\mu_p = 1.2$ 以上（最大至 1.7），横列式线材轧机 $\mu_p = 1.35$ 以上。

根据孔型在轧制中的作用，现列举简单断面型钢、异型断面型钢一般采用的延伸系数供参考。异型断面型钢孔型，成品孔常用：$\mu = 1.1 \sim 1.2$；工字钢、T 字钢等：$\mu = 1.2 \sim 1.3$；槽钢、不等边角钢等：$\mu = 1.3 \sim 1.4$；简单断面型钢孔型，成品孔常用：$\mu = 1.14 \sim 1.18$；成品前孔：$\mu = 1.14 \sim 1.20$；方或椭孔：$\mu = 1.2 \sim 1.8$；延伸或菱形孔：$\mu = 1.4 \sim 1.6$；扁钢或带钢的粗轧和成品前孔：$\mu = 1.3 \sim 2.0$。

在实际设计时也可以根据轧机的具体条件，先选择合理的轧制道次，然后根据总的延伸系数来求出该产品的平均延伸系数，然后与同类型轧机生产该产品所用的平均延伸系数相比较，若接近或略小于上述数值，则说明是可行的，若大于上述太多时，则需增加道次，或选用较小的坯料。

4.2.2.4　各道次变形量的分配

在总的变形量和道次确定以后，需要将总的变形量合理地分配到各个道次上，在分配道次变形量时应综合考虑金属的塑性，咬入条件，轧辊的强度，电机的能力和孔型的磨损等因素。根据实际生产的经验，分配道次变形量的主要原则是：

（1）轧制开始时，轧件高温氧化铁皮厚，摩擦系数低，咬入困难，而高温时钢塑性较好，变形抗力低有利于轧制，此时主要考虑咬入条件的限制。

（2）随氧化铁皮的脱落，咬入条件改善，温降不多，变形量可增大，随变形量不断增大，并达到最大值，这以后随着变形抗力增大，轧辊强度和电机能力成为限制变形量的主要因素，因而变形系数逐道减少。

（3）最后几道主要考虑到产品几何尺寸的要求和减小孔型的磨损，宜采用较小的变形量。典型的横列式型钢轧机的道次变形系数分配曲线如图 4-7 所示。

（4）在实际生产中，需针对不同的生产工艺条件做具体分析，进行合理的道次变形量的分配。例如在连轧机上轧制时，因轧速逐渐升高，轧件温度变化小，因此连轧各道次的延伸系数可取相等或近似相等，如图 4-8 所示。

4.2.2.5　孔型的尺寸确定

根据各道次的延伸系数，计算出各道次轧件的断面积，然后根据所计算出的断面积及变形系数的关系确定轧件的尺寸。并在此基础上确定孔型的尺寸，绘制出孔型图。在利用经验法直接构孔时，可先不计算出轧件的尺寸，而直接确定出孔型的尺寸。

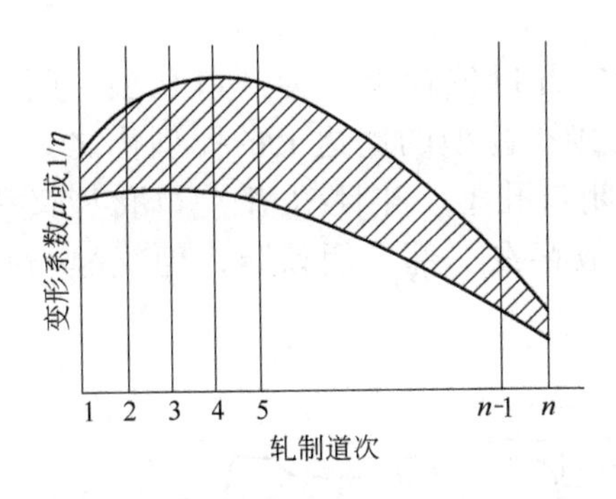

图 4-7 横列式轧机道次变形系数分配曲线

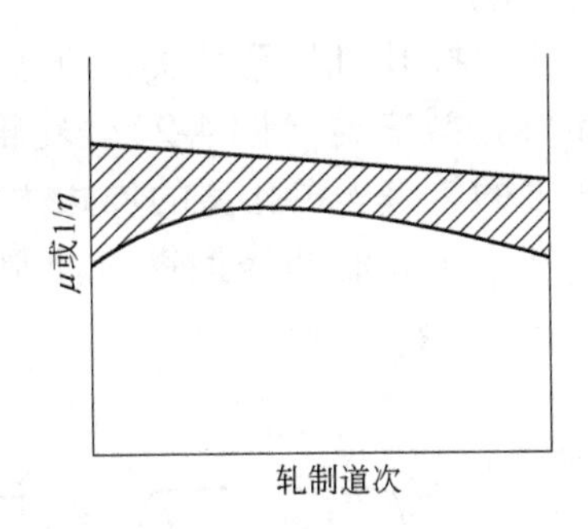

图 4-8 连轧机道次变形系数分配曲线

在设计精轧孔型系统时多逆着轧制方向逐道次计算各孔尺寸；开坯延伸孔型系统常按轧制道次顺序设计。

4.2.2.6 其他工作内容

（1）配辊。将设计好的各孔型按一定的规律配置在轧辊上，并绘制出配辊图。

（2）必要的校核。根据具体的实际情况进行必须的校核工作，通常校核的内容有：咬入条件、轧辊强度、电机负载能力、孔型的充满度和轧件在孔型中的稳定性等。

（3）轧辊的辅件设计。根据孔型图和配辊图来设计导卫、围盘、检测样板等辅件。

4.2.3 孔型的形状及分类

4.2.3.1 轧槽与孔型

型钢是在带有轧槽的轧辊上轧制出来的。在一个轧辊上用来轧制轧件的工作部分，即轧制时轧辊与轧件相接触的部分叫轧槽。

由两个或两个以上的轧槽，在通过其轧辊轴线的平面上所构成的孔洞称之为孔型。

4.2.3.2 孔型的分类

孔型通常按其形状、用途及其在轧辊上的开口位置进行分类：

（1）按形状分类。按照孔型的形状可以直观的把孔型分成简单断面孔型（如圆孔型、椭孔型、方孔型、箱形孔型等）以及异型断面孔型（如工字形、槽形、轨形孔型等）。

（2）按用途分类。根据孔型在总的轧制过程中的位置及其作用，可以将孔型分为以下四类：

1）开坯孔型。亦称为延伸孔型，其主要作用是减小被轧金属的断面。

2）粗轧孔型。这类孔型的主要作用是，在继续减小轧件断面的同时，进行粗加工，使其逐渐接近成品的形状和尺寸。

3）成品前或精轧前孔。它是指成品孔型前面的一个孔型，其主要作用是为在成品孔中轧出合乎要求的成品做好准备。

4）成品孔。亦称之为完成孔。是指轧出成品的最后一个孔型，其形状和尺寸基本接近于成品的形状和尺寸，但考虑到热胀、冷缩、轧辊的磨损等因素，因此，一般来说两者并不完全相等。

（3）孔型按开口位置分类。孔型按在轧辊上的开口位置可分为开口孔型、闭口孔型、半闭口孔型三类（图 4-9）。轧辊的辊缝 s 直接在孔型的周边上的孔型称之为开口孔型。轧辊的辊缝 s 在孔型的周边之外的称之为闭口孔型。半闭（开）口孔型又称控制孔型，常用于轧制凸缘型钢时控制腿部高度，故存在一部分闭口腿，但辊缝与孔型相通。

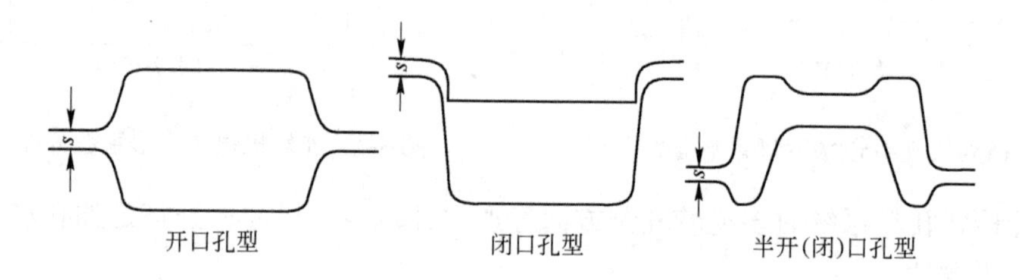

图 4-9　孔型按配置分类

4.2.4　孔型的构成和各部分的作用

由于型钢的形状各异，其所用孔型的形状也是多种多样的，但在其几何构成上仍有共同之处，例如：辊缝、圆角、侧壁斜度等等，如图 4-10 所示。

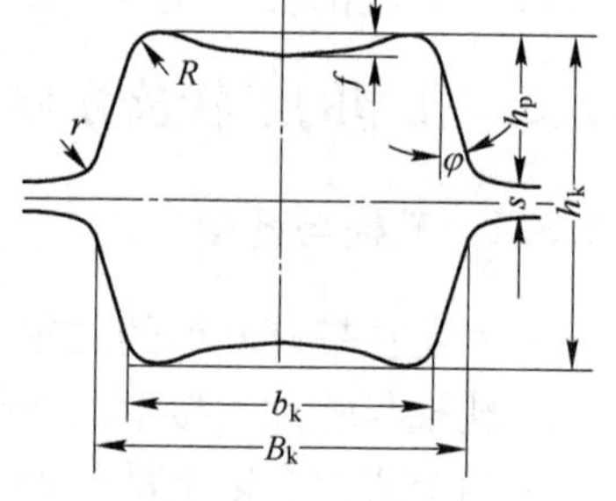

图 4-10　孔型的组成

4.2.4.1　辊缝

在轧制过程中工作机架各部分由于受到轧制力的作用会产生弹性变形，这种弹性变形的总和称为轧辊的弹跳或称为辊跳。这种弹跳的存在使得孔型的高度增加。为了获得精确的断面尺寸和形状，孔型设计时必须在轧辊之间留有辊缝，同时不难看出辊缝值应当大于弹跳值。因此，辊缝的数值 s 应当等于轧机空转时上下辊环的间距加上轧辊的弹跳值，即为 $s = l + l'$。式中 l 为上下辊环的间距，l' 为弹跳值。

此外，辊缝可以减小轧槽的切入深度，提高轧辊强度；增加轧辊的重车次数，延长轧辊使用寿命；留出足够大的辊缝，就能利用调整辊缝的方法，同一个孔型轧出不同断面尺寸的轧件，同时对由于孔型设计不周或孔型磨损等因素引起的问题，增加了调整的余地。

辊缝的大小取决于机架的结构、轧制的压力以及孔型的用途等因素。比如，成品孔和一部分的成品前孔，为了得到比较准确的几何形状和尺寸精度，辊缝要取得小些，其他情况下可能取得大些，但太大会使轧槽变浅，就起不到限制金属流动的作用了。

由于弹跳值与金属作用在轧辊上的压力成正比，而允许轧制压力的大小又与轧辊的强度和轧辊直径有关，所以在实际生产中常按辊缝 s 与轧辊直径 D 之间的经验关系式来确定辊缝值 s 的大小。一般成品孔 $s = 0.01D$；粗轧孔 $s = 0.02D$；开坯孔 $s = 0.03D$。或根据表 4-2 选取。

表 4-2 各种型钢轧机的辊缝值 s

轧 机	初轧机及二辊开坯轧机	500～650 开坯机	轨梁、大型和中型轧机			小 型 轧 机		
			开坯	粗轧	精轧	开坯	粗轧	精轧
辊缝值 s/mm	6～20	6～20	8～15	6～10	4～6	6～10	3～5	1～3

4.2.4.2 侧壁斜度

孔型的侧壁往往不垂直于轧辊的轴线，而是与轧辊轴线有一定的倾斜度。孔型侧壁倾角的正切称为孔型侧壁斜度，用百分数表示。如图 4-10 所示，在箱型孔中，孔型的侧壁斜度用下式表示

$$\tan\varphi = (B_k - b_k)/2h_p \times 100\% \tag{4-4}$$

式中，B_k 为槽口宽度，b_k 为槽底宽度，h_p 为轧槽的深度。

侧壁斜度对轧件进出孔型有重要的作用。在垂直侧壁中，轧件不仅入孔困难，而且轧件在轧制后由于宽展的作用，将被侧壁夹持住不易脱槽。而倾斜的侧壁既有利于轧件的进入，也便于轧件脱槽。侧壁斜度的大小对轧辊的修复和轧辊的使用寿命有着重要的意义。当无侧壁斜度时，孔型侧壁磨损 a 后，将无法恢复轧槽的原有宽度尺寸；而带侧壁斜度的孔型重车后可以恢复轧槽的原始宽度，见图 4-11。

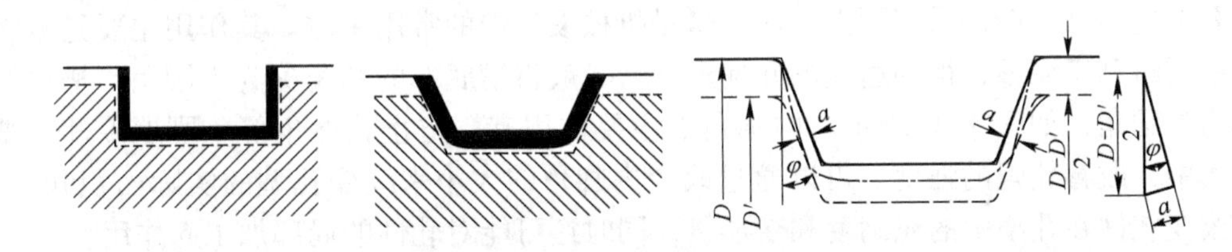

图 4-11 侧壁斜度与轧辊重车量的关系

由图 4-11 可见，侧壁斜度不同，为恢复孔型原状，在同一磨损量 a 的条件下，所车削的量是不一样的。重车时轧辊的车削量 ΔD 与侧壁斜度的关系由图 4-11 可得，

$$\Delta D = D - D' = 2a/\sin\varphi \approx 2a/\tan\varphi(\text{当 } \varphi \text{ 角不大时}) \tag{4-5}$$

式中，a 为孔型侧壁的磨损深度；D、D'分别为轧辊重车前、后直径。由上式可见，当 a 一定时，φ 角越大，ΔD 越小。因此，增大 φ 角可以减少轧辊车削量，增加轧辊的使用寿命。

大的侧壁斜度还可以增加孔型的共用性，比如大斜度的箱形孔型，可以通过调整充满度来轧出不同尺寸的轧件。这对于初轧机、开坯机和型钢的粗轧孔型都是有意义的。

另外轧制异型断面型钢时，侧壁斜度往往对变形量产生影响，侧壁斜度大，允许的变形量也越大，这时甚至可以减少轧制的道次，并有利于轧机进行调整。但是，小的侧壁斜度有利于对轧件的夹持，并且使侧面加工良好。

构置孔型时其侧壁斜度与许多因素有关，一般为了节约轧辊和改善轧机工作，常希望侧壁斜度大，但过大的侧壁斜度，使轧件的断面形状“走样”。所以侧壁斜度的大致范围是：对于延伸用的箱孔孔型为 10%～20%；闭合口的扁钢粗轧孔型为 5%～17%；对钢轨、工字钢，槽钢的粗轧孔型为 5%～10%，对成品孔型为 1.0%～1.5%。为了综合侧壁斜度的优缺点，使得咬入条件改善及轧件稳定，同时又给轧件留有较大的宽展余地，我国

鞍钢、太钢和大连等钢厂曾经成功使用过20%双侧斜度的箱形孔型。

4.2.4.3　孔型宽度

为了使孔型侧壁在咬入时能有夹持轧件的作用，设计时往往使槽底宽度 b_k 小于入孔轧件的宽度 B，即使入孔轧件的宽度 B 相当于侧壁的直线段与槽底半径 r 的圆弧相切处的宽度。一般的槽底宽度，对于立箱孔为(0.95 ~ 1.0)B，扁箱孔为(0.98 ~ 1.0)B。槽口宽度 B_k 主要取决于孔中的宽展量，应比轧件的宽度大一些，以防止出耳子，同时亦给调整以余地。所以 $B_k = B + \Delta b + \Delta$ 或 $B_k = B + 1.5\Delta b$，式中 Δ 为宽展余量。

4.2.4.4　轧槽深度

由于延伸孔型形状简单，孔型相对于轧制线是对称的。所以轧槽深度 $h_p = (h - s)/2$，式中 h 为孔型高度，s 为辊缝。对于入孔轧件的高度 H 和宽度 B 比值小于1.2的，可取 $h = 0$，即为平辊轧制；如需夹持轧件或加工轧件的角部时可取 $h = (0.2 \sim 0.3)H$；当入孔轧件的高宽比大于1.2，需要有较大调整范围时，$h_p = (0.35 \sim 0.45)H_{min}$，$H_{min}$ 为此孔轧出轧件的最小厚度；其他情况根据 $h_p = (h - s)/2$ 的关系来确定。

4.2.4.5　孔型的圆角

孔型的角部一般都采用圆弧过渡，这是机械设计中的常用手法。其作用主要是减缓应力集中同时利于调整，得到适宜的几何形状。一般将槽底部的圆角称为内圆角，槽口的圆角称为外圆角，如图4-10所示。内圆角的主要作用有：防止轧件角部急剧地冷却；减缓应力集中，改善轧辊的强度。可以通过改变内圆角的大小来改变孔型的实际面积和尺寸，从而改变轧件在孔型中的充满度和变形量，同时还可能对轧件的局部加工起作用。

外圆角的主要作用是：外圆角能防止轧件进入孔型不正时，不会受到辊环的切割而产生刮丝的现象；当轧件在孔型中略有过充满时能形成钝而厚的耳子，避免在下一孔型轧制时产生折叠缺陷，对于异型断面孔型，增大外圆角可以改善轧辊强度，因为减缓了应力的集中。

4.2.4.6　锁口

在闭口孔型中用来隔开孔型与辊缝间的缝隙称为锁口，如图4-12所示。当采用闭口孔型以及轧制某些复杂断面型钢时，为了控制轧件的断面形状要使用锁口。例如用同一孔型轧制几种厚度或高度差别较大的轧件时，其锁口长度要适当增大，以便防止轧制较厚或较高的轧件时金属流入辊缝。用锁口的孔型，其相邻孔型的锁口位置一般是上下交替出现的，以保证轧件形状正确。

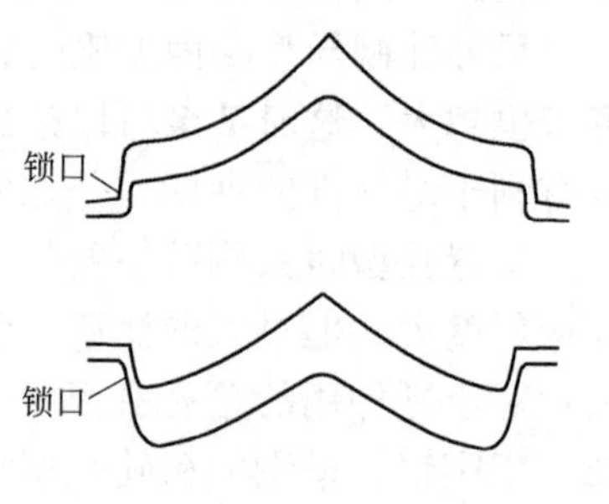

图4-12　孔型的锁口

4.2.4.7　槽底凸度

有些箱形孔型的槽底有一定的凸度如图4-10所示，这称之为槽底凸度。设置槽底凸度的主要作用是：使轧件出孔型后，在辊道上运行比较稳定，进入下一道孔型时咬入条件也较好，另外有助于提高轧槽的使用寿命；翻钢后轧件是细腰，等于增加了宽展余地，减少了出耳子的危险。槽底凸度与下孔中的宽展 Δb 有关，一般选取槽底凸度 $f \leqslant 0.5\Delta b$，f 值不应过大，否则影响咬入，成品孔不应有凸度。

4.2.5 孔型在轧辊上的配置

孔型在轧辊上的配置，其主要任务是将已设计好的孔型按照一定的规则安排到所用轧机的轧辊上，这种安排涉及两个方面的内容，一是孔型在轧制面的垂直方向上的配置，二是孔型在轧辊辊身长度方向上的配置。

4.2.5.1 轧机尺寸和轧辊直径

A 轧机的名义直径 D_0

型钢轧制往往需要多个机架或各机架排成几列，各机架所用的轧辊直径往往各不相同，即使是同一机架上的轧辊在使用过程中轧辊因重车的缘故，每次使用时，轧辊直径也不相同。因此，采用传动轧辊的齿轮座内齿轮的中心距或节圆直径 D_0 来表示型钢轧机的大小。D_0 称为轧机的名义直径，如图 4-13 所示。

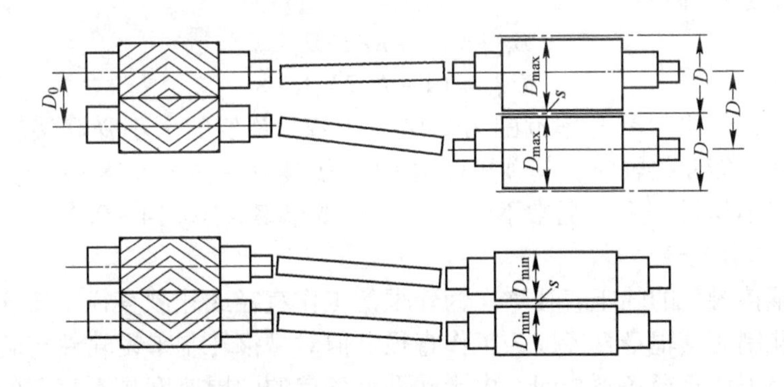

图 4-13 轧机名义直径与轧辊尺寸

当轧机有几个机架或几个机列时，成品轧机的尺寸大小往往决定轧出产品的尺寸规格，这时以成品轧机的 D_0 表示之。

B 轧辊直径

轧辊直径通常是指轧辊辊环处的直径。为了提高轧辊寿命，在机架窗口高度允许的条件下，常使新辊直径 D_{max} 大于 D_0，而最终使报废前的轧辊直径 D_{min} 小于 D_0。在配置孔型或绘制轧辊图时，假想把辊缝值也包括在轧辊直径内，这时的轧辊直径 D 称为轧辊的原始直径。对应于轧辊的最大直径 D_{max} 和最小直径 D_{min}，原始直径的最大值为 D，最小值为 D'，则 $D = D_{max} + s$；$D' = D_{min} + s$。在配辊时，是以新轧辊的最大直径 D_{max} 所对应的轧辊的原始直径为基准的。

C 轧辊的重车系数（重车率）

轧辊的重车系数是指轧辊总的重车量与轧机名义直径 D_0 之比，常用 K 来表示之。

$$K = (D_{max} - D_{min})/D_0 = (D - D')/D_0 \tag{4-6}$$

轧辊的直径变化范围受联接轴允许的倾斜角度的限制。最理想的是新辊的联接轴倾角

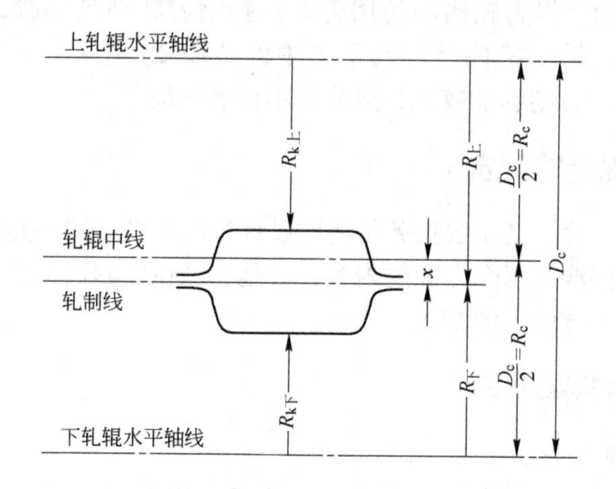

图 4-14　采用上压力时轧辊的配置情况

与轧辊使用到最后一次时联接轴的倾角相等，在这种条件下：

$$D_0 = [(D_{max} + s) + (D_{min} + s)]/2 \tag{4-7}$$

联立这两个方程即得：

$$D_{max} = (1 + K/2)D_0 - s$$
$$D_{min} = (1 - K/2)D_0 - s \tag{4-8}$$

开坯机和型钢轧机的重车率范围为 0.08 ~ 0.12。K 值的大小受联接轴允许倾角的限制，当用万向或万能联接轴时，其倾角可达 10°，其重车率 $K = 0.18 \sim 0.2$；用梅花联接轴时，其倾角一般不超过 4.5°，通常不大于 2°，其重车率 $K = 0.14 \sim 0.16$。

D　轧辊的工作直径

轧件与轧辊接触处的轧辊直径称之为轧辊的工作直径或轧制直径。按这个定义则钢板轧制或无孔型轧制时其辊身直径即为工作直径。但对型钢轧制来说轧件与轧辊的接触部分的各点所对应的工作直径各不相同。由于孔型上各点的圆周速度是不相等的，轧件只能以某一平均速度轧出孔型。通常把与轧件出口的速度所对应的轧辊直径（不考虑前滑）称之为轧辊的工作辊径，也称之为平均工作直径。

在型钢孔型设计中，精确地计算出平均工作直径对正确地计算轧制速度、摩擦系数等参数有重要的意义，尤其是对连轧孔型系统的设计更是如此。

为了计算方便，平均工作直径也可以近似地按孔型的平均高度法来确定，孔型的平均高度或轧件轧后断面的平均高度为：$h = F_k/B_k$ 或 $h = F/b$，式中 F_k 为孔型的面积，B_k 为孔型槽口宽度，F 为轧后轧件的断面积，b 为轧后轧件的宽度，则轧辊的平均工作辊径 $D_k = D - h$，式中 D 为轧辊的原始直径。对箱形孔型 $D_k = D - H$，式中 H 为箱孔的高度。

对于复杂孔型的轧制，常采用孔型周边法来确定轧辊的平均工作辊径。其主要方法是先根据轧件在孔型中的充满状况，以一个横坐标来表示金属与轧辊实际接触部分的周边展开长度，以纵坐标表示其对应各点的轧辊直径。这样，平均工作直径就等于坐标中由轧辊直径展开图下所围成的总面积除以孔型周边接触部分的展开长度的总和。

4.2.5.2　轧辊的上压力和下压力

型钢生产中如果上下轧辊工作直径相等，轧件应是平直地从孔型中出来，但在实际上由于各种条件因素，比如该轧件断面温度不均匀、孔型上下轧槽磨损不均匀、上下轧槽的形状及位置的偏差等等原因，会使轧件上弯或下弯。为了使轧件出孔后有一个固定的方向，经常有目的地使上、下轧辊的直径有所不同。这种上下两辊工作直径的差值叫做“压力”，其单位是毫米。若上轧槽的工作直径大于下轧槽的工作直径时称为“上压力”；反之则称为“下压力”。当轧辊的转速相同而上下轧辊的工作直径不同时，则会造成轧件上部与下部的金属流速不同，轧件当然也就向轧辊工作直径小的一侧弯曲。

由于实际上轧件向上还是向下弯曲是由于两辊的速度差造成的，所以实质上“压力”差值，应该用轧辊的圆周线速度的差值来表示。而上、下轧辊圆周的线速度的差值与其辊径差成正比，因而在设计也常使用上、下工作辊径的差值。

当采用“上压力”时，轧件出口面向下弯曲，这样就需要在下辊上安装卫板，从而使轧件能贴着下卫板滑动，而获得平直的方向。型钢轧制时常采用“上压力”配置，这样可以避免安装复杂的上卫板。初轧机上多采用“下压力”配置，为的是减轻轧件前端对轧机前辊道第一个辊子的冲击。

在采用一定的“压力”配置时，应该注意当“压力”值太大时，会造成一些不良的后果：辊径差造成压下量分布不均，使上下轧槽的磨损不均匀；辊径差使轧辊的圆周速度不等，造成轧辊与轧件之间的相对滑动，使轧件内部产生附加应力；辊径差使轧机产生冲击作用，使相应的传动件产生不均匀的冲击磨损，甚至导致损坏。

建议“压力”值一般按轧辊的直径来选取，根据不同的孔型用途：对延伸孔型不大于 $3\% \sim 4\% D_0$；对其他形状的开坯延伸孔型，不大于 $1\% D_0$；对成品孔尽量不采用“压力”。

4.2.5.3 轧辊的中线与轧制线

两个轧辊轴线之间的距离称为轧辊的平均直径。等分这个距离的水平线称为轧辊中线。如果采用“零压力”配置孔型时，孔型的中性线（对箱孔、方孔、菱孔、椭圆孔、圆孔型等简单对称孔型，孔型中性线就是孔型的水平轴线）与轧辊中线相重合。若采用“上压力”或“下压力”配置时，孔型的中性线必须配置在距离轧辊中线一定距离的一条水平线上，以便使一个轧辊的工作直径能大于另一个轧辊的工作直径，我们称这条水平线为轧制线。轧制线是配置孔型的基准线。由图 4-14 不难看出，采用上压力配置时，轧制线在轧辊中线的下方，反之则相反。

假设进行 ΔD_k 上压力配置时（图 4-14），轧制线距轧辊中线的距离 x 值确定如下：

根据上压力的定义得 $\Delta D_k/2 = R_{k上} - R_{k下}$，

由图 4-14 可得

$$R_{上} = R_c + x,\ R_{下} = R_c - x$$

$$R_{k上} = R_{上} - H_c/2,\ R_{k下} = R_{下} - H_c/2$$

由此可得

$$\Delta D_k/2 = R_{k上} - R_{k下} = 2x$$

$$x = \Delta D_k/4 \tag{4-9}$$

由此可得：在采用上压力 ΔD_k 时，轧制线位于轧辊中线之下 $\Delta D_k/4$ 处；在采用下压力时，轧制线在轧辊中线之上 $\Delta D_k/4$ 处。

4.2.5.4 孔型的中性线

若上下两个轧辊作用于轧件上的力对于轧制面上某一水平直线的力矩相等，则这一水平直线称为孔型的中性线。确定孔型中性线的目的在于配置孔型，即把它与轧辊中线相重合时，上、下两辊的轧制力矩相等，这使轧件出轧辊时能保持平直；若使它与轧制线相重合，则能保证所需的“压力”轧制。

目前中性线一般用下述方法确定：

（1）对称轴法。具有水平对称轴的孔型，如箱孔、菱孔、椭圆、圆、工字钢等，中性线就是其水平轴对称线。

（2）平均高度法。此法认为孔型的中性线为等分孔型高度的水平线。

（3）面积平分法。此法认为孔型的中性线是等分孔型面积为上下两部分的那条水平线。

（4）面积重心法。此法认为孔型的中性线是通过孔型几何形状面积重心的水平线。

（5）轮廓线重心法。此法也称之为周边重心法。此种方法认为，孔型的中性线是通过在轧辊上孔型轮廓（轧槽）的两个重心之间等距离的地方的水平线。

孔型的中性线还有一些求法，根据需要可以选用适当的各种近似方法。

4.2.5.5 孔型在轧辊上的配置方法

孔型在轧辊上的配置主要分为在轧制面垂直方向上的配置和在轧辊的辊身长度方向上的配置。下面将其分述如下：

（1）孔型在轧制面垂直方向上的配置：

1）按轧辊的原始辊径确定上、下辊的轴线。

2）在上、下两轧辊的轴线之间等距离处，画出轧辊中线。

3）在距轧辊中线 $x = \Delta D_k/4$ 处画出轧制线，当采用“上压力”时，轧制线在轧辊中线之下；当采用“下压力”时，轧制线在轧辊中线之上，当采用“零压力”时，轧制线与轧辊中线重合。

4）在确定孔型的中性线后，使孔型的中性线与轧制线重合，以此为基准绘制孔型图，确定孔型各处的轧辊直径，画出配辊图，并注明孔型的尺寸。

（2）孔型在轧辊辊身长度方向上的配置：孔型在辊身长度方向的配置，主要考虑的因素是：轧机操作方便，便于实现机械化、自动化，保证产品的产量和质量，同时使轧辊得到充分的利用，减少轧辊的消耗等。因此，常采用下列一些原则：

1）成品孔型和成品前孔应单独配置在一条轧线上，最好单独配在一架机架上，以便实现单独调整，保证成品质量。

2）分配各机架的道次时应尽量使各架轧机轧制负荷均衡，以便获得较短的轧制节奏，提高轧机的效率，比如一列式轧机，由于前几道次的轧件长度短，轧制时间短，因而第一架可多轧几道，接近成品时，轧件细长，轧制时间长，因而后面机架上就应少配道次。

3）根据各孔的磨损对成品表面质量的影响程度，每一道孔型在轧辊上应配有不同的数目。成品孔应尽可能多配一些。距成品孔较远的孔型，可以不用备用孔。这样做的目的在于减少换辊的次数、减少轧辊的储备数目、降低轧辊的消耗量。比如，成品孔磨损后，只需换孔轧制，而不需换辊。

4）需要适当地确定辊环的大小，以保证辊环的强度及满足安装导卫和调整的需要。所谓辊环就是相邻孔型之间的凸台。在满足上述要求的同时，应尽可能的采用小的宽度，以便在轧辊上能尽可能多的安排孔型。

辊环的宽度，对铸铁辊一般可考虑其等于轧槽的深度值；而钢辊辊环可以小些。轧辊两端的辊环宽度对于大中型轧机可取 100mm 以上，而对小型轧机一般取 50 ~ 100mm。对于倾斜配置的孔型，还应考虑设置止推斜面辊环。

4.3 延伸孔型设计

4.3.1 延伸孔型设计方法概述

延伸孔型的作用是压缩轧件断面，为精轧孔型系统提供合适的红坯，它对钢材轧制的产量和质量有很大影响，但对最终产品的形状尺寸影响不大。在延伸孔型设计中，要解决的一个首要问题是计算各道次轧件的断面尺寸，其计算方法大致有：外接矩形法、相似轧件法、等效轧件法、移动体积法、保角映射法、能量法和各类经验法。

4.3.1.1 经验方法

经验方法基于概括在孔型设计中积累起来的实际经验，从而得出按某一孔型系统轧制时的延伸系数、宽展量和力能参数的曲线图及经验公式。经验方法是出现最早的设计方法，某些经验方法也是现在广为使用的方法之一。例如，近年来在我国应用较广的乌萨托夫斯基（Z. Wusatowski）方法，就是根据生产和实验，用数理统计的方法得到的一类经验公式，该公式用于小型、线材的延伸孔型的宽展计算，精度较高。

经验模型是根据一定条件下的经验数据整理获得，这类模型计算简单，需要设计者多年积累的经验来决定模型中的系数。由于没有考虑在孔型中轧制时决定金属应力-应变状态的全部因素，因此在与试验不同的条件下使用它们时，可能会引起很大误差。

4.3.1.2 能量法

这种方法是根据总变形功率最小的变分原理，求解型钢的变形过程，通过求解变分参数来求得待定的变形与力变参数。目前比较典型的是 B. K 斯米尔诺夫的对于简单断面孔型中轧制时的宽展计算。此法还用于轧制角钢、槽钢、H 型钢、窗框、T 字钢和钢轨的变形及力能计算。后面的章节中我们对 B. K 斯米尔诺夫的计算方法进行进一步介绍。

4.3.1.3 保角映射法

利用复变函数中保角映射的方法将比较复杂的轧件断面，通过解析函数进行域的变换，将其变换为简单的矩形圆形来研究讨论，然后将研究结果，通过解析函数返回到原来的域，即可得到非矩非圆形断面的轧件变形的解。这种方法已在工字钢、槽钢的孔型设计中得到了应用。

4.3.1.4 等效轧件法

这种方法是将非矩形断面轧件简化为等效的矩形断面，然后确定其宽展变形。等效轧件的宽度为轧件的宽度 B，等效轧件的高度 H_d 为其外接矩形的高度 H_w 和轧件断面平均高

度 $H_p = F_0/B$ 的平均值（其中 F_0 为轧件断面积，B 为轧件的最大宽度）。这样非矩形断面的轧件可简化成等效的矩形，再按平辊轧制等效矩形轧件，并考虑坯料断面和孔型形状以及孔型的充满程度等影响来计算轧件的宽展变形。

4.3.1.5　相似轧件法

这种方法是将非矩形断面轧件简化成断面积相同，高宽比也与原轧件断面高宽比相同的矩形断面，将轧件断面简化成相似矩形后，先按平辊轧制矩形件确定其展宽系数，再乘以考虑了孔型、轧件形状以及孔型充满度等的影响系数，从而确定轧件的宽展量。

4.3.1.6　移动体积法

移动体积法的基本思想是，根据体积不变条件，轧件在孔型中被压下后，仅可能产生纵向延伸和横向的宽展，而这两方向上金属的流动量与其在该方向上的流变阻力成反比，由此计算出轧件的尺寸。

4.3.1.7　外接矩形法

外接矩形法主要是针对前后为方形或圆形断面轧件尺寸已确定后，确定中间轧件断面尺寸的一种方法。该种方法认为，中间的非方或非矩的轧件，其外接矩形的宽度等于轧件的最大宽度，外接矩形的高度等于它与下一孔型辊缝对应处的高度。利用形状系数和轧制条件影响系数的乘积确定出后两个孔型中轧件的延伸比。由此，可以得到两方或两个圆之间的轧件的断面积，从而计算出外接矩形的高度和宽度。

4.3.2　延伸孔型系统分析与设计

4.3.2.1　常用的延伸孔型系统与设计简述

A　常用的延伸孔型系统

通常断面为300mm×300mm左右的大方坯（或中小断面钢锭及连铸坯），要由大、中型轧机或钢坯连轧机进一步减小断面尺寸。这种将大断面坯料（锭）轧成合适的小断面坯料的轧制称之为开坯，它们的孔型系统称之为开坯延伸孔型系统。延伸孔型系统主要有：箱形孔型系统、菱形—方形孔型系统、椭圆—方形孔型系统、六角形—方形孔型系统、椭圆—立椭圆孔型系统和椭圆—圆形孔型系统等。

在上述延伸孔型系统中，通常每隔一道就有一个方形或圆形孔型，在孔型设计中可利用这一规律。

对延伸孔型设计的基本要求是：能保证大延伸而不出耳子，轧件在孔型中稳定性好，能很好地消除轧件表面的氧化铁皮，金属变形均匀，刻有轧槽后辊身强度削弱的程度小，轧机调整方便，利于实现机械化和自动化。

孔型设计时选用何种延伸孔型系统，一是要考虑轧件的材质、断面尺寸的大小、轧制品种的多少和变形程度的大小；二是要考虑轧机的型式、轧辊直径、轧制速度、主电机的功率、轧机的机械化和自动化程度及操作人员的熟练程度等，有时可采用上述几种孔型系统的组合来满足生产的实际需要。

B 延伸孔型的设计方法

在前面我们曾简单介绍过许多孔型设计的方法，由于延伸孔型系统一般均为间隔出现等轴断面（如方或圆）孔型，因此，在孔型设计中，首先设计出各等轴断面的尺寸，然后再根据相邻两个等轴轧件的断面的形状和尺寸来设计夹在它们之间的中间轧件的断面形状和尺寸，最后根据确定了的轧件的断面形状和尺寸来构造孔型。

a 等轴断面轧件的设计

首先将延伸孔型系统中相邻的两个等轴断面配成若干对，因为总的延伸系数μ_Σ为

$$\mu_\Sigma=\mu_1\mu_2\mu_3\cdots\mu_{n-1}\mu_n=\mu_{\Sigma2}\mu_{\Sigma4}\mu_{\Sigma6}\cdots\mu_{\Sigma i}\cdots\mu_{\Sigma n}$$

式中$\mu_{\Sigma i}$为从等轴断面到等轴断面的这一对孔型的总延伸系数。延伸系数按这一规律进行适当的分配后，各等轴断面轧件的面积和尺寸就可以确定，如

$$F_2=F_0/\mu_{\Sigma2},\ F_4=F_2/\mu_{\Sigma4},\ \cdots,\ F_n=F_{n-2}/\mu_{\Sigma n}$$

由于F_0为坯料断面面积，所以依次各等轴断面的轧件的面积就由上式确定了。如果等轴断面轧件为方或圆的话，其边长和直径也就唯一地确定了。

b 中间轧件断面的设计

两个等轴断面之间的中间轧件可能是菱形、矩形、椭圆形或六角形等。因此，中间轧件断面尺寸的设计要根据轧件在孔型中的充满条件进行。

以箱形孔型为例（图4-15）。中间轧件的尺寸应同时满足在本孔和下一孔型中正确的充满，即：

$$b=A+\Delta b_z,\ h=a-\Delta b_a$$

式中，Δb_z为轧件在中间箱形孔中的展宽量；Δb_a为轧件在小箱方形孔型中的展宽量。因此，确定中间轧件的尺寸其关键是能确定或计算出展宽量。而计算展宽量又需先设定中间轧件的某一尺寸，然后进行迭代计算直到其满足一定的精度为止。也可以经验选定其展宽系数联立解出中间轧件的高h和宽b，即中间轧件的尺寸同时满足下述两个条件：

$$\beta_z=(b-A)/(A-h),\beta_a=(a-h)/(b-a)$$

式中，β_z，β_a为轧件在中间孔型和小箱方形孔中的展宽系数，由此，可解得中间轧件的高h和宽b为

$$\begin{aligned}h&=[a(1+\beta_a)-A\beta_a(1+\beta_z)]/(1-\beta_z\beta_a)\\b&=[A(1+\beta_z)-a\beta_z(1+\beta_a)]/(1-\beta_z\beta_a)\end{aligned}\tag{4-10}$$

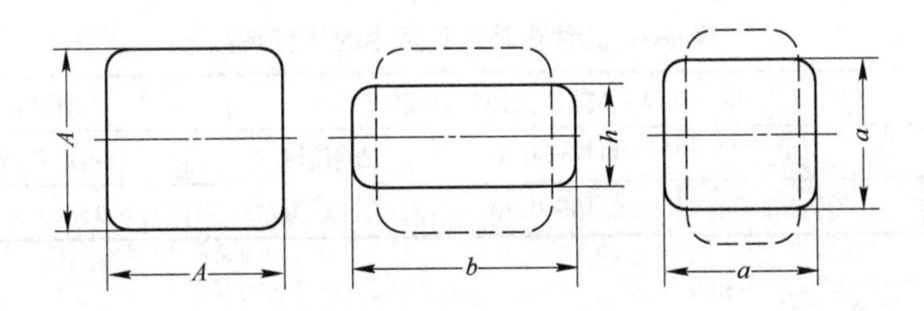

图4-15 中间孔型内轧件断面尺寸的确定

用上述方法可以确定各种孔型系统中各孔型中轧件的尺寸，根据轧件的尺寸由孔型的

几何关系就可以构孔。

为了确保轧件在孔型中轧制时稳定，还应在构成孔型后，根据孔型最高点处的轧辊速度、前一孔型的充满程度、压下系数、孔型顶角处的内圆角半径、轧件和孔型的相对宽度来确定按稳定条件所允许的轧件于轧前的轴比。当轧件轴比—高宽比大于允许的稳定性指标即允许的轴比 a_w 时，则应修正有关参数。

4.3.3　箱形孔型系统

4.3.3.1　箱孔特点及适用范围

用调整辊缝的方法可以轧制多种尺寸不同的轧件，共用性好。这样可以减少孔型数量，减少换孔或换辊的次数，提高轧机的作业率。与其他同样断面面积的孔型相比，轧辊上轧槽的切入深度较浅，轧辊具有较高强度，故允许采用大变形。轧件在整个宽度上变形均匀，孔型磨损均匀，且变形能耗小。轧件侧面的氧化皮易于脱落。轧件断面温降比较均匀。由于箱孔的侧壁斜度大，轧不出精确的几何形状，侧面不易平直，甚至会出现皱纹。

由于箱孔的这些特点，它广泛地应用在初轧机，三辊式开坯机、中小型或线材轧机的开坯孔型。采用箱形孔型轧制大型和中型断面时轧制稳定，轧制小型断面时稳定性差。箱孔型轧制断面的大小取决于轧机的大小。轧辊直径愈小，所能轧的断面规格也愈小。例如850mm 的轧辊上用箱形孔轧制方断面的尺寸应不小于 90mm；在辊径为 650mm 轧辊上应不小于 60mm；在辊径为 400mm 和 300mm 的轧辊上应不小于 56mm 和 45mm。

箱形孔型的组合方案示于图 4-16，具体选用何种轧制方式，应根据设备条件和产品质量要求而定。在这些组合中，可看出一种类型是每隔一道翻钢一次，翻钢次数多，表面质量可提高。另一类，轧两道后翻钢，这样能提高轧机产量，但如果钢坯表面质量不好，会产生折叠。

4.3.3.2　箱孔的设计

A　箱孔型中轧件的变形系数

（1）箱孔的延伸系数：轧件在箱孔型中的延伸系数一般取 1.15 ~ 1.6，其平均延伸系数可取 1.15 ~ 1.4。

（2）箱孔的展宽系数：箱孔的展宽系数 $\beta = 0 \sim 0.45$，在不同情况下的取值范围，见表 4-3。

表 4-3　轧件在箱形孔型中的展宽系数

轧制条件	中、小型开坯机轧制钢锭或钢坯			型钢轧机轧制钢坯	
	前 1 ~ 4 道轧锭	扁箱形孔型	方箱形孔型	扁箱形孔型	方箱形孔型
展宽系数	0 ~ 0.1	0.15 ~ 0.30	0.15 ~ 0.25	0.25 ~ 0.35	0.2 ~ 0.3

也可以按下述公式来计算：

当用钢轧辊时

$$\beta = 0.575 D_g \sin\frac{\alpha}{2}\left(1 - 2\sin\frac{\alpha}{2}\right) \Big/ H \tag{4-11}$$

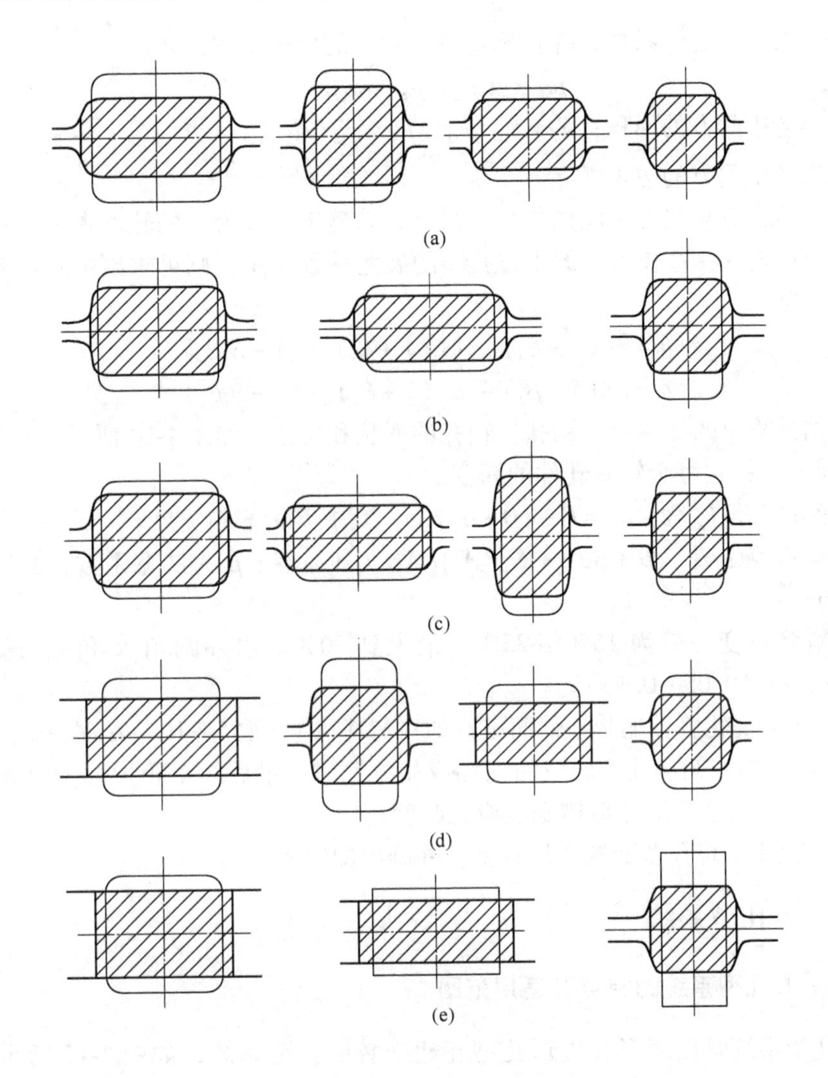

图 4-16 箱形孔型系统的组成方式

(a) 方—矩形—方；(b) 方—矩形—矩形—方；(c) 方—矩形—矩形—立—方；
(d) 方—平辊—方；(e) 方—平辊—平辊—方

当用铸铁轧辊时

$$\beta = 0.575 D_g \sin\frac{\alpha}{2}\left(1 - 2.5\sin\frac{\alpha}{2}\right) \Big/ H \qquad (4\text{-}12)$$

式中，D_g 为轧辊的工作直径；H 为轧件轧前高度；α 为咬入角。

B 平—立箱的设计

平—立箱孔是从一个原始方坯料，经过中间箱孔轧成一小方的孔型系统，如图 4-16 所示。其主要设计步骤为：

(1) 根据坯料的横断面积 F_0 和末道次方形轧件的横断面积 F_n，求出总的延伸系数 μ_Σ，然后选择平均延伸系数 μ_p，求出轧制道次 n，即

$$n = \ln\mu_\Sigma / \ln\mu_p$$

（2）按道次分配延伸系数，并且确定每一对方的延伸系数，如：

$$\mu_{e1}=\mu_1\mu_2,\ \mu_{e2}=\mu_3\mu_4\cdots$$

（3）求出各中间方的面积：$F_2=F_0/\mu_{e1}$，$F_4=F_2/\mu_{e2}\cdots$

（4）求出各中间方的边长即 $a_i=\sqrt{F_i}$

（5）按前后二方求二方中间的矩形的尺寸，若确定边长为 A 的轧件在矩形孔中的展宽系数为 β_z，矩形轧件在边长为 a 的小方孔型的展宽系数为 β_a，则可求出中间矩形轧件的高度 h 和宽度 b 为

$$h=[a(1+\beta_a)-A\beta_a(1+\beta_z)]/(1-\beta_z\beta_a)$$

$$b=[A(1+\beta_z)-a\beta_z(1+\beta_a)]/(1-\beta_z\beta_a)$$

（6）根据计算出的轧件尺寸构孔。箱孔的形状和尺寸，如图 4-10 所示。

孔型的高度 h：它等于轧后轧件的高度。

孔型槽底的宽度 b_k 为：$b_k=B-(0\sim6)$mm，其中 B 为来料宽度。

槽口宽度 B_k 为：$B_k=B+\beta\Delta h+\Delta$，其中 Δh 为压下量；β 为展宽系数；Δ 为余量，一般取 5～10mm。

孔型的侧壁斜度一般为 15%～25%，最大到 30%。内外圆角 R 和 r，通常取 $R=(0.1\sim0.2)h$，$r=(0.05\sim0.15)h$。

槽底凸度 f 可视轧机及轧制条件而定，如在初轧机上 f 取 5～10mm；在三辊开坯机上 f 值可用 2～6mm。当用箱形孔型轧成品坯和成品方钢时，最后一个箱形孔型应无凸度，作为开坯孔型的最后一个箱形孔型槽底也应无凸度。

（7）按配辊原则将孔型配置于轧辊上，并画出配辊图。

4.3.4　菱—方孔型系统

4.3.4.1　菱—方孔型系统的特点及适用范围

菱—方孔型系统是以菱形和方形孔型互相交替的孔型系统，如图 4-17 所示。菱—方孔型的主要特点有：能轧出几何形状较精确的方形断面；可以从中间方形孔型轧出不同尺寸的方形断面的轧件；用调整辊缝的方法，可以从一个孔型中轧出几种相邻近尺寸的方形断面轧件；轧件在孔型中比较稳定，简化了导板的制造、安装与调整；与同样尺寸的箱形孔比较，菱形和方形孔型的切槽较深，因而削弱了轧辊的强度；孔型表面各点的工作直径有很大差异，因此孔型各处的速度差较大，从而加速了孔型的磨损并使孔型磨损不均匀；轧件表面的氧化铁皮不易被除去，影响表面质量；轧件的四个角部，在轧制过程中始终是

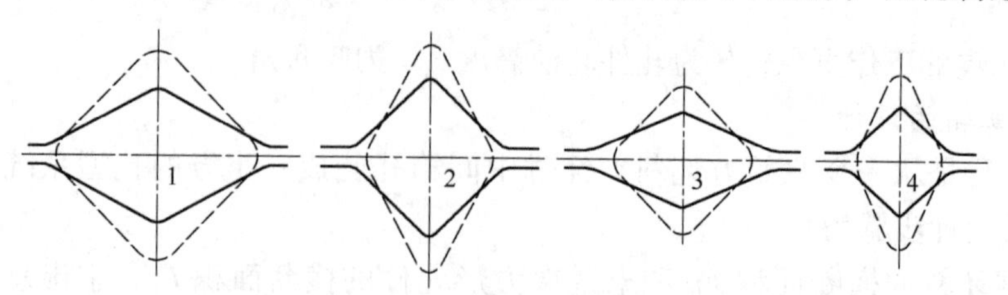

图 4-17　菱—方孔型系统

1，3—菱孔；2，4—方孔

角部，角部冷速快，所以易在角部造成缺陷。

菱—方孔型系统主要适用中小型轧机轧制 60×60mm ~ 80×80mm 以下的方坯和方钢，或作为三辊开坯机的后几个孔型，即用箱形与菱—方孔型组成混合孔型。

4.3.4.2 轧件在菱—方孔型内变形分析

如图 4-18 所示，在菱或方孔内轧制时，轧件在 a、b 点的外侧部分几乎没有压下量，但是，如果从轧件与轧辊的纵向接触来看，轧件进入孔型时并非同时变形，轧件中部首先受到压缩并产生宽展，把轧件挤入两侧孔型内，a、b 两侧也受到压下。因此，大体上可以按 AB 线来考虑孔型各点的压下量。显然，压下量沿孔型宽度方向的分布是不均匀的，中部的压下量达到最大值。但压下系数 η 沿孔型宽度的分布比压下量的分布要均匀得多。另外，由于孔型内轧件变形的不同时性，轧制过程中变形又是不均匀的，各部分将产生相互平衡的内力，随着轧件向变形区出口的移动，不均匀变形逐渐减轻。

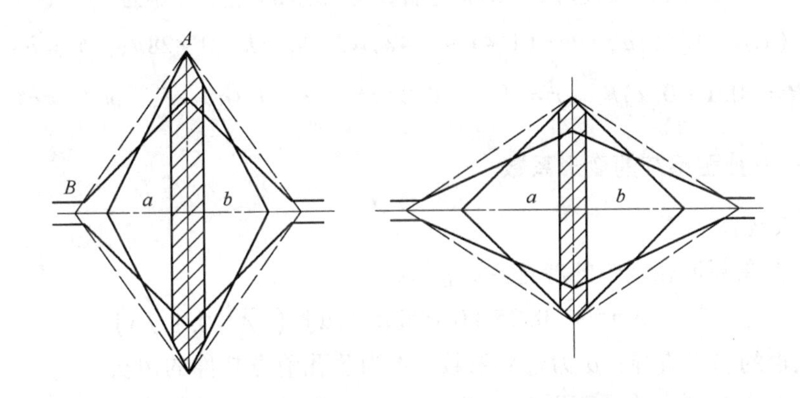

图 4-18 轧件在菱—方孔型内变形情况

轧件在方形孔内的宽展，由于孔型侧壁抑制了金属的横向流动，其宽展量要小于自由宽展，而在菱形孔内，孔型侧壁斜度较大，对宽展限制程度小于方孔，故宽展比方孔大。另外，在金属横向位移体积相同的条件下，由于菱孔的形状特征，产生绝对宽展的值较大。

轧件顶角与孔型顶角之差愈小，则孔型侧壁对轧件的夹持作用愈大，轧件在孔型中愈稳定。实际生产中：顶角差（方孔为 $90° - \beta$，菱孔为 $\alpha - 90°$）小于 10°时，轧件在孔型内十分稳定，即使没有导卫板，轧件也能自动对正孔型；当顶角差大于 30°时，稳定性明显下降；当菱孔顶角 $\alpha > 100°$时，需要安装导板。此外，轧件在孔型内的稳定性还与菱、方孔型的圆角大小有关。

4.3.4.3 菱—方孔型的构成

菱—方孔型的构成如图 4-19 所示。菱孔的主要尺寸 h、b 确定后，其他尺寸为

$$B_k = b(1 - s/h), \qquad h_k = h - 2R\left(\sqrt{1 + \left(\frac{h}{b}\right)^2} - 1\right)$$

$$R = (0.1 \sim 0.2)h, \quad r = (0.1 \sim 0.35)h, \quad s \approx 0.1h, \quad F_1 \approx bh/2$$

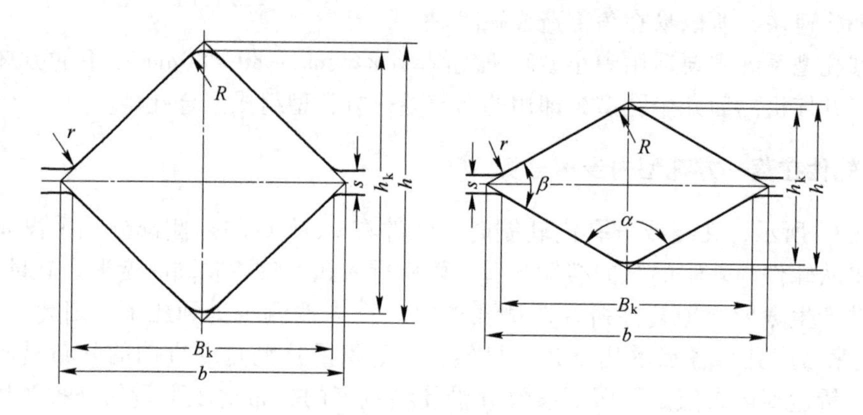

图 4-19　菱—方孔型的构成

对于方孔型，当方轧件的边长为 a 确定后，方孔型的主要尺寸为

$$h=(1.4\sim1.41)a,\quad b=(1.41\sim1.42)a,\quad h_k=h-0.828a,\quad b_k=b-s$$

$$R=(0.1\sim0.2)h,\quad r=(0.1\sim0.35)h,\quad s\approx0.1a,\quad F_f=bh/2=a^2$$

4.3.4.4　菱—方孔型系统的变形系数

A　展宽系数 β

方断面轧件在菱形孔型中的展宽系数 β_l 为

$$\beta_l=[0.15+(0.25+0.00005D)\mu]/(\sqrt[4]{A}-0.1\sqrt{A})\tag{4-13}$$

式中，D 为轧辊的名义直径；μ 为延伸系数；A 为菱孔前方轧件的边长。

菱形轧件在方孔型中的展宽系数 β_f 为

$$\beta_f=[0.6-(0.1925-0.00009D)\mu]/(\sqrt[4]{a}-0.1\sqrt{a})\tag{4-14}$$

式中，D 为轧辊的名义直径；μ 为延伸系数；a 为轧出的方轧件的边长。

在一般设计中，菱—方孔型系统中 β 值可取 $\beta_l=0.3\sim0.5$，$\beta_f=0.25\sim0.4$。

B　延伸系数 μ

边长为 A 的方轧件在菱孔中的延伸系数 μ_l 为

$$\mu_l=\frac{A^2}{F_l}=\frac{\left(\frac{b}{h}+\beta_l\right)^2}{\frac{b}{h}(1+\beta_l)^2}\tag{4-15}$$

菱形轧件在方孔型中轧制时的延伸系数 μ_f 为

$$\mu_f=\frac{F_l}{a^2}=\frac{\frac{b}{h}(1+\beta_f)^2}{\left(1+\frac{b}{h}\beta_f\right)^2}\tag{4-16}$$

在菱—方孔型中由大方轧件进入菱孔中的延伸系数 μ_l 和菱形轧件进入到小方孔中的延伸系数 μ_f 需满足一定的相关条件，以保证轧制可以顺利进行。

在一般的轧制条件中，后一方孔型与前一菱形孔型中的延伸系数的比值 e，对于边长 $a \leqslant 40$mm 的方轧件，$e=(\mu_f-1)/(\mu_l-1)=0.92 \sim 0.82$；对 $a \geqslant 40$mm 的方轧件 $e=0.9 \sim 1.0$。

4.3.4.5　菱—方孔型系统的设计

菱—方孔型设计的一般步骤为，根据原始方断面的尺寸 A 和终方尺寸 a_n，选定总延伸系数，确定出各对方的延伸系数，分别求出各中间方的面积和边长，然后用两方夹一扁的方法求各中间菱孔的高度 h 和 b 宽度。如已知：大方边长 A，小方边长为 a，则菱形孔的高度 h_l 和宽度为 b_l：

$$b_l=\frac{\sqrt{2}A(1+\beta_l)-\sqrt{2}a\beta_l(1+\beta_f)}{1-\beta_l\beta_f},\quad h_l=\frac{\sqrt{2}a(1+\beta_f)-\sqrt{2}A\beta_f(1+\beta_l)}{1-\beta_l\beta_f}$$

然后按几何关系构孔，也可以按经验法直接构孔。

4.3.5　椭圆—方孔型系统

4.3.5.1　椭圆—方孔型系统的特点及适用范围

椭圆—方孔型系统（图4-20）可以得到较大的延伸系数（方轧件进椭圆孔型时延伸系数可达2.4，椭圆轧件进方孔型时延伸系数可达1.8），采用这种孔型系统，可迅速压缩轧件断面、减少轧制道次、保持较高的轧制温度，减少能耗和轧辊的消耗；椭圆孔型的轧槽比较浅；采用这种孔型可以使轧件的棱角和四个面的金属变换位置，轧件表面温度比较均匀；轧件多方向上受到压缩，有利于提高金属的质量。

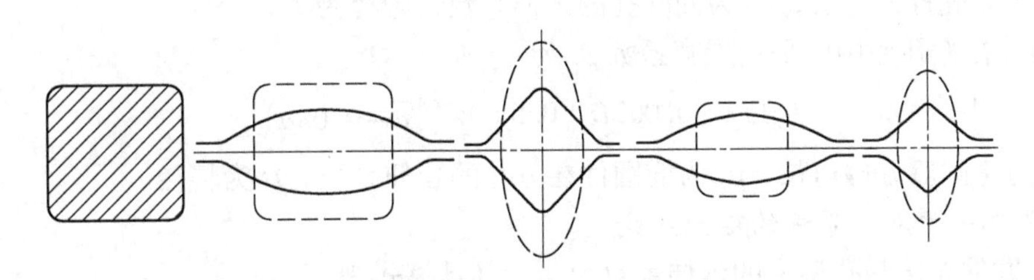

图4-20　椭圆—方孔型系统

主要缺点是轧件在孔型中沿宽度方向上变形很不均匀，易使孔型产生不均匀的磨损，并使能耗增加；椭圆孔型与方形孔型中的延伸系数差别较大，使椭孔的磨损大于方孔的磨损，若用于连轧机，易破坏既定的连轧常数，使轧机调整困难。

椭圆—方孔型系统广泛用于小型和线材轧机延伸孔型，轧制断面小于 40×40mm～75×75mm 的轧件。

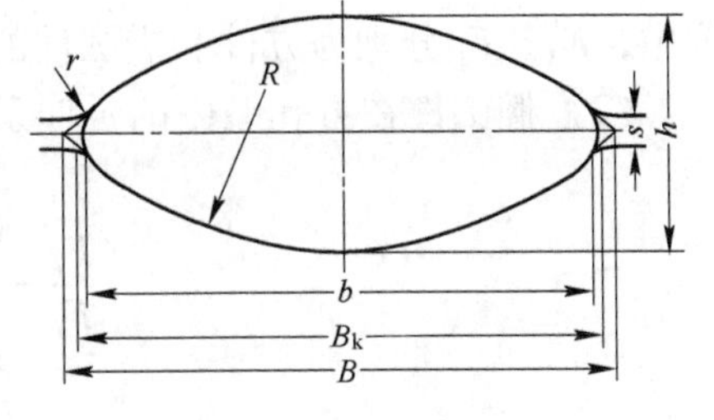

图4-21　椭圆孔型的构成

4.3.5.2　椭圆—方孔型的构成

椭圆孔型如图4-21 所示。孔型宽度 $B_k=(1.088\sim$

1.11)b，b 为椭圆轧件的宽度，此时相当于孔型的充满程度 $\delta = b/B_k = 0.9 \sim 0.92$。通常使用的孔型以 $\delta = 0.85 \sim 0.9$ 为佳，这样椭圆件两侧不会太尖，轧件两侧温降不至于太快。

辊缝 $s = (0.2 \sim 0.3)h$

椭孔的圆弧半径 $R = \dfrac{(h-s)^2 + B_k^2}{4(h-s)}$；外圆角半径 $r = (0.08 \sim 0.12)B_k$

椭圆轧件的断面积近似为 $F = \dfrac{2}{3}(h-s)b + sb$

方孔的构成参照菱—方孔型系统（见图 4-19）。

4.3.5.3 椭圆—方孔型系统的变形系数

A 椭圆—方孔型系统的展宽系数

（1）按垂直轴端点计算压下量的展宽系数 $\beta = \Delta b/\Delta h$：椭圆轧件在方孔型中的展宽系数为 $\beta_f = 0.3 \sim 0.6$，经常采用的 $\beta_f = 0.3 \sim 0.5$；方轧件在椭圆孔型中的展宽系数 β_t 与方轧件边长的关系，见表 4-4。

表 4-4 方件在椭圆孔型中的展宽系数与其边长的关系

方件边长/mm	6 ~ 9	9 ~ 14	14 ~ 20	20 ~ 30	30 ~ 40
β_t	1.4 ~ 2.2	1.2 ~ 1.6	0.9 ~ 1.4	0.7 ~ 1.1	0.55 ~ 0.9

（2）按平均压下量计算的展宽系数 $\beta_p = \Delta b/\Delta h_p$：方轧件在椭圆孔型中的平均展宽系数 β_{pt} 为

$$\beta_{pt} = [1 + (0.75 + 0.0046D)\mu_t]/(\sqrt{A} + 0.05A) \tag{4-17}$$

式中，A 为方轧件的边长，μ_t 为椭圆孔的延伸系数，辊径为 D。

椭圆件在方孔型中的平均展宽系数 β_{pf} 为

$$\beta_{pf} = (0.002D + 0.5\mu_f)/(\sqrt[4]{a} + 0.03a) \tag{4-18}$$

式中，a 为椭圆后方件边长，μ_f 为椭圆件在方孔的延伸系数，D 为辊径。

B 椭圆—方孔型系统的延伸系数

（1）方件在椭圆孔型中的延伸系数为 μ_t，其计算式为

$$\mu_t = \frac{F_A}{F_t} = \frac{1.33\left(\dfrac{b}{h} + 0.74\beta_{pt}\right)^2}{\dfrac{b}{h}(1 + \beta_{pt})^2} \tag{4-19}$$

式中，F_A、F_t 分别为方件和椭圆件的面积，b、h 分别为椭圆件的宽和高。

（2）椭圆件在方孔型中的延伸系数为 μ_f，其计算式为

$$\mu_f = \frac{F_t}{F_f} = \frac{0.775\dfrac{b}{h}(1.29 + 0.76\beta_{pf})^2}{\left(1 + 0.74\dfrac{b}{h}\beta_{pf}\right)^2} \tag{4-20}$$

式中，F_t、F_f 分别为椭圆件及随后方件的面积，b、h 分别为椭圆件的宽和高。

在椭圆—方孔型系统中也可以取平均延伸系数$\mu_p=1.3\sim1.60$；$\mu_t=1.3\sim1.60$；μ_f在1.3~1.60的范围内选用。

(3) 椭圆孔与方孔延伸系数的比值：在两个相邻方之间的椭圆孔与方孔中延伸系数的比值为

$$e=(\mu_f-1)/(\mu_t-1)$$

计算表明$e=0.3\sim0.9$，当一对方的总延伸系数$\mu_{\Sigma i}=\mu_t\mu_f$愈大，$e$值愈小，则$\mu_t$愈大。当方边长$A$愈大，且展宽系数$\beta_{pt}$、$\beta_{pf}$愈小，$e$值愈大，在椭孔和方孔中的延伸系数分配得更均匀，这时$\mu_f=1+(0.6\sim0.85)(\mu_t-1)$。

C 椭圆—方孔型系统的设计

当一对大小方件的边长分别确定为A和a后，可以按经验式直接构孔，也可以利用两方夹一扁的设计方法，确定椭圆件的宽b_t和高h_t。

$$b_t=\frac{A(1+\beta_{pt})-a\beta_{pt}(0.96+0.56\beta_{pf})}{1-0.55\beta_{pt}\beta_{pf}}$$

$$h_t=1.29a-\beta_{pf}(0.74b_t-0.76)a$$

式中，A、a为大方件和小方件的边长，β_{pt}、β_{pf}分别为椭圆孔和方孔的平均压下量的展宽系数。然后根据各尺寸构孔就可以完成设计。

4.3.6 六角—方孔型系统

4.3.6.1 六角—方孔型系统的特点及适用范围

六角—方孔型系统与椭圆—方孔型较相似（图4-22），可以把六角孔型视为变态的椭圆孔型。所以，六角—方孔型系统除了具有椭圆—方孔型系统的优点外，还有以下优点：变形比较均匀；单位压力小，能耗小，轧辊消耗少；轧件在孔型中稳定性好。但六角孔充满不良时，易失去稳定性。

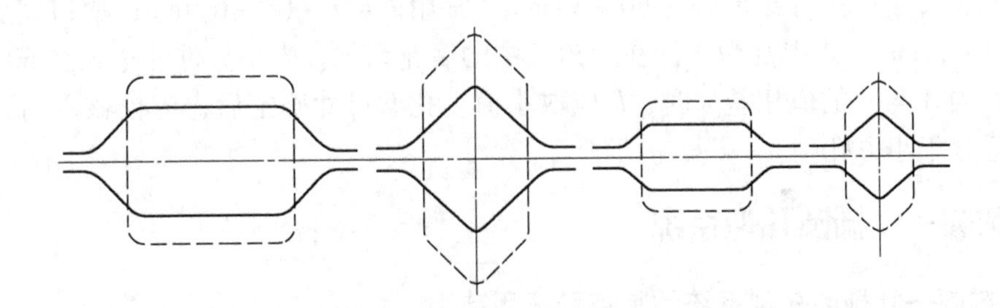

图4-22 六角—方孔型系统

六角—方孔型系统被广泛应用于粗轧机上，它所轧制的方件边长为17×17mm~60×60mm之间，它常用在箱形孔型系统之后和椭圆—方孔型之前，组成混合孔型。在轧制钢材与线材时，用它可代替椭圆—方孔型系统。

4.3.6.2 六角—方孔型系统的变形系数

六角—方孔型系统的展宽系数与延伸系数分别见表4-5和表4-6。

表 4-5　六角—方孔型系统的展宽系数

方件在六角孔型中展宽系数 β_l	六角形件在方孔型中的展宽系数 β_f
$A>40$mm，0.5～0.7；$A<40$mm，0.65～1.0	0.25～0.7；常用 0.4～0.7

表 4-6　六角—方孔型系统的延伸系数

平均延伸系数 μ_p	方件在六角孔型中的延伸系数 μ_l	六角件在方孔型中的延伸系数 μ_f
1.35～1.8；常用 1.4～1.6	1.4～1.8	1.4～1.6

4.3.6.3　六角—方孔型系统的尺寸构成与设计

六角孔型的构成如图 4-23 所示，A 为来料边长，h、b 为轧后轧件的高度和宽度。六角孔型的尺寸如下：

孔型槽底宽度 b_k 为

$$b_k = A - 2R[1 - \tan(45° - \varphi/2)]$$

孔型槽口宽度 B_k 为

$$B_k = A + (h - s)\tan\varphi - 2R[1 - \tan(45° - \varphi/2)]$$

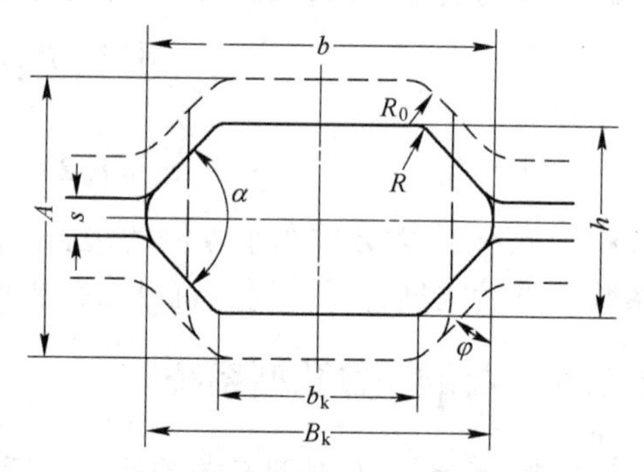

图 4-23　六角孔型的构成

用上式计算出的 B_k 应大于 b，否则应增大 B_k，使 $B_k = (1.05 \sim 1.18)b$，相当于孔型的充满度为 0.95～0.85，$\alpha \leqslant 90°$，$R = (0.3 \sim 0.6)h$，R 的确定原则是使槽底的两侧圆弧和槽底同时与来料接触。

方孔型的构成与椭圆—方孔型系统中的方孔型构成相同。

在确定了六角孔相邻的大方件边长为 A 与小方件边长为 a 之后，可按经验公式计算出六角孔的主要尺寸：孔高度 $h = a - (0 \sim 8)$mm，常用 $h = a - (3 \sim 6)$mm；槽口宽度 $B_k = A + \beta\Delta h + (0 \sim 4)$mm，式中 β 为方件在六角孔中的展宽系数。当小方件的边长在 60mm 以上时，$h = a$；当 A 与 a 的值相差大时，h 应取小值。孔型尺寸确定后，应校核六角孔型的高度 h 是否适合于小方孔型。

4.3.7　椭圆—立椭圆孔型系统

4.3.7.1　椭圆—立椭圆孔型系统的特点和适用范围

椭圆—立椭圆孔型系统，如图 4-24 所示，其主要特点有：轧件变形和冷却较均匀；轧件与孔型的接触线长，因而轧件宽展较小；轧件的表面缺陷较少；轧槽切入轧辊较深；孔型各处速度差较大，孔型磨损较快，电能消耗也因此增加。

椭圆—立椭圆孔型系统主要用于轧制塑性极低的钢材。近年来，由于连轧机的广泛应用，特别是在水平辊机架与立辊机架交替布置的连轧机和 45°轧机上，可以使轧件在机架间不翻钢，轧制稳定性好，适合于高速轧制。在现代连轧机上，椭圆—立椭圆孔型系统已取代了椭—方、菱—方孔型系统被广泛用于小型和线材连轧机上。

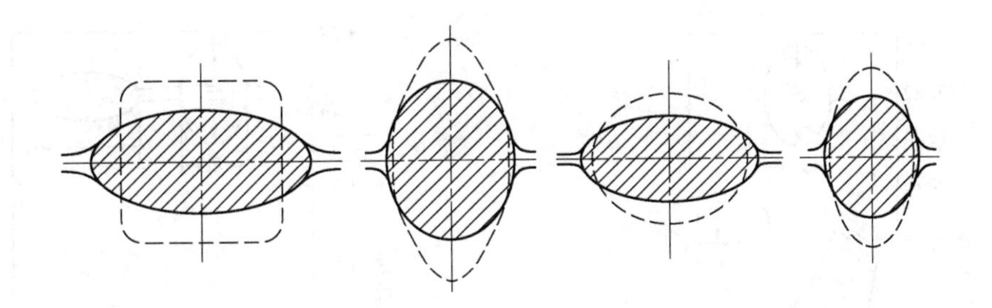

图 4-24 椭圆—立椭圆孔型系统

4.3.7.2 椭圆—立椭圆的变形系数

A 展宽系数

在椭圆—立椭圆的孔型中，轧件在立椭圆孔型中的展宽系数 $\beta_l = 0.3 \sim 0.4$，轧件在平椭圆孔型中的展宽系数 $\beta_t = 0.5 \sim 0.6$。

轧件在平椭圆孔型中按平均压下量计算的展宽系数为

$$\beta_{pt} = \Delta b/\Delta h_p = 1.5(1.0 + 0.005D)\mu_t/(\sqrt{b_1} + 0.05b_1) \tag{4-21}$$

式中，b_1 为进平椭孔型的立椭圆件的高度；D 为轧辊名义直径；Δh_p 为轧件在平椭圆孔型中的平均压下量；μ_t 为轧件在平椭圆孔型中的延伸系数。

椭圆件在立椭圆孔型中按平均压下量计算的展宽系数为

$$\beta_{pl} = \frac{\Delta b}{\Delta h_p} = \frac{0.002D - \mu_l}{\sqrt[4]{b_2} + 0.05b_2} \tag{4-22}$$

式中，μ_l 为轧件在立椭孔中的延伸系数；b_2 为立椭孔的高度，D 为轧辊名义直径；Δh_p 为轧件在立椭孔中的平均压下量。

B 延伸系数

椭圆—立椭圆孔型系统的延伸系数主要取决于平椭孔型的宽高比，其比值为 1.8 ~ 3.5 时，平均延伸系数为 1.15 ~ 1.34。轧件在平椭圆孔型中的延伸系数 $\mu_t = 1.15 \sim 1.55$，一般用 $\mu_t = 1.17 \sim 1.34$，轧件在立椭圆孔型中的延伸系数为 $\mu_l = 1.16 \sim 1.45$，一般用 $\mu_l = 1.16 \sim 1.27$。

4.3.7.3 椭圆—立椭圆孔型系统的孔型尺寸关系及其构成

平椭圆孔型尺寸及其构成与椭圆件的尺寸关系参见椭圆—方孔型系统中的椭圆孔型尺寸及其构成与椭圆件的尺寸关系。

立椭圆孔型的高宽比为 1.04 ~ 1.35，一般取 1.2。在现代化线材连轧机上所用的立椭圆尺寸与平椭圆的尺寸关系，如图 4-25 所示。立椭圆的高宽比与平椭圆宽度的关系如图 4-26 所示。

立椭圆孔型的构成方法有两种，如图 4-27 所示。立椭圆孔型的高度 H_k 与轧件的高度 H 相等，其宽度 $B_k = (1.055 \sim 1.1)B$，其中 B 为轧出轧件的宽度。立椭圆孔型的弧形侧壁半径可取为 $R_1 = (0.7 \sim 1.0)B_k$ 和 $R_2 = (0.2 \sim 0.25)R_1$；外圆角半径 $r = (0.5 \sim 0.75)R_2$；辊缝 $s = (0.1 \sim 0.25)H_k$。

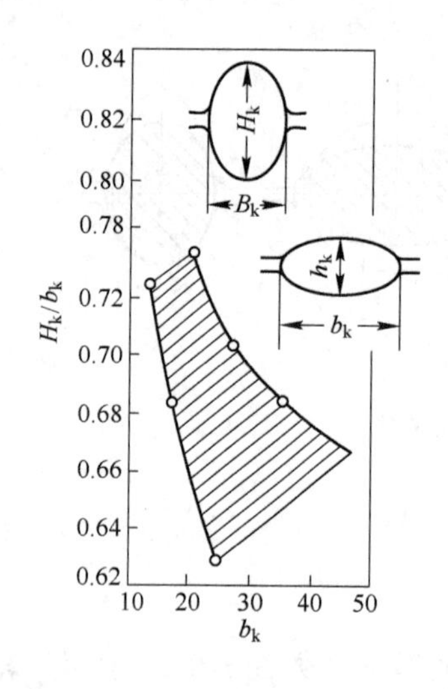

图 4-25　立椭圆孔型高度与后一平椭圆孔型宽度关系

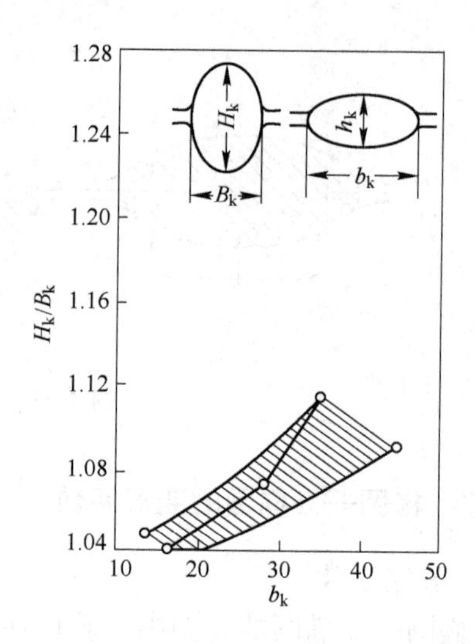

图 4-26　立椭圆孔型高宽比与后一平椭圆孔型宽度关系

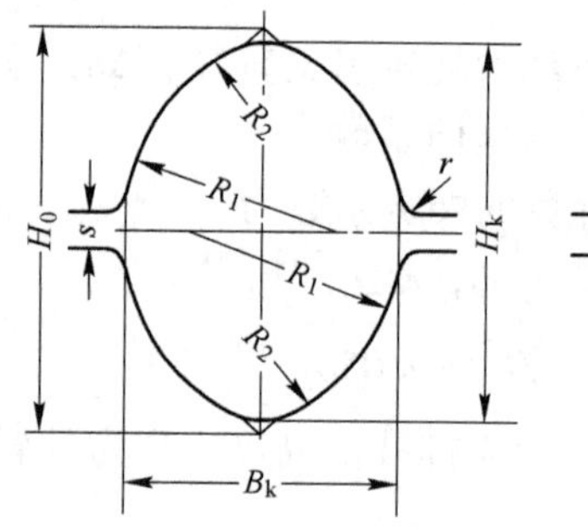

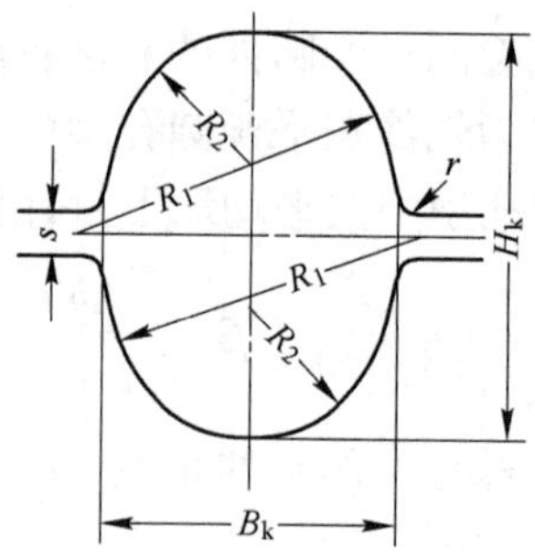

图 4-27　立椭圆孔型的构成

4.3.8　椭圆—圆孔型系统

4.3.8.1　椭圆—圆孔型系统的特点及适用范围

椭圆—圆孔型系统，如图 4-28 所示，其主要特点有：孔型形状过渡缓和，轧件变形较为均匀，可防止产生局部应力；轧件没有明显的尖角，可保证轧件均匀冷却，轧制时不易形成裂纹，而且能有利于轧件表面的氧化皮的去除；在某些情况下，可以从中间圆孔型获得成品，因而减少轧辊的数量和换辊次数；椭圆—圆孔型系统延伸系数小，通常不超过 1.15～1.4，因而使轧制道次增加；椭圆轧件在圆形孔中不稳定，要使用导板；在圆孔中，对来料尺寸波动适应能力差，易出耳子，故对调整要求高。

椭圆—圆孔型系统，多用于轧制低塑性的高合金钢，也用于轧制普碳钢延伸孔型的后几个孔型。除此之外，椭圆—圆孔型系统还被广泛应用于小型和线材连轧机精轧机组。

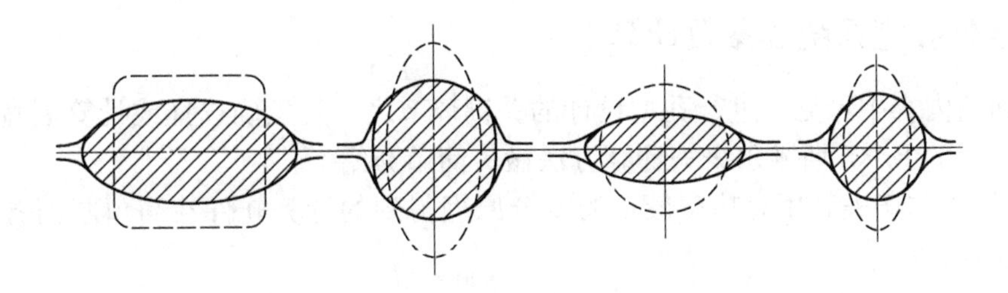

图 4-28 椭圆—圆孔型系统

4.3.8.2 椭圆—圆孔型系统的变形系数

A 展宽系数

轧件在椭圆孔型中的展宽系数为 0.5 ~ 0.95，轧件在圆孔型中的展宽系数为0.3 ~ 0.4。

B 延伸系数

椭圆—圆孔型系统的平均延伸系数一般不超过 1.3 ~ 1.4。轧件在椭圆孔型中的延伸系数为 1.2 ~ 1.6，在圆孔型中的延伸系数为 1.2 ~ 1.4。

4.3.8.3 椭圆—圆孔型系统孔型的构成

椭圆—圆孔型系统中的椭圆孔型的构成方法同前所述。圆孔型的构成如图 4-29 所示，圆弧法的圆孔型尺寸见图 4-29a。

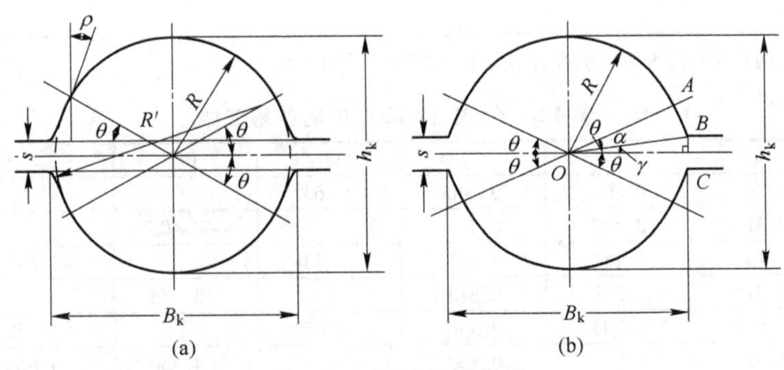

图 4-29 圆孔型的构成

孔型高度为
$$h_{k} = 2\sqrt{\frac{F_{y}}{\pi}} = 2R$$
式中，F_{y} 为圆断面轧件的断面积。

孔型宽度为
$$B_{k} = 2R + \Delta$$
式中，Δ 为展宽余量，可取 $\Delta = 1 \sim 4\text{mm}$。

圆孔型扩张半径 R' 为
$$R' = \frac{B_{k}^{2} + s^{2} + 4R^{2} - 4R\ (s\sin\theta + B_{k}\cos\theta)}{8R - 4\ (\sin\theta + B_{k}\cos\theta)}$$

圆孔型的扩张角 $\theta = 15° \sim 30°$，通常取 30°；外圆角半径 $r = 2 \sim 5\text{mm}$；辊缝 $s = 2 \sim 5\text{mm}$。

4.3.9　延伸孔型系统的参数计算

从前面的内容中可见，进行孔型设计的关键环节之一是正确选择或计算展宽系数。下面对目前常用的 B. K. 斯米尔诺夫计算方法做一简单介绍。

B. K. 斯米尔诺夫利用总功率最小的变分原理得到的计算轧件在简单断面孔型中轧制时的宽展公式：

$$\beta = 1 + C_0\left(\frac{1}{\eta} - 1\right)^{C_1} A^{C_2} a_0^{\ C_3} a_k^{\ C_4} \delta_0^{\ C_5} \psi^{C_6} \tan\varphi^{C_7} \tag{4-23}$$

式中，β 为展宽系数，$\beta = b/B$；A 为轧辊折算直径，$A = D_*/H_1$；a_0 为轧前轧件的轴比，$a_0 = H_0/B_0$；a_k 为孔型轴比，$a_k = B'_k/H_1$；δ_0 为轧件在前一孔型中的充满程度，它等于前一孔型中轧件的宽度 B_1 与 B'_k 之比；ψ 为摩擦指数，其值见表 4-7；$\tan\varphi$ 为箱形孔的侧壁斜度；C_0，…，C_7 为与孔型系统有关的系数，其值见表 4-8，对箱形孔 $C_7 = 0.362$，对其他孔型系统 $C_7 = 0$。

表 4-7　普碳钢、低合金和中合金钢在光滑表面轧辊上变形时不同孔型系统的摩擦指数值

轧 制 方 案	轧件不同温度时的 ψ 值/℃				
	>1200	1100～1200	1000～1100	900～1000	<900
矩形—箱形孔，矩形—平辊，圆形—平辊	0.5	0.6	0.7	0.8	1.0
方—菱，菱—方，菱—菱	0.5	0.5	0.6	0.7～0.8	1.0
方—椭，方—平椭，方—六角，圆—椭，立椭—椭，椭—方，椭—圆，平椭—圆，六角—方，椭—椭，椭—立椭	0.6	0.7	0.8	0.9	1.0

注：轧制高合金钢时和轧制表面粗糙或磨损时上述指数 ψ 增加 0.1。

表 4-8　公式（4-23）中的各系数值

孔型系统	C_0	C_1	C_2	C_3	C_4	C_5	C_6
箱形孔型	0.0714	0.862	0.746	0.763			0.160
方—椭圆	0.377	0.507	0.316		-0.405		1.136
椭圆—方	2.242	1.151	0.352	-2.234		-1.647	1.137
方—六角	2.075	1.848	0.815		-3.453		0.659
六角—方	0.948	1.203	0.368	-0.852		-3.450	0.629
方—菱	3.090	2.070	0.500		-4.850	-4.865	1.543
菱—方	0.972	2.010	0.665	-2.458		-1.300	0.700
菱—菱	0.506	1.876	0.695	-2.220	-2.220	-2.730	0.587
圆—椭圆	0.227	1.563	0.591		-0.852		0.587
椭圆—圆	0.368	1.163	0.402	-2.171		-1.324	0.616
椭圆—椭圆	0.405	1.163	0.403	-2.171	-0.789	-1.324	0.616
立椭圆—椭圆	1.623	2.272	0.761	-0.582	-3.064		0.486
椭圆—立椭圆	0.575	1.163	0.402	-2.171	-2.465	-1.324	0.616
方—平椭圆	0.134	0.717	0.474		-0.507		0.357
平椭圆—圆	0.693	1.286	0.368	-1.052		-2.231	0.629
箱孔—平辊	0.0714	0.862	0.555	0.763			0.455
圆—平辊	0.179	1.357	0.291				0.511
六角—六角	0.300	1.203	0.363	-0.852		-3.450	0.629

对各种延伸孔型，D_*，H_1，B'_k 和 B_k 的表示方法如图 4-30 所示。

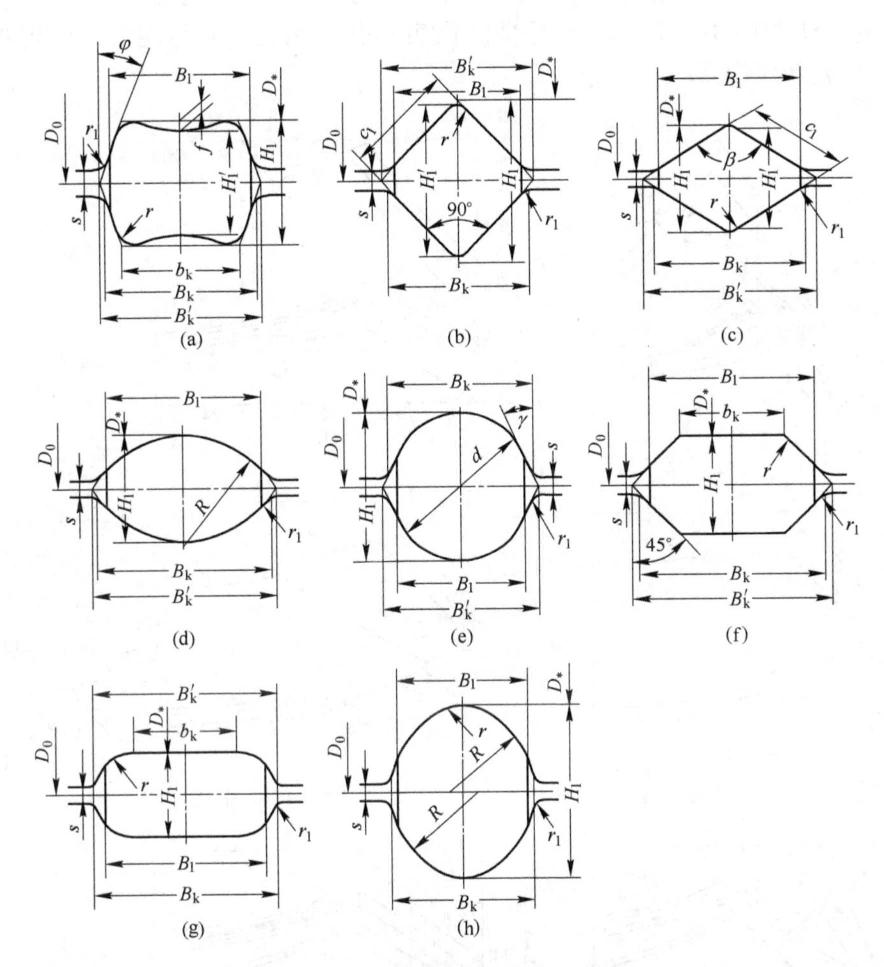

图 4-30 简单断面延伸孔型示意图

利用 B. K. 斯米尔诺夫公式可以计算各种孔型中的变形问题，最典型的是：确定轧件宽度、孔型充满度和延伸系数。例如，已给定条件件为孔型和坯料尺寸、轧件温度、轧件钢号、轧辊表面状态。再一种情况是按已知孔型尺寸和其中轧制的轧件尺寸确定坯料尺寸，已知轧制方案、孔型尺寸（H_1、B_k、r/H_1 等）、轧件宽 B_1、轧件横截面 F_1、轧辊直径 D_*、轧件温度 t、钢号和轧辊表面状态。

4.3.10 延伸孔型系统的比较

对延伸孔型系统的特征进行定量描述和比较，有助于增强孔型系统选择的科学性。以下是从延伸能力和力能参数两方面对延伸孔型系统进行的比较。

4.3.10.1 各延伸孔型系统按延伸能力的比较

在最大允许咬入角 α 和最大允许轧件断面轴比 a 的条件下，延伸孔型系统的延伸能力大小，可用两个相邻孔型中最大可能的延伸系数表示：

$$\lambda_{\max} = f(A, a, \alpha)$$

由此对连轧机和横列式轧机的粗轧、预轧、精轧前和精轧机组的研究得到 $\lambda_\Sigma = f(A_1)$ 的曲线如图 4-31 和图 4-32 所示，这些曲线图表示孔型系统的延伸能力与轧辊折算直径 $A_1 = (D_0 - H_1)/H_1$ 的关系。

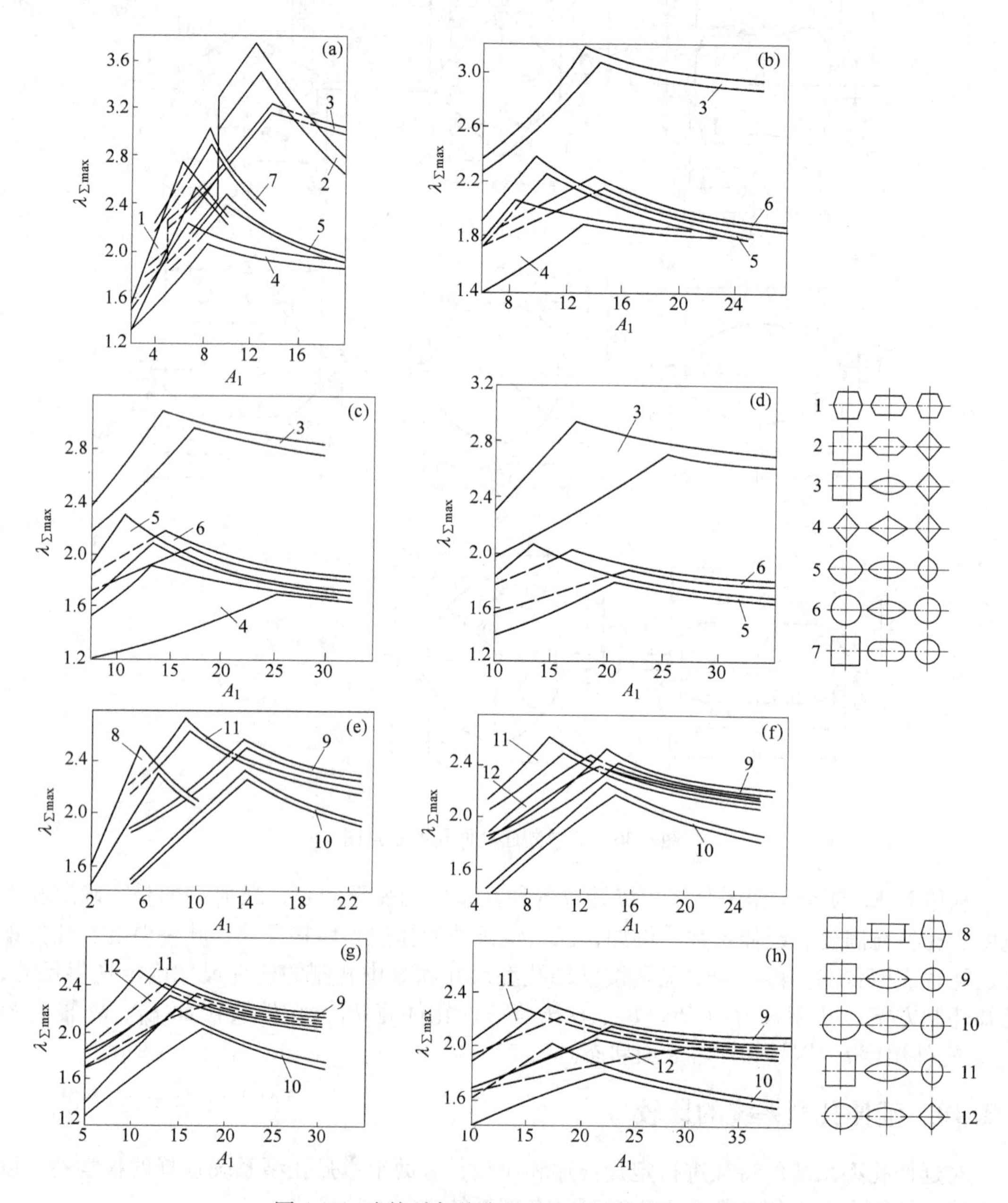

图 4-31　连轧时各种孔型系统的延伸能力曲线

(a) 粗轧机组（$V_* = 0.5 \sim 6$m/s；$\mu = 1.0$；$M = 1.4$；$t = 1100$℃；$\tan\varphi = 0.2$；$a_3 = 1.0$，对于箱形孔型：$V_* = 0.2 \sim 1.5$m/s）；(b) 预轧机组（$V_* = 6 \sim 12$m/s；$\mu = 1.0$；$M = 1.4$；$t = 1100$℃）；(c) 精轧前和精轧机组（$V_* = 12 \sim 20$m/s；$\mu = 1.0$；$M = 1.4$；$t = 1100$℃）；(d) 精轧前和精轧机组（$V_* = 20 \sim 30$m/s；$\mu = 1.0$；$M = 1.4$；$t = 1100$℃）；(e) 粗轧机组（$V_* = 0.5 \sim 6$m/s）；(f) 预轧机组（$V_* = 6 \sim 12$m/s）；(g) 精轧前和精轧机组（$V_* = 12 \sim 20$m/s）；(h) 精轧前和精轧机组（$V_* = 20 \sim 30$m/s；$\mu = 1.0$；$M = 1.4$；$t = 1100$℃）

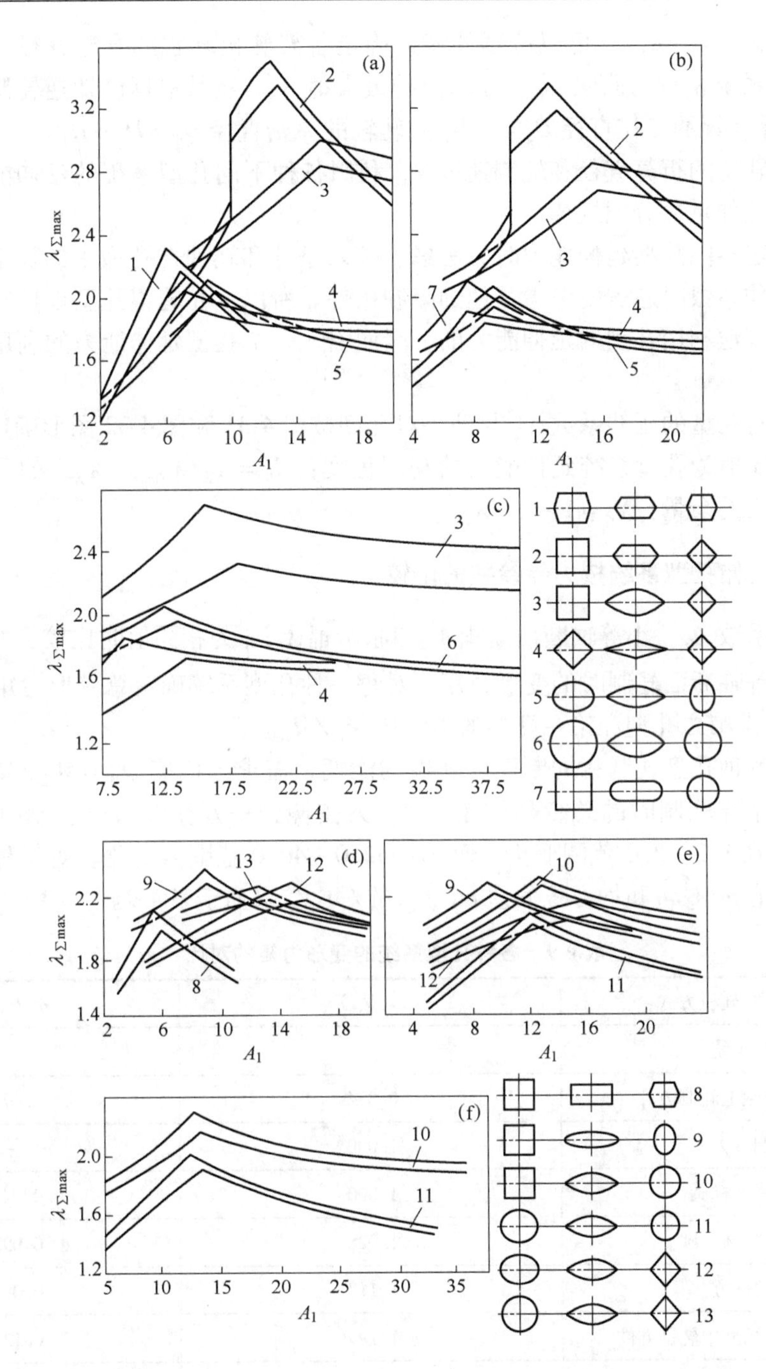

图 4-32 在横列式和顺列式轧机上轧制时各种孔型系统的延伸能力曲线

(a) 粗轧机组（$V_*=1.5\sim4$m/s；$a_3=1.0$；$\tan\varphi=0.2$，对于箱形孔型：$\mu=1.25$）；

(b) 预轧机组（$V_*=4\sim6$m/s）；(c) 精轧前和精轧机组（$V_*=6\sim10$m/s）；

(d) 粗轧机组（$V_*=1.5\sim4$m/s；对于箱形孔型：$V_*=1.5\sim2.5$m/s）；

(e) 预轧机组（$V_*=4\sim6$m/s）；(f) 精轧前和精轧机组（$V_*=6\sim10$m/s）

利用图 4-31，图 4-32 所示的曲线，可以定量地对比各种延伸孔型系统的延伸能力。在设计孔型时应考虑上述各种孔型系统延伸能力的规律。

根据曲线 $\lambda_{max}=f(A_1)$，可以按延伸能力确定各架轧机轧辊的合理直径。通过曲线可找出拟选孔型系统相对的曲线 $\lambda_{max}=f(A_1)$ 的最大值 A_1，然后根据已知逆轧制顺序第 1 孔的高度 H_1 计算轧辊的工作直径 $D_g=A_1H_1$ 和轧辊的原始直径 $D_0=D_g+H_1$。

另外根据轧辊的折算直径和轧制速度 V，利用各种不同孔型系统的延伸能力曲线，可以确定各道次延伸系数分配规律。

在上述确定不同孔型延伸能力时只考虑了咬入条件和轧件在孔型中的稳定性条件，实际上在选择延伸系数时还需要考虑其他的限制条件。所以，在轧辊孔型设计时不是任何时候都能最大程度地利用孔型的延伸能力的，因而引入一个孔型延伸能力的利用程度和余量的概念。

令相邻一对孔型的延伸系数 λ_Σ 与该一对孔型按图 4-31 和图 4-32 图形确定的最大可能的延伸系数的比值为孔型系统延伸能力的利用程度：$C_B=\lambda_\Sigma/\lambda_{\Sigma max}$，$\lambda_{\Sigma max}$ 的剩余部分是孔型系统延伸能力的余量：$\lambda_E=1-\lambda_\Sigma/\lambda_{\Sigma max}$。

4.3.10.2 各延伸孔型系统按力能参数的比较

在总延伸系数 λ_Σ、小等轴断面面积 A_1 和原始辊径 D_0 为相同值时比较了按等轴断面—非等轴断面—等轴断面轧制时的变形力矩。对每一种孔型系统确定总变形力矩 $M_{z\Sigma}=M_{z1}+M_{z2}$ 和逆轧制道次第二孔型和第一孔型的力矩比 M_{z2}/M_{z1}。

为了对比各种孔型轧制相同断面的轧件的能耗，需求出比值 $Q_M=M_{z\Sigma i}/M_{z\Sigma 2}$（$M_{z\Sigma i}$ 为按所研究的孔型系统轧制时的总变形转矩；$M_{z\Sigma 2}$ 为按椭圆—方孔型系统轧制时的总变形力矩）。而且 λ_Σ 在 1.2～3.0 范围变化，而 A_1 在 2.0～40.0 范围内变化。对每种孔型系统确定力矩比的均值 $m(Q_M)$ 和均方根偏差 $\sigma(Q_M)$ 的对比结果列于表 4-9。

表 4-9 各种孔型系统的变形力矩的对比

孔型系统或轧机方式	$m(Q_M)$	$\sigma(Q_M)$
孔型系统		
矩形—在光辊上轧制方件	0.834	0.079
椭圆—方	1.000	—
椭圆—立椭圆	1.000	0.048
方—平椭圆—圆	1.028	0.092
六角—方	1.117	0.092
矩形—在箱形孔型中轧制方件	1.195	0.125
菱—方	1.212	0.073
椭圆—圆	1.222	0.114
圆—光辊—圆	1.581	0.146
按轧制顺序的孔型系统		
立椭圆—椭圆—方	0.976	0.0009
立椭圆—椭圆—圆	0.993	0.091

续表 4-9

孔型系统或轧机方式	$m(Q_M)$	$\sigma(Q_M)$
方—椭圆—立椭圆	0.998	0.087
方—椭圆—圆	1.000	0.031
方—光辊—箱方	1.006	0.173
圆—椭圆—立椭圆	1.215	0.109
圆—椭圆—方	1.237	0.125

注：表中是以 Q_M 大小次序列出孔型系统的。

从表4-9可见，各孔型系统的能耗情况，其中以在光辊上按方—矩—方系统轧制时能耗最小。总变形力矩在等轴和非等轴孔型之间是不均匀分布的。计算表明，对绝大多数孔型系统 $M_{z2}/M_{z1}>1$，即在非等轴孔型中轧制时变形力矩比在等轴孔型中的大。但是，按某些孔型系统轧制时，例如菱—方、六角—方、椭圆—立椭圆，在轧辊折算直径较大时 $M_{z2}/M_{z1}<1$。

变形力矩的不均匀分布与所采用的孔型系统有关。按菱-方孔型系统轧制时变形力矩分布比较均匀，$M_{z2}/M_{z1}=0.8\sim1.3$。按椭圆-方孔型系统轧制时 $M_{z\Sigma}$ 的分布极不均匀，$M_{z2}/M_{z1}=1.4\sim3.0$，而按六角-方和方-平椭圆-圆孔型系统轧制时 $M_{z2}/M_{z1}=0.6\sim2.4$。从节能的观点出发，在设计孔型时，考虑力矩的变化规律，可以选择最经济的孔型系统。

4.3.10.3 合理孔型设计的评价

孔型设计是复杂的多级系统，人们对其有多方面的要求。为了评价其合理性或进行优化设计，应当采用若干判据。可以利用一些工艺过程的参量作为判据，例如轧机生产率、轧机能耗、轧制道次数和孔型延伸能力等。

例如，从延伸能力的角度评定轧辊孔型设计的合理性，可引入一个评价标准。对于型钢轧机的粗轧和中轧机组通常采用几种孔型系统，取延伸能力的利用程度 C_B 作为选择合理孔型系统的标准。假设，某机组可以采用几种孔型系统，按延伸能力合理孔型系统是考虑允许余量 $[\lambda_E]$ 为 10% ~17% 时能保证最大限度利用延伸能力的孔型系统。此时，$[\lambda_E]=0.10\sim0.17$。所以，按该标准选择合理孔型系统的条件可写成如下形式：

$$C_B=\max(C_{Bj})\leqslant 1-[\lambda_E] \tag{4-24}$$

式中，$j=1、2、3\cdots$为被比较孔型系统的序号。

这个条件式表明，不是在任何情况下都采用大延伸能力的孔型系统。有时有意识地利用有小延伸能力的孔型系统是合理的，这是因为其延伸能力利用程度高。

与高延伸能力的孔型系统（椭圆—方，六角—方）相比，低延伸能力的孔型系统（椭圆—圆，椭圆—立椭圆，平椭圆—圆，菱—方）能保证较高的轧制精度、轧辊的较小磨损和轧材较好的表面质量。例如，在延伸能力利用程度 $C_B=0.5\sim0.6$ 时，利用椭圆—方孔型系统是不合理的。在这种情况下这种孔型系统的主要优点——高延伸能力没有得到利用，而在方轧件角部有形成皱纹的危险和产生沿孔型宽度的不均匀磨损。这种现象在延伸系数低、轴比小的椭圆孔型中表现更为明显。在这种情况下采用椭圆—立椭圆孔型系统是合理的，因为这种孔型系统可保证在孔型延伸能力利用程度很高时得到所需的延伸系数。

在孔型设计时，不必对每个判据同等对待，在利用数学方法和计算机对设计进行优化时，一般选取一个判据，而将其他判据作为限制条件组成综合判据。另外目前许多判据还难以用数学方法来描述，例如轧材质量、孔型在轧辊上配置的方便性等。

4.4　型材孔型设计

4.4.1　简单断面型材孔型设计

在简单断面型材孔型设计中，仅以圆钢为例，说明圆钢精轧孔型系统设计的常用方法和需要注意的问题。

4.4.1.1　轧制圆钢的孔型系统

在此所说的圆钢孔型系统主要是指轧制圆钢的最后 3 ~ 5 个孔型即精轧孔型系统。常见的圆钢孔型系统有四种：方—椭圆—圆、圆—椭圆—圆、椭圆—立椭圆—椭圆—圆孔型和万能孔型系统。

A　方—椭圆—圆孔型系统（图 4-33）

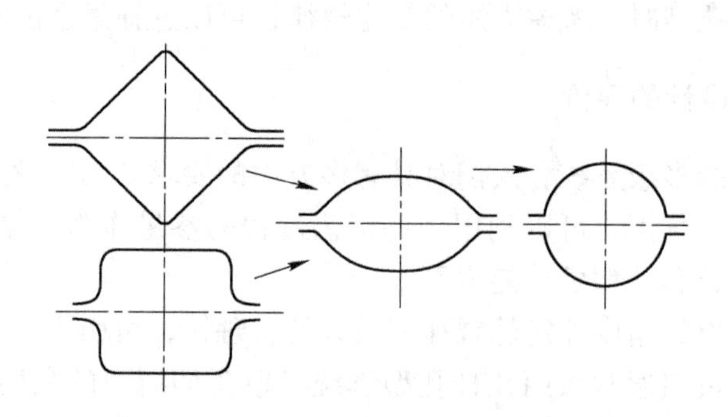

图 4-33　方—椭圆—圆孔型系统

这种孔型系统的优点是：延伸系数较大；方轧件在椭圆孔型中可以自动找正，轧制稳定；能与其他延伸孔型系统很好衔接。其缺点是：方轧件在椭圆孔型中变形不均匀；方孔型切槽深；孔型的共用性差。由于这种孔型系统的延伸系数大，所以被广泛应用于小型和线材轧机轧制 ϕ32mm 以下的圆钢。

B　圆—椭圆—圆孔型系统（图 4-34）

与方—椭圆—圆孔型系统相比，这种孔型系统的优点是：轧件变形和冷却均匀；易于

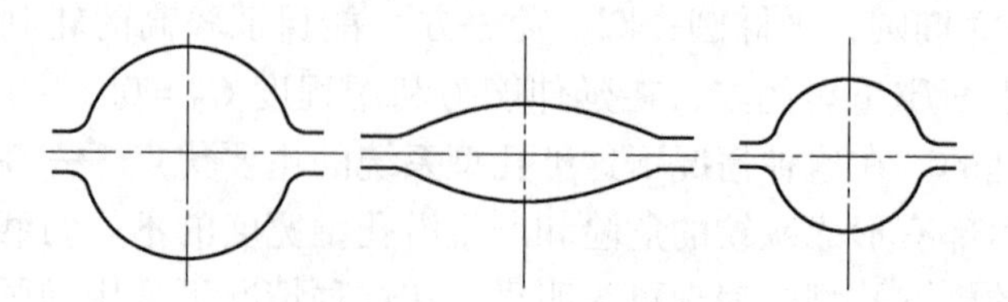

图 4-34　圆—椭圆—圆孔型系统

去除轧件表面的氧化铁皮，成品表面质量好；便于使用围盘；成品尺寸比较精确；可以从中间圆孔型轧出多种规格的圆钢，故共用性较大。其缺点是：延伸系数较小；椭圆件在圆孔中轧制不稳定，需要使用经过精确调整的夹板夹持，否则在圆孔型中容易出“耳子”。这种孔型系统被广泛应用于小型和线材轧机轧制 ϕ40mm 以下的圆钢。在高速线材轧机的精轧机组，采用这种孔型系统可以生产多种规格的线材。

C　椭圆—立椭圆—椭圆—圆孔型系统（图 4-35）

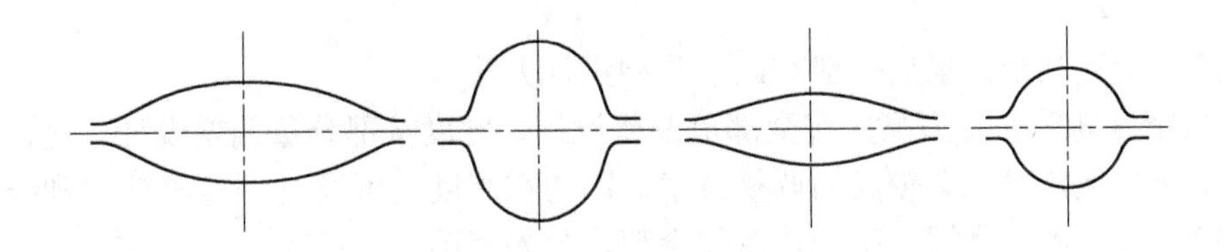

图 4-35　椭圆—立椭圆—椭圆—圆孔型系统

这种孔型系统的优点是：轧件变形均匀；易于去除轧件表面氧化铁皮，成品表面质量好；椭圆件在立椭圆孔型中能自动找正，轧制稳定。其缺点是：延伸系数较小；由于轧件产生反复应力，容易出现中心部分疏松，甚至当钢质不良时会出现轴心裂纹。这种孔型系统一般用于轧制塑性较低的合金钢或小型和线材连轧机上。

D　万能孔型系统

万能孔型系统是“方孔—扁孔—立压孔—椭孔—圆孔”的孔型系统，如图 4-36 所示。所谓“万能”是指用一套孔型系统，通过调整轧辊，可轧出多种规格的圆钢。在万能孔型系统中，进入平孔的是方轧件，因此倒数第 5 个孔是一个方孔（箱方或对角方）。

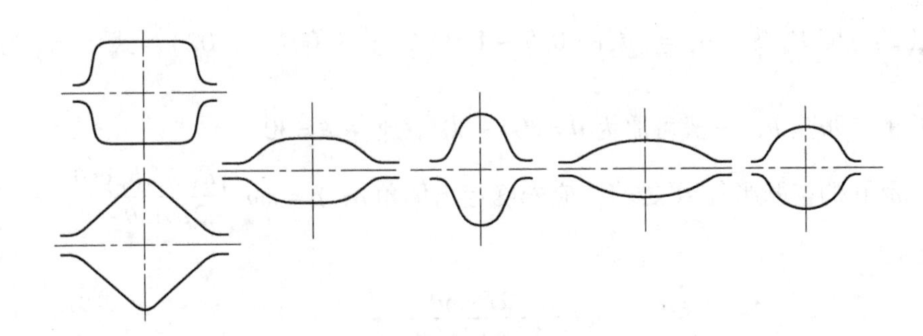

图 4-36　万能孔型系统

万能孔型系统的优点是：共用性强，可以用一套孔型通过调整轧辊的方法，轧出几种相邻规格的圆钢；轧件变形均匀；易于去除轧件表面的氧化铁皮，成品表面质量好。其缺点是：延伸系数较小；不易于使用围盘；立轧孔设计不当时，轧件容易扭转。这种孔型系统适用于轧制 ϕ18 ~ 200mm 的圆钢。

4.4.1.2　圆钢的成品孔型设计

A　成品孔设计的一般问题

在精轧孔型系统设计中，先按具体的技术标准设计成品孔。在成品孔设计时，必须考虑以下几方面的问题：

（1）热尺寸：在成品孔设计时，要考虑热胀冷缩对成品尺寸的影响，对终轧温度圆钢的直径为 $d_{热} = d_{冷}(1+\alpha t)$，式中 $d_{冷}$ 为冷状态成品的名义直径，α 为钢的线膨胀系数，t 为终轧温度。

（2）允许的尺寸偏差：设计时考虑标准所规定的正负公差和椭圆度。

（3）操作调整水平：在设计时应考虑操作、调整水平的高低。

B　设计方法

在考虑了上述几个因素后一般有以下几种设计方法：

（1）高精度轧制：孔型高度按全部负偏差设计，宽度按部分负偏差设计，这样可以节约大量的金属，但是要求有较高的调整技术。因为在高度上可通过调整辊缝达到要求的尺寸，但宽度上尺寸不好掌握，稍一疏忽便会超出公差范围，造成废品。

（2）一般方法：孔型高度按部分或全部负偏差设计，宽度按部分或全部正偏差设计，这样既可节约金属，又可以克服以上缺点。

（3）优质钢由于对成品表面质量要求较高，设计成品孔时，要考虑成品修磨余量。对于某些需退火后交货的钢种又须考虑退火时的烧损，所以成品孔型高度按公差范围的中限设计，而宽度按全部正偏差设计。

C　圆钢成品孔型设计

在生产中广泛使用的成品孔型构成的方法参见图 4-29。

成品孔型的基圆半径 R 为：$R=0.5[d-(0\sim1.0)\Delta_{-}](1.007\sim1.02)$，式中 d 为圆钢的公称直径，Δ_{-} 为允许负偏差，1.007 ~ 1.02 为热膨胀系数，其具体数值根据终轧温度和钢种来确定：

成品孔的宽度 B_k 为：$B_k=[d+(0.5\sim1.0)\Delta_{+}](1.007\sim1.02)$，式中 Δ_{+} 为允许正偏差。

成品孔的扩张角 θ，一般可取为 $\theta=20°\sim30°$，常用 $\theta=30°$。

确定成品孔的扩张半径 R' 之前，应先确定出侧角 ρ：$\rho=\tan^{-1}\dfrac{B_k-2R\cos\theta}{2R\sin\theta-s}$。

当 $\rho<\theta$ 时

$$R'=\frac{2R\sin\theta-s}{4\cos\rho\sin(\theta-\rho)} \tag{4-25}$$

若 $\rho=\theta$ 时，则只能在孔型的两侧用切线扩张；若 $\rho>\theta$ 时，需调整 B_k、R 和 s 值，使 $\rho\leqslant\theta$。

辊缝 s 可根据圆钢直径 d 按表 4-10 选取；外圆角半径 $r=0.5\sim1$mm。

表 4-10　圆钢成品孔辊缝 s 与直径 d 的关系

d/mm	6 ~ 9	10 ~ 19	20 ~ 28	30 ~ 70	70 ~ 200
s/mm	1 ~ 1.5	1.5 ~ 2	2 ~ 3	3 ~ 4	4 ~ 8

上述尺寸的确定方法，适用于一般圆钢的成品孔，对某些特殊钢，可以根据具体的生产工艺和要求来选用设计标准。

D 成品前的精轧孔型设计

精轧孔型都是根据经验数据确定的，此时确定的是孔型尺寸，而不是轧件尺寸，这与延伸孔型设计是不同的。为可靠起见，在确定了各精轧孔型尺寸后，可以利用延伸孔型设计时的方法，来验算轧件在孔型中的充满度，当充满度不合适时，修改孔型的尺寸。

(1) 方—椭圆精轧孔型设计：方—椭圆精轧孔型的构成如图 4-37 所示，其尺寸与成品圆钢 d 的关系如表 4-11 所示。

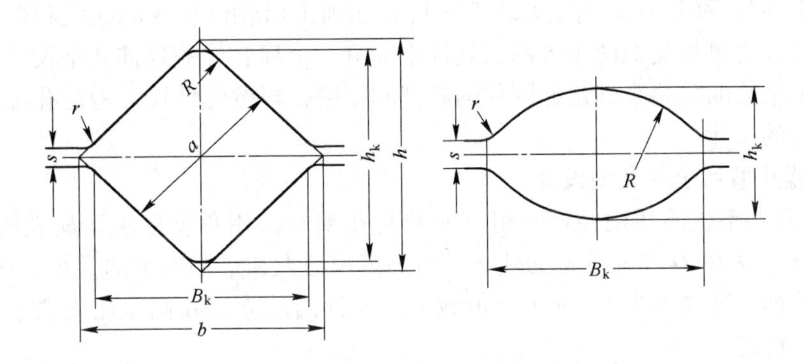

图 4-37 方孔和椭圆孔型的尺寸

表 4-11 椭圆和方孔型构成尺寸与成品圆钢直径 d 的关系

成品规格 d/mm	成品前椭圆孔型尺寸与 d 的关系		成品前方孔型边长 a 与 d 的关系
	h_k/d	B_k/d	
6 ~ 9	0.70 ~ 0.78	1.64 ~ 1.96	(1.0 ~ 1.08)d
9 ~ 11	0.74 ~ 0.82	1.56 ~ 1.84	(1 ~ 1.08)d
12 ~ 19	0.78 ~ 0.86	1.42 ~ 1.70	(1 ~ 1.14)d
20 ~ 28	0.82 ~ 0.83	1.34 ~ 1.64	(1 ~ 1.14)d
30 ~ 40	0.86 ~ 0.90	1.32 ~ 1.60	d + (3 ~ 7)
40 ~ 50	约 0.91	约 1.4	d + (8 ~ 12)
50 ~ 60	约 0.92	约 1.4	d + (12 ~ 15)
60 ~ 80	约 0.92	约 1.4	d + (12 ~ 15)

椭圆孔型的内圆弧半径 R 与外圆角 r 分别为

$$R = \frac{(h_k - s)^2 + B_k^2}{4(h_k - s)} \qquad r = 1.0 \sim 1.5\text{mm}$$

方孔型构成高度 h，宽度 b 和内外圆角半径 R 和 r 分别为：$h = (1.4 \sim 1.41)a$；$b = (1.41 \sim 1.42)a$；$R = (0.19 \sim 0.2)a$；$r = (0.1 \sim 0.15)a$；当 $d < 34$mm 时，取 $s = 1.5 \sim 4$mm，当 $d > 34$mm 时，取 $s = 4 \sim 6$mm，应注意 s 值与 R 值要相对应，使 $s < \left(\frac{R}{0.707} - \frac{0.414r}{0.707}\right)$，以保证获得正确方形断面的条件。

为了根据方断面轧件边长 a 或成品直径 d 确定各精轧孔型中的轧件断面宽度，选取轧件在各精轧孔中的展宽系数可参考表 4-12 中的数据。这样用表 4-12 或用其他方法求出的轧件宽度 b 应小于轧槽宽度 B_k，并使 $b/B_k = 0.85 \sim 0.95$ 为宜，或使 $b/B_k \leqslant 0.95$。

表 4-12　轧件在椭圆—方孔型中的展宽系数 β

β 孔型 / d/mm	成品孔型	椭圆孔型	方孔型
6 ~ 9	0.4 ~ 0.6	1.0 ~ 2.0	0.4 ~ 0.8
10 ~ 32	0.3 ~ 0.5	0.9 ~ 1.3	0.4 ~ 0.75

当根据表 4-11 和表 4-12 确定方轧件边长 a 和确定出轧件在成品孔型和椭圆孔型中的展宽系数 β 后，也可按类似两个方断面轧件中间有一个扁轧件的延伸孔型设计方法，根据压下量和展宽系数的关系来确定椭圆件的高度和宽度，再按轧件尺寸考虑孔型的充满度来确定椭圆孔型的尺寸。

（2）万能孔型系统的孔型设计：

1）万能孔型系统的共用性：一组万能精轧孔型的共用程度取决于所轧圆钢的直径，如表 4-13 所示。表中 D 和 d 分别为轧制一组圆钢中最大和最小圆钢的直径。$D-d$ 最好不超过表中的数据。这是因为 $D-d$ 的差值愈大，设计出的立压孔高宽比将愈小，轧件在立压孔型中愈不稳定。

表 4-13　一组万能精轧孔型的共用程度

圆钢直径/mm	14 ~ 16	16 ~ 30	30 ~ 50	50 ~ 80	> 80
相邻圆钢直径差/mm	2	3	4 ~ 5	5	10

2）成品前椭圆孔型的设计：椭圆孔型的构成尺寸如表 4-14 所示，其孔型高度 h_k 是按最小圆钢直径 d 确定，其宽度 B_k 是按最大圆钢直径 D 确定。初设计时，最好使 h_k 值小些，以便于调整和修改。

表 4-14　椭圆孔型的 h_k/d 和 B_k/D 的取值范围

圆钢直径/mm	14 ~ 18	18 ~ 32	40 ~ 100	100 ~ 180
h_k/d	0.75 ~ 0.88	0.80 ~ 0.9	0.88 ~ 0.94	0.85 ~ 0.95
B_k/D	1.5 ~ 1.8	1.38 ~ 1.78	1.26 ~ 1.50	1.22 ~ 1.40

辊缝可取 $s \leqslant 0.01D_0$，D_0 为轧辊直径。孔型的内外圆弧半径 R 和 r 的取法如前所述（见图 4-21）。

3）立压孔型的设计：立压孔型的构成如图 4-38 所示，其高度 h_k 按所轧最小圆钢直径 d 确定，其宽度 B_k 按最大直径 D 确定。立压孔型的主要构成尺寸 h_k 和 B_k 与 D 和 d 的关系如表 4-15 所示。

表 4-15　立压孔型尺寸与所轧圆钢直径的关系

圆钢直径/mm	14 ~ 18	18 ~ 32	40 ~ 100	100 ~ 180
h_k/d	1.17 ~ 1.23	1.25 ~ 1.32	1.2 ~ 1.3	1.15 ~ 1.25
B_k/D	1.14 ~ 1.25	1.15 ~ 1.2	1.05 ~ 1.1	1.0 ~ 1.06

其他尺寸有：$R \approx 0.75h_k$ 或 $R=(0.7 \sim 1)d$，$R' \approx R/3$，$\varphi = 30\% \sim 50\%$。在设计立压

孔型时，要注意使 $h_k > B_k$，并且使 h_k 大于立压孔型任一方向的尺寸，以便保证轧件在立压孔型中轧制稳定。

4）扁孔型的设计：扁孔型的构成如图 4-39 所示。扁孔型最好做成弧形槽底，采用这种孔型的好处是方轧件进入弧形槽底扁孔型能自动找正，能使轧件在立压孔型中的变形较为均匀，轧侧面少或无折纹，这对轧制优质钢是重要的。扁孔型的主要构成参数与所轧圆钢直径的关系如表 4-16 所示。

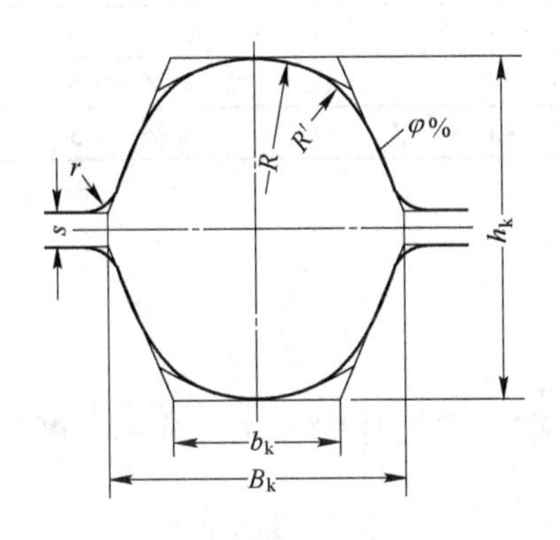

图 4-38　立压孔的构成

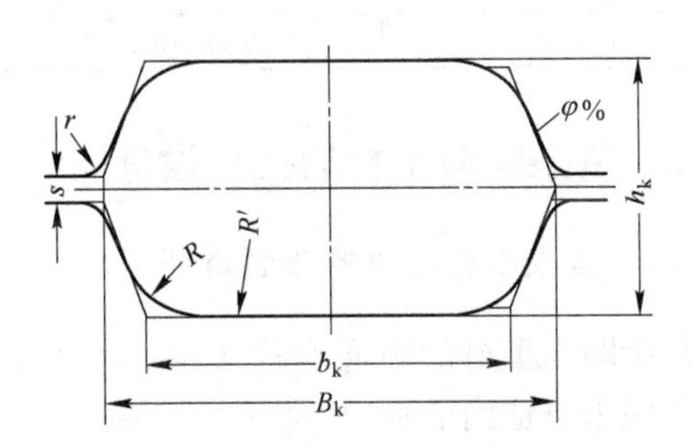

图 4-39　扁孔型的构成

表 4-16　扁孔型构成尺寸与所轧圆钢直径的关系

圆钢直径/mm	14 ~ 18	18 ~ 32	40 ~ 100	100 ~ 180
h_k/d	0.7 ~ 0.9	1.0 ~ 1.1	0.9 ~ 1.0	0.96 ~ 1.00
B_k/D	2.1 ~ 2.3	1.65 ~ 1.8	1.35 ~ 1.69	1.45 ~ 1.5

槽底弧形半径 $R' = (2 \sim 5)D$；内圆角半径 $R = (0.05 \sim 0.2)B_k$；外圆角半径 $r = (0.15 \sim 0.2)h_k$；孔型侧壁斜度 $\varphi = 30\% \sim 50\%$，采用较大的侧壁斜度易轧出水平轴尺寸为最大的扁轧件，这种轧件在立压孔型中轧制时较为稳定。

5）方孔型的设计：这里的方孔主要指对角方或箱方孔型。在方孔型中轧出的方轧件尺寸是用边长 a 表示的，其边长 a 与所轧圆钢直径的关系如表 4-17 所示。

表 4-17　边长 a 与所轧圆钢直径的关系

圆钢直径/mm	14 ~ 32	40 ~ 100	100 ~ 180
$a\Big/\left(\frac{D+d}{2}\right)$	1.26 ~ 1.47	1.2 ~ 1.4	1.2 ~ 1.37

6）校核：除了方孔型之外，其他各孔型的尺寸都是按经验确定的。为了保证轧制顺利及成品质量，应该进行校核，即计算轧件在各孔型中的轧后宽度，要求轧件在轧后的宽度小于孔型槽口宽度，即 $b < B_k$。校核计算轧件在各孔型中轧后宽度，可根据方轧件边长 a 从扁孔型开始直到成品孔型为止。

轧件在万能精轧孔型系统各孔型中的展宽系数 β 如表 4-18 所示，轧件在各种扁孔型中的展宽系数见表 4-19。

表 4-18 轧件在万能精轧孔型中的展宽系数 β

孔型		成品孔型	椭圆孔型	立压孔型	扁孔型
β	大圆钢	0.22～0.3	0.5～0.8	0.2～0.3	0.4～0.5
	小圆钢	0.3～0.5	0.6～0.9	0.2～0.3	0.5～0.75

表 4-19 轧件在扁孔型中的展宽系数

轧 机	330	580	800
弧底扁孔型	0.5～0.75	0.45～0.65	0.45～0.6
平底扁孔型	0.45～0.65	0.4～0.5	0.35～0.5
光 辊	0.45～0.65	0.4～0.5	0.35～0.5

4.4.2 复杂断面型材的孔型设计

4.4.2.1 复杂断面型材的断面特征

复杂断面型材的断面形状复杂、品种规格繁多，在孔型设计中，注意分析其断面特征，以便采取适当措施。

A 复杂断面形状的对称性

根据断面的对称性，复杂断面可分为：有垂直与水平对称轴的断面，如工字钢；有一条对称轴的断面，如槽钢等；无对称轴的断面如 Z 字钢等。一般情况下，对称轴两侧的变形和压力分布相对比较均匀。若断面对称轴与轧辊轴线平行，则沿高度方向上变形是对称的，轧件与上、下辊接触面积相近，形状相同，一般不会在垂直面产生弯曲。

B 各部分断面积的比值

（1）复杂断面型材断面划分。在进行复杂断面型材孔型设计时，为了合理分配变形量、简化设计计算和保证成形，一般将复杂断面划分成有若干个简单断面组成，如图 4-40 所示。

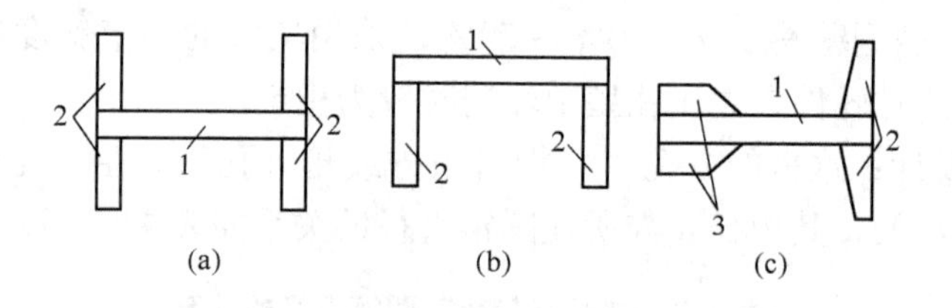

图 4-40 复杂断面型材断面划分举例

a—工字钢；b—槽钢；c—钢轨

1—腰部；2—腿部；3—头部

（2）断面各部分面积比值。当按适当方法划分断面后，断面各组成部分的面积的比值是复杂断面孔型设计应考虑的另一重要因素，如图 4-40a 所示的工字钢腰部面积 F_y 与腿部面积 F_t 之比 $F_y/F_t=0.46\sim1.46$；普通槽钢（图 4-40b）的 $F_y/F_t=0.485\sim1.75$。当这个比值太大时，腿部的成形就变得十分困难。在轧制过程中，因受腰部的强烈牵制，腿的高度容易波动或产生波浪形，腰部越宽，占有的面积比例越大，则对腿部尺寸的影响也越大。

对于不属于凸缘断面的复杂断面型钢，其断面特征是断面没有对称轴或沿宽度方向厚度分布极不均匀，如汽轮机叶片、球扁钢等，孔型设计时，必须注意轧件在孔型中的稳定性并合理分配不均匀变形。

4.4.2.2 复杂断面型材轧制时的变形特点

复杂断面型材轧制时的变形特点与简单断面型材有所不同，如存在着较大的不均匀变形；在轧制变形过程中断面上各组成部分受力条件不同、变形不同时进行；断面各组成部分变形时相互牵制、金属相互转移；成形过程中孔型采用开、闭口腿造成变形的不对称性以及必须采用侧压来得到高而薄的腿部等。掌握复杂断面轧制时的变形规律，不仅利于正确设计孔型，而且对实际生产中的调整操作和缺陷分析也是有益的。

A 不均匀变形

大多数复杂断面型材由方坯或矩形坯轧制而成，由于其断面特征在孔型中不可避免地存在着较大的不均匀变形，即断面各组成部分的延伸或压下量不均，这将影响到金属在孔型中流动，引起断面各组成部分间的金属相互转移，影响到金属成形，使轧辊磨损及能量消耗增加，在轧件内部产生附加应力，影响到产品的质量。下面以图4-41所示的工字钢孔型为例加以说明（设工字钢腰部、开口腿和闭口腿的断面积与延伸系数分别为 F_y、F_k、F_b、μ_y、μ_k、μ_b）。

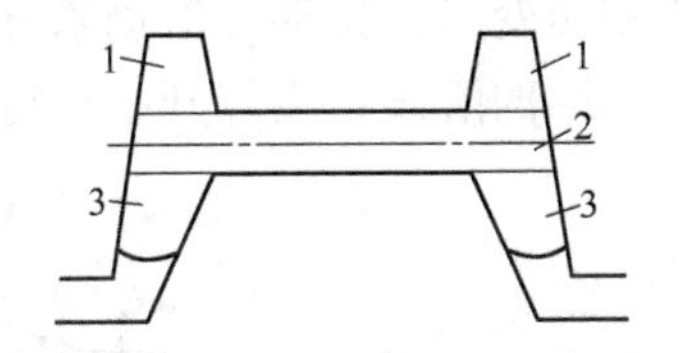

图4-41 工字钢孔型断面组成
1—闭口腿；2—腰部；3—开口腿

（1）$F_y > F_k + F_b$，$\mu_y > \mu_k$、μ_b，即腰部面积比值大、延伸大时，腰部金属力图带动腿部金属延伸，而腿部金属则阻止腰部金属延伸。但由于金属是整体并受变形区外部金属的约束，各部分金属只能按两者之间的某一平均延伸系数延伸，显然腰部面积比值愈大，即此平均延伸系数愈趋向于腰部延伸系数 μ_y。此时，腰部多余的金属将流向腿部，这就是所谓的金属转移；而腿部金属延伸的不足，一部分由腰部转移金属来补充，另一部分将把腿高方向上的金属向延伸方向流动，使腿高减小，这种现象称为拉缩。腰部面积比值和延伸系数愈大，则腰部转移到腿部的金属量愈少，腿高拉伸愈大。另外，孔型侧壁对腰宽方向限制程度愈大，腰部金属横向流动阻力愈大，腿高拉缩也愈大。

（2）$F_y > F_k + F_b$，$\mu_y < \mu_k$、μ_b 时，腿部金属拉腰部延伸，腰部金属轴向流动阻力减小、宽展减小，腿部金属向腰部转移，腰部面积比值愈大，转移金属愈少。而腿部多余的金属对闭口腿而言，由于轧槽的约束，充满为止，而开口腿金属向腿高流动，腿高增高。当腰部面积比值大、两者延伸差大，而腿部面积小时，则多余的金属将造成腿部出现波浪形。

（3）$F_y < F_k + F_b$，$\mu_y > \mu_k$、μ_b 时，腰部金属向腿部转移，并随腿部面积比值增大而增加，腿高拉缩减小。当 F_y 小且腰厚小时，腰部多余的金属将引起腰部出现波浪形。

（4）$F_y < F_k + F_b$，$\mu_y < \mu_k$、μ_b 时，腿部金属向腰部转移，腿高增量加大。当腰部面积小、延伸差值大时，可能出现腰厚拉缩。

另外，轧制过程中轧件断面温度差、摩擦条件等因素，将通过影响断面各部分金属的流动阻力而影响到金属在孔型中的流动。虽然不均匀变形给轧制过程带来不利影响，但在复杂断面孔型设计中常常利用不均匀变形的规律来促使金属成形。例如，利用不均匀变形产生强迫宽展把较小钢坯轧成较大的产品；加大断面某部分的变形系数，产生强迫宽展而得到宽的翼缘；利用不均匀变形来改善孔型的充满程度，并利用其来加强轧件某部分的变形量以改善该部分金属的质量。

B　变形的不同时性

复杂断面轧件由于其在孔型中沿宽展方向上存在不均匀变形。因此，进入轧制变形区后，断面各组成部分的变形不是同时开始进行的，这种现象称为变形的不同时性，由于变形不同时性将进一步增加轧制变形的复杂性。下面以图 4-42 为例说明工字钢孔型轧制的变形过程。由图可见，轧件在变形区整个变形过程大致可分为以下四个阶段：

第一阶段：轧件首先与孔型闭口腿外侧壁和开口腿内侧接触（图 4-42 Ⅰ 截面），腿部在上下轧辊力偶作用下发生一定的弯曲变形（图 4-42 Ⅱ 截面）。

第二阶段：随着腿部的弯曲，轧件插入孔型闭口腿，接触面积增加，插入阻力增加。开口腿部分首先受侧压开始变形，腰部与轧辊还未接触（图 4-42 Ⅲ 截面）。

第三阶段：轧件全部插入孔型闭口腿，腿高上受到直压，开口腿孔型对轧件产生较大的侧压变形，腰部变形仍未开始（图 4-42 Ⅳ 截面）。

第四阶段：腰部开始进行压缩变形，开口腿、闭口腿变形较小（图 4-42 Ⅴ 截面）。

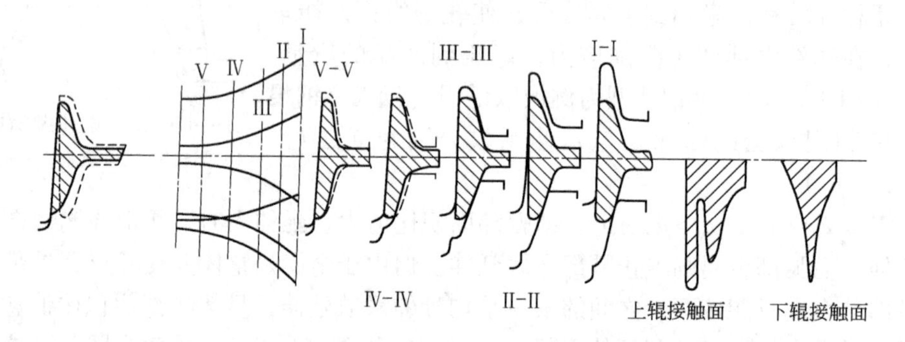

图 4-42　轧件在工字钢孔型中沿变形区长度上的变形过程

由于上述断面各组成部分发生变形的顺序为开口腿、闭口腿、腰部，因而会造成轧件腰厚中心线上、下移动，同时增加了变形的不均匀程度和金属间的相互转移。

C　轧件在开、闭口轧槽中的阻力比

仍以工字钢为例，设轧件腿部进入闭口和开口轧槽的阻力分别为 C_b、C_k，工字钢内侧壁倾角或楔倾角为 φ，摩擦系数为 f。研究表明，阻力比 C_b/C_k 与 f 和 $\varphi/2$ 有关。因为工字钢孔型的楔倾角是顺轧制方向逐渐减小的，同时当楔倾角减小时，摩擦系数也增加。由图 4-43 可见，楔倾角 φ 减小、摩擦系数 f 增加，阻力比 C_b/C_k 显著增大。

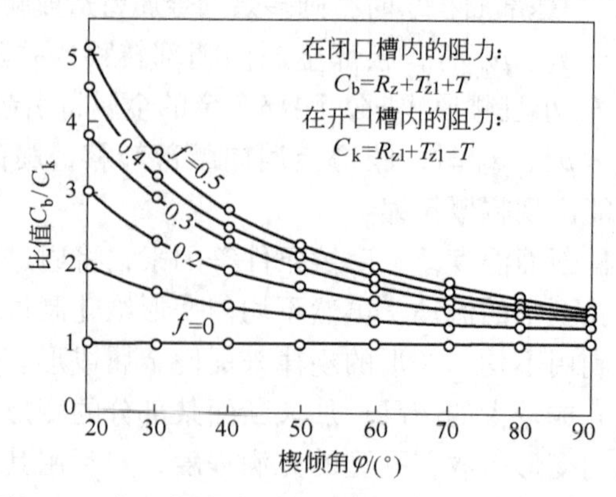

图 4-43　在工字形孔型中闭口和开口槽内的阻力比

因此，若不设法减小 C_b/C_k 值，在垂直方向上将引起金属从闭口腿向开口腿轧槽转移，结果使轧件闭口腿高度减小，开口腿高度增高，金属从闭口腿轧槽向开口腿轧槽的转移现象与腰部的阻力有关，当腰部厚度愈厚、限制宽展程度愈大，则腰部阻力愈大，金属转移愈困难，例如，在粗轧孔型中，由于腰部厚度较厚，则不易发生这种金属转移现象。

为了降低能量消耗和减缓轧槽磨损，应该尽量设法减少或避免在孔型中闭口槽向开口槽转移现象。在实际设计中可以采取下列措施：

(1) 使闭口腿部的侧压量小于开口腿的侧压量，一般除成品孔和成品前孔外，最好使轧件腿部能无阻碍地自由插入闭口轧槽深度的1/2～2/3、开口轧槽深度的1/3～1/2。这样，在闭口槽中的侧压比在开口轧槽的侧压要小，在成品孔和成品前孔中更应减小闭口槽中的侧压量。

(2) 设法减小摩擦系数 f，例如选用合适的轧辊材质、精车轧辊以及采用热轧工艺润滑等。

D　速度差

复杂断面孔型由其自身形状所定孔型中各部的速度不同，另外由于开、闭口腿的存在更进一步增大断面各部分间的速度差。而速度差的存在，又影响到轧制变形过程中断面各组成部分金属流动。

比如工字形孔型中各部分的轧辊直径与圆周速度不同，因此其腰部速度 v_y 和闭口腿平均速度 v_b 以及开口腿平均速度 v_k 各不相同。分析表明，$v_k > v_y > v_b$，这种孔型各部分存在的速度差对于金属的变形有着重要影响，在孔型设计时必须考虑。这是因为虽然孔型各部分速度不同，但轧件只能以某一平均速度轧出。若不考虑前滑，在腰部很宽的工字形孔型中，可以假设轧件出口速度是 v_y。这样，在闭口腿槽中由于 $v_b < v_y$，在腰部的影响下，金属的速度将比与其接触的槽壁要快，亦即相当于金属承受着具有某一相对速度的引拔作用。这一作用将导致闭口腿金属产生纵向拉应力，并拉缩腿高。闭口腿槽中的腿厚压缩量愈大，则金属承受的引拔作用就愈大，腿高拉缩也愈大，因此，应减小闭口腿厚的压缩，在成品孔和成品前孔型中甚至不给以腿厚压缩。为了保证腿部有必要的延伸以及易于控制腿的高度，应给予闭口腿部以高度方向的压缩。

在开口腿轧槽中，由于轧件的出口速度 v_y 小于腿部金属速度 v_k，则强迫金属流向腿高，使腿部高度增高并产生纵向附加压应力。另外，由于形成开口腿槽的上、下两个轧辊速度不同，使金属受到轧辊的搓压作用，更促使腿厚变薄、腿高增高。

E　侧压

轧制凸缘型钢时，腿部厚度方向的加工是通过侧压作用来实现，因此，通常将开口槽中腿厚的压下量称为侧压，它使腿厚减薄。在轧制过程中腿部槽壁逐渐接近才能产生侧压。如图4-44所示，工字钢开口槽的侧压 Δh_{ac}（$\overline{ab}$为垂直压下量，称直压量）。而孔型闭口槽部分在一个轧辊上，槽壁不能相互接近，故不能形成侧压，只能直压。

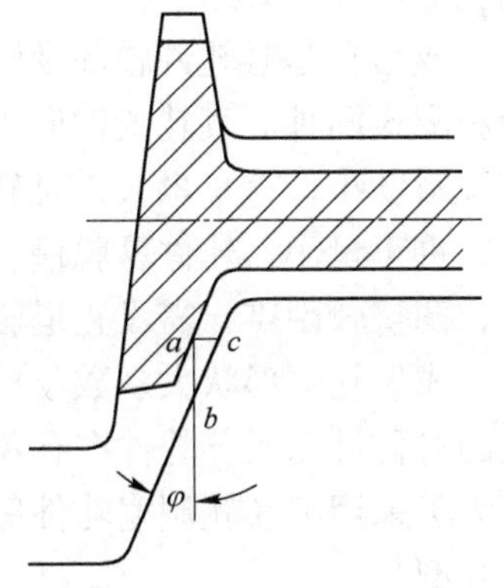

图4-44　孔型开口槽内的侧压

另外，开口轧槽两侧必须有斜度，并随着斜度的增加侧压增大。开口槽中的侧压使开口腿增高（宽展），这个值与摩擦系数和楔倾角有关，当摩擦和楔倾角增加时，宽展量减小。闭口槽的金属变形与开口腿不同，不允许采用太大侧压量，否则产生楔卡现象并使闭口腿剧烈拉缩，因此，闭口槽中只给一定直压量，侧压量很小。

F　变形的不对称性

复杂断面变形的不对称性主要是指在一个工字形孔型中，因闭口槽和开口槽中的作用力条件不同，使轧件在工字形孔型中变形不对称，造成轧件开、闭口腿的腿高不等。当在切深孔中轧制矩形断面钢坯时，这种不对称性特别明显。例如，切深孔的开、闭口槽尺寸相同，矩形坯在此切深孔中轧后得到开口腿高是闭口腿高的1.5～2倍。同时随着轧制条件的不同，轧件不对称程度也不同。轧件在孔型中限制宽展程度愈大，则开、闭口腿不对称程度也愈大，在无宽展的工字形孔型中轧制时，轧件腿高不对称程度最大；相反，当轧制比较窄的轧件时，轧件腿部不与外侧壁接触，则不发生不对称变形，开、闭口腿腿高相等。矩形坯高度也影响轧件在切深孔型中变形的不对称性。在其他条件相同时，矩形坯高度愈高，不对称性也愈严重。因此，在孔型设计时必须考虑这种变形不对称性对轧件尺寸的影响。

4.4.2.3　复杂断面孔型设计的一般原则

在复杂断面型材孔型设计时，由于其金属变形的特点，为了合理地控制金属的变形以便获得符合要求的产品，应遵循如下原则：

（1）合理选择孔型系统：大多数复杂断面型材由方或矩形坯经过一系列孔型（孔型系统）轧制而成，同一种断面可以采用多种孔型系统来轧制。孔型系统选择得合理与否，对产品的尺寸精度、质量、操作调整、作业率以及能量与轧辊消耗等各项技术经济指标都有很大影响。因此，合理选择孔型系统是极为重要的环节。

复杂断面孔型系统中按各孔型的变形特点，可分为切深孔、控制孔、成形孔、成品前孔和成品孔。成品前孔与成品孔的作用是提高轧件尺寸精度和表面光洁度，并最终轧成成品。切深孔的作用在于把轧件的腿和腰切分出来。切深孔的形式有开口式与闭口式两种。闭口式轧制稳定、调整方便可靠，故应用比较广泛。

控制孔的作用是控制腿高或轧件的高度，其形式也有开口和闭口之分，其中开口式控制孔应用较为普遍。

成形孔是对轧件腰部及腿部进行精加工的孔型，对折缘型钢而言，成形孔型有直轧式与斜配式两种。直轧式轴向窜动小，腿厚比较均匀，每个孔只需一个辊环、调整方便，其侧壁斜度小，重车量大，且轧件不易脱槽、轧件腰和腿的中心线不垂直；斜配式侧壁斜度大，重车量小，轧件易脱槽，轧槽浅，轧件腰与腿中心线相互垂直，但轧辊易产生轴向窜动，调整较困难，需设止退辊环，故辊身利用较差。

成形孔的形状大多数与成品的断面形状相似，但有时为了减小切槽深度或为了提高断面的对称性以改善轧件在孔型内的稳定性，或为了改善角部的充满，或为了增大侧压量，或为了采用窄坯轧制宽轧件等而采用蝶式、大斜度、弯腰、波浪形及带假帽和假腿等形式的孔型。

选用一定数量的切深孔、控制孔、成形孔以及成品前孔和成品孔，确定其合理的形状、结构、开口位置，并按照变形特点顺序排列组成完整的孔型系统。孔型的数目取决于轧机形式、设备能力、坯料与成品尺寸等因素。孔型数目太多，使轧制道次增多，生产率下降，各项消耗指标上升，轧辊车削及导卫制作量大。但孔型数目太少时，轧件变形剧烈，孔型磨损快，轧制过程不稳定，产品尺寸与表面质量容易波动。因此必须合理选择孔型系统。

（2）合理划分断面：复杂断面型钢孔型设计时，一般按照变形条件的不同，将断面划分成由几个简单断面组成，进行单独的设计和计算。这样，不仅简化了设计计算过程，而且有利于控制各组成部分的变形。

（3）合理地分配不均匀变形量：在轧制复杂断面型钢过程中不均匀变形是不可避免的。为得到形状正确、内应力不大的产品，并能降低能量消耗和减轻轧辊不均匀磨损，应当在前几个孔型中、充分利用轧件温度高、塑性好及变形抗力低的有利条件和充分利用断面比值相对接近的条件，集中实现不均匀变形，获得需要的断面各部分厚度差，以便在以后的孔型中，可以实现接近均匀变形条件的轧制。

（4）利用不均匀变形的规律，正确分配断面各组成部分的变形量：折缘型材孔型设计的基本任务是要保证获得高而薄的腿部。为此，应利用不均匀变形规律，合理地分配断面各部分的变形量，使之有利于增加腿高，减小拉缩。例如，可以根据断面组成部分的面积比值来分配各部分的延伸系数，对于工字钢精轧孔型采用腰部延伸小于腿部延伸以促使开口腿增高、减小闭口腿拉缩；适当增加开口腿侧压，同时采用腿端侧压大于腿根侧压，以促使腿高增高；为减少闭口腿的侧压防止产生楔卡现象，设计时给予一定的直压量以控制腿高并对腿端进行加工等。

（5）正确配置孔型：根据成品断面特点在轧辊上正确地配置孔型，对于水平轴线对称的凸缘型钢，如工字钢，应采用腿部开、闭口位置相邻道次交替配置，以保证腿高和对腿端进行加工。对于水平对称，如槽钢，应在孔型系统中的适当位置，设置控制孔以控制腿高和方便调整。

4.5 计算机辅助孔型设计

4.5.1 计算机辅助孔型设计的意义

孔型设计虽有百年历史，但曾长期处于经验法和感性设计阶段，即主要凭借设计者丰富的经验进行设计。随着计算机在轧制工程领域中的应用，使得用计算机辅助设计（CAD）技术进行孔型设计成为可能，也由此诞生出计算机辅助孔型设计（CARD：Computer Aided Roll Pass Design）。由于 CARD 技术借助于计算机高速精确的数据运算能力和大容量的存储以及图形处理能力，极大地提高了孔型设计的效率，缩短了孔型设计的周期，减少了试轧的次数。因为对于给定的产品规格，孔型设计的方案常常不是唯一的，要想从中挑选出最为理想的方案，常需大量地分析计算，而计算机能够快速、精确地完成上述工作。同时，利用计算机存贮的大量经验数据和复杂的数学模型，可对各种设计方案进行全面的比较、选择和充分论证，从而增强了孔型设计的可靠性。此外，在 CARD 中可引入最优化方法，从所有可能的孔型方案中寻求最优方案，例如可将能耗最小、轧机产量最大等指标作为最优化的目标函数，通过 CARD 系统的优化分析模块进行迭代计算，并对计算出的结果进行评判，确定其是否满足设计要求。如果不满足，则进行修改并重新迭代计算，直到满足要求为止。上述 CARD 整个过程可嵌入人机交互过程，综合应用计算机的优势和设计者的经验，以提高设计水平。

4.5.2　计算机辅助孔型设计的主要功能

按系统工程方法，可将计算机辅助孔型设计 CARD 看做是一个具有输入、过程、输出、限制、反馈的信息系统（图 4-45）。

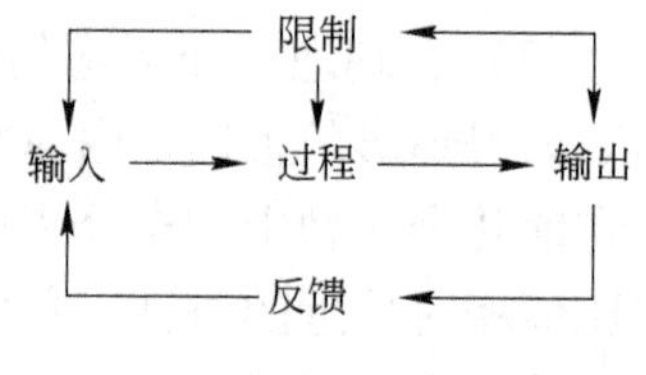

图 4-45　系统函数

系统的输入是 CARD 计算的原始信息：成品断面的形状和尺寸、轧机形式和技术特性、轧件的材质、终轧速度等。在这个信息的基础上，实现确定孔型形状和在孔型中轧制的轧件形状及尺寸的过程。过程的结果，也就是所计算出的轧辊孔型设计数据是系统的输出。这个结果应当与所要求的系统状态相符合。该系统状态是按专门选定的轧辊孔型设计合理性准则确定的。轧辊孔型设计合理性准则，可以是轧机生产力最高、轧制能耗最小、轧制道次数最少等。

输出端的反馈是用来保证计算的与所要求的系统状态相吻合，在要求得不到满足时，它就以适当方式作用给输入端，改变原始信息中的某些参数，以便在下一次计算过程中，使输出满足所用准则。例如，为使连轧机生产力最高，需尽量增大轧速。

限制是系统必不可少的单元，它是保证满足限制过程进行的条件。在进行轧辊孔型设计时，作为限制的因素有：咬入条件、轧件在孔型中的稳定性、轧机主机列的设备强度、工作机座的传动电机功率、轧辊转速、金属质量、轧辊磨损及其他参数。当不满足某一限制时，就对系统输入的某个相应作用进行启动并重复整个计算过程。

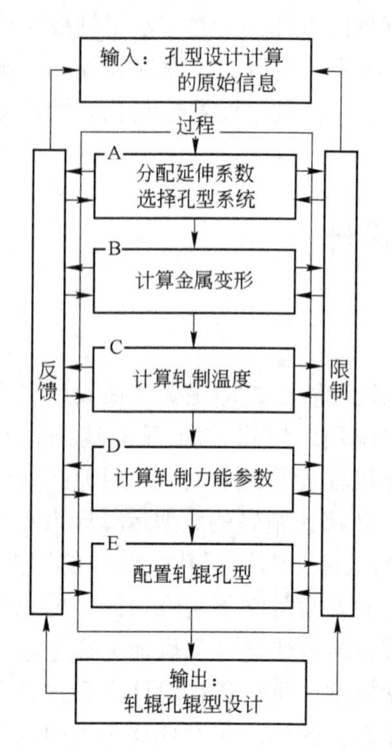

图 4-46　CARD 系统的基本功能模块

CARD 系统可分为许多顺序工作的子系统（见图 4-46）：系统 A，道次分配延伸（或压下）系数和选择孔型系统；系统 B，计算在孔型中轧制时的金属变形；系统 C，计算轧件温度；系统 D，确定轧制力能参数；系统 E，在轧辊上配置孔型。

轧辊孔型设计的原始信息是系统 A 的输入，而轧辊孔型设计方案，即选定的孔型系统是系统 A 的输出（过程结果）。系统 B 对于所得出的孔型设计方案进行轧件变形计算，最后在输出端得到了每道次的轧件尺寸和孔型尺寸。这一信息又用作进行轧制温度制度计算的系统 C 的输入，并用作确定轧制力和轧制力矩的系统 D（考虑到轧制温度制度）以及用作在轧辊上配置孔型的系统 E 的输入，因而也就确定了作用在轧辊辊颈上的反力并检验了整个限制系统所需的其他参数。

每个系统的计算过程中都有自己的限制。对全部限制应在 CARD 设计最后阶段之后进行检验。当限制系统的任何单元得不到满足时，相应的子系统或整个系统的输入参数就会改变。

通过图 4-46 所示的系统及功能模块能够计算出各种轧机的合理轧辊孔型参数。根据轧机形式和轧材种类，完成每一个计算阶段（即上述每一系统中的结构都有其特点）。在此系统模型的基础上，可以建立轧辊孔型设计的具体算法。

4.5.3 计算机辅助孔型设计算例

4.5.3.1 算法

按“等轴断面—非等轴断面—非等轴断面—等轴断面”孔型方案轧制时，非等轴断面轧件尺寸和孔型尺寸的计算。已给定大等轴断面轧件尺寸和面积（H_0、B_0、ω_0 等）和小等轴断面轧件的尺寸和面积（H_1、B_1、ω_1 等）、小等轴孔型尺寸（B_{kt}、b_k 等）、轧辊原始直径 D_0、逆轧向第一孔型的轧辊转数 n_1、钢号、各道轧件温度和轧辊材质。

迭代算法如下：

（1）计算为获得在逆轧向第一孔型中给定的小等轴断面所必须的轧件尺寸 $H_{01}\times B_{01}$。显然，在逆轧向第二道中轧件尺寸为 $B_2=H_{01}$ 和 $H_2=B_{01}$。在箱形孔型中轧制时，送入的轧件宽 B_{01} 由槽底宽 B_{k1} 和夹持程度 $a_{j1}=0.98\sim1.10$ 限制，因此可取 $B_{01}=b_{k1}a_{j1}$，并在给定的展宽系数 $\beta_{a1}=B_1/B_{01}$ 下按公式（4-23）用逐步逼近法确定轧件轴比 a_{01} 和轧件高度 $H_{01}=B_2$。

（2）计算在逆轧向第二孔型和第三孔型中总压下系数 $1/\eta_\Sigma=H_0/H_2$，然后将 $1/\eta_\Sigma$ 在两个孔型中分配。此时取在第三个孔型中的压下系数 $1/\eta_3=1.15\sim1.25$，并考虑 $1/\eta_\Sigma=(1/\eta_2)\cdot(1/\eta_3)$，然后计算在第三孔型中轧件高度 $H_3=H_2\times(1/\eta_2)$。

（3）按式（4-23）确定在第二孔型中和第三孔型中的展宽系数 β_2 和 β_3，并计算各个孔中的轧件宽度 $B'_3=B_0\times\beta_3$，$B'_2=B'_3\times\beta_2$（第一次逼近）。此时先初步取独立参数 $\tan\varphi$（对于箱形孔型）和 a_k（对于六角和椭圆孔型）的值。

（4）将顺轧向计算出的第二孔型中轧件的宽度值 B'_2 和逆轧向算出的值 B_2（见第一项）进行比较，并按式 $\delta B=|B'-B|/B'\leqslant0.005\sim0.1$ 确定这些量的重合性 δB。

（5）如果不满足条件 $\delta B<0.005\sim0.01$，则重新分配总压下系数 $1/\eta_\Sigma$。这时建议：如果 $B'_2<B_2$，则减小压下系数 $1/\eta_3$；如果 $B'_2>B_2$，则增大 $1/\eta_3$。然后确定新的 $H_3=H_2\times(1/\eta_2)$ 值，并按(3)~(5)项进行计算。这样一来，靠在第二孔型和第三孔型之间重新分配压下系数 $1/\eta_\Sigma$，达到 B'_2 和 B_2 的重合。如果用这种方法得不到的第二孔型中需要的轧件宽度，则需相应地改变第二孔型和第三孔型中的 $\tan\varphi$ 或 a_k，宽展随着这些参数的增大而增加，然后按(3)~(5)项重复计算。

对箱形孔型轧件宽度值 B'_2 和 B_2，也可以靠改变轧件夹持程度 a_{j1} 来达到，参见第（1）项。于是随着 a_{j1} 的增加，第二孔型中轧件的 H_2 增大、B_2 减小。

通常为达到 B'_2 和 B_2 值的重合（精度到 0.5% ~1.0%），完成 2 ~4 次逼近计算就够了。

（6）利用简单断面孔型的几何关系计算孔型尺寸和轧件横截面面积。

（7）计算各孔型中延伸系数：

$$\lambda_1 = \omega_2/\omega_1;\quad \lambda_2 = \omega_3/\omega_2;\quad \lambda_3 = \omega_0/\omega_3$$

4.5.3.2　例题

确定在箱形孔型中按“方—矩形—矩形—方”方案轧制时的非等轴轧件尺寸和孔型尺寸。已给定大方断面尺寸和面积 $H_0 = B_0 = 81.1\text{mm}$，$\omega_0 = 6453.4\text{mm}^2$ 和小方断面的尺寸和面积 $H_1 = B_1 = 56.6\text{mm}$，$\omega_1 = 3004.2\text{mm}^2$，小等轴箱形孔型的尺寸（见图 4-30a）$B'_{k1} = 60.2\text{mm}$，$b_{k1} = 48.9\text{mm}$，$r = 8.0\text{mm}$ 等；各道轧辊原始直径 $D_0 = 430.0\text{mm}$，轧辊转速 $n_1 = 38.2\text{r/min}$，轧制钢号 12CrNi3A，轧件温度 $t = 1100 \sim 1200℃$，轧辊材质为铸铁。

（1）确定在已给定尺寸的箱形孔型中得到小方断面 56.6×56.6mm 所必须的轧件尺寸 $H_{01} \times B_{01}$。为此取 $a_{j1} = 1.0$，轧件宽 $B_{01} = b_{k1}a_{j1} = 48.9 \times 1.0 = 48.9\text{mm}$。由此可见，给定宽展系数为 $\beta_{a1} = B_1/B_{01} = 56.6/48.9 = 1.157$。在这一 β_{a1} 值下用逐步逼近法按式（4-23）计算轧件轴比 a_{01} 和高度 H_{01}：

初步取 $a_{01} = 1.9$，那么 $H_{01} = B_{01} \times a_{01} = 48.9 \times 1.9 = 92.9\text{mm}$。继而确定计算所必须的无量纲参数：$1/\eta_1 = H_{01}/H_1 = 92.9/56.6 = 1.641$，$A = (D_0 - H_1)/H_1 = (430.0 - 56.6)/56.6 = 6.60$；$\tan\varphi_1 = (B'_{k1} - b_{k1})/H_1 = (60.2 - 48.9)/56.6 = 0.20$；因为 $t_1 = 1100 \sim 1200℃$，所以可取 $\psi_1 = 0.6$；

按式（4-23）确定计算值 $\beta_1 = 1.170$，将其与给定值 β_{a1} 比较，按公式 $\Delta\beta = |\beta_1 - \beta_{a1}|/(\beta_{a1} - 1) = |1.170 - 1.157|/(1.157 - 1) = 0.083$ 来评价这些值的重合程度；

因为 $\Delta\beta > 0.03$，故取新值 $a_{01} = 1.85$（向 β_1 减少的方向），并重复计算宽展系数：$H_{01} = 48.9 \times 1.85 = 90.5\text{mm}$；$1/\eta_1 = 90.5/56.6 = 1.599$；其他参数不变。按式（4-23）计算，$\beta_1 = 1.155$，这时宽展系数的计算值与给定值的重合性为 $\Delta\overline{\beta} = |1.155 - 1.157|/(1.157 - 1) = 0.0127$，小于 0.03；因此最终取 $a_{01} = 1.85$，$H_{01} = B_2 = 90.5\text{mm}$，$B_{01} = H_2 = 48.9\text{mm}$，迭代计算可结束。

对得出的轧件检验咬入条件 $\alpha \leqslant [\alpha]$ 和稳定性条件 $[a]_{\min} \leqslant a \leqslant [a]_{\max}$，结果得到：实际咬入角 $\alpha = 24.6°$，最大允许咬入角 $\{\alpha\} = 29.3°$，轧件最大允许轴比 $[a]_{\max} = 2.04$。可见，轧件咬入条件和稳定性条件满足：$\alpha < [\alpha]$ 和 $a_{01} < [\alpha]_{\max}$。

（2）确定在第二孔型和第三孔型中总压下系数 $1/\eta_\Sigma = H_0/H_2 = 81.1/48.9 = 1.658$。将其按孔型分配，取 $1/\eta_3 = 1.15$，则 $1/\eta_2 = (1/\eta_\Sigma)/(1/\eta_3) = 1.658/1.15 = 1.442$。第三孔型中轧件高 $H_3 = H_2(1/\eta_2) = 48.9 \times 1.442 = 70.5\text{mm}$。

（3）用箱形孔型的系数 C_i（$C_0 = 0.0714$，$C_1 = 0.862$，$C_2 = 0.746$，$C_3 = 0.763$，$C_4 = 0$，$C_5 = 0$，$C_6 = 0.16$，$C_7 = 0.362$），按式（4-23）计算在第三孔型和第二孔型中宽展系数。这时两个箱孔型的侧壁斜度取为相等：$\tan\varphi_3 = \tan\varphi_2 = 0.3$。

第三孔型中独立无量纲参数：$A_3 = (D_0 - H_3)/H_3 = (430 - 70.5)/70.5 = 5.1$；$1/\eta_3 = 1.15$；$a_{03} = 1.0$；$\psi_3 = 0.6$。

第三孔型中的宽展系数：

$$\beta_3 = 1 + 0.0714\left(\frac{1}{\eta_3} - 1\right)^{0.862} \times A_3^{0.746} \times a_{03}^{0.763} \times \psi_3^{0.16} \times \tan\varphi_3^{0.362}$$

$=1+0.0714(1.15-1)^{0.862}\times5.1^{0.746}\times1.0^{0.763}\times0.6^{0.16}\times0.3^{0.362}$

$=1.028$

第三孔型中轧件宽 $B'_3=B_0\ \beta_3=81.1\times1.028=83.4\text{mm}$。

第二孔型中独立无量纲参数 $A_2=(D_0-H_2)/H_2=(430-48.9)/48.9=7.79$；$1/\eta_2=1.442$；$a_{02}=H_{02}/B_{02}=70.5/83.4=0.845$；$\psi_2=0.6$。

第二孔型中宽展系数 $\beta_2=1+0.0714(1.442-1)^{0.862}\times7.79^{0.746}\times0.845^{0.763}\times0.6^{0.16}\times0.3^{0.362}=1.086$。

第二孔型中轧件宽度 $B'_2=B'_3\times\beta_2=83.4\times1.086=90.6\text{mm}$。

（4）将得到的轧件宽度值 B'_2 与在第一项中求出的 B_2 比较，并按式（4-23）评价这些值的重合性：

$$\delta B=|B'_2-B_2|/B_2=|90.6-90.5|/90.5=0.001$$

（5）因 $\delta B=0.001<0.005$，故无需重新分配系数 $1/\eta_\Sigma$ 和重复计算。最终取第三孔型中轧件尺寸 $H_3=70.5\text{mm}$，$B_3=83.4\text{mm}$ 和第二孔型中轧件尺寸 $H_2=48.9\text{mm}$，$B_2=90.6\text{mm}$。

（6）用简单断面几何关系公式计算第二孔型和第三孔型的尺寸（参见图 4-30a）。孔型槽底 $b_{k3}=0.98\times B_0=0.98\times81.1=79.5\text{mm}$，$b_{k2}=0.98\text{B}_3=0.98\times83.4=81.7\text{mm}$。孔型理论宽度：$B_{k3}=b_{k3}+H_3\tan\varphi_3=79.5+70.5\times0.3=100.6\text{mm}$，$B'_{k2}=b_{k2}+H_2\tan\varphi_2=81.7+48.9\times0.3=96.4\text{mm}$。第二孔型的辊缝 $s_2=0.2H_2=0.2\times48.9\approx10\text{mm}$。第三孔型的辊缝根据辊缝与孔型高度及切槽深度的关系式并考虑关于箱形孔型切槽深度的建议值确定：因孔型中轧件轴比 $a_3=83.4/70.5=1.183<1.2$，故取切槽深度 $H_{P3}=0.3H_3$。由此，$s_3=H_3-2H_{P3}=H_3-0.6H_3=0.4\times70.5\approx28\text{mm}$。

孔型槽口宽：$B_{k3}=b_{k3}+(H_3-s_3)\tan\varphi_3=79.5+(70.5-28)\times0.3=92.3\text{mm}$，

$B_{k2}=b_{k2}+(H_2-s_2)\tan\varphi_2=81.7+(48.9-10)\times0.3=93.4\text{mm}$。

圆角半径 r：$r_3=0.15H_3=0.15\times70.5\approx10.0\text{mm}$，$r_2=0.15\times48.9\approx7\text{mm}$。

孔型轴比：$a_{k3}=B'_{k3}/H_3=100.6/70.5=1.427$，$a_{k2}=B'_{k2}/H_2=96.4/48.9=1.971$。

孔型侧壁充满度：$\delta_{B3}=(B_3-b_{k3})/(B'_{k3}-b_{k3})=(83.4-79.5)/(100.6-79.5)=0.185$；

$$\delta_{B2}=(90.6-81.7)/(96.4-81.7)=0.605$$

孔型充满度：$\delta_{13}=B_3/B'_{k3}=83.4/100.6=0.829$，$\delta_{12}=B_2/B'_{k2}=90.6/96.4=0.940$。

第三孔型和第二孔型中轧件横截面面积按以下公式确定：

$$\omega=H^2[a_k\delta_1-\delta_B^2\tan\varphi/2-0.55(r/H)^2]$$

$$\omega_3=70.5^2[1.427\times0.829-0.185^2\times0.3/2-0.55\times(10/70.5)^2]=5799.2\text{mm}^2$$

$$\omega_2=48.9^2[1.971\times0.940-0.605^2\times0.3/2-0.55(7/48.9)^2]=4272.0\text{mm}^2$$

（7）计算每一孔型中的延伸系数：$\lambda_3=6453.4/5799.2=1.113$，$\lambda_2=5799.2/4272.0=1.357$，$\lambda_1=4272.0/3004.2=1.422$。

上述算法的孔型设计结果如图 4-47 所示（单位：mm）。

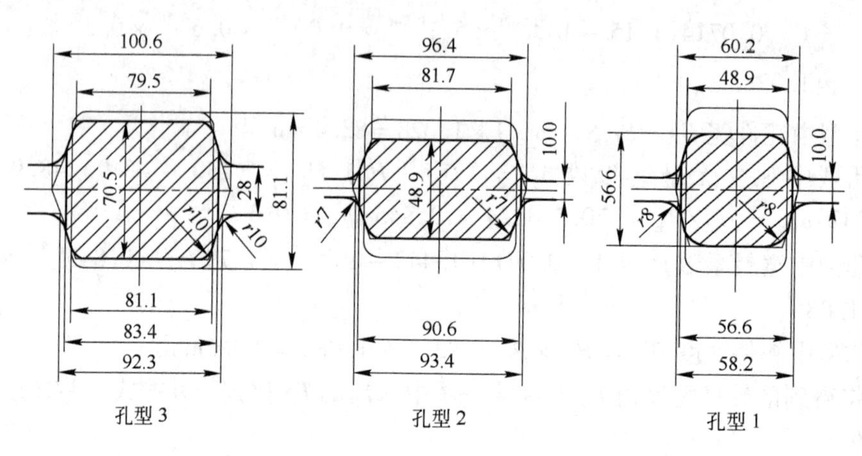

图 4-47　“方—矩形—矩形—方”孔型设计结果

思　考　题

4-1　孔型设计一般应包括哪些内容？

4-2　简述孔型设计的主要步骤与遵循的基本原则。

4-3　试述延伸系数分配的主要原则。

4-4　为什么要设置辊缝？

4-5　孔型是如何分类的？

4-6　侧壁斜度的主要作用是什么？

4-7　槽底凸度有什么作用？

4-8　为什么孔型要有内、外圆角？

4-9　什么是轧机的名义直径、轧辊的原始直径和轧辊的工作直径？

4-10　什么是“上压力”和“下压力”？

4-11　平均工作辊径有哪些求法？

4-12　如何确定孔型的中性线？

4-13　简述在轧制面垂直方向上配置孔型的步骤。

4-14　若已知某 1100 初轧机，其中箱形孔高度为 220mm，辊缝为 15mm，采用“下压力”为 10mm 配置，取重车系数为 0.12，试确定上辊和下辊的工作直径与辊环直径。

4-15　有哪些常用的延伸孔型系统，其特点及适用范围是什么？试述轧件宽展的计算方法。

4-16　如何选择和评价延伸孔型系统？

4-17　在 $D_0=430$mm 的连轧机中用平—立箱孔完成将 75mm × 75mm 断面的方坯，轧成 56mm × 56mm 断面的方坯，试设计孔型。

4-18　在 ϕ450mm 的轧机上将断面为 89mm × 89mm 的方坯，用菱—方孔型系统轧成 54mm × 54mm 的方坯，试设计孔型。

4-19　在 ϕ320mm 轧机上采用椭圆—方孔型将 28mm × 28mm 的方坯经两道轧成 20mm × 20mm 的方坯，试设计此椭圆—方孔型系统。

4-20　试分析常用延伸孔型系统中轧件变形特点？说明分析轧件的变形对工艺制定和孔型设计有什么意义。

4-21　在 $D_0=430$mm 的轧机上，轧制速度为 0.97m/s，轧制温度为 1106.8℃，在槽口宽度为 84.5mm，孔

型高度为39.9mm，辊缝为6mm，外圆角为10mm的椭圆孔型中轧制56.6mm×56.6mm方轧件，若其轧辊为铸钢，轧件为45号钢，试求轧后轧件的宽度、延伸系数及椭圆孔型的充满度，并用连轧时孔型系统的延伸能力来评价其合理性。

4-22 精轧孔型系统与延伸孔型系统设计有什么不同？

4-23 轧制圆钢时，常用哪些孔型系统？

4-24 在ϕ430×2/ϕ300×5的轧制机组中，将90mm×90mm的钢坯，轧成ϕ20mm的圆钢，轧件的材质为合金钢，试完成孔型设计。

4-25 试设计一套用210mm×210mm的钢坯生产直径为85mm、90mm、95mm三种规格圆钢的孔型。已知设备为三架三重横列式半闭口800轨梁轧机，主电机功率为4560kW，转速为0～80～160r/min。

4-26 试述复杂断面型钢孔型设计的一般原则。

4-27 简述采用CARD设计孔型的意义及CARD系统的主要功能。

参 考 文 献

[1] 上海冶金工业局编．孔型设计[M]．上海：上海科学技术出版社，1979.

[2] X. M. Сапрыгин и др. , Резервы произвоства Сложных профилей проката. 1984.

[3] В. П. Северденко и др. Валки дия профилъного проката，1979.

[4] 王廷溥，齐克敏主编．金属塑性加工学[M]．北京：冶金工业出版社，2001.

[5] 王廷溥主编．轧钢工艺学[M]．北京：冶金工业出版社，1989.

[6] Б. П. 巴赫契诺夫，M. M. 史捷尔诺夫．孔型设计[M]．北京：冶金工业出版社，1958.

[7] 白光润主编，型钢孔型设计[M]．北京：冶金工业出版社，1995.

[8] 赵松筠，唐文林．型钢孔型设计[M]．北京：冶金工业出版社，2000.

[9] 许云祥主编．型钢孔型设计[M]．北京：冶金工业出版社，1993.

[10] 鹿守理主编．计算机辅助孔型设计[M]．北京：冶金工业出版社，1993.

[11] B. K. 斯米尔诺夫，B. A. 希洛夫，Ю. B. 伊纳托维奇著．轧辊孔型设计[M]．鹿守理，黎景全译．北京：冶金工业出版社，1991.

[12] 王有铭主编．型钢生产理论与工艺[M]．北京：冶金工业出版社，1996.

5 棒线材轧制工艺

5.1 棒、线材概述

5.1.1 棒、线材品种及分类

棒、线材的主要区别在于供应状态。棒材一般以简单断面形状成根供应，主要是圆钢和螺纹钢筋。棒材的品种按断面形状分为圆形、方形、六角形以及建筑用螺纹钢筋等。小型轧机生产圆钢的范围一般为 ϕ10 ~ 32mm，最小规格可至 ϕ6mm。随着大跨度桥梁和高层建筑对大规格钢筋的需求，小型棒材轧机生产钢筋的上限增大至 ϕ52mm，而合金钢小型轧机产品的上限增大至 ϕ75mm，甚至 ϕ80mm。

线材是断面最小、长度最长且成盘卷状交货的产品，断面有圆形、六角形、方形、螺纹圆形、扁形、梯形及 Z 字形等。生产的线材钢种通常可以分为软线、硬线、焊线及合金钢线材。

（1）软线：指普通低碳钢热轧圆盘条，碳含量不高于 0.25%。现在的牌号主要是碳素结构钢标准中所规定的 Q195、Q215、Q235 和优质碳素结构钢中所规定的 10、15、20 号钢等。软线产品根据用途不同一般分为拉拔和建筑用线材，两者性能和组织要求均不同。拔丝用线材要经受很大的拉拔变形，要求线材强度低、塑性好，金相组织珠光体含量越少越好，基体为含量较多的大块状铁素体。铁素体晶粒要求粗大一些，这样可得到低强度、高塑性、适于拉拔的性能。而建筑用线材则要求有较高的抗拉强度和一定的韧性，所以其组织晶粒度要求细小，尽可能多地提高珠光体含量。

（2）硬线：通常将优质碳素钢中碳含量不低于 0.45% 的中高碳钢轧制的线材称为硬线；对于变形抗力与硬线相当的低合金钢、合金钢及某些专用钢线材，也可归类为硬线，如制绳钢丝用盘条、织布钢丝用盘条、轮胎钢丝、琴钢丝等专用盘条。硬线一般碳含量偏高，泛指 45 号以上的优质碳素结构钢、40 ~ 70Mn、T8MnA、T9A、T10 等。

（3）焊线：指焊接用盘条，包括碳素焊条钢用盘条和合金焊条钢用盘条。碳素焊接钢用盘条主要牌号有 H08A、H08E 和 H08C 三种。由于焊线钢盘条轧制后一般需要拉拔，其性能和组织要求与拉丝用的低碳钢类似。

（4）合金钢线材：指各种合金钢和合金含量高的专用钢盘条，如轴承钢盘条 GCr6、GCr9、GCr15，合金结构钢盘条 20Mn、20CrMnSi 等，不锈钢盘条 1Cr18Ni9Ti、1Cr13 等，以及合金工具钢盘条。低合金钢线材一般划归为硬线，如有特殊性能也可划入合金钢类。

用于生产线材的钢种非常广泛，有碳素结构钢、优质碳素结构钢、弹簧钢、碳素工具钢、合金结构钢、轴承钢、合金工具钢、不锈钢等，其中主要是普碳钢和低合金钢。凡是需要加工成丝的钢种，大都经过热轧线材轧机生产成盘条后再拉拔成丝。

5.1.2 棒、线材的用途

棒、线材的用途广泛，可直接用作建筑材料，以及用来加工机械零件、汽车零件，或用来拉丝成为金属制品，冷镦制成螺钉、螺母等。除建筑螺纹钢筋和线材等可直接被应用的成品之外，一般棒线材都要经过深加工才能制成成品。

棒、线材深加工的方式有：锻造、拉拔、挤压、切削等。为了便于进行这些深加工，加工之前有时需要进行退火、酸洗等处理。加工后为保证使用时的机械性能，还要进行淬火、正火或渗碳等热处理。有些产品还要进行镀层、喷漆、涂层等表面处理。

5.1.3 棒、线材产品的应用及发展

2011 年，我国棒材、钢筋、盘条（线材）产量合计 3.46 亿吨，同比增加 4500 万吨，增长率为 15.06%。其中，对品质要求较高的重点优特钢材比重在不断加大。2011 年，国内高碳线材产量约 997 万吨，约占当年优特钢线材产量的 37.7%。在线材制品用高碳钢线材（硬线）中，轮胎钢帘线、低松弛预应力钢丝及钢绞线、轮胎钢丝、高压胶管钢丝、优质高强度钢丝绳对线材质量要求较高，主要钢种为 82B、72A ~ 82A。冷镦用线材的典型用途是制作螺栓，其强度范围大，从抗拉强度 400MPa 到 1200MPa 以上，且形状多。据我国紧固件协会统计，2011 年国内紧固件制造业消费钢材 720 万吨，其中冷镦钢棒材约 70 万吨，其余为线材或大盘卷材。

近年来，我国螺纹钢筋产量剧增。2006 年我国钢筋总产量为 5800 万吨，到 2011 年已经达到 16640 万吨，七年间增长近两倍。经过近半个世纪的发展，我国从低强度的 Q235 Ⅰ级钢筋，发展到 500MPa Ⅳ级高强钢筋，甚至 600MPa 级高强钢筋，不仅在品种、技术工艺上，而且在质量上都得到了长足发展。目前，我国在新版国家标准中规定淘汰 335MPa 级钢筋，在建筑工程中优先使用 400MPa 级钢筋，积极推广 500MPa 级钢筋。图 5-1 为 2010 ~

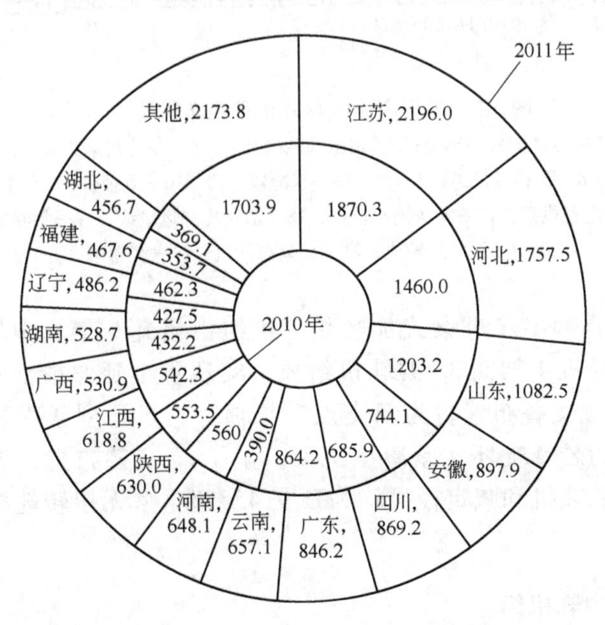

图 5-1 2010 ~ 2011 年我国钢筋区域产能分布图
（单位：万吨）

2011 年我国钢筋区域产能分布图。

我国棒、线材产品的发展方向为：

（1）优质棒材。由于优特钢市场具有专业化强、品种多、批量小的特点，产品总体将向特、精、高的方向发展，特钢、合金钢比重上升。要重点发展高附加值产品，特别是合金钢、高合金钢棒材等高附加值产品，重点发展节能微合金非调质钢棒材、环境友好无铅易切钢、高速铁路、电站用渗碳轴承钢、高品质模具钢锻材等，适应装备制造业、汽车、造船、新能源等重点行业向高端升级发展对优质棒材的新需求。

（2）线材。加大线材高端产品开发力度，提高线材高附加值产品比重，是我国线材努力发展的方向和趋势。应重点发展中高碳钢线材（硬线）、高强度钢帘线专用线材、高等级紧固件用冷镦钢线材、焊接材料生产用线材、弹簧钢系列盘条。

5.2 棒、线材生产

5.2.1 高速线材轧机类型及布置

线材的生产以连续式为主，线材车间的轧机数量一般都比较多，分为粗轧、中轧和精轧机组。线材轧机经历了从横列式、半连续式、连续式到高速轧机的发展过程，每一个新的机型，每一个新的产线布置，都使线材的轧制速度、轧制质量和盘重有所提高。高速无扭转精轧机组和控制冷却设备用于线材生产，标志着新一代线材轧机的诞生。图 5-2 为国外某厂摩根型高速线材轧机平面布置简图。

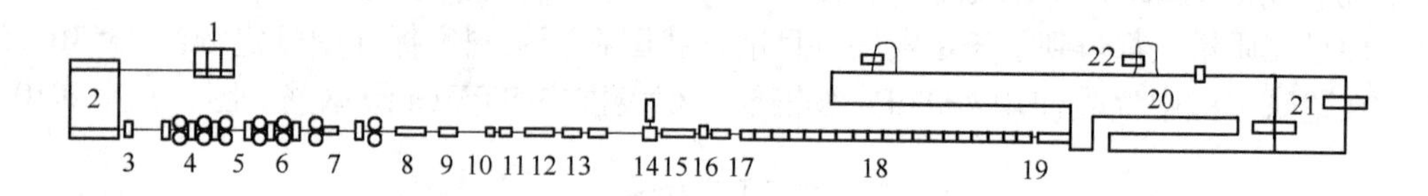

图 5-2 某厂高速线材轧机平面布置简图

1—上料台架；2—步进梁式加热炉；3—高压水除磷装置；4—粗轧机组；5，7，11—飞剪；6—中轧机组；8—预精轧机组；9，13，15—水冷段；10，16—测径仪；12—精轧机组；14—减定径机组；17—夹送辊吐丝机；18—散卷冷却运输线；19—集卷站；20—PF 钩式运输线；21—压紧打捆机；22—卸卷站

加热炉为辊道侧装侧出步进梁式加热炉。机组由粗轧 6 架、中轧 8 架、预精轧 4 架、精轧 8 架及减定径机 4 架共 30 架轧机组成，实现了小延伸精密轧制；粗、中、预精轧机组机架采用平-立交替布置，为双支点、长辊身、多孔型紧凑机架，立式轧机为下传动。预精轧机组为悬臂辊环式紧凑型机架，呈平-立交替布置，碳化钨辊环，辊缝由偏心套对称调节。精轧机和减定径机均为顶交 45°超重型无扭转轧机。机架间采用微张力或活套控制。

5.2.1.1 粗轧机组和中轧机组

现代化的线材轧机大都采用平-立交替布置的全线无扭转轧机。

高速线材的粗轧机类型较多，有摆锻式轧机、三辊行星轧机（简称 PSW 轧机）、三辊式 Y 型轧机、45°轧机、平-立交替布置的二辊轧机、紧凑式二辊轧机和水平二辊式粗轧机等机型。

高速线材的中轧机（包括预精轧机组）机型也比较多，主要有三辊式 Y 型轧机、45°无扭转轧机、水平二辊式轧机、双支点平-立交替布置的无扭转轧机、悬臂平-立辊交替布置的无扭转轧机五种。

5.2.1.2 精轧机组

现代线材生产主要采用 Y 型精轧轧机和 45°高速无扭转精轧机组。

A Y 型三辊连续式无扭转轧机

Y 型轧机有 3 个互成 120°的盘状轧辊。Y 型轧机的整个机组一般由 4 ~ 14 架轧机组成，相邻两架相互倒置 180°，轧件在交替轧制中无需扭转，每架轧机间保持恒微的拉钢轧制，轧制速度一般为 60m/s 左右。

普通线材轧机轧辊是相互平行的，轧辊对轧件仅两个方向压缩。而 Y 型轧机轧辊中心线互成 120°，这样就有条件采用三角形孔型系统，如图 5-3 所示。一般是三角形—弧边三角形—弧边三角形—圆形，对某些合金钢亦可采用弧边三角形-圆形孔型系统。三角形孔型系统对轧件实行 3 个方向的压缩，对提高金属塑性十分有利；同时，相邻轧机的轧辊方位相互错开，在轧制过程中，对轧件进行 6 个方向压缩，变形十分均匀。

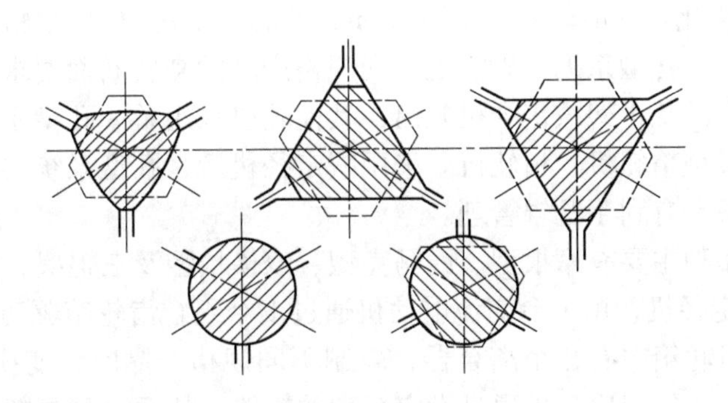

图 5-3 Y 型线材精轧机组的孔型系统

进入 Y 型轧机的坯料一般为圆形，也有六角形坯料。轧制中轧件角部位置经常变化，故各部分的温度比较均匀，易去除氧化铁皮，产品表面质量好，轧制精度高。

Y 型三辊轧机结构比较复杂，孔型加工困难；孔型磨损后需要整体更换组合体，需要大量备用机架，而且轧辊传动结构复杂。因此，Y 型轧机多用于轧制有色金属或特殊合金，在钢材生产上采用不多。

B 45°连续式无扭转轧机

45°无扭转精轧机组根据轧机结构与传动形式分为悬臂式与框架式两种。

（1）悬臂式 45°无扭转高速机组。其特点是：机架布置紧凑，轧辊以悬臂方式敞露在整体之外，轧辊轴线与地面成一定的角度，相邻机架互成 90°。各对轧辊通过内齿或外齿轮传动，同时采用小直径辊环，提高了道次延伸率和产品尺寸精度。单线轧制年产量为 30 ~ 35 万吨。

（2）框架式45°无扭转高速机组。其机架为闭口框架式，机组由8个机架组成，成组传动，相邻各架轧辊互成90°；轧辊直径一般为260mm，辊身长290mm。

5.2.1.3　减定径机组

机架减定径机是20世纪90年代开发的，通常由两台减径、两台定径机架与一套组合变速箱传动系统组成，可成组更换机架。该机架的特点是：采用小压下量轧制，能确保产品尺寸的高精度；简单地调整辊缝就能实现直径±0.3mm的“自由轧制”，有利于小批量、非标准线材的生产；简化了孔型系统，一套精轧机组孔型即可生产ϕ5～20mm所有产品；可减少换辊时间；可实施低温控轧工艺。

减定径机的高速线材轧制工艺特点为：

（1）轧制速度高。最大轧制速度为120m/s，保证轧制速度112m/s，有利于提高机组产量。

（2）轧机采用8+4布置。精轧机采用8机架顶交45°无扭转轧机，在精轧机后设减定径机组。在精轧机组与减定径机组之间设置控冷水箱和均温段。

（3）采用控轧控冷工艺。为了控制轧件的终轧温度，在预精轧机、精轧机和减定径机后设置了水箱，在精轧机组间设有水冷导卫；采用温度闭环控制系统，以控制轧件在精轧机入口、精轧机组间、精轧机组后和减定径机组后的温度，使产品离开吐丝机时的温差为±10℃。由于可对各钢种进行控轧控冷，产品可获得最佳金相组织和力学性能。

（4）孔型系统优化。一般轧制ϕ5.5～20mm产品、采用10机架精轧机出成品时，从中轧机即需要使用多个孔型系列，以满足不同规格产品的来料断面要求；而采用减定径机后，所有光面盘条产品从4架减定径机轧出，其他轧机采用单一孔型系统。轧制不同规格产品时，可依次空过预精轧机、精轧机。采用减定径机后，孔型系统共用，减少了换辊次数和轧辊、辊环储备，有利于配辊管理。

目前减定径机品种主要有摩根型、西马克型、双模块型及三辊型。

（1）摩根型减定径机，由1台交流电动机通过1个组合齿轮箱驱动2架减径机和2架定径机组成。组合齿轮箱中有9个离合器，轧制不同规格产品时，变换9个离合器位置，可组合出满足工艺要求的速比，再通过设定合理的辊缝，从而得到高精度产品。为保证轧制精度，定径机设有轴向夹紧装置，可在线调整对中轧制线。摩根型减定径机采用椭—圆—圆—圆孔型系统。

（2）西马克型减定径机，与摩根型类似，也是由1台交流电机通过4个组合齿轮箱驱动4架轧机组成。组合齿轮箱中有10个离合器，轧制不同规格产品时，变换10个离合器位置可组合出满足工艺要求的速比，再通过设定合理的辊缝，从而得到高精度产品。西马克型减定径机减径、定径为一体，无需调整对中轧制线。西马克型减定径机采用椭—圆—椭—圆孔型系统。

（3）双模块轧机（TMB），是Danieli公司20世纪90年代开发的。其特点如下：4个精轧机架分成独立的2组，每组由单独的电动机变速齿轮箱传动，2台电动机实现电气联锁。双模块轧机与减定径机采用不同的结构，但其优点基本相同。这两种机型均用于高速线材生产，设于无扭精轧机后的水冷装置与吐丝机之间，通常将原有的10架无扭精轧机改为8架。

5.2.2 高速线材生产工艺流程

高速棒、线材生产线的主要区别在于终轧后，棒材只经过一次水冷，并且由于棒材直径较大，要求冷却装置具有较强的冷却能力，而线材在水冷后通过斯太尔摩风冷线进行风冷。山钢集团张店钢铁总厂的高速线材生产工艺流程如下：

连铸坯→检查、称重→步进式加热炉→粗轧机组→中轧机组→预精轧机组→精轧机组→减定径机组→穿水冷却→散卷冷却→成品线材

5.2.2.1 坯料

线材的坯料现在都以连铸坯为主。连铸工序希望坯料断面尽可能大，而轧制工序为了保证终轧温度，适应小线径和大盘重的需要，在供坯允许的前提下，要求其断面应尽可能小，以减少轧制道次。

目前，线材坯料断面形状一般为方形，边长 120～150mm；坯料长度一般较长，最大长度为 22m。

质量要求：由于线材成卷供应，轧后难以探伤、检查和清理，故对坯料表面质量要求较严：

（1）连铸坯最常见的表面缺陷为针孔及氧化结疤；

（2）连铸坯的内部质量常以偏析、中心疏松和裂纹的有无和轻重为判断依据。连铸坯对中心疏松、缩孔、裂纹、皮下气泡及非金属夹杂等都有一定的要求，我国目前用的连铸小方坯对此有专门的评级方法。对一般钢材，采用目视检查即由人工检查钢坯的表面质量，这样只能检查出较明显的表面缺陷。对质量要求严格的钢材，采用电磁感应探伤和超声波探伤检查和清理。

5.2.2.2 加热

加热一般采用步进式加热炉。通常的加热要求是氧化脱碳少，温度均匀，钢坯不发生扭曲，不产生过热过烧等。对易脱碳的钢，要严格控制高温段的停留时间，采取低温、快热、快轧等措施。为减少轧制温降，加热炉应尽量靠近轧机。现代化的高速线材轧机坯重大、坯料长，这就要求加热温度均匀，温度波动范围小。

对高速线材轧机，最理想的加热温度是钢坯各点到达第一架轧机时其轧制温度始终一样，要做到这一点，通常将钢坯两端的温度提高一些，钢坯两端比中部加热温度高30～50℃。

5.2.2.3 轧制

为解决小线径、大盘重和线材质量要求之间的矛盾，必须尽量增大轧制速度。目前线材轧机成品出口速度已达 100m/s 以上，并正向着更高的速度发展。线材轧机的高速是通过小辊径、高转速得到的。目前新式线材精轧机轧辊辊径仅为 ϕ152mm，而轧制速度高达 140m/s。

线材车间产品断面比较单一，轧机专业化程度较高。由于从坯料到成品，总延伸较大，每架轧机只轧一道，因此现代化线材轧机一般为 21～28 架，多数为 26 架，分为粗、

中、精轧机组，精轧机组又分为预精轧和精轧。为保证产品精度，线材精轧冷却后又增设了4机架一组的减定径机组。图5-4为某线材生产厂的高速线材轧机分布示意图，其中包括6道次粗轧，6道次中轧，6道次预精轧，8道次无扭转精轧和4道次减定径轧制。在19道次和27道次之前都设有水箱以控制精轧温度和终轧温度。采用165mm×165mm的方坯，ϕ8mm的成品从第24架出，ϕ10mm的成品从第22架出，ϕ12mm的成品从第20机架出，然后进入减定径机组。表5-1为某钢厂高线轧制程序表。

图5-4　高速线材轧机分布示意图

表5-1　某钢厂高线轧制程序表(R8)/(165×165)

轧区	道次	轧机规格	轧件尺寸(高×宽)/mm	坯料面积/mm²	轧制速度/m·s⁻¹	机架间隔/m
			167×167	27052		
粗轧	1H	水平二辊轧机 ϕ550	112×187	20106	0.22	2.9
	2V	立式二辊轧机 ϕ550	120×130	15132	0.30	3.25
	3H	水平二辊轧机 ϕ550	80×144	11174	0.41	2.90
	4V	立式二辊轧机 ϕ550	83×104	8373	0.55	3.25
	5H	水平二辊轧机 ϕ550	55×120	6402	0.72	2.90
	6V	立式二辊轧机 ϕ550	68×75	4947	0.94	8.45
中轧	7H	水平二辊轧机 ϕ430	40×94	3647	1.29	2.25
	8V	立式二辊轧机 ϕ430	50×55	2668	1.78	2.25
	9H	水平二辊轧机 ϕ470	33×72	1915	2.48	2.25
	10V	立式二辊轧机 ϕ470	43×43	1451	3.28	2.25
	11H	水平二辊轧机 ϕ470	25×56	1106	4.30	4.5
	12V	立式二辊轧机 ϕ470	33×33	855	5.57	4.5
预精轧	13H	水平二辊轧机 ϕ380	20×40	639	7.45	4.5
	14V	立式二辊轧机 ϕ380	25.9×25.9	526	9.05	4.5
	15H		—	—		4.5
	16V		—	—		10.16
BGV-2P	17△		16.94×31.75	430.8	11.15	0.75
	18△		21×21	346.4	13.87	0.75
BGV-8P	19△		13.58×25.8	286.5	16.94	0.75
	20△		17.01×17.01	227.2	21.36	0.75
	21△		10.78×21.06	179.8	26.99	0.75
	22△		13.45×13.45	142.1	34.16	0.75
	23△		8.5×16.67	113.5	42.76	0.75
	24△		10.8×10.8	93	52.19	0.75

续表 5-1

轧区	道次	轧机规格	轧件尺寸(高×宽)/mm	坯料面积/mm^2	轧制速度/$m \cdot s^{-1}$	机架间隔/m
BGV-8P	25△		—	—		0.75
	26△		—	—		57.4
TMB1	27△		6.8×13.48	73.9	66.33	0.75
	28△		8.7×8.74	60	81.7	0.75
TMB2	29△		8×8.82	54.7	89.62	0.75
	30△		8.1×8.1	51.6	95	24.05

5.2.3 高速线材轧制新技术

5.2.3.1 控温轧制和低温轧制

高温线材轧机，当轧制速度达到75m/s时，为了保证终轧温度，需要在精轧前设水冷却箱。当轧制速度进一步提高时，在精轧机各机架之间也增设了冷却喷嘴。这一措施能有效降低终轧温度，从而减少水冷段的事故。轧制速度提高后，强制水冷区有扩大到中轧的趋势，以实现中轧机在950℃以下的控温轧制。而开轧温度过高对实现中轧机的细化晶粒的控温轧制非常不利，所以进一步发展了低温轧制。

在轧制过程中对轧件和成品进行温度控制，碳素钢、焊条钢和冷镦钢的开轧温度为920~980℃，低合金钢为1050℃，远低于过去传统的开轧温度（约1150℃）。

采用控温轧制除能得到良好的金相组织和力学性能外，还可以减少加热烧损及燃料消耗，但轧机需承受更大的轧制力。

5.2.3.2 继续提高轧制速度

从高速轧机的技术发展来看，都在致力于轧制速度的提高，因为提高轧制速度可以使用大断面坯料，可以提高轧机效率、降低生产成本。为了适应高速度轧制的要求，无扭转精轧机组在许多方面进行了改进。例如：

（1）降低机组重心，降低传动轴高度，减少机组的震动。

（2）强化轧机系统，增加精轧机组的大辊径轧机数量；为减少辊环的损失，已改径向固定为轴向固定；同时，加大机架中心距。

（3）改进轧机调整性能。为了适应高速度调整和控制调整的要求，高速线材轧机在精轧机组增设了辊缝传感器和数字显示器。

5.2.3.3 高精度轧制设备

现代高速线材轧机的另一大进步就是不断提高产品精度，为此进行了多项改进。近些年开发的减定径机（RSM）技术，有效地解决了提高产品质量、增加生产率和缩短交货时间等问题。RSM由四架悬臂式轧机（两架减径机和两架定径机）所组成，作为“二精轧机”安装在“一精轧机”（传统的八机架NTM精轧机为一精轧机）和吐丝机之间。增加

RSM 机组后，可提高常规线材轧机的生产率，提高了公差精度，具有“自由定径”功能，即用单一的名义孔槽尺寸，通过微调来料的尺寸和对不同方坯间隙调整 RSM 的辊缝，生产出一批不同尺寸的成品棒线材的自由尺寸轧制能力；实现 800℃低温轧制，晶粒组织更细，通过控制晶粒尺寸和吐丝温度，促进相变或延迟相变，从而利用斯泰尔摩的最佳冷却能力，可处理如轴承钢、冷镦优质钢等钢种，而不需要后续热处理，提高了产品的冶金性能；轧辊寿命也有了明显增加。

“复式组合机组”（TBM）新技术，使特殊钢生产能力平均提高了 15%，减少人工约 16%。精轧机组布置是：三机架 RSB（减径、定径机组）系统用以提高轧件的灵活性和产品公差；精轧机为复式组合式机组。第一列组合式轧机用 10 或 8 架组成预精轧机组；第二列组合是位于吐丝机前的 4 架精轧机组，即 TMB 系统，由两架组合式轧机组成，每架有两对孔型。在 RSB 机组、预精轧机组和 TMB 机组间布置有水箱，可实现 750℃低温轧制。

Y 型三辊减定径机组（RSB）刚度好，可承受大的轧制力和扭矩。能够同时完成高效率减径和精确定径是其一大特点，可获得高尺寸精度和更佳的表面质量。由于采用大延伸、低宽展的三角孔型系统，轧件三向受压，变形均匀，对难变形金属及有色金属的轧制特别有利。用 RSB 作为线材的预精轧机和棒材的精轧机，可生产出尺寸范围宽、公差精确和表面质量好的产品。

5.2.3.4 粗轧机组的改进

为了适应使用连铸坯和提高轧制精度，粗轧机在提高轧机精度、控制张力、减少扭转和减少扭转刮伤方面做了许多工作。直接使用较大断面连铸坯的轧机其辊径都相应增大。为了减少切头，前几道次的减面率都不能偏小。这就要求使用大辊径轧机。

5.2.3.5 无头轧制

传统的轧制生产线上，坯料是由加热炉一根根地出来至粗轧机咬入，然后开始轧制，坯料之间有几秒钟的间隔。无头轧制则是在出炉辊道上，在坯料进入粗轧机之前，把加热后的坯料头尾焊接在一起，形成无限长的一根坯料，然后进行轧制。

由于一根无限长的坯料通过整个轧制线，没有了坯料间隔时间，也就没有了中间及最终的切头尾损失，明显减少了堆钢事故和停机时间，能更加稳定地轧制，从而提高了产量和轧件尺寸精度。

要实现无头轧制，焊接部位具有与成品同样的品质是必要条件。

5.2.4 棒材轧机类型及布置

小型棒材轧机种类繁多，轧机的类型和布置方式多种多样，主要有连续式、半连续式和横列式小型轧机。图 5-5 为山钢集团张店钢铁总厂的棒材生产线布置图，全轧线有 18 架平立交替轧机，分为粗轧 6 架（610 × 4，530 × 2）、中轧 6 架（470 × 6）、精轧 6 架（380 × 6），其中 16 架与 18 架为可平立转换轧机。

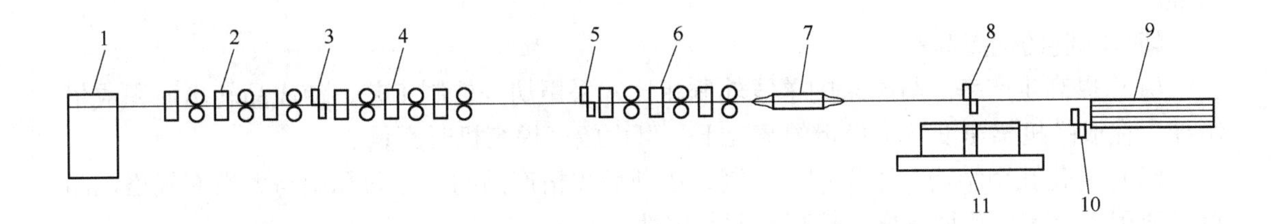

图5-5 棒材生产线平面布置图

1—步进梁式加热炉；2—粗轧机组；3—1号飞剪；4—中轧机组；5—2号飞剪；6—精轧机组；7—穿水冷却；8—3号飞剪；9—120m冷床；10—定尺剪；11—收集装置

5.2.5 棒材轧制新技术

5.2.5.1 无扭转高速轧制

近年来，国外新建的棒材轧机大都采用全线无扭轧机。同时在初轧机组采用易于操作和换辊的机架，中轧机组采用短应力线的高刚度轧机，电气传动采用支流单独传动或交流变频传动。采用微张力和无张力控制，配合其合理的孔型设计，使轧制速度提高，表面质量改善。在设备上，进行机架整体更换和孔型导卫的预调整并配备快速换辊装置，使换辊时间缩短很多，轧机的作业率大为提高。

5.2.5.2 切分轧制

切分轧制的原理是在轧制过程中把一根轧件利用孔型和导卫的作用，轧成具有两根或两根以上相同形状的关联轧件，再利用切分设备或轧辊的辊环将关联的轧件纵向切分成两个或两个以上的单根轧件，这些切分后的轧件有的可直接作为成品，有的则作为中间坯继续在线同时进行轧制。

根据切分过程有无辅助装置，可将切分轧制方法分为孔型切分法（辊切法）和工具切分法（轮切法）。辊切法是直接利用轧辊的特殊孔型，使轧件在发生塑性变形的同时分开。但用这种方法切分后的轧件会出现因镰刀弯和头部异化所造成的轧件导向和咬入困难等问题，限制了其在连轧棒材轧机上的应用。轮切法是用特殊的孔型将轧件切成预备切分的形状，在轧机的出口安装不传动的切分轮，利用侧向力将轧件分开。这种方法在连轧机上采用普遍。根据切分后形成轧件的数目多少，又可分为二切分、三切分、四切分、五切分等。

二线切分轧制是国内应用最广泛的一种切分轧制生产工艺，三线切分轧制技术是从二线切分轧制技术演变而来的。其总体技术思路是通过特殊孔型加工出三线并联轧件，然后利用切分孔型加工出具有薄而窄的连接带的三线并联轧件，由切分架次出口的三线切分导卫实现切分为三根独立轧件的过程。四线切分技术是在二线和三线切分轧制技术的基础上开发出来的。四线切分轧制工艺是把加热后的坯料先轧制成扁坯，然后再利用孔型系统把扁坯加工成四个断面相同的并联轧件，并在精轧道次上沿纵向将并联轧件切分为四个尺寸面积相同的独立轧件的轧制技术。五线切分、六线切分是目前高线生产达到的最高技术水准。

切分轧制的优点为：

（1）提高生产率。与原来的单线轧制相比，采用切分轧制工艺，使成品轧出面积成倍增加，在成品机架速度基本稳定的情况下，可大幅度提高机时产量。

（2）优化孔型结构。采用切分轧制，小断面规格产品的切分前孔型与大断面规格产品可以通用，可减少孔型数量，提高孔型共用性。

（3）节约能源。采用切分轧制与传统轧制相比，由于获得同样断面的总的延伸系数小，轧件短，温降小，变形功小，因此消耗的电能大幅度降低。

5.2.5.3　低温轧制

旧式轧机的轧制速度低，在轧制过程中轧件的温降大，因此需将开轧温度提得很高；新式的连轧机轧制速度提高，轧件在轧制过程中产生的变形热使得轧件温度基本不变甚至升温，这就为低温轧制创造了条件。轧件的开轧温度从1000～1100℃降低至900～950℃，这需要提高轧机的强度，增加电机功率和轧制能耗，但由于加热温度的降低，仍可综合节约能源20%左右。

5.2.5.4　棒材轧后热芯回火工艺

热芯回火工艺的原理是：轧件离开终轧机后进入冷却水箱，通过快速冷却进行淬火，使钢筋表面层形成具有一定厚度的淬火马氏体，而芯部仍为奥氏体。当钢筋离开水箱后，芯部的余热向表面层扩散，使表层的马氏体自回火。当钢筋在冷床上缓慢地自然冷却时，芯部的奥氏体发生相变，形成铁素体和珠光体。经余热处理的钢筋其屈服强度可提高150～230MPa。

采用这种工艺，可以用同一成分的钢通过改变冷却强度，获得不同级别的钢筋。并且这种工艺适用于各种直径的钢筋。碳当量较小的余热处理钢筋，在具有良好的屈服强度的同时，还具有良好的焊接性能。

5.2.5.5　成卷交货技术的应用

国外的轧机，尤其是棒线材复合生产线生产ϕ8～16mm螺纹钢，并以成卷状态交货，大大方便了客户不同的要求，尤其是高速公路、机场、大型桥梁等用户。近年来又有设备制造公司专门为棒线材生产线设计制造出卷取机。像意大利POMINI公司的卷取机，最大规格可以卷取ϕ25mm以上的棒材。这些产品除直接供用户使用外，大部分就地进行深加工，直接送到工地。

5.2.5.6　无孔型轧制

无孔型轧制是轧件在上、下两个平辊辊缝间轧制，该工艺是一种棒材、线材轧制的新工艺，可以作为简单断面型钢生产的主要延伸道次。无孔型轧制只需改变辊缝即可调整轧件的断面尺寸，使轧件受力简化，变形均匀，并可改善轧件的表面质量，对不同坯料和轧制程序的适应性很强。无孔型轧制降低了轧制压力，节约能源，导卫装置形状简单、共用性强、加工容易，产品质量易于控制。

5.2.5.7 三辊减定径机

三辊减定径机组主要安装在精轧机后，用于特殊钢的精密轧制。三辊减定径机组宽展小、变形均匀，可以生产任意尺寸产品，公差小且轧辊磨损小，代表着目前最先进的棒、线材生产技术。同传统两辊轧机相比，三辊轧机具有很多优越性，主要表现在高效能，低消耗，成品尺寸灵活，可以直接用于轧制最终产品。

5.3 螺纹钢筋生产

5.3.1 概述

螺纹钢是表面带肋的钢筋，亦称带肋钢筋，通常带有2道纵肋和沿长度方向均匀分布的横肋。横肋的外形分为螺旋形、人字形、月牙形3种。带肋钢筋用公称直径的毫米数表示，公称直径相当于横截面相等的光圆钢筋的公称直径。钢筋的公称直径为8~50mm，推荐采用的直径为8、12、16、20、25、32、40mm。带肋钢筋在混凝土中主要承受拉应力。由于肋的作用使之与混凝土间有较大的粘结能力，因而能更好地承受外力的作用。带肋钢筋广泛用于各种建筑结构，特别是大型、重型、轻型薄壁和高层建筑结构。普通的热轧钢筋其牌号由HRB和牌号的屈服点最小值构成。H、R、B分别为热轧（hotrolled）、带肋（ribbed）、钢筋（bars）三个英文词的首字母。热轧带肋钢筋分为HRB400（老牌号为20MnSiV、20MnSiNb、20MnSiTi）、HRB500、HRB600三个牌号。

随着我国大力提倡节能减排，以及对钢筋质量性能要求的不断提高，热轧带肋钢筋正向高强度、高性能、节约型优质钢筋的方向发展。高强钢筋是指屈服强度达到400MPa级及以上的热轧带肋钢筋，具有强度高、综合性能优的特点。据测算，在建设工程中，使用400MPa级替代335MPa级钢筋，可节约钢材12%~14%；使用500MPa级取代400MPa级钢筋，可再节约钢材5%~7%。在高层或大跨度建筑中应用高强钢筋，效果更加明显，约可节省钢筋用量30%。

5.3.2 生产装备

我国钢筋生产装备包括棒材轧机和线材轧机两种。棒材轧机生产螺纹钢筋的主要规格为ϕ12~50mm；线材轧机生产螺纹钢筋的主要规格为ϕ5.5~20mm。据中国钢铁工业协会统计，2011年我国热轧钢筋产量已经达到1.66亿吨。轧机也由过去的横列式过渡到半连轧，再发展为连轧机。总体来看，我国钢筋生产装备水平较高，处于国际先进水平的占70%左右。而且，几乎所有生产线都具备生产400MPa级及以上高强钢筋的能力。

线材轧机生产的小规格螺纹钢筋主要用于钢筋混凝土中的配筋、箍筋。近年来，我国线材轧机生产能力急剧增加，装备水平明显提高，线材轧机生产的螺纹钢筋数量不断攀升，占螺纹钢筋总产量的比例也在逐步提升。从生产能力看，高速线材轧机均可生产335~500MPa强度等级的小规格钢筋，完全能满足钢筋混凝土建筑用小规格螺纹钢筋的市场需求。

5.3.3　高强钢筋生产工艺

普通的 HRB335 热轧带肋钢筋的生产工艺目前已很成熟。在钢中适量加入 Si、Mn 合金元素，能提高钢筋的强度，从而获得良好的工艺性能。高强钢筋主要生产工艺是在低合金钢 20MnSi 的基础上添加微合金元素，从而达到提高强度并保证良好使用性能的目的。

5.3.3.1　合金元素的选择

合金元素对钢筋的组织与性能影响效果非常显著，可通过固溶强化、细晶强化等强化途径来提高性能。

碳对高强钢筋的强度、塑性、显微组织和冷弯性能等都有显著影响，是钢中最经济的合金强化元素。碳溶解于基体当中，通过固溶强化能够显著提高钢筋强度，还能够与强碳化物形成元素结合形成碳化物，起到细晶强化和析出强化的作用。但是，碳能显著提高钢的淬透性，含量过高会使组织中出现贝氏体或马氏体，降低钢筋的塑性，恶化钢筋的焊接性能。

硅能够通过固溶强化提高钢筋的强度，有利于提高弹性极限和屈服强度，同时也是重要的脱氧剂。但是含量较高时，会使钢的塑性和韧性下降。

锰能够显著提高钢筋的抗拉强度，但同时也会提高淬透性。当锰含量超过 1.5% 时，易使钢筋出现异常组织，对延展性和可焊性都是不利的。

表 5-2 为 GB/T 1499.2（修订稿）对我国各级别钢筋混凝土用热轧带肋钢筋的成分要求。表 5-3 为该标准修订稿对力学性能的要求。

表 5-2　GB/T 1499.2（修订稿）化学成分

<table>
<tr><th rowspan="3">牌　号</th><th colspan="5">化学成分（质量分数）/%</th><th rowspan="2">碳当量 Ceq/%</th></tr>
<tr><th>C</th><th>Si</th><th>Mn</th><th>P</th><th>S</th></tr>
<tr><th colspan="5">不大于</th><th>不大于</th></tr>
<tr><td>HRB400
HRBF400
HRB400E
HRBF400E</td><td rowspan="2">0.25</td><td rowspan="3">0.80</td><td rowspan="3">1.60</td><td rowspan="3">0.045</td><td rowspan="3">0.045</td><td>0.54</td></tr>
<tr><td>HRB500
HRBF500
HRB500E
HRBF500E</td><td>0.55</td></tr>
<tr><td>HRB600</td><td>0.28</td><td>0.58</td></tr>
</table>

从化学成分上看，HRB400 和 HRB500 相比于 HRB335 仅仅是碳当量上限有所增加，而五大元素的含量上限则与 HRB335 相同，即考虑了微合金加入后碳当量的增加值。从力学性能上看，HRB400 和 HRB500 的强度比 HRB335 有了较大的提高，伸长率虽有降低，但是降低幅度很小。因此，HRB400 和 HRB500 热轧带肋钢筋的生产重点在于大幅度提高钢筋的强度，同时，保证钢筋具有良好的伸长率。通过分析可以知道，以 HRB335 的化学成分和常规的轧制工艺无法达到这样的性能要求。

表 5-3 GB/T 1499.2（修订稿）力学性能

<table>
<tr><th rowspan="2">牌 号</th><th>下屈服强度
R_{eL}/MPa</th><th>抗拉强度
R_{m}/MPa</th><th>断后伸长率
A/%</th><th>最大总伸长率
A_{gt}/%</th><th>$R^{\circ}_{m}/R^{\circ}_{eL}$</th><th>$R^{\circ}_{eL}/R_{eL}$</th></tr>
<tr><th colspan="5">不小于</th><th>不大于</th></tr>
<tr><td>HRB400
HRBF400</td><td rowspan="2">400</td><td rowspan="2">540</td><td>16</td><td>7.5</td><td>—</td><td>—</td></tr>
<tr><td>HRB400E
HRBF400E</td><td>—</td><td>9.0</td><td>1.25</td><td>1.30</td></tr>
<tr><td>HRB500
HRBF500</td><td rowspan="2">500</td><td rowspan="2">630</td><td>15</td><td>7.5</td><td>—</td><td>—</td></tr>
<tr><td>HRB500E
HRBF500E</td><td>—</td><td>9.0</td><td>1.25</td><td>1.30</td></tr>
<tr><td>HRB600</td><td>600</td><td>730</td><td>14</td><td>7.5</td><td>—</td><td>—</td></tr>
</table>

注：R°_{m}为钢筋实测抗拉强度；R°_{eL}为钢筋实测下屈服强度。

如何对化学成分进行调整，如上所述，碳、硅、锰这三个元素虽然都能使钢筋的强度得到提高，但是也会使钢筋的延性和韧性下降，且标准对三个元素上限和碳当量是有要求的。当三个元素的含量过高，碳当量过高，会影响到钢筋的焊接性能，因此，提高碳、硅、锰含量的方法是不可取，也是行不通的。所以，如果需对化学成分进行调整，只能对微合金元素进行调整，通常是加入铌、钒、钛等微合金元素，提高钢筋的强度，目前通过实践来看是可行的。

上述微合金元素中，钛在冶炼中收得率不稳定，产品性能波动大。铌、钒微合金化中，铌元素的固溶温度较钒高，加热时阻止奥氏体晶粒长大的作用十分明显，因而铌的细化晶粒效果较钒更明显。但铌需要较高的加热温度才能充分固溶，并且在连铸过程中，钢坯表面易产生横裂。钒是微合金化元素中较经济的元素，采用钒微合金化时，不必脱除钢中的氮。氮也是钒微合金化钢中一种很有益的廉价合金元素，在钢中它不仅能形成 VN，抑制氮的不利影响，而且还能与钒一起使沉淀反应最佳化。因此，目前企业中采用较多的微合金化方案为钒微合金化。

5.3.3.2 钒微合金化的强化机制

钒作为形成碳化物和氮化物的强化元素，在钢中主要以碳化物、氮化物或碳氮化物以及固溶钒的形式存在，故钒钢的强韧化机理主要是靠细晶强化、沉淀强化和固溶强化来实现的。由于钒元素的固溶温度较低，其细晶强化效果相对较弱，主要以沉淀强化为主。钒在钢中的析出可分为在奥氏体中的 MnS 等夹杂处析出、在晶界上析出、晶内析出和铁素体中的纤维状析出、相间析出、随机析出等。适当提高氮含量可以增加 V(C,N)析出的驱动力，以促进 V(C,N)的析出，最终实现提高钒的析出比例，达到提高钢筋的强化效果，同时钒的存在还可以抑制氮的有害作用，故目前钒钢的研究主要集中在钒氮的结合应用方面。研究结果表明，含钒钢中每增加 10^{-5}（质量分数）的氮，可提高强度 7 ~ 8MPa。图 5-6 为钒微合金化钢与钒氮微合金化钢的强度对比。

钒在钢中的分布见图 5-7。由图 5-7 可见，钒在高、低氮钢中的相间分布有明显差异。在添加 FeV 的钒钢中，钒主要以固溶态存在，固溶钒占总钒含量（质量分数）的 56.3%，仅有 35.5% 的钒形成 V(C,N) 析出相。这说明钒钢中大量的微合金化元素没有起到沉淀强化的作用，可以说是钒的一种浪费。钒氮钢的情况则完全相反，70% 的钒形成了 V(C,N) 析出相，仅剩 20% 的钒固溶于基体。这表明氮的加入改变了钒在相间的分布，促进了钒从固溶态向 V(C,N) 析出相中的转移，从而使钒起到了更强的沉淀强化作用。

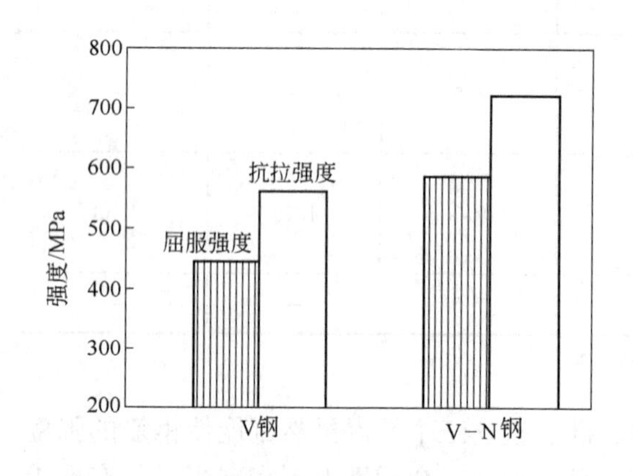

图 5-6　钒微合金化钢与钒氮微合金化钢的强度对比

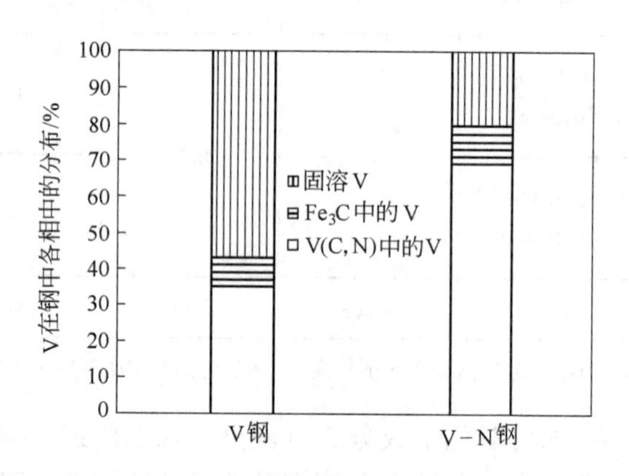

图 5-7　钒在钢中的分布

通过大量的相关数据分析比较，确定了钒元素含量对抗拉强度和屈服强度的影响程度，其散点图如图 5-8 和图 5-9 所示。

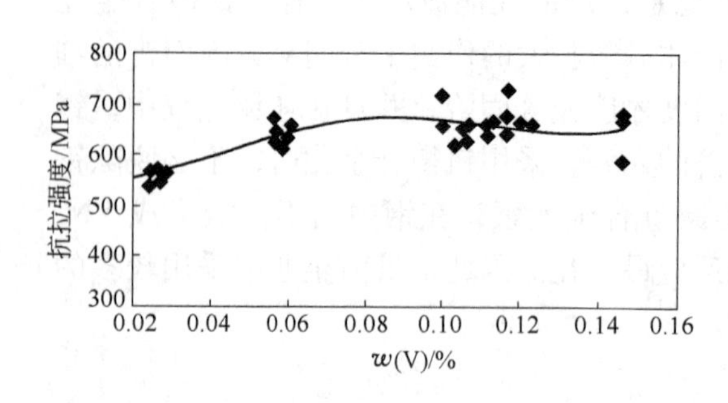

图 5-8　钒元素与抗拉强度关系的散点图

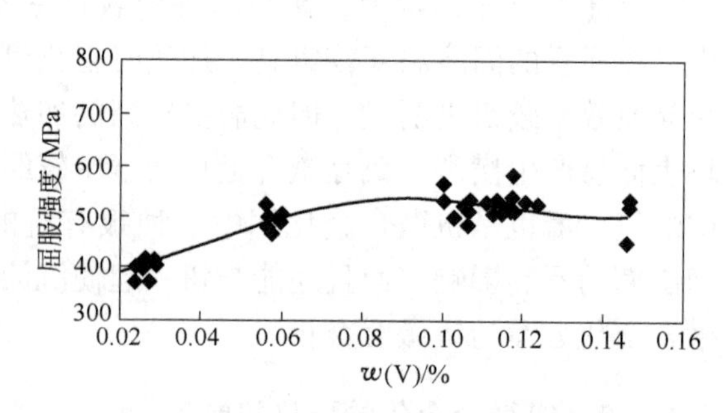

图 5-9　钒元素与屈服强度关系的散点图

通过图 5-8 和图 5-9 可以看出，在常规冶炼工艺（w(N) ≤ 0.007%）下，当钒元素含量超过 0.12% 后，其对钢筋抗拉强度和屈服强度贡献的绝对值都呈下降趋势，因此钒元素加入量不宜超过 0.12%。为增强钒氮析出强化效果，同时又降低钢中游离氮的危害，实际生产中控制钒氮比在 4.5 : 1 左右为佳，不同氮水平下钒的强化效果如图 5-10 所示。

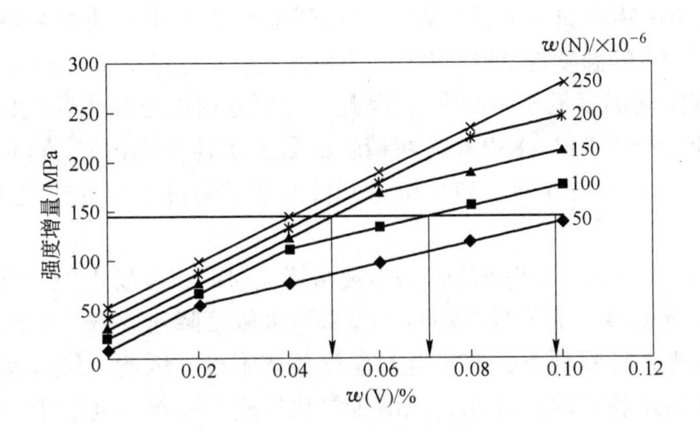

图 5-10 不同氮水平下钒的强化效果

5.3.3.3 V-N 微合金化生产高强钢筋

A V-N 微合金化生产 400MPa 高强钢筋

400MPa 级 V-N 微合金化钢筋在实验室研究的基础上，采用转炉和连铸工艺开展了 V 和 V-N 钢筋的工业性试制工作。在相同强度水平下，V-N 钢中所需要的 V 含量比 V 钢明显降低。统计分析的结果表明，V-N 钢筋中 V 的强化能力几乎比 V 钢提高一倍。工业试制的结果也同样说明：采用 V-N 微合金化可充分发挥 V 的强化作用，达到了提高钢的强度、节约合金用量、降低生产成本的目的。经过合金成分的优化，采用 V-N 微合金化后，400MPa 高强度钢筋中 V 含量可降低到 0.02 ~ 0.04 的水平，与采用钒铁微合金化钢筋相比较，V 含量降低了一半。

a 化学成分

参照 HRB335 原有的成分及工艺，同时保证钢筋强度和塑性的最佳匹配，主要控制 C、Mn 的含量在中上限；加入少量 V 提高产品综合性能；Si、Mn 含量及匹配关系对产品性能也至关重要，为使钢能在较高的回火温度下不降低强度，改善钢筋的延时断裂现象，设计 Si 的含量偏高；由于 P、S 对组织和性能危害较大，按优质钢的要求，P、S 含量设计为低于 0.035%。综合以上各方面因素，HRB400 高强度钢筋化学成分控制范围见表 5-4。

表 5-4 HRB400 高强度钢筋化学成分（质量分数） （%）

元 素	C	Si	Mn	S	P	V
内控成分	0.20 ~ 0.25	0.40 ~ 0.70	1.30 ~ 1.60	≤0.035	≤0.035	0.02 ~ 0.04

b 加热制度

为保证 V 元素充分、均匀溶于钢坯，达到固溶强化和析出强化作用，要求加热温度为 1100 ~ 1180℃，均热段温度为 1040 ~ 1150℃，钢坯加热时间大于 75min，保证开轧温度为 1020 ~ 1080℃，钢坯沿长度方向温度均匀，温差不得大于 30℃。

c 控轧控冷工艺

（1）开轧温度：采取低温轧制细化晶粒，开轧温度 980 ~ 1030℃。通过在奥氏体再结晶区反复轧制，使奥氏体晶粒不断破碎和再结晶，从而细化奥氏体晶粒。

进精轧温度：HRB400 属于亚共析钢，为得到细小珠光体 + 铁素体组织，终轧温度要略高于 Ar_3 相变点，终轧温度在 980℃左右。同时为使加入的 V 元素达到固溶强化和析出强化作用，也要求终轧温度低于 1000℃。因此，为更好地充分细化奥氏体晶粒和控制终轧温度，精轧温度应控制在 830 ~ 880℃（在精轧机最大负荷范围内），同时投入精轧机架水冷（水冷导卫冷却）和加大辊环冷却水压力，目的在于降低在精轧中轧制时产生的温升，促使晶粒细化。

（2）吐丝温度：轧制时，特别是轧制小规格棒线材时，容易出现吐丝断流和水箱堆钢故障。规格越小，越敏感，工艺难以顺行。需采取大幅度降速或减少精轧后水箱压力和流量方法，但会造成整体产量低下，穿水吐丝温度控制困难。因此，结合实际设备条件，确保工艺顺行，精轧后水箱采取轻穿水，以减少氧化铁皮，吐丝温度低于 1000℃。由于钢是低温轧制，奥氏体原始晶粒已比较细小，吐丝温度的提高对晶粒粗化程度影响很小。

（3）斯太尔摩风冷设计：HRB400 属于低合金钢，淬透性较高，坯料中加入 V 微合金元素使“C”曲线往右下方偏移。“C”曲线位置与冷却速度有很大关系，冷却速度越低，则“C”曲线向右下移动距离越小。通过细化奥氏体晶粒和选择合理的冷却速度，可避开马氏体和贝氏体转变区，获得大量的细小珠光体 + 铁素体 + 少量贝氏体的理想组织。

B　V-N 微合金化生产 500MPa 高强钢筋

a　化学成分

国家标准中 HRB500 钢筋 C、Si、Mn 等成分和 HRB335 钢筋、HRB400 钢筋基本相同，Ceq 比 HRB400 钢筋只提高 0.01%，而屈服强度比 HRB400 钢筋提高了 100MPa，抗拉强度提高 60MPa。因此，成分上常规元素的含量范围可以参照 HRB400 的成功生产经验，同时适当的提高微合金元素 V 的含量。V 的含量可以参照表 5-5 选取。HRB500 的内控成分如表 5-5 所示。

表 5-5　HRB500 钢筋化学成分

标　准	化学成分(质量分数)/%						Ceq/%
	C	Si	Mn	P	S	V	
GB/T 1499.2—2018	≤0.25	≤0.80	≤1.60	≤0.045	≤0.045	—	≤0.55
内控成分	0.20 ~ 0.25	0.20 ~ 0.70	1.35 ~ 1.6	≤0.045	≤0.045	≤0.12	0.45 ~ 0.55

b　加热制度

综合考虑 HRB500 钢筋的化学成分、微合金元素、固溶温度、微合金元素对晶粒的影响以及加热炉工况条件等，确定轧制温度制度如下：加热炉预热段不高于 1000℃，加热段 1180 ~ 1250℃，均热段 1170 ~ 1220℃，钢坯头尾温差不大于 30℃，横截面温差不大于 40℃，炉膛保持微正压，钢坯在炉内停留时间 70 ~ 90min，确保钢坯加热温度为 1050 ~ 1150℃。为避免加热时间过长造成粗大的原始奥氏体晶粒，当因故停轧时要进行降温操作，开轧温度 1000 ~ 1100℃。

c　轧制工艺流程

HRB500 钢筋的轧制工艺流程如下：

165mm × 165mm 连铸坯→加热炉加热→高压水除鳞→粗轧机组→1 号剪剪切→中轧机组→2 号剪剪切→精轧机组→3 号倍尺飞剪→冷床→4 号定尺摆剪→收集→检验→包装→

检验入库

(1) 孔型选择。孔型系统采用全连续轧制，第 1 ~ 3 机架采用箱型孔型系统，其余采用椭圆-圆孔型系统。轧机采用平立交替布置，有利于轧制过程中实现无扭转。根据钢坯断面的变化，在第 1 ~ 9 机架轧机之间采用微张力轧制，9 ~ 16 机架轧机之间采用活套轧制，通过合理设定微张力和活套高度，使机架间达到稳定的微张力轧制，有利于轧制尺寸的稳定。对于各机架变形量的分配，充分利用粗轧机能力大的特点，在粗轧机组采用大变形、大延伸。椭圆孔延伸系数取 1.35 ~ 1.40，圆孔取 1.25 ~ 1.30。中轧机变形量逐渐减小，成品前孔延伸系数取 1.25 ~ 1.30，成品孔取 1.15 ~ 1.20。通过对成品前和成品机架的调整，以及 13 号入口导卫的调整，消除钢筋横肋错位，保证了产品表面质量。

(2) 铣槽参数的确定。外形尺寸对于钢筋的性能稳定性有一定的影响，特别是大规格钢筋易在横肋根部出现冷弯裂断。为了从根本上消除这种现象，对铣槽参数重新优化，产品标志倾角（横肋中心线与钢筋纵轴线夹角）由原来的 62°增加到 65°，同时将横肋深度及刻字深度在标准许可的范围内尽量减小，将内径稍微增大，并对单位体积内的金属量重新进行了计算，以保证其沿长度方向质量（重量）的均匀性，并保证钢材的通条弯曲度符合标准要求。同时在横肋加工完毕后对横肋的根部进行圆角修磨，从设计角度上消除了造成冷弯不合的因素。

(3) 轧制速度。由于 HRB500 钢筋合金含量较高，因此在轧制过程中应控制好轧制节奏和速度，使其温度均匀，达到晶粒细化的目的，保证产品有正常的金相组织和足够的强度。

C V-N 微合金化生产 600MPa 高强钢筋

a 化学成分

国家标准中 HRB600 的 Si、Mn、P 和 S 含量要求均与 HRB400 和 HRB500 钢筋相同，不同的是 C 含量上限由 0.25% 提高至 0.28%，碳当量上限提高到 0.58%。在现有 HRB400 和 HRB500 产品中，C、Si 和 Mn 等常用合金元素的含量已接近 GB 1499.2 的上限值，即 0.25%、0.80% 和 1.60%，若要开发 HRB600，C、Si 和 Mn 含量的上升空间不大。因此选择继续增加 V 的含量。由图 5-10 可以看出，要想依靠钒微合金化获得较高的强度增幅，必须控制好钢筋中 N 的含量。资料显示，每增加 10×10^{-6} 的 N，屈服强度可提高 7 ~ 8MPa。钒氮微合金化通过优化钒的析出从而细化铁素体晶粒，充分发挥沉淀强化和细晶强化的作用，大大改善了钢的强韧性配合，对高强度低合金钢强度的贡献超过了 70%。从目前少量的数据来看，600MPa 高强钢筋中的 N 含量控制在 $(150 \sim 250) \times 10^{-6}$ 以内较为合适。

从实验数据和各钢厂成功的经验来看，以 V 微合金化生产 600MPa 级高强钢筋，V 含量至少应在 0.14% 以上。而实验室 80kg 小钢锭数据表明，当 V 含量超过 0.20% 时，虽然组织中的贝氏体含量与 0.14% V 的量相当，但在拉伸时却发生了脆性断裂。综合实验室研究结果，确定 HRB600 的工业化试制成分如表 5-6 所示。该成分以 V 微合金化为主，碳当量控制在 0.536%。V 的实际控制量可根据钒氮的合金强化效果以及钢筋规格进行调整。在保证不出现贝氏体和不影响焊接性能的情况下，C 含量可在中低强度钢筋的基础上适当上调，这样有利于提高强屈比。

表 5-6　HRB600 的工业化试制成分（质量分数）　（%）

钢　种	C	Si	Mn	V
HRB600	0. 20 ~ 0. 28	0. 30 ~ 0. 80	1. 20 ~ 1. 60	0. 14 ~ 0. 20

b　冶炼工艺

600MPa 级高强钢筋的冶炼工艺流程与中低强度钢筋的基本相同，即“转炉或电炉冶炼 + 精炼 + 方坯连铸”，具有流程短、设备简单、能耗低、生产率高、成本低等特点。

对于采用 V-N 微合金化生产的方式，在选择转炉或电炉时，应重点关注两种冶炼方式在 N 含量控制稳定性上的差别。钢中 N 含量的提高虽然有助于增强 V 的析出强化作用，但如何在炼钢过程中实现 N 含量的跨越式提升，实现 N 含量的稳定控制，同时避免诸如皮下气泡的产生等负面问题，是目前亟待解决的技术难题。除了钒氮合金中的氮之外，还可考虑缩短生产周期、加快连铸速度等措施，尽可能保留钢中的 N。

由于强度级别较高，对夹杂物、裂纹、偏析等钢材常见缺陷的敏感性增大，因此，冶炼过程中对夹杂物尺寸和数量的控制、元素偏析的控制，以及 P、S 等有害元素的控制，也应比中低强度钢筋的要求更加严格。

c　控轧控冷工艺

采用较低的温度轧制有利于细化晶粒，提高强度。但是开轧温度过低会引起轧机超负荷报警。而且 600MPa 级高强钢筋的强度本身就比较高，轧制过程中的变形抗力也比中低强度的钢筋高。综合考虑，宜将开轧温度定为与中低强度钢筋相同的 1050℃。

上冷床温度在 1000℃以上，距离相变开始温度 800℃有较大差距。冷床上相变前冷速为 3℃/s，相变后冷速约为 2. 4℃/s。若生产现场的水冷设施能够实现分级可控，使轧件快速冷却至马氏体相变温度以上停止，则有望降低铁素体和珠光体相变前冷速，提高钢筋性能。由于高强钢筋添加有较多的合金元素，本身淬透性比较强，若水冷速度难以控制，在冷速过快的情况下容易导致出现大量的贝氏体或马氏体。在设备条件不具备可控性的情况下，不建议进行穿水冷却。

5. 3. 3. 4　V-N 微合金化生产抗震高强钢筋

建筑物的抗震性能历来是建筑设计的重要指标，中国汶川、玉树地震以及海地、智利、日本福岛等地地震发生后，建筑物的抗震性能进一步引起了社会各界的广泛关注。为了提高建筑物的安全性，满足抗震设防要求，西方发达国家提出了明确的指标要求：首先，抗震钢筋需要高强度。欧洲标准明确要求抗震钢筋强度为 400MPa、500MPa 级别的高强度钢筋；其次，对钢筋的塑性指标提出了更高的要求，包括：强屈比大于 1. 20 或 1. 25，均匀伸长率大于 8% 或 10%；要求钢筋性能的一致性，即窄屈服点波动范围，实际屈服点与指标值之比小于 1. 30。为了体现抗震性能，参照国外标准，我国 GB/T 1499. 2—2018 明确提出了抗震钢筋的要求，与普通钢筋相比，抗震钢筋增加了强屈比、屈标比、均匀伸长率三项质量特征值，即：$R_{m}^{\circ}/R_{eL}^{\circ} \geqslant 1.25$，$R_{eL}^{\circ}/R_{eL} \leqslant 1.30$，$A_{gt} \geqslant 9\%$。抗震钢筋较高的强度和良好的塑性，使钢筋从变形到断裂的时间间隔变长，有效地实现了“建筑结构发生变形到倒塌的时间间隔尽可能延长”、“牺牲局部保整体”的抗震设计目标。

A　化学成分

为保证 HRB400E、HRB500E 抗震钢筋具有较为稳定的工艺力学性能及组织形态，生产工艺主要采用热轧工艺。化学成分设计分两部分考虑，一部分是常规元素含量，另一部分是微合金元素含量。其成分设计原则有以下几点：

（1）在国家标准允许范围内，充分利用廉价的 C 元素。考虑到 C 含量波动大不利于轧钢工艺对钢筋性能的稳定控制，成分设计缩小了 C 含量波动范围。

（2）充分利用 Mn、Si 常规元素，Mn 有利于淬透性和抗拉强度的提高，成分设计适当提高并控制钢中 Mn 含量；Si 能提高钢的强屈比和抗疲劳性能，改善抗震性能。成分设计在保证脱氧深度的基础上，控制钢中合适的 Si 含量。

（3）微合金元素的利用，目前通常采用 Ti、Nb、V 元素。在这三种微合金化元素中，Ti 与氧的亲和力非常强，对脱氧、连铸工艺要求较高，其回收率较低且不稳定，在生产过程中很容易产生大包、中包水口结瘤现象。Nb 在沉淀强化及细化铁素体晶粒方面作用较强，但含 Nb 钢对生产工艺的要求较为严格，要求低温大变形轧制，对设备性能要求较高。而目前钢筋的线棒材轧机是固定孔型轧制，生产线均实现高效轧制，速度很快，不利于含 Nb 钢要求的低温大变形的工艺条件；就 V 而言，其沉淀强化作用较强，同时具有一定的细化晶粒作用，对炼钢、轧钢工艺控制要求相对不高。综上分析，为确保高强抗震钢筋大批量稳定化生产，微合金元素宜选择 V。

根据上述分析，制定钒氮微合金化热轧工艺生产 HRB400E、HRB500E 高强抗震钢筋化学成分控制要求如表 5-7 所示。

表 5-7 抗震高强钢筋化学成分控制要求

牌 号	化学成分(质量分数)/%					
	C	Si	Mn	P	S	V
HRB400E	0.20～0.24	0.35～0.55	1.25～1.50	≤0.045	≤0.045	0.035～0.055
HRB500E	0.20～0.24	0.35～0.65	1.35～1.55	≤0.045	≤0.045	0.080～0.110

B 工艺路线

采用“转炉冶炼→出钢全程底吹氩→小方坯连铸→步进梁式加热炉加热→18 机架全连续棒材轧机轧制”的工艺路线，轧制 HRB400E、HRB500E 高强抗震钢筋。

a 炼钢工艺

为了准确、稳定地控制化学成分，转炉冶炼实行定量装入，严格控制铁水、废钢等原材料品质，控制终点碳含量不低于 0.04%，出钢温度低于 1680℃。为了更好地促进钢水成分、温度的均匀与钢水洁净度的改善，冶炼过程采用顶底复吹冶炼。出钢时加入复合脱氧剂、高碳锰铁、硅铁、钒氮合金进行脱氧合金化，重点控制好复合脱氧剂和钒氮合金的加入时机和加入量。为确保 V 具有较高且稳定的回收率，终脱氧后再加入钒氮合金。脱氧合金化顺序为：复合脱氧剂→高碳锰铁→硅铁→钒氮合金，出钢至 3/4 时加完合金。

b 轧制工艺

采用 18 机架平立交替布置的高刚度短应力线全连续式棒材轧机轧制，分为粗轧、中轧、精轧三个机组，每个机组由六架轧机组成。公称直径 12～14mm 采用三切分轧制，公称直径 16～18mm 采用两切分轧制，公称直径 20mm 及以上规格采用单线轧制。铸坯经蓄热式加热炉加热 50～70min，均热段温度控制为 1100～1150℃，开轧温度控制为 1000～1030℃；粗轧 6 个道次，中轧 5～6 个道次，精轧 2～5 个道次；精轧温度低于 1010℃。精轧后钢筋上翻转冷床置于空气中自然空冷至室温。

5.3.3.5　Ti 微合金化生产高强钢筋的尝试

由于 V、Nb 本身价格较高，采用 V、Nb 微合金化生产高强钢筋的利润空间越来越小。钛的价格比钒、铌的价格低得多，而且随着近年来冶金工艺控制水平的提高，尤其是洁净钢冶炼工艺技术的成熟发展，钢中的有害元素能够得到有效的控制。同时随着对轧制工艺与冷却工艺的精确控制，以往钛微合金钢生产存在的问题有望得到解决。因此，在目前严峻的市场环境下，结合企业实际研发新的高强度、低成本的螺纹钢就显得十分迫切，具有巨大的经济效益和社会效益。

北京科技大学与珠钢合作开发了 Ti 微合金化的高强度耐候钢用做集装箱板。发现微量 Ti 的碳、氮化物对钢有明显的析出强化作用。由图 5-11 可知，当 Ti 含量为 0.04% ~0.1% 范围内，随 Ti 含量的增加，屈服强度可增加约 300MPa，这是纳米钛的碳、氮化物析出强化贡献。因此，可以通过 Ti 微合金化的 C-Si-Mn 系来生产高强度、低成本的螺纹钢。

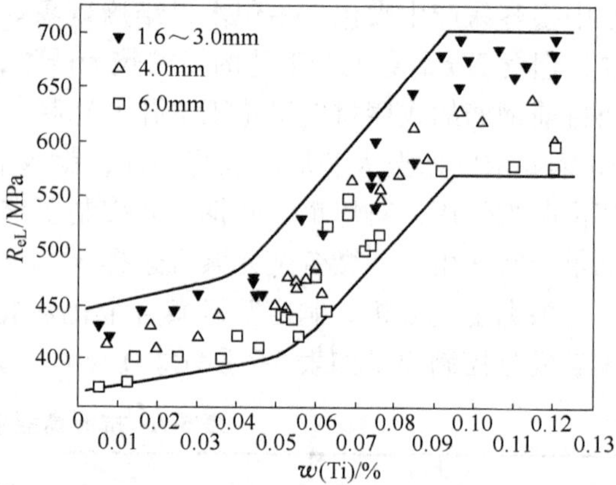

图 5-11　带钢 Ti 含量、厚度与屈服强度的关系

A　Ti 微合金化技术特点

将微量钛加入到低合金化高强度钢中，可以改善钢的冷成形性能和焊接性能，并能提高钢的强度。钛能提供可观的沉淀强化效果，同时还能细化晶粒。由于钛的化学活性很大，所以易和氧、硫、碳、氮等形成化合物。钛与氧、硫、碳、氮等形成的化合物使钛在钢中的作用主要表现为以下几点：

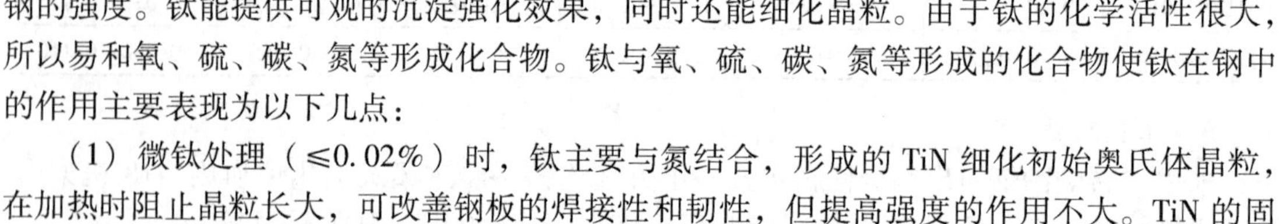

(1) 微钛处理（≤0.02%）时，钛主要与氮结合，形成的 TiN 细化初始奥氏体晶粒，在加热时阻止晶粒长大，可改善钢板的焊接性和韧性，但提高强度的作用不大。TiN 的固溶度非常低，在钛含量适宜（0.01% ~0.02%）时，才能同时满足各方面要求。钛含量过低，得不到足够的 TiN。

(2) 钛与硫有较强的亲和力，可以生成 $Ti_4C_2S_2$，可用来改善钢板的横纵向性能差和进行夹杂物形态的控制。

(3) TiC 可起到沉淀强化的作用，超出 Ti/N 理想化学配比的钛固溶在钢中或以细小 TiC 质点形式析出，起到沉淀强化的作用。对于含钛量较高的钢（钛微合金钢），轧制时 Ti(C,N) 粒子在奥氏体高温区析出，能阻止奥氏体的再结晶长大过程，最终使铁素体晶粒细化；而在冷却和卷取过程中，相间沉淀或相变后在铁素体内析出的 TiC 粒子能产生强烈的沉淀强化效果。

B　含钛析出物的沉淀析出及相关影响因素

钛与合金元素的亲和力从大到小的顺序是：氧→氮→硫→碳，即钛的各类化合物稳定性递减的顺序为：Ti_2O_3→TiN→$Ti_4C_2S_2$→Ti(CN)→TiC。

钢中钛基本全部析出。钛的析出过程同时受到动力学和热力学因素的影响。当钛含量较低时，钛首先结合钢中的氮，几乎全部形成 TiN$\left(\frac{w(\mathrm{Ti})}{w(\mathrm{N})}\approx 3.4\right)$，此时不能形成 $Ti_4C_2S_2$，钢中的硫以 MnS 形式存在；当钛含量增加并超过$\frac{w(\mathrm{Ti})}{w(\mathrm{N})}>3.4$ 时，开始形成 $Ti_4C_2S_2$，此时 MnS 与 $Ti_4C_2S_2$ 并存；当钛继续增加到可将钢中的氮和硫全部固定时，即钛含量超过 $w(\mathrm{Ti})=3.4w(\mathrm{N})+3w(\mathrm{S})$时，$Ti_4C_2S_2$ 将全部代替 MnS，此时钛的沉淀强化作用很小；当钛含量继续增加时，多余的钛与碳结合形成 TiC。在低温时，细小而弥散的 TiC 析出，能起到析出强化作用。

在控制轧制时钛合金元素碳氮化物的析出，可以分为三个阶段：

（1）均热未溶的微合金碳氮化物质点将通过质点钉扎晶界机制而阻止均热奥氏体晶粒的粗化，保证得到细小的均匀奥氏体晶粒；

（2）在控轧过程中应变诱导析出相通过钉扎晶界和亚晶界的作用而显著阻止奥氏体再结晶和晶粒长大；

（3）在控制轧制相变发生以后，残留在奥氏体中的微合金元素进一步在相间或铁素体中析出，产生显著的析出强化效果。

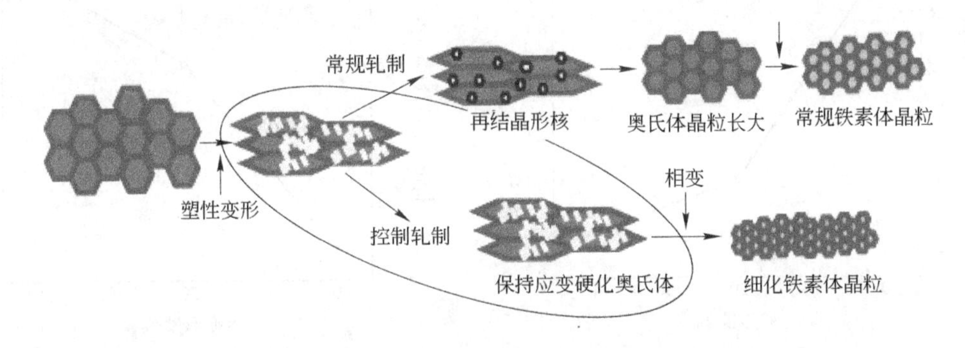

图 5-12 控制轧制与常规轧制的比较

a 温度与钛的化合物沉淀析出的关系

研究表明，在温度低于1200℃后，钛主要以 Ti(C,N)第二相质点形式存在（占总量的80% ~95%）。图 5-13 和图 5-14 给出了质点平均尺寸及数量随温度的变化曲线。析出

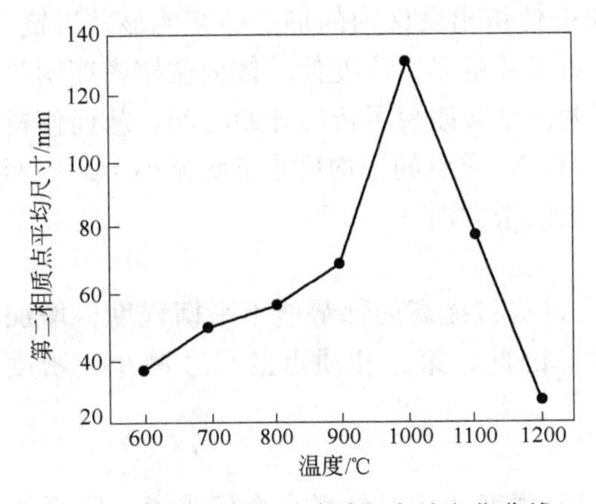

图 5-13 质点平均尺寸随温度的变化曲线

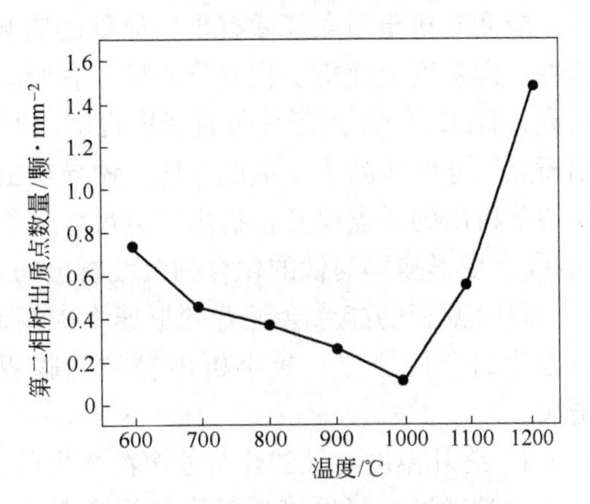

图 5-14 质点数量随温度的变化曲线

质点的平均尺寸随着温度降低，开始时增加，而后下降，出现一个极大值；析出质点数量随着温度降低，开始时减少，而后增加，出现一个极小值。

b　变形量与钛的化合物沉淀析出的关系

图 5-15 和图 5-16 给出了 Ti(C,N)第二相析出质点平均尺寸及数量随变形量的变化关系。钛的溶质原子在 γ 相热变形期间，对塑性变形的阻碍作用比基体大，这就使溶质原子周围微区内的 γ 相基体要发生更大的弹塑性畸变，该微区的形变储存能明显高于基体中的平均形变储存能。当钛原子扩散到其他地方析出或就地析出时，这一微区内的形变储存能的很大一部分将被释放出来，从而促进析出反应的进行。另一方面，应变 γ 相中析出的 Ti(C,N)总是在晶体点阵畸变较大的地方如位错、亚晶界、晶界等缺陷处优先形核析出，这些点阵缺陷处的形变储存能比基体的平均形变储存能高得多。形核反应中这些形变储存能的很大一部分将被释放出来，促进析出反应的进行。变形奥氏体中沉淀的析出要比未变形奥氏体中沉淀的析出快得多。

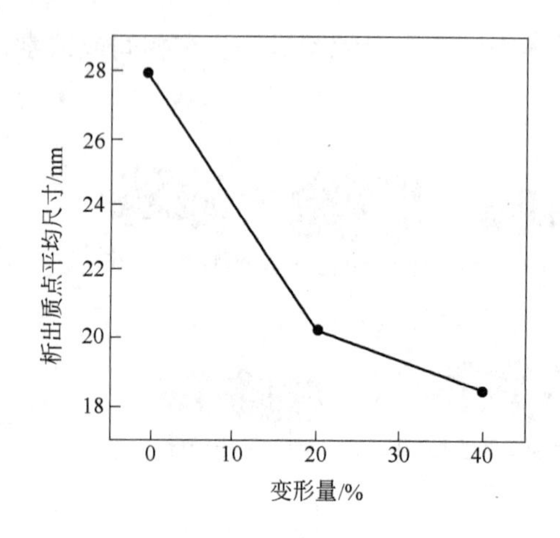

图 5-15　析出质点平均尺寸与变形量的关系

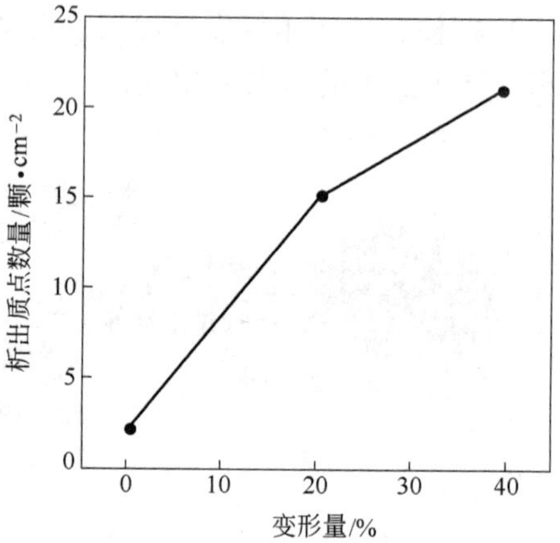

图 5-16　析出质点数量与变形量的关系

在确定的变形温度及其他条件下，γ 相基体的平均形变储存能随着变形量的增大而增高，且钛溶质原子及其他晶体缺陷处的形变储存能也越高。这就使析出反应化学自由能的变化值增加越大。

应变对析出质点尺寸有十分显著的影响，应变使析出微区内的形变储存能显著升高，这在一定程度上使析出临界核心尺寸有所减小；更重要的是，应变使基体内位错密度明显增高，Ti(C,N)质点形核位置密度也随之明显增大，显著缩短了析出开始时间，从而使析出质点尺寸明显减小。由此，应变诱导析出的 Ti(C,N)质点的平均尺寸将明显小于无应变状态下析出的质点尺寸，析出质点尺寸随着应变量的增大而减小。

c　变形速率与钛的化合物沉淀析出的关系

瞬时蓄积的能量会随着变形速率提高而增大，这将提高内部势能不平衡程度，增加析出物的形核部位，减小析出颗粒的临界尺寸。因此，第二相质点的尺寸减小，密度增大。

d　终轧温度与钛的化合物沉淀析出的关系

一般来讲，降低终轧温度能提高普碳钢的屈服强度，但对钛微合金钢来说，降低终轧温度将会降低钛微合金钢的屈服强度。原因是降低钛微合金钢的终轧温度将细化铁素体晶粒，对屈服强度的提高有利；终轧温度的变化将减小相变前奥氏体晶粒尺寸，从而使铁素体晶粒得到细化，导致细晶强化组分增加；降低终轧温度将诱发更多的Ti(C,N)在奥氏体区析出，这种析出物尺寸较大，对强度贡献不大，却降低了溶解在奥氏体中的Ti(C,N)，削弱了在低温区析出粒子的数量，使沉淀强化组分随终轧温度降低而降低；此外，降低终轧温度使 $\gamma \rightarrow \alpha$ 转变温度升高，增大了质点的尺寸，沉淀强化的作用被削弱。总之，终轧温度的降低使沉淀强化作用大为减弱，其对屈服强度降低的作用占主导地位。此时屈服强度降低的作用超过了晶粒细化提高屈服强度的作用。

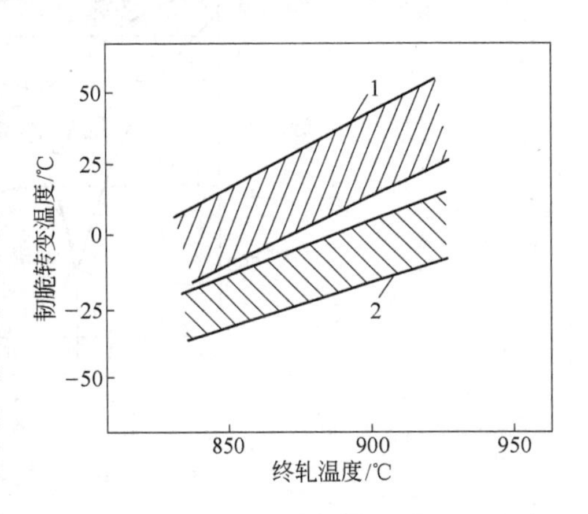

图5-17　终轧温度对韧脆转变温度的影响

1—屈服强度为550MPa；2—屈服强度为345MPa

与此同时，采用低的终轧温度，并增加终轧机架上的变形量，可以使韧脆转变温度降低（图5-17）。

5.3.4　钢筋热处理工艺

5.3.4.1　余热处理钢筋

轧后余热处理钢筋是指在生产线上利用钢筋的余热直接进行热处理的工艺，也就是将轧钢和热处理工艺结合在同一生产线上，通过对冷却参数的调控，改善钢筋的性能、提高强度的工艺技术。其基本原理是钢筋从轧机的成品机架轧出后，经冷却装置进行快速表面淬火，然后利用钢筋心部热量由里向外进行自回火，并在冷床空冷至室温。该技术能有效发挥钢材的性能潜力，通过各种工艺参数的控制，改善钢筋性能，在钢筋强度大幅度提高的同时，保持较好的塑韧性，保证钢筋的综合性能满足要求。由于大幅度降低了合金元素的用量，节约了生产成本。

轧后余热处理钢筋包括三个阶段：

（1）表面直接淬火阶段。轧后钢筋进入快速冷却装置，此时钢筋表层发生马氏体相变，表层和心部的过渡区有少量的贝氏体及铁素体、珠光体组织，心部依然为奥氏体。

（2）自回火阶段。钢筋出了冷却装置后，在辊道和上冷床过程中，心部热量向表层扩散使表层马氏体组织发生回火转变，但是由于表层到心部的温度梯度很大，事实上表面淬火层的组织为混合组织，即为回火马氏体（回火索氏体）组织 + 贝氏体、索氏体、屈氏体组织，但是心部依然为奥氏体组织。

（3）心部组织转变阶段。依据冷却条件的不同和钢筋尺寸的不同，心部发生铁素体、珠光体转变并伴有少量其他低温组织。钢筋表层及心部温降示意图见图5-18。

由轧后余热处理工艺的基本原理可知，余热处理钢筋主要是通过相变强化机理来提高钢筋强度的。热轧钢筋采用余热处理工艺，可用低碳钢（Q235）或低合金钢（20MnSi）

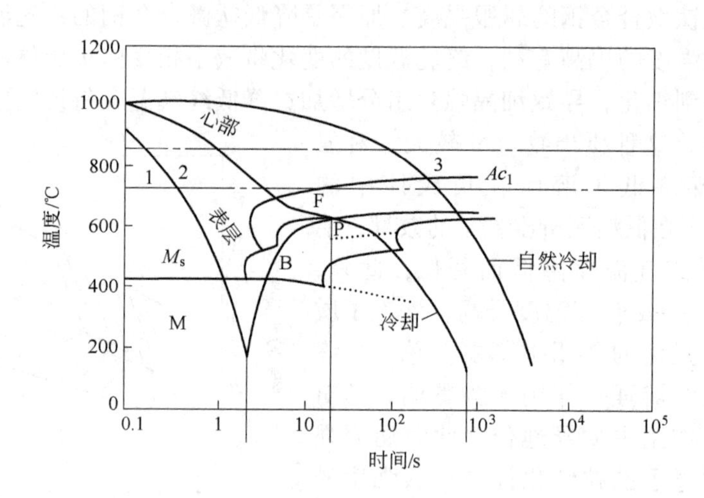

图 5-18　钢筋表层及心部温降示意图

生产 400MPa、500MPa 级高强钢筋。余热处理钢筋成分设计的基本原则为：

（1）对于 400MPa 级热轧钢筋产品，通常采用 20MnSi 低合金钢或 Q235 普碳钢的成分范围；

（2）对于 ϕ25mm 以下规格 500MPa 级的热轧钢筋产品，通常采用 20MnSi 低合金钢或 Q235 普碳钢的成分范围；

（3）对于 ϕ25mm 以上规格 500MPa 级的热轧钢筋产品，通常采用 20MnSi 低合金钢的成分范围。

5.3.4.2　调质处理钢筋

热轧钢筋经过淬火、回火调质处理得到的高强度钢筋称为热处理钢筋，也称调质钢筋。热处理钢筋具有强度高、韧性好等特点，是较好的预应力钢材。用这种工艺可生产强度为 830 ~ 1470MPa 级的预应力高强钢筋。

对钢筋的调质处理，可采用电感应加热 + 淬火 + 铅浴回火（也可以用电感应回火）的方法。目前国际上出现天然气炉加热的方法，生产效率大幅提高。淬火、回火是调质钢筋热处理的关键工序，最重要的是选择合适的淬火温度范围及淬火介质。不同的钢种有不同的淬火加热温度范围，保证钢筋既得到最高的硬度，同时又保持钢的细晶粒回火马氏体组织。

调质钢筋目前采用马氏体直接淬火法，冷却介质最常用的为水和油。用电感应加热后，可直接喷水冷却。我国调质钢筋由于其淬透性较大，为避免钢筋淬后开裂，可选用油淬。近年来我国试用过合成淬火剂，效果较为理想。

回火对钢筋性能影响显著。淬火后冷却到 50 ~ 70℃时应当进行回火。回火温度的波动对钢筋性能影响非常明显，应严格控制。

调质钢筋的原材料一般采用中碳低合金钢，牌号有：40Si2Mn、48Si2Mn 和 45Si2Cr 等。经调质处理后，成品钢筋性能达到 $R_{p0.2} \geqslant 1325$MPa，$R_m \geqslant 1470$MPa，$\delta_{1.0} \geqslant 6\%$。但是，当钢筋强度超过 1000MPa 时，对氢致缺陷十分敏感，因此需要对化学成分进行严格控制。

5.4 典型棒线材合金系统设计与工艺控制

5.4.1 非调质钢棒材分类及特点

5.4.1.1 非调质钢棒材组织类型及特点

非调质钢按用途可以分为热轧、热锻非调质钢，易切削非调质钢，冷作硬化非调质钢；按强度、韧性可分为基本型、高韧性型、高强度型、高强度高韧性型非调质钢；按获得的组织可以分为铁素体-珠光体型、贝氏体型、马氏体型等种类的非调质钢。

A 铁素体-珠光体型非调质钢

铁素体-珠光体型非调质钢是早期发展起来的微合金非调质钢，对于铁素体含量高的钢（$w(C)<0.25\%$），非调质钢的强度提高主要依靠铁素体晶粒的细化。而随着碳含量的增加，珠光体含量达到一定数量时，铁素体的作用逐渐减弱，珠光体团尺寸及其片层间距对强度的影响变得突出起来。因此，调整钢中碳含量，控制组织中铁素体和珠光体的相对量，便可以调整钢的强度。图 5-19 为珠光体体积分数及各种强化因素对 C-Mn 钢屈服强度的影响。

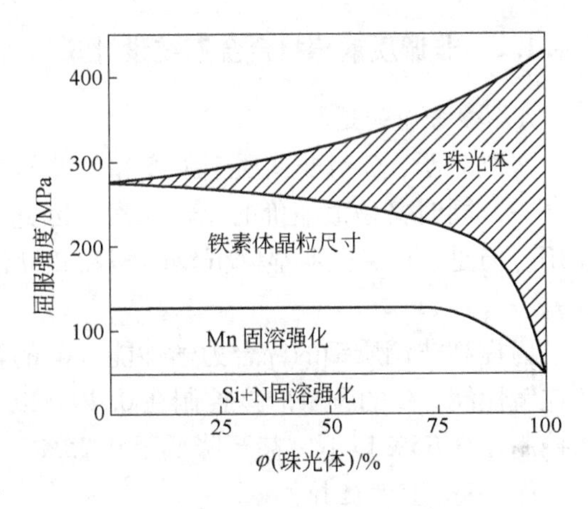

图 5-19 珠光体体积分数 φ 及各种强化因素对 C-Mn 钢屈服强度的影响

对于热锻状态下使用的铁素体-珠光体型钢，晶粒细化的最有效方法是在加热时防止奥氏体晶粒的粗化。为此，在进行热锻或热轧之前的加热时，为防止晶粒粗化，在钢中添加铝和钛等元素，通过析出 AlN 和 TiN 来钉扎奥氏体晶界是非常有效的措施之一。另外，研究发现，经过微钛处理的各种强度水平的非调质钢，冲击韧性的韧脆转变温度平均下降 40℃ 以上。

B 贝氏体型非调质钢

贝氏体非调质钢一般碳含量低、韧性好、强度高。在中碳钢基础上降碳、添加扩大贝氏体转变区域的元素（如 B、Mo、Cr、Mn 等）、用微合金化元素细化晶粒，再通过控冷，得到的贝氏体组织非调质钢强度可达 1200MPa，韧性也比高强度非调质钢 F + P 型有所改善。

低碳贝氏体非调质钢强度的组织控制因素为：

（1）贝氏体铁素体的细晶强化。对于粒状贝氏体，贝氏体的铁素体基体尺寸对强度的影响遵循 Hall-Petch 关系式。对于条束状贝氏体，条束对断裂的阻碍作用是主要的，奥氏体晶粒对强化也起作用，但处于次要地位。条束就相当于控制强度的“有效晶粒”，条束尺寸对强度的影响也遵循 Hall-Petch 关系式。

（2）碳化物的沉淀析出。析出的碳化物的弥散度、尺寸和数量对强化效果有影响，析出物的弥散度随相变温度的下降而增大。对于粒状贝氏体，其铁素体基体上分布的 M/A 岛等第二相组织的分布、尺寸和数量，对铁素体基体的强度也有同样的影响。

（3）固溶强化。在低碳贝氏体钢中，贝氏体相变温度区域位置比较高，所以贝氏体铁素体中，间隙固溶的碳原子数目非常有限。其强化作用实质上是气团与位错交互作用的结果。当铁素体间隙固溶碳为0.01%时，对强度的贡献约为140MPa。显然，低碳贝氏体型钢的间隙固溶强化并非为主要的强化因素。Si、Mn、Cr等元素可产生置换固溶强化。由于置换型溶质原子往往使基体金属的点阵产生“对称畸变”，因此强化效果通常不甚强烈。

（4）亚结构强化。铁素体内的位错可能与协作切变相变和碳化物沉淀有关，位错密度很高时会形成亚晶界。位错密度越高及亚晶尺寸越小，贝氏体强度就越高。

C 马氏体型非调质钢

低碳马氏体型非调质钢由美国首先开发成功，强度可达1400MPa，强韧性达到合金调质钢的水平。为了保证高韧性，这类钢的碳含量一般在0.10%以下。但过低的碳含量会导致强度不足。为得到980MPa级的高强度，碳含量一般不得低于0.04%。

马氏体型非调质钢的特点是热锻后不需要淬火回火处理，降低了成本；在强度级别相同的钢种中，该钢种的韧性最好，屈服强度和疲劳强度高，切削性也优于硬度相同的调质钢。

5.4.1.2 非调质钢棒材合金系统设计

A 碳含量的选择

研究表明，C对非调质钢强度和硬度的影响最显著。C是非调质钢中最有效的强化元素之一，同时又是最廉价的化学元素。因此，在可能的条件下，应当充分利用和发挥C的作用。但是，C又是明显降低钢的塑性和韧性的元素。并且，C的含量越高，其焊接性能越差。

为提高非调质钢的综合力学性能，碳的含量应该控制在0.55%以下。为改善非调质钢的连铸性能，C的含量应该控制在0.40%以下。为进一步提高非调质钢的韧性，C含量应该控制在0.35%以下，甚至降低至0.25%。

B 锰含量的选择

Mn是合金元素中对非调质钢的强度，并且通常对韧性也具有良好作用的元素。锰铁合金的价格较低，选择合适的Mn含量，有利于提高非调质钢的性能，并且具有较高的性价比。

Mn对非调质钢的强度有明显的影响。采用C含量为0.22%的钢进行实验，当Mn的含量从0.75%提高到1.44%时，在塑、韧性基本不变的情况下，屈服强度可提高69MPa，抗拉强度提高100MPa。为保证非调质钢的强度，钢中$w(Mn)/w(C)>2$是必要的。

Mn对改善具有铁素体+珠光体组织非调质钢的韧性是有效的。但是，Mn也具有降低非调质钢韧性的作用。如提高其含量，将增加珠光体的体积分数而不利于韧性的提高。而且Mn的含量过高时，易出现贝氏体组织。这将恶化钢的韧性，并且对热、冷加工等工艺性能产生不利的影响。

C 硅含量的选择

Si能显著强化铁素体，具有较强的固溶强化效果。Si又可增加非调质钢中铁素体的体积分数，有利于提高韧性。但Si的含量过高，将降低钢的韧性和其他工艺性能。因此，非调质钢中的Si的含量不宜高于0.70%。

D 微合金化元素

(1) Nb 可以显著阻碍奥氏体再结晶，有利于实现未再结晶区轧制细化晶粒。但是含铌非调质钢屈强比较高，焊接性能较差，且铌元素较贵。为达到非调质钢的最终强度要求需要保证一定的 C 含量(w(C)一般控制在 0.05% ~0.25%)，这就导致 Nb 的固溶量下降。

(2) V 是通过在奥氏体中以细小的 VN、VC 或 V(C,N)析出，起到析出强化作用；也能在一定程度上细化晶粒，起到细晶强化作用。但是含钒非调质钢受 N 含量影响性能波动较大，因此需要严格控制 N 的含量。

(3) TiN 粒子为高温析出相，可以阻碍高温奥氏体晶粒的长大。Ti 元素较便宜但是收得率较低，冶炼过程中需要严格控制 O、N 等元素含量。

E 易切削元素的选择

为进一步提高非调质钢的切削加工性能，常添加一定数量的易切削元素，如 S、Ca、Pb 等。由于 Pb 的污染等问题，目前主要采用 S 作为易切削元素，并且对 S 的含量控制在较低水平，一般为 0.035% ~0.075%。

5.4.1.3 非调质钢棒材生产工艺控制

某钢厂自主研发的非调质钢 SG45 主要用做轴杆类零件，其主要成分见表 5-8。

表 5-8 SG45 钢的化学成分（质量分数） (%)

C	Si	Mn	P	S	V	Ti	Al
0.42 ~0.50	0.17 ~0.37	0.50 ~0.80	≤0.035	≤0.035	0.06 ~0.10	适量	适量

热加工工艺参数控制如图 5-20 所示。加热过程中，保证连铸坯在高温均热段(1150 ~1200℃) 停留适当的时间，既促进微合金元素充分溶入奥氏体组织中，为钢材冷却过程中阻止晶粒长大和固溶强化做准备，又防止奥氏体晶粒过度长大。

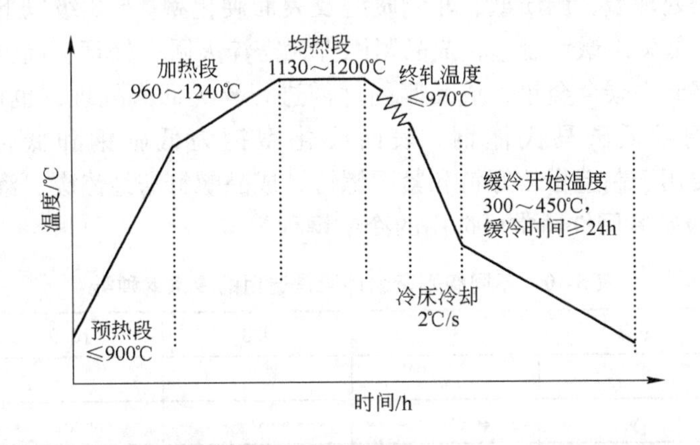

图 5-20 SG45 非调质钢的热加工工艺控制

根据 SG45 钢种特性及轧制过程中钢材温度变化情况，调整轧制节奏、开轧温度、冷却水压力，将钢材终轧温度保持在 950℃，增加形变钢材组织中奥氏体的晶界、形变带、位错和孪晶等晶体缺陷，从而提高变形区的有效晶界面积和形核率，达到最佳的细化晶粒效果。增大钢材在冷床上的排列间距，开启风筒，提高钢材的轧后冷却速度，保证钢材在

800～500℃段冷却速度达到2℃/s，可细化V(C,N)第二相的尺寸，增强其析出强化效果。

钢材温度降至300～500℃时开始缓冷（如在避风处堆冷、放入缓冷房或缓冷坑），通过心部传热进行自回火，可有效减少钢材中位错、滑移等的堆积，降低内应力，改善塑性。要求缓冷时间24h。

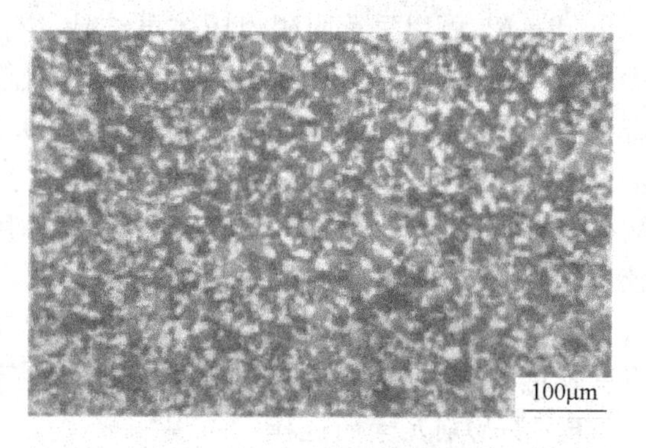

图5-21　SG45钢热轧态组织

表5-9为热轧态SG45钢的力学性能。图5-21为SG45钢轧态组织。钢材轧态力学性能良好，微观组织为珠光体+铁素体，晶粒均匀、细小，晶粒度7.5级，符合一般非调质钢的性能要求。

表5-9　SG45钢热轧态力学性能

项　目	R_{eL}/MPa	R_m/MPa	A/%	Z/%	A_{KU2}	HBW
最大值	530	855	25	50	59	242
最小值	450	690	15.5	31	36	212
平均值	471.1	759.6	20.8	41.4	44	222.5
标准要求	≥440	≥685	≥15	≥30	≥35	210～260

5.4.2　冷镦钢分类及特点

5.4.2.1　冷镦钢组织类型及特点

冷镦钢包括优质碳钢、合金结构钢、双相钢、轴承钢和不锈钢。冷镦钢按其生产工艺路线又可分为非热处理型、调质型、非调质型及表面硬化型。6.8级以下的紧固件多采用非热处理型中碳和低碳冷镦钢制造，成品紧固件无需淬火回火处理。高强度紧固件用钢通常为调质型中碳钢或中碳合金钢，成品紧固件需进行淬火回火处理，也可选用非调质钢、硼钢、F-M双相钢或低碳马氏体钢。表面硬化型钢为低碳钢和低合金钢（ML18A、ML20Cr等），主要用于制造自攻螺钉和紧固螺钉，成品螺钉需经渗碳、渗氮等表面硬化处理。表5-10为各级别紧固件通常可选用的冷镦钢种类。

表5-10　不同级别紧固件通常选用的冷镦钢种类

级　别	6.8	8.8	9.8	10.9	12.9
中碳钢	√	√			
硼　钢	√	√	√	√	
非调质钢	√	√	√	√	
低合金钢		√	√	√	√
合金钢				√	√

冷镦成形过程中，零件的变形量很大（60%～85%），且成形速度快，为避免产生裂纹等缺陷，要求冷镦钢应具有良好的塑性及较高的表面质量。冷镦性能是冷镦钢的重要指

标，通常包括变形能力和变形抗力两方面。一般要求冷镦钢的屈强比为0.5～0.65，断面收缩率大于50%。同时，为避免冷镦开裂，要求钢材表面质量好，无划伤、结疤、微裂纹等缺陷，表面脱碳小。

5.4.2.2 冷镦钢合金系统设计

冷镦钢对钢材的质量要求很高，因而普遍采用炉外精炼和具有电磁搅拌的连铸工艺。其优点是：钢中的C、Si、Mn、Cr、Mo等主要元素可控制在较通常更窄的范围内（见表5-11），钢材均匀性好，产品淬火回火后性能波动范围减小，这对于省略淬火回火处理的冷作强化非调质钢线材尤为重要；能减少P、S、O、N等杂质含量并对其进行控制，从而减少钢中非金属夹杂物的数量（高洁净化），使其微细分散化，以提高钢的冷镦性和改善表面质量。

表5-11 炉外精炼窄成分控制示例

元　素	炉外精炼成分控制范围(质量分数)/%	JIS机械制造用碳钢的许可成分偏差(质量分数)/%
C	±0.01	±0.025
Si	±0.02	±0.1
Mn	±0.02	±0.15
Cr	±0.02	—
Mo	±0.01	—

5.4.2.3 冷镦钢生产工艺控制

A 冷镦钢的冶炼和浇铸技术

冷镦钢在国内主要采用小方坯连铸，其生产工艺流程为：

铁水预处理脱硫→60t复吹转炉→吹氩站喂线→LF炉精炼→140×140mm小方坯连铸→高速线材控轧控冷→成品盘条

钢中的夹杂物（特别是B类（氧化铝类）和D类（球状氧化物类））是造成冷镦开裂和早期疲劳破坏的主要原因，一般成品紧固件的强度级别越高，夹杂物危害越大；且夹杂物尺寸越大，距离表面越近，危害越大。SWRCH45K钢要求最表层夹杂物的临界值在10μm以下。通常要求距表面2mm以内的夹杂物应不大于10～15μm，强度级别愈高，距离表面愈近的有害夹杂物，允许存在的尺寸愈小。因此，应严格控制钢中的夹杂物，特别是结晶器卷渣形成的大型夹杂物。卷渣产生与否，取决于渣、金属界面钢液流速是否超过某一临界速度，而临界速度又取决于渣的黏度、密度、钢-渣界面张力等因素，其中渣的黏度是主要因素。在结晶器、浸入式水口形状参数确定的情况下，渣、金属界面钢液的流速，受铸机拉速和浸入式水口的浸入深度亦即结晶器内钢液面高度的影响。连铸操作中拉速变化频繁，结晶器内钢水液面大幅波动，会造成结晶器保护渣卷入坯壳。

如果坯料表面质量有严重缺陷，在高速线材生产过程中不能得到完全消除，则在材料表面形成冷顶锻过程中的裂纹源。坯料的表面缺陷主要包括：

(1) 坯料表面重皮。钢锭在浇注过程中，由于钢水的喷溅，在铸锭表面就会产生重皮。经过初轧开坯轧制，使重皮更加隐蔽，不易发现，经酸洗后暴露出来。在坯料表面未经过有效清理的情况下，经过轧制，使重皮的缺陷部位拉长，在线材表面形成较细小、断续的裂纹。

（2）坯料表面裂纹。坯料表面的裂纹对于初轧坯料来说不可能完全避免。较小的裂纹经过高速轧制，在表面氧化和延伸的作用下，基本可以消除；较大的裂纹由于氧化层的存在，不能被压合消除，经过高线轧制后被拉长，残留在产品表面。

（3）坯料表面尖锐过度。坯料表面重皮和裂纹等缺陷，如果清理质量不高，在坯料表面留下尖锐过度的棱角。该棱角在经高线轧制时翻倒，由于加热氧化层的存在，缺陷不能弥合，残留在线材表面。

此外，要特别重视对坯料隐形缺陷的检查和控制。如果钢坯内部的气泡、针孔和偏析出现在坯料的表层附近，在经过多道次轧制后，会被拉细和拉长，同样会在产品表面形成微裂纹。因此，应优化冶炼和连铸工艺，以获得具有良好表面质量的钢坯，并防止产生钢坯皮下气泡、偏析和缩孔现象。

B　冷镦钢的轧制技术

a　精密轧制

较高尺寸精度是节约钢材的有效方法之一。精密轧制技术要求严格控制轧制温度，通过计算机控制轧辊间材料的张力，采用减定径机组获得良好的尺寸精度，脱碳均匀和表面缺陷少，并采用在线的光学尺寸测量仪，最终获得尺寸精度极高的线材，从而可省略冷镦前的除鳞和拉拔，降低紧固件的制造成本。

轧制工序是控制尺寸精度的主要环节。而影响精度的主要因素有温度、张力、孔型设计，轧辊及工艺装备的加工精度，孔槽及导卫的磨损，导卫安装和轧机调整，轧机的基座刚度、调整精度，轧辊轴承的可靠性及电传控制水平和精度等。轧件的温度变化将影响变形抗力和宽展，从而造成轧材尺寸的波动。在热轧线材生产中，张力是影响轧材尺寸精度的最主要因素。自动检测和自动控制是影响轧材精度的另一个重要因素。

b　无表面缺陷轧制

冷镦钢轧材的表面缺陷除对模具有损害外，重要的是严重影响到中间产品及最终产品的质量。紧固件厂生产统计表明，冷镦开裂中，约80%是由线材表面缺陷造成的。盘条表面遗留钢坯的裂纹缺陷，轧制过程中产生的折叠、热划伤，集卷、打包以及运输过程中的擦划伤，都会导致冷镦开裂。

（1）表面裂纹。盘条表面裂纹大多由炼钢和轧钢产生。在钢坯表面质量上，钢坯表面裂纹遗留到盘条表面；此外钢坯表面擦碰造成表面凸凹不平，经多道次轧制变形后会形成细小的发纹；钢坯经加热后轧制，表面裂纹附近都会有不同程度的脱碳现象。在高速线材轧制过程中，由于轧槽表面龟裂，经多道次轧制，盘条表面也会出现细小的裂纹。在轧制过程中，轧机冷却水喷淋不均匀，造成钢的局部温度变化，也会形成“发纹”。

（2）划伤。划伤分为热划伤和冷划伤。热划伤在轧制过程中产生；冷划伤是在吐丝后产生的，冷划伤表面附着二次氧化铁皮。严重的划伤用肉眼就能看见，轻微的划伤用放大镜才能看见。吐丝前盘条表面划伤很难发现，主要是表面附着一层厚的氧化铁皮。在轧制过程中，划伤主要是进出口导卫不光滑、轧机导槽及活套轮表面不光滑以及吐丝管磨损造成的划伤。此外，钢丝在拉拔过程中润滑不良，导致拉丝磨具损坏，造成半成品钢丝表面纵向划伤缺陷，也会造成冷镦开裂。

(3) 擦伤。目前冷镦钢产品无外包装，因此盘条端部多数存在擦伤问题；包装时打包机两侧压紧装置磨损与线卷端部摩擦造成擦刮伤；此外在吊运过程中，不规范的装卸造成卷与卷的端部相互刮碰产生擦伤。

(4) 折叠。折叠产生的原因主要是轧制过程中成品前某道次轧件出现“耳子”，或导卫装置安装位置与孔型中心线不在一条线上，会在孔型中发生单侧“耳子”现象，进入下一道次将会产生折叠。宏观难以观察到的细微折叠缺陷以及表面焊接的折叠，直接影响冷镦质量。

表面缺陷产生原因涉及多个工序，分析控制难度较大，一般采取的措施为：

(1) 稳定拉浇工艺、控制铸坯表面质量，对表面缺陷进行彻底清理。

(2) 合理设计轧辊孔型，合理调整轧机压下量，做到勤调、微调，保证料型的稳定性。

(3) 合理安排导卫装置的使用和对中调整，防止导卫松动和偏离轧制线。

(4) 稳定控制轧制温度、机架间张力等轧制工艺参数。

c 控制轧制和控制冷却

由于线材的变形过程由孔型确定，要改变各道次的变形量比较困难，轧制温度的控制主要取决于加热温度。在中间冷却的条件下，无法控制轧制过程的温度变化。在第一套V型机组问世后，摩根公司在高速线材轧机上引入控温轧制技术，即控制轧制。可采用二阶段变形制度或三阶段变形制度进行控制轧制。

线材轧后的温度和冷却速度决定了线材内在组织、力学性能及表面氧化铁皮数量，因而对产品质量有着极其重要的影响。随着高速线材轧机的发展，控制冷却技术得到不断改进和完善。一般线材轧后控冷过程可分为三个阶段：第一阶段的主要目的是为相变做组织准备及减少二次氧化铁皮产生量，一般采用快速冷却到相变前温度，此温度称为吐丝温度；第二阶段为相变过程，主要控制冷却速度；第三阶段相变结束，除有时考虑到固溶元素的析出采用慢冷外，一般采用空冷。

对于中碳含量的冷镦钢，适合采用斯太尔摩缓慢或延迟型冷却；而对于含Cr、Mo、Mn等合金元素的中碳合金钢，由于等温转变时间被显著延长，一般要求以缓慢甚至极慢的速度冷却。这样除能得到较高的断面收缩率外，还具有低的强度，从而有利于简化甚至省略冷变形前的软化退火。

对于不同钢号的冷镦钢，根据用途不同，在终轧温度、吐丝温度及辊道运输速度的控制上有所区别，应根据具体情况分析，通常可选择吐丝温度和辊道速度的下限控制。如ML10～ML45钢线材的吐丝温度选择适中的820～840℃，可减少氧化铁皮的生成量；ML15MnVB钢线材由于合金元素锰含量较高（1.2%～1.6%），且含有微合金元素钒、硼，显著地提高冷却奥氏体的稳定性，延缓并降低先共析铁素体的生成速度，选择较低的吐丝温度，可在相变前获得细小的奥氏体晶粒，结合缓慢冷却，可获得细铁素体+少量珠光体组织，抗拉强度为500～600MPa，能满足高的综合性能要求。

5.4.2.4 冷镦钢在线球化机理及工艺控制

冷镦成形由于具有一系列的优点，目前仍是高强度紧固件的主要成形方式。除冷作强化非调质钢和低碳硼钢等钢类外，按照传统冶金生产工艺流程生产出的高强度紧固件用钢

（如中碳钢和中碳合金钢）的热轧态组织包含片层状珠光体或贝氏体等硬质相，这些硬质相会导致冷镦开裂，因此往往要在冷拔和冷镦成形前事先进行软化的球化退火处理。对于采用中碳钢或中碳合金钢来生产 8.8 级以上高强度紧固件时，必须进行“二拉一退”工艺处理，即先要进行酸洗→磷化处理→一次拉拔→球化退火（或软化退火）→酸洗→磷化处理→二次拉拔→冷镦等几道工序。退火的目的是获得后续加工所需要的组织和力学性能，同时退火软化造成的硬度下降可提高冷镦钢用模具的使用寿命，因此球化效果对冷镦合格率影响很大。但是，球化退火周期一般长达 12 ~ 24h，这不但增加了成本，而且会污染环境，影响生产效率。越来越多的冷镦钢生产厂家实现冷镦钢盘条在线软化的关键之处在于进行低温大变形轧制，并通过控制冷却技术进行保温，使钢中片状珠光体转变为粒状珠光体。

一般情况下，热轧钢冷却过程中奥氏体转变产物为片层状珠光体，根据能量趋低原理，渗碳体有可能不经由片层状而直接转变为球状的可能。随着控制轧制（TMCP）技术的发展、形变诱导相变的研究以及超重载轧机等设备的应用，使得通过改变轧制工艺实现珠光体的在线球化成为可能。虽然球状渗碳体在热力学上比片状更稳定，但是片状转变为球状所需要的激活能非常高。因此，渗碳体一旦以片状析出，再由片状转变为球状就相当困难了。所以，可以考虑改变轧制工艺，实现奥氏体的非平衡化（高位错密度等缺陷）和超细化，再通过随后的控制冷却就有可能获得球状渗碳体，从而实现冷镦钢的在线软化处理。

在线软化的理论研究主要集中在形变奥氏体的组织演变上。国外研究发现，采用低温大变形或形变诱导相变（DIFT）变形使相变前的奥氏体超细化，随后的相变过程会使奥氏体发生离异分解，获得细小的铁素体和退化珠光体组织。在控制冷却过程中，奥氏体离异分解主要是由于低温变形下形成高密度缺陷，使得奥氏体内的能量、结构、浓度等不均匀导致的结果。

由于线材轧制过程中应变量和应变速率一般难以改变，所以低温大变形轧制过程中影响珠光体在线球化的主要因素为：

（1）变形温度。图 5-22 为 35CrMo 盘条在不同温度以 $30s^{-1}$ 变形至 0.92，接着以 0.5℃/s 速度缓冷至室温的 SEM 组织图片。图 5-22a、b 中的组织为铁素体与片层状珠光体；图 5-22c、d 中的组织中除铁素体和片层状珠光体外，还存在退化的珠光体组织，部分渗碳体呈短棒状或粒状。因此，随着变形温度的降低，更有利于实现珠光体的在线球化。

（2）冷却速度。如图 5-23 所示，35CrMo 盘条试样在 750℃下形变后，以较快冷速冷却时，渗碳体主要呈短棒状，以较慢冷速冷却时，大量的渗碳体呈颗粒状。冷镦钢低温轧制后缓冷易促进渗碳体的球化。材料缓冷过程中，既可消除低温轧制产生的硬化，又可以促进渗碳体进一步球化，因此实际生产中常采用轧后缓冷工艺。采用斯太尔摩控冷线进行控冷，定径机组轧出的高温线材先进入水冷段，快速冷却至规定温度，吐丝后在辊道运行中缓慢冷却。冷却时，斯太尔摩冷却线风机全部关闭，盖罩关闭，冷却速度约为 0.1℃/s。

传统高速线材轧机难以实现在线软化的一个主要原因，是不能进行低温大变形量的控制轧制且轧后控冷线过短。1999 年，神户制铁公司对其第七线材厂进行设备改造，增加了超重载减定径机组，并将斯太尔摩风冷线由原先的 48m 加长到 100m，实现了低温的控制

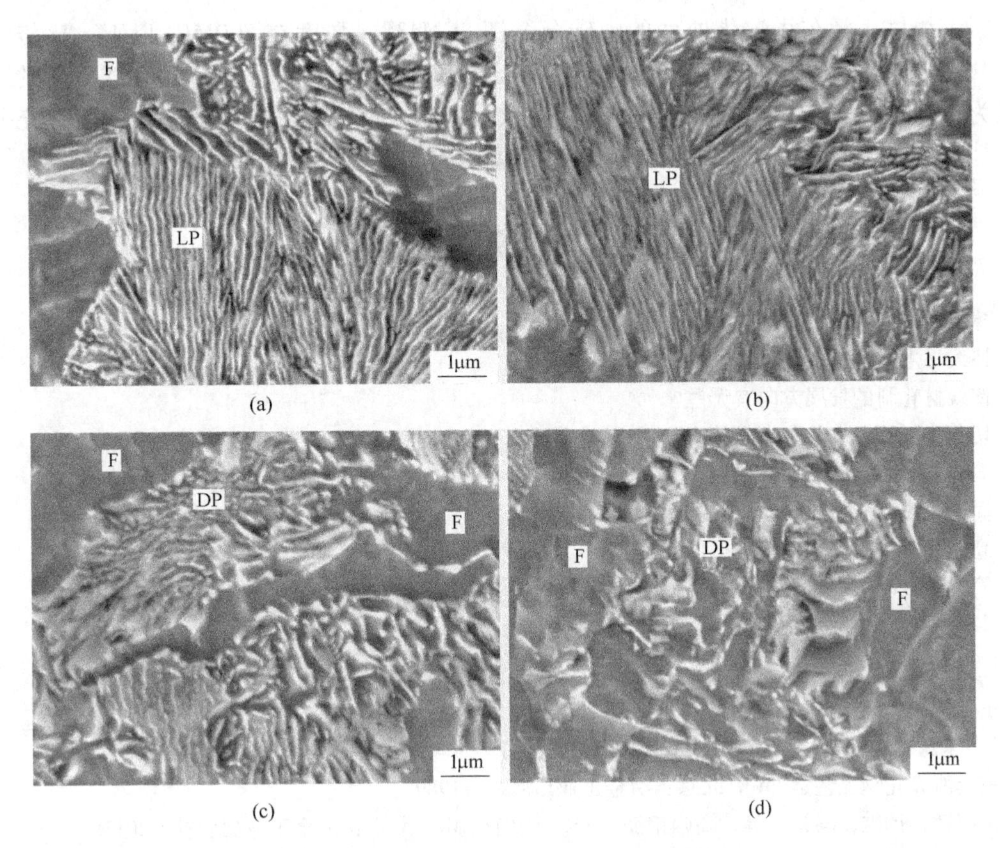

图 5-22 35CrMo 试样不同温度变形后以 0.5℃/s 速度缓冷至室温的 SEM 组织
(a) 810℃;(b) 780℃;(c) 750℃;(d) 720℃
F—铁素体;LP—片层状珠光体;DP—退化珠光体

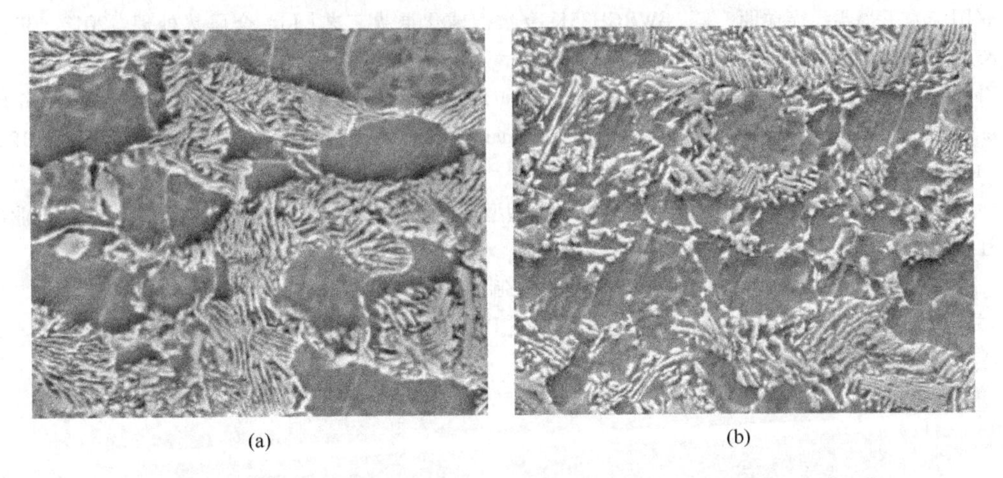

图 5-23 35CrMo 试样 750℃ 变形后以不同冷却速度冷却至室温的 SEM 组织
(a) 1℃/s;(b) 0.5℃/s

轧制和较宽温度范围内的控制冷却。传统轧材的奥氏体晶粒粗大，为实现软化需要非常慢的冷却速度，因此必须通过离线炉冷退火处理。但对于奥氏体晶粒细小的控轧线材，则可通过控冷线上的缓冷实现软化。2001 年，他们在改造后的线材轧机上成功生产出在线软化的冷镦钢线材，经在线软化处理的中碳合金钢 SCM435，强度在 800MPa 以下，比传统工艺的 900MPa 低，其达到同样珠光体球化率的退火时间减少 45%。中碳钢在线软化的工艺路线为粗轧—中轧—精轧（控轧）—在线退火（控冷），分析工艺可知，在线软化充分利用了轧制余热，避免了二次加热，节约了能源，降低了生产成本。

思 考 题

5-1 棒线材如何分类？

5-2 棒线材生产线特点是什么？

5-3 棒线材轧制的发展方向有哪些？

5-4 切分轧制的概念及分类是什么？

5-5 简述 V-N 微合金化生产高强钢筋的原理。

5-6 简述螺纹钢筋余热处理原理。

5-7 高速线材轧制工艺的特点是什么？

5-8 简述冷镦钢在线球化的机理及工艺控制。

参 考 文 献

[1] 王廷溥. 金属塑性加工学[M]. 北京：冶金工业出版社，2001.

[2]《高速轧机线材生产》编写组. 高速轧机线材生产[M]. 北京：冶金工业出版社，1995.

[3] 王廷溥. 轧钢工艺学[M]. 北京：冶金工业出版社，1989.

[4] 王丽敏，孙维，冯超，等. 高强钢筋生产技术指南[M]. 北京：冶金工业出版社，2013.

[5] 杨才福，张永权，王全礼，等. VN 微合金化高强度钢筋的研究、生产与应用[J]. 2003 年中国钢铁年会论文集，2003.

[6] 惠卫军，翁宇庆，董瀚. 高强紧固件用钢[M]. 北京：冶金工业出版社，2009.

[7] 张国庆，王福明，庞瑞朋，等. SWRCH35K 冷镦钢球化退火工艺[J]. 金属热处理，2013，38(5)：83～87.

[8] Zhuang L，Di W，Wei L. Effects of Rolling and Cooling Conditions on Microstructure and Mechanical Properties of Low Carbon Cold Heading Steel [J]. Journal of Iron and Steel Research，International，2012，19(11)：64～70.

[9]《小型型钢连轧生产工艺与设备》编写组. 小型型钢连轧生产工艺与设备[M]. 北京：冶金工业出版社，1999.

[10] 王有铭，李曼云，韦光. 钢材的控制轧制和控制冷却[M]. 北京：冶金工业出版社，1995.

[11] 甘晓龙. Ti 微合金化Ⅳ级螺纹钢的开发和研究[D]. 武汉科技大学，2010.

6 控制冷却理论及工艺

6.1 控制冷却理论基础

控制轧制和控制冷却技术，即 TMCP，是 20 世纪钢铁业最伟大的成就之一。TMCP 就是在热轧过程中，在控制加热温度、轧制温度和压下量等的控制轧制（Control Rolling，CR）的基础上，再实施空冷或加速冷却（Accelerated Cooling，AcC 或 ACC）的技术总称，也称热机轧制。正是因为有了 TMCP 技术，钢铁业才能源源不断地向社会提供越来越优良的钢铁材料，支撑人类社会的发展和进步。

控制轧制可以归纳为在热轧过程中，通过使所有的热轧条件（加热温度、各道次轧制温度、压下量、轧制速度等）的最佳化，使热塑性变形与固态相变结合，使奥氏体状态变成细小铁素体晶粒组织或含有贝氏体、马氏体等的复相组织，使钢材具有优异的综合力学性能的轧制工艺。单纯的控制轧制对于晶粒的细化毕竟有限，为了突破控制轧制的限制，同时也是为了进一步提高钢材的性能，在控制轧制的基础上，进一步开发并发展了控制冷却技术（Control Cooling）。控制冷却的核心思想，是对形变奥氏体的相变过程进行控制，以进一步细化铁素体晶粒，以及通过相变控制得到贝氏体、马氏体等强化相，进一步改善材料的强韧性能。

控制冷却的作用可概括如下：

第一，提高产品的性能和质量。1）力学性能：提高强度、改善韧性；2）工艺性能：改善可焊性、提高氢致裂纹抗力、提高成形性；3）组织与结构：增加组织的分散度、获得复相组织、细化晶粒、增加析出；4）表面质量：减少表面划伤和裂纹、氧化铁皮、无表面脱碳等。

第二，降低生产成本。1）节省合金成分；2）节约能源；3）简化工艺流程；4）提高成材率。

第三，显著的社会效益。1）减轻构件或设备重量；2）节省自然资源；3）减少环境污染。

6.1.1 控制冷却方式

对钢材的控制冷却是通过热交换减少高温钢中热量的过程，根据传热学理论，热交换方式分为以下三种：

（1）热传导：物体从高温端向低温端传导热量的过程或者互相直接接触的物体间的热交换过程叫做热传导，纯粹的热传导只能在固体中出现。

（2）热对流：是在流体内部，随着冷热部分的密度不均而引起的流体各部分的相对位移而引起的热量转移，往往热对流的同时还伴随着热传导发生。

（3）热辐射：是高温物质通过电磁波等把热量传递给低温物质的过程。这种热交换现象和热传导、热对流有着本质上的区别，它不仅产生热量的转移还伴随被物体吸收变成热能。

在热轧过程中，以上三种热交换方式同时存在，其中轧件与辊道、轧辊接触发生的热传导，轧辊冷却水、周围空气流动产生的对流，轧件与周围环境之间的热辐射等。

根据钢材的化学成分、需要的组织性能，产品断面尺寸，冷却过程中可能产生的缺陷，以及轧机产量、场地空间和冷却设备等条件，热轧后的钢材可采用不同的冷却方法和冷却速度冷却到室温：

（1）空冷：是在空气中自然冷却的方法，其应用较普遍。对一些不需要特殊的组织控制的低碳钢、普通低合金高强度钢以及奥氏体类不锈钢等的型材和少量板材，仍有采用这种方式冷却的。

（2）快冷：是通过鼓风、气雾冷、水冷等的强制冷却方法，使钢材在较短的时间内冷到某一温度后再自然冷却。现阶段大多数的热轧钢铁产品采用这种冷却方式，用于提高产品的性能和生产效率。

（3）缓冷：是热轧后的钢坯或钢材堆在一起使之缓慢冷却，以防止白点缺陷的产生。缓冷的具体方法根据生产条件而定，可以在专用的缓冷坑内进行，可以在特制的可以移动的缓冷箱中进行，也可以在地上堆放，上面盖上砂子、石棉渣等保温材料进行缓冷。这种冷却方式适用于马氏体、半马氏体以及莱氏体类钢，如高速工具钢、马氏体不锈钢、部分高合金工具钢以及高合金结构钢等，这些钢种对冷却时产生应力的敏感性很强。

6.1.1.1　控制冷却的提出及冷却介质

现阶段的热轧生产线大多配备了快速冷却装置，用于提高产品的性能和生产效率。实际生产过程中，轧钢生产线及主要生产设备确定后，针对热传导、热辐射两种热交换方式不易做出较大改变，这样一来，人们首先想到并方便采用的可控性冷却方式现阶段主要集中于对流换热。

对热轧钢材控制冷却所用的介质可以是气体、液体以及其混合物，其中液体特别是用水作为冷却介质最为常用，控制冷却的理念可以归纳为“水是最廉价的合金元素”这样一句话。现阶段热轧钢材对流换热所采用的介质主要有：单流体的水或空气、双流体的水 + 空气。这样一来可以通过水、空气及两者比例的合理组合，将控制冷却能力的范围扩大。具体的冷却方式因钢种、产品形状、性能要求等的不同而各异。

6.1.1.2　钢材冷却的主要方式

加速冷却过程中根据冷却水的流动状态等的不同，可以将冷却方式概括起来分为：喷射冷却、管层流冷却、水幕层流冷却、雾化冷却、喷淋冷却、水-气雾加速冷却以及直接淬火等。

在对各种流体所作实验的基础上，得出区分湍流、层流、喷雾等状态的系数 J_{et}，其具体的描述为：

$$J_{et} = \gamma \cdot d \cdot v^2 / \sigma \cdot g \cdot (\gamma_a / \gamma)^{0.55} \tag{6-1}$$

式中，d 为喷嘴直径，m；γ 为水的密度，kg/m³；g 为重力加速度，m/s²；v 为喷出速度，m/s；σ 为表面张力，kN/m；γ_a 为空气密度，kg/m³。并且得出 $J_{et}<0.1$ 时水是一滴滴地流下；$J_{et} \geqslant 0.1 \sim 10$ 时是层流；$J_{et}>10 \sim 400$ 时是湍流；$J_{et}>400$ 时则是喷雾流。

现阶段在热轧过程中最为常用的几种冷却方式如下。

A 喷水冷却方式

水从压力喷嘴中以一定压力喷出连续的水流，水流为连续的紊流状态。将采用这种连续喷流冷却的方法称之为喷水冷却或喷流冷却。这种冷却方法虽然有较好的穿透性，但是因为喷溅严重，利用率较低，现阶段除了一些较为落后的生产线仍在使用外，已经逐渐淘汰。

B 喷射冷却方式

当从压力喷嘴中喷出的水流所给压力达到一定值时，连续的水流将变为非连续，形成液滴冲击冷却钢材表面，这种利用液滴群冷却的方法叫做喷射冷却。喷射冷却需要较高的水压才能将水流离散，同时冷却控制范围相对不大。

C 气雾冷却方式

气雾冷却方式是一种利用双流体冷却喷嘴，用具有一定压力的空气将水雾化成雾流对热轧钢材进行在线控制冷却。1）冷却速度可调范围广（从风冷到全水冷）；2）冷却较均匀；3）可节省冷却水；4）需要空气和水两个系统，设备费用高；5）有噪声。作为轧后控制冷却方式之一，喷雾冷却已应用于厚板和带钢生产上。此外还应用于工字钢、角钢、槽钢和 H 型钢的冷却上。为了弥补冷床面积不足和改善劳动条件，喷雾冷却还用于冷床上的钢坯和钢材。此外，带钢连续退火时也应用此种冷却方式。气雾冷却所用喷嘴属水、气混合型喷嘴，其喷淋时喷射斑的形状根据喷嘴的设计不同可以分为：圆形、椭圆形、矩形等。雾化均匀，水滴较小，扩散角较大；因而，特别适用于连铸过程中的二次冷却等。

针对喷射、喷雾冷却过程中使用的喷嘴结构不同，在喷射过程中形成的流体形状有很大的差别，如图 6-1 所示。由此可以根据需要冷却产品的部位及需要的冷却强度等选择不同形状的冷却喷嘴。

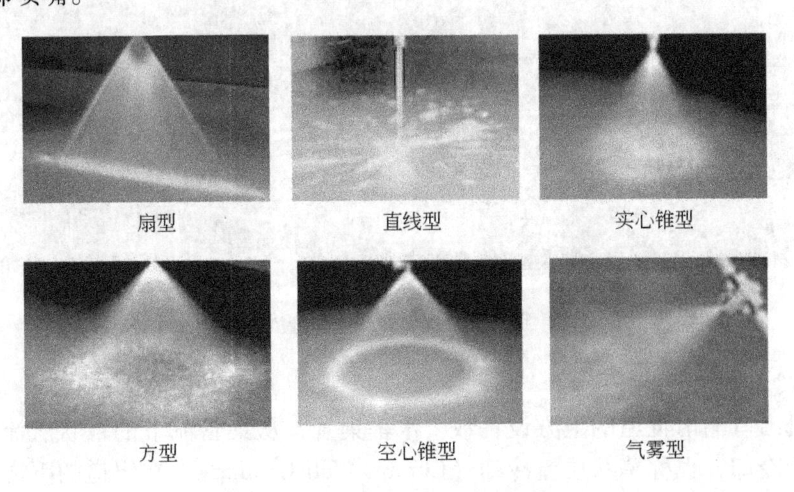

图 6-1 喷嘴喷射过程中流体形状

D　层流冷却

采用层状水流对热轧钢板或带钢进行轧后在线控制冷却的工艺。将数个层流集管安装在精轧机输出辊道的上方，组成一条冷却带，板带钢热轧后通过冷却带进行加速冷却。由于喷嘴结构和层流水流的形状不同，层流冷却又分为管层流冷却和水幕层流冷却。

a　管层流冷却

管层流冷却（Pipe Laminar Flow Cooling）方式是最早应用于带钢加速冷却的层流冷却方式。根据管状喷嘴的外形，管层流又分为直管式和U形管式两种，现阶段主要是U形管（鹅颈管）。一个集管上可设一排、两排或多排喷嘴，随着喷嘴数量的增加，冷却能力得到提高。将若干个装有U形管的集管安置在输出辊道的上方，组成一个几十米到上百米长的冷却带，对板带钢的上表面进行冷却，也称虹吸管层流冷却。整个冷却带分为若干个冷却段，通过控制水的流量、开启冷却段的数目和改变辊道速度来控制板带钢的冷却速度和终冷温度。在板带钢的下方装有多个喷射冷却喷嘴，对下表面进行冷却。

图6-2为管层流冷却装置中一个集管的示意图。在一个集管上安装若干个倒U形管，冷却水通过进水管进入集管内，再经U形管喷洒到板带的上表面。管内水压一般为1～3kPa，U形管的内径根据所需流量进行计算、选择，通常为15～30mm。从U形管流下的柱状层流水流，必须具有一定的冲击力，以冲破钢板上的水层和钢板表面产生的蒸汽膜，才能提高冷却效率。为此管层流集管必须设在辊道上方一定的高度上，一般为1.5～2m。这种冷却方式的特点是：1）冷却集管数目多，冷却带长，占地面积大；2）U形管数目多，并且容易堵塞，维修费用高；3）耗水量较大。图6-3为管层流冷却装置实物照片。

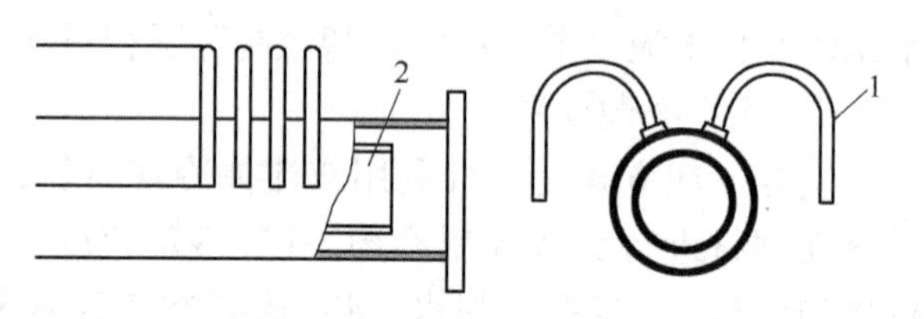

图6-2　管层流冷却集管示意图
1—U形管；2—集水管

图6-3　管层流冷却装置

b　水幕冷却

在精轧机出口输出辊道的上方设置数个水幕集管，从集管流下的幕状层流水流对钢板的上表面进行冷却，也称幕状层流冷却（Curtain Wall Cooling）。在辊道的下方设置下水幕（向上喷出幕状水流的集管）或喷射喷嘴，以冷却钢板的下表面。这种冷却方式的特点是：

1）冷却能力大；2）集管数目少，可减少冷却带长度；3）喷口不易堵塞，维修管理费用较低；4）耗水量较大。

水幕集管具有特殊的结构，集管的下部有一条与钢板宽度相当的狭缝。水从狭缝流下，形成连续透明的幕状层流，冷却钢板的上表面。图6-4为水幕冷却的示意图。上水幕集管内的压力一般为1～2kPa。下水幕集管设置在钢板的下方，从辊道间向上喷水，向上的喷口也是狭缝式，但集管内部结构与上水幕不同。下水幕集管内的压力一般为10～20kPa。从上水幕集管流下的幕状水流，在落到钢板上时发生了宽度的减少，这称为水幕的宽缩现象。宽缩大小由宽缩率$K(\%)$表示：

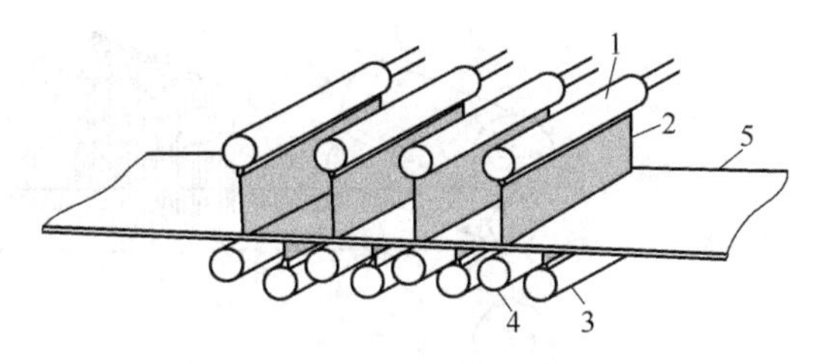

图6-4　水幕冷却示意图

1—上水幕集管；2—上水幕水流；3—下水幕集管；4—辊道；5—钢板

$$K = 2\Delta l/l$$

式中，l为水幕出喷口时宽度；Δl为落到钢板上的水幕宽度一侧的减少量。

一个好的水幕集管，宽缩率应该很小，或接近于零。在实际应用中，将数对上、下水幕集管放置在辊道的上、下方，对板带钢进行上、下双面冷却。通过改变水幕集管的开启组数和改变辊道速度及水幕集管的流量，来控制钢板的冷却速度和终冷温度。图6-5为水幕冷却装置实物照片。

图6-5　水幕冷却装置

图6-6所示为喷射冷却、集管层流冷却、水幕层流冷却三种常用的冷却方式及其在钢板表面冲击部位的形状。

E　穿水冷却

针对棒、线、螺纹钢等简单断面型钢，成品轧件从精轧机轧出后立即穿过水冷装置进行强制冷却。穿水冷却用的水冷装置有单层套管冷却器、双层套管冷却器、喷射式冷却器、旋流式湍流管冷却器、箱式冷却器、层流冷却器及定向环形喷射式冷却器等多种，如图6-7所示。旋流式湍流管冷却器的冷却能力强，应用最广。开冷温度、终冷温度和冷却速度是穿水冷却中的几个主要工艺参数：对棒材、钢筋进行在线轧后余热处理，自回火温度（即返温温度）是最基本的工艺参数；对线材进行轧后穿水冷却，选择适当的冷却速度对得到希望的组织很重要，而且要注意穿水冷却后线材表面温度不能太低，以免产生马氏体。

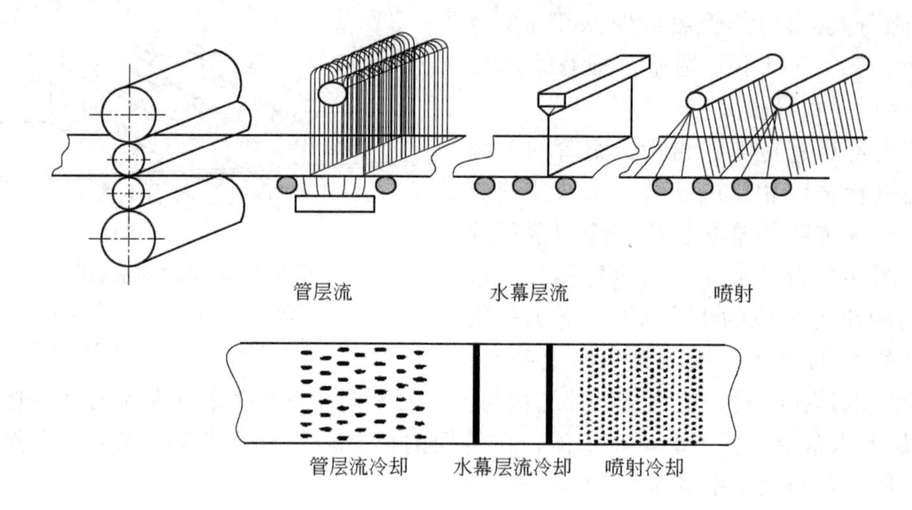

图 6-6　喷射冷却、集管层流冷却、水幕层流冷却及其喷射斑

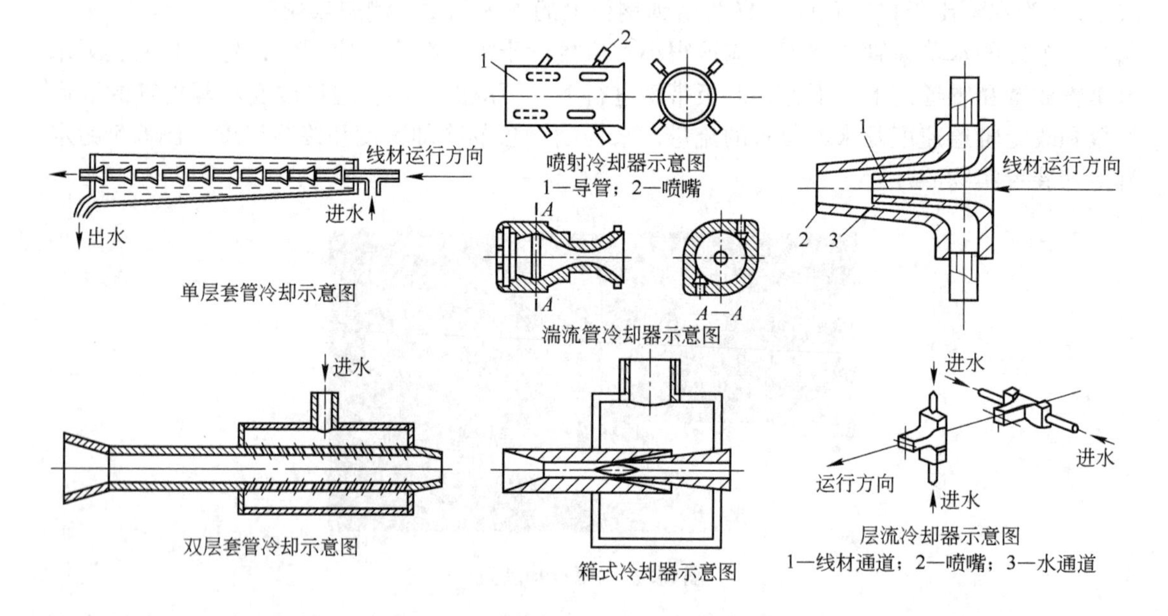

图 6-7　穿水冷却常用冷却设备示意图

总结各种主要的冷却方式有其各自的优点和缺点，详见表 6-1。采用哪种冷却方式应根据具体工艺环境和限定条件来确定。

表 6-1　各种主要冷却方式的对比

冷却方式	优　点	缺　点	适 用 范 围
喷射冷却	水流为连续状，没有间断现象，呈紊流状态喷射到钢板表面；可喷射到需要冷却的部位；钢板上下表面冷却差别显著	冷却效率不高；水消耗量大，水飞溅严重，冷却不均匀；对水质要求较高，喷嘴易堵塞，水利用率较低	适用于一般冷却使用或因其穿透性好而适用于水气膜较厚的环境

续表 6-1

冷却方式	优 点	缺 点	适 用 范 围
层流冷却	比冷却特性较高；水流呈层流状态，可获得很强的冷却能力；钢板的上、下表面和纵向冷却均匀	冷却区距离长；集管之间有一定的距离，达不到横向冷却均匀；对水质的要求较高，喷嘴易堵塞；设备庞杂，维护量较大且难度高	适用于强冷却时，如热轧板出口处
水幕冷却	比冷却特性最高；水流呈层流状态，冷却速度快、冷却区距离短、对水质的要求不高、易维护。冷却速度通常为 12 ~ 30℃/s，有时高达 80℃/s	钢板上、下表面及整个冷却区冷却不均匀；可调节的冷却速度范围较小	可用于板带钢输出辊道上的冷却，也可用于连轧机机架间的冷却。正在研究应用于棒材及连铸坯的冷却
雾化冷却	用加压的空气使水流呈雾状来冷却钢板。冷却均匀、冷却速度调节范围大，可实现单独风冷、弱水冷和强水冷	需要供风和供水两套系统，设备线路复杂、噪声较大；对空气和水要求严格；车间的雾气较大，设备容易受腐蚀	适用于从弱水冷到强水冷极宽的冷却能力范围，尤其适用于连铸的二次冷却带
喷淋冷却	冷却水呈破断状，形成液滴束冲击被冷却的钢板。比高压冷却喷嘴冷却均匀，冷却能力较强	需要较高的压力、调节冷却能力范围小、对水质的要求较高	
水-气喷雾法快速冷却	能严格控制冷却速度和温降；可对钢板的较冷边部进行补偿，节省冷矫直成本	需要供风、供水系统，设备庞杂	适用于极厚板或低抗拉强度（< 600MPa）、具有铁素体及珠光体/贝氏体显微组织的钢板
直接淬火	冷却速度快、冷却能力范围大；添加少量合金元素就可以达到同样的强度；降低碳当量，改善可焊性能；确保钢板低温韧性	适用钢种有限；冷却不均匀、钢板变形量大多在 10mm 以下，宽幅钢板在 30mm 以下	适用于高抗拉强度（> 600MPa）、具有（贝氏体 + 马氏体）显微组织的钢板

6.1.1.3 水循环系统

水循环系统是整个控制冷却系统的基础，直接决定着冷却效果的好坏。为了保护我国匮乏的水资源和减少环境污染，轧钢企业在采取节约用水措施的同时，多加强了浊循环水的使用。在板带的控制冷却过程中，水对轧件冷却后流入地沟，汇入回水坑，再经过旋流池、平流池和过滤器进入冷却塔进行冷却。冷却后的水经过净水池，由高压水泵打入高位水箱。冷却时低压水由高位水箱流出，经过分流集水管从层流集管中流出，冲击轧件表面进行冷却热交换。然后再次流入地沟，完成一个水循环。

图 6-8 是中厚板层流冷却的典型水循环系统。中厚板在层流冷却的过程中，高位水箱连续不断地给分流集水管供水，如果水箱补水量不足，会造成水箱水位的大幅波动。在控制冷却的过程中，如果水箱水位大幅波动，则集管内水压也会跟着波动，使集管喷水流量不稳定，导致钢板沿长度和宽度方向冷却不均匀。水循环系统中，如果各水泵的工作流量不匹配，可能导致水资源浪费或者出现水泵吸空的现象。从提高钢板冷却过程的均匀性和

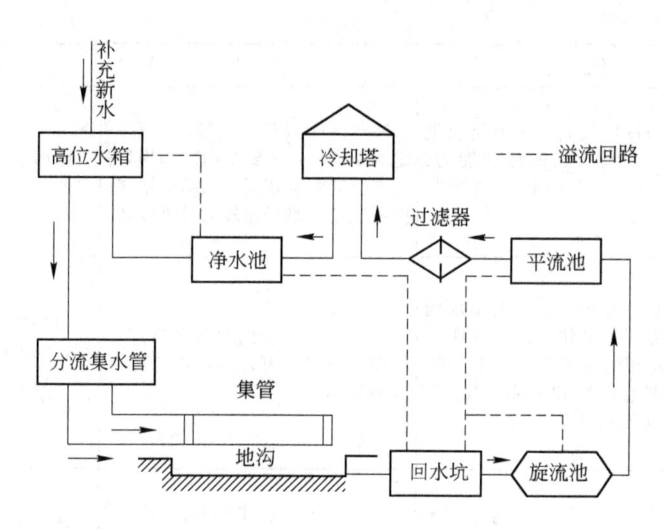

图 6-8　中厚板层流冷却水循环系统

节约生产成本方面来说，都必须保证水循环系统稳定、正常地运行。这就要求根据生产现场的实际冷却设备和工艺条件，合理地确定各水泵的工作流量。

6.1.1.4　超快速冷却工艺

超快速冷却技术是指对热轧后钢板立即进行大强度冷却，生成马氏体或贝氏体等组织。20 世纪末期，新型快速冷却系统快速发展。以法国 BERTIN&CIE 的 ADCO（Adjustable Accelerated Cooling System）装置、比利时的 CRM 超快速冷却装置和 JFE 公司 Super-OLAC 装置等为代表的一大批采用新型换热方式的超快速冷却装置得到开发和应用。许多超快速冷却装置既可以实现轧后快速冷却，又可以实现直接淬火，已经广泛用于建筑结构板、桥梁板、超低温容器板、工程机械用钢等高强钢的生产，实现了真正意义上的实用化。

Hoogovens-UGB 公司开发了世界上第一套超快速冷却实验装置并将其应用于实际工业生产中。该装置由两部分组成，第一部分是在 1.4m 的区域内安装了 3 组流量为 $1000m^3/h$ 集管，水流密度达到 65 ~ 70L/(m^2 · s)，冷却功率达到 4.5 ~ 5.0MW/m^2。由于第一段冷却装置太短，温降较小，难以起到改善性能的作用，所以对冷却装置做了进一步完善。第二部分新增 7 组集管，其输出辊道长 5m，冷却区长 3m，冷却宽度 1.6m。这套装置对 1.5mm 厚的带钢，冷却速度可以达到 1000℃/s；对于厚度为 4.0mm 的带钢，冷却速度也能够达到 380℃/s；并且在强冷条件下，该装置能够保证钢板在长度、宽度方向上的冷却均匀性，确保钢板具有良好板形。研究结果表明：对 2.0mm 厚 C-Mn 钢和钒钢，这套装置的使用使抗拉强度和屈服强度均提高了 100MPa 以上。

法国 BERTIN&CIE 于 20 世纪 80 年代后期开发出 ADCO 技术，如图 6-9 所示。该装置被称为万能型冷却装置。ADCO 控制冷却系统是以组件设计为基础的，每个组件包括 4 或 5 个空气-水喷口，用于对钢板的上下表面进行喷雾。每个喷口有 3 条连续的直缝喷嘴，其中一条缝用于喷水，另外两条缝用于提供恒压空气，以使低压水的流量变化均匀分布。水缝设计为 6mm 宽，可以避免堵塞问题。组件配备有湿气收集箱，气水分离器和排气扇等

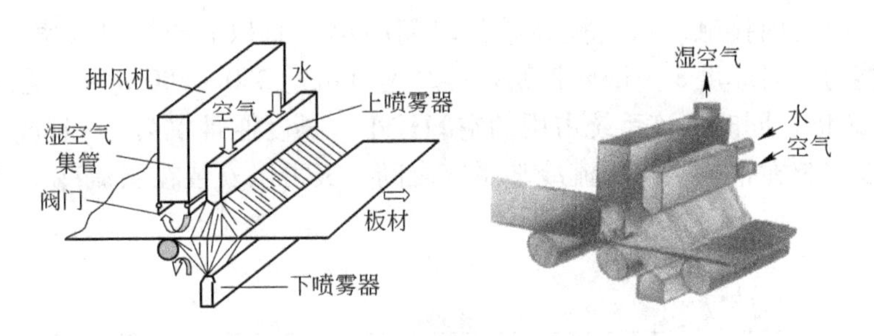

图 6-9 ADCO 冷却装置示意图

装置。水箱高度 12m 用于提供恒定的喷水水压。

ADCO 的工作原理是向钢板喷射水和气，喷气的目的是将从缝隙式喷嘴中喷出的水吹散成液滴，液滴和高压高速气流一起从喷嘴喷出形成雾状喷向高温钢板。由于高压汽雾可以直接和高温钢板接触，因此喷雾冷却方式的冷却能力比较强。喷雾冷却装置的冷却调节能力范围较大，流量控制加上各单独喷嘴的开、关调节，使控制灵活性大大加强。冷却过程中的热通量可以控制在 1∶5 范围内。无论是单独风冷、弱水冷和喷雾冷，都能够精确地控制上、下表面的热通量。热通量的控制可避免传热系数随温度的变化，保证钢板在冷却过程中具有优越的温度均匀性。同时，由于喷雾比较均匀，结合湿气排除系统，能够达到均匀的冷却效果。钢板边部以及头、尾部加罩，进一步改善了冷却均匀性。目前，ADCO装置被应用在生产管线钢、船板、高强结构钢以及耐磨钢等高性能产品生产上。

图 6-10 所示，加强型层流冷却（IC，Intensive Laminar Cooling）装置是普通型层流冷却装置的改进型。它是在同样的冷却距离上，加密上部冷却水喷嘴，水量约为普通层流冷却装置的 2 倍。与普通层流冷却相比，更多层流状水柱穿透钢板表面的蒸汽膜，直接作用于钢板表面，提高了换热效率。加强型层流冷却的下部集管与普通层流冷却基本相同，只是靠增大冷却水量来实现更多的热交换，其冷却水量是普通型层流冷却装置的 1.2 倍。在冷却长度为 17m 的距离上，瞬时冷却水量达到 6910m^3/h，当 3mm 厚带钢以 9.5m/s 速度通过加强型层流冷却装置，可以获得高达 200℃/s 的冷却速度。

图 6-10 加强型层流冷却装置

20 世纪 90 年代，比利时 CRM 研究所开发了应用于热轧带钢输出辊道上的超快速冷却（UFC-Ultra Fast Cooling）装置，如图 6-11 所示。该装置是通过减小每个喷水口的孔径，并加密喷水口，增加喷水压力，水压在 0.3～1.0MPa，水流密度达到 65～70L/(m^2·s)，从而保证小流量的水流也有足够的冲击力，能够大面积地击破汽膜，促使钢板表面与更多的新鲜冷却水在短时间内接触，从而提高单位时间内单位面积上的换热效率。由于 UFC 具有较高的冷却能力，对厚度 3 ~ 6mm 带钢，冷却速度可达 250 ~ 500℃/s，是传统热轧钢板冷却速度的 5 ~ 8 倍。同时，该系统占用的空间较小，长度通常仅为 7 ~ 12m，安装布置较为灵活，既可以安装在精轧机与层流冷却系统之间，又可以安装在层流冷却系统与卷取机之间。

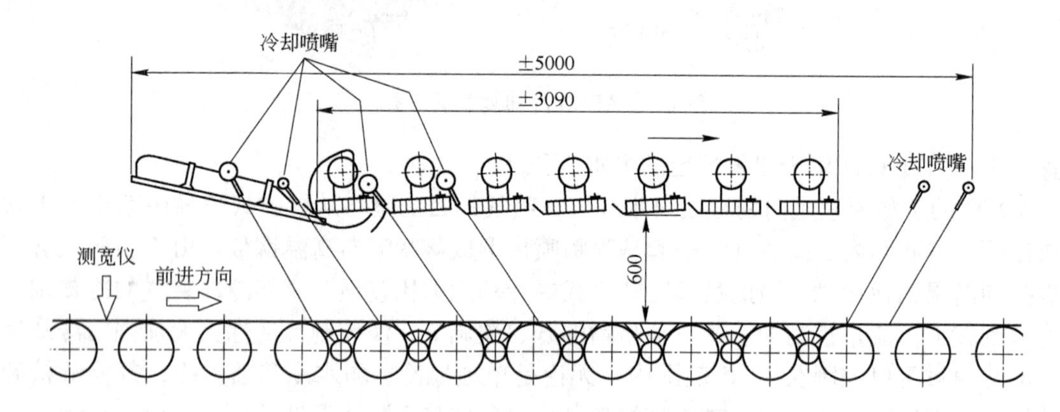

图 6-11　CRM 研发的超快速冷却装置

1998 年，NKK 公司（与川崎制铁合并后为 JFE）福山厚板厂进行了大量研究，在之前开发的 OLAC 基础上，突破传统思维的束缚，研制了新一代加速冷却工艺即 Super-OLAC 技术，如图 6-12 所示。在此基础上，JFE 公司先后于 2003 年和 2004 年分别对仓敷厚板厂和京滨厚板厂进行了轧后冷却系统的改造，公司的 3 家中厚板厂均配备了 Super-OLAC 装置。该装置将上侧喷嘴尽可能靠近钢板，使冷却水朝钢板移动的方向流动。钢板下侧是利用密集排列在水槽中的喷嘴进行喷淋冷却。Super-OLAC 装置成功实现了中厚板上下两侧的换热，以高冷却能力的核态沸腾进行，避开过渡沸腾和薄膜沸腾混合造成换热不均匀的冷却不稳定现象，冷却速度是传统加速冷却方式的 2 ~ 5 倍，如图 6-13 所示。图 6-14 所示为 Super-OLAC 与传统的控制冷却手段冷却优势方面的对比。

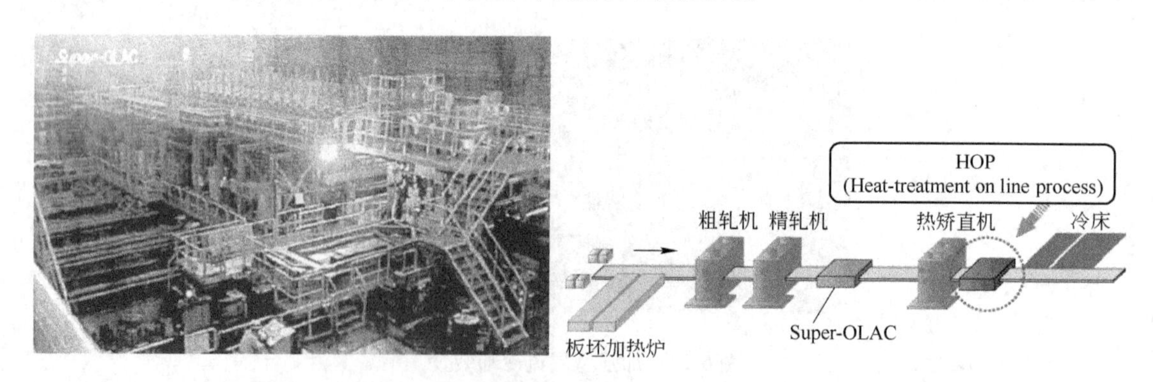

图 6-12　JFE 公司福山厚板厂 Super-OLAC 装置

Super-OLAC 装置以其优良的控制特性和强大的冷却能力，在 JFE 公司产品开发上发挥了重要作用。一大批具有高强度、高韧性和良好焊接能力的新品种逐步得到开发。JFE 公司使用含碳量较低钢坯开发的高性能船板，具有较高的耐蚀性和耐磨性，并且焊接性能

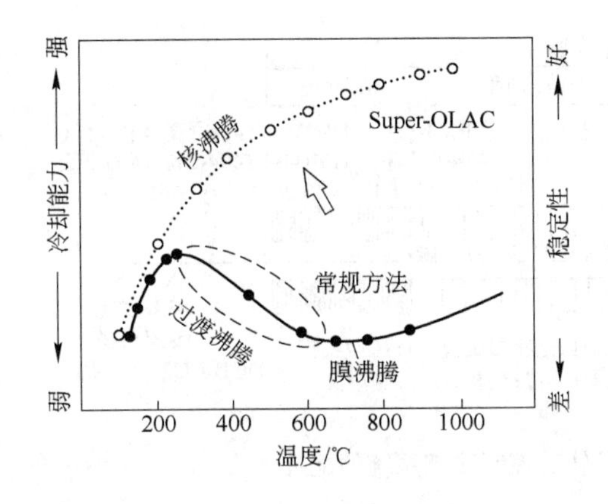

图 6-13 Super-OLAC 与传统冷却沸腾方式对比

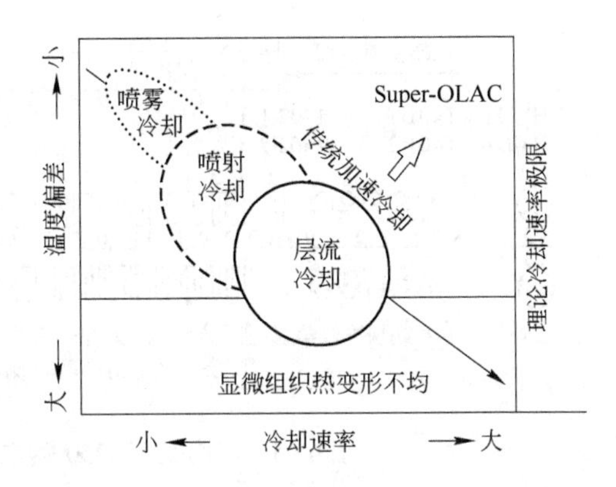

图 6-14 Super-OLAC 与传统冷却优势对比

良好，可以在不预热的状态下进行焊接。为满足城市高层建筑建设需要，JFE 公司还致力于具有低屈服比、高韧性和良好焊接能力的建筑结构用钢的研发，生产出具有良好抗震和焊接性能的高性能钢材。JFE 公司充分利用 Super-OLAC 装置并通过添加合金化元素控制淬透性，开发了具有高强度、高韧性且具有良好焊接性的高性能钢材。管线钢的发展趋势是长距离输送以及适应各种恶劣的气候条件，这就要求管线钢具有高强度、良好低温韧性和焊接性能，同时也必须具备较强的抗腐蚀能力。JFE 公司利用 Super-OLAC 技术开发出可以满足上述多种严格性能要求的管线钢，如耐酸性气体的管道管和 X100 管道管等。综合考虑开发的各种高性能产品，其共同之处在于在尽可能降低合金元素含量条件下，利用 Super-OLAC 装置的高效冷却能力，同时配合其他热处理手段，获得具有较高综合力学性能的各种产品。其主要产品如表 6-2 所示。

表 6-2 利用 Super-OLAC 技术生产的主要产品

钢板种类	典型钢种	屈服强度/MPa	抗拉强度/MPa	伸长率/%	冲击功/J
高强桥梁用钢	HITEN780LE	≥685	780/930	≥16	≥40(－40℃)
高强建筑用钢	HBL385B	≥385	550/670	≥20	≥70(0℃)
装甲与压力容器钢	HITEN610E	≥490	610/730	≥19	≥47(－25℃)
土木与工业机械用钢	HITEN780LE	≥685	780/930	≥16	≥40(－40℃)
海上平台高强钢	MARIN490Y	≥355	490/610	≥17	≥27(0℃)
管线钢	X100	≥694	794	≥21	≥205(－40℃)

在国内，东北大学开发的高冷速系统也可以达到较高的冷却效果，其中棒材超快速冷却系统，对 20mm 直径的棒材可以实现 400℃/s 的超快速冷却。图 6-15 为超快速冷却装置在国内某 2250 热连轧生产线上的实施及冷却系统的配置。该生产线的控制冷却系统采用了“倾斜式超快冷＋ACC”的混合配置方式，相应的钢种包括普通碳锰钢、HSLA 钢、高强钢和管线钢等。其前部 10m 左右超快冷装置，采用缝隙式幕状喷射式喷嘴和圆管喷射式喷嘴混合配置，冷却水具有一定的压力，以一定的角度沿轧件运动方向喷射到带钢上。倾斜布置的喷嘴可以对钢板全宽实行均匀的“吹扫式”冷却，扫除钢板表面存在的汽膜，达到全板面的均匀核沸腾，不仅可以大大提高冷却效率，实现高速率的超快速冷却，而且可

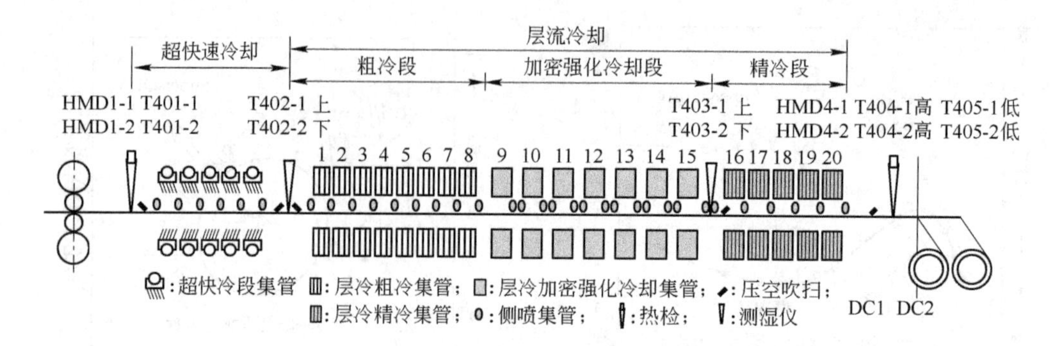

图 6-15　国内某厂 2250 热连轧机轧后控制冷却系统的配置

以突破高速冷却时冷却均匀性不良这一瓶颈问题，实现板带材全宽、全长上的均匀化的超快速冷却，得到平直度极佳的无残余应力的带钢产品。为了对超快冷部分进行高精度的控制，上下集管的供水系统除了使用开闭阀之外，还配置了冷却水流量控制系统，可以对上下集管的水量进行精准控制。超快冷的控制系统已经融入到轧机整个控制冷却系统之中，通过高精度数学模型的开发、前馈预控和反馈控制的结合以及控制冷却装置硬件的细分，可以对带钢的冷却进行高精度的控制，精确控制超快速冷却的终止点。

6.1.1.5　冷却自动控制系统结构

目前的热轧控制系统可分为四级：基础自动化级、过程自动化级、生产控制级、管理系统。热轧带钢控制冷却系统多采用二级计算机控制系统，即包括基础自动化级和过程自动化级。控制冷却系统组成如图 6-16 所示。

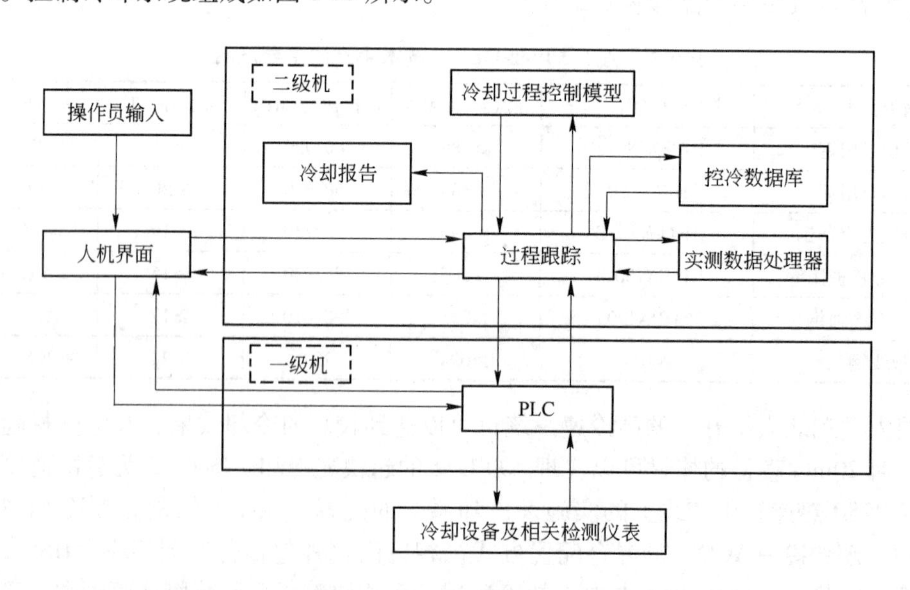

图 6-16　控制冷却系统组成

控制冷却基础自动化的主要功能是接受设定信号，实现各集管的定时开闭、水流量的控制以及辊道运行速度和加速度的调整；将实时采集的各实测数据传递给过程机，及时反馈控制效果等。

控制冷却过程机的主要功能是对带钢进行实时跟踪，在不同时刻触发控制冷却模型进行运算，给出工艺要求的冷却方式、集管开闭数目和布置形式，作为设定结果传给一级机，并从一级机那里获取温度、速度等数据，分析计算后通过自学习来优化相关参数。

控制冷却系统的总体主要功能就是根据制定的冷却工艺要求，由控冷过程机进行模型计算，确定满足工艺要求的冷却方式、集管开闭数目和布置形式，作为预设定值传给基础自动化，由基础自动化来控制冷却设备执行预设定结果，从而实现冷却过程的计算机自动化控制。

控制冷却系统有三种控制方式：手动控制、半自动控制和全自动控制。

6.1.2 水冷过程中的物理现象

6.1.2.1 水的沸腾现象

在轧钢控制冷却中最常用的冷却介质是水，当水与高温轧件接触，将会产生沸腾。对沸腾现象的了解是充分发挥控制冷却能力的基础。沸腾现象是冷却介质内部形成大量气泡并由液态转变为气态的相变过程。根据沸腾发生的方式不同，沸腾传热可以分为均匀沸腾和非均匀沸腾。均匀沸腾是在较大的液体过热度下，气泡由能量较集中的液体高能分子团的运动与集聚而产生，也称为“容积沸腾”，其实质上是热力学状态变化的自适应过程，是一种突然气化并吸收相变潜热的瞬变过程机制；而在生活与工程中最常见的是非均匀沸腾，指的是气泡在液体与固体加热面上产生、长大的过程，也称为“表面沸腾”。非均匀沸腾根据液体的温度又分为两种：饱和沸腾和过冷沸腾。如果周围液体为饱和状态，气泡在上升途中汇聚、长大，最终从自由液面溢出，其为饱和沸腾；如果周围液体尚未达到饱和温度，其温度低于所处压力下的饱和温度，气泡在上升途中将被冷却而重新凝结成液体，并释放出相变潜热，通过对流传递给周围的液体，其为“过冷沸腾”，也叫做“局部沸腾”。而按照液体的流动特性，又可以将非均匀沸腾分为“池内沸腾”和“流动沸腾”。其中依靠壁面加热大容器中的液体或者将加热面插入静止或将近静止的液池中加热使之沸腾时，沸腾液体的运动主要甚至完全依赖于蒸汽泡生长、上浮、聚散，这种沸腾现象习惯上专门称之为“池内沸腾”，也称作“大容器沸腾”；沸腾液体在外力作用下被迫流动，在高流速下，蒸汽泡的动力学因素所起作用较小，不断有新的液体补给，这种沸腾现象叫做“流动沸腾”。流动沸腾的液体可以是饱和液体也可以是非饱和液体。在热轧板带的控制冷却中常用的层流冷却，可以认为是属于“流动沸腾”中的一种。

无论是池内沸腾还是流动沸腾，都存在两种传热性质和机理完全不同的沸腾状态：核沸腾和膜沸腾。高温轧件的水冷是液态水遇到高温轧件表面，液态水变为蒸汽的相变过程。图6-17是池内沸腾过程中水温的变化曲线。在浅池内加热沸

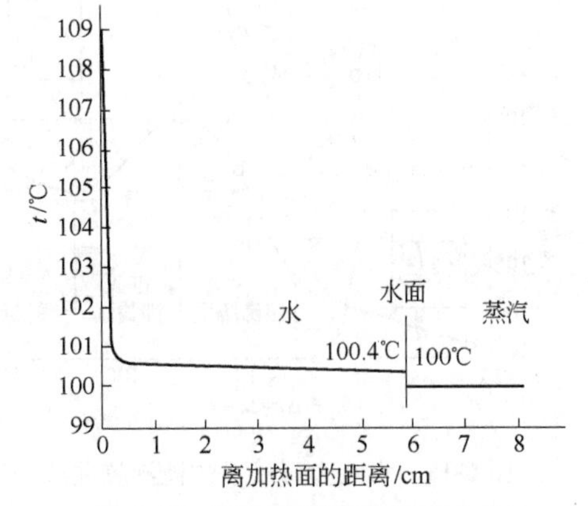

图6-17 池内沸腾沸水温度变化

腾过程中，与加热面接触的液体温度为加热面温度，在靠近加热面的薄层存在较大的温度梯度，过热度的存在导致水在极短的时间内产生相变，此时的放热系数远高于不发生相变时的单相对流换热。在流动沸腾的过程中，过冷液体的不断补充及液体流速的存在，使得贴壁温度梯度更大，放热系数可达到更高的量级。其余液体温度分布基本均匀，自由液面上方水蒸气的温度为饱和温度100℃，蒸汽泡从自由液面逸出时要克服表面张力，降温0.4～0.5℃。

针对水的沸腾研究，离不开沸腾曲线。液体在一定压力下有一特定的相应饱和温度，热流密度 q_w 与加热壁面温度 t_w 和液体饱和温度 t_s 之差间的关系曲线称为“沸腾曲线”。拔山四郎首次完成加热浸泡在水中金属丝的实验，通过铂丝获得了1大气压下池内饱和沸腾曲线，如图6-18所示。沸腾曲线依沸腾状态的不同分为自然对流沸腾区、核沸腾区、过渡沸腾区和膜沸腾区。在过热度低于4～5℃相对较低的区域，液体虽然已经过热，加热面上的蒸汽泡形成较少，脱离加热面的频率也较低，传热基本上依赖于温度梯度引起的流动，称之为自然对流沸腾。随着过热度的增加，加热面上气化核心增多，纷纷脱离加热面，打破了自然对流状态，进入核沸腾状态。这时沸腾传热就更多地依赖于相变过程气泡的形成与发展，以及气泡脱离加热面运动过程中引起的液体的对流。随着过热度的进一步增加，到大约30℃时，传热强度达到峰值 C 点。C 点的热流密度称为核沸腾的“最大热流负荷”，也叫做沸腾的“第一临界点”。当过热度进一步增大超过 C 点时，部分蒸汽泡在加热表面上随机融合成蒸汽膜，演变为核沸腾和膜沸腾共存的“过渡沸腾”。由于蒸汽膜的出现，导致传热能力降低，当热流密度到达 D 点时，沸腾进入稳定的膜态区。这时候因为蒸汽膜的存在导致加热面干涸与沸水脱离接触，D 点也被称为“干涸点”。过热度进一步提高，加热面辐射换热主导性增强，这时热流密度又出现上升，因此干涸点 D 又叫做膜沸腾的“最小热流负荷”，也叫做沸腾的“第二临界点”。C-D 段过渡沸腾区，因为其随机性和不稳定性的存在，在实际的常规实践中很难得到。在控制热流密度的情况下，提高 q_w 超过 C 点，将会直接跨越到稳定的膜沸腾状态，引起加热壁面温度飞升，甚至达到材料的熔化点，导致加热面烧毁。与之相反，当热流密度减小，将会从膜沸腾区直接过渡到核沸腾状态。

高温零件水淬过程温度变化曲线如图6-19所示。高温零件入水后，表面被淬发的蒸

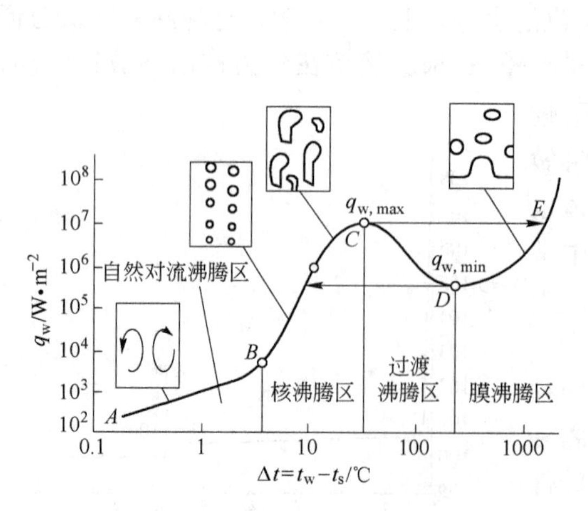

图6-18　水在大气压下的池沸腾曲线与四种不同的沸腾区

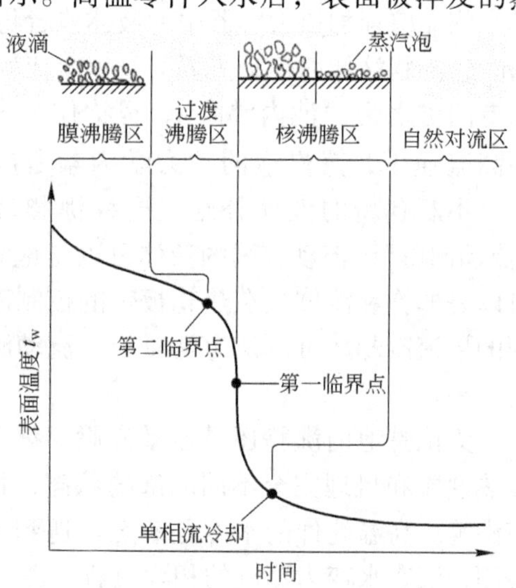

图6-19　高温零件水淬过程温度变化曲线

汽包围，传热率较低，温降速度相对较慢；随着表面温度的下降，逐渐向核沸腾过渡；当温度降到最高速率后，又逐渐减缓，直到无沸腾的自然对流状态。

6.1.2.2 射流冲击沸腾

针对板带轧后冷却现阶段主要的方法是层流冷却和水幕冷却两种冷却方式。层流冷却和水幕冷却主要是设备结构的不同，对钢板冷却过程中水流的冲击部位的形状有差别，其中层流冷却过程中，冷却水通过U形管流到板带表面，冷却水的冲击形状为圆形；而水幕冷却的冲击形状为矩形。两者均采用一定速度的冷却水，在一定区域内对高温钢板表面进行连续冲击，实现对轧后钢板的冷却。这种冷却方式称为水射流冲击冷却（Water Jet Impingement Cooling）。从冷却水是否覆盖可以分为润湿区域、润湿前沿区域和干涸区域，如图6-20所示。从传热的方式和状态来区分，可以细分为单相强制对流、核沸腾区、过渡沸腾区、膜沸腾区、向环境的辐射对流区几个部分。冷却水所覆盖区域的中心区域受到冷却水连续直接冲击无明显的沸腾现象，该区域为单相强制对流区域。通过热流密度和高温钢板表面温度的检测结果曲线如图6-21所示。可以看出，从心部开始热流密度逐渐增高，进入沸腾区后，达到热流密度最大值；之后进入润湿前沿区后热流密度降低，处于过渡沸腾区；然后因为气泡融合为蒸汽膜，进入膜沸腾区。实际生产中的应用，往往是通过多组U形管或水幕对轧件表面进行冷却，这样一来每股射流之间的距离、水流量、过冷度、冲击速度、轧件的速度等对不同传热区域大小会产生直接的影响。

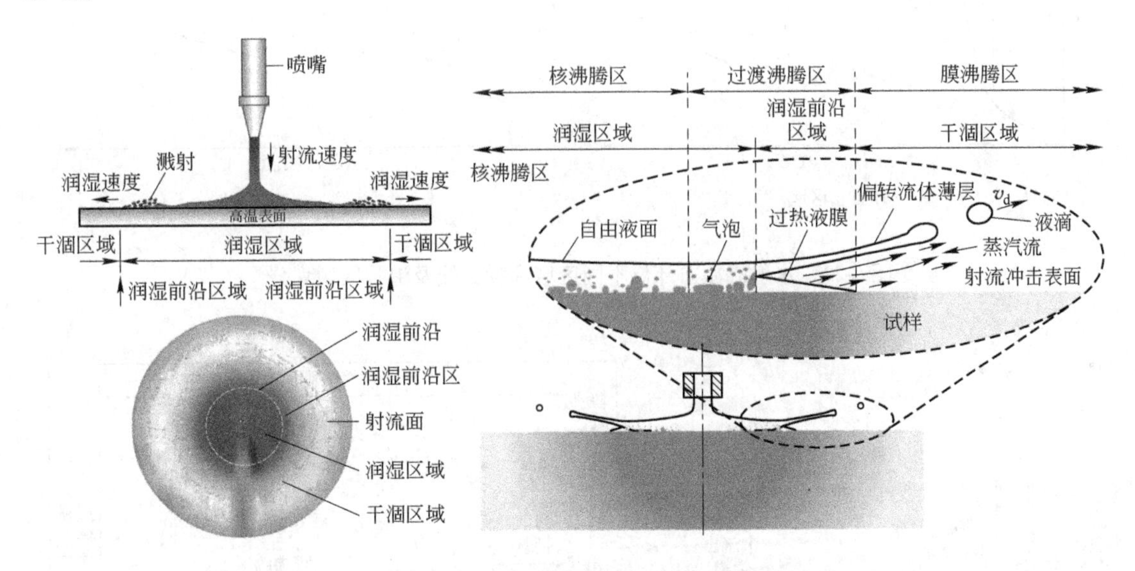

图6-20 水射流冲击冷却水覆盖区域划分

有学者针对水射流冲击冷却过程中的沸腾现象，采用一个喷嘴冷却高温试样的方法进行冷却能力等的研究。因为射流冲击部位冷却水覆盖区域的不同，在不同区域的沸腾曲线有很大差异，如图6-22所示。其中Robidou等人通过图6-23a所示的实验装置，绘出了射流冲击静止钢板实验的沸腾曲线（图6-23b）。尽管与池内沸腾曲线（图6-18）相比，存在显著的差异，但在射流冲击沸腾曲线中，仍然能观察到四个不同沸腾区。壁面过热度大

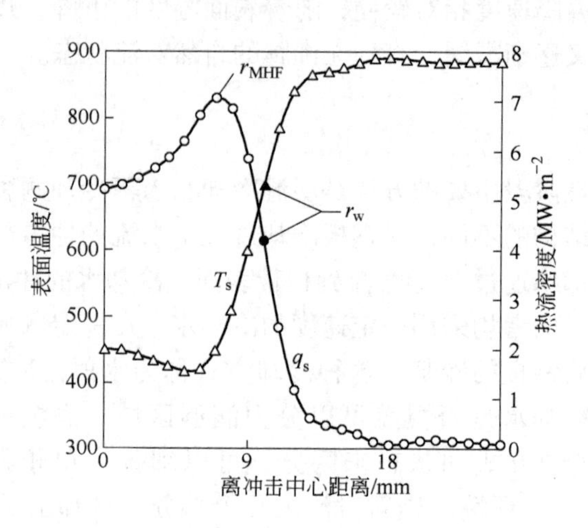

图 6-21　水射流冲击冷却沸腾区域划分

（冲击射流的直径为 2.93mm，水流速度 4.77m/s，过冷度 87℃）

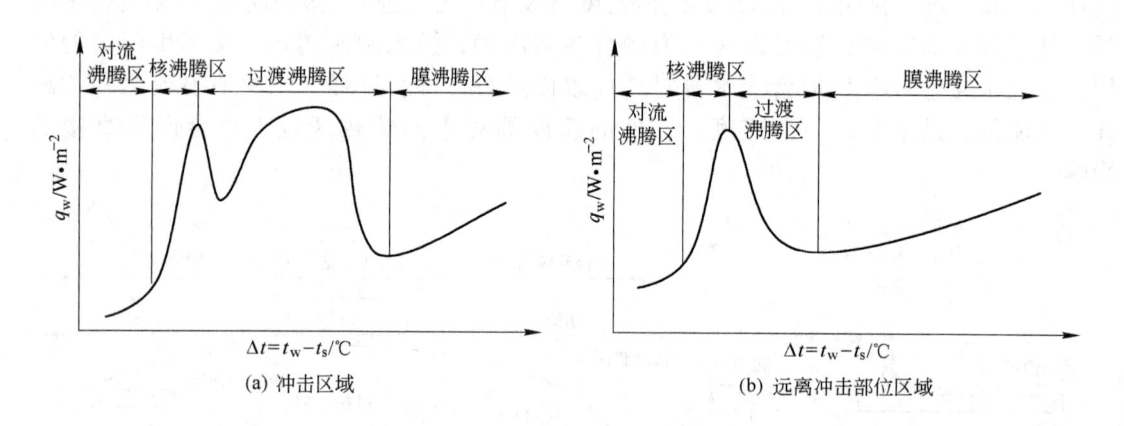

图 6-22　水射流冲击部位不同区域沸腾曲线及沸腾区域划分

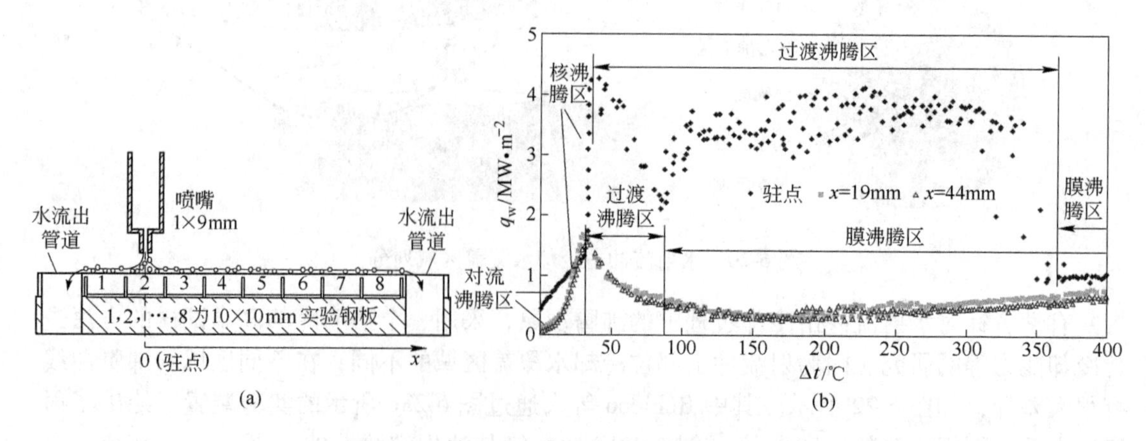

图 6-23　射流冲击沸腾曲线实验装置及结果

（喷嘴尺寸 1×9mm，喷嘴距离 6mm，水流速度 0.8m/s，过冷度 16℃）

于350℃时，热表面只存在膜沸腾传热。壁面过热度在350℃以下，不同位置处开始经历不同沸腾区。在喷嘴下方的驻点处，随着射流破坏蒸汽层，热流密度增加，从而使温度迅速下降，最后完全湿润表面，强制对流代替核沸腾进行传热。最终，随着冲击区周围温度的下降，蒸汽层消失，然后完全湿润区向外扩展。但远离射流冲击区不同位置处蒸汽层仍然稳定，继续着膜沸腾。

轧制过程中的控制冷却，轧件一般而言是在一定的速度下运动的。因为轧件运动的存在，导致冲击沸腾曲线产生变化。Gradeck 等人采用旋转的试样模拟运动中的高温表面，得到了如图 6-24 所示的实验结果。

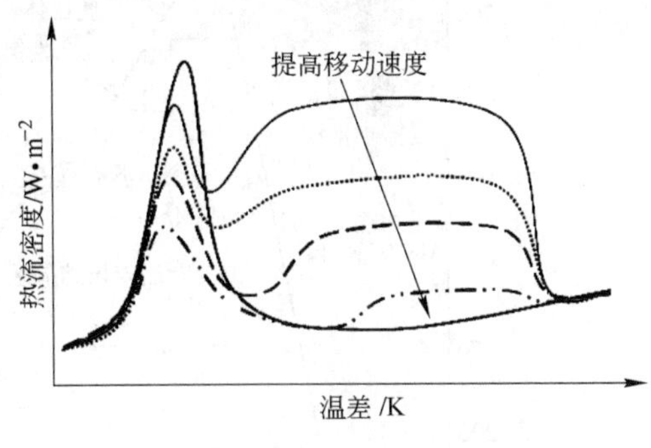

图 6-24 针对运动表面的射流冲击沸腾曲线实验结果

6.1.2.3 冷却过程中钢的相变

在现代轧制工艺中，因为各生产线的设备能力、布局及产品等不尽相同，要经济有效地利用 TMCP 技术生产出达到目标性能的产品，各企业利用 TMCP 的具体内容和方式也就不尽相同。简单来讲，控制轧制主要是对奥氏体组织状态进行控制，通过比常规轧制温度较低的温度范围内的轧制，配合在相变温度以上开始冷却到相变温度范围（500～750℃）上下 10℃左右然后进行控制冷却，实现铁素体的大幅度晶粒细化，在不损坏韧性的前提下，得到更优良的产品性能。

对于普通结构钢而言，通常来讲经奥氏体到铁素体的相变后，铁素体晶粒比原奥氏体更加细化。在原奥氏体晶界上铁素体首先形核，形核后向奥氏体晶粒内部生长，直至新的铁素体晶粒相互接触。TMCP 工艺首先控制奥氏体状态，通过控制轧制增加铁素体形核，通过轧后的控制冷却降低相变温度，进一步促进铁素体相变形核率的增加，最终获得更加细化的相变铁素体组织。

在再结晶区的低温轧制时，奥氏体将会发生再结晶，形成较为细小的奥氏体再结晶晶粒，细小的奥氏体组织在相变后得到的铁素体也被细化。而在再结晶温度以下轧制，形变奥氏体不会发生再结晶，这时的奥氏体组织因变形被压扁伸长，奥氏体界面体积比增加，铁素体形核点相应增加，相变后铁素体晶粒细化。同时，在未再结晶区进行轧制，奥氏体晶粒内部形成“变形带”的线状微观结构，这些变形带为铁素体形核提供了类似奥氏体晶界的作用，铁素体在这些“变形带”上形核。这样一来，在未再结晶区的轧制对铁素体晶粒的细化起到的作用会更大。其效果与未再结晶区的累积变形量成正比，性能的改善与之成正比。对再结晶后的奥氏体进行控制冷却时，铁素体相变晶粒细化效果较未再结晶形变奥氏体不显著，原因主要是因为对未再结晶形变奥氏体进行控制冷却，不仅在变形后的奥氏体晶界形核，同时在形变奥氏体晶粒内部也产生铁素体形核，由此实现了铁素体的大幅度晶粒细化。同时，控制冷却温降速度还可以将空冷时生成的珠光体变为细微分散的贝氏体，在提高强度的同时改善了钢材的塑性。加快冷却速度，完成直接淬火，只需要添加少量合金元素就可以达到很高的强度并降低碳当量，改善可焊性能，同时确保钢板低温韧性。图 6-25 是在不同的 TMCP 工艺下的微观组织转变示意图。

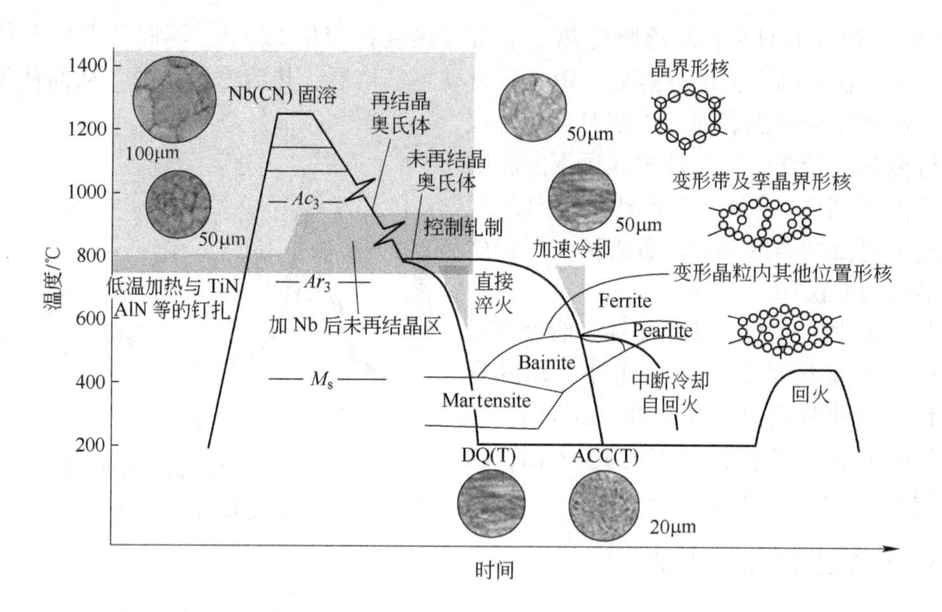

图 6-25　不同 TMCP 工艺下微观组织转变示意图

6.1.2.4　冷却对流换热系数的确定

针对生产工艺而言轧后钢材的控制冷却最重要的工艺参数就是温降速度，而影响冷却速度的最重要的传热学参数就是换热系数。无论采用何种冷却方式、冷却介质，针对同一钢铁产品的冷却，冷却换热系数都是衡量冷却能力的重要标志，同时也是控制冷却设备工艺设计、轧件温度场及与温度场相关的结构场、组织、形状尺寸等计算预测及控制的重要参数。轧件冷却过程中，流动的冷却介质与高温表面接触，液体的流动有层流、紊流不同流动形态，产生沸腾相变过程，冷却过程中包含了固、液、气多相物质，是一种典型的瞬态非线性传质传热的过程。这时，要想采用一个理论化的模型去描述冷却过程中的换热是很难实现的。现阶段对钢材冷却换热系数的研究主要采用的是实验归纳的方法。

针对冷却能力的实验研究，主要由加热系统、流体供应系统、试样、喷嘴、试样固定及运动系统、热电偶、数据采集转化系统等多个部分构成。通过热电偶采集得到的数据首先转换为温度值，在所采集的温度的试验结果的基础上，再通过相应计算求得换热系数。实验往往采用在样品上钻孔插入热电偶的方式，通过加热炉将试样加热到实验初始温度，移到实验台，开启冷却系统进行冷却。因为热电偶一般埋入较深并往往采用多条同时进行检测，这样往往从加热开始直到冷却结束都会一直在试样中。控制冷却实验的主要装备如图 6-26 所示。

对于热轧过程中不同的控制冷却方式，轧后冷却过程中最直观的就是轧件冷却速率的测试结果。图 6-27 所示为空冷、喷射冷却、管层流冷却和水幕冷却不同厚度与温度的轧件的冷却速率曲线。随着轧件厚度的增大，因为钢材自身导热性能的存在，对冷却速率产生较大影响。同时因为冷却形式的不同，四种冷却方式的冷却能力存在很大的差异。

冷却过程中的对流换热是一个非常复杂的传热过程，影响因素众多，很难在一个换热系数模型中包含所有的因素。为了能将少量的试验所得结果用于更大的范围，在试验中往

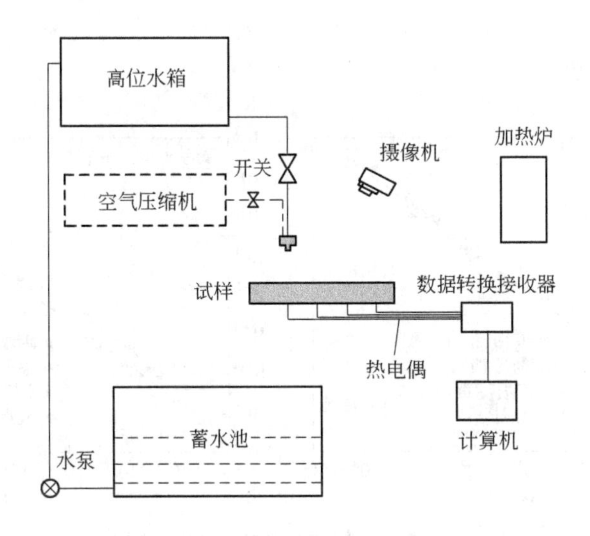

图 6-26 控制冷却实验设备示意图

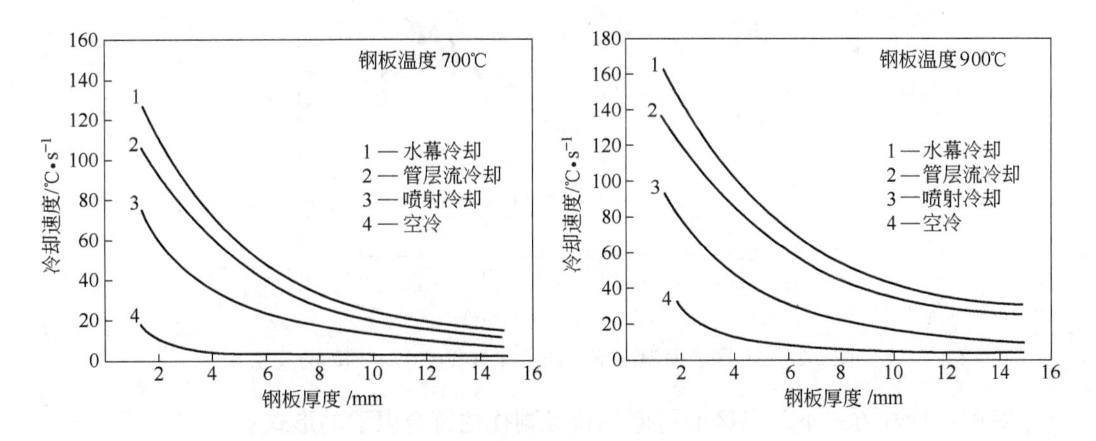

图 6-27 不同冷却方式下的冷却速率对比曲线

往采用量纲分析法。它是将各种试验有关变量组合成少数几个有关的无量纲量（或称相似准则，如雷诺数 *Re*、努谢尔特数 *Nu* 等），并将它们组合成准则方程式，然后以这些准则作为新的变量来组织实验，确定它们之间的具体函数关系。这样，由于变量的减少，可使实验的工作量大大地减少，而且可以推广应用到与实验现象相似的现象中去。针对不同的冷却方式，在实验研究的基础上，可以建立 *Nu* 与 *Re*、*Pr* 之间的关系式。

（1）国冈计夫等通过实验建立了不同表面温度下不同冷却方式的 *Nu* - *Re* 之间的关系。图 6-28 为在实验结果的基础上建立的 *Nu* 与 *Re* 之间的关系图。努谢尔特准则如下：

$$Nu = \alpha\delta/k = f(Re, Pr) \tag{6-2}$$

式中 Nu——努谢尔特数；

α——对流换热系数；

δ——几何特征尺寸；

k——流体导热系数；

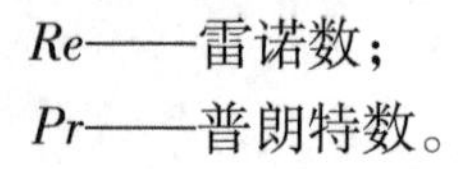

Re——雷诺数；

Pr——普朗特数。

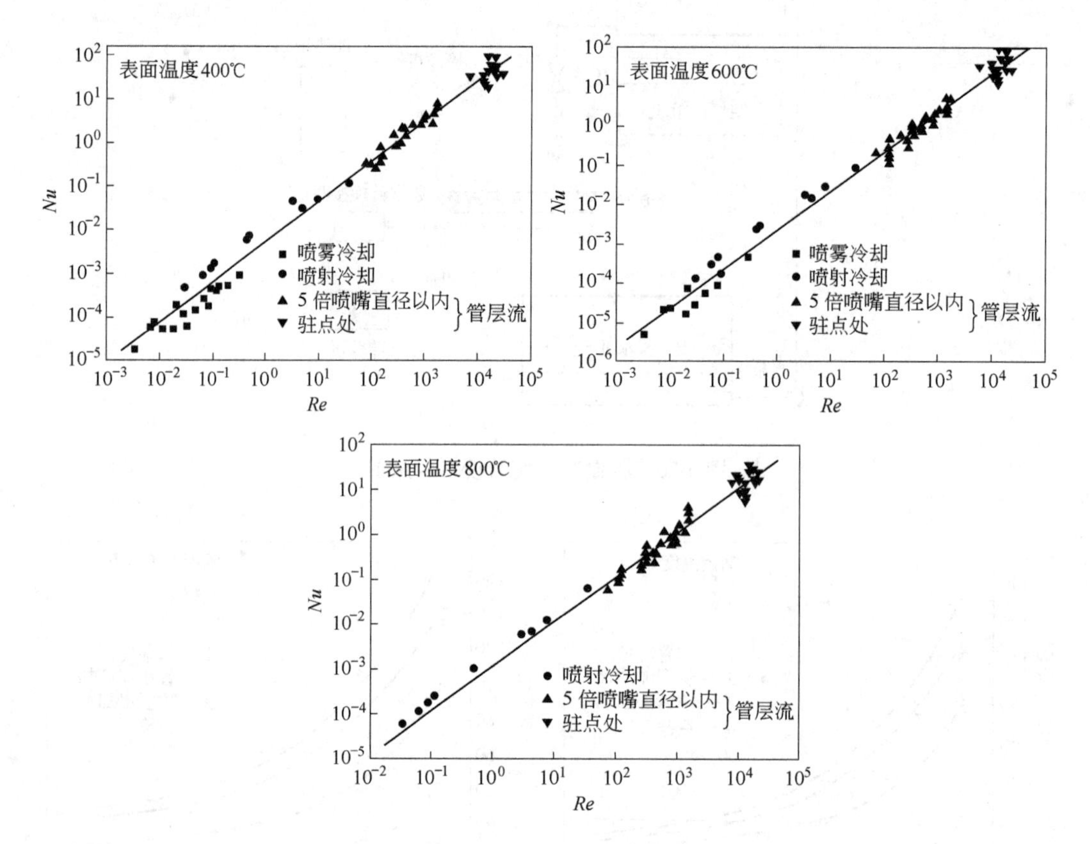

图 6-28　不同表面温度下不同冷却方式的 *Nu* 与 *Re* 的关系

针对射流冷却方式下驻点区的努谢尔特准则往往符合以下的形式：

$$Nu = cRe^m Pr^n$$

式中的 c，m，n 作为常数，根据冷却条件的不同而不同。国冈计夫根据实验相关结果经过回归分析所得冷却过程中的努谢尔特准则见表 6-3。

表 6-3　国冈计夫喷水冷却回归公式

表面温度/℃	回 归 公 式
50	$Nu = 1.94 \times 10^{-2} Re^{0.80} Pr^{0.4}$
200	$Nu = 6.41 \times 10^{-3} Re^{0.88} Pr^{0.4}$
400	$Nu = 3.40 \times 10^{-3} Re^{0.94} Pr^{0.4}$
600	$Nu = 1.43 \times 10^{-3} Re^{0.99} Pr^{0.4}$
800	$Nu = 0.75 \times 10^{-3} Re^{0.99} Pr^{0.4}$

（2）佐佐木寛太郎等人，针对喷射冷却条件、不同表面温度、不同水流密度条件下的传热系数进行了实验研究，结果如图 6-29 所示。

图示符号	●	×	▲	○	▼	△	◎	□
喷嘴编号	1	2	3	4	5	6	7	8
水流密度 /L·(cm²·min)$^{-1}$	0.023	0.088	0.12	0.16	0.24	0.038	0.047	0.092

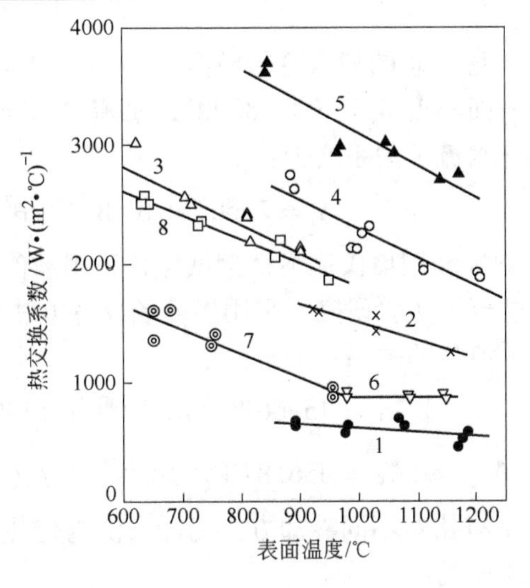

喷嘴编号	喷嘴类型	喷射距离/mm	水流密度/L·(cm²·min)$^{-1}$			
			水压/kg·cm^{-2}			
			2	3	4	5
1	圆锥形	100	0.016	0.018	0.023	0.024
2	扁平形	100	0.065	0.075	0.088	0.098
3	—	100	0.080	0.10	0.12	0.14
4	—	100	0.11	0.14	0.16	0.17
5	—	100	0.16	0.20	0.24	0.26
6	—	350	0.021	0.031	0.038	0.048
7	—	500	0.023	0.034	0.047	0.056
8	—	350	0.046	0.070	0.092	0.11

图6-29　喷射冷却过程中不同水流密度下传热系数与钢板表面温度的关系曲线

（3）韦光等人在针对水幕冷却的研究过程中，采用不锈钢试样，在实验的基础上利用温度场反算法，求得了水幕冷却对流换热系数 α 与钢板表面温度 t、水量 W 及冷却位置 C 的关系，如图6-30所示。通过研究结果可以看出：当表面温度在950～150℃之间变化时，换热系数从不足1000W/(m²·℃)变化到约24000W/(m²·℃)。在950～150℃温度区间内，随表面温度的上升，换热系数始终保持一下降趋势。当表面温度低于220℃时，换热系数随温度下降而急剧上升；当表面温度高于700℃时，换热系数下降较快；当表面温度在200～700℃区间时，换热系数缓慢下降。在冲击点以外的其他冷却区域，换热系数随表面温度的变化规律与冲击点处的规律相同，但离水幕冲击点越远，在相同温度下的换热系数越小。当水幕水量为8～14t/h时，在表面温度为90～150℃范围内，随表面温度的降

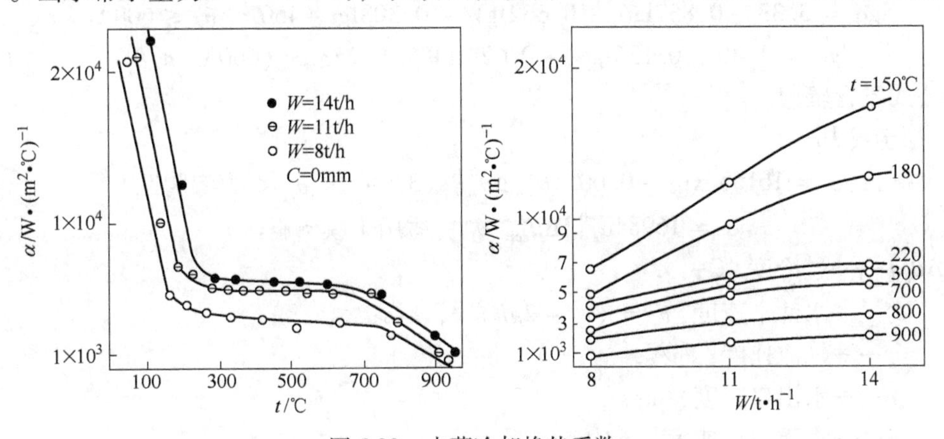

图6-30　水幕冷却换热系数

低，水幕水量对换热系数的影响加大；随水量的增加，换热系数上升，且在高水量区换热系数上升速率较慢，在低水量区换热系数上升较快。

因为冷却方式的不同以及实验方法的差别，通过实验所得到的换热系数模型也有所不同，使用的过程中需要结合实际情况选择合适的模型。统计现阶段主要的解析模型列举如下：

（1）三塚正志的喷水冷却模型：

轧件表面温度 $\theta_s = 400 \sim 800℃$，水流量 $W = 10 \sim 200 L/(m^2 \cdot h)$ 时，对流换热系数与表面温度、水流量关系式为：

$$\alpha = 2.665 \times 10^5 W^{0.616} / \theta_s^{2.445} \quad W/(m^2 \cdot ℃) \tag{6-3}$$

（2）刘峰利用奥氏体不锈钢试样，采用数值方法对喷雾冷却条件下高温钢板表面对流换热系数进行了实验研究，采用温度场反算方法求出了实验条件下对流换热系数与钢板表面温度、水流量的关系：

$$\left.\begin{aligned} \alpha &= 15.66 W^{0.75} 10^{4.63\times10^{-3}} \theta_s (100℃ < \theta_s \leqslant 250℃) \\ \alpha &= 456.87 W^{0.72} 10^{-2.56\times10^{-3}} \theta_s (300℃ \leqslant \theta_s \leqslant 850℃) \end{aligned}\right\} \tag{6-4}$$

（3）王有铭对不同冷却方式的冲击沸腾传热进行了研究，用回归法得到了对流换热系数有关的计算式：

1）喷射冷却

$$\lg\alpha = 2.358 + 0.663\lg W - 0.00147\theta_s (含辐射, 500℃ \leqslant \theta_s, 100 < W < 2000\ L/(m^2 \cdot min)) \tag{6-5}$$

$$\lg\alpha = 2.030 + 0.793\lg W - 0.00154\theta_s (不含辐射, 500℃ \leqslant \theta_s, 0 < W < 2000\ L/(m^2 \cdot min)) \tag{6-6}$$

2）喷水冷却（多孔喷嘴）

$$\lg\alpha = 5.01 + 0.436\lg W - \lg(\theta_s - \theta_w)(500 \leqslant \theta_s \leqslant 800℃, 300\ L/(m^2 \cdot min) \leqslant W) \tag{6-7}$$

$$\lg\alpha = 4.10 + 0.630\lg W - \lg(\theta_s - \theta_w)(500 \leqslant \theta_s \leqslant 800℃, W < 120\ L/(m^2 \cdot min)) \tag{6-8}$$

3）气雾冷却

$$\lg\alpha = 3.33 - 0.857\lg\theta_s + 0.662\lg W + 0.308\lg v_a (450 \leqslant \theta_s \leqslant 600℃) \tag{6-9}$$

$$\lg\alpha = 1.40 - 0.136\lg\theta_s + 0.629\lg W + 0.273\lg v_a (600℃ < \theta_s) \tag{6-10}$$

以上两公式不含辐射。

4）层流冷却

$$\alpha = 16155\exp(-0.0055\theta_s)\Delta\theta_{sub}^{0.161} (300℃ < \theta_s < 膜沸腾区) \tag{6-11}$$

$$\alpha = 16984\theta_s^{-0.8}\Delta\theta_{sub}^{0.567} v_s^{0.5} (适用于膜沸腾区) \tag{6-12}$$

式中　$\Delta\theta_{sub}$——过冷度，℃；

v_s——水冲击速度，$v_s = (v^2 + 2gh)^{1/2}$，m/s；

v_a——气流速度，m/s；

v——水出口速度，m/s；

g——水重力加速度，m/s^2；

h——喷嘴到钢板表面距离，mm。

弯管式层流冷却平均对流换热系数：

$$\alpha = 9.72 \times 10^5 W^{0.355} [(2.50 - 1.5\lg\theta_w) D/P_l P_e] 0.645 \times 1.163/(\theta_s - \theta_w) \quad (6\text{-}13)$$

式中 W——水流密度，$m^3/(m^2 \cdot min)$；

P_l，P_e——轧制方向与宽度方向喷嘴间距，m；

D——喷嘴直径，m。

（4）汪贺模通过实验室研究，建立了三种不同冷却条件下的换热系数的回归模型及准则方程：

1）加密层流冷却冲击驻点处

$$\lg\alpha = 9.476984 - 0.004116\theta_s - 0.0008d \quad (6\text{-}14)$$

式中，d 为远离冲击区驻点处的距离，mm。

2）高压倾斜喷射冷却下冲击驻点处

$$\alpha = 20259.03 - 163.71\theta_s + 0.936\theta_s^2 - 2.59 \times \left(\frac{\theta_s}{10}\right)^3 + 332.85 \times \left(\frac{\theta_s}{100}\right)^4 \quad (6\text{-}15)$$

3）高压缝隙冷却条件下冲击驻点处

$$\alpha = 15468.4 - 586.3\theta_s + 3.258\theta_s^2 - 8.25 \times \left(\frac{\theta_s}{10}\right)^3 + 954.89 \times \left(\frac{\theta_s}{100}\right)^4 \quad (6\text{-}16)$$

以上列出的相关模型，因冷却方式、实验方法、检测条件等的差别，所得到的模型会有较大不同，在设计使用的过程中，需要结合实际情况选择合适的模型。

6.1.3 轧后控制冷却的分段

控制冷却的主要目的是通过控制冷却能够在不降低钢材韧性的前提下进一步提高钢材的强度。常规轧制的钢材，轧后处于奥氏体再结晶状态，因为轧后仍旧处于较高的温度区域，再结晶奥氏体晶粒将会在高温区长大，导致相变后铁素体组织较为粗大；同时因为温降缓慢，所得珠光体片层间距较大，最终的力学性能相对较低。处于未再结晶区的低温终轧温度的钢材，因为形变的影响使 Ar_3 温度升高，相变后产生的铁素体在高温区长大，降低了低温轧制细化组织的效果。

对于微合金高强度钢，用控轧控冷可以得到铁素体 + 贝氏体组织或者单一的贝氏体组织，材料的强度得到提高，韧性和焊接性能良好。以铌微合金化的海洋平台用钢为例，以15℃/s 的冷却速度从800℃快速冷却到500℃的情况下，较一般的控温轧制得到的产品屈服强度提高 50MPa，与正火处理的产品相比可以提高 150MPa。对于中、高碳及中、高碳合金钢，轧后控制冷却的目的主要是降低甚至阻止网状碳化物的析出量和降低级别，保持碳化物固溶状态，确保固溶强化，同时减小珠光体球团尺寸，改善珠光体形貌及减小片层间距，从而保证产品性能。此外，有一些材料可以通过轧后快速冷却实现在线余热淬火或表面淬火自回火，之后又发展了形变热处理等，为提高钢材的性能起到了很好的作用。

为了获得优良的组织性能，就需要将控制轧制和控制冷却结合起来考虑。通过控制轧制获得控制冷却前预期的奥氏体组织，再通过控制冷却获得预期的相变产物。在控制冷却工艺中，一般将轧后的控制冷却分为三个阶段，分别称之为：一次冷却、二次冷却、三次冷却，三个冷却阶段的控制方式和目的并不相同。

钢材轧后冷却过程中，相变前的奥氏体组织状态直接影响相变组织形态、晶粒尺寸、机械性能等。一次冷却是指从终轧温度开始到奥氏体向铁素体开始转变温度 Ar_3 或二次碳化物开始析出温度 Ar_c 范围内的控制冷却阶段。该阶段通过控制开冷温度、冷却速度和快冷终止温度等，控制形变奥氏体的组织状态，固定形变奥氏体内部位错，对再结晶奥氏体控制晶粒长大，对于高碳钢阻止有害碳化物的析出，加大过冷度，降低相变温度，为下一步的相变做组织上的准备。一次冷却阶段越接近终轧出口，开冷温度越接近终轧温度，越有利于形变奥氏体的组织状态控制、增大有效界面面积以及提高铁素体形核率。

二次冷却阶段指的是经过一次冷却阶段后，进入由奥氏体向铁素体或碳化物析出的相变阶段，从相变开始温度到相变结束温度范围的控制冷却。在相变过程中，控制好相变冷却开始温度、冷却速度（快冷、慢冷、等温相变等）和停止控冷温度这些参数，就能控制相变过程，从而达到控制相变产物形态、结构的目的。其中针对 C-Mn 钢，空冷过程得到的是铁素体 + 珠光体组织；加快冷却速度，提高到 5℃/s，得到的组织是铁素体 + 贝氏体组织；再提高冷却速度到 15℃/s，得到的组织为贝氏体为主的组织。参数的改变能得到不同相变产物，最终组织的不同将会提供不同性能的钢铁产品。

三次冷却是指相变后至室温的温度区间冷却参数控制。针对低碳钢而言，相变结束后冷却速度的快慢对最终组织几乎没有影响，多采用空冷，使钢材冷却均匀，避免因冷却不均匀而造成弯曲变形。有较多的型钢厂在产品矫直前的阶段，为提高冷床的生产效率将会采用除了空冷之外的水介质冷却方式，如喷水冷却方式等。这时需要注意的是对于不同形状的产品，因为热膨胀系数的存在，会对最终的产品形状产生一定的影响。固溶在铁素体中的过饱和碳化物在慢冷中不断弥散析出，使其沉淀强化。对一些微合金化钢，在相变完成之后仍采用快冷工艺，以阻止碳化物析出，保持其碳化物固溶状态，以达到固溶强化的目的。将一次冷却及二次冷却合成为一个快速冷却过程的工艺，即由轧后快冷至低温相变，如发生马氏体相变，形成直接淬火工艺；进行自回火或回火，形成形变调质工艺。

6.1.4 控制冷却对钢材组织性能的影响

6.1.4.1 控制冷却对钢材性能的影响

首先以 Si-Mn(X60)和 Nb-V(X70)两个管线钢种为例，说明轧后控制冷却对组织性能的影响，其成分见表 6-4，工艺见表 6-5。

表 6-4 Si-Mn（X60）和 Nb-V（X70）化学成分（质量分数） （%）

	C	Si	Mn	P	S	Cu	Ni	Nb	V	Ti	Mo	Al	N
1	0.12	0.33	1.38	0.021	0.007	—	—	—	—	—	—	0.034	0.0046
2	0.14	0.27	1.33	0.009	0.006	—	—	0.024	0.033	—	—	0.025	0.0056

表 6-5 控轧控冷主要工艺参数

坯料厚度/mm	加热温度/℃	<900℃累计压下	终轧温度/℃	终轧厚度/mm	开冷温度/℃	终冷温度/℃	冷却速度/℃ · s^{-1}
130	1100	70%	800	20	780	600	≤12

表6-6是Si-Mn和Nb-V管线钢不同冷却工艺条件下得到的微观组织照片。通过观察金相照片可以看出：在控制轧制后，空冷的组织呈现明显的带状；当提高轧后冷却速度到4℃/s时，带状珠光体组织破碎，带状组织基本消除，晶粒尺寸得到细化；当冷却速度提高到10℃/s时，Nb-V钢中的珠光体基本消除，生成细小的贝氏体。钢中Nb元素的添加提高了淬透性，使CCT曲线右移。图6-31是Si-Mn钢和Nb钢两个钢种的CCT曲线示意图。组织的变化反映到性能，图6-32是冷却速度对力学性能的影响。随着轧后冷却速度的提高，材料的屈服强度和抗拉强度均有不同程度的提高。-20℃下的冲击功保持在很好的区间，基本没有下降，同时随着冷却速度的提高，韧脆转变温度有所降低。在加速冷却过程中，相变温度下降，铁素体形核率提高，同时较高的过冷度抑制了相变铁素体晶粒长大，最终得到了较为细小的铁素体组织。随着冷速的增大，进入贝氏体相变区，而生成的贝氏体的晶粒尺寸受到有效界面面积和形变奥氏体均匀性的影响。有效界面面积是变形前奥氏体晶粒直径和累积应变量的函数，在冷却过程中，铁素体首先在形变奥氏体晶界及晶内变形带周围形核长大，如冷却速度过快终冷温度较低，将会导致粗大的贝氏体组织生成，影响钢材的性能。为避免粗大的贝氏体生成，需要做好细小均匀的形变奥氏体组织准备。

表6-6 不同冷却工艺条件下Si-Mn和Nb-V管线钢微观组织照片

项 目	空 冷	4℃/s	10℃/s
Si-Mn	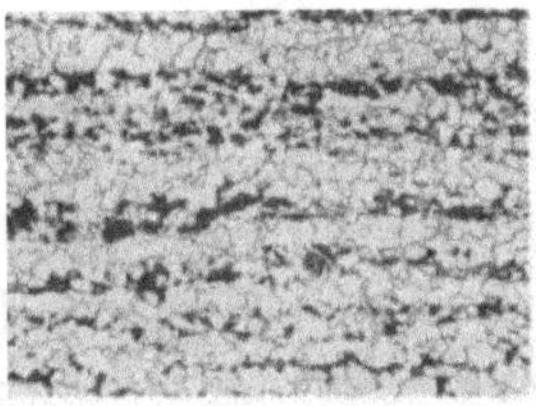	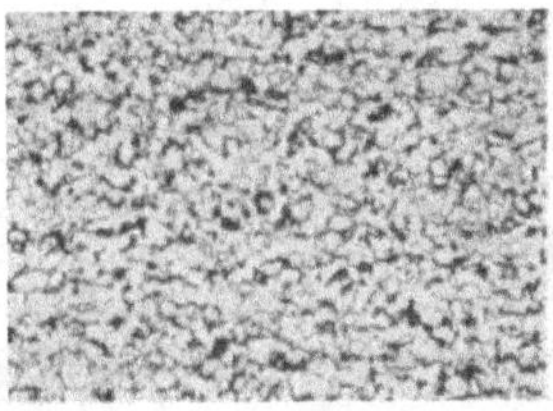	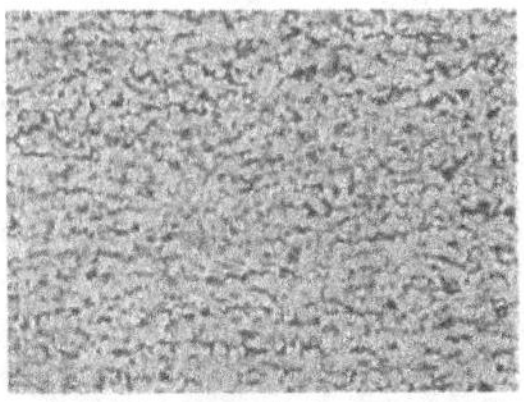
Nb-V	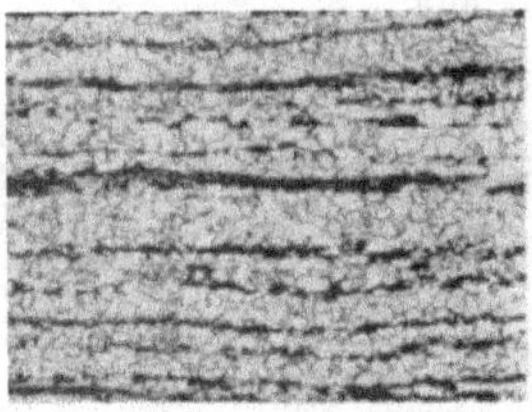	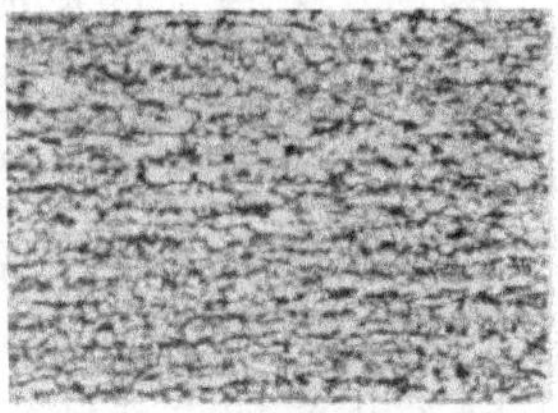	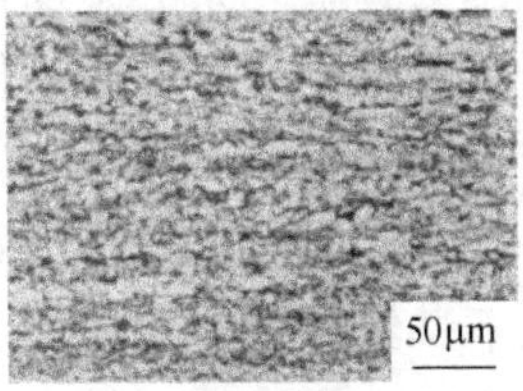 50μm

再以Mo-Nb(X70)和Mo-Nb-V(X80)两个管线钢种为例进行轧后控制冷却的相关研究，其化学成分见表6-7，工艺参数见表6-8。

表6-7 Mo-Nb(X70)和Mo-Nb-V(X80)化学成分（质量分数） （%）

	C	Mn	Si	Mo	Nb	V	Ti	Al	N	P	S
1	0.08	1.55	0.28	0.15	0.04	—	0.014	0.07	0.004	0.01	0.005
2	0.08	1.70	0.28	0.30	0.055	0.075	0.014	0.04	0.005	0.012	0.006

表 6-8　控轧控冷主要工艺参数

	坯料厚度/mm	加热温度/℃	<900℃累积压下/%	终轧温度/℃	终轧厚度/mm	开冷时刻	终冷温度/℃	冷却速度/℃·s⁻¹
1	88.9	1150	68	800，770	19	轧后冷却	600～500	空冷～20
2	88.9	1220	62	790，765	19	轧后冷却	600～500	空冷～20

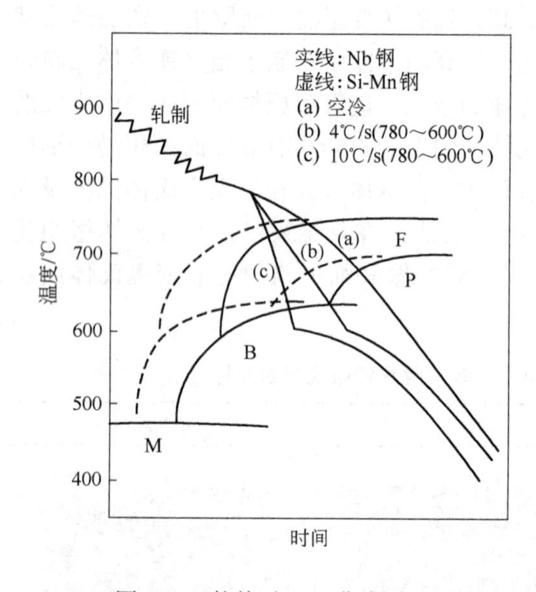

图 6-31　控轧后 CCT 曲线图示

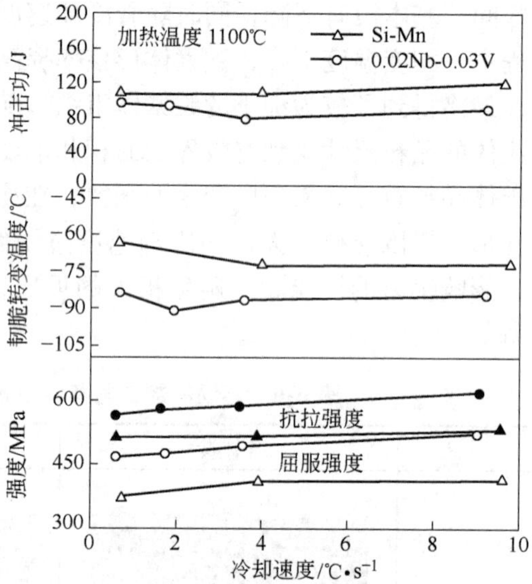

图 6-32　冷却速度对机械性能的影响

通过图 6-33 可以看出，轧后控制冷却的冷却速度对两个钢种的强度产生明显的影响。随着冷却速度的提高，抗拉强度大幅度提高，两个钢种的抗拉强度约提高 94MPa。这主要是因为合金元素的添加抑制了多边形铁素体的形成，并通过析出强化方式提高了钢材的强度。结合强度和夏比冲击试验结果，图 6-34、图 6-35 是不同冷却条件下两个钢种的抗拉强度和韧性的散点图。可以看出：在相同韧脆转变温度的情况下，经过快速冷却处理后的钢材强度较空冷情况下提高 138MPa。图 6-35 是 −20℃不同工艺条件下的冲击功与抗拉强度的散点图。为了说明冷却速度的作用，将 0.3Mo-Nb-V 和 0.15Mo-Nb 钢中在不同冷却速度下的实验结果用箭头连接起来进行对比，可以看出轧后的快速冷却在显著提高强度的同时，对韧性的影响很小甚至没有。一系列的试验也说明，通过轧后快速冷却可使钢材强度得到升级，更重要的优点还在于提高钢材强度的同时韧性没有损失，这样一来，钢材强韧性平衡得到了保障与提高。

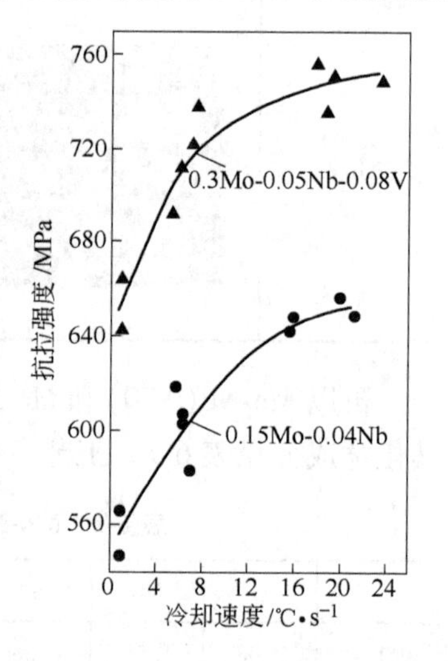

图 6-33　冷却速度对抗拉强度的影响

对以上合金元素对控制冷却后材料性能的影响进行统

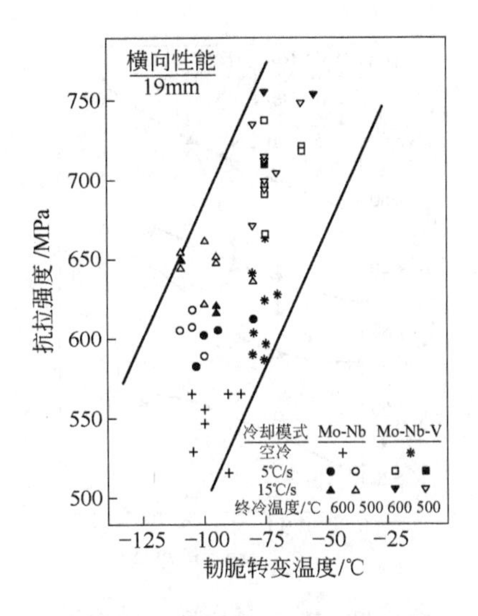

图 6-34 抗拉强度-韧脆转变温度

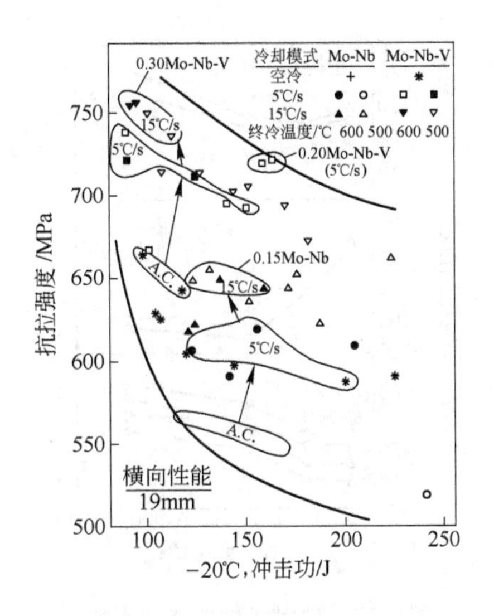

图 6-35 抗拉强度-冲击功

计，可以看出 Nb 和 Ti 等合金元素抑制轧制过程中奥氏体的再结晶并起到析出强化的作用。图 6-36 是加热温度 1100℃，轧后空冷和 7 ~ 8℃/s 进行冷却的性能结果。随着 Nb 含量的增加，强度提高，当 Nb 含量达到 0.04% 时，性能趋于稳定。Nb 的加入促进了粗轧阶段的奥氏体晶粒细化和抑制再结晶奥氏体晶粒长大，提高了再结晶温度，有利于形变奥氏体应变积累，细化了终轧奥氏体晶粒。图 6-37 是加热温度 1100℃，轧后空冷和 10 ~ 12℃/s 进行冷却的性能结果。在 Ti 含量小于 0.02% 时，钢材的性能变化较小，如进一步提高 Ti 含量，强度提高，提高幅度可以达到 50 ~ 90MPa。图 6-38 是针对 Mo 在 Mo-Nb 钢和 Mo-Nb-V 钢中不同含量和不同冷却条件下强度的对比，可以看出不同 Mo 含量加速冷却条件下钢材的强度均有明显提高。这主要是因为 Mo 元素的添加提高了钢材的淬透性，有利于抑制多边形铁素体的相变，促进了针状铁素体和 M-A 岛的形成。同时对比快速冷却下的 Nb 钢和 Nb-V 钢，Mo 含量在 0 ~ 0.1% 时，Nb-V 钢的强度增高明显高于 Nb 钢；在 0.1% ~ 0.25% 区间时，两者基本相同；当 Mo 含量继续提高时，强化效果适度增高。这主要因为 Mo 抑制了奥氏体阶段的析出而促进了铁素体阶段析出。

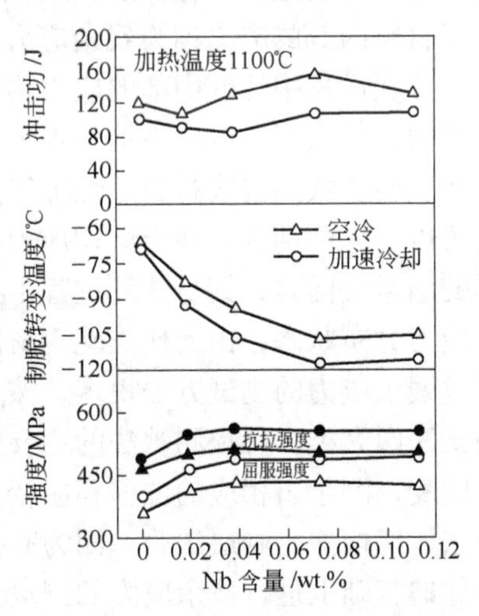

图 6-36 Nb 对力学性能的影响

6.1.4.2 控制冷却对钢材内部残余应力的影响

材料在加工过程中，各部分的变形存在不一致，但由于工件是一个不可分割的整体，因此各部分不能单独自由变形，而是相互制约的，在变形工件内部各部分之间产生了相互平衡的应力，称为内应力。随着加工过程的进行，由于引起变形不一致的条件在发生变

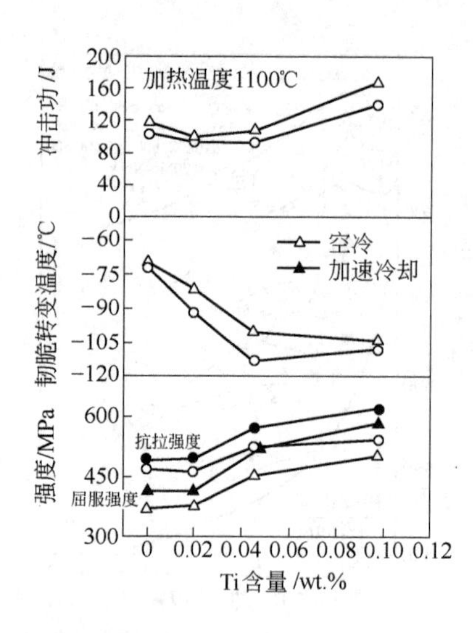

图 6-37　Ti 对机械性能的影响

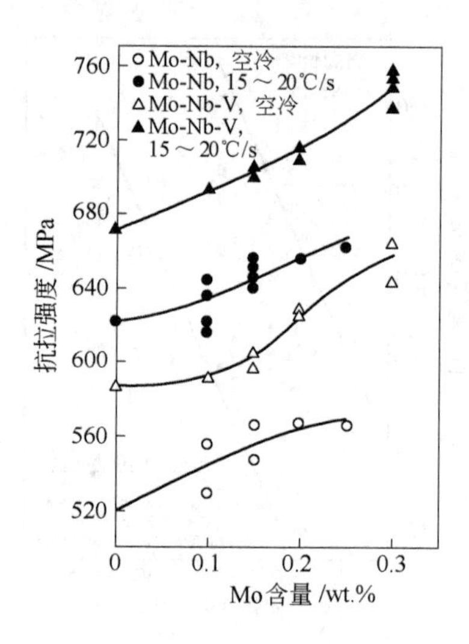

图 6-38　Mo 对抗拉强度的影响

化，内应力也逐渐变化。加工过程中不同时期的内应力称为瞬时内应力，加工结束后，存在于材料内部的应力称为残余应力。

热轧过程中轧件内部的应力构成较为复杂。首先是工件各部位变形不均匀导致的结构内应力；其次存在温度不均匀现象，导致各部位的膨胀和收缩不一致，造成热应力的同时存在。两者共同构成材料塑性加工过程的内应力，相应的工件在热变形过程后的残余应力也可以分为两部分：残余结构应力和残余热应力。钢材的热轧过程就是典型的两者共同作用的结果，同时，钢材热轧过程中存在的回复、再结晶和相变过程，会影响产品最终的残余应力分布状态，由此使热轧钢材的残余应力的研究更为复杂。

残余应力的测试方法很多，按是否破坏被测对象的整体性，可分为有损测试法和无损测试法两大类。有损测试法的主要原理是破坏性的应力释放，使被测部位产生相应的位移与应变，测量出相应的位移和应变，再通过换算得到残余应力。常用的方法有钻孔法、切条法、切槽法、剥层法等。因为有损测试法需要破坏原有零件，人们更希望在不损坏原有零件的基础上进行残余应力的测量，无损测试法是多年以来探索的方向。目前无损测试的方法有 X 射线法、中子衍射法、超声波法、磁性法等。但是鉴于这些方法的应用在对零件尺寸的要求、使用便捷性、应用成本等方面会有一定的局限性，因此残余应力测试技术至今仍是一个有待深入研究的课题。现阶段对于热轧产品残余应力的测试方法主要还是集中于有损测试方法。

在产品控制冷却后，因为残余应力的存在，导致上冷床后出现形状和尺寸变化的工艺事故比较常见，如图 6-39 所示为 ACC 后中厚板在冷床上的瓢曲的板形。热轧产品轧制过程中及轧后温度分布不均、金属流动不均、冷却过程中各部位冷却速度不均等都是导致产品内部残余应力存在的影响因素，因为残余应力的存在会对产品的尺寸形状及性

图 6-39　中厚板冷却过程中的瓢曲

能产生影响，往往通过在生产或深加工过程中的矫直对残余应力进行重新分布和改善。很多时候轧件的瓢曲超出了矫直机的能力范围，这时就要从轧制和控制冷却中找寻原因。

板带轧后快速冷却过程中，因为边部温度较低，为了避免或减少边部冷却过快，往往采取边部遮挡的方式，如图6-40所示。理想的层流冷却系统在带钢宽度方向上是“凸”形分布的，实现近似均匀的横向冷却，这样就可以防止不均匀冷却造成的板带钢扭曲等问题，同时也能改善带钢的力学性能、板形和表面质量。但理想的水量分布方式难以实际操作，而边部遮挡是采取措施控制集管两侧喷水、不喷水两种状态，以及不喷的数量等来间接得到凸型水量的分布。这种方式操作简单，投入低，效果明显。

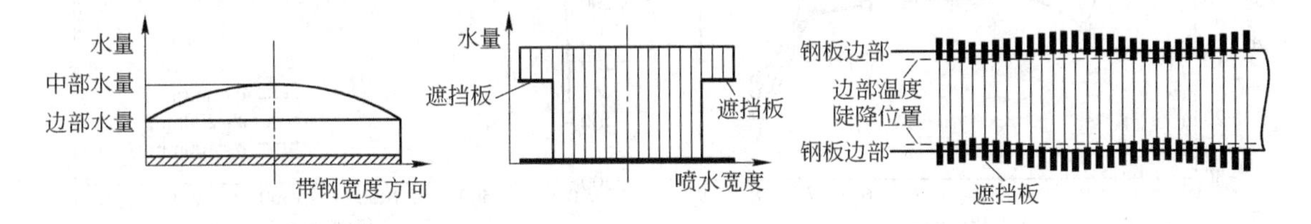

图6-40　板带冷却过程中的边部遮挡

针对厚板轧后控制冷却边部遮挡对残余应力影响的研究，快速冷却设备主要尺寸如图6-41所示，板料厚度为55mm，宽度为2565mm，残余应力测试长度为10045mm，钢种为普碳钢，主要成分（%）为：C 0.20，Mn 1.15，Si 0.30；板料初始温度880℃，开冷温度723℃，终冷温度540℃；板料运行速度770mm/s，边部遮挡宽度分别为0，100，140，200，300，400mm。采用切条法对样条进行弯曲度测量，切样方法如图6-42所示。在实验过程中忽略因为轧制过程中变形不均造成的残余应力，仅对快速冷却引起的残余应力进行研究。

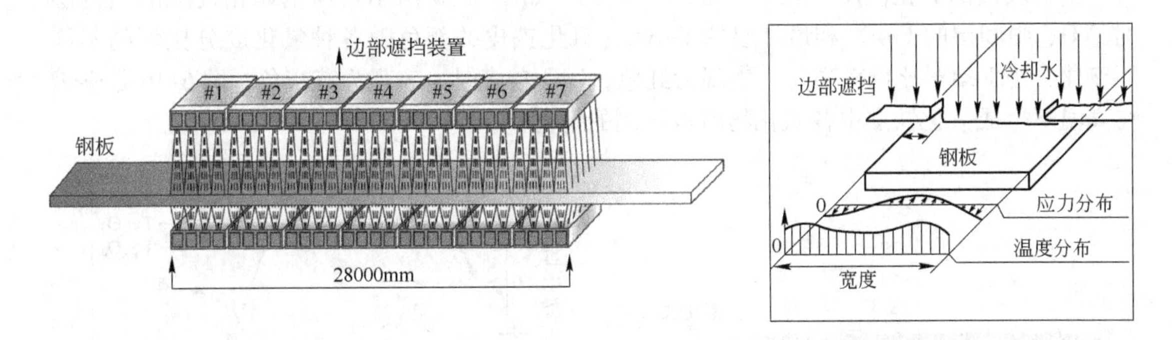

图6-41　带边部遮挡控制冷却设备主要尺寸及宽向应力、温度分布示意图

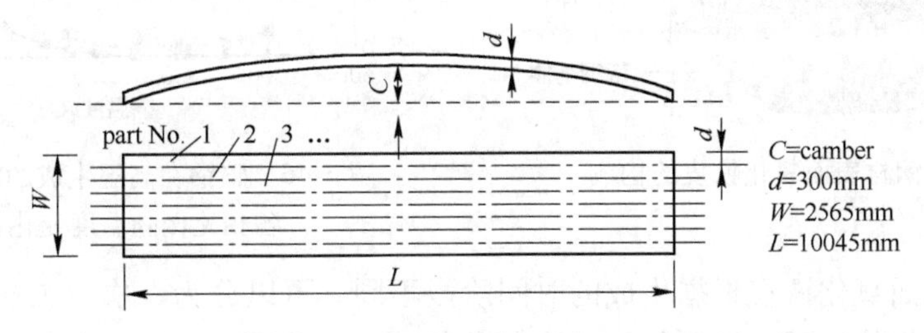

图6-42　切条法弯曲度测量示意图

将切条后的弯曲度测量结果作成曲线如图 6-43 所示，可以看出样条弯曲弧度受到边部遮挡宽度的影响，当边部遮挡宽度过小或过大时，边部的弯曲弧度将明显增加，沿着长度方向的残余应力也相应增大。残余应力的预测曲线如图 6-44 所示，同时可以看出存在边部弯曲弧度最小的遮挡宽度。

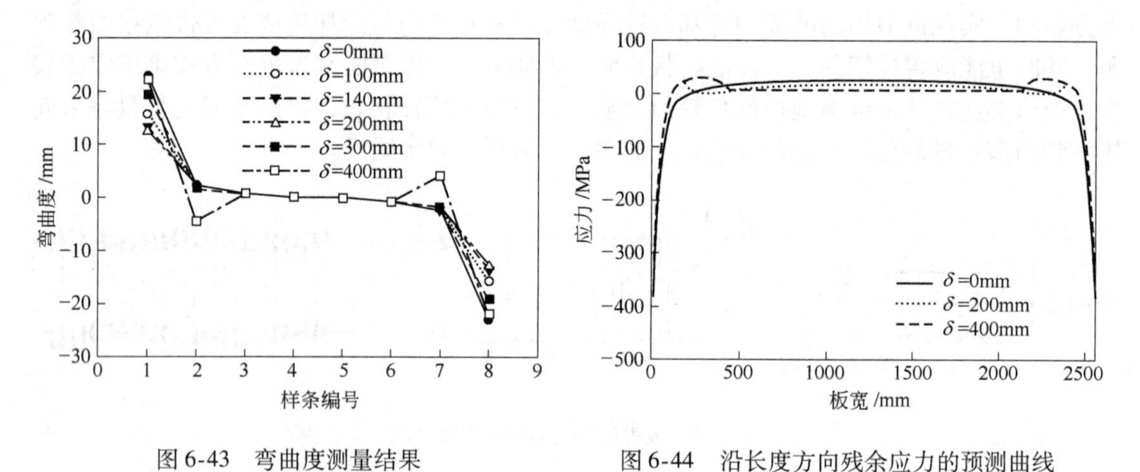

图 6-43　弯曲度测量结果

图 6-44　沿长度方向残余应力的预测曲线

6.1.4.3　控制冷却对钢材表面质量的影响

现阶段钢材的表面质量与尺寸形状精度、组织性能同等重要。表面质量不仅直接影响产品的外观，而且对下游终端产品质量的影响也至关重要。影响表面质量最显著的就是轧件表面的氧化铁皮，热轧钢材表面氧化铁皮是由于高温的轧件表面在外部环境中发生氧化反应所形成的，在钢坯加热、除鳞、轧制、冷却与卷取等热轧工序中都会发生。

钢材表面的氧化铁皮一般由 3 层结构组成，如图 6-45 所示：与基体相接触的最内层的 FeO、中间层的 Fe_3O_4 和最外层的 Fe_2O_3。氧化铁皮的颜色随各种氧化成分比例的不同而变化，当 Fe_2O_3 比例较高时，表现为红色，FeO 较多时，表现为蓝灰色。图 6-46 是碳钢在高温下生成氧化铁皮中各氧化物所占比例的情况。

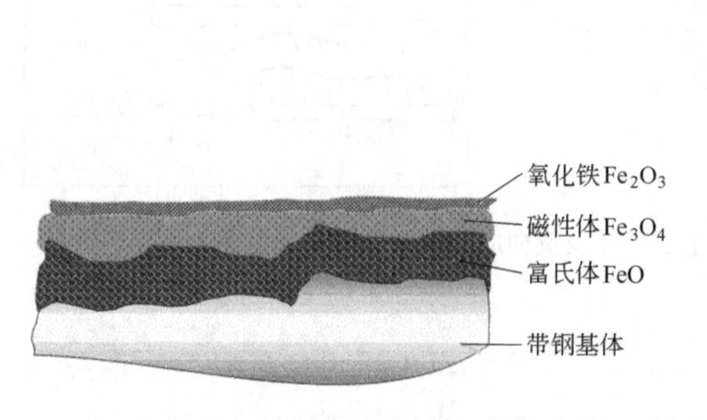

图 6-45　钢材表面氧化铁皮的构成

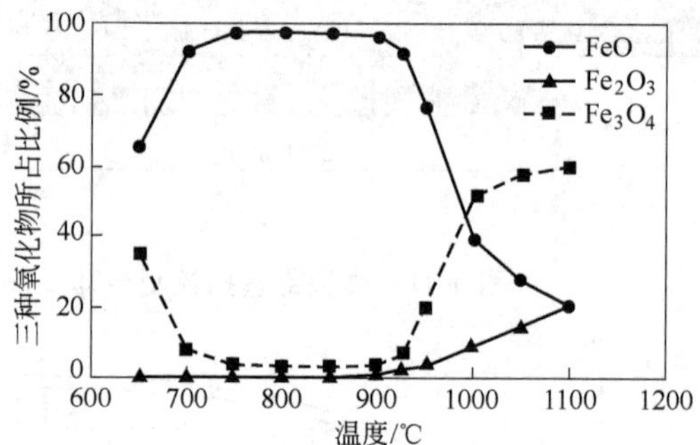

图 6-46　碳钢在高温生成的氧化铁皮中各相比例随温度变化情况

热轧带钢表面氧化铁皮根据生成的时间阶段不同，可以分为一次、二次和三次氧化铁皮。在加热炉内加热过程中形成的为一次氧化铁皮，主要是 Fe_3O_4，可以由粗轧机前的入口侧的除鳞机清除；从粗轧机前除鳞后到精轧机的除鳞机之间形成的为二次氧化铁皮，主要由 Fe_3O_4 和 Fe_2O_3 组成，可以由精轧机前的除鳞机清除；在精轧除鳞机到终轧机架之间形成的为三次氧化铁皮，特别是精轧前几道次生成的氧化铁皮中 FeO 含量高，如不及时清理，压入带钢表面，损害表面质量，并对后面轧机的工作辊产生磨损和破坏，同时轧后因轧件处于较高温度，氧化将会继续发生。因此，对轧后氧化铁皮的形成过程进行控制与干预均会影响最终轧件的表面质量。

对于一定的钢种，钢材温度越高，高温状态下与周围环境接触时间越长，其表面所受的氧化时间将会越长，生成的氧化铁皮会越厚，也加大了材料损耗。通过降低轧制温度及轧后控制冷却缩短轧件在高温区停留时间，减少表面氧化和提高氧化铁皮的致密度和均匀性，可提高轧制产品的表面质量。

图 6-47 是中厚板采用中间坯冷却工艺前后产品表面的宏观照片，可见采用中间坯控制冷却后，钢板的表面质量明显改善。这是因为采用中间坯控制冷却降低了轧件温度，减少了钢板表面氧化铁皮的生成，减少了板面色差，从而很大程度改善了钢板的表面质量。由于中间冷却降低了中间坯的表面温度，减少了以 Fe_2O_3 为主的次生氧化铁皮的形成，促进了 FeO 和 Fe_3O_4 形成，FeO 在低温后转变成组成为 Fe_3O_4 + Fe 的氧化铁皮，这种氧化铁皮均匀、致密，附着力强，不容易剥落。因此，这种钢板不仅表面光洁，在运输和存储过程中，还表现出良好的抗大气锈蚀能力。

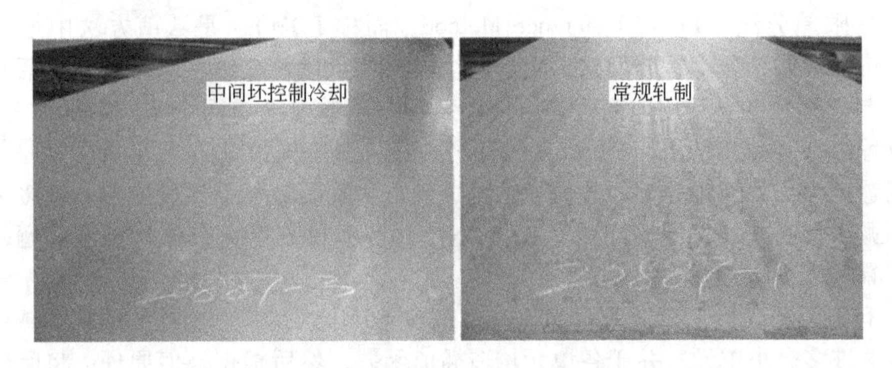

图 6-47 中间坯控冷前后钢板表面质量

针对冷却速率对低碳钢线材表面氧化皮微观结构的影响的研究结果表明：快速冷却下氧化皮稳定性好，与基体的粘附性强；而慢速冷却时形成的氧化皮各处的性能不均，局部的致密性差，与基体的附着力弱。快冷时形成的氧化皮中 Fe_3O_4 层厚度均匀，且分布十分规则，而慢冷时形成的氧化皮中 Fe_3O_4 层各处的厚度不均，分布不规则，并且在其 FeO 层内有 Fe_3O_4 析出，同时质量好的氧化皮中 Fe_2O_3 的含量极其微小，甚至用 Mossbauer 谱无法检测到，且 FeO（两种计量的总和）的含量较高（82.6%），Fe_3O_4 的含量较低（17.4%），FeO 与 Fe_3O_4 的比例较大。

6.1.5 控制冷却过程钢材温度场的数值模拟方法

轧制过程中的控制冷却存在冷却介质的流动、轧件与冷却介质及周围环境的热交换现象，针对生产生活中所遇到的复杂的流动与传热过程，都可以通过最基本的三个物理定律展开研究，即质量守恒、动量守恒和能量守恒。针对流动、传热过程中三大定律所建立的偏微分方程的求解方法，分为解析和数值计算两种方法。其中解析方法又称为精确方法，所求的精确解是求解域内连续变化的函数。因为现实生产中流动及热交换的复杂性，解析求解的方法仅能针对少量相对简单的问题可以给出解答，现阶段对于工程应用的实际问题，往往通过数值计算的方法。

数值传热学又称为计算传热学，是指对描写流动与传热问题的控制方程采用数值方法通过计算机予以求解的科学。数值传热学求解问题的基本思想是：把原来在空间与时间坐标中连续的物理场量（如速度、温度、浓度等），用一系列有限个离散点上的值的集合来描述，通过一定的原则建立起这些离散点上变量值之间关系的代数方程，求解所建立起来的代数方程以获得所求解变量的近似值，如图 6-48 所示。

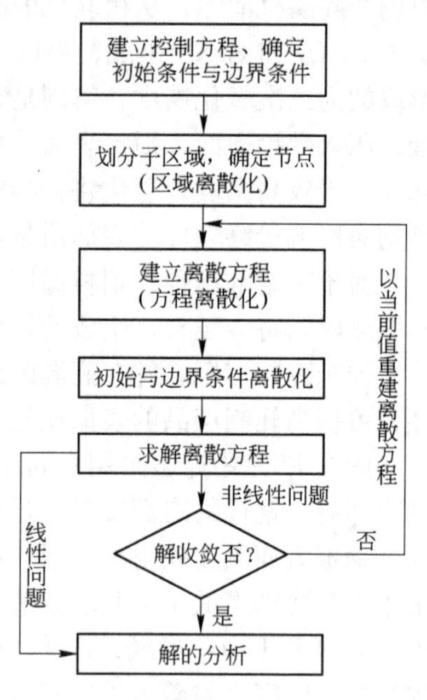

图 6-48　数值求解的基本过程

在流动与传热计算中应用较广泛的主要是有限差分方法、有限元方法、有限体积法等：

（1）有限差分法（Finite Difference Method，简称 FDM），是数值方法中最经典的方法。它是将求解域划分为差分网格，用有限个网格节点代替连续的求解域，然后将偏微分方程（控制方程）的导数用差商代替，推导出含有离散点上有限个未知数的差分方程组。求差分方程组（代数方程组）的解，就是微分方程定解问题的数值近似解，这是一种直接将微分问题变为代数问题的近似数值解法。这种方法发展较早，比较成熟，较多用于求解双曲型和抛物型问题（发展型问题）。用它求解边界条件复杂尤其是椭圆型问题，不如有限元法或有限体积法方便。

（2）有限元法（Finite Element Method，简称 FEM），是将一个连续的求解域任意分成适当形状的许多微小单元，并于各单元构造插值函数，然后根据极值原理，将问题的控制方程转化为所有单元上的有限元方程，把总体的极值作为多个单元极值之和，即将局部单元总体合成，形成嵌入了指定边界条件的代数方程组，求解该方程组就得到各节点上待求的函数值。有限元法吸收了有限差分法中离散处理的思想，又采用了变分计算中选择逼近函数并对区域积分的合理方法，是这两类方法相互结合，取长补短发展的结果。它具有广泛的适应性，特别适用于几何及物理条件比较复杂的问题，而且便于程序的标准化。有限元法因求解速度比有限差分法和有限体积法慢，因此在商用 CFD 软件中应用并不普遍。而有限元法目前在固体力学分析中占绝对比例，几乎所有的固体力学分析软件都采用有限元法。

（3）有限体积法（Finite Volume Method，简称 FVM），是近年发展非常迅速的一种离散化方法，其特点是计算效率高，目前在 CFD 领域得到广泛的应用。其基本思路是：将计算区域划分为网格，并使每个网格点周围有一个互不重复的控制体积；将待解的微分方程（控制方程）对每一个控制体积分，从而得到一组离散方程。其中的未知数是网格点上的因变量，为了求出控制体的积分，必须假定因变量值在网格点之间的变化规律。从积分区域的选取方法看来，有限体积法属于加权余量法中的子域法，从未知解的近似方法来看，有限体积法属于采用局部近似的离散方法。简言之，子域法加离散，就是有限体积法的基本方法。

各种计算方法在轧制过程中的应用为研究相关问题提供了手段和方法。表 6-9 为轧后 H 型钢翼缘外侧强制冷却的边界条件与计算结果。

表 6-9 H 型钢 1/2 腿宽翼缘外侧强制冷却各工况温度场模拟结果 (K)

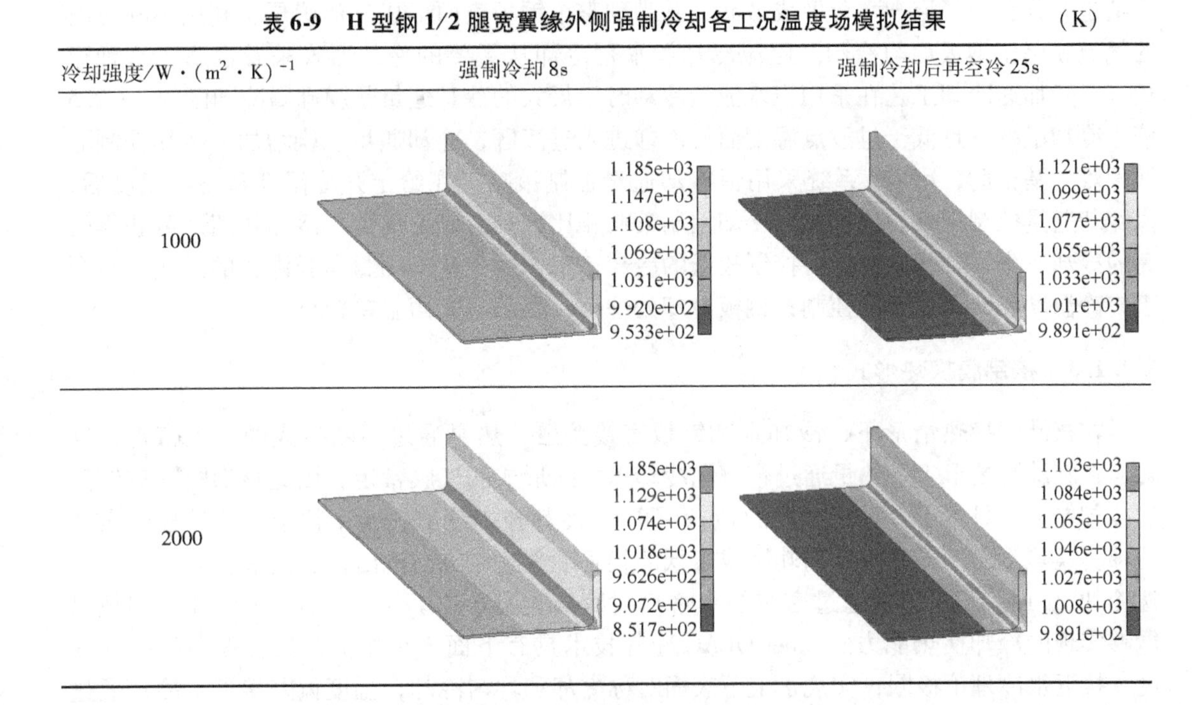

6.2 热轧板带钢控制冷却

6.2.1 热轧板带钢冷却的换热形式

6.2.1.1 单相强制对流换热形式

无论是管层冷却还是水幕冷却，其击破气膜的范围都很有限，仅限于在连续水流正下方的局部区域内，离开这个区域，在钢板和冷却水之间的界面上仍然有大面积的气膜存在。如何大面积的击破气膜，是提高冷却效率的一个关键问题。比利时 CRM 研究设计了一种新型的冷却装置 UFC（Ultra Fast Cooling），其要点是：减小每个出水口的孔径，加密出水口，增加水的压力，保证小流量的水流也能有足够的能量和冲击力，能够大面积地击破汽膜。这样，在单位时间内有更多的新水直接作用于钢板表面，大幅度提高换热效率。对于厚度为 1.5mm 和 4.0mm 的带钢，当水流密度为 60 ~ 70L/(m^2·s)时，冷却速度可以分别达到 1000℃/s 和 380℃/s，温降能达到 600℃；对于厚度为 2.0mm 的 C-Mn 钢和含钒钢，相对于常规冷却可以提高抗拉强度和屈服强度 100MPa 以上。目前国外开发的超快冷却系统，由高位水箱、集管组、挡辊、侧喷、端喷、卷取机前的气墙和冷却辊道（一般冷却区很短，5～10m，约为层冷区的1/10）这几部分组成。

6.2.1.2　膜沸腾换热形式

一般的冷却方式都力图使水穿透因气化而形成的水膜，使水直接与热钢板接触或使热钢板浸泡在冷却水中，以带走热量，提高冷却效果。而法国BERTIN公司开发的ADCO技术则是充分利用气流把水分散成液滴，并带到整个钢板表面形成气流膜层，利用不断更新的气流膜层使钢板均匀冷却。层流冷却和水幕冷却从主要的冷却形式来看也属于这种形式。一般加速冷却工艺在采用恒水流量冷却时，最大的冷却通量是膜沸腾冷却区的2～2.5倍，冷却温度一旦低于过渡点温度而使冷却进入过渡区，冷却通量急剧增加，冷却控制非常困难。基于此，ADCO系统采用恒冷却通量控制策略，在给定开冷温度和终冷温度后，恒冷却通量控制策略与恒水流量冷却控制策略相比，具有以下优点：冷却初期即可获得较高的冷却速率；冷却结束前可控制较低的冷却速率，减少从核沸腾向膜沸腾的过渡，有利于终冷温度和冷却速率的控制；钢板冷却处理后，心部与表面温差较小。

6.2.1.3　核沸腾换热形式

在核沸腾换热情形下，冷却水和钢板直接接触，热量通过不断生成的气泡带走；反之，在膜沸腾情形下，热量通过带钢和冷却水之间形成的气膜带走，因此核沸腾具有较高的冷却能力。日本JFE公司开发的Super-OLAC冷却技术能够在整个板带冷却过程中实现核沸腾换热冷却。冷却水从离轧制线很低的集管顺着轧制方向流出，在板带表面形成“水枕冷却”；而带钢下表面通过密布的集管喷射冷却。图6-13反映了Super-OLAC冷却技术能够实现的冷却换热能力。Super-OLAC冷却技术具有下面3个特征：具有很高的冷却速度，接近水冷理论极限；实现了上下表面对称冷却和均匀冷却，温度偏差接近空冷；通过冷却区分区，大幅度提高了带钢头尾部温度精度。利用Super-OLAC冷却技术可以在获得高强度的同时降低合金消耗，目前主要应用在热轧厚板的轧后冷却过程中。

6.2.2　中厚板控制冷却

6.2.2.1　中间坯控制冷却

TMCP工艺是提高钢材强韧综合性能的重要手段，为实现控制轧制过程，必须对轧制过程中的道次变形量和变形温度进行严格控制，在变形奥氏体部分再结晶温度范围内，须停止轧制，以避免出现混晶组织，等温度进入奥氏体未再结晶区后再进行后续轧制。在传统控制轧制工艺中，中间坯往往采用待温的方式，因空冷温降速度较慢、待温时间较长，降低了轧制生产效率。处于较高温度下的中间坯在较长的待温过程中，存在奥氏体晶粒长大，对再结晶区控轧细化效果产生不良影响。奥氏体晶粒如果出现粗化，将会损害钢板的性能。因此，在中厚板采用控制轧制工艺时，除了待温避开部分再结晶区外，还需要控制待温过程中中间坯晶粒的长大。常规的控制轧制工艺中，通常采用微合金元素的方式来细化奥氏体晶粒，抑制奥氏体晶粒长大。提高中间坯冷却效率，同时减少待温时间和传输时间的工艺方法和设备，将是提高中厚板控制轧制生产效率、改善产品性能的手段之一。

在针对Q345B钢种的实验过程中，中间坯厚度40～110mm，中间冷却开冷温度

1050~1030℃，中间冷却返红温度950~880℃，冷却区辊道间距650~800mm，冷却区长度3900~6400mm，冷却水压力0.40MPa，冷却水水质为轧制冷却用浊环水，冷却方式为一次性通过式或摆动式。对于63mm单块中间坯轧制25mm厚钢板，中间冷却提高生产效率幅度高达79.1%，多块轧制时为22.7%；对于79mm单块中间坯坯轧制46mm厚钢板，生产效率提高幅度为30.4%，多块轧制时为12.7%；平均提高效率17.7%。图6-49为中间坯温降曲线及奥氏体晶粒尺寸模拟结果。

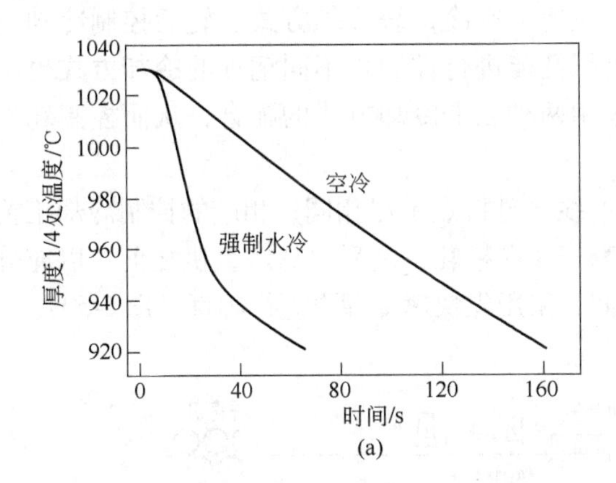

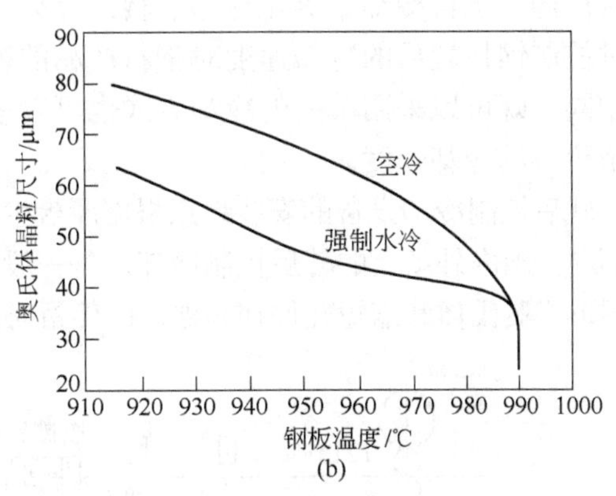

图6-49 中间坯温降曲线及奥氏体晶粒尺寸模拟结果

对比中间坯控制冷却和常规空冷待温两种工艺对同为16mm厚度规格Q345B钢板力学性能的影响，见表6-10。可以看出：中间冷却可以有效改善钢板的冲击功，屈服强度提高幅度在15~30MPa之间，伸长率没有明显改变。

表6-10 空冷待温与中间冷却条件下钢板力学性能对照

序号	轧钢代号	钢种	厚度/mm	R_{eL}/MPa	R_m/MPa	A/%	冷弯	冲击功/J	待温方式
1	0926086	Q345B	16	375	555	28	完好	147/128/113	IC
2	0926087	Q345B	16	385	540	29	完好	151/164/146	IC
3	0926088	Q345B	16	390	545	30	完好	159/134/173	IC
4	0926090	Q345B	16	345	535	29	完好	102/72/72	空冷
5	0926091	Q345B	16	350	525	32	完好	119/92/92	空冷

6.2.2.2 轧后控制冷却

厚板生产工艺和其他钢材生产工艺相比，其显著特点是用途广、规格多、批量小，力学性能和尺寸规格并重。厚板对原料钢水的洁净度要求仅次于冷轧薄板，而对力学性能的要求则是所有钢材中最严格的。厚板为达到强韧性能要求，主要采取控制轧制和控制冷却工艺。

厚板在线加速冷却系统（ACC）于1979年在日本首次投入使用，并在20世纪80年代广泛应用在日本和欧洲的中厚板轧机上。采用加速冷却的热机轧制最初主要用于船板和管线钢板生产。1985年，美国ASTM将TMCP生产的钢板列入标准。目前，ACC技术已广泛应用于船舶、管线、建筑、桥梁、压力容器等钢板的生产。部分生产厂的冷却装置还具有高速冷却能力，可以对轧后钢板进行直接淬火（DQ）。与传统的热处理后淬火相比，直接淬火不但可以节能，而且在冷却速度相同的前提下可以得到更高的硬化程度，可以降低钢中的碳含量和碳当量，从而提高钢板的焊接性能，因此大多数先进的加速冷却装置都具有直接淬火的能力。通常强度超过580MPa的钢板可采用直接淬火工艺生产。

厚板生产过程中轧后的控制冷却是组织性能控制的重要环节。轧后控制冷却根据设备形式和冷却方式各不相同，目前国内外在厚板生产中所采用的轧后冷却方式主要有：集管层流冷却、水幕冷却、雾化冷却、辊式淬火、风冷、空冷、缓冷等方式。轧后控制冷却是通过控制钢板轧后的冷却速度对钢材产品的组织性能进行控制。不同钢种的冷却方式也不尽相同，既可以采用单一的冷却方式也可以采用两种以上冷却方式的配合，从而控制轧件各个阶段的冷却速度。

轧后控制冷却设备的安装地点根据厚板生产线自身特点不尽相同，相应的控制冷却工艺也不同。国内外新上的轧后控制冷却设备一般都安装在精轧机之后、热矫直机之前，以充分利用形变奥氏体和缩短轧件在高温区的停留时间，采用先快速冷却再进行矫直（图6-50）。

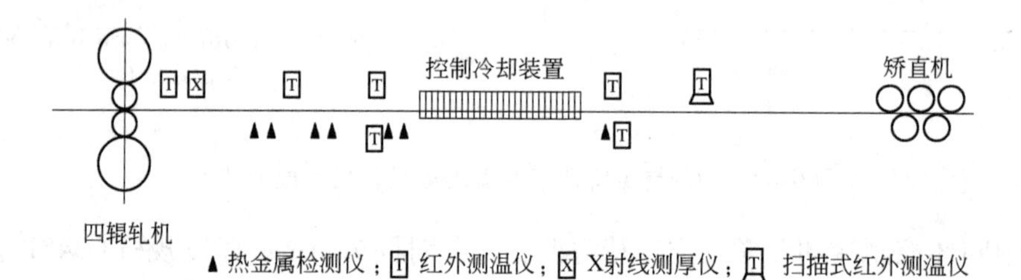

图6-50　中宽厚板控制冷却装置布置示意图

快速冷却装置形式很多，我国近年新建的中厚板厂主要使用的冷却装置有：气雾冷却系统（ADCO）、超快速冷却（VAI&CRM的MULPIC冷却系统、日本JFE的Super-OLAC系统、我国东北大学RAL开发的超快冷UFC系统等）、新型的ACC冷却系统、高密度管状层流冷却系统（国内开发）等形式。

（1）气雾冷却系统具备加速冷却和直接淬火功能，其水量可以在10：1～12：1范围内调节，在加速冷却模式下，最大冷却速度达到15℃/s（30mm厚钢板，800～500℃）；在直接淬火模式下，最大冷却速度达到27℃/s（30mm厚钢板，800～500℃）。国内采用气雾冷却系统的有酒钢中厚板厂，国外采用的也为数不多。该系统冷却能力较大、冷却均匀，但是设备高大、噪声也大，设备检修比较困难。

（2）MULPIC冷却系统也具备加速冷却和直接淬火功能，其水量可以在10：1～20：1大范围内调节，并且采用0.5MPa的高压水，冷却能力比气雾冷却系统大。在加速冷却模式下，最大冷却速度达到20℃/s（30mm厚钢板，500～800℃）；在直接淬火模式下，最大冷却速度达到25℃/s（30mm厚钢板，800～100℃）。国内采用MULPIC冷却系统的有沙钢5000mm厚板厂、莱钢4300mm厚板厂和舞钢4100mm厚板轧机，迪林根厚板厂、韩国浦项No.2和No.3厚板轧机后来改造的水冷装置也采用了此系统。该系统冷却能力强大，但由于喷嘴数量多、水系统净化要求高，维护检修相对比较麻烦。

（3）新型的ACC冷却系统和传统热连轧使用的层流冷却系统有所不同，由高压喷射段（0.5MPa）和U形管的层流冷却系统组成。使用的喷水量在3∶1～4∶1范围内调节，在加速冷却模式下最大冷却速度达到15℃/s（30mm厚钢板，800～500℃），在直接淬火模式下最大冷却速度达到25℃/s（30mm厚钢板，800～500℃）。国内主要有宝钢和鞍钢5000mm宽厚板轧机、宝钢罗泾厚板厂和首钢4300mm厚板轧机等采用。该系统分区组成建设灵活，投资可分期投入，并且设备检修简单、易于维护。

（4）高密度管状层流冷却系统是我国最近几年自行开发的冷却系统，在传统的层流冷却系统的基础上，加大U形管的密度以提高水量。其水量的调节范围比传统的层流冷却要大，目前主要被我国已有的一些中厚板轧机采用，新建的宽厚板轧机采用较少。图6-51为国内外比较典型的中厚板超快冷生产线的照片。

JFE 福山中厚板 Super-OLAC

河北敬业 UFC

沙钢 MULPIC 生产线

图6-51 中厚板超快速冷却装置

6.2.3 热连轧带钢控制冷却

6.2.3.1 机架间带钢的控制冷却

热轧带钢生产中终轧温度受许多因素的影响，为了充分发挥轧机的生产能力，在机架间设置喷水设备，对精轧过程中的带钢喷水冷却，保证高加速度轧制时带钢全长终轧温度的均匀。机架间冷却控制的目的，一方面是通过调节机架间冷却水流量和水压，使不同工况（温度、厚度、速度）的终轧温度落在所要求的温度范围内，减小带钢头尾温差并获得良好的组织和力学性能；另一方面，是为了充分利用设备的生产能力，提高生产效率。

机架间冷却，就是在精轧机组内全部或部分机架间布置一个或一些喷水装置，在带钢轧制过程中，将冷却水喷射到前进中的带钢表面的过程。通过此方法对带钢进行控制冷却，以达到准确控制带钢头部终轧温度、保证带钢全长终轧温度均一性的目的。机架间冷却属于压力喷射冷却方式，在供水管上错列位置开若干排小孔，将水加压从各孔口喷射到运行的带钢上，水从喷嘴中以超出连续喷流的流速喷出，水流发生破断，形成水滴群，喷射到带钢表面进行冷却。热轧带钢机架间冷却布置如图6-52所示。

6.2.3.2 热连轧带钢轧后冷却控制

热轧带钢的卷取温度是影响热轧带钢性能的关键因素之一。而热轧带钢的实际卷取温

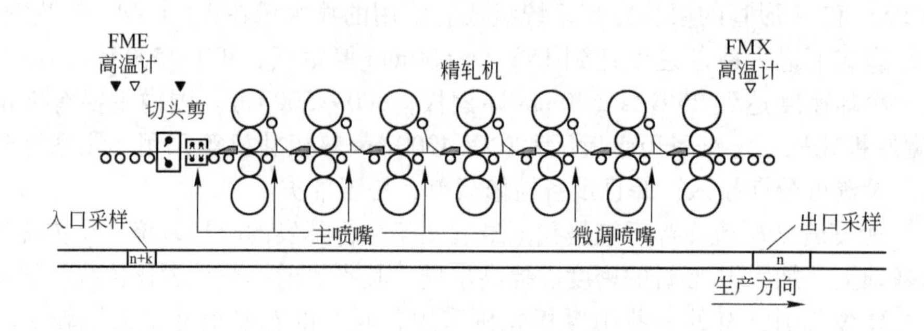

图 6-52 热轧带钢机架间冷却布置示意图

度是否能控制在要求的范围内，则主要取决于对精轧机后带钢冷却系统的控制。20 世纪 60 年代以来所建的热轧带钢生产线，绝大部分已采用层流冷却方式冷却带钢。层流冷却装置主要由上集管、下集管、侧喷、控制阀、供水系统及检测仪表和控制系统等组成。层流冷却的水流为层流，其具有水压稳定，上、下表面冷却均匀，可控性好，故障率低，设备易于维护等优点，非常适合热轧带钢生产的要求。对于热轧带钢而言，理论和实践都证明层流冷却的综合效果相对最佳。

层流冷却装置是热轧带钢生产的关键设备，其作用是为了获得合适的带钢卷取温度和控制带钢最终的力学性能。层流冷却的能力、冷却强度、冷却速度、终冷温度的控制精度都直接影响到最终产品的质量和性能。层流冷却装置位于精轧出口和卷取入口之间的输出辊道上，如图 6-53 所示。

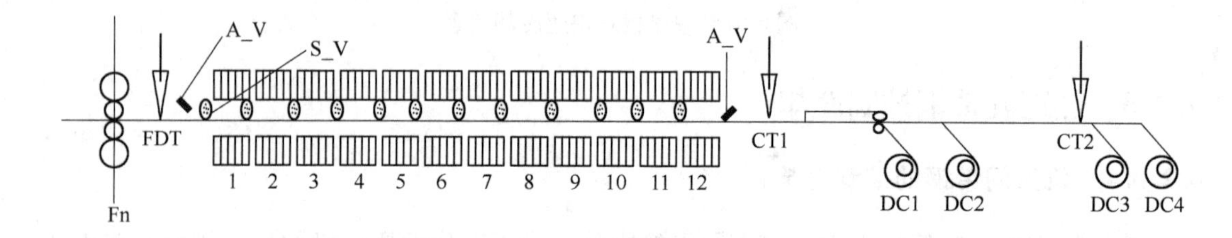

图 6-53 热连轧层流冷却设备布置简图

层流冷却的基本工作原理是以大量虹吸管从水箱中吸出冷却水，在低压力情况下流向带钢，使带钢表面上覆盖一层最佳厚度的水量，利用热交换原理使带钢冷却到卷取温度。所采用的具体方式是：使低压力、大水量的冷却水平稳地流向带钢表面，冲破热带钢表面的蒸汽膜，随后紧紧地贴附在带钢表面而不飞溅。这些柱状水流接触带钢表面后有一定的方向性，当冷却水吸收一定热量而随带钢前进一段距离后，侧喷嘴喷出的高压水使冷却水不断更新，从而带走大量的热量。上集管的控制方式分为 U 形管有阀控制和直管无阀控制。两种控制方式都能满足控制要求，主要区别在于冷却水的开闭速度、结构和投资不同。U 形管有阀控制冷却水的开闭速度比直管无阀控制冷却水的开闭速度慢，但其结构简单、投资少，所以 U 形管有阀控制应用较广。

层流冷却用水特点是水压低、流量大、水压稳定、水流为层流，因此供水系统应根据层流冷却的特点来配置。常用的层流冷却供水系统配置方式有：泵 + 机旁水箱、泵 + 高位水箱 + 机旁水箱、泵 + 减压阀。泵 + 机旁水箱的供水系统，通过水箱稳定水压和调节水量，系统配置简单，节能效果明显。泵+高位水箱+机旁水箱的供水系统，通过高位水箱调节水量，机旁水箱稳压，水量不能调节，系统配置简单，但不节能。

层流冷却系统依据带钢钢种、规格、温度、速度等工艺参数的变化，对冷却的物理模型进行预设定，并对适应模型更新，从而控制冷却集管的开闭，调节冷却水量，实现带钢冷却温度的精确控制。通常层流冷却装置分为主冷区和精冷区。典型的冷却方式有：前段冷却、后段冷却、均匀冷却和两段冷却。其中，前段冷却主要对应于显微组织以铁素体和珠光体为主的普碳钢和优质合金钢；后段冷却主要对应于显微组织以铁素体和贝氏体为主的双相钢；当产品在不同的冷却温度段需要不同的冷却强度和产品需要较为均匀的冷却强度时，采用均匀冷却和两段冷却方式。层流冷却的冷却方式和冷却曲线如图6-54所示。

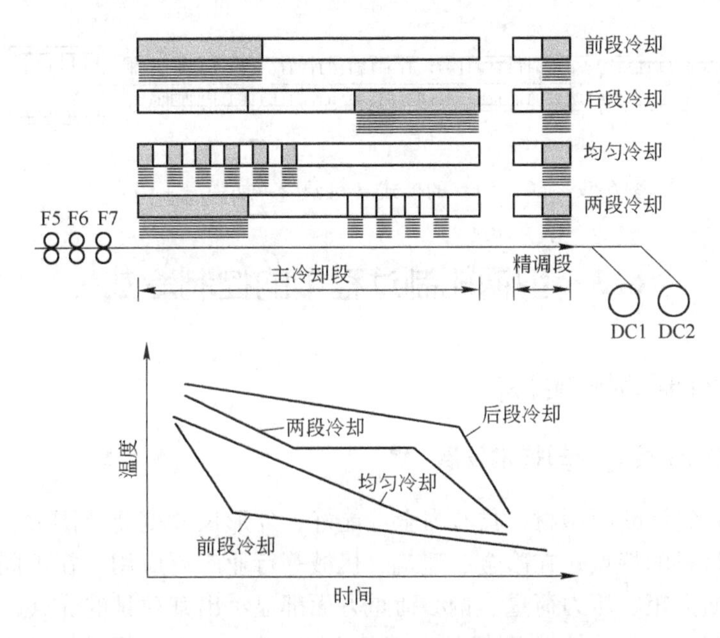

图6-54 热连轧层流冷却典型方式及冷却曲线示意图

20世纪70年代末，武钢1700mm热连轧机组引进了层流冷却技术，之后我国建设的常规热连轧和薄板坯连铸连轧生产线，大多采用了层流冷却装置作为带钢的轧后冷却控制手段。常规层流冷却装置由粗调和精调冷却段构成，每组冷却段的水量相等；每组精调段上集管的数量是粗调段的2倍，而每根集管水量是粗调段的1/2，以此提高精调段的冷却精度，如图6-55所示。常规层流冷却装置可满足大部分钢种的生产需求，但其相对较小的冷却速率和较少的冷却策略，给开发厚规格管线钢（如X80等）和部分高强钢种带来了较大难度。

2005年以后，我国新建的部分热轧带钢生产线采用了加强型层流冷却ILC（Intensive

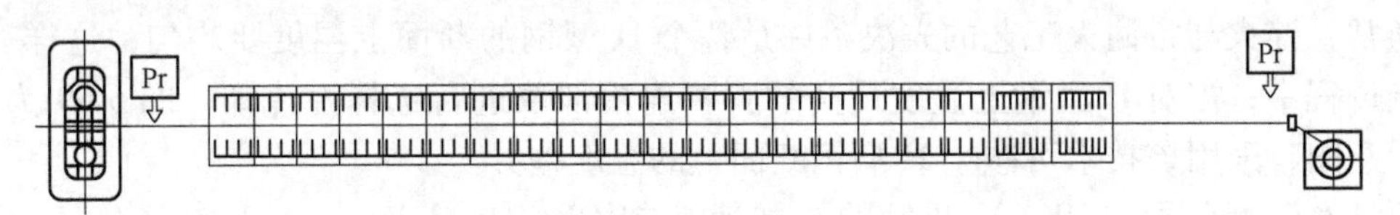

图6-55 典型的常规层流冷却装置（粗调段+精调段）

Laminar Cooling）工艺或超快冷 UFC（Ultra Fast Cooling）工艺，配合 LC 构成新型的带钢冷却装置，如宝钢 1880mm 生产线采用了 LC + ILC 的模式（见图 6-56），马钢 CSP 线采用了 UFC + LC 的模式，本钢 2300mm 生产线采用了 LC + UFC 的模式（见图 6-57）。

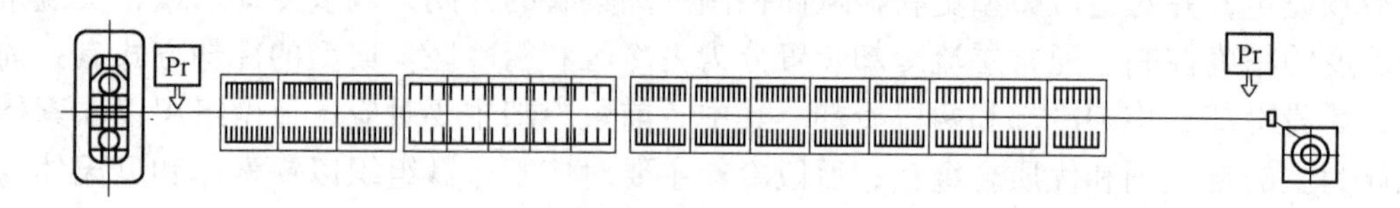

图 6-56 LC + ILC 的模式（加强段 + 粗调段 + 加强段 + 精调段）

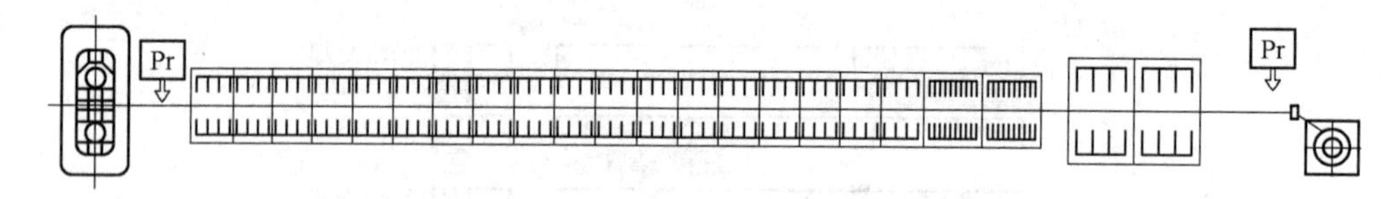

图 6-57 LC + UFC 的模式（粗调段 + 加强段 + UFC）

6.3 型钢轧制过程中的控制冷却

6.3.1 H 型钢轧制的控制冷却

6.3.1.1 H 型钢轧制控制冷却技术发展

H 型钢是一种经济断面型材，具有力学性能好、外形尺寸变化范围大、使用方便、相对其他型材节省材料的特点，在冶金、建筑、机械等行业广泛应用。在不同要求的金属结构中，在承受弯曲力矩、压力荷重、偏心荷重方面都显示出其独具的优点，所以 H 型钢越来越被人们所重视。国内热轧 H 型钢的产能从 1999 年的 100 余万吨（实际产量仅 11.31 万吨），逐年增长的幅度很大，从目前已投产和即将建成投产的生产线来看，我国热轧 H 型钢总产能将达到 2000 万吨以上。国内能够生产的产品规格可覆盖大、中、小等不同规格，设计最大规格腹板高度可达 1000mm。

卢森堡的阿尔贝德钢铁公司针对 H 型钢首先应用了淬火与自回火技术。其主要技术要点是：在终轧出口利用高压水对 H 型钢整个表面进行冷却，当温度降到 600℃或略高于 600℃以后，停止冷却，轧件进入自回火状态，见图 6-58。这种技术要求 H 型钢轧件在进入淬火区域的时候，断面温度保持均匀，才能使轧件各个部位的冷却效果尽量相同。而传统工艺的 H 型钢终轧断面温差很大，如果直接进入淬火区域，将导致整个 H 型钢断面的温度分布仍不均匀，效果很不理想。

通常，淬火与自回火工艺的先决条件是整个 H 型钢的断面上温度要均匀，这样一来，在轧制过程中，需对 H 型钢上温度最高的腿腰连接部位进行选择性冷却。图 6-59 为该工艺的示意图，采用该技术可减小 H 型钢断面上的温度差异。

原日本钢管公司（NKK）开发的线加速冷却 OLAC（Online Accelerated Cooling）于 1980 年在福山中厚板厂投入使用，在此基础上，经过对冷却工艺的研究开发，形成了新一

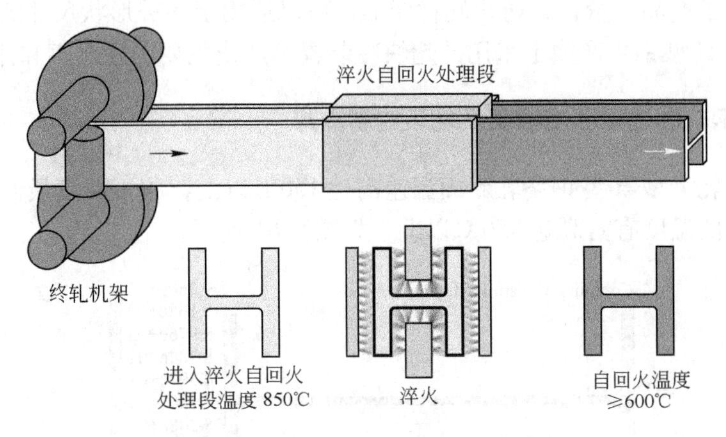

图 6-58 H 型钢全断面淬火与自回火

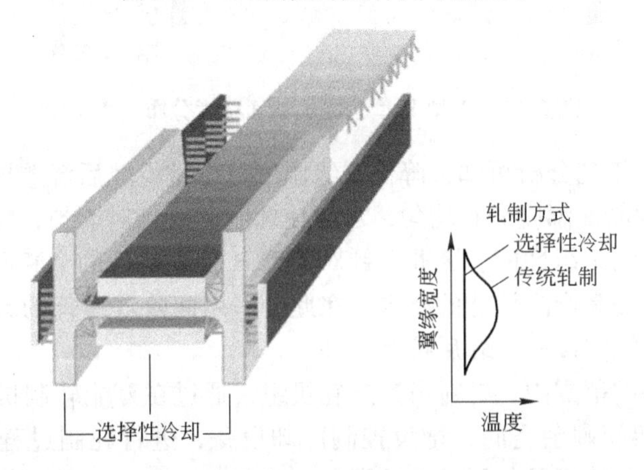

图 6-59 H 型钢轧后局部快速冷却

代的加速冷却装置 Super-OLAC，并于 1998 年用于福山厂。之后又不断尝试将 Super-OLAC 应用于大型 H 型钢，在 2000 年福山型钢厂得以实现，形成针对型钢的 Super-OLAC S 冷却系统，如图 6-60 所示。该系统采用了独特的喷嘴设计，实现了复杂形状型钢产品的最佳

图 6-60 原 NKK 福山厂的大型型钢 Super-OLAC S 系统

冷却效果，保证了产品质量，并防止轧材变形，可以适用于各种形状尺寸的型钢产品。

国内在大型 H 型钢生产线上采用的超快冷装置生产线主要用在马钢和津西。

6.3.1.2　H 型钢轧制过程温度控制及轧后控制冷却

实际上，热轧大型 H 型钢终轧断面温差高达 150℃以上，腹板温度最低可低于 780℃，而腿腰连接部位的温度有时高达 950℃以上，如图 6-61 所示。

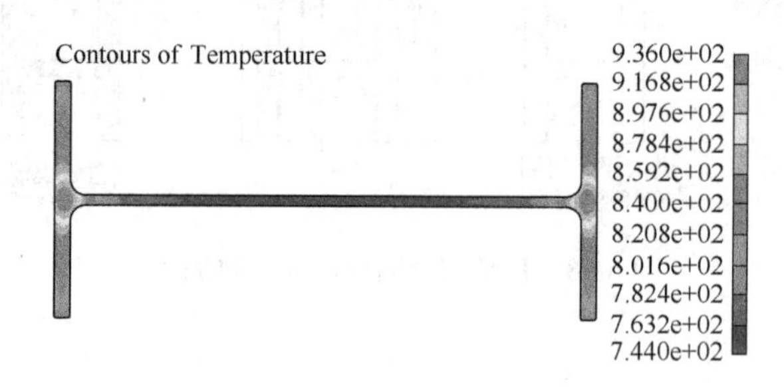

图 6-61　大型 H 型钢终轧断面温度分布（℃）

结合 H 型钢轧制工艺分析可知：降低翼缘温度可以减少轧后温差导致的残余应力，使轧制过程中 H 型钢的断面温度分布均匀，从而使轧制变形相对均匀，减少变形过程的附加应力，从而提高产品的组织性能。因此，针对大型 H 型钢轧后的全断面冷却，很难达到预期的降低残余应力和提高产品性能的要求。在此可采用两阶段冷却的方法：第一段——轧制过程中控制冷却；第二段——轧后控制冷却。

在设备能力允许的范围内，针对可逆连轧机组，通过在万能轧制机组前后推床上以及利用 UR-E-UF 三机架间剩余空间，增设控制冷却设备，进行轧制过程中的冷却。由于轧制过程中机架间轧件受轧辊及船形导卫的限制，运行相对平稳，同时 TM 机组前后推床抗冲击碰撞的能力较强，且靠近 UR、UF 轧机轧件侧弯相对较小，从而降低了轧制过程中 H 型钢与冷却设备之间出现碰撞的可能性，同时对 H 型钢原有生产节奏影响较小，可实现降低 H 型钢翼缘终轧温度，减小终轧断面温差，提高 H 型钢断面组织性能分布的均匀性，降低 H 型钢轧后残余应力，大幅度提高 H 型钢成材率的目的。针对中、小型 H 型钢的连轧机组，可在机架间进行翼缘外侧的局部冷却。

轧辊冷却水的存在使 H 型钢腹板上表面在轧制过程中大量积水，无法通过机架间冷却实现槽内 R 角部位的冷却，机架间冷却装置仅能冷却翼缘外表面。图 6-62 是 H 型钢腹板积水的照片。

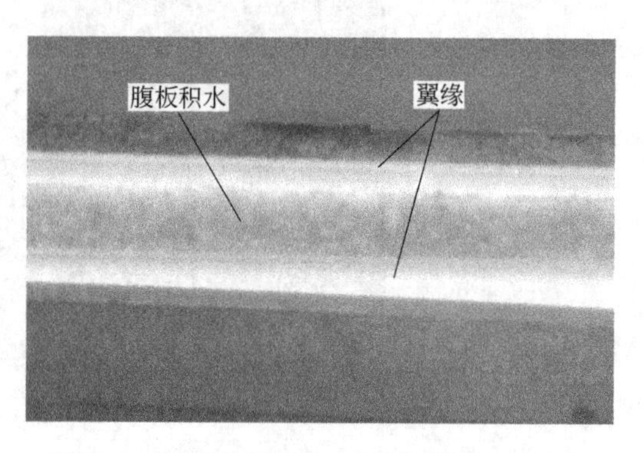

图 6-62　轧制过程中 H 型钢腹板积水照片

轧后冷却主要是针对 H 型钢终轧道次出轧机后的控制冷却。虽然通过轧制过程中的冷却使断面温度均衡不少，但是温度仍然较高。通过轧后阶段的冷却，能很好地控制相变中的冷却温度和速度，控制组织及性能，同时可以进一步降低断面温差，降低残余应力及轧件上冷床温度，避免及减少 H 型钢冷却波浪及腹板切割开裂，并突破冷床冷却能力的限制。

6.3.1.3 H 型钢控制冷却对残余应力的影响

在 H 型钢轧制过程中，由于断面形状的复杂性，轧制过程中断面各部位散热不同，导致大型 H 型钢终轧腹板与翼缘温差过大。由于断面温差的存在及金属流动的不均匀性，H 型钢产品存在较高的残余应力。特别是 600mm 以上规格 H 型钢，在冷却过程中由于残余应力的影响往往会出现腹板冷却波浪，如图 6-63a 所示；另外，在搭接过程中切割翼缘时腿腰连接部位开裂现象时有发生，严重时出现腹板爆裂，如图 6-63b 所示。

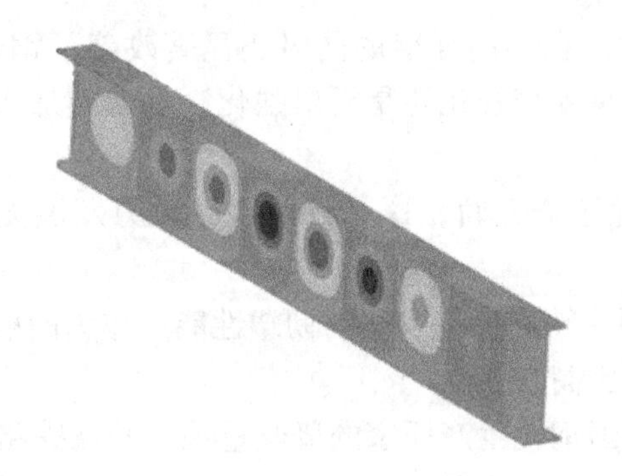

（a）冷却波浪

（b）腹板爆裂

图 6-63 腹板冷却波浪及切割过程开裂现象

热轧型钢因为断面的复杂性，残余应力的分布将比板带更加复杂。热轧 H 型钢的残余应力的存在，对其性能和使用过程都存在不良影响，特别是对于性能优越的大尺寸、小腰腿厚度比的大型 H 型钢，存在较大的残余应力。因为残余应力的存在将会严重影响产品的形状尺寸精度，为了降低残余应力，可以通过轧后快速冷却的方法使轧后残余应力分布状态重新分配，从而降低残余应力的峰值，减小因残余应力造成的质量废品。图 6-64 是国内某大型 H 型钢厂对 HN700 × 300mm 规格 Q235B 大型 H 型钢采用钻孔法测量的翼缘外侧气雾冷却前后的残余应力结果，可以看出，对大型 H 型钢轧后翼缘外侧的控制冷却，明显降低了 H 型钢的残余应力，从而避免腹板波浪等现象的发生。

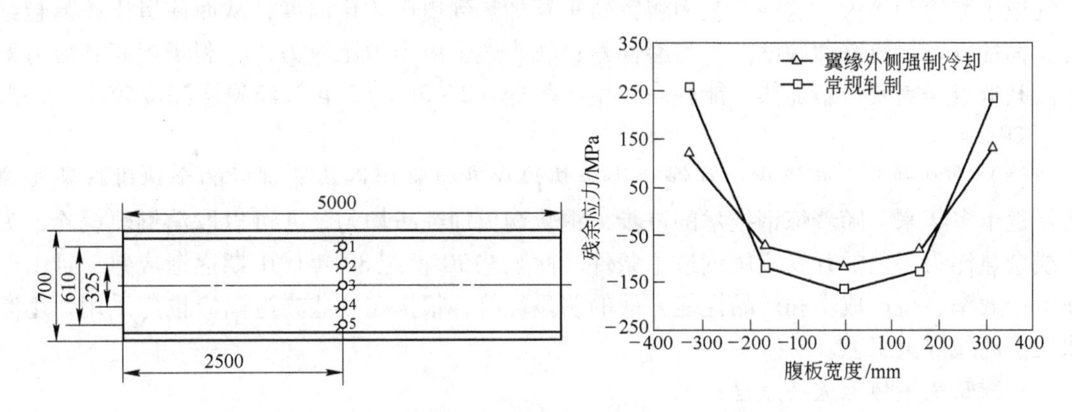

图 6-64 翼缘外侧强制冷却前后残余应力结果对比（HN700 × 300mm）

6.3.2　钢轨轧制的控制冷却

6.3.2.1　钢轨轧制在线余热淬火工艺

随着我国铁路事业的发展，牵引重量、行车速度、运输密度和年通过总重都有很大提高，这些因素大大增加了铁路钢轨的负荷，加大了钢轨的损伤，所以迫切需要提高钢轨强度，增加钢轨的耐磨性，延长其使用寿命。

钢轨强化可采用热处理和合金化两种方法。近十年来的研究和使用结果表明，热处理强化优于合金化强化。其原因为：

（1）热处理使钢轨的组织大大细化，在提高强度的同时还显著改善了钢轨的韧塑性，并节省合金费用；而合金化强化，无论是固溶强化还是析出强化，都必须加入一定量的合金元素，将使韧塑性降低。

（2）热处理钢轨的焊接性能明显优于合金轨，这对目前铁路大力发展无缝铁路尤其重要。

（3）热处理可使轨头强化，而轨腰、轨底保持较好的韧塑性能，作为耐磨轨在曲线道路上使用，符合钢轨的使用工况，性价比高。

综上，钢轨热处理技术受到世界各国钢轨生产厂家的普遍重视，并被铁路广泛使用。

钢轨热处理工艺经历了由淬火回火工艺（Q-T，Quench-Temper）到欠速淬火工艺（S-Q，Slacking-Quench）的过程。淬火-回火工艺容易造成热处理钢轨的接触疲劳性能差，在使用过程中钢轨表面易出现硬度“塌陷”，从而出现局部剥落；而欠速淬火工艺的综合性能尤其是耐磨性能和抗疲劳性能更好。目前淬火-回火工艺已经逐渐被淘汰，而欠速淬火工艺又分为三种基本类型，即整体加热淬火、离线轨头淬火和在线余热淬火。

（1）整体加热淬火。钢轨在加热炉内被整体重新加热到820～835℃，然后空冷40～45s，轨头表面温度达到790～820℃后，再浸入油槽内快冷；钢轨淬火后，再在加热炉内于450℃回火2h。采用整体加热淬火的钢轨，具有片状珠光体组织。这种工艺适合大规模生产，工艺控制比较简单，质量稳定，但淬火后变形加大，残余应力也较大，用油淬火易造成环境污染。

（2）离线轨头淬火。离线轨头淬火是将钢轨轨头重新加热到奥氏体化温度，采用压缩空气或水雾冷却淬火。这种工艺因将钢轨重新加热到奥氏体化温度，从而使奥氏体晶粒细化，韧性好；钢轨踏面硬度高，耐磨性好；轨头残余应力为压应力，有利于提高其疲劳寿命。其缺点是需要重新加热，能耗高，生产率低（2～5t/h），轨头淬硬层深度较浅（一般小于20mm）。

（3）在线轨头余热淬火。在线轨头余热淬火就是利用钢轨轧制后的余热进行轨头淬火。近十多年来，随着炼钢技术的进步，钢轨钢更加纯净均匀，并可以取消钢轨缓冷，为在线余热淬火工艺的开发应用创造了条件。此工艺20世纪80年代中期逐渐成熟，且由于在生产效率、生产成本和产品性能方面的明显优势，很快在一些先进国家推广采用，逐渐取代了离线淬火工艺。

在线轨头余热淬火特点是：

1）生产效率高。可与钢轨轧机生产节奏同步。25m长的钢轨在1～5min内通过淬火设备，而离线淬火需要 15 ~ 30min。

2）生产成本低。尽管在线淬火设备投资比离线淬火高，但其生产成本却低得多。一般在线轨头余热淬火生产成本仅为 10 ~ 15 美元/t，而离线淬火则高达 50 ~ 100 美元/t。

3）钢轨综合质量好。轨头硬度分布均匀，淬硬层深度可达 35mm 以上，不仅轨头得到强化，轨腰、轨底也得到适当强化，因此钢轨整体强度高。由于可以通过对轨头、轨底部位的控制冷却，有效减小钢轨的变形，所以钢轨离开淬火设备时平直度较好。

钢轨的在线余热淬火工艺为：将热轧后保持在奥氏体区域的高温状态的钢轨（钢轨头部的表面温度范围为 680 ~ 850℃）送入设置有冷却装置的热处理机组中，通过设置在钢轨周围的喷嘴以一定的压力和流量向钢轨喷吹压缩空气，使钢轨得到均匀的加速冷却，其冷却速度为 2.0 ~ 5.0℃/s。钢轨在头部的表面温度为 500 ~ 600℃时离开热处理机组，在线冷却终止，继续空冷至室温，其冷却速度约为 0.1℃/s，其冷却示意图如图 6-65 所示。而热轧态钢轨直接空冷至室温，其 600 ~ 800℃的冷却速度约为 0.5℃/s，600℃之后冷却速度约为 0.1℃/s。

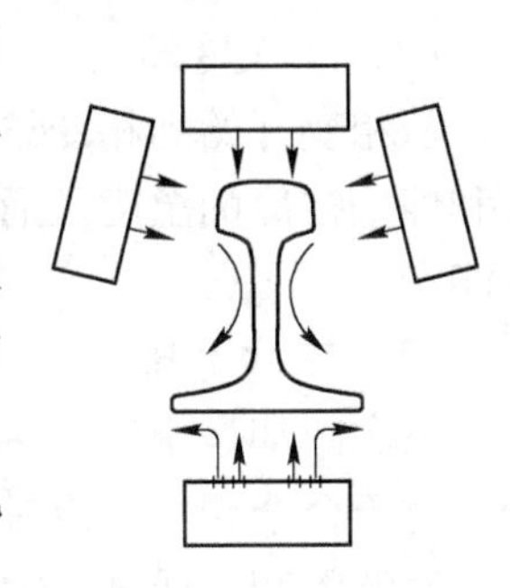

图 6-65　在线余热淬火工艺示意图

6.3.2.2　余热淬火工艺对钢轨组织性能的影响

从在线余热淬火后钢轨切取横断面试样，抛光后用硝酸酒精侵蚀，轨头部位光学照片如图 6-66 所示。从图中可以看出，在线余热欠速淬火后的钢轨断面并没有典型的淬火层形貌，这与离线轨头淬火钢轨有很大的不同。离线轨头淬火钢轨轨头奥氏体化加热层形状为对称的帽形，而轨头心部经常未完成奥氏体化，所以离线轨头淬火钢轨横断面经侵蚀后会出现典型的帽形淬火层形貌，见图 6-66（a）。而经过在线余热淬火的钢轨，由于轨头全断面处于奥氏体状态，因此在线喷风冷却后，并不会出现帽形淬火层，见图 6-66（b）。

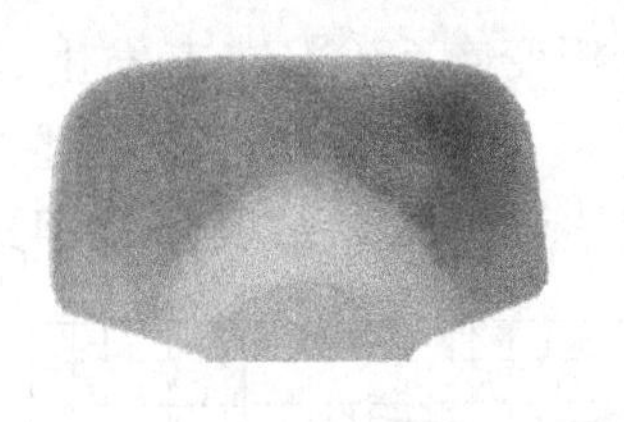

(a) 离线轨头淬火

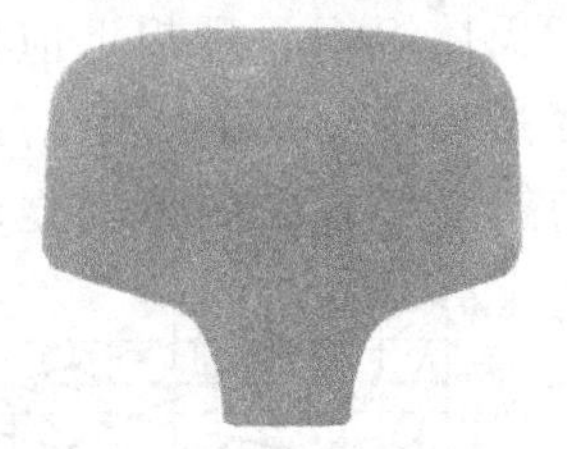

(b) 在线余热淬火

图 6-66　钢轨轨头淬火层

6.3.3　棒线材轧制的控制冷却

6.3.3.1　棒线材控制冷却原理

棒线材生产过程中，轧制出的产品必须从轧后的高温红热状态冷却到常温状态。棒线材轧后冷却的温度和冷却速度决定了其内在组织、力学性能及表面氧化铁皮的数量，因而对产品质量有着极其重要的影响。因此，棒线材轧后如何冷却，是整个棒线材生产过程中产品质量控制的关键环节之一。

一般棒线材轧后控制冷却过程可分为三个阶段：

（1）一次冷却

从终轧温度开始到变形奥氏体向铁素体开始转变温度 Ar_3，或二次碳化物开始析出温度 Ar_{cm} 温度范围内的冷却控制，即控制冷却的开始温度、冷却速度及终止温度。这一阶段是控制变形奥氏体的组织状态，阻止奥氏体晶粒长大，阻止碳化物析出，固定因变形引起的位错，降低相变温度，为相变做组织准备。

（2）二次冷却

从相变开始到相变结束温度范围内的冷却速度控制。主要是控制钢材相变时的冷却速度和停止控冷的温度及通过控制相变过程，保证钢材冷却得到所要求的金相组织和力学性能。

（3）三次冷却

三次冷却是相变后冷却至室温范围的冷却。对于低碳钢，相变后冷却速度对组织无影响；对于合金钢，空冷时发生碳化物的析出，对生成的贝氏体产生轻微回火效果。

对低碳钢、低合金钢、微合金化低合金钢，轧后一次冷却和二次冷却可连续进行，终了温度可达珠光体相变结束，然后空冷，所得金相组织为细铁素体和细珠光体及弥散的碳化物。

对于高碳钢和高碳合金钢，轧后控制冷却的第一阶段也是为了细化变形奥氏体，降低二次碳化物的温度，甚至阻止碳化物由奥氏体中析出；二次冷却的目的是为了改善珠光体的形貌和片层间距。

根据所追求的相变组织不同又可分为：

（1）珠光体型控制冷却

为了获得有利于拉拔的索氏体组织，线材轧后应由奥氏体化温度急冷至索氏体相变温度下进行等温转变，其组织可得到索氏体。图 6-67 为含碳 0.5% 钢的等温转变曲线。由图可见，为得到索氏体组织，理想上应使相变在630℃左右发生（曲线 *a*）。而实际生产中完全等温转变是难以达到的。铅浴淬火（曲线 *b*）近似上述曲线，但由于棒线材内外温度不可能与铅浴淬火槽的温度立即达到一致，故其室温组织中就有先共析铁

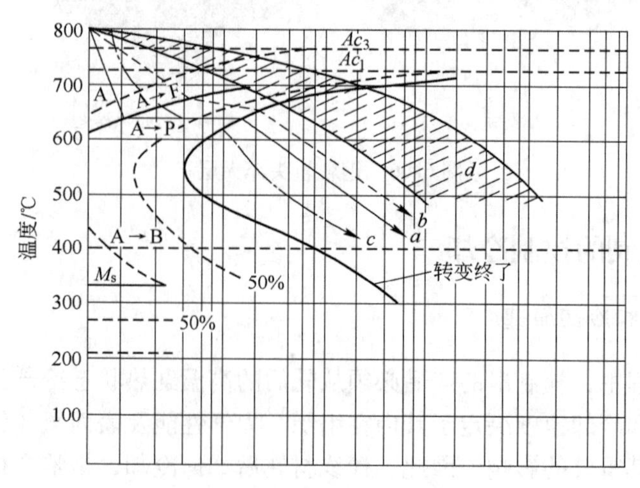

图 6-67　含碳 0.5% 钢的等温转变曲线

素体和一部分粗大的珠光体。棒线材控制冷却（曲线 c）则是根据上述原理将终轧温度高达1000～1100℃的棒线材出轧辊后立即通水冷区急冷至相变温度。此时加工硬化的效果被部分保留，相变的形核率增大，得到较细的铁素体和珠光体；此后减慢冷却速度，使其类似等温转变，从而得到索氏体＋较少铁素体＋片状珠光体的室温组织。曲线 d 是自然冷却时棒线材的温度曲线，高温区停留时间长，组织内部存在相当数量的先共析铁素体和粗大的片状珠光体，成品表面氧化铁皮厚，性能差且不均匀。控制冷却的斯太尔摩法和施洛曼法等，都是根据上述原理设计的。但各种控制冷却法只是接近铅浴处理的水平。

（2）马氏体型控制冷却

如图6-68所示，棒线材轧后以很短的时间强烈冷却，使表面温度急剧降至马氏体开始转变温度以下，钢的表层产生马氏体。在棒线材出冷却段以后，利用中心部分残留的热量以及由相变释放出来的热量使棒线材表层的温度上升，达到一个平衡温度，使表面马氏体回火，最终得到中心为索氏体、表面为回火马氏体的组织。

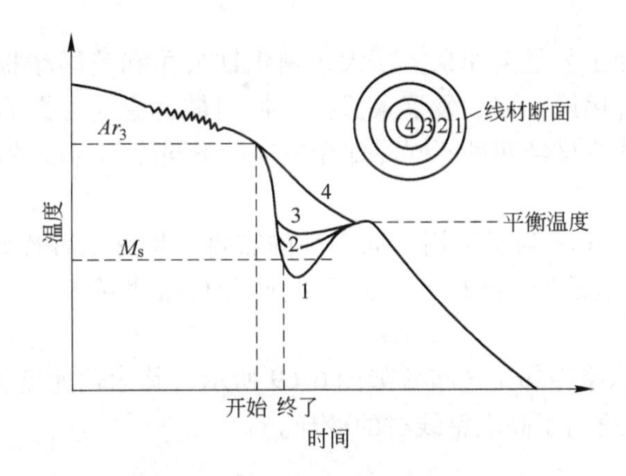

图6-68 穿水冷却线材断面温度的变化简图

6.3.3.2 棒线材控制冷却工艺要求

棒线材轧后冷却的目的主要是得到产品所要求的组织和性能，使其性能均匀并减少二次氧化铁皮的产生量，因此对棒线材冷却的要求为：

（1）二次铁皮要少，以减少金属消耗和二次加工前的酸耗和酸洗时间；

（2）冷却速度要适当，要根据不同品种，控制冷却工艺参数，得到所需要的组织；

（3）要求整根轧件性能均匀。

按照控制冷却的原理与工艺要求，棒线材控制冷却的基本方法是：首先让轧制后的棒线材在导管（或水箱）内用高压水快速冷却，再由吐丝机把线材吐丝成环状，以散卷形式分布到运输辊道（链）上，使其按要求的冷却速度均匀风冷，最后以较快的冷却速度冷却到可集卷的温度进行集卷、运输和打捆等。工艺上对棒线材控制冷却的基本要求是能够严格控制轧件冷却过程中各阶段的冷却速度和相变温度，既能保证产品性能要求又能尽量减少氧化损耗。

各钢种的成分不同，它们的转变温度、转变时间和组织特征各不相同，即使同一钢种，只要最终用途不同，所要求的组织和性能也不尽相同。因此，对他们的工艺要求取决于钢种、成分和最终用途。

6.3.3.3 棒线材控制冷却工艺

国内外提出的各种控制冷却法，其工艺参数的选取主要是基于得到二次加工所需的良好的组织性能。

自20世纪60年代世界上第一条棒线材控制冷却线问世以来，各种新的线材控制冷却方法和工艺不断出现。目前，世界上已经投入使用的各种线材控制冷却工艺装置，从工艺布置和设备特点来看，不外乎有两种类型：一类是采用水冷加运输机散卷风冷（或空冷），这种类型中较典型的工艺有美国的斯太尔摩工艺、英国的阿希洛工艺、德国的施洛曼冷却工艺及意大利的达涅利冷却工艺等；另一类是水冷后不散卷风（空）冷，而是采用其他介质冷却或采用其他布圈方式冷却，如ED法、EDC法沸水冷却、流态床冷却法、DP法竖井冷却及间歇多段穿水冷却等。

A 斯太尔摩控冷工艺

斯太尔摩控制冷却工艺是由加拿大斯太尔柯钢铁公司和美国摩根公司于1964年联合提出的。目前已成为应用最普遍、发展最成熟、使用最为稳妥可靠的一种控制冷却工艺。该工艺是将热轧后的棒线材经两种不同冷却介质进行不同冷却速度的两次冷却，即一次水冷，一次风冷。

斯太尔摩控制冷却工艺为了适用不同钢种的需要，具有三种冷却形式。这三种类型的水冷段相同，依据运输机的结构和状态不同而分标准型冷却、缓慢型冷却和延迟型冷却。

（1）标准型斯太尔摩冷却工艺布置如图6-69所示。其运输速度为0.25~1.4m/s，冷却速度为4~10℃/s，适用于高碳钢线材的冷却。

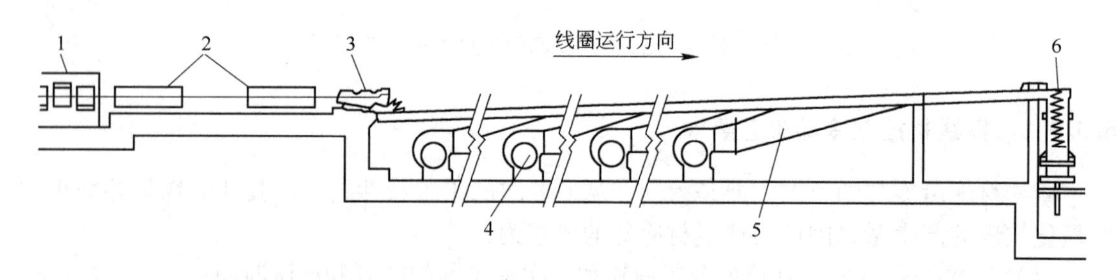

图6-69 标准斯太尔摩运输机示意图

1—精轧机组；2—冷却水箱；3—吐丝机；4—风机；5—送风机；6—集卷筒

终轧温度为1040~1080℃的线材从精轧机组出来后，立即进入由多段水箱组成的水冷段进行强制水冷至750~850℃，水冷时间控制在0.6s。水冷后温度较高，可防止棒线材表面出现淬火组织。在水冷区控制冷却的目的在于延迟晶粒长大，限制氧化铁皮形成，并冷却到接近但又明显高于相变温度的温度。

棒线材水冷后经夹送辊夹送进入吐丝机成圈，并呈散卷状布放在连续运行的斯太尔摩运输机上。运输机下方设有风机可进行鼓风冷却。经风冷后线材温度约为350~400℃，然后进入集卷筒集卷收集。

（2）缓慢型冷却是为了满足标准型冷却无法满足的低碳钢和合金钢之类的低冷却速度要求而设计的。它与标准型冷却的不同之处是在运输机前部加了可移动的带有加热烧嘴的保温炉罩。由于采用了烧嘴加热和慢速输送，缓慢冷却斯太尔摩运输机可使散卷线材以很缓慢的冷却速度冷却。它的运输速度为 0.05 ~ 1.4m/s，冷却速度为 0.25 ~ 10℃/s，适用于处理低碳钢、低合金钢和合金钢之类的线材。

（3）延迟型冷却是在标准型冷却的基础上，结合缓慢型冷却的工艺特点加以改进而成。它在运输机的两侧装上隔热的保温层侧墙，并在两侧保温墙上方装有可灵活开闭的保温罩盖。当保温罩盖打开时，可进行标准型冷却；若关闭保温罩盖，降低运输机速度，又能达到缓慢型冷却效果。其运输速度为 0.05 ~ 1.4m/s，冷却速度为 1 ~ 10℃/s，适用于碳钢、低合金钢和某些合金钢线材。

B 施洛曼控制冷却工艺

施洛曼控制冷却工艺与斯太尔摩控制冷却工艺相比，强化了水冷能力，使轧件一次水冷就尽量接近理想的转变温度。但由于二次冷却是自然冷却，冷却能力弱，对线材相变过程中的冷却速度没有控制能力，所以线材质量不如斯太尔摩法。

施洛曼法是轧件离开精轧机后，直接进入水冷装置，其布置如图 6-70 所示。水冷区的长度一方面要保证水冷至相变温度时所需时间，同时又要防止马氏体的生成。当轧件离

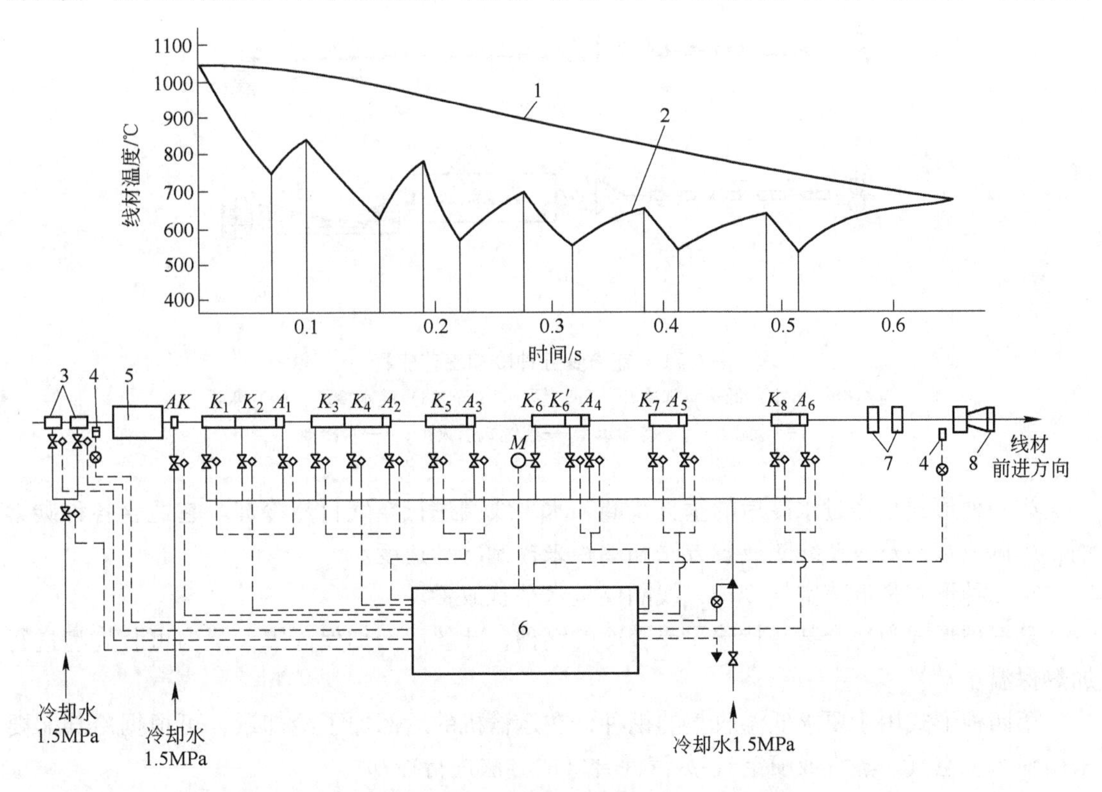

图 6-70 施洛曼冷却工艺的线材温度变化及水冷区布置

1—线材中心温度；2—线材表面温度；3—双层冷却水管；4—表面温度计；5—精轧机组；6—仪表操纵盘；7—圆盘飞剪；8—成圈器；K_1 ~ K_8—正向喷头；A_1 ~ A_6—反向喷头

开水冷区时，其表面温度应不低于500℃。冷却温度的调节是通过改变通水的水量、水压以及改变投入的冷却水管数量来实现的。

经水冷导管冷却的线材，经吐丝机成圈散铺在运输机上进行相变冷却。其冷却速度是通过改变线圈的重叠密度和放置方法来控制。重叠密度可用改变运输链的速度进行调节。线圈的放置方法有两种：平放线圈，调节线圈间距时，冷却速度为2～4℃/s；如直立线圈，当线圈间距为30mm时冷却速度为5～6℃/s，当线圈间距为60mm时冷却速度为8～9℃/s。施洛曼控冷工艺风冷段有五种形式，如图6-71所示。

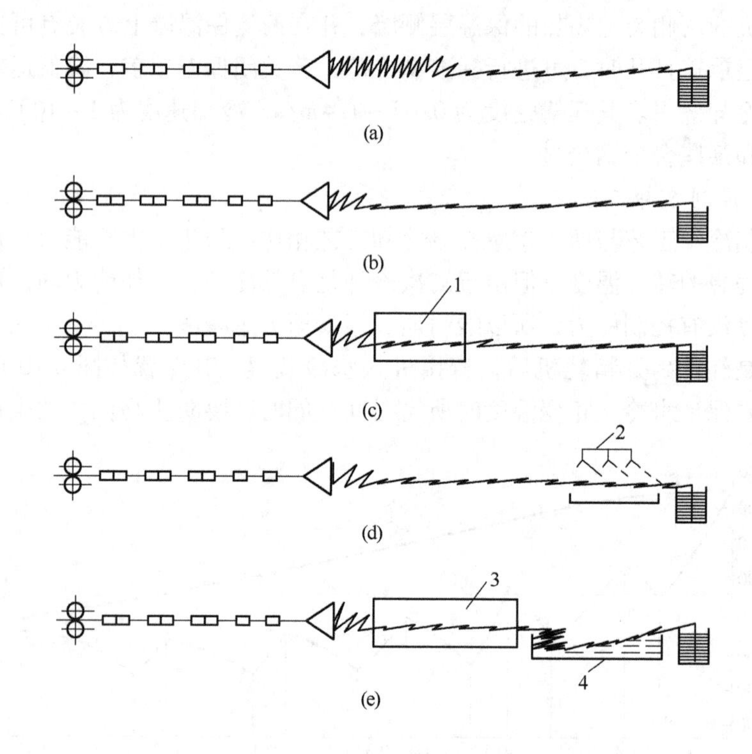

图6-71　施洛曼五种冷却工艺流程

(a) 自然冷却；(b) 低速空气冷却；(c) 缓慢冷却；(d) 喷水冷却；(e) 水池急冷

1—保温罩；2—冷却罩；3—连续式退火炉；4—水冷池

第一种形式是经过水冷后的垂直线圈和水平线圈进行空气自然冷却。它适合各种碳素钢，用调节水冷及改变线圈放置方法和圈距来控制冷却速度。

第二种形式是低速空气冷却，线圈仅呈水平状放置。

第三种形式为适合某些特殊需要缓冷的钢种，吐丝后面加保温罩，罩内可装烧嘴进行加热保温。

第四种形式用于要求低温收集的钢种，在运输机的后部加了冷却罩，可根据冷却需要采用喷水、空气、蒸汽或喷空气-蒸汽混合气的方法进行冷却。

第五种形式主要用于处理奥氏体和铁素体不锈钢。奥氏体钢（不经水冷）、铁素体钢（经水冷）经过一段空气冷却后，在一个辊道式连续退火炉内加热并保温，然后在第二运输带进入水池急冷。

6.3.4　其他常见型钢轧制的控制冷却

现阶段针对其他型钢的控制冷却，相对于H型钢、钢轨、棒线材而言，研究及应用水平相对落后。在型钢的控制冷却中，首先注意的问题是减少或防止型钢在冷却过程中的变形。引起型钢冷却过程中变形的主要原因是终轧断面温度分布不均，冷却过程中各部位冷速不同。因为型钢的断面形状不同，产品种类众多，在冷却过程中的变形也是各式各样，这就要求针对不同型钢产品采取不同的冷却部位和方式。表6-11列出了几种不同类型型钢空冷过程中存在的变形和控制冷却过程中需要采用的方式。

表6-11　不同类型型钢空冷过程中的变形和可采用的冷却方式

项　目	终轧断面温度	空冷变形	强制冷却部位
不等边不等宽角钢	 高温　低温	 全长向左弯曲	
球扁钢	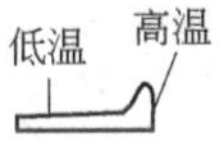 低温　高温	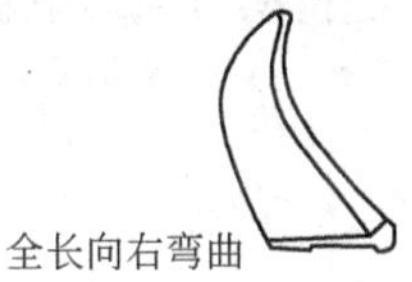 全长向右弯曲	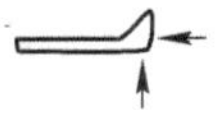
槽　钢	 高温　低温	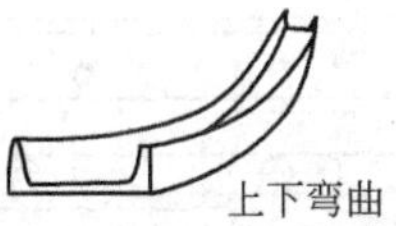 上下弯曲	
钢板桩	 高温　低温	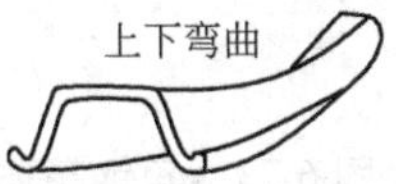 上下弯曲	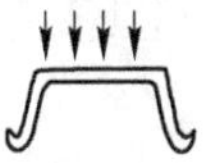

在热轧板带及棒线材生产线上的控制冷却技术目前都很成熟并且得到了广泛的应用。与板带和棒线材生产线控制冷却技术相比，型钢的控制冷却技术相对落后。现阶段采用的冷却方式仍旧以空冷为主，针对型钢控制冷却方面的研究主要集中在实验研究和专利发表的阶段。这里介绍几种针对角钢的控制冷却方法。

（1）角钢射流冷却装置：这种冷却装置特点为冷却宽度和冷却的可调范围都比较大，装置结构简单，工艺能力强，能够满足不同角钢品种的冷却要求，但是角钢断面冷却的均匀性差。这种冷却装置的结构如图6-72和图6-73所示。

（2）角钢箱体冷却装置：该冷却装置的特点是采用沿被冷却型材断面分别不同的散热量的原理，扩大工艺上的可控性。

（3）上下喷水压力差自动定向冷却装置：上面两种冷却方式存在对中结构复杂，上下冷却不均等不足。为了克服以上角钢冷却装置的不足，通过上、下喷射冷却水的压力差实现对中，进行定向冷却。由于下喷嘴水压高于上喷嘴水压，即如图6-74所示的 $F_1 < F_2$，使得角钢在装置中依靠上下水的压力差自动对中。该装置无需复杂的导卫对中机构，即可

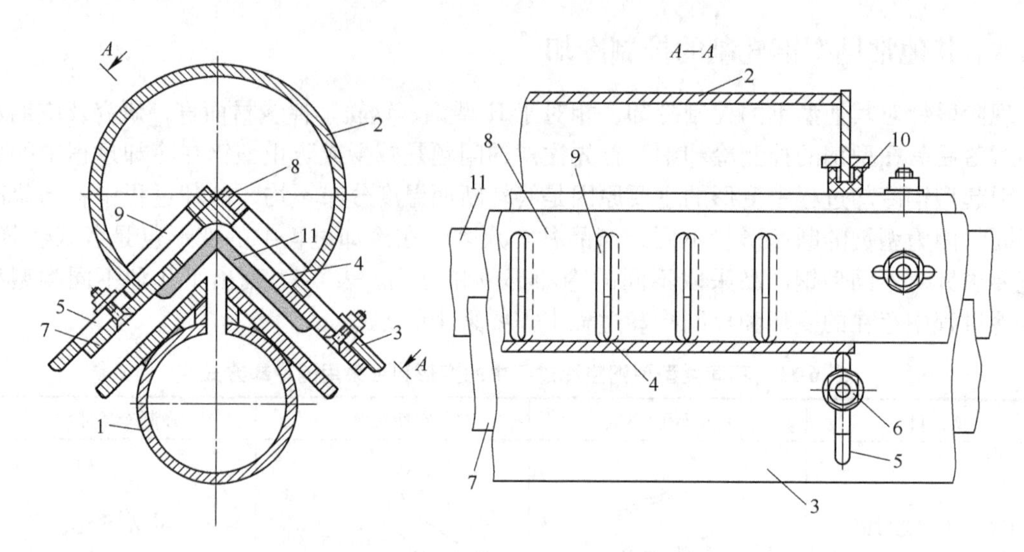

图 6-72　角钢射流冷却装置（SU800208）

1—喷水装置；2—集水管；3—固定角钢；4—供给腿部冷却介质的槽；5—固定孔；6—螺栓；7—定位器；8—调节挡板；9—冷却槽；10—密封器；11—轧件

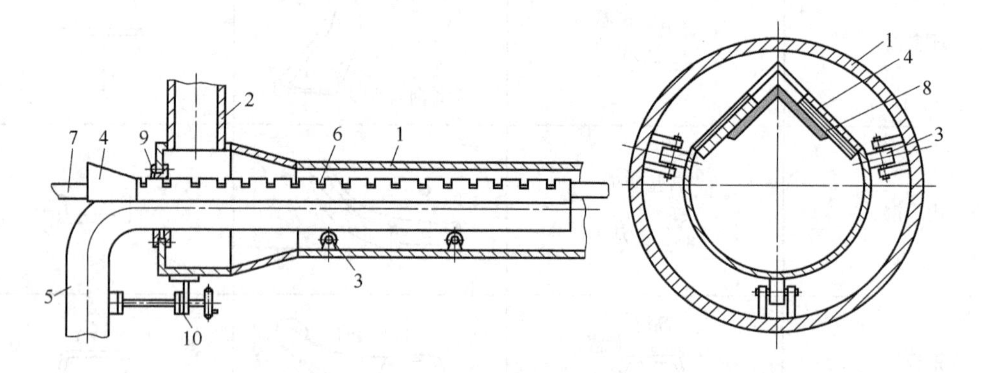

图 6-73　角钢箱体冷却装置（SU855009）

1—冷却箱体；2—供水管；3—托轮；4—喇叭嘴；5—供水管；6—横向切口；7—角钢；8—平板；9—密封器；10—丝杠

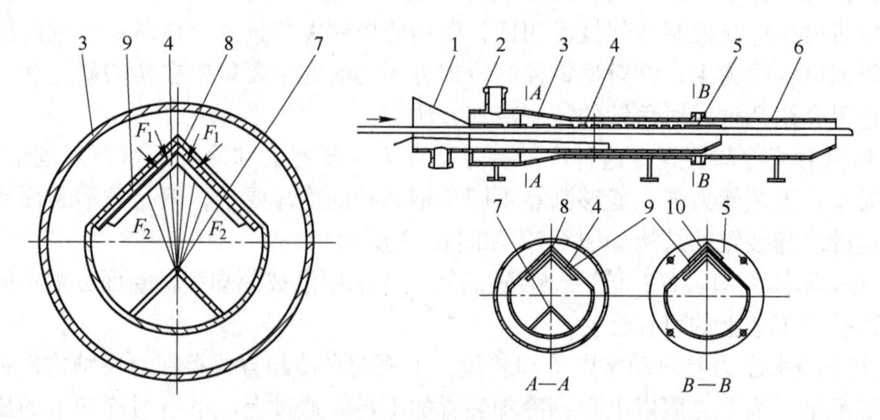

图 6-74　上下喷水压力差自动定向冷却装置（CN88208924Y）

1—喇叭口；2—快速接手；3—主冷却箱；4—轧件；5—挡水法兰；6—辅助冷却箱；7—缝式下喷嘴；8—矩形喷嘴；9—导向板；10—泄水口

实现对角钢的冷却。

（4）带有缝隙喷嘴的集水管冷却装置：这种冷却装置的特点是通过控制水流方向及控制型材重点部位局部冷却的宽度来保证沿角钢断面的均匀性，缺点是结构复杂，可调冷却范围小。其结构如图6-75所示。

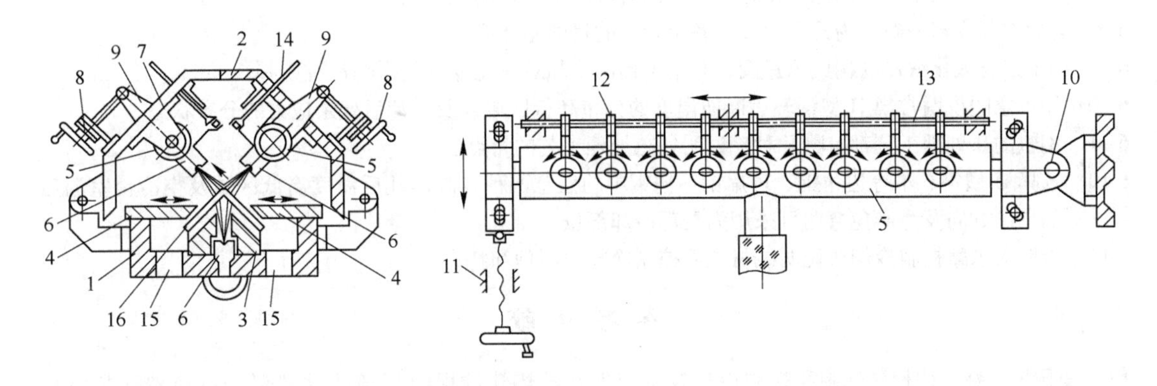

图6-75　带有缝隙喷嘴的集水管冷却装置（SU578137）

1—箱；2—盖；3—下部导卫；4—上部导卫；5—喷嘴；6—集水管；7—支柱；8—手轮；9，14—摇臂；10—活接头；11—丝杠传动装置；12—拨杆；13—总拉杆；15—排水孔；16—角钢

角钢穿水冷却装置：该装置通过特殊设计的导流锥，实现了采用浊循环水对角钢的冷却。整个装置由上、下两部分组合而成。如图6-76所示，上冷却区通过隔板分为3个冷却区，下部作为单独一个冷却区，共4个独立的冷却区，每个冷却区域实行单独供水，可单独调节水量、水压，实现了对一定型号角钢的较为均匀的控制冷却。但是，由设备的结构设计可知，针对不同规格的产品，设备需要注意普遍适用性的问题。

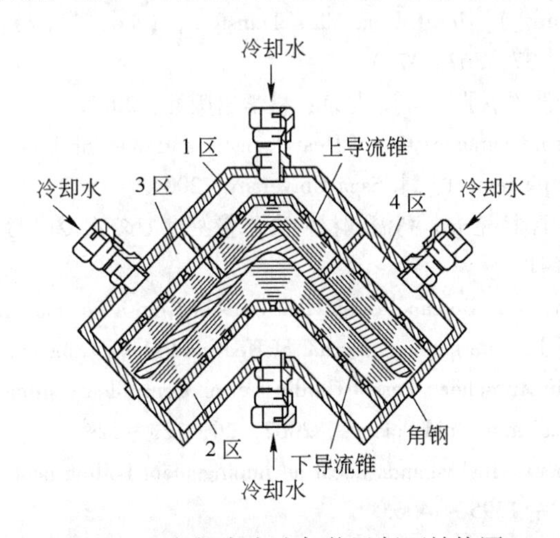

图6-76　角钢穿水冷却装置断面结构图

思　考　题

6-1　热轧钢材控制冷却过程中主要的传热方式是哪一种，可用的冷却介质都有哪些？

6-2　列出热轧控制冷却的三种以上控制冷却方式，并说明其特点。

6-3　国内外超快速冷却技术都有哪些？

6-4　说明池内沸腾和流动沸腾的定义。

6-5　画出水在大气压下的池沸腾曲线示意图，有几种沸腾区？并在沸腾曲线中标明各区域。

6-6　画出冲击射流不同冲击区域的沸腾曲线，并标明各沸腾区域。

6-7　控制轧制与控制冷却的定义是什么，不同阶段的主要目的是什么？

6-8　轧后控制冷却一般分为几个阶段，各个阶段的目的是什么？

6-9　画出普通氧化铁皮的构成示意图，并指出控制冷却对氧化铁皮的影响都有哪些？

6-10　用示意图说明常规 H 型钢轧后断面温度的分布高低区域以及冷却后残余应力的分布状态。

6-11　钢轨的热处理工艺都有哪几种？说明各热处理工艺的特点。

6-12　选择 H 型钢、不等边角钢、球扁钢、槽钢中的任意两种，画出轧后温度高低区域及空冷至室温后的弯曲方向及为避免弯曲可采用的局部冷却部位。

6-13　以斯太尔摩控制冷却线说明线材轧后控制冷却的原理和特点。

参考文献

[1] 王国栋．新一代控制轧制和控制冷却技术与创新的热轧过程[J]．东北大学学报（自然科学版），2009，30(7)，913～922.

[2] 王有铭，李曼云，韦光．钢材的控制轧制和控制冷却[M]．北京：冶金工业出版社，1995.

[3] 小指军夫，控制轧制控制冷却——改善钢材材质的轧制技术发展[M]．李伏桃，陈岿译．北京：冶金工业出版社，2002.

[4] 王占学．控制轧制与控制冷却[M]．北京：冶金工业出版社，1988.

[5] 王丙兴．中厚板轧后多阶段冷却控制策略研究与应用[D]．东北大学，2009.

[6] 蔡晓辉，时旭，王国栋，等．控制冷却方式和设备的发展[J]．钢铁研究学报，2001，13(6)：56～60.

[7] Shiro Nukiyama. The Maximum and Minimum Values of the Heat Q Transmutted from Metal to Boiling Water under Atmospheric Pressure [J]. Int. J. Heat Mass Transfer.，1984，27(7)：959～970.（Journal Japan Sor. Mech. Engrs.，1934，37，367～374).

[8] 王补宣．工程传热传质学（下册）[M]．北京：科学出版社，2002.

[9] Jaffar Abdulla Isa Hammad. Characteristics of Heat Transfer and Wetting Front During Quenching High Temperature Surface by Jet Impingement [J]. Saga University，2004.

[10] 中田直樹，黒木高志，藤林晃夫．高温鋼材の高水量密度での水冷における冷却特性[J]．鉄と鋼，2013，99(11)：635～641.

[11] M. Gradeck，A. Kouachi，J. L. Borean，et al. Heat transfer from a hot moving cylinder impinged by a planar subcooled water jet [J]. International Journal of Heat and Mass Transfer，2011，54，5527～5539.

[12] Herveline Robidou，Hein Auracher，Pascal Gardin，et al. Controlled cooling of a hot plate with a water jet [J]. Experimental Thermal and Fluid Science，2002，26，123～129.

[13] D. H. Wolf，F. P. Incropera，R. Viskanta. Local jet impingement boiling heat transfer [J]. Int. J. Heat Mass Transfer.，1996，39(7)：1395～1406.

[14] Peter Lloyd Woodfield，Aloke Kumar Mozumder，Masanori Monde. On the size of the boiling region in jet impingement quenching [J]. International Journal of Heat and Mass Transfer，2009，52，460～465.

[15] Nitin Karwa，Lukas Schmidt，Peter Stephan. Hydrodynamics of quenching with impinging free-surface jet [J]. International Journal of Heat and Mass Transfer，2012，55，3677～3685.

[16] Aloke Kumar Mozumder，Masanori Monde，Peter Lloyd Woodfield，et al. Maximum heat flux in relation to quenching of a high temperature surface with liquid jet impingement [J]. International Journal of Heat and

Mass Transfer, 2006, 49, 2877 ~ 2888.

[17] 津山青史. 厚板技術の100 年—世界をリードする加工熱処理技術[J]. 鉄と鋼, 2014, 100(1): 71 ~ 81.

[18] Zhengdong LIU. Experiments and Mathematical Modelling of Controlled Runout Table Cooling in a Hot Rolling Mill [J]. THE UNIVERSITY OF BRITISH COLUMBIA, 2001.

[19] 国岡計夫, 平田賢, 杉山峻一, 等. 高温面での水噴流冷却に関する研究[J]. 日本機械学会論文集 B, 1979(昭 54-2), 45(390): 279 ~ 285.

[20] 佐々木寛太郎, 杉谷泰夫, 川崎守夫. 高温面でのスプレー冷却の熱伝達[J]. 鉄と鋼, 1979, 1, 90 ~ 96.

[21] 韦光, 董希满, 王进民. 水幕冷却高温钢板对流换热系数的研究[J]. 钢铁. 1994, 29(1): 22 ~ 26.

[22] 三塚正志. 高温鋼材水スプレー冷却時の表面温度 400 ~ 800℃間での熱伝達率[J]. 鉄と鋼, 1983, 2, 268 ~ 274.

[23] 刘峰. 高温钢板喷雾冷却时的冷却特性和传热系数[J]. 钢铁研究学报, 1990, 2(2): 31 ~ 36.

[24] 汪贺模. 不同冷却条件下热轧钢板表面换热系数及应用研究[D]. 北京科技大学, 2012.

[25] 大内千秋, 大北智良, 山本定弘. 制御圧延後の加速冷却の機械的性質に及ぼす影響[J]. 鉄と鋼, 1981, 7, 969 ~ 978.

[26] P. Coldren, T. G. Oakwood, G. Tither. Microstructures and Properties of Controlled Rolled and Accelerated Cooled Molybdenum Containing Line Pipe Steels [J]. Journal of Materials for Energy Systems, 1984, 5 (4): 246 ~ 258.

[27] Jin-Mo KOO, Syong-Ryong RYOO, Chang-Sun LEE. Prediction of Residual Stresses in a Plate Subject to Accelerated Cooling-A 3-D Finite Element Model and an Approximate Model [J]. ISIJ International, 2007, 47(8): 1149 ~ 1158.

[28] 吉原直武, 神尾寛. 加工熱処理厚鋼板の残留応力と条切りキャンバー[J]. 鉄と鋼, 1989, 8, 1316 ~ 1323.

[29] 林方婷, 石旺舟, 马学鸣. 冷却速率对低碳钢线材表面氧化皮微观结构的影响[J]. 华东师范大学学报 (自然科学版), 2006, 4, 23 ~ 28.

[30] 余伟, 何天仁, 张立杰, 等. 中厚板控制轧制用中间坯冷却工艺及装置的开发与应用[J]. 第九届中国钢铁年会论文集, 2013.

[31] 彭良贵, 刘相华, 王国栋. 热轧带钢控制冷却技术的发展[J]. 钢铁研究, 2007, 35(2): 59 ~ 62.

[32] 余伟, 张志敏, 刘涛, 等. 中厚板中间坯冷却过程中晶粒长大及控制方法[J]. 北京科技大学学报, 2012, 34(9): 1006 ~ 1010.

[33] 王笑波. 宝钢 5m 厚板加速冷却全自动过程控制系统[J]. 自动化博览, 2010, S1, 69 ~ 73.

[34] 张殿华, 刘文红, 刘相华, 等. 热连轧层流冷却系统的控制模型及控制策略[J]. 钢铁, 2004, 39 (2): 43 ~ 46.

[35] 朱国明. 大型 H 型钢轧制过程数值模拟及组织性能研究[D]. 北京科技大学, 2009.

[36] 周清跃, 张银花, 杨来顺, 等. 钢轨的材质性能及相关工艺[M]. 北京: 中国铁道出版社, 2005.

[37] 滕培玉, 任吉堂, 殷向光. 一种角钢的强力穿水冷却装置[J]. 河北理工大学学报 (自然科学版), 2011, 33(3): 59 ~ 65.

冶金工业出版社部分图书推荐

书　名	作　者	定价(元)
塑性成型力学与轧制原理	章顺虎	52.00
特种轧制设备	周存龙	46.00
真空轧制复合技术与工艺	骆宗安　谢广明	88.00
板带材智能化制备关键技术	张殿华　李鸿儒	126.00
中厚钢板热处理装备技术及应用	王昭东　李家栋　付天亮　等	86.00
金属压力加工原理(第2版)	魏立群	48.00
金属塑性成形理论(第2版)	徐　春　阳　辉　张　弛	49.00
金属固态相变教程(第3版)	刘宗昌　计云萍　任慧平	39.00
金属学原理(第2版)	余永宁	160.00
光学金相显微技术	葛利玲	35.00
焊接导论	张英哲　伍剑明　李　娟	27.00
钛粉末近净成形技术	路　新	96.00
增材制造与航空应用	张嘉振	89.00
粉末冶金工艺及材料(第2版)	陈文革　王发展	55.00
高温熔融金属遇水爆炸	王昌建　李满厚　沈致和　等	96.00
冶金工艺工程设计(第3版)	袁熙志　张国权	55.00
冶金与材料热力学(第2版)	李文超　李　钒	70.00
钢铁冶金虚拟仿真实训	王　炜　朱航宇	28.00